普通高等院校物理学本研贯通系列教材

线性代数
——数学物理方法基础

（物理专业用）

崔建伟　兰鹏飞　编

华中科技大学出版社
中国·武汉

内 容 简 介

本书主要内容为线性代数，包括行列式、矩阵、线性方程组、线性空间、线性变换、内积空间、二次型与厄米型，以及变分法. 在保持数学教材应有的逻辑严密性的同时，本书较多地照顾了物理学的专业特点，在概念的引入、内容的组织、例题的选用，以及术语和习惯等方面，带有明显的物理特色，并尽量做到与物理学专业的后续课程相衔接. 在阐述过程中，遵循由具体到抽象的原则，力图通俗易懂.

本书适合作为综合性大学物理专业的线性代数教材，也可作为各大专科院校师生的教学参考书.

图书在版编目(CIP)数据

线性代数：数学物理方法基础/崔建伟，兰鹏飞编. —武汉：华中科技大学出版社，2020.12(2025.1重印)

ISBN 978-7-5680-5994-7

Ⅰ.①线…　Ⅱ.①崔…　②兰…　Ⅲ.①线性代数-高等学校-教材　Ⅳ.①O151.2

中国版本图书馆 CIP 数据核字(2020)第 014930 号

线性代数——数学物理方法基础　　崔建伟　兰鹏飞　编

Xianxing Daishu——Shuxue Wuli Fangfa Jichu

策划编辑：周芬娜

责任编辑：周芬娜　李　昊

封面设计：秦　茹

责任校对：张会军

责任监印：徐　露

出版发行：华中科技大学出版社(中国·武汉)　　电话：(027)81321913

武汉市东湖新技术开发区华工科技园　　邮编：430223

录　　排：武汉市洪山区佳年华文印部

印　　刷：武汉邮科印务有限公司

开　　本：710mm×1000mm　1/16

印　　张：19.5

字　　数：402 千字

版　　次：2025 年 1 月第 1 版第 2 次印刷

定　　价：57.00 元

前　言

按国内物理学专业目前的课程体系,"数学物理方法"课程主要包括复变函数论和数学物理方程两部分内容,由物理学院(系)开设,而线性代数等内容则置于"线性代数"课程中,与"高等数学"一起由数学学院(系)开设,且内容大多局限于行列式、矩阵、线性方程组等.这样的课程体系源自历史,其是否更适合物理学各专业还有待商榷.实际上,欧美国家的数学物理课程包含的内容要更广泛一些,而且从柯朗、希尔伯特的名著[8]开始,到 F. W. 拜伦、R. W. 富勒的经典教材[6],以及近年来较新的 S. Hassani 的教材《Mathematical Physics》[7],还有彭桓武[9]、李政道[10]等人的数学物理专著,无不把线性空间的内容包括其中,甚至将其作为最基础的核心内容.正如 F. W. 拜伦、R. W. 富勒在书的前言中所述:The central unifying theme about which this book is organized is the concept of a vector space.这是有原因的,线性空间及其算子代数在数学中是非常基础的内容,例如泛函分析基本上可看作是线性代数在函数空间的应用,微分几何也是建立在局域的多重线性代数之上.在物理学中,线性空间的概念同样非常重要,它是描述很多物理理论的基础,除经典力学中熟知的矢量概念之外,相对论中所用到的张量即具有多重线性结构的数学对象,而量子力学由于存在态叠加原理,要求该理论为一个线性理论,可用线性代数的语言精确描述.因此,我们尝试改变国内传统的"数学物理方法"课程体系,将以线性空间(而非行列式、矩阵)为核心的"线性代数"内容纳入其中.作为这种尝试的第一步,物理学院开设了"数学物理方法基础"这门课程以取代原来由数学学院为理工科统一开设的"线性代数"课程.在近几年的教学实践中,大致确定了这门课程的教学内容和教学大纲,也编写了一个讲义,这本教材就是在该课程讲义的基础上修订编写的.我们希望在将来的教学过程中,能够通过对后续"数学物理方法"课程内容做适当增删,形成一个统一的、适合当前物理专业本科生的数学物理课程体系.

本教材的主要内容为线性代数.目前国内的线性代数课程大致分为面向工科专业和面向数学专业两类.工科线性代数的内容主要讲授行列式、矩阵等数学工具,而不讲授或很少讲授抽象的线性空间、线性变换、内积空间等内容.尽管行列式、矩阵等都是高度有用的工具,但向量才是更重要的数学对象.因此线性代数的核心内容应该是线性空间及其线性变换代数,而且这一部分内容在物理学中有着广泛的应用.数学专业的线性代数一般在高等代数课程中学习,其内容丰富,但一方面它包含一些物理学中使用较少的内容,比如多项式、λ 矩阵理论,另一方面物理学中需要的一些内容也有所缺失,例如对偶空间和对偶基、复内积空间及其两类重要变换、线性变换的群结构、厄米变换本征值的极值性质等.此外,尽管"线性代数"是为配合物理专业教学而开设的数学课程,但它的目的不仅仅限于为物理专业学生提供物理学所需的数学工具.在过去几十年中,物理学所用的数学语言有了很大的变化,纯代数和纯几何方法陆续进入物理学.不同于分析方法,代数方法为物理理论提供了一定的刚性.可以肯定的是,这一代物理学工作者在今后所生活的年代中,物理学所用的数学语言的变化将更快.因此物理专业的学生要想跟上将来所研究领域的发展以及该领域所用数学语言的变化,就必须熟悉抽象数学,具备更强的抽象思维能力.我们希望在相对较少的数学课中,通过将数学语言和数学风格与物理内容相结合,培养学生的现代数学素养,其中线性代数可作为一个很好的抽象代数的范例来达到这些目的,其代数与几何结合的特点也可让物理专业的学生体会到数学的整体性.这些都要求物理专业的线性代数教学应与数学专业的有所区别.

综上,我们希望将线性空间及其上的线性变换作为这本教材的核心内容.更重要的是,我们希望这本教材尽量与物理专业后续的课程相联系.在"数学物理方法"课程中,正交函数组、Sturm-Liouville 型微分方程、分离变量法等内容都可以在线性代数的框架内得到更深刻的理解.物理专业的其他后续数学课程,例如群表示论、微分几何等,也都需要以线性代数为基础.正是由于线性代数是这些数学物理课程的基础,我们拟将本教材的副标题定为数学物理方法基础,以与通常工科专业的线性代数或数学专业的高等代数相区别.我们在例题的选取、概念的引入等方面也带有明显的物理专业的特色.考虑到大一、大二学生对抽象对象的接受能力,我们在编写时放弃了从线性变换引入矩阵、行列式的现代途径,因此教材的前半部分基本上按照传统途径完整地介绍了行列式、矩阵、线性方程组等内容,后半部分则较系统地介绍了线性空间、线性变换、内积空间及其重要变换等内容.这几年的教学实践证明了,这种由具体事例引入抽象概念是符合学习规律的.抽象概念不是从天而降的,而是来自具体、实际的例子.但抽象概念又没有止步于具体事例,而是超出了具体和实际.正是由于脱离了具体的例子,舍弃了不同例子的相异性并提取了它们的共同点,才能将抽象概念应用到更多、更广泛的实际例子中.另外,每个抽象概念的引入都是有其背景和用途的.在教材中,我们尽可能从具体的问题出发,而并非通过定义,在分析解决问题的过程中逐步引入相关的抽象概念.

这本教材的最后一章包含了变分法.通常,变分法在国内的物理专业教学中归入"数学物理方法"课程或者"理论力学"课程.但有些院校在"数学物理方法"课程中将它作为选讲内容处理,而在"理论力学"课程中的介绍也不够完整.变分法在物理学中不仅能提供一些有效的近似计算方法,更重要的是,它是物理学基本原理——最小作用量原理——的表述语言.鉴于其重要性,在这本教材中我们将它与线性代数放到一起,通过厄米变换本征值问题与厄米型极值问题的等价引入泛函极值问题,并进一步讲授变分法,这样的处理使它在内容的衔接上也比较自然.

本教材预计学习时长为64课时，其中，标记*的内容可选讲一部分，剩下的作为选读内容. 由于课时的限制，本教材没有涉及多重线性代数及外代数、数值线性代数等内容，这些可以在后续计算物理、微分几何等课程中进一步学习.

在教材的编写过程中，得到了华中科技大学物理学院领导和老师们的极大支持，在此一并表示衷心的感谢. 由于编者水平有限，疏漏和错误之处在所难免，敬请读者批评指正.

崔建伟，jwcui@hust.edu.cn；兰鹏飞，pengfeilan@hust.edu.cn.

编　者

2020年10月

目　　录

第 1 章　行列式 …… (1)
1.1　二阶与三阶行列式 …… (1)
1.1.1　二元线性方程组与二阶行列式 …… (1)
1.1.2　三阶行列式 …… (2)
1.2　排列和置换 …… (4)
1.3　n 阶行列式的定义 …… (8)
1.4　行列式的性质 …… (11)
1.5　行列式按行(列)的展开 …… (15)
1.6　行列式的计算举例 …… (24)
1.7　克拉默法则 …… (33)
第 2 章　矩阵 …… (36)
2.1　矩阵的定义及运算 …… (36)
2.1.1　矩阵的概念 …… (36)
2.1.2　矩阵的线性运算 …… (39)
2.1.3　矩阵的乘法 …… (40)
2.1.4　矩阵的转置 …… (46)
2.1.5　方阵的行列式和迹 …… (49)
2.2　可逆矩阵 …… (50)
2.3　分块矩阵 …… (56)
2.4　矩阵的初等变换 …… (62)
2.4.1　初等变换、初等矩阵 …… (63)
2.4.2　行标准型 …… (65)
2.4.3　等价、标准型 …… (69)
2.5　矩阵的秩 …… (71)
2.5.1　秩的定义 …… (71)
2.5.2　秩与初等变换 …… (72)
2.5.3　矩阵秩的一些不等式 …… (74)
第 3 章　线性空间 …… (78)
3.1　引言 …… (78)
3.1.1　代数和线性代数 …… (78)
3.1.2　集合论简介 …… (79)

3.1.3 常见代数系统简介* …… (82)
3.2 线性空间的定义和例子…… (83)
3.3 子 空 间…… (87)
3.4 向量组的线性无关性…… (90)
3.4.1 线性组合…… (90)
3.4.2 向量组的等价…… (91)
3.4.3 线性相关性…… (93)
3.4.4 极大无关组、秩 …… (96)
3.5 n 元向量组与矩阵的关系 …… (98)
3.6 线性空间的基、维数、坐标 …… (105)
3.6.1 基和坐标 …… (105)
3.6.2 子空间的直和* …… (109)
3.6.3 坐标变换 …… (110)
3.6.4 线性空间的同构 …… (112)
第 4 章 线性方程组…… (115)
4.1 线性方程组的基本概念和高斯消元法 …… (115)
4.2 线性方程组解的结构 …… (120)
第 5 章 线性变换…… (128)
5.1 线性映射 …… (128)
5.1.1 线性映射的定义和基本性质 …… (128)
5.1.2 线性映射的运算 …… (131)
5.1.3 线性泛函和对偶空间* …… (132)
5.1.4 线性变换 …… (133)
5.1.5 代数、线性变换代数* …… (136)
5.2 线性变换的矩阵表示 …… (137)
5.2.1 矩阵表示 …… (137)
5.2.2 矩阵表示的变换、相似矩阵…… (142)
5.3 本征值、本征向量…… (144)
5.4 矩阵的相似对角化 …… (153)
5.4.1 相似对角化 …… (153)
5.4.2 不变子空间* …… (163)
5.4.3 同时对角化* …… (165)
5.4.4 Jordan 标准型简介* …… (166)
第 6 章 内积空间…… (176)
6.1 实内积、欧空间…… (176)
6.1.1 内积的定义 …… (176)

6.1.2　度规 …… (178)
6.1.3　模、夹角 …… (179)
6.1.4　正交、标准正交基 …… (180)
6.1.5　一些常见的“空间”简介* …… (182)
6.2　标准正交基的存在性 …… (184)
6.2.1　Schmidt 标准正交化方法 …… (184)
6.2.2　正交补空间* …… (190)
6.2.3　最小二乘法* …… (192)
6.3　正交矩阵和正交变换 …… (195)
6.3.1　正交矩阵 …… (195)
6.3.2　正交矩阵与标准正交基的关系 …… (196)
6.3.3　正交变换 …… (197)
6.4　对称变换和实对称矩阵 …… (199)
6.4.1　对称变换 …… (199)
6.4.2　实对称矩阵本征值和本征向量的性质 …… (200)
6.5　幺正空间 …… (205)
6.5.1　复内积、幺正空间 …… (205)
6.5.2　度规矩阵 …… (207)
6.5.3　模、正交、标准正交基 …… (207)
6.5.4　Schmidt 标准正交化方法 …… (210)
6.5.5　正交补空间* …… (212)
6.5.6　厄米共轭 …… (213)
6.5.7　幺正矩阵和幺正变换 …… (215)
6.5.8　厄米矩阵和厄米变换 …… (219)
6.5.9　厄米矩阵与幺正矩阵的联系* …… (229)
6.5.10　正规矩阵和正规变换* …… (231)
第 7 章　二次型和厄米型 …… (234)
7.1　二次型的定义和标准型 …… (234)
7.1.1　二次型的定义 …… (234)
7.1.2　线性替换 …… (235)
7.1.3　二次型的标准型 …… (237)
7.2　二次型的规范型和惯性定理 …… (244)
7.2.1　二次型的规范型 …… (244)
7.2.2　惯性定理 …… (245)
7.3　二次型的正定性 …… (247)
7.3.1　正定二次型的定义 …… (247)

7.3.2 正定的一些充要条件 …… (247)
7.3.3 负定、准正定、准负定* …… (249)
7.4 厄米型 …… (255)
7.4.1 厄米型的定义和等价 …… (255)
7.4.2 n 元厄米型可化为 $2n$ 元二次型 …… (256)
7.4.3 厄米型的标准型和规范型 …… (256)
7.4.4 惯性定理 …… (260)
7.4.5 厄米型的正定性 …… (261)
7.4.6 矩阵的奇异值分解* …… (264)
7.4.7 复对称矩阵的奇异值分解* …… (266)
7.5 本征值问题的极值性 …… (266)
7.5.1 本征值问题的极值性 …… (266)
7.5.2 极大-极小值原理* …… (269)
7.5.3 一般性结论* …… (270)
7.5.4 本征向量组的完备性* …… (271)
第 8 章 变分学 …… (275)
8.1 引言 …… (275)
8.2 Euler 变分方程 …… (276)
8.2.1 变分学的基本问题 …… (276)
8.2.2 Euler 表达式恒等于零的情形* …… (279)
8.2.3 Euler 方程的形式不变性 …… (280)
8.2.4 形式标记——变分导数 …… (280)
8.2.5 含有高阶导数的情形 …… (288)
8.2.6 含有多个自变函数的情形 …… (289)
8.2.7 含有多个自变量的情形 …… (290)
8.3 非固定边界条件问题 …… (291)
8.3.1 自由边界条件 …… (291)
8.3.2 横交条件(约束端点问题)* …… (292)
8.4 条件极值问题* …… (293)
8.4.1 函数的条件极值问题——Lagrange 乘子法 …… (293)
8.4.2 测地线问题:泛函的 Lagrange 乘函法 …… (295)
8.4.3 等周问题:泛函的 Lagrange 乘子法 …… (297)
8.5 物理学中的变分原理* …… (299)
参考文献 …… (301)

第1章　行　列　式

本章我们将介绍行列式的定义、基本性质和一些计算方法.

1.1　二阶与三阶行列式

1.1.1　二元线性方程组与二阶行列式

行列式的概念起源于线性方程组的求解.对如下的二元线性方程组

$$\begin{cases} a_{11}x_1+a_{12}x_2=b_1, \\ a_{21}x_1+a_{22}x_2=b_2, \end{cases}$$

用消元法可知,当 $a_{11}a_{22}-a_{12}a_{21}\neq 0$ 时,方程组有如下形式的唯一解

$$x_1=\frac{b_1a_{22}-a_{12}b_2}{a_{11}a_{22}-a_{12}a_{21}},\quad x_2=\frac{a_{11}b_2-b_1a_{21}}{a_{11}a_{22}-a_{12}a_{21}}.$$

这个形式的解可通过引入一种记号来帮助记忆.引入如下符号

$$\begin{vmatrix} a & b \\ c & d \end{vmatrix}=ad-bc.$$

则不难发现上述唯一解可记作

$$x_1=\frac{\begin{vmatrix} b_1 & a_{12} \\ b_2 & a_{22} \end{vmatrix}}{\begin{vmatrix} a_{11} & a_{12} \\ a_{21} & a_{22} \end{vmatrix}},\quad x_2=\frac{\begin{vmatrix} a_{11} & b_1 \\ a_{21} & b_2 \end{vmatrix}}{\begin{vmatrix} a_{11} & a_{12} \\ a_{21} & a_{22} \end{vmatrix}}.$$

上面引入的符号代表由两行两列的一个数表通过一定规则计算出来的一个数值.更一般地,对任意一个两行两列的数表

$$\begin{matrix} a_{11} & a_{12} \\ a_{21} & a_{22} \end{matrix}$$

都可以定义为

$$\begin{vmatrix} a_{11} & a_{12} \\ a_{21} & a_{22} \end{vmatrix}=a_{11}a_{22}-a_{12}a_{21}. \tag{1.1.1}$$

式(1.1.1)引入的记号 $\begin{vmatrix} a_{11} & a_{12} \\ a_{21} & a_{22} \end{vmatrix}$ 称为**二阶行列式**.其中数 $a_{ij}\,(i,j=1,2)$ 称为行列式(1.1.1)的**元素**或**元**,元素 a_{ij} 的前一个下标 i 称为**行标**,表明该元素位于第 i 行;后一

个下标 j 称为**列标**，表明该元素位于第 j 列. 因此 a_{ij} 是位于第 i 行第 j 列的元素，称为行列式(1.1.1)的(i,j)元. 数表从左上角到右下角的元素构成的对角线称为该行列式的**主对角线**，从右上角到左下角的元素构成的对角线称为该行列式的**副对角线**.

1.1.2 三阶行列式

类似地，对三元线性方程组

$$\begin{cases} a_{11}x_1+a_{12}x_2+a_{13}x_3=b_1, \\ a_{21}x_1+a_{22}x_2+a_{23}x_3=b_2, \\ a_{31}x_1+a_{32}x_2+a_{33}x_3=b_3, \end{cases} \tag{1.1.2}$$

由消元法可知，当 $a_{11}a_{22}a_{33}+a_{12}a_{23}a_{31}+a_{13}a_{21}a_{32}-a_{11}a_{23}a_{32}-a_{12}a_{21}a_{33}-a_{13}a_{22}a_{31}\neq 0$ 时，方程组有唯一解. 我们可类似地引入三阶行列式来简记上述因子.

对任意一个三行三列的数表

$$\begin{matrix} a_{11} & a_{12} & a_{13} \\ a_{21} & a_{22} & a_{23} \\ a_{31} & a_{32} & a_{33} \end{matrix}$$

都可以定义一个**三阶行列式**：

$$\begin{vmatrix} a_{11} & a_{12} & a_{13} \\ a_{21} & a_{22} & a_{23} \\ a_{31} & a_{32} & a_{33} \end{vmatrix}=a_{11}a_{22}a_{33}+a_{12}a_{23}a_{31}+a_{13}a_{21}a_{32}-a_{11}a_{23}a_{32}-a_{12}a_{21}a_{33}-a_{13}a_{22}a_{31}.$$

三阶行列式的元素、行标、列标、主对角线、副对角线等概念与二阶行列式类似，不再复述.

通过引入三阶行列式，上述方程组(1.1.2)有唯一解的条件可简记为

$$D=\begin{vmatrix} a_{11} & a_{12} & a_{13} \\ a_{21} & a_{22} & a_{23} \\ a_{31} & a_{32} & a_{33} \end{vmatrix}\neq 0.$$

行列式 D 中的数表正是方程组(1.1.2)中未知元的系数按原来顺序排列构成的，并且可以验证，其唯一解也可简记为

$$x_1=\frac{D_1}{D},\quad x_2=\frac{D_2}{D},\quad x_3=\frac{D_3}{D},$$

其中 $$D_1=\begin{vmatrix} b_1 & a_{12} & a_{13} \\ b_2 & a_{22} & a_{23} \\ b_3 & a_{32} & a_{33} \end{vmatrix},\quad D_2=\begin{vmatrix} a_{11} & b_1 & a_{13} \\ a_{21} & b_2 & a_{23} \\ a_{31} & b_3 & a_{33} \end{vmatrix},\quad D_3=\begin{vmatrix} a_{11} & a_{12} & b_3 \\ a_{21} & a_{22} & b_3 \\ a_{31} & a_{32} & b_3 \end{vmatrix}.$$

对二阶和三阶行列式，有如下便于记忆的**萨拉斯**(Sarrus)**法则**：二阶行列式等于图 1.1(a)所示的主对角线上两元素之积减去副对角线上两元素之积；三阶行列式等于图 1.1(b)所示的实线所连接的三个数乘积之和，减去虚线所连接的三个数乘积之

和. 即

$$\begin{vmatrix} a_{11} & a_{12} \\ a_{21} & a_{22} \end{vmatrix} = a_{11}a_{22} - a_{12}a_{21},$$

$$\begin{vmatrix} a_{11} & a_{12} & a_{13} \\ a_{21} & a_{22} & a_{23} \\ a_{31} & a_{32} & a_{33} \end{vmatrix} = (a_{11}a_{22}a_{33} + a_{12}a_{23}a_{31} + a_{13}a_{21}a_{32}) - (a_{11}a_{23}a_{32} + a_{12}a_{21}a_{33} + a_{13}a_{22}a_{31}).$$

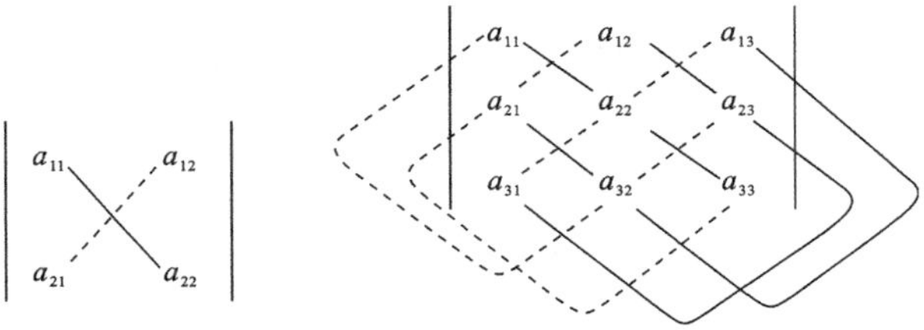

(a) 二阶行列式　　(b) 三阶行列式

图 1.1　萨拉斯法则

需要强调的是,在后面我们将定义更高阶的行列式,对四阶及以上阶数的行列式,萨拉斯法则**不成立**.

例 1.1.1　计算三阶行列式$\begin{vmatrix} 1 & 2 & -3 \\ 0 & 1 & 2 \\ 3 & -4 & 6 \end{vmatrix}$.

解　按萨拉斯法则有

$$D = 1\times1\times6 + 2\times2\times3 + (-3)\times0\times(-4) - (-3)\times1\times3 - 1\times(-4)\times2 - 2\times0\times6 = 35.$$

在将二阶和三阶行列式推广到更高阶之前,先观察一下其结构. 以三阶行列式为例,按定义

$$\begin{vmatrix} a_{11} & a_{12} & a_{13} \\ a_{21} & a_{22} & a_{23} \\ a_{31} & a_{32} & a_{33} \end{vmatrix} = a_{11}a_{22}a_{33} + a_{12}a_{23}a_{31} + a_{13}a_{21}a_{32} - a_{11}a_{23}a_{32} - a_{12}a_{21}a_{33} - a_{13}a_{22}a_{31},$$

容易看出:

(1) 行列式中任一项的行指标和列指标都包含了 1,2,3 这三个数,因此不计正负号的话总可按行指标将任一项写成 $a_{1p_1}a_{2p_2}a_{3p_3}$ 的形式,其中 $p_1p_2p_3$ 是 1,2,3 的某个排列. 即行列式的每一项都正好包含了数表中不同行、不同列的数.

(2) 三阶行列式共包含 $3!=6$ 项(类似地,二阶行列式包含 $2!=2$ 项). 因此,行列式包含了所有可能的不同行、不同列的数字乘积.

(3) 各项前的系数只能取±1.

因此三阶行列式可以写成

$$\begin{vmatrix} a_{11} & a_{12} & a_{13} \\ a_{21} & a_{22} & a_{23} \\ a_{31} & a_{32} & a_{33} \end{vmatrix} = \sum (-1)^t a_{1p_1} a_{2p_2} a_{3p_3}, \tag{1.1.3}$$

其中 $\sum$ 表示对 1,2,3 三个数的所有排列取和,而 $(-1)^t$ 的取值为±1,具体取何值取决于 $p_1p_2p_3$:

$p_1p_2p_3$	$(-1)^t$
123	+1
132	−1
213	−1
231	+1
312	+1
321	−1

若要将行列式推广到高阶,必须弄清 $(-1)^t$ 的具体取值规则,为此我们先介绍排列和置换的一些概念.

1.2　排列和置换

定义 1.2.1(排列)　顾名思义,由 $1,2,\cdots,n$ 组成的一个有序数组称为一个 n **级排列**,简称排列.例如 1234,3214,312 等.

定义 1.2.2(置换)　将 $1,2,\cdots,n$,这 n 个数字依次变换为 $r_1,r_2,\cdots,r_n$(其中 $r_1r_2\cdots r_n$ 为一个 n 级排列)的操作称为一个 n **阶置换**,简称置换.

显然,置换是一种操作,将一个置换作用到一个排列上将得到另一个排列.通常我们用如下的符号标记一个置换:

$$R=\begin{pmatrix} 1 & 2 & \cdots & n \\ r_1 & r_2 & \cdots & r_n \end{pmatrix},$$

其代表将上一行的数字依次变换为下一行相应的数字.显然,按置换的定义,上下两行各自的顺序并不重要,重要的是**上下两行的对应关系**.因此我们可以将置换符号的每一列作为整体重新排序,它们仍然代表同一个置换操作.即

$$\begin{pmatrix} 1 & 2 & 3 & \cdots & n \\ r_1 & r_2 & r_3 & \cdots & r_n \end{pmatrix},\quad \begin{pmatrix} 3 & 1 & 2 & \cdots & n \\ r_3 & r_1 & r_2 & \cdots & r_n \end{pmatrix},\quad \begin{pmatrix} p_1 & p_2 & p_3 & \cdots & p_n \\ r_{p_1} & r_{p_2} & r_{p_3} & \cdots & r_{p_n} \end{pmatrix}$$

等都代表同一个置换(其中 $p_1p_2\cdots p_n$ 为一个排列),因为其都代表将 i 变换为 r_i $(i=1,2,\cdots,n)$ 的操作.例如

$$\begin{pmatrix}1&2&3\\2&3&1\end{pmatrix}=\begin{pmatrix}1&3&2\\2&1&3\end{pmatrix}=\begin{pmatrix}2&3&1\\3&1&2\end{pmatrix}=\cdots$$

可以定义两个置换的乘法为从右到左相继做置换.故置换 R,S 的乘积 RS 即先做 S 置换,再做 R 置换.利用上文引入的置换符号可较容易地计算两个置换的乘积:若要计算 S 和 R 的乘积 SR,可通过列的整体重排,使得 S 的上面一行与 R 的下面一行完全相同,则按置换的定义,R 的上行与 S 的下行一起构成的操作就是乘积操作.例如:

$$S=\begin{pmatrix}1&2&3&4&5\\3&4&5&2&1\end{pmatrix},\quad R=\begin{pmatrix}1&2&3&4&5\\5&4&1&3&2\end{pmatrix},$$

$$\begin{aligned}SR&=\begin{pmatrix}1&2&3&4&5\\3&4&5&2&1\end{pmatrix}\begin{pmatrix}1&2&3&4&5\\5&4&1&3&2\end{pmatrix}\\&=\begin{pmatrix}5&4&1&3&2\\1&2&3&5&4\end{pmatrix}\begin{pmatrix}1&2&3&4&5\\5&4&1&3&2\end{pmatrix}=\begin{pmatrix}1&2&3&4&5\\1&2&3&5&4\end{pmatrix}.\end{aligned}$$

定义 1.2.3(对换) 一个 n 阶置换若只将数字 p 变为 q,q 变为 p,其余 $n-2$ 个数字保持不变,则称为一个**对换**,简记作$(p\quad q)$.即

$$(p\quad q)=\begin{pmatrix}1&2&\cdots&p&\cdots&q&\cdots&n\\1&2&\cdots&q&\cdots&p&\cdots&n\end{pmatrix}.$$

例如:
$$\begin{pmatrix}1&2&3&4\\1&4&3&2\end{pmatrix}=(2\quad 4),$$

任意一个对换的逆操作仍是该对换本身.如果引入 E 表示恒等置换:$E=\begin{pmatrix}1&2&\cdots&n\\1&2&\cdots&n\end{pmatrix}$,则有$(p\quad q)^2=E$,$(p\quad q)^{-1}=(p\quad q)$.

关于置换和对换可以证明如下定理.

定理 1.2.1 任意一个 $n\geqslant 2$ 阶置换均可写成一系列对换的乘积.

证明 当 $n=2$ 时,只有 E 和$(1\quad 2)$两个置换,而 $E=(1\quad 2)(1\quad 2)$,故定理显然成立.

假设结论对 $n-1$ 成立,现在考虑 n 阶置换.不失一般性,设任意一个 n 阶置换为

$$R=\begin{pmatrix}1&2&\cdots&n\\r_1&r_2&\cdots&r_n\end{pmatrix}.$$

若 $r_n=n$,则 R 本质上是一个 $n-1$ 阶置换,按归纳假设,可分解为对换的乘积;

若 $r_n\neq n$,则

$$(r_n\quad n)R=\begin{pmatrix}1&2&\cdots&n-1&n\\r'_1&r'_2&\cdots&r'_{n-1}&n\end{pmatrix}=R',\quad 即\quad R=(r_n\quad n)R',$$

而 R' 本质上是一个 $n-1$ 阶置换,按归纳假设,可分解为对换的乘积,故 n 也可分解为对换的乘积.

容易看出，一个置换分解为对换的乘积，方式并不是唯一的，例如：

$$R=\begin{pmatrix}1 & 2 & 3\\3 & 2 & 1\end{pmatrix}=(1\quad 3)=(2\quad 3)(3\quad 1)(1\quad 2).$$

但是可以证明：无论哪种分解方式，包含对换个数的奇偶性是相同的. 为证明这个结论，先引入排列的逆序数概念.

定义 1.2.4(逆序数) 一个 n 级排列 $p_1\ p_2\ \cdots\ p_n$ 中，若一对数的前后位置与大小顺序相反，则称它们为一个逆序，排列中逆序的总数称为这个排列的**逆序数**，记作 $\tau(p_1p_2\cdots p_n)$.

按定义计算逆序数，可先找出全部 C_n^2 对数字，依次看里面逆序有多少. 例如排列 2431 中，逆序有 21,43,41,31，故其逆序数为 4. 也可以从左到右依次考察每个数字，看该数字后面有多少个小于它的数(或前面有多少个大于它的数)，将总数相加即得逆序数. 具体来说，在排列 $p_1p_2\cdots p_n$ 中，如果 p_i 的后面有 τ_i 个小于 p_i 的数，就说数字 p_i 的逆序数是 τ_i(也可以用 p_i 的前面有多少个大于 p_i 的数来定义 p_i 的逆序数. 本书中我们用前一个定义). 排列的逆序数为 $\tau=\tau_1+\tau_2+\cdots+\tau_n$. 仍以排列 2431 为例，其 $\tau_1=1,\tau_2=2,\tau_3=1,\tau_4=0$，因此排列 2431 的逆序数为 $\tau=1+2+1+0=4$.

由逆序数可引入奇排列和偶排列的概念如下.

定义 1.2.5 逆序数为奇数的排列称为**奇排列**，逆序数为偶数的排列称为**偶排列**.

显然，自然顺序的排列 $1\ 2\ \cdots\ n$ 为偶排列. 可以证明，对排列进行对换操作会改变其奇偶性，即有如下定理.

定理 1.2.2 对换改变排列的奇偶性. 具体说来，设 n 级排列 $r_1\ r_2\cdots\ r_n$ 经过对换操作 $(j\ k)$ 之后变为 $(j\ k)[r_1r_2\cdots r_n]=r'_1\ r'_2\cdots\ r'_n$(这里方括号表示置换作用到后面方括号中的排列上)，则排列 $r'_1\ r'_2\cdots\ r'_n$ 与 $r_1\ r_2\cdots\ r_n$ 具有不同的奇偶性.

证明 首先看一个特殊的情况，若 j,k 两个数码在排列 $r_1\ r_2\cdots\ r_n$ 中位置相邻，则对换后，除了 jk 这一对数之外其他数对的逆序数不变，而 jk 这一对数在对换前后逆序数改变 1. 因此，相邻数码的对换改变了排列的奇偶性.

若 j,k 两个数码在排列 $r_1\ r_2\cdots\ r_n$ 中位置不相邻，即排列

$$\cdots\ j\ i_1\ i_2\cdots\ i_s\ k\ \cdots$$

经过对换 $(j\ k)$ 后变为排列

$$\cdots\ k\ i_1\ i_2\cdots\ i_s\ j\ \cdots$$

则这个对换操作可通过一系列位置相邻的对换 $(j\ i_1),(j\ i_2),\cdots,(j\ i_s),(j\ k)$，然后 $(k\ i_s),(k\ i_{s-1}),\cdots,(k\ i_1)$ 来实现. 一共需要 $2s+1$ 个相邻数码的对换，因此这一系列相邻对换前后的排列奇偶性相反.

故无论 j,k 是否相邻，对换前后排列的奇偶性都相反.

推论 1.2.1 全部 n 级排列中，奇排列和偶排列的个数相等，均为 $n!/2$ 个.

证明 设全部 n 级排列中，奇排列有 s 个，偶排列有 t 个. 则将 s 个奇排列的前两个数码对换，可得到 s 个不同的偶排列，故 $t\geqslant s$. 同理，将 t 个偶排列的前两个数码对换，可得到 t 个不同的奇排列，故 $s\geqslant t$. 综上有 $s=t=n!/2$.

有了对换改变排列奇偶性的定理，现在可以讨论置换的奇偶性了.

定理 1.2.3 任意一个 $n\geqslant 2$ 阶置换分解为对换的乘积时，所包含对换数目的奇偶性与分解方式无关.

证明 不失一般性，设任意一个 n 阶置换为

$$R=\begin{pmatrix}1 & 2 & \cdots & n\\ r_1 & r_2 & \cdots & r_n\end{pmatrix},$$

则 R 将排列 $1\ 2\ \cdots\ n$ 变换为 $r_1\ r_2\cdots\ r_n$，即 $R[1\ 2\ \cdots\ n]=r_1\ r_2\cdots\ r_n$.

设 R 可分解为 s 个对换的乘积，则排列 $1\ 2\ \cdots\ n$ 的奇偶性改变 s 次后与排列 $r_1\ r_2\cdots\ r_n$ 的奇偶性相同. 注意到 $1\ 2\ \cdots\ n$ 是偶排列，因此 s 必须与排列 $r_1\ r_2\cdots\ r_n$ 具有相同的奇偶性. 而排列 $r_1\ r_2\cdots\ r_n$ 由置换 R 唯一决定，与分解方式无关，故 s 的奇偶性也与分解方式无关.

由于上述定理，可引入如下定义.

定义 1.2.6（奇置换，偶置换） 将置换分解为对换的乘积时，若包含偶数个对换，则称该置换为**偶置换**，若包含奇数个对换，则称该置换为**奇置换**. 对 $n=1$ 阶置换，只有恒元一个操作，规定其为偶置换.

由置换的奇偶性可进一步引入置换的**置换宇称**，记做 $\mathrm{Sgn}(R)$：

$$\mathrm{Sgn}(R)=\begin{cases}+1, & R\text{ 是偶置换},\\ -1, & R\text{ 是奇置换}.\end{cases}$$

由定理 1.2.3 的证明过程以及全部 n 级排列中奇排列和偶排列数目相等，立即得到如下推论.

推论 1.2.2 全体 n 阶置换中，奇置换和偶置换的数目相等，均为 $n!/2$ 个，并且可知置换宇称与逆序数之间的关系如下：

$$\mathrm{Sgn}\begin{pmatrix}1 & 2 & \cdots & n\\ r_1 & r_2 & \cdots & r_n\end{pmatrix}=(-1)^{\tau(r_1 r_2\cdots r_n)}.$$

例 1.2.1 试证明：任意一个置换 $R=\begin{pmatrix}1 & 2 & \cdots & n\\ r_1 & r_2 & \cdots & r_n\end{pmatrix}$与其逆置换 $R^{-1}=\begin{pmatrix}r_1 & r_2 & \cdots & r_n\\ 1 & 2 & \cdots & n\end{pmatrix}$具有相同的奇偶性及置换宇称.

证明 设 R 可分解为一系列对换的乘积：$R=S_1S_2\cdots S_k$，则由于对换 $S^{-1}=S$，因此

$$R^{-1}=S_k^{-1}\cdots S_2^{-1}S_1^{-1}=S_k\cdots S_2S_1.$$

故 R 和 R^{-1} 可以分解为相同数目的对换乘积，且具有相同的奇偶性.

1.3 n 阶行列式的定义

有了排列和置换的知识,不难看出三阶行列式中每一项前的符号正好与排列或置换的奇偶性有关.更一般地,我们引入 n 阶行列式的定义如下.

定义 1.3.1(n 阶行列式) 由 n^2 个数 a_{ij} $(i,j=1,2,\cdots,n)$ 构成的代数和 $\sum(-1)^{\tau}a_{1p_1}a_{2p_2}\cdots a_{np_n}$ 称为 n 阶行列式,其中 $p_1p_2\cdots p_n$ 为列指标 $1,2,\cdots,n$ 构成的一个排列;$(-1)^{\tau}=\mathrm{Sgn}\begin{pmatrix}1 & 2 & \cdots & n\\ p_1 & p_2 & \cdots & p_n\end{pmatrix}$ 为将列指标从自然排列 $12\cdots n$ 变为排列 $p_1p_2\cdots p_n$ 的置换操作的奇偶宇称;$\sum$ 表示对列指标的所有的 $n!$ 个排列 $p_1p_2\cdots p_n$ 求和.即

$$D=\begin{vmatrix}a_{11} & a_{12} & \cdots & a_{1n}\\ a_{21} & a_{22} & \cdots & a_{2n}\\ \vdots & \vdots & & \vdots\\ a_{n1} & a_{n2} & \cdots & a_{nn}\end{vmatrix}=\sum_{\substack{\text{列指标}p_i\text{的}\\ \text{全部}n!\text{个排列}}}\mathrm{Sgn}\begin{pmatrix}1 & 2 & \cdots & n\\ p_1 & p_2 & \cdots & p_n\end{pmatrix}a_{1p_1}a_{2p_2}\cdots a_{np_n}. \tag{1.3.1}$$

行列式常简记为 $\det(a_{ij})$.数 a_{ij} 称为行列式 D 的 (i,j) 元.特别规定一阶行列式 $|a|$ 的值就是 a.

读者自行验证,当 $n=2,3$ 时,上述定义类似前文给出的二阶、三阶行列式的定义.注意到每一项 $a_{1p_1}a_{2p_2}\cdots a_{np_n}$ 的行指标和列指标均为 1 到 n 的排列,因此每一项都代表了不同行、不同列的元素的乘积.

利用置换的性质,我们可给出行列式的另一个等价定义.对式(1.3.1)中的置换:

$$\begin{pmatrix}1 & 2 & \cdots & n\\ p_1 & p_2 & \cdots & p_n\end{pmatrix},$$

如前所述,置换符号中的列可以作为一个整体重新排序.因此我们可以重新排序上述置换中的 n 列,使得第二行成为自然顺序,此时第一行将从自然顺序变为另一个排列.即

$$\begin{pmatrix}1 & 2 & \cdots & n\\ p_1 & p_2 & \cdots & p_n\end{pmatrix}=\begin{pmatrix}q_1 & q_2 & \cdots & q_n\\ 1 & 2 & \cdots & n\end{pmatrix}. \tag{1.3.2}$$

同时,将式(1.3.1)中的 a_{ip_i} 也重新排列使得列指标变为自然顺序,则由式(1.3.2)确定的 p_i 和 q_i 的对应关系可知,行指标正好变为排列 q_i,即

$$a_{1p_1}a_{2p_2}\cdots a_{np_n}=a_{q_1 1}a_{q_2 2}\cdots a_{q_n n}.$$

最后注意到在 p_i 和 q_i 的对应关系中,不同的排列 p_i 一定对应不同的排列 q_i,反之亦然.因此式(1.3.1)中对全部 $n!$ 个 p_i 的排列求和,也等价于对全部 $n!$ 个 q_i 的排列

求和.故行列式(1.3.1)也可等价地写为

$$D=\begin{vmatrix} a_{11} & a_{12} & \cdots & a_{1n} \\ a_{21} & a_{22} & \cdots & a_{2n} \\ \vdots & \vdots & & \vdots \\ a_{n1} & a_{n2} & \cdots & a_{nn} \end{vmatrix}=\sum_{\substack{\text{行指标}q_i\text{的} \\ \text{全部}n!\text{个排列}}}\mathrm{Sgn}\begin{pmatrix} q_1 & q_2 & \cdots & q_n \\ 1 & 2 & \cdots & n \end{pmatrix}a_{q_1 1}a_{q_2 2}\cdots a_{q_n n}. \tag{1.3.3}$$

式(1.3.3)即行列式的等价定义.

例 1.3.1 在6阶行列式中,$a_{21}a_{33}a_{42}a_{56}a_{14}a_{65}$和$a_{23}a_{42}a_{14}a_{51}a_{66}a_{35}$这两项前的系数分别是多少?

解 按行列式的定义,我们可将每一项中的行指标排成自然顺序,注意到

$$a_{21}a_{33}a_{42}a_{56}a_{14}a_{65}=a_{14}a_{21}a_{33}a_{42}a_{56}a_{65},$$

故前面的系数为

$$\mathrm{Sgn}\begin{pmatrix} 1 & 2 & 3 & 4 & 5 & 6 \\ 4 & 1 & 3 & 2 & 6 & 5 \end{pmatrix}=(-1)^{\tau(413265)}=(-1)^{3+0+1+0+1}=-1.$$

同理,

$$a_{23}a_{42}a_{14}a_{51}a_{66}a_{35}=a_{14}a_{23}a_{35}a_{42}a_{51}a_{66},$$

故前面的系数为

$$\mathrm{Sgn}\begin{pmatrix} 1 & 2 & 3 & 4 & 5 & 6 \\ 4 & 3 & 5 & 2 & 1 & 6 \end{pmatrix}=(-1)^{\tau(435216)}=(-1)^{3+2+2+1+0}=+1.$$

例 1.3.2 计算行列式 $D=\begin{vmatrix} 0 & 0 & 0 & 1 \\ 0 & 0 & 2 & 0 \\ 0 & 3 & 0 & 0 \\ 4 & 0 & 0 & 0 \end{vmatrix}$.

解 按定义有

$$D=\sum\mathrm{Sgn}\begin{pmatrix} 1 & 2 & 3 & 4 \\ p_1 & p_2 & p_3 & p_4 \end{pmatrix}a_{1p_1}a_{2p_2}a_{3p_3}a_{4p_4},$$

而注意到只有当$p_1p_2p_3p_4=4321$时,元素a_{ip_i}才非零,因此只有1个求和项:

$$D=\mathrm{Sgn}\begin{pmatrix} 1 & 2 & 3 & 4 \\ 4 & 3 & 2 & 1 \end{pmatrix}a_{14}a_{23}a_{32}a_{41}=(-1)^{\tau(4321)}\times1\times2\times3\times4=24.$$

例 1.3.3 证明行列式 $D=\begin{vmatrix} a_{11} & 0 & 0 & \cdots & 0 \\ a_{21} & a_{22} & 0 & \cdots & 0 \\ a_{31} & a_{32} & a_{33} & \cdots & 0 \\ \vdots & \vdots & \vdots & & \vdots \\ a_{n1} & a_{n2} & a_{n3} & \cdots & a_{nn} \end{vmatrix}=a_{11}a_{22}\cdots a_{nn}$.

证明 按行列式的定义,有

$$D=\sum \mathrm{Sgn}\begin{pmatrix}1 & 2 & \cdots & n\\ p_1 & p_2 & \cdots & p_n\end{pmatrix}a_{1p_1}a_{2p_2}\cdots a_{np_n},$$

而注意到第一行只有 $a_{11}\neq 0$，故 $p_1=1$ 的项才对行列式中的求和有贡献. 而一旦 $p_1=1$，注意到第 2 行只有 $p_2=1,2$ 时元素非零，又 $p_2\neq p_1$，故 $p_2=2$ 对求和的贡献才非零. 依此类推可知，只有

$$p_1=1,\quad p_2=2,\quad \cdots,\quad p_n=n$$

的项才对求和有贡献. 因此行列式的求和中只剩一项非零，故

$$D=\mathrm{Sgn}\begin{pmatrix}1 & 2 & \cdots & n\\ 1 & 2 & \cdots & n\end{pmatrix}a_{11}a_{22}\cdots a_{nn}=(-1)^{\tau(12\cdots n)}a_{11}a_{22}\cdots a_{nn}=a_{11}a_{22}\cdots a_{nn}.$$

像例 1.3.3 这样的，主对角线上方的元素全为零(即 $a_{ij}=0,i<j$)的行列式，称为**下三角行列式**；主对角线下方的元素全为零(即 $a_{ij}=0,i>j$)的行列式，称为**上三角行列式**；主对角线之外的元素全为零(即 $a_{ij}=0,i\neq j$)的行列式，称为**对角行列式**. 类似地，副对角线上方的元素全为零的行列式，称为**斜下三角行列式**；副对角线下方的元素全为零的行列式，称为**斜上三角行列式**；副对角线之外的元素全为零的行列式，称为**斜对角行列式**. 例 1.3.3 指出，下三角行列式的值等于其对角元素的乘积. 同理可证，上三角行列式的值也等于其对角元素之积. 对角行列式作为上三角或下三角行列式的特例，其值同样等于对角元素之积.

例 1.3.4 计算斜上三角行列式 $D=\begin{vmatrix}a_{11} & a_{12} & \cdots & a_{1,n-1} & a_{1n}\\ a_{21} & a_{22} & \cdots & a_{2,n-1} & 0\\ \vdots & \vdots & & \vdots & \vdots\\ a_{n1} & 0 & \cdots & 0 & 0\end{vmatrix}$.

解 仍按行列式的定义，有

$$D=\sum \mathrm{Sgn}\begin{pmatrix}1 & 2 & \cdots & n\\ p_1 & p_2 & \cdots & p_n\end{pmatrix}a_{1p_1}a_{2p_2}\cdots a_{np_n},$$

与例 1.3.3 完全类似的分析可知，只有 $p_1=n,p_2=n-1,\cdots,p_n=1$ 的项才对求和有贡献. 因此行列式的求和中只剩一项非零，故

$$D=\mathrm{Sgn}\begin{pmatrix}1 & 2 & \cdots & n\\ n & n-1 & \cdots & 1\end{pmatrix}a_{1n}a_{2,n-1}\cdots a_{n1}=(-1)^{\tau(n\cdots 21)}a_{1n}a_{2,n-1}\cdots a_{n1}.$$

注意到

$$\tau(n\cdots 21)=(n-1)+\cdots+2+1=\frac{n(n-1)}{2},$$

故

$$D=(-1)^{\frac{n(n-1)}{2}}a_{1n}a_{2,n-1}\cdots a_{n1}.$$

同样的方法可以计算斜下三角行列式和斜对角行列式，此处不再复述.

例 1.3.5 设行列式 D 的最后一行只有最后一个元素为 1，其他元素为 0，即

$$D=\begin{vmatrix} a_{11} & a_{12} & \cdots & a_{1,n-1} & a_{1n} \\ a_{21} & a_{22} & \cdots & a_{2,n-1} & a_{2n} \\ \vdots & \vdots & & \vdots & \vdots \\ a_{n-1,1} & a_{n-2,2} & \cdots & a_{n-1,n-1} & a_{n-1,n} \\ 0 & 0 & \cdots & 0 & 1 \end{vmatrix},$$

而行列式 D' 是 D 去掉最后一行和最后一列之后的行列式，即

$$D'=\begin{vmatrix} a_{11} & a_{12} & \cdots & a_{1,n-1} \\ a_{21} & a_{22} & \cdots & a_{2,n-1} \\ \vdots & \vdots & & \vdots \\ a_{n-1,1} & a_{n-2,2} & \cdots & a_{n-1,n-1} \end{vmatrix}.$$

求证：$D=D'$.

证明 注意到 p_n 必须等于 n，否则 $a_{np_n}=0$，于是按行列式的定义，有

$$D=\sum \mathrm{Sgn}\begin{pmatrix} 1 & 2 & \cdots & n-1 & n \\ p_1 & p_2 & \cdots & p_{n-1} & n \end{pmatrix} a_{1p_1}a_{2p_2}\cdots a_{n-1,p_{n-1}}a_{nn},$$

而注意到 $a_{nn}=1$，且 $\begin{pmatrix} 1 & 2 & \cdots & n-1 & n \\ p_1 & p_2 & \cdots & p_{n-1} & n \end{pmatrix}$ 本质上是一个 $n-1$ 阶置换 $\begin{pmatrix} 1 & 2 & \cdots & n-1 \\ p_1 & p_2 & \cdots & p_{n-1} \end{pmatrix}$，故

$$D=\sum \mathrm{Sgn}\begin{pmatrix} 1 & 2 & \cdots & n-1 \\ p_1 & p_2 & \cdots & p_{n-1} \end{pmatrix} a_{1p_1}a_{2p_2}\cdots a_{n-1,p_{n-1}}=D'.$$

例 1.3.6 计算 $\begin{vmatrix} 1 & -1 & x & 0 \\ 0 & 3 & x & 2 \\ 0 & x^2 & x & 1 \\ x & 4 & 5 & 3 \end{vmatrix}$ 中 x 的最高项和常数项.

解 由于第一行和第二行的 x 处在同一列，因此稍作分析可知最高项只能是 x^4 项. 为得到最高项，必须在行列式的三、四行中取 $a_{41}=x$ 和 $a_{32}=x^2$. 若第二行取 $a_{23}=x$，则第一行只能取 $a_{14}=0$，其乘积对行列式无贡献，因此必须在第一行取 $a_{13}=x$，此时第二行只能取 $a_{24}=2$. 故最高项为

$$\mathrm{Sgn}\begin{pmatrix} 1 & 2 & 3 & 4 \\ 3 & 4 & 2 & 1 \end{pmatrix} a_{13}a_{24}a_{32}a_{41}=(-1)^{2+2+1}\cdot x\cdot 2\cdot x^2\cdot x=-2x^4.$$

类似分析可知，常数项必须依次取 $a_{34}=1$，$a_{22}=3$，$a_{11}=1$ 和 $a_{43}=5$，因此常数项为

$$\mathrm{Sgn}\begin{pmatrix} 1 & 2 & 3 & 4 \\ 1 & 2 & 4 & 3 \end{pmatrix} a_{11}a_{22}a_{34}a_{43}=(-1)^{0+0+1}\cdot 1\cdot 3\cdot 1\cdot 5=-15.$$

1.4 行列式的性质

若按行列式的定义计算行列式，则需写出 $n!$ 项，且还需逐项判断符号，这是比较

烦琐的.在这一节中,我们研究行列式的若干性质,利用这些性质将大大简化行列式的计算.

将行列式 D 的行列互换后得到的行列式称为 D 的**转置行列式**,记为 D^{T}.即

$$D=\begin{vmatrix} a_{11} & a_{12} & \cdots & a_{1n} \\ a_{21} & a_{22} & \cdots & a_{2n} \\ \vdots & \vdots & & \vdots \\ a_{n1} & a_{n2} & \cdots & a_{nn} \end{vmatrix}, \quad 则\ D^{\mathrm{T}}=\begin{vmatrix} a_{11} & a_{21} & \cdots & a_{n1} \\ a_{12} & a_{22} & \cdots & a_{n2} \\ \vdots & \vdots & & \vdots \\ a_{1n} & a_{2n} & \cdots & a_{nn} \end{vmatrix}.$$

定理 1.4.1(行列式性质 1) 行列式 D 的行、列互换后值不变,即 $D=D^{\mathrm{T}}$.

证明 设行列式 D 的元素为 a_{ij},D^{T} 的元素为 b_{ij},则有

$$a_{ij}=b_{ji}.$$

按行列式的两个等价定义,有

$$D=\det(a_{ij})=\sum \mathrm{Sgn}\begin{pmatrix} p_1 & p_2 & \cdots & p_n \\ 1 & 2 & \cdots & n \end{pmatrix} a_{p_1 1}a_{p_2 2}\cdots a_{p_n n},$$

$$D^{\mathrm{T}}=\det(b_{ij})=\sum \mathrm{Sgn}\begin{pmatrix} 1 & 2 & \cdots & n \\ p_1 & p_2 & \cdots & p_n \end{pmatrix} b_{1p_1}b_{2p_2}\cdots b_{np_n}.$$

注意到 $a_{ij}=b_{ji}$,且置换 $\begin{pmatrix} p_1 & p_2 & \cdots & p_n \\ 1 & 2 & \cdots & n \end{pmatrix}$ 与置换 $\begin{pmatrix} 1 & 2 & \cdots & n \\ p_1 & p_2 & \cdots & p_n \end{pmatrix}$ 互为逆置换,其置换宇称相同(见例 1.2.1),故

$$\begin{aligned} D^{\mathrm{T}} &= \sum \mathrm{Sgn}\begin{pmatrix} 1 & 2 & \cdots & n \\ p_1 & p_2 & \cdots & p_n \end{pmatrix} a_{1p_1}a_{2p_2}\cdots a_{np_n} \\ &= \sum \mathrm{Sgn}\begin{pmatrix} p_1 & p_2 & \cdots & p_n \\ 1 & 2 & \cdots & n \end{pmatrix} a_{p_1 1}a_{p_2 2}\cdots a_{p_n n}=D. \end{aligned}$$

由定理 1.4.1 可知,行列式中的行与列具有同等的地位,行列式的性质凡是对行成立的对列也同样成立,反之亦然.

注意到行列式 $D=\det(a_{ij})$ 中每一项都包含且仅包含一个第 i 行的元素 a_{ip_i},因此 D 关于第 i 行有如下两个定理.

定理 1.4.2(行列式性质 2) 行列式某一行的所有元素同乘 k 倍,其值也变为原来的 k 倍.即

$$\begin{vmatrix} a_{11} & a_{12} & \cdots & a_{1n} \\ \vdots & \vdots & & \vdots \\ ka_{i1} & ka_{i2} & \cdots & ka_{in} \\ \vdots & \vdots & & \vdots \\ a_{n1} & a_{n2} & \cdots & a_{nn} \end{vmatrix}=k\begin{vmatrix} a_{11} & a_{12} & \cdots & a_{1n} \\ \vdots & \vdots & & \vdots \\ a_{i1} & a_{i2} & \cdots & a_{in} \\ \vdots & \vdots & & \vdots \\ a_{n1} & a_{n2} & \cdots & a_{nn} \end{vmatrix}.$$

证明 按定义展开即得

$$\sum \mathrm{Sgn}\begin{pmatrix}1 & 2 & \cdots & n\\ p_1 & p_2 & \cdots & p_n\end{pmatrix} a_{1p_1}\cdots(ka_{ip_i})\cdots a_{np_n}$$

$$= k\sum \mathrm{Sgn}\begin{pmatrix}1 & 2 & \cdots & n\\ p_1 & p_2 & \cdots & p_n\end{pmatrix} a_{1p_1}\cdots a_{ip_i}\cdots a_{np_n}.$$

定理 1.4.3(行列式性质 3) 若行列式某行元素可分为两组数之和,则行列式可化为两个行列式之和.即

$$\begin{vmatrix}a_{11} & a_{12} & \cdots & a_{1n}\\ \vdots & \vdots & & \vdots\\ a_{i1}+b_{i1} & a_{i2}+b_{i2} & \cdots & a_{in}+b_{in}\\ \vdots & \vdots & & \vdots\\ a_{n1} & a_{n2} & \cdots & a_{nn}\end{vmatrix} = \begin{vmatrix}a_{11} & a_{12} & \cdots & a_{1n}\\ \vdots & \vdots & & \vdots\\ a_{i1} & a_{i2} & \cdots & a_{in}\\ \vdots & \vdots & & \vdots\\ a_{n1} & a_{n2} & \cdots & a_{nn}\end{vmatrix} + \begin{vmatrix}a_{11} & a_{12} & \cdots & a_{1n}\\ \vdots & \vdots & & \vdots\\ b_{i1} & b_{i2} & \cdots & b_{in}\\ \vdots & \vdots & & \vdots\\ a_{n1} & a_{n2} & \cdots & a_{nn}\end{vmatrix}.$$

证明 按定义展开即得

$$\sum \mathrm{Sgn}\begin{pmatrix}1 & 2 & \cdots & n\\ p_1 & p_2 & \cdots & p_n\end{pmatrix} a_{1p_1}\cdots(a_{ip_i}+b_{ip_i})\cdots a_{np_n}$$

$$= \sum \mathrm{Sgn}\begin{pmatrix}1 & 2 & \cdots & n\\ p_1 & p_2 & \cdots & p_n\end{pmatrix} a_{1p_1}\cdots a_{ip_i}\cdots a_{np_n}$$

$$+ \sum \mathrm{Sgn}\begin{pmatrix}1 & 2 & \cdots & n\\ p_1 & p_2 & \cdots & p_n\end{pmatrix} a_{1p_1}\cdots b_{ip_i}\cdots a_{np_n}.$$

由行列式性质 2 立刻得到如下推论.

推论 1.4.1 若行列式的某一行元素全为 0,则行列式的值为 0.

以上行列式性质 2、3 均是行列式关于其同一行元素的性质,下面讨论关于两行元素之间的性质.

定理 1.4.4(行列式性质 4) 行列式的两行互换,其值反号.

证明 设行列式 $D=\det(a_{ij})$,将其第 k,l 行互换之后的行列式为 $D'=\det(b_{ij})$,则有 $a_{kj}=b_{lj}$,$a_{lj}=b_{kj}$.按定义有

$$D' = \sum \mathrm{Sgn}\begin{pmatrix}1 & \cdots & k & \cdots & l & \cdots & n\\ p_1 & \cdots & r & \cdots & s & \cdots & p_n\end{pmatrix} b_{1p_1}\cdots b_{kr}\cdots b_{ls}\cdots b_{np_n}$$

$$= \sum \mathrm{Sgn}\begin{pmatrix}1 & \cdots & k & \cdots & l & \cdots & n\\ p_1 & \cdots & r & \cdots & s & \cdots & p_n\end{pmatrix} b_{1p_1}\cdots b_{ls}\cdots b_{kr}\cdots b_{np_n}$$

$$= \sum \mathrm{Sgn}\begin{pmatrix}1 & \cdots & k & \cdots & l & \cdots & n\\ p_1 & \cdots & r & \cdots & s & \cdots & p_n\end{pmatrix} a_{1p_1}\cdots a_{ks}\cdots a_{lr}\cdots a_{np_n},$$

注意到

$$\begin{pmatrix}1 & \cdots & k & \cdots & l & \cdots & n\\ p_1 & \cdots & r & \cdots & s & \cdots & p_n\end{pmatrix} = (r\quad s)\begin{pmatrix}1 & \cdots & k & \cdots & l & \cdots & n\\ p_1 & \cdots & s & \cdots & r & \cdots & p_n\end{pmatrix}.$$

故

$$\mathrm{Sgn}\begin{pmatrix}1 & \cdots & k & \cdots & l & \cdots & n\\ p_1 & \cdots & r & \cdots & s & \cdots & p_n\end{pmatrix}=-\mathrm{Sgn}\begin{pmatrix}1 & \cdots & k & \cdots & l & \cdots & n\\ p_1 & \cdots & s & \cdots & r & \cdots & p_n\end{pmatrix},$$

$$D'=-\sum\mathrm{Sgn}\begin{pmatrix}1 & \cdots & k & \cdots & l & \cdots & n\\ p_1 & \cdots & s & \cdots & r & \cdots & p_n\end{pmatrix}a_{1p_1}\cdots a_{ks}\cdots a_{lr}\cdots a_{np_n}=-D.$$

由此可知，若行列式中有两行完全相同，则将这两行互换有 $D=-D$，故 $D=0$. 即有如下推论.

推论 1.4.2 行列式若有两行对应元素完全相同，则该行列式值为 0.

利用上述推论，以及行列式性质 2 立刻得到下述推论.

推论 1.4.3 行列式若有两行元素成比例，则该行列式值为 0.

进一步利用上述推论，以及行列式性质 3 可得到下述推论.

推论 1.4.4 将行列式的某一行倍乘因子 k 后加到另一行上，行列式的值不变. 即

$$\begin{vmatrix}a_{11} & a_{12} & \cdots & a_{1n}\\ \vdots & \vdots & & \vdots\\ a_{i1} & a_{i2} & \cdots & a_{in}\\ \vdots & \vdots & & \vdots\\ a_{n1} & a_{n2} & \cdots & a_{nn}\end{vmatrix}=\begin{vmatrix}a_{11} & a_{12} & \cdots & a_{1n}\\ \vdots & \vdots & & \vdots\\ a_{i1}+ka_{j1} & a_{i2}+ka_{j2} & \cdots & a_{in}+ka_{jn}\\ \vdots & \vdots & & \vdots\\ a_{n1} & a_{n2} & \cdots & a_{nn}\end{vmatrix}\quad(i\neq j).$$

按照行列式的定义计算行列式比较烦琐，而利用上述行列式的性质，可将行列式化为较简单的形式(例如上三角行列式)来求值. 在计算过程中，我们约定如下符号标记.

(1) 交换 i,j 两行记作 $r_i\leftrightarrow r_j$，交换 i,j 两列记作 $c_i\leftrightarrow c_j$.

(2) 第 i 行(或列)提出公因子 k，记作 r_i/k(或 c_i/k).

(3) 将数 k 乘第 j 行(列)加到第 i 行(列)上，记作 r_i+kr_j(或 c_i+kc_j).

习惯上，我们将行的操作写在等号上方，列的操作写在等号下方.

例 1.4.1 计算行列式 $D=\begin{vmatrix}3 & 1 & -1 & 2\\ -5 & 1 & 3 & -4\\ 2 & 0 & 1 & -1\\ 1 & -5 & 3 & -3\end{vmatrix}$.

解

$$D=\begin{vmatrix}3 & 1 & -1 & 2\\ -5 & 1 & 3 & -4\\ 2 & 0 & 1 & -1\\ 1 & -5 & 3 & -3\end{vmatrix}\underset{c_1\leftrightarrow c_2}{=\!=\!=}-\begin{vmatrix}1 & 3 & -1 & 2\\ 1 & -5 & 3 & -4\\ 0 & 2 & 1 & -1\\ -5 & 1 & 3 & -3\end{vmatrix}$$

$$\overset{\substack{r_2-r_1\\ r_4+5r_1}}{=\!=\!=\!=}-\begin{vmatrix}1 & 3 & -1 & 2\\ 0 & -8 & 4 & -6\\ 0 & 2 & 1 & -1\\ 0 & 16 & -2 & 7\end{vmatrix}\overset{r_2\leftrightarrow r_3}{=\!=\!=}\begin{vmatrix}1 & 3 & -1 & 2\\ 0 & 2 & 1 & -1\\ 0 & -8 & 4 & -6\\ 0 & 16 & -2 & 7\end{vmatrix}$$

$$\xlongequal[r_4-8r_2]{r_3+r_2}\begin{vmatrix}1&3&-1&2\\0&2&1&-1\\0&0&8&-10\\0&0&-10&15\end{vmatrix}\xlongequal{r_4+\frac{5}{4}r_3}\begin{vmatrix}1&3&-1&2\\0&2&1&-1\\0&0&8&-10\\0&0&0&5/2\end{vmatrix}=40.$$

例 1.4.2 计算 $D=\begin{vmatrix}3&1&1&1\\1&3&1&1\\1&1&3&1\\1&1&1&3\end{vmatrix}$.

解 $D=\begin{vmatrix}3&1&1&1\\1&3&1&1\\1&1&3&1\\1&1&1&3\end{vmatrix}\xlongequal[c_1+c_2+c_3+c_4]{}\begin{vmatrix}6&1&1&1\\6&3&1&1\\6&1&3&1\\6&1&1&3\end{vmatrix}$

$$\xlongequal[c_1/6]{}6\begin{vmatrix}1&1&1&1\\1&3&1&1\\1&1&3&1\\1&1&1&3\end{vmatrix}\xlongequal{\substack{r_2-r_1\\r_3-r_1\\r_4-r_1}}6\begin{vmatrix}1&1&1&1\\0&2&0&0\\0&0&2&0\\0&0&0&2\end{vmatrix}=6\times 8=48.$$

例 1.4.3 计算 $D=\begin{vmatrix}a&b&c&d\\a&a+b&a+b+c&a+b+c+d\\a&2a+b&3a+2b+c&4a+3b+2c+d\\a&3a+b&6a+3b+c&10a+6b+3c+d\end{vmatrix}$.

解 $D\xlongequal{\substack{r_4-r_3\\r_3-r_2\\r_2-r_1}}\begin{vmatrix}a&b&c&d\\0&a&a+b&a+b+c\\0&a&2a+b&3a+2b+c\\0&a&3a+b&6a+3b+c\end{vmatrix}\xlongequal{\substack{r_4-r_3\\r_3-r_2}}\begin{vmatrix}a&b&c&d\\0&a&a+b&a+b+c\\0&0&a&2a+b\\0&0&a&3a+b\end{vmatrix}$

$$\xlongequal{r_4-r_3}\begin{vmatrix}a&b&c&d\\0&a&a+b&a+b+c\\0&0&a&2a+b\\0&0&0&a\end{vmatrix}=a^4.$$

1.5 行列式按行(列)的展开

我们先来分析行列式的结构. 注意到

$$D=\det(a_{ij})=\sum\mathrm{Sgn}\begin{pmatrix}1&2&\cdots&n\\p_1&p_2&\cdots&p_n\end{pmatrix}a_{1p_1}a_{2p_2}\cdots a_{np_n},$$

因此 D 中的每一项一定包含且仅包含一个第 i 行的元素 a_{ip_i}. 我们将含有 a_{i1} 的项合

并起来，将含有 a_{i2} 的项合并起来，依此类推，可知 D 具有如下结构：

$$D=a_{i1}A_{i1}+a_{i2}A_{i2}+\cdots+a_{in}A_{in},$$

其中，A_{ij} 是 D 中含有 a_{ij} 的项合并提取 a_{ij} 后剩余的部分，因此根据行列式的定义，A_{ij} 中一定不含有第 i 行第 j 列的元素. 下面来研究 A_{ij} 的计算.

利用行列式的性质 3 和性质 2 可得

$$D=\begin{vmatrix} a_{11} & a_{12} & \cdots & a_{1n} \\ \vdots & \vdots & & \vdots \\ a_{i1} & a_{i2} & \cdots & a_{in} \\ \vdots & \vdots & & \vdots \\ a_{n1} & a_{n2} & \cdots & a_{nn} \end{vmatrix}=\begin{vmatrix} a_{11} & a_{12} & \cdots & a_{1n} \\ \vdots & \vdots & & \vdots \\ a_{i1} & 0 & \cdots & 0 \\ \vdots & \vdots & & \vdots \\ a_{n1} & a_{n2} & \cdots & a_{nn} \end{vmatrix}+\begin{vmatrix} a_{11} & a_{12} & \cdots & a_{1n} \\ \vdots & \vdots & & \vdots \\ 0 & a_{i2} & \cdots & a_{in} \\ \vdots & \vdots & & \vdots \\ a_{n1} & a_{n2} & \cdots & a_{nn} \end{vmatrix}$$

$$=\begin{vmatrix} a_{11} & a_{12} & \cdots & a_{1n} \\ \vdots & \vdots & & \vdots \\ a_{i1} & 0 & \cdots & 0 \\ \vdots & \vdots & & \vdots \\ a_{n1} & a_{n2} & \cdots & a_{nn} \end{vmatrix}+\begin{vmatrix} a_{11} & a_{12} & \cdots & a_{1n} \\ \vdots & \vdots & & \vdots \\ 0 & a_{i2} & \cdots & 0 \\ \vdots & \vdots & & \vdots \\ a_{n1} & a_{n2} & \cdots & a_{nn} \end{vmatrix}+\cdots+\begin{vmatrix} a_{11} & a_{12} & \cdots & a_{1n} \\ \vdots & \vdots & & \vdots \\ 0 & 0 & \cdots & a_{in} \\ \vdots & \vdots & & \vdots \\ a_{n1} & a_{n2} & \cdots & a_{nn} \end{vmatrix}$$

$$=a_{i1}\begin{vmatrix} a_{11} & a_{12} & \cdots & a_{1n} \\ \vdots & \vdots & & \vdots \\ 1 & 0 & \cdots & 0 \\ \vdots & \vdots & & \vdots \\ a_{n1} & a_{n2} & \cdots & a_{nn} \end{vmatrix}+a_{i2}\begin{vmatrix} a_{11} & a_{12} & \cdots & a_{1n} \\ \vdots & \vdots & & \vdots \\ 0 & 1 & \cdots & 0 \\ \vdots & \vdots & & \vdots \\ a_{n1} & a_{n2} & \cdots & a_{nn} \end{vmatrix}+\cdots+a_{in}\begin{vmatrix} a_{11} & a_{12} & \cdots & a_{1n} \\ \vdots & \vdots & & \vdots \\ 0 & 0 & \cdots & 1 \\ \vdots & \vdots & & \vdots \\ a_{n1} & a_{n2} & \cdots & a_{nn} \end{vmatrix}.$$

由此可知

$$A_{ij}=\begin{vmatrix} a_{11} & \cdots & a_{1j} & \cdots & a_{1n} \\ \vdots & & \vdots & & \vdots \\ 0 & \cdots & 1 & \cdots & 0 \\ \vdots & & \vdots & & \vdots \\ a_{n1} & \cdots & a_{nj} & \cdots & a_{nn} \end{vmatrix}.$$

这个表达式与例 1.3.5 类似，我们可以将第 i 行逐步与下一行交换，经过 $n-i$ 次行交换后，第 i 行移动到了行列式的最后一行，其他行的相对位置不变. 进一步将第 j 列逐步与后一列交换，经过 $n-j$ 次列交换后，第 j 列移动到了行列式的最后一列，其他列的相对位置不变. 于是 A_{ij} 的形式除去因子 $(-1)^{n-i+n-j}=(-1)^{i+j}$ 之外，完全变成例 1.3.5 的形式，利用例 1.3.5 的结论可知

$$A_{ij}=(-1)^{i+j}M_{ij},$$

其中，M_{ij} 为行列式 D 划去第 i 行和第 j 列后得到的行列式. 为此我们先引入余子式和代数余子式的概念.

定义 1.5.1（余子式与代数余子式）　在 n 阶行列式 $D=\det(a_{ij})$ 中，把元素 a_{ij} 所

在的第 i 行和第 j 列划去后，剩下来的 $n-1$ 阶行列式叫作元素 a_{ij} 的**余子式**，记作 M_{ij}；记 $A_{ij}=(-1)^{i+j}M_{ij}$，A_{ij} 叫作元素 a_{ij} 的**代数余子式**.

以如下5阶行列式

$$\begin{vmatrix} a_{11} & a_{12} & a_{13} & a_{14} & a_{15} \\ a_{21} & a_{22} & a_{23} & a_{24} & a_{25} \\ a_{31} & a_{32} & a_{33} & a_{34} & a_{35} \\ a_{41} & a_{42} & a_{43} & a_{44} & a_{45} \\ a_{51} & a_{52} & a_{53} & a_{54} & a_{55} \end{vmatrix}$$

为例，元素 a_{23} 的余子式和代数余子式分别为

$$M_{23}=\begin{vmatrix} a_{11} & a_{12} & a_{14} & a_{15} \\ a_{31} & a_{32} & a_{34} & a_{35} \\ a_{41} & a_{42} & a_{44} & a_{45} \\ a_{51} & a_{52} & a_{54} & a_{55} \end{vmatrix}, \quad A_{23}=(-1)^{2+3}M_{23}=-M_{23}.$$

利用余子式和代数余子式的概念，以上分析的结论可写为：行列式的值等于它任意一行各元素与对应的代数余子式乘积的和，即

$$\det(a_{ij})=a_{i1}A_{i1}+a_{i2}A_{i2}+\cdots+a_{in}A_{in}=\sum_{j=1}^{n}a_{ij}A_{ij},$$

此即行列式按某一行展开的法则. 如果用第 i 行的各元素与第 k 行对应元素的代数余子式相乘再求和，则按行列式的展开法则，结果正好是将原行列式第 k 行元素换成第 i 行对应的元素之后的行列式并按第 k 行展开，按照推论1.4.2可知，此行列式的值为0. 即，设行列式

$$D=\begin{vmatrix} a_{11} & a_{12} & \cdots & a_{1n} \\ \vdots & \vdots & & \vdots \\ a_{i1} & a_{i2} & \cdots & a_{in} \\ \vdots & \vdots & & \vdots \\ a_{k1} & a_{k2} & \cdots & a_{kn} \\ \vdots & \vdots & & \vdots \\ a_{n1} & a_{n2} & \cdots & a_{nn} \end{vmatrix},$$

则有

$$\sum_{j=1}^{n}a_{ij}A_{kj}=\begin{vmatrix} a_{11} & a_{12} & \cdots & a_{1n} \\ \vdots & \vdots & & \vdots \\ a_{i1} & a_{i2} & \cdots & a_{in} \\ \vdots & \vdots & & \vdots \\ a_{i1} & a_{i2} & \cdots & a_{in} \\ \vdots & \vdots & & \vdots \\ a_{n1} & a_{n2} & \cdots & a_{nn} \end{vmatrix}=0.$$

综合以上分析，我们得到了如下行列式的展开定理（注意行列式中行和列的地位等价，因此展开定理也可以用列来表述）.

定理 1.5.1（行列式的展开定理）　行列式 D 等于它的任一行（列）各元素与其对应的代数余子式乘积的和. 若将行列式某一行（列）的元素与另一行（列）对应元素的代数余子式相乘再求和则等于 0. 即

$$a_{i1}A_{j1}+a_{i2}A_{j2}+\cdots+a_{in}A_{jn}=\sum_{k=1}^{n}a_{ik}A_{jk}=\begin{cases}D, & \text{当 } i=j,\\ 0, & \text{当 } i\neq j,\end{cases} \tag{1.5.1}$$

或者

$$a_{1i}A_{1j}+a_{2i}A_{2j}+\cdots+a_{ni}A_{nj}=\sum_{k=1}^{n}a_{ki}A_{kj}=\begin{cases}D, & \text{当 } i=j,\\ 0, & \text{当 } i\neq j.\end{cases} \tag{1.5.2}$$

我们引入克隆尼克（Kronecker）δ 符号来简记上述定理. 定义：

$$\delta_{ij}=\begin{cases}1, & \text{当 } i=j,\\ 0, & \text{当 } i\neq j,\end{cases}$$

则上述定理可紧凑地写为

$$\sum_{k=1}^{n}a_{ik}A_{jk}=\sum_{k=1}^{n}a_{ki}A_{kj}=D\delta_{ij}.$$

实际上，行列式的展开定理可作为行列式的递归定义. 行列式还有其他一些等价的定义，例如利用上一节的性质 2、3、4，再规定对角元素全为 1 的对角行列式的值为 1，也可完全确定任意行列式的值，即行列式可被定义为宗量为 n 组数（每组含 n 个数）的规范的、反对称的、n 重线性泛函[2]. 这种定义方式具有鲜明的几何特点，即行列式与体积的计算有紧密联系. 我们在后面内积空间一章将通过一个例子来介绍行列式的几何含义.

例 1.5.1　利用行列式的展开定理计算 $D=\begin{vmatrix}1 & 2 & 3 & 4\\ 1 & 0 & 1 & 2\\ 3 & -1 & -1 & 0\\ 1 & 2 & 0 & 5\end{vmatrix}$.

解　按照第三列展开，则有

$$D=a_{13}A_{13}+a_{23}A_{23}+a_{33}A_{33}+a_{43}A_{43},$$

其中

$$a_{13}=3,\quad a_{23}=1,\quad a_{33}=-1,\quad a_{43}=0,$$

$$A_{13}=(-1)^{1+3}\begin{vmatrix}1 & 0 & 2\\ 3 & -1 & 0\\ 1 & 2 & 5\end{vmatrix}=9,\quad A_{23}=(-1)^{2+3}\begin{vmatrix}1 & 2 & 4\\ 3 & -1 & 0\\ 1 & 2 & 5\end{vmatrix}=7,$$

$$A_{33}=(-1)^{3+3}\begin{vmatrix}1&2&4\\1&0&2\\1&2&5\end{vmatrix}=-2,\quad A_{43}=(-1)^{4+3}\begin{vmatrix}1&2&4\\1&0&2\\3&-1&0\end{vmatrix}=-10.$$

故
$$D=3\times9+7\times1+(-1)\times(-2)+0\times(-10)=36.$$

以上行列式按某一行或一列展开的法则可进一步推广为按多行或多列的展开.为此先将余子式和代数余子式的概念进行推广.

定义 1.5.2(子式、余子式) 在一个 n 阶行列式 D 中任意选取 k 行 k 列($k\leqslant n$),位于这些行和列的交点上的 k^2 个元素按照原来的次序组成的一个 k 阶行列式 M,称为行列式 D 的一个 k **阶子式**,简称**子式**.在 D 中划去这 k 行 k 列后,余下的元素按照原来的次序组成的 $n-k$ 阶行列式 M^c,称为 k 阶子式 M 的**余子式**.

● 注 1:通过定义可知,M^c 也是一个子式,而 M 正好是 M^c 的余子式.因此子式和余子式是相互的,M 和 M^c 可称为行列式 D 的**一对互余的子式**.

● 注 2:若选取的 k 行的行号与选取的 k 列的列号相同,则称该 k 阶子式为 k 阶**主子式**.

● 注 3:若选取第 1 行到第 k 行、第 1 列到第 k 列组成的主子式,称为**顺序主子式**.

定义 1.5.3(代数余子式) 设行列式 D 的 k 阶子式 M 在 D 中所在的行、列指标分别是 $i_1,i_2,\cdots,i_k$;$j_1,j_2,\cdots,j_k$,M 的余子式 M^c 前乘上因子 $(-1)^{(i_1+i_2+\cdots+i_k)+(j_1+j_2+\cdots+j_k)}$ 后得到的 M^a 称为 M 的**代数余子式**,即

$$M^a=(-1)^{\sum\limits_{p=1}^{k}(i_p+j_p)}M^c.$$

习惯上常选取列指标和行指标的集合作为子式、余子式的下标.

例 1.5.2 在四阶行列式 $\begin{vmatrix}1&2&1&4\\0&-1&2&1\\0&0&2&1\\0&0&1&3\end{vmatrix}$ 中选定第一、三行,第二、四列得到的子式为

$$M_{13,24}=\begin{vmatrix}2&4\\0&1\end{vmatrix},$$

$M_{13,24}$ 的余子式为

$$M_{13,24}^c=\begin{vmatrix}0&2\\0&1\end{vmatrix},$$

$M_{13,24}$ 的代数余子式是

$$M_{13,24}^a=(-1)^{(1+3)+(2+4)}M_{13,24}^c=M_{13,24}^c.$$

例 1.5.3 在五阶行列式

$$\begin{vmatrix} a_{11} & a_{12} & \cdots & a_{15} \\ a_{21} & a_{22} & \cdots & a_{25} \\ \vdots & \vdots & & \vdots \\ a_{51} & a_{52} & \cdots & a_{55} \end{vmatrix}$$

中，$M_{124,235}=\begin{vmatrix} a_{12} & a_{13} & a_{15} \\ a_{22} & a_{23} & a_{25} \\ a_{42} & a_{43} & a_{45} \end{vmatrix}$ 与 $M_{35,14}=\begin{vmatrix} a_{31} & a_{34} \\ a_{51} & a_{54} \end{vmatrix}$ 是一对互余的子式，而 $M_{124,235}$ 的代数余子式是

$$M^a_{124,235}=(-1)^{(1+2+4)+(2+3+5)}M_{35,14}=-M_{35,14}.$$

定理 1.5.2(Laplace 定理*) 一个 n 阶行列式 D 等于任意选定 k 行或 k 列($1\leqslant k\leqslant n-1$)时，一切可能的 C_n^k 个 k 阶子式与其代数余子式乘积之和，即

$$D=\sum_{\text{取定}k\text{行时}} MM^a.$$

证明 设 $D=\det(a_{ij})$. 任意选定的 k 个行指标(即 M 的行)按原来 D 中的次序排列依次为 $r_1,r_2,\cdots,r_k$，而余下的 $n-k$ 个行指标(即 M^c 的行)按原来 D 中的次序排列依次为 $r_{k+1},r_{k+2},\cdots,r_n$；并标记选取的 M 的列指标按原来 D 中的次序排列依次为 $c_1,c_2,\cdots,c_k$，而余下的 $n-k$ 个列指标(也即 M^c 的列)按原来 D 中的次序排列依次为 $c_{k+1},c_{k+2},\cdots,c_n$. 则

$$\sum MM^a=\sum_{(1)}(-1)^{\sum\limits_{l=1}^{k}(r_l+c_l)}MM^c.$$

其中 $\sum\limits_{(1)}$ 代表对列指标 $c_1c_2\cdots c_k$ 的 C_n^k 种选择求和. 而按照行列式的定义：

$$M=\sum_{(2)}\operatorname{Sgn}\begin{pmatrix} c_1 & c_2 & \cdots & c_k \\ p_1 & p_2 & \cdots & p_k \end{pmatrix}a_{r_1p_1}a_{r_2p_2}\cdots a_{r_kp_k}.$$

其中 $\sum\limits_{(2)}$ 代表对 $p_1p_2\cdots p_k$ 取遍列指标 $c_1c_2\cdots c_k$ 的全部排列求和. 同理，有

$$M^c=\sum_{(3)}\operatorname{Sgn}\begin{pmatrix} c_{k+1} & c_{k+2} & \cdots & c_n \\ p_{k+1} & p_{k+2} & \cdots & p_n \end{pmatrix}a_{r_{k+1}p_{k+1}}a_{r_{k+2}p_{k+2}}\cdots a_{r_np_n}.$$

其中 $\sum\limits_{(3)}$ 代表对 $p_{k+1}\cdots p_n$ 取遍列指标 $c_{k+1}\cdots c_n$ 的全部排列求和. 合起来即

$$\begin{aligned}\sum MM^a=&\sum_{(1)}\sum_{(2)}\sum_{(3)}(-1)^{\sum\limits_{l=1}^{k}(r_l+c_l)}\operatorname{Sgn}\begin{pmatrix} c_1 & c_2 & \cdots & c_k \\ p_1 & p_2 & \cdots & p_k \end{pmatrix}\cdot\\ &\operatorname{Sgn}\begin{pmatrix} c_{k+1} & c_{k+2} & \cdots & c_n \\ p_{k+1} & p_{k+2} & \cdots & p_n \end{pmatrix}a_{r_1p_1}a_{r_2p_2}\cdots a_{r_kp_k}a_{r_{k+1}p_{k+1}}a_{r_{k+2}p_{k+2}}\cdots a_{r_np_n}\\ =&(-1)^{r_1+r_2+\cdots+r_k}\sum_{(1),(2),(3)}(-1)^{c_1+c_2+\cdots+c_k}\cdot\\ &\operatorname{Sgn}\begin{pmatrix} c_1 & c_2 & \cdots & c_n \\ p_1 & p_2 & \cdots & p_n \end{pmatrix}a_{r_1p_1}a_{r_2p_2}\cdots a_{r_np_n}.\end{aligned}$$

注意到将排列 1 2 … n 变为排列 $c_1\ c_2 \cdots\ c_n$ 可通过如下步骤实现：先将 c_1 通过 c_1-1 次相邻位置的对换变到第 1 个位置，再将 c_2 通过 c_2-2 次相邻位置的对换变到第 2 个位置，…，最后将 c_k 通过 c_k-k 次相邻位置的对换变到第 k 个位置. 总共需要 $c_1+c_2+\cdots+c_k-\frac{k(k+1)}{2}$ 次对换. 因此

$$(-1)^{c_1+c_2+\cdots+c_k}=(-1)^{\frac{k(k+1)}{2}}\mathrm{Sgn}\begin{pmatrix}1 & 2 & \cdots & n\\ c_1 & c_2 & \cdots & c_n\end{pmatrix},$$

代入 $\sum MM^a$ 的表达式，即有

$$\sum MM^a=(-1)^{r_1+\cdots+r_k+\frac{k(k+1)}{2}}\sum_{(1),(2),(3)}\mathrm{Sgn}\begin{pmatrix}1 & 2 & \cdots & n\\ p_1 & p_2 & \cdots & p_n\end{pmatrix}a_{r_1p_1}a_{r_2p_2}\cdots a_{r_np_n}.$$

现在重新考察对 $p_1\cdots p_n$ 的求和 $\sum\limits_{(1),(2),(3)}$：首先是从 $1\sim n$ 行中选取 k 行作为 $c_1\cdots c_k$，对这 C_n^k 种取法求和；然后再对选定的 k 行的行指标 $c_1\cdots c_k$ 的全部可能的排列求和；最后还要对剩下的 $n-k$ 行的行指标 $c_{k+1}\cdots c_n$ 的全部可能的排列求和. 总的看来，就是对 $1\sim n$ 行的全部可能排列求和，即 $\sum\limits_{(1),(2),(3)}$ 就是对 $p_1\cdots p_n$ 取遍 $1\cdots n$ 的全部可能排列求和. 进一步注意到类似对列指标的分析有

$$(-1)^{r_1+r_2+\cdots+r_k+\frac{k(k+1)}{2}}=\mathrm{Sgn}\begin{pmatrix}r_1 & r_2 & \cdots & r_n\\ 1 & 2 & \cdots & n\end{pmatrix},$$

代入上式，即得

$$\begin{aligned}\sum MM^a&=\sum_{p_1\cdots p_n\text{取遍全部}n\text{级排列}}\mathrm{Sgn}\begin{pmatrix}r_1 & r_2 & \cdots & r_n\\ p_1 & p_2 & \cdots & p_n\end{pmatrix}a_{r_1p_1}a_{r_2p_2}\cdots a_{r_np_n}\\&=\sum_{p'_1\cdots p'_n\text{取遍全部}n\text{级排列}}\mathrm{Sgn}\begin{pmatrix}1 & 2 & \cdots & n\\ p'_1 & p'_2 & \cdots & p'_n\end{pmatrix}a_{1p'_1}a_{2p'_2}\cdots a_{np'_n}=D.\end{aligned}$$

其中第二个等号是通过重新排列 r_i（连带 p_i 一起）的顺序得到.

例 1.5.4 在行列式 $D=\begin{vmatrix}1 & 2 & 1 & 4\\ 0 & -1 & 2 & 1\\ 1 & 0 & 1 & 3\\ 0 & 1 & 3 & 1\end{vmatrix}$ 中取定第一、二行，试按拉普拉斯定理计算行列式的值.

解 取定两行时共有 6 个子式：

$$M_{12,12}=\begin{vmatrix}1 & 2\\ 0 & -1\end{vmatrix},\quad M_{12,13}=\begin{vmatrix}1 & 1\\ 0 & 2\end{vmatrix},\quad M_{12,14}=\begin{vmatrix}1 & 4\\ 0 & 1\end{vmatrix},$$

$$M_{12,23}=\begin{vmatrix}2 & 1\\ -1 & 2\end{vmatrix},\quad M_{12,24}=\begin{vmatrix}2 & 4\\ -1 & 1\end{vmatrix},\quad M_{12,34}=\begin{vmatrix}1 & 4\\ 2 & 1\end{vmatrix}.$$

它们对应的代数余子式分别为

$$M^a_{12,12}=(-1)^{(1+2)+(1+2)}M^c_{12,12}=M^c_{12,12},\quad M^a_{12,13}=(-1)^{(1+2)+(1+3)}M^c_{12,13}=-M^c_{12,13},$$
$$M^a_{12,14}=(-1)^{(1+2)+(1+4)}M^c_{12,14}=M^c_{12,14},\quad M^a_{12,23}=(-1)^{(1+2)+(2+3)}M^c_{12,23}=M^c_{12,23},$$
$$M^a_{12,24}=(-1)^{(1+2)+(2+4)}M^c_{12,24}=-M^c_{12,24},\quad M^a_{12,34}=(-1)^{(1+2)+(3+4)}M^c_{12,34}=M^c_{12,34}.$$

根据拉普拉斯定理，有

$$\begin{aligned}D=&\begin{vmatrix}1&2\\0&-1\end{vmatrix}\begin{vmatrix}1&3\\3&1\end{vmatrix}-\begin{vmatrix}1&1\\0&2\end{vmatrix}\begin{vmatrix}0&3\\1&1\end{vmatrix}+\begin{vmatrix}1&4\\0&1\end{vmatrix}\begin{vmatrix}0&1\\1&3\end{vmatrix}\\&+\begin{vmatrix}2&1\\-1&2\end{vmatrix}\begin{vmatrix}1&3\\0&1\end{vmatrix}-\begin{vmatrix}2&4\\-1&1\end{vmatrix}\begin{vmatrix}1&1\\0&3\end{vmatrix}+\begin{vmatrix}1&4\\2&1\end{vmatrix}\begin{vmatrix}1&0\\0&1\end{vmatrix}\\&=(-1)\times(-8)-2\times(-3)+1\times(-1)+5\times1-6\times3+(-7)\times1\\&=8+6-1+5-18-7=-7.\end{aligned}$$

例 1.5.5 证明 $D=D_1\cdot D_2$，其中，

$$D=\begin{vmatrix}a_{11}&\cdots&a_{1m}&0&\cdots&0\\\vdots&&\vdots&\vdots&&\vdots\\a_{m1}&\cdots&a_{mm}&0&\cdots&0\\c_{11}&\cdots&c_{1m}&b_{11}&\cdots&b_{1n}\\\vdots&&\vdots&\vdots&&\vdots\\c_{n1}&\cdots&c_{nm}&b_{n1}&\cdots&b_{nn}\end{vmatrix},$$

$$D_1=\begin{vmatrix}a_{11}&\cdots&a_{1m}\\\vdots&&\vdots\\a_{m1}&\cdots&a_{mm}\end{vmatrix},\quad D_2=\begin{vmatrix}b_{11}&\cdots&b_{1n}\\\vdots&&\vdots\\b_{n1}&\cdots&b_{nn}\end{vmatrix}.$$

证明 利用行列式按第一行展开的展开式，对 m 用数学归纳法可较容易地进行证明，但利用拉普拉斯定理则更直接. 选取前面 m 行固定，则 D 的非零子式只有 1 个，即 D_1. 而 D_1 的代数余子式为

$$(-1)^{(1+2+\cdots+m)+(1+2+\cdots+m)}D_2=D_2,$$

按拉普拉斯定理立刻得到 $D=D_1D_2$.

形如上例中 $\begin{vmatrix}A_1&O\\B&A_2\end{vmatrix}$（其中 A_1,A_2 均为行数等于列数的数表，O 为 0 排成的数表）这样的行列式称为下三角分块行列式，上例表明这样的行列式的值等于对角线上两个子式的乘积. 对上三角分块行列式 $\begin{vmatrix}A_1&B\\O&A_2\end{vmatrix}$，将行列互换后即为下三角分块行列式，故其也有同样的结论. 利用数学归纳法可将该结论进一步推广到主对角线上有任意个子式的上（下）三角分块行列式上. 对于斜上三角分块行列式 $\begin{vmatrix}B&A_1\\A_2&O\end{vmatrix}$ 或斜下三角分块行列式 $\begin{vmatrix}O&A_1\\A_2&B\end{vmatrix}$，可进行若干次列的交换即化为上（或下）三角分块行列式. 利用上述结果可以证明下面一个有用的结论.

定理 1.5.3(行列式的乘法定理) 两个 n 阶行列式

$$D_1=\begin{vmatrix} a_{11} & a_{12} & \cdots & a_{1n} \\ a_{21} & a_{22} & \cdots & a_{2n} \\ \vdots & \vdots & & \vdots \\ a_{n1} & a_{n2} & \cdots & a_{nn} \end{vmatrix} \quad 和 \quad D_2=\begin{vmatrix} b_{11} & b_{12} & \cdots & b_{1n} \\ b_{21} & b_{22} & \cdots & b_{2n} \\ \vdots & \vdots & & \vdots \\ b_{n1} & b_{n2} & \cdots & b_{nn} \end{vmatrix}$$

的乘积等于另一个 n 阶行列式

$$C=\begin{vmatrix} c_{11} & c_{12} & \cdots & c_{1n} \\ c_{21} & c_{22} & \cdots & c_{2n} \\ \vdots & \vdots & & \vdots \\ c_{n1} & c_{n2} & \cdots & c_{nn} \end{vmatrix}.$$

其中元素 c_{ij} 是 D_1 的第 i 行元素分别与 D_2 的第 j 列的对应元素乘积之和：

$$c_{ij}=a_{i1}b_{1j}+a_{i2}b_{2j}+\cdots+a_{in}b_{nj}.$$

证明 构造一个 $2n$ 阶行列式

$$D_{2n}=\begin{vmatrix} a_{11} & a_{12} & \cdots & a_{1n} & 0 & 0 & \cdots & 0 \\ a_{21} & a_{22} & \cdots & a_{2n} & 0 & 0 & \cdots & 0 \\ \vdots & \vdots & & \vdots & \vdots & \vdots & & \vdots \\ a_{n1} & a_{n2} & \cdots & a_{nn} & 0 & 0 & \cdots & 0 \\ -1 & 0 & \cdots & 0 & b_{11} & b_{12} & \cdots & b_{1n} \\ 0 & -1 & \cdots & 0 & b_{21} & b_{22} & \cdots & b_{2n} \\ \vdots & \vdots & & \vdots & \vdots & \vdots & & \vdots \\ 0 & 0 & \cdots & -1 & b_{n1} & b_{n2} & \cdots & b_{nn} \end{vmatrix},$$

根据例 1.5.5 可知 $D_{2n}=D_1D_2$，现在来证 $D_{2n}=C$. 为此利用行列式的性质对 D 作行变换：将第 $n+1$ 行的 a_{11} 倍、第 $n+2$ 行的 a_{12} 倍、…、第 $2n$ 行的 a_{1n} 倍加到第一行，得

$$D_{2n}=\begin{vmatrix} 0 & 0 & \cdots & 0 & c_{11} & c_{12} & \cdots & c_{1n} \\ a_{21} & a_{22} & \cdots & a_{2n} & 0 & 0 & \cdots & 0 \\ \vdots & \vdots & & \vdots & \vdots & \vdots & & \vdots \\ a_{n1} & a_{n2} & \cdots & a_{nn} & 0 & 0 & \cdots & 0 \\ -1 & 0 & \cdots & 0 & b_{11} & b_{12} & \cdots & b_{1n} \\ 0 & -1 & \cdots & 0 & b_{21} & b_{22} & \cdots & b_{2n} \\ \vdots & \vdots & & \vdots & \vdots & \vdots & & \vdots \\ 0 & 0 & \cdots & -1 & b_{n1} & b_{n2} & \cdots & b_{nn} \end{vmatrix}.$$

再进行类似的操作，依次取 $k=2,3,\cdots,n$，将第 $n+1$ 行的 a_{k1} 倍、第 $n+2$ 行的 a_{k2} 、…、第 $2n$ 行的 a_{kn} 倍加到第 k 行，最终得到

$$D_{2n}=\begin{vmatrix} 0 & 0 & \cdots & 0 & c_{11} & c_{12} & \cdots & c_{1n} \\ 0 & 0 & \cdots & 0 & c_{21} & c_{22} & \cdots & c_{2n} \\ \vdots & \vdots & & \vdots & \vdots & \vdots & & \vdots \\ 0 & 0 & \cdots & 0 & c_{n1} & c_{n2} & \cdots & c_{nn} \\ -1 & 0 & \cdots & 0 & b_{11} & b_{12} & \cdots & b_{1n} \\ 0 & -1 & \cdots & 0 & b_{21} & b_{22} & \cdots & b_{2n} \\ \vdots & \vdots & & \vdots & \vdots & \vdots & & \vdots \\ 0 & 0 & \cdots & -1 & b_{n1} & b_{n2} & \cdots & b_{nn} \end{vmatrix}.$$

这是个斜上三角分块行列式，将第 1 列与第 $n+1$ 列交换、第 2 列与第 $n+2$ 列交换、…、第 n 列与第 $2n$ 列交换，即化为上三角分块行列式. 于是有（也可直接由拉普拉斯定理来得到）

$$D_{2n}=(-1)^n\begin{vmatrix} c_{11} & c_{12} & \cdots & c_{1n} \\ c_{21} & c_{22} & \cdots & c_{2n} \\ \vdots & \vdots & & \vdots \\ c_{n1} & c_{n2} & \cdots & c_{nn} \end{vmatrix}\cdot\begin{vmatrix} -1 & 0 & \cdots & 0 \\ 0 & -1 & \cdots & 0 \\ \vdots & \vdots & & \vdots \\ 0 & 0 & \cdots & -1 \end{vmatrix}=C.$$

因此

$$C=D_1D_2.$$

此定理被称作行列式的乘法定理，其意义将在后面章节再阐述.

1.6 行列式的计算举例

行列式的计算比较灵活，这里我们介绍几个特殊的行列式.

例 1.6.1 计算行列式：$D=\begin{vmatrix} 5 & 3 & -1 & 2 & 0 \\ 1 & 7 & 2 & 5 & 2 \\ 0 & -2 & 3 & 1 & 0 \\ 0 & -4 & -1 & 4 & 0 \\ 0 & 2 & 3 & 5 & 0 \end{vmatrix}$.

解 观察可知该行列式零元较多，故可先利用展开定理降阶：

$$D=(-1)^{2+5}\cdot 2\cdot\begin{vmatrix} 5 & 3 & -1 & 2 \\ 0 & -2 & 3 & 1 \\ 0 & -4 & -1 & 4 \\ 0 & 2 & 3 & 5 \end{vmatrix}=(-2)\cdot(-1)^{1+1}\cdot 5\cdot\begin{vmatrix} -2 & 3 & 1 \\ -4 & -1 & 4 \\ 2 & 3 & 5 \end{vmatrix}$$

$$\xlongequal[r_3+r_1]{r_2-2r_1}(-10)\cdot\begin{vmatrix} -2 & 3 & 1 \\ 0 & -7 & 2 \\ 0 & 6 & 6 \end{vmatrix}=-1080.$$

例 1.6.2 试证明 $\begin{vmatrix} kc_1+a_1 & ma_1+b_1 & lb_1+c_1 \\ kc_2+a_2 & ma_2+b_2 & lb_2+c_2 \\ kc_3+a_3 & ma_3+b_3 & lb_3+c_3 \end{vmatrix}=(klm+1)\begin{vmatrix} a_1 & b_1 & c_1 \\ a_2 & b_2 & c_2 \\ a_3 & b_3 & c_3 \end{vmatrix}$.

证明 观察可见,若将每一列拆开成两列,则有许多成比例的列.因此可先利用行列式性质 3,有

$$\begin{aligned}\begin{vmatrix} kc_1+a_1 & ma_1+b_1 & lb_1+c_1 \\ kc_2+a_2 & ma_2+b_2 & lb_2+c_2 \\ kc_3+a_3 & ma_3+b_3 & lb_3+c_3 \end{vmatrix} &= \begin{vmatrix} kc_1 & ma_1+b_1 & lb_1+c_1 \\ kc_2 & ma_2+b_2 & lb_2+c_2 \\ kc_3 & ma_3+b_3 & lb_3+c_3 \end{vmatrix} + \begin{vmatrix} a_1 & ma_1+b_1 & lb_1+c_1 \\ a_2 & ma_2+b_2 & lb_2+c_2 \\ a_3 & ma_3+b_3 & lb_3+c_3 \end{vmatrix} \\ &= \begin{vmatrix} kc_1 & ma_1+b_1 & lb_1 \\ kc_2 & ma_2+b_2 & lb_2 \\ kc_3 & ma_3+b_3 & lb_3 \end{vmatrix} + \begin{vmatrix} a_1 & b_1 & lb_1+c_1 \\ a_2 & b_2 & lb_2+c_2 \\ a_3 & b_3 & lb_3+c_3 \end{vmatrix} \\ &= \begin{vmatrix} kc_1 & ma_1 & lb_1 \\ kc_2 & ma_2 & lb_2 \\ kc_3 & ma_3 & lb_3 \end{vmatrix} + \begin{vmatrix} a_1 & b_1 & c_1 \\ a_2 & b_2 & c_2 \\ a_3 & b_3 & c_3 \end{vmatrix} \\ &= (klm+1)\begin{vmatrix} a_1 & b_1 & c_1 \\ a_2 & b_2 & c_2 \\ a_3 & b_3 & c_3 \end{vmatrix}.\end{aligned}$$

例 1.6.3 计算行列式 $D=\begin{vmatrix} 1+x_1y_1 & 1+x_1y_2 & 1+x_1y_3 \\ 1+x_2y_1 & 1+x_2y_2 & 1+x_2y_3 \\ 1+x_3y_1 & 1+x_3y_2 & 1+x_3y_3 \end{vmatrix}$.

解 如果没有常数 1,则至少有两行成比例.与上一例类似,可将一列拆成两列,则会出现许多成比例的项,但也可利用列(或行)的相减.利用 c_2-c_1,c_3-c_1 得到

$$D=\begin{vmatrix} 1+x_1y_1 & x_1(y_2-y_1) & x_1(y_3-y_1) \\ 1+x_2y_1 & x_2(y_2-y_1) & x_2(y_3-y_1) \\ 1+x_3y_1 & x_3(y_2-y_1) & x_3(y_3-y_1) \end{vmatrix}=0.$$

例 1.6.4 试证明范德蒙(Vandermonde)行列式:

$$V_n=\begin{vmatrix} 1 & 1 & \cdots & 1 \\ a_1 & a_2 & \cdots & a_n \\ a_1^2 & a_2^2 & \cdots & a_n^2 \\ \vdots & \vdots & & \vdots \\ a_1^{n-1} & a_2^{n-1} & \cdots & a_n^{n-1} \end{vmatrix}=\prod_{1\leqslant j\leqslant i\leqslant n}(a_i-a_j).$$

证明 对这种与自然数 n 有关的非常规律的行列式,可尝试用数学归纳法.

设 $n=2$ 时,有

$$V_2=\begin{vmatrix} 1 & 1 \\ a_1 & a_2 \end{vmatrix}=a_2-a_1,$$

显然结论成立. 现在假设对 $n-1$ 阶范德蒙行列式上述公式成立，则只需证明

$$V_n=(a_n-a_1)(a_n-a_2)\cdots(a_n-a_{n-1})V_{n-1}$$

即可. 为了凑出这些 a_n-a_i 的因子，可从最后一行开始，依次减去前一行的 a_n 倍，于是得到

$$V_n=\begin{vmatrix}1 & 1 & \cdots & 1\\ a_1-a_n & a_2-a_n & \cdots & 0\\ a_1(a_1-a_n) & a_2(a_2-a_n) & \cdots & 0\\ \vdots & \vdots & & \vdots\\ a_1^{n-2}(a_1-a_n) & a_2^{n-2}(a_2-a_n) & \cdots & 0\end{vmatrix}$$

$$=(-1)^{n-1}\begin{vmatrix}a_1-a_n & a_2-a_n & \cdots & a_{n-1}-a_n\\ a_1(a_1-a_n) & a_2(a_2-a_n) & \cdots & a_{n-1}(a_{n-1}-a_n)\\ \vdots & \vdots & & \vdots\\ a_1^{n-2}(a_1-a_n) & a_2^{n-2}(a_2-a_n) & \cdots & a_{n-1}^{n-2}(a_{n-1}-a_n)\end{vmatrix}$$

$$=(-1)^{n-1}(a_1-a_n)(a_2-a_n)\cdots(a_{n-1}-a_n)\begin{vmatrix}1 & 1 & \cdots & 1\\ a_1 & a_2 & \cdots & a_{n-1}\\ a_1^2 & a_2^2 & \cdots & a_{n-1}^2\\ \vdots & \vdots & & \vdots\\ a_1^{n-2} & a_2^{n-2} & \cdots & a_{n-1}^{n-2}\end{vmatrix}$$

$$=(a_n-a_1)(a_n-a_2)\cdots(a_n-a_{n-1})V_{n-1}.$$

而按照归纳假设：$V_{n-1}=\prod\limits_{1\leqslant j\leqslant i\leqslant n-1}(a_i-a_j)$，故 $V_n=\prod\limits_{1\leqslant j\leqslant i\leqslant n}(a_i-a_j)$.

例 1.6.5　计算行列式 $D=\begin{vmatrix}1 & 1 & 1 & 1\\ a_1 & a_2 & a_3 & a_4\\ a_1^2 & a_2^2 & a_3^2 & a_4^2\\ a_1^4 & a_2^4 & a_3^4 & a_4^4\end{vmatrix}$.

解　上述行列式与范德蒙行列式很类似，可想办法利用范德蒙行列式的结论. 为此构造

$$D'=\begin{vmatrix}1 & 1 & 1 & 1 & 1\\ a_1 & a_2 & a_3 & a_4 & x\\ a_1^2 & a_2^2 & a_3^2 & a_4^2 & x^2\\ a_1^3 & a_2^3 & a_3^3 & a_4^3 & x^3\\ a_1^4 & a_2^4 & a_3^4 & a_4^4 & x^4\end{vmatrix}=(x-a_1)(x-a_2)(x-a_3)(x-a_4)\prod_{1\leqslant j\leqslant i\leqslant 4}(a_i-a_j),$$

而将 D' 按第四列展开可见 $-D$ 正好是 D' 的 x^3 项的系数，故

$$D=(a_1+a_2+a_3+a_4)\prod_{1\leqslant j\leqslant i\leqslant 4}(a_i-a_j).$$

例 1.6.6 计算 n 阶行列式 $D_n=\begin{vmatrix}2&1&0&0&0&\cdots&0\\1&2&1&0&0&\cdots&0\\0&1&2&1&0&\cdots&0\\0&0&1&2&1&\cdots&0\\\vdots&\vdots&\vdots&\vdots&\vdots&&\vdots\\0&0&0&0&0&\cdots&2\end{vmatrix}$.

解 可利用第 1 行将 a_{21} 化为 0，再利用第 2 行将 a_{32} 化为 0，依此类推可化为上三角行列式. 则有

$$D_n\xlongequal{r_2+\left(-\frac{1}{2}\right)r_1}\begin{vmatrix}2&1&0&0&0&\cdots&0\\0&3/2&1&0&0&\cdots&0\\0&1&2&1&0&\cdots&0\\0&0&1&2&1&\cdots&0\\\vdots&\vdots&\vdots&\vdots&\vdots&&\vdots\\0&0&0&0&0&\cdots&2\end{vmatrix}$$

$$\xlongequal{r_3+\left(-\frac{2}{3}\right)r_2}\begin{vmatrix}2&1&0&0&0&\cdots&0\\0&3/2&1&0&0&\cdots&0\\0&1&4/3&1&0&\cdots&0\\0&0&1&2&1&\cdots&0\\\vdots&\vdots&\vdots&\vdots&\vdots&&\vdots\\0&0&0&0&0&\cdots&2\end{vmatrix}$$

$$\xlongequal{r_4+\left(-\frac{3}{4}\right)r_3}\begin{vmatrix}2&1&0&0&\cdots&0\\0&3/2&1&0&\cdots&0\\0&0&4/3&1&\cdots&0\\0&0&0&5/4&\cdots&0\\\vdots&\vdots&\vdots&\vdots&&\vdots\\0&0&0&0&\cdots&2\end{vmatrix}$$

$$\xlongequal{\text{依此类推}}\begin{vmatrix}2&1&0&0&\cdots&0\\0&3/2&1&0&\cdots&0\\0&0&4/3&1&\cdots&0\\0&0&0&5/4&\cdots&0\\\vdots&\vdots&\vdots&\vdots&&\vdots\\0&0&0&0&\cdots&(n+1)/n\end{vmatrix}=n+1.$$

例 1.6.7 计算 n 阶行列式

$$D_n=\begin{vmatrix} a+b & a & 0 & 0 & \cdots & 0 & 0 & 0 \\ b & a+b & a & 0 & \cdots & 0 & 0 & 0 \\ 0 & b & a+b & a & \cdots & 0 & 0 & 0 \\ \vdots & \vdots & \vdots & \vdots & & \vdots & \vdots & \vdots \\ 0 & 0 & 0 & 0 & \cdots & b & a+b & a \\ 0 & 0 & 0 & 0 & \cdots & 0 & b & a+b \end{vmatrix}，\quad 其中\ a\neq b.$$

解 此例也可按上一例的方法化为上三角形式，但计算较繁. 实际上对这类每一行只有少数元素非零的 n 阶行列式，可尝试寻找**递推关系**. 先按一行展开有

$$\begin{aligned} D_n &=(a+b)D_{n-1}-a\begin{vmatrix} b & a & 0 & \cdots & 0 & 0 & 0 \\ 0 & a+b & a & \cdots & 0 & 0 & 0 \\ \vdots & \vdots & \vdots & & \vdots & \vdots & \vdots \\ 0 & 0 & 0 & \cdots & b & a+b & a \\ 0 & 0 & 0 & \cdots & 0 & b & a+b \end{vmatrix} \\ &=(a+b)D_{n-1}-abD_{n-2}. \end{aligned}$$

这样就得到了递推关系. 再注意到 $D_1=a+b, D_2=a^2+ab+b^2$，则可用递推关系来得到 D_n. 为此将递推公式改写为

$$D_n-aD_{n-1}=b(D_{n-1}-aD_{n-2})=b^2(D_{n-2}-aD_{n-3})=\cdots=b^{n-2}(D_2-aD_1)=b^n,$$

$$D_n-bD_{n-1}=a(D_{n-1}-bD_{n-2})=a^2(D_{n-2}-bD_{n-3})=\cdots=a^{n-2}(D_2-bD_1)=a^n,$$

故

$$D_n=\frac{a^{n+1}-b^{n+1}}{a-b}.$$

例 1.6.8 计算 $2n$ 阶行列式 $D_{2n}=\begin{vmatrix} a & & & & & b \\ & \ddots & & & \iddots & \\ & & a & b & & \\ & & c & d & & \\ & \iddots & & & \ddots & \\ c & & & & & d \end{vmatrix}$，其中省略号（从左到右，从上到下）分别代表 a,b,c,d，未写出的元素均为 0.

解 把 D_{2n} 中的第 $2n$ 行依次与 $2n-1$ 行、…、2 行对调（作 $2n-2$ 次相邻对换），再把第 $2n$ 列依次与 $2n-1$ 列、…、2 列对调，得到

$$D_{2n}=(-1)^{2(2n-2)}\begin{vmatrix} a & b & & & & \\ c & d & & & & \\ & & \ddots & & & \iddots \\ & & & a & b & \\ & & & c & d & \\ & & \iddots & & & \ddots \end{vmatrix}.$$

这是对角分块的行列式，则有

$$D_{2n}=D_2 \cdot D_{2n-2}=(ad-bc)D_{2n-2},$$

此即递推公式，反复递推得到

$$D_{2n}=(ad-bc)^2 D_{2n-2}=\cdots=(ad-bc)^{n-1}D_2=(ad-bc)^n.$$

例 1.6.9 计算 n 阶行列式 $D_n=\begin{vmatrix} a_0 & -1 & 0 & \cdots & 0 & 0 \\ a_1 & x & -1 & \cdots & 0 & 0 \\ a_2 & 0 & x & \cdots & 0 & 0 \\ \vdots & \vdots & \vdots & & \vdots & \vdots \\ a_{n-2} & 0 & 0 & \cdots & x & -1 \\ a_{n-1} & 0 & 0 & \cdots & 0 & x \end{vmatrix}$.

解 方法一. 可利用第 1 行消去第 2 行的 x，利用第 2 行消去第 3 行的 x，依此类推，有

$$D_n=\begin{vmatrix} a_0 & -1 & 0 & \cdots & 0 & 0 \\ a_0x+a_1 & 0 & -1 & \cdots & 0 & 0 \\ a_0x^2+a_1x+a_2 & 0 & 0 & \cdots & 0 & 0 \\ \vdots & \vdots & \vdots & & \vdots & \vdots \\ a_0x^{n-2}+a_1x^{n-3}+\cdots+a_{n-2} & 0 & 0 & \cdots & 0 & -1 \\ a_0x^{n-1}+a_1x^{n-2}+\cdots+a_{n-2}x+a_{n-1} & 0 & 0 & \cdots & 0 & 0 \end{vmatrix}$$

$$=(-1)^{n-1}\begin{vmatrix} \sum_{i=0}^{n-1}a_ix^{n-i-1} & 0 & 0 & \cdots & 0 & 0 \\ a_0 & -1 & 0 & \cdots & 0 & 0 \\ a_0x+a_1 & 0 & -1 & \cdots & 0 & 0 \\ \vdots & \vdots & \vdots & & \vdots & \vdots \\ \sum_{i=0}^{n-2}a_ix^{n-i-2} & 0 & 0 & \cdots & 0 & -1 \end{vmatrix}=\sum_{i=0}^{n-1}a_ix^{n-i-1}.$$

方法二. 由于每行只有少数非零元，故可考虑递推法. 按最后一行展开，有

$$D_n=(-1)^{n+1}a_{n-1}\begin{vmatrix} -1 & 0 & \cdots & 0 & 0 \\ x & -1 & \cdots & 0 & 0 \\ 0 & x & \cdots & 0 & 0 \\ \vdots & \vdots & & \vdots & \vdots \\ 0 & 0 & \cdots & x & -1 \end{vmatrix}+(-1)^{n+n}x\begin{vmatrix} a_0 & -1 & 0 & \cdots & 0 \\ a_1 & x & -1 & \cdots & 0 \\ a_2 & 0 & x & \cdots & 0 \\ \vdots & \vdots & \vdots & & \vdots \\ a_{n-2} & 0 & 0 & \cdots & x \end{vmatrix}$$

$$=xD_{n-1}+a_{n-1},$$

反复利用此递推关系，得

$$D_n=x(xD_{n-2}+a_{n-2})+a_{n-1}$$

$$
\begin{aligned}
&= x^2 D_{n-2} + xa_{n-2} + a_{n-1} \\
&\vdots \\
&= x^{n-1} D_1 + x^{n-2} a_1 + x^{n-3} a_2 + \cdots + xa_{n-2} + a_{n-1} \\
&= \sum_{i=0}^{n-1} a_i x^{n-i-1}.
\end{aligned}
$$

例 1.6.10　计算 n 阶行列式 $D=\begin{vmatrix} x_1-y & x_2 & \cdots & x_n \\ x_1 & x_2-y & \cdots & x_n \\ \vdots & \vdots & & \vdots \\ x_1 & x_2 & \cdots & x_n-y \end{vmatrix}$.

解　本例可通过算出低阶的结果之后猜测出通项，然后用数学归纳法证明，但注意到此行列式有个显著的特点：其每一行元素之和均相等. 这样的行列式可用所谓的加边法来计算，即将第 2 列至第 n 列全部加到第 1 列上，有

$$
D = \begin{vmatrix} \sum_{i=1}^{n} x_i - y & x_2 & \cdots & x_n \\ \sum_{i=1}^{n} x_i - y & x_2-y & \cdots & x_n \\ \vdots & \vdots & & \vdots \\ \sum_{i=1}^{n} x_i - y & x_2 & \cdots & x_n-y \end{vmatrix} = \left(\sum_{i=1}^{n} x_i - y\right) \begin{vmatrix} 1 & x_2 & \cdots & x_n \\ 1 & x_2-y & \cdots & x_n \\ \vdots & \vdots & & \vdots \\ 1 & x_2 & \cdots & x_n-y \end{vmatrix}
$$

$$
\xlongequal[r_n - r_1]{\substack{r_2 - r_1 \\ r_3 - r_1 \\ \vdots}} \left(\sum_{i=1}^{n} x_i - y\right) \begin{vmatrix} 1 & x_2 & \cdots & x_n \\ 0 & -y & \cdots & 0 \\ \vdots & \vdots & & \vdots \\ 0 & 0 & \cdots & -y \end{vmatrix}
$$

$$
= (-1)^n y^{n-1} (y - x_1 - x_2 - \cdots - x_n).
$$

例 1.6.11　计算 n 阶行列式 $D=\begin{vmatrix} a_1 & a_2 & a_3 & \cdots & a_{n-1} & a_n \\ -x & x & 0 & \cdots & 0 & 0 \\ 0 & -x & x & \cdots & 0 & 0 \\ 0 & 0 & -x & \cdots & 0 & 0 \\ \vdots & \vdots & \vdots & & \vdots & \vdots \\ 0 & 0 & 0 & \cdots & -x & x \end{vmatrix}$.

解　此行列式除第 1 行之外的每行元素之和均为 0，也可尝试用加边法. 将后面的列全加到第一列，有

$$D=\begin{vmatrix} \sum_i a_i & a_2 & a_3 & \cdots & a_{n-1} & a_n \\ 0 & x & 0 & \cdots & 0 & 0 \\ 0 & -x & x & \cdots & 0 & 0 \\ 0 & 0 & -x & \cdots & 0 & 0 \\ \vdots & \vdots & \vdots & & \vdots & \vdots \\ 0 & 0 & 0 & \cdots & -x & x \end{vmatrix}=\left(\sum_i a_i\right)\begin{vmatrix} x & 0 & \cdots & 0 & 0 \\ -x & x & \cdots & 0 & 0 \\ 0 & -x & \cdots & 0 & 0 \\ \vdots & \vdots & & \vdots & \vdots \\ 0 & 0 & \cdots & -x & x \end{vmatrix}$$

$$=x^{n-1}(a_1+a_2+\cdots+a_n).$$

例 1.6.12 计算 $n+1$ 阶行列式 $D=\begin{vmatrix} a_0 & 1 & 1 & \cdots & 1 \\ 1 & a_1 & 0 & \cdots & 0 \\ 1 & 0 & a_2 & \cdots & 0 \\ \vdots & \vdots & \vdots & & \vdots \\ 1 & 0 & 0 & \cdots & a_n \end{vmatrix}$,其中 $a_i\neq 0$.

解 此行列式的特点是:只有第一行、第一列以及主对角线元素非零,其余元素均为零.这样的行列式称作爪形行列式.对于爪形行列式,可利用主对角线上的元素实施列变换将第一列下面的元素均变为0.通过 $c_1-\frac{1}{a_2}c_2$、$c_1-\frac{1}{a_3}c_3$、…、$c_1-\frac{1}{a_n}c_n$ 等一系列变换后得

$$D=\begin{vmatrix} a_0-\sum_{i=1}^{n}\frac{1}{a_i} & 1 & 1 & \cdots & 1 \\ 0 & a_1 & 0 & \cdots & 0 \\ 0 & 0 & a_2 & \cdots & 0 \\ \vdots & \vdots & \vdots & & \vdots \\ 0 & 0 & 0 & \cdots & a_n \end{vmatrix}=a_1a_2\cdots a_n\left(a_0-\sum_{i=1}^{n}\frac{1}{a_i}\right).$$

例 1.6.13 计算 n 阶行列式 $D=\begin{vmatrix} 1+a_1 & 1 & \cdots & 1 \\ 1 & 1+a_2 & \cdots & 1 \\ \vdots & \vdots & & \vdots \\ 1 & 1 & \cdots & 1+a_n \end{vmatrix}$,其中 $a_i\neq 0$.

解 此行列式除主对角线之外,其余元素均相同,可化为爪形行列式.为此进行 r_2-r_1、r_3-r_1、…、r_n-r_1 一系列变换后,有

$$D=\begin{vmatrix} 1+a_1 & 1 & \cdots & 1 \\ -a_1 & a_2 & \cdots & 0 \\ \vdots & \vdots & & \vdots \\ -a_1 & 0 & \cdots & a_n \end{vmatrix},$$

再利用爪形行列式的技巧,有

$$D=\begin{vmatrix}1+a_1+\sum\limits_{i=2}^{n}\dfrac{a_1}{a_i} & 1 & \cdots & 1\\ 0 & a_2 & \cdots & 0\\ \vdots & \vdots & & \vdots\\ 0 & 0 & \cdots & a_n\end{vmatrix}=a_1a_2\cdots a_n\left(1+\sum_{i=1}^{n}\frac{1}{a_i}\right).$$

例 1.6.14　计算行列式 $D=\begin{vmatrix}1+x_1^2 & x_1x_2 & x_1x_3 & \cdots & x_1x_n\\ x_2x_1 & 1+x_2^2 & x_2x_3 & \cdots & x_2x_n\\ \vdots & \vdots & \vdots & & \vdots\\ x_nx_1 & x_nx_2 & x_nx_3 & \cdots & 1+x_n^2\end{vmatrix}$.

解　此行列式除主对角线之外，各行元素成比例，可通过增加一行一列化为爪形行列式，有

$$D=\begin{vmatrix}1 & x_1 & x_2 & x_3 & \cdots & x_n\\ 0 & 1+x_1^2 & x_1x_2 & x_1x_3 & \cdots & x_1x_n\\ 0 & x_2x_1 & 1+x_2^2 & x_2x_3 & \cdots & x_2x_n\\ \vdots & \vdots & \vdots & \vdots & & \vdots\\ 0 & x_nx_1 & x_nx_2 & x_nx_3 & \cdots & 1+x_n^2\end{vmatrix},$$

利用 $r_2-x_1r_1$、$r_3-x_2r_2$、…、$r_{n+1}-x_nr_n$ 得到

$$D=\begin{vmatrix}1 & x_1 & x_2 & x_3 & \cdots & x_n\\ -x_1 & 1 & 0 & 0 & \cdots & 0\\ -x_2 & 0 & 1 & 0 & \cdots & 0\\ \vdots & \vdots & \vdots & \vdots & & \vdots\\ -x_n & 0 & 0 & 0 & \cdots & 1\end{vmatrix}$$，再利用爪形行列式的技巧得到

$$D=\begin{vmatrix}1+\sum x_i^2 & x_1 & x_2 & x_3 & \cdots & x_n\\ 0 & 1 & 0 & 0 & \cdots & 0\\ 0 & 0 & 1 & 0 & \cdots & 0\\ \vdots & \vdots & \vdots & \vdots & & \vdots\\ 0 & 0 & 0 & 0 & \cdots & 1\end{vmatrix}=1+\sum_{i=1}^{n}x_i^2.$$

通过以上若干例题可见，行列式的计算除了利用定义或利用行列式的性质化为三角形行列式之外，对具有某些特征的行列式可利用一些技巧，例如零元多的行列式可用展开定理降阶；三角分块的行列式可化为行列式的乘积；每行只有少数几个非零元的且有明显规律的行列式可尝试递推法；每行或每列元素之和相等的行列式可尝试加边法；爪形或可变为爪形的行列式可化为上三角形；还可利用一些特殊的行列式(如范德蒙行列式)来变形. 总之，行列式的计算比较灵活，有时需综合各种方法. 在计算机上对行列式进行数值计算时常用所谓的“凝聚法”，例如对 n 阶行列式 $\det(a_{ij})$，

可利用如下公式(见文献[9]):

$$\det(a_{ij})=\frac{1}{a_{11}^{n-1}}\det(a'_{kl}),\text{其中},a'_{kl}=\begin{vmatrix}a_{11} & a_{1l}\\ a_{k1} & a_{kl}\end{vmatrix}\quad (k,l=2,3,\cdots,n),$$

将其化为 $n-1$ 阶行列式,按此步骤递推下去即可求值,这里不再展开.

1.7 克拉默法则

本章的引言处讨论了二元和三元线性方程组,当它有唯一解时,其解可用行列式表示出来.本节讨论含 n 个未知数的 n 个方程的线性方程组,其一般的形式为

$$\begin{cases}a_{11}x_1+a_{12}x_2+\cdots+a_{1n}x_n=b_1,\\ a_{21}x_1+a_{22}x_2+\cdots+a_{2n}x_n=b_2,\\ \qquad\vdots\\ a_{n1}x_1+a_{n2}x_2+\cdots+a_{nn}x_n=b_n,\end{cases}\tag{1.7.1}$$

其中 $a_{ij}(i,j=1,2,\cdots,n)$ 称为方程组的系数,$b_j(j=1,2,\cdots,n)$ 称为常数项.特别地,当所有常数项 $b_j=0(j=1,2,\cdots,n)$ 时,称该方程组为 n 元齐次线性方程组;当 b_j 不全为零时,称之为 n 元非齐次线性方程组.由系数 a_{ij} 构成的行列式:

$$D=\begin{vmatrix}a_{11} & a_{12} & \cdots & a_{1n}\\ a_{21} & a_{22} & \cdots & a_{2n}\\ \vdots & \vdots & & \vdots\\ a_{n1} & a_{n2} & \cdots & a_{nn}\end{vmatrix}$$

称为方程组(1.7.1)的系数行列式.为了后文需要,我们将常数项 $b_1,b_2,\cdots,b_n$ 替换系数行列式的第 j 列元素 $a_{1j},a_{2j},\cdots,a_{nj}$ 得到的行列式记作 D_j:

$$D_j=\begin{vmatrix}a_{11} & \cdots & a_{1,j-1} & b_1 & a_{1,j+1} & \cdots & a_{1n}\\ a_{21} & \cdots & a_{2,j-1} & b_2 & a_{2,j+1} & \cdots & a_{2n}\\ \vdots & & \vdots & \vdots & \vdots & & \vdots\\ a_{n1} & \cdots & a_{n,j-1} & b_n & a_{n,j+1} & \cdots & a_{nn}\end{vmatrix}.$$

利用以上定义可将本章的引言对二元和三元线性方程组得到的结论推广到 n 元线性方程组,即有如下定理.

定理 1.7.1(克拉默(Cramer)法则)　若方程组(1.7.1)的系数行列式 $D\neq 0$,则有唯一解:

$$x_1=\frac{D_1}{D},\quad x_2=\frac{D_2}{D},\quad \cdots,\quad x_n=\frac{D_n}{D}.$$

证明　依次用行列式 D 的第一列元素的代数余子式 $A_{11},A_{21},\cdots,A_{n1}$ 乘以方程组(1.7.1)中的 n 个方程得到

$$\begin{cases} a_{11}A_{11}x_1+a_{12}A_{11}x_2+\cdots+a_{1n}A_{11}x_n=b_1A_{11}, \\ a_{21}A_{21}x_1+a_{22}A_{21}x_2+\cdots+a_{2n}A_{21}x_n=b_2A_{21}, \\ \qquad\vdots \\ a_{n1}A_{n1}x_1+a_{n2}A_{n1}x_2+\cdots+a_{nn}A_{n1}x_n=b_nA_{n1}, \end{cases}$$

将 n 个方程加起来,并注意到行列式展开定理 $\sum_k a_{ki}A_{kj}=D\delta_{ij}$,得到

$$Dx_1+0x_2+\cdots+0x_n=D_j,$$

注意到 $D\neq 0$,故 x_1 有唯一解 $x_1=D_1/D$. 完全类似地,可证明所有 x_i 均有唯一解 $x_i=D_i/D(i=1,2,\cdots,n)$.

利用上述定理的逆否表述可得到以下推论.

推论 1.7.1 若方程组(1.7.1)无解或有不止一个解,则其系数行列式 D 必为零.

例 1.7.1 求解线性方程组 $\begin{cases} 2x_1+x_2-5x_3+x_4=8, \\ x_1-3x_2\qquad -6x_4=9, \\ \qquad 2x_2-x_3+2x_4=-5, \\ x_1+4x_2-7x_3+6x_4=0. \end{cases}$

解 因为 $D=27\neq 0$,故其有唯一解. 进一步可计算得到 $D_1=81, D_2=-108$, $D_3=-27, D_4=27$. 因此该方程组的唯一解为

$$x_1=\frac{D_1}{D}=3,\quad x_2=\frac{D_2}{D}=-4,\quad x_3=\frac{D_3}{D}=-1,\quad x_4=\frac{D_4}{D}=1$$

例 1.7.2 设曲线 $y=a_0+a_1x+a_2x^2+a_3x^3$ 经过如下四点:(1,3)、(2,4)、(3,3)、(4,−3). 求系数 a_0, a_1, a_2, a_3.

解 将四个点的坐标代入曲线方程,得线性方程组

$$\begin{cases} a_0+a_1+a_2+a_3=3, \\ a_0+2a_1+4a_2+8a_3=4, \\ a_0+3a_1+9a_2+27a_3=3, \\ a_0+4a_1+16a_2+64a_3=-3, \end{cases}$$

因为 $D=12\neq 0$,且 $D_1=36, D_2=-18, D_3=24, D_4=-6$,故可得到如下唯一解

$$a_0=3,\quad a_1=-\frac{3}{2},\quad a_2=2,\quad a_3=-\frac{1}{2},$$

即曲线方程为

$$y=3-\frac{3}{2}x+2x^2-\frac{1}{2}x^3.$$

作为方程组(1.7.1)的特殊情况,现来看齐次线性方程组

$$\begin{cases} a_{11}x_1+a_{12}x_2+\cdots+a_{1n}x_n=0, \\ a_{21}x_1+a_{22}x_2+\cdots+a_{2n}x_n=0, \\ \qquad\vdots \\ a_{n1}x_1+a_{n2}x_2+\cdots+a_{nn}x_n=0, \end{cases} \tag{1.7.2}$$

显然它总有如下的解：

$$x_1=x_2=\cdots=x_n=0,$$

称这个解为**零解**.按照定理(1.7.1)直接可得如下推论.

推论 1.7.2 若齐次线性方程组(1.7.2)的系数行列式 $D\neq0$,则只有唯一的零解.反之,若齐次线性方程组(1.7.2)存在非零解,则必有系数行列式 $D=0$.

实际上,以后将会证明上述推论的逆命题也成立:若齐次线性方程组(1.7.2)的系数行列式 $D=0$,则除零解之外一定还有非零解.

例 1.7.3 问 λ 取何值时,齐次线性方程组

$$\begin{cases}(5-\lambda)x+2y+2z=0,\\2x+(6-\lambda)y=0,\\2x+(4-\lambda)z=0\end{cases}$$

有非零解?

解 按上述推论可知,若所给齐次线性方程组有非零解,则其系数行列式 $D=0$.计算可得

$$D=\begin{vmatrix}5-\lambda & 2 & 2\\2 & 6-\lambda & 0\\2 & 0 & 4-\lambda\end{vmatrix}=(5-\lambda)(6-\lambda)(4-\lambda)-4(4-\lambda)-4(6-\lambda)$$

$$=(5-\lambda)(2-\lambda)(8-\lambda),$$

因此当 $\lambda=2$ 或 $\lambda=5$ 或 $\lambda=8$ 时,该齐次线性方程组有非零解.

在使用克拉默法则求解 n 元线性方程组时,方程的个数必须等于未知元的个数,并且必须在系数行列式 $D\neq0$ 才可求解.此外,求解过程中涉及多个行列式的计算,其计算量较大.这些都是克拉默法则的局限性.在后面的课程中我们将发展 n 元线性方程组的更一般的理论.

第 2 章　矩　　阵

矩阵是线性代数中一个非常基本的概念，是研究线性代数中绝大部分问题的重要工具.

2.1　矩阵的定义及运算

引例　一个线性方程组与一个数表存在如下的一一对应关系：

$$\begin{cases} a_{11}x_1+a_{12}x_2+\cdots+a_{1n}x_n=b_1 & \leftrightarrow(a_{11}\quad a_{12}\quad \cdots\quad a_{1n}\quad b_1) \\ a_{21}x_1+a_{22}x_2+\cdots+a_{2n}x_n=b_2 & \leftrightarrow(a_{21}\quad a_{22}\quad \cdots\quad a_{2n}\quad b_2) \\ \qquad\qquad\vdots & \qquad\qquad\vdots \\ a_{m1}x_1+a_{m2}x_2+\cdots+a_{mn}x_n=b_m & \leftrightarrow(a_{m1}\quad a_{m2}\quad \cdots\quad a_{mn}\quad b_m) \end{cases}$$

这个数表就是矩阵的一个例子：

$$\begin{bmatrix} a_{11} & a_{12} & \cdots & a_{1n} & b_1 \\ a_{21} & a_{22} & \cdots & a_{2n} & b_2 \\ \vdots & \vdots & & \vdots & \vdots \\ a_{m1} & a_{m2} & \cdots & a_{mn} & b_m \end{bmatrix}.$$

2.1.1　矩阵的概念

定义 2.1.1(矩阵)　数域[①] F 中的 $m\times n$ 个数 $a_{ij}(i=1,2,\cdots,m;j=1,2,\cdots,n)$ 排成 m 行 n 列的矩形数表：

$$\begin{bmatrix} a_{11} & a_{12} & \cdots & a_{1n} \\ a_{21} & a_{22} & \cdots & a_{2n} \\ \vdots & \vdots & & \vdots \\ a_{m1} & a_{m2} & \cdots & a_{mn} \end{bmatrix}$$

称为数域 F 上的 $m\times n$ 型矩阵，简称 $m\times n$ 矩阵或**矩阵**，其中 a_{ij} 称为矩阵的第 i 行第 j 列的元素，也简称为矩阵的 (i,j) 元. 当 F 为实数域时，称为实矩阵；当 F 为复数域时，称为复矩阵.

通常用大写字母标记矩阵，例如 $\mathbf{A}$，其元素可写为 $(A)_{ij}$. 有时会将 $\mathbf{A}$ 的型标记出

① 数域，简单来说，就是一个数集，其对通常的算术运算加减乘除(除数非 0 时)封闭. 例如有理数集、实数集、复数集等都是数域，分别称之为有理数域、实数域、复数域. 但自然数集、整数集等都不是数域.

来，例如 $\boldsymbol{A}_{m\times n}$；有时也用 $\boldsymbol{A}$ 的元素来标记矩阵，例如 $(a_{ij})_{m\times n}$. 当 $m=n$ 时，称 $\boldsymbol{A}$ 为 n 阶矩阵，或 n 阶**方阵**，记作 $\boldsymbol{A}_n$. 在 n 阶方阵中，$a_{11},a_{22},\cdots,a_{nn}$ 称为**主对角元或对角元**，其所在的对角线称为主对角线；$a_{1n},a_{2,n-1},\cdots,a_{n1}$ 所在的对角线称为副对角线.

例 2.1.1 例如

$$\begin{bmatrix} 2 & 1 & 3 & 5 \\ -5 & 6 & 2 & 7 \end{bmatrix}$$

为一个 2×4 的实矩阵，

$$\begin{bmatrix} 10 & 6i & 2 \\ -1 & 2 & 5 \\ 2 & 3 & 1 \end{bmatrix}$$

为一个 3 阶复方阵，

$$\begin{bmatrix} 2 \\ 3 \\ 4 \end{bmatrix}$$

为 3×1 矩阵，

$$\begin{bmatrix} 2 & 3 & 5 & 9 \end{bmatrix}$$

为 1×4 矩阵.

例 2.1.2 试写出 3×4 矩阵 $\boldsymbol{A}$，其元素 $a_{ij}=2i-j$.

解

$$\boldsymbol{A}=\begin{bmatrix} 1 & 0 & -1 & -2 \\ 3 & 2 & 1 & 0 \\ 5 & 4 & 3 & 2 \end{bmatrix}.$$

下面列举一些特殊的矩阵.

1. 零矩阵

所有元素均为 0 的矩阵称作零矩阵，常记作 $\boldsymbol{O}_{m\times n}$ 或者 $\boldsymbol{O}$. 注意，后面将定义矩阵的相等，不同型的零矩阵是不相等的，例如

$$\begin{bmatrix} 0 & 0 & 0 \\ 0 & 0 & 0 \end{bmatrix}\neq\begin{bmatrix} 0 & 0 & 0 \end{bmatrix}.$$

2. 对角矩阵

如一个 n 阶方阵除了主对角元之外的元素全为零，即 $a_{ij}=0,i\neq j$，则称之为对角矩阵. 常记作：

$$\operatorname{diag}(\lambda_1,\lambda_2,\cdots,\lambda_n)=\begin{bmatrix} \lambda_1 & 0 & \cdots & 0 \\ 0 & \lambda_2 & \cdots & 0 \\ \vdots & \vdots & & \vdots \\ 0 & 0 & \cdots & \lambda_n \end{bmatrix}=\begin{bmatrix} \lambda_1 & & & \\ & \lambda_2 & & \\ & & \ddots & \\ & & & \lambda_n \end{bmatrix}.$$

对角矩阵 $\boldsymbol{\Lambda}$ 的矩阵元可用克隆尼克 δ 符号写为 $(\boldsymbol{\Lambda})_{ij}=\lambda_i\delta_{ij}$.

3. 单位矩阵

对角元全为 1 的对角矩阵称单位矩阵. 常记作:

$$\boldsymbol{I}=\boldsymbol{I}_n=\begin{bmatrix}1 & 0 & \cdots & 0\\ 0 & 1 & \cdots & 0\\ \vdots & \vdots & & \vdots\\ 0 & 0 & \cdots & 1\end{bmatrix}=\begin{bmatrix}1 & & & \\ & 1 & & \\ & & \ddots & \\ & & & 1\end{bmatrix}.$$

单位矩阵 $\boldsymbol{I}$ 的矩阵元可用克隆尼克 δ 符号写为 $(\boldsymbol{I})_{ij}=\delta_{ij}$.

4. 上(下)三角矩阵

若一个 n 阶方阵的主对角线下方的元素全为 0,即 $\forall\, i>j, a_{ij}=0$,则称之为上三角矩阵,其形式为

$$\begin{bmatrix}a_{11} & a_{12} & \cdots & a_{1n}\\ 0 & a_{22} & \cdots & a_{2n}\\ \vdots & \vdots & & \vdots\\ 0 & 0 & \cdots & a_{nn}\end{bmatrix}=\begin{bmatrix}a_{11} & a_{12} & \cdots & a_{1n}\\ & a_{22} & \cdots & a_{2n}\\ & & \ddots & \vdots\\ & & & a_{nn}\end{bmatrix};$$

类似地,若一个 n 阶方阵的主对角线上方的元素全为 0,即 $\forall\, i<j, a_{ij}=0$,则称之为下三角矩阵,其形式为

$$\begin{bmatrix}a_{11} & 0 & \cdots & 0\\ a_{21} & a_{22} & \cdots & 0\\ \vdots & \vdots & & \vdots\\ a_{n1} & a_{n2} & \cdots & a_{nn}\end{bmatrix}=\begin{bmatrix}a_{11} & & & \\ a_{21} & a_{22} & & \\ \vdots & \vdots & \ddots & \\ a_{n1} & a_{n2} & \cdots & a_{nn}\end{bmatrix}.$$

5. 对称矩阵、反对称矩阵

若一个 n 阶方阵的元素关于主对角线对称,即满足 $a_{ij}=a_{ji}$,则称之为对称矩阵;若一个 n 阶方阵的元素满足 $a_{ij}=-a_{ji}$,则称之为反对称矩阵. 显然,反对称矩阵的对角元必须为 0. 对称矩阵与反对称矩阵的形式如下:

$$\begin{bmatrix}a_{11} & a_{12} & \cdots & a_{1n}\\ a_{12} & a_{22} & \cdots & a_{2n}\\ \vdots & \vdots & & \vdots\\ a_{1n} & a_{2n} & \cdots & a_{nn}\end{bmatrix},\quad \begin{bmatrix}0 & a_{12} & \cdots & a_{1n}\\ -a_{12} & 0 & \cdots & a_{2n}\\ \vdots & \vdots & & \vdots\\ -a_{1n} & -a_{2n} & \cdots & 0\end{bmatrix}.$$

对称矩阵的例子如下:

$$\begin{bmatrix}1 & 0 & 6\\ 0 & 2 & -1\\ 6 & -1 & 3\end{bmatrix},\quad \begin{bmatrix}0 & -2\\ -2 & 0\end{bmatrix}.$$

反对称矩阵的例子如下：

$$\begin{bmatrix} 0 & 3 & -6 \\ -3 & 0 & -1 \\ 6 & 1 & 0 \end{bmatrix}, \quad \begin{bmatrix} 0 & -2 \\ 2 & 0 \end{bmatrix}.$$

6. 行矩阵(行向量)、列矩阵(列向量)

只有一行的矩阵，即 $1\times n$ 矩阵，称为行矩阵，也叫行向量，例如

$$[a_1 \quad a_2 \quad \cdots \quad a_n];$$

类似地，只有一列的矩阵，即 $n\times 1$ 矩阵，称为列矩阵，也叫列向量，例如

$$\begin{bmatrix} a_1 \\ a_2 \\ \vdots \\ a_n \end{bmatrix}.$$

可认为 $m\times n$ 矩阵中有 m 个行向量，n 个列向量.

尤其要注意行列式和矩阵的区别，行列式是一个数值，而矩阵是一个数表，另外行列式的行数和列数必须相等，而矩阵则未必.

2.1.2 矩阵的线性运算

定义 2.1.2(同型矩阵) 两个矩阵 $\boldsymbol{A}_{m\times n}$ 和 $\boldsymbol{B}_{l\times k}$ 的行数和列数分别相等，即 $m=l$，$n=k$，则称它们为同型矩阵.

定义 2.1.3(矩阵相等) 两个同型矩阵，若对应的元素全部相等，则称这两个矩阵相等. 即 $\boldsymbol{A}=(a_{ij})_{m\times n}$ 与 $\boldsymbol{B}=(b_{ij})_{m\times n}$，若 $\forall\, i,j$ 都有 $a_{ij}=b_{ij}$，则 $\boldsymbol{A}=\boldsymbol{B}$.

例 2.1.3 设 $\begin{bmatrix} x & -1 & -8 \\ 0 & y & 4 \end{bmatrix}=\begin{bmatrix} 3 & -1 & z \\ 0 & 2 & 4 \end{bmatrix}$，求 x,y,z.

解 按矩阵相等的定义有 $x=3$，$y=2$，$z=-8$.

定义 2.1.4(矩阵的加法) 数域 F 上的两个同型矩阵可定义加法，设 $\boldsymbol{A}=(a_{ij})_{m\times n}$，$\boldsymbol{B}=(b_{ij})_{m\times n}$，则

$$\boldsymbol{A}+\boldsymbol{B}=(a_{ij}+b_{ij})_{m\times n}=\begin{bmatrix} a_{11}+b_{11} & a_{12}+b_{12} & \cdots & a_{1n}+b_{1n} \\ a_{21}+b_{21} & a_{22}+b_{22} & \cdots & a_{2n}+b_{2n} \\ \vdots & \vdots & & \vdots \\ a_{m1}+b_{m1} & a_{m2}+b_{m2} & \cdots & a_{mn}+b_{mn} \end{bmatrix},$$

即矩阵的加法被定义为对应元素相加.

定义 2.1.5(数乘) 矩阵 $\boldsymbol{A}_{m\times n}$ 与数 k 的数量乘法(简称数乘)被定义为

$$k\boldsymbol{A}=(ka_{ij})_{m\times n},$$

即矩阵 $\boldsymbol{A}$ 的每个元素都倍乘 k 倍：

$$k\boldsymbol{A}=\begin{bmatrix} ka_{11} & ka_{12} & \cdots & ka_{1n} \\ ka_{21} & ka_{22} & \cdots & ka_{2n} \\ \vdots & \vdots & & \vdots \\ ka_{m1} & ka_{m2} & \cdots & ka_{mn} \end{bmatrix}. \tag{2.1.1}$$

尤其要注意区别于行列式与数的相乘，行列式与数相乘，只需要将数倍乘到某一行或某一列上.

例 2.1.4 k 与单位矩阵的数乘结果被称为数量矩阵或常数矩阵：

$$k\boldsymbol{I}_n=\begin{bmatrix} k & & & \\ & k & & \\ & & \ddots & \\ & & & k \end{bmatrix}. \tag{2.1.2}$$

定义 2.1.6(负矩阵) 数 -1 与矩阵 $\boldsymbol{A}$ 的数乘结果称 $\boldsymbol{A}$ 的负矩阵，记作 $-\boldsymbol{A}$，即

$$-\boldsymbol{A}=(-1)\boldsymbol{A}=(-a_{ij})_{m\times n}.$$

定义 2.1.7(矩阵的减法) 同型矩阵 $\boldsymbol{A}$ 与 $\boldsymbol{B}$ 的减法被定义为 $\boldsymbol{A}$ 与 $-\boldsymbol{B}$ 的加法，即

$$\boldsymbol{A}-\boldsymbol{B}=\boldsymbol{A}+(-\boldsymbol{B})=(a_{ij}-b_{ij})_{m\times n}.$$

定义 2.1.8(矩阵的线性运算) 矩阵的加法和数乘(以及减法)运算，统称为矩阵的**线性运算**.

很容易验证，对矩阵的线性有如下定理.

定理 2.1.1 矩阵的线性运算满足如下 8 条运算律(设 $\boldsymbol{A},\boldsymbol{B},\boldsymbol{C}$ 为数域 F 上的矩阵，$k,l\in F$).

(1) 加法的交换律：$\boldsymbol{A}+\boldsymbol{B}=\boldsymbol{B}+\boldsymbol{A}$.

(2) 加法的结合律：$(\boldsymbol{A}+\boldsymbol{B})+\boldsymbol{C}=\boldsymbol{A}+(\boldsymbol{B}+\boldsymbol{C})$.

(3) 存在零元素：$\boldsymbol{A}+\boldsymbol{O}=\boldsymbol{A}$.

(4) 存在负元素：$\boldsymbol{A}+(-\boldsymbol{A})=\boldsymbol{O}$.

(5) 数乘分配律Ⅰ：$(k+l)\boldsymbol{A}=k\boldsymbol{A}+l\boldsymbol{A}$.

(6) 数乘分配律Ⅱ：$k(\boldsymbol{A}+\boldsymbol{B})=k\boldsymbol{A}+k\boldsymbol{B}$.

(7) 数乘结合律：$k(l\boldsymbol{A})=(kl)\boldsymbol{A}$.

(8) 单位律：$1\boldsymbol{A}=\boldsymbol{A}$.

2.1.3 矩阵的乘法

定义 2.1.9(矩阵乘法) 在数域 F 上，设 $\boldsymbol{A}=(a_{ij})$ 是一个 $m\times p$ 的矩阵，$\boldsymbol{B}=(b_{ij})$ 是一个 $p\times n$ 的矩阵，即 $\boldsymbol{A}$ 的列数等于 $\boldsymbol{B}$ 的行数，则可定义 $\boldsymbol{A}$ 与 $\boldsymbol{B}$ 的乘积为一个 $m\times n$ 矩阵 $\boldsymbol{C}=(c_{ij})$，其元素为

$$c_{ij}=a_{i1}b_{1j}+a_{i2}b_{2j}+\cdots+a_{ip}b_{pj}=\sum_{k=1}^{p}a_{ik}b_{kj}\,(i=1,2,\cdots,m;j=1,2,\cdots,n),$$

通常将 $\boldsymbol{A}$ 与 $\boldsymbol{B}$ 的乘积记作 $\boldsymbol{AB}$.

可以这样形象地记住矩阵的乘法运算：$\boldsymbol{AB}$ 的 ij 元等于 $\boldsymbol{A}$ 的第 i 个行向量和 $\boldsymbol{B}$ 的第 j 个列向量做“点积”，即作“行列积”：

$$\overset{\boldsymbol{C}}{\begin{bmatrix} c_{11} & \cdots & c_{1j} & \cdots & c_{1n} \\ \vdots & & \vdots & & \vdots \\ c_{i1} & \cdots & \boxed{c_{ij}} & \cdots & c_{in} \\ \vdots & & \vdots & & \vdots \\ c_{m1} & \cdots & c_{mj} & \cdots & c_{mn} \end{bmatrix}}=\overset{\boldsymbol{A}}{\begin{bmatrix} a_{11} & a_{12} & \cdots & a_{1p} \\ \vdots & \vdots & & \vdots \\ a_{i1} & a_{i2} & \cdots & a_{ip} \\ \vdots & \vdots & & \vdots \\ a_{m1} & a_{m2} & \cdots & a_{mp} \end{bmatrix}}\overset{\boldsymbol{B}}{\begin{bmatrix} b_{11} & \cdots & b_{1j} & \cdots & b_{1n} \\ b_{21} & \cdots & b_{2j} & \cdots & b_{2n} \\ \vdots & & \vdots & & \vdots \\ b_{p1} & \cdots & b_{pj} & \cdots & b_{pn} \end{bmatrix}},$$

由此可以理解为什么 $\boldsymbol{A}$ 的列数必须等于 $\boldsymbol{B}$ 的行数才能定义 $\boldsymbol{AB}$.

矩阵的乘法定义看起来很奇怪，但是等我们学习了线性映射的乘法之后再来看，将会发现这个定义其实很自然. 尽管如此，这个奇怪的矩阵乘法在很多时候的确是一个非常有用的运算.

例 2.1.5　对于线性方程组 $\begin{cases} a_{11}x_1+a_{12}x_2+\cdots+a_{1n}x_n=b_1, \\ a_{21}x_1+a_{22}x_2+\cdots+a_{2n}x_n=b_2, \\ \qquad\qquad\vdots \\ a_{n1}x_1+a_{n2}x_2+\cdots+a_{nn}x_n=b_n, \end{cases}$ 如果引入如下矩阵：

$$\boldsymbol{A}=\begin{bmatrix} a_{11} & a_{12} & \cdots & a_{1n} \\ a_{21} & a_{22} & \cdots & a_{2n} \\ \vdots & \vdots & & \vdots \\ a_{m1} & a_{m2} & \cdots & a_{mn} \end{bmatrix},\quad \boldsymbol{X}=\begin{bmatrix} x_1 \\ x_2 \\ \vdots \\ x_n \end{bmatrix},\quad \boldsymbol{B}=\begin{bmatrix} b_1 \\ b_2 \\ \vdots \\ b_n \end{bmatrix},$$

则该方程组可以表示为较简洁的矩阵形式：

$$\boldsymbol{AX}=\boldsymbol{B}.$$

关于矩阵的乘法，有以下值得注意的地方.

(1) 只有 $\boldsymbol{A}$ 的列数与 $\boldsymbol{B}$ 的行数相等时，$\boldsymbol{AB}$ 才有意义.

(2) 矩阵乘法不满足交换律，即 $\boldsymbol{AB}\neq\boldsymbol{BA}$. 例如

$$\boldsymbol{A}=\begin{bmatrix} 1 & 1 \\ -1 & -1 \end{bmatrix},\quad \boldsymbol{B}=\begin{bmatrix} 1 & -1 \\ -1 & 1 \end{bmatrix},\quad \boldsymbol{AB}=\begin{bmatrix} 0 & 0 \\ 0 & 0 \end{bmatrix}\neq\boldsymbol{BA}=\begin{bmatrix} 2 & 2 \\ -2 & -2 \end{bmatrix}.$$

实际上，若 $\boldsymbol{A}$ 为 $m\times n$ 的矩阵，$\boldsymbol{B}$ 为 $n\times m$ 的矩阵，则 $\boldsymbol{AB}$ 为 m 阶方阵，而 $\boldsymbol{BA}$ 为 n 阶方阵，显然不相等. 更一般地，若 $\boldsymbol{A}$ 为 $m\times p$ 的矩阵，$\boldsymbol{B}$ 为 $p\times n$ 的矩阵，则 $\boldsymbol{AB}$ 为 $m\times n$ 矩阵，而 $\boldsymbol{BA}$ 则根本不能定义. 当 $\boldsymbol{AB}=\boldsymbol{BA}$ 时，称 $\boldsymbol{A}$ 与 $\boldsymbol{B}$ **可交换或可对易**，显然，这只有当 $\boldsymbol{A}$，$\boldsymbol{B}$ 为同阶方阵时才有可能.

(3) 两个不为零的矩阵的乘积可以是零矩阵，即

$$\boldsymbol{AB}=\boldsymbol{O} \not\Rightarrow \boldsymbol{A}=\boldsymbol{O} \quad \text{或} \quad \boldsymbol{B}=\boldsymbol{O}.$$

例如例 2.1.5 中，

$$\boldsymbol{A}=\begin{bmatrix} 1 & 1 \\ -1 & -1 \end{bmatrix}, \quad \boldsymbol{B}=\begin{bmatrix} 1 & -1 \\ -1 & 1 \end{bmatrix}, \quad \boldsymbol{AB}=\begin{bmatrix} 0 & 0 \\ 0 & 0 \end{bmatrix}=\boldsymbol{O}.$$

(4) 矩阵乘法不满足消去律，即

$$\boldsymbol{AB}=\boldsymbol{AC} \not\Rightarrow \boldsymbol{B}=\boldsymbol{C}.$$

原因是显然的，因为 $\boldsymbol{AB}=\boldsymbol{AC} \Rightarrow \boldsymbol{A}(\boldsymbol{B}-\boldsymbol{C})=\boldsymbol{O}$，而根据第(3)条，未必有 $\boldsymbol{B}-\boldsymbol{C}=\boldsymbol{O}$. 举例如下，

$$\boldsymbol{A}=\begin{bmatrix} 1 & 2 \\ 2 & 4 \end{bmatrix}, \quad \boldsymbol{B}=\begin{bmatrix} -1 & 3 \\ -2 & 1 \end{bmatrix}, \quad \boldsymbol{C}=\begin{bmatrix} -7 & 1 \\ 1 & 2 \end{bmatrix}, \quad \boldsymbol{AB}=\boldsymbol{AC}=\begin{bmatrix} -5 & 5 \\ -10 & 10 \end{bmatrix}.$$

以上第(3)、(4)两条之所以不成立，是因为矩阵对乘法运算来说一般未必存在“逆元”，即乘法不能定义“逆运算”除法. 在后面的学习中将讨论何时可做逆运算.

例 2.1.6 设 $\boldsymbol{A}_{3\times 4}=\begin{bmatrix} 1 & 0 & -1 & 2 \\ -1 & 1 & 3 & 0 \\ 0 & 5 & -1 & 4 \end{bmatrix}$，$\boldsymbol{B}_{4\times 3}=\begin{bmatrix} 0 & 3 & 4 \\ 1 & 2 & 1 \\ 3 & 1 & -1 \\ -1 & 2 & 1 \end{bmatrix}$，求 $\boldsymbol{AB}$.

解 $$\boldsymbol{C}_{3\times 3}=\boldsymbol{AB}=\begin{bmatrix} 1 & 0 & -1 & 2 \\ -1 & 1 & 3 & 0 \\ 0 & 5 & -1 & 4 \end{bmatrix}\begin{bmatrix} 0 & 3 & 4 \\ 1 & 2 & 1 \\ 3 & 1 & -1 \\ -1 & 2 & 1 \end{bmatrix}=\begin{bmatrix} -5 & 6 & 7 \\ 10 & 2 & -6 \\ -2 & 17 & 10 \end{bmatrix}.$$

例 2.1.7 设 $\boldsymbol{A}=[a_1 \quad a_2 \quad \cdots \quad a_n]$，$\boldsymbol{B}=\begin{bmatrix} b_1 \\ b_2 \\ \vdots \\ b_n \end{bmatrix}$，求 $\boldsymbol{AB}$ 和 $\boldsymbol{BA}$.

解 $\boldsymbol{AB}=\sum_{i=1}^{n} a_i b_i$[①]，是 1×1 矩阵. 而反过来，有

$$\boldsymbol{BA}=\begin{bmatrix} b_1 a_1 & b_1 a_2 & \cdots & b_1 a_n \\ b_2 a_1 & b_2 a_2 & \cdots & b_2 a_n \\ \vdots & \vdots & & \vdots \\ b_n a_1 & b_n a_2 & \cdots & b_n a_n \end{bmatrix}.$$

---

① 对于 1×1 矩阵，只要其参与的线性运算和矩阵乘法运算满足定义，则容易验证运算结果与将其作为一个数来运算得到的结果相同，因此经常省略 1×1 矩阵的矩阵括号.

例 2.1.8 求与 $\boldsymbol{A}=\begin{bmatrix}1&1\\0&2\end{bmatrix}$ 可交换的矩阵.

解 注意到只有同阶方阵之间才可能可交换,故设 $\boldsymbol{B}=\begin{bmatrix}x&y\\z&u\end{bmatrix}$ 与 $\boldsymbol{A}$ 可交换,由 $\boldsymbol{AB}=\boldsymbol{BA}$ 得到

$$\begin{bmatrix}1&1\\0&2\end{bmatrix}\begin{bmatrix}x&y\\z&u\end{bmatrix}=\begin{bmatrix}x&y\\z&u\end{bmatrix}\begin{bmatrix}1&1\\0&2\end{bmatrix},$$

于是,有

$$\begin{cases}x+z=x,\\ y+u=x+2y,\\ 2z=z,\\ 2u=z+2u\end{cases}\Rightarrow\begin{cases}z=0,\\ u=x+y,\end{cases}$$

所以 $\boldsymbol{B}=\begin{bmatrix}x&y\\0&x+y\end{bmatrix}$($x,y$ 是任意数)与 $\boldsymbol{A}$ 可交换.

例 2.1.9 试计算对角矩阵 $\boldsymbol{\Lambda}=\mathrm{diag}(\lambda_1,\lambda_2,\cdots,\lambda_n)$ 与 $\boldsymbol{A}_{n\times p}$ 及 $\boldsymbol{B}_{p\times n}$ 的乘积 $\boldsymbol{\Lambda A}$ 和 $\boldsymbol{B\Lambda}$.

解 按定义有

$$\boldsymbol{\Lambda A}=\begin{bmatrix}\lambda_1&&&\\&\lambda_2&&\\&&\ddots&\\&&&\lambda_n\end{bmatrix}\begin{bmatrix}a_{11}&a_{12}&\cdots&a_{1p}\\a_{21}&a_{22}&\cdots&a_{2p}\\\vdots&\vdots&&\vdots\\a_{n1}&a_{n2}&\cdots&a_{np}\end{bmatrix}=\begin{bmatrix}\lambda_1a_{11}&\lambda_1a_{12}&\cdots&\lambda_1a_{1p}\\\lambda_2a_{21}&\lambda_2a_{22}&\cdots&\lambda_2a_{2p}\\\vdots&\vdots&&\vdots\\\lambda_na_{n1}&\lambda_na_{n2}&\cdots&\lambda_na_{np}\end{bmatrix},$$

$$\boldsymbol{B\Lambda}=\begin{bmatrix}b_{11}&b_{12}&\cdots&b_{1n}\\b_{21}&b_{22}&\cdots&b_{2n}\\\vdots&\vdots&&\vdots\\b_{p1}&b_{p2}&\cdots&b_{pn}\end{bmatrix}\begin{bmatrix}\lambda_1&&&\\&\lambda_2&&\\&&\ddots&\\&&&\lambda_n\end{bmatrix}=\begin{bmatrix}\lambda_1b_{11}&\lambda_2b_{12}&\cdots&\lambda_nb_{1n}\\\lambda_1b_{21}&\lambda_2b_{22}&\cdots&\lambda_nb_{2n}\\\vdots&\vdots&&\vdots\\\lambda_1b_{p1}&\lambda_2b_{p2}&\cdots&\lambda_nb_{pn}\end{bmatrix}.$$

由此可见,当进行矩阵乘法的时候,对角矩阵左乘某个矩阵,其结果等于将对角元依次乘到相应的行上;对角矩阵右乘某个矩阵,其结果等于将对角元依次乘到相应的列上. 特别地,常数矩阵 $k\boldsymbol{I}$ 左乘或右乘某个矩阵,等于这个矩阵的 k 倍;单位矩阵 $\boldsymbol{I}$ 左乘或右乘某个矩阵,等于这个矩阵本身. 因此,常数矩阵及单位矩阵与任意方阵的乘法是可交换的.

为了简洁,我们简单讨论一下对指标求和的标记问题. 设有如下的双重求和:

$$S=\sum_{i=1}^{m}\Big(\sum_{j=1}^{n}A_{ij}\Big).$$

其中求和项 A_{ij} 为与指标 i,j 有关的表达式. 上述求和表示先对 j 指标求和,再对 i 指标求和. 如果项 A_{ij} 之间的加法运算满足交换律和结合律,即

$$A_{ij}+A_{kl}=A_{kl}+A_{ij}\,,\quad (A_{ij}+A_{kl})+A_{pq}=A_{ij}+(A_{kl}+A_{pq})\,,$$

则上述对 i,j 的求和顺序可交换，即

$$S=\sum_{j=1}^{n}\Big(\sum_{i=1}^{m}A_{ij}\Big).$$

其原因可利用如下例子来说明：

$$\begin{aligned}S&=\sum_{i=1}^{2}\Big(\sum_{j=1}^{3}A_{ij}\Big)=\sum_{i=1}^{2}(A_{i1}+A_{i2}+A_{i3})\\&=(A_{11}+A_{12}+A_{13})+(A_{21}+A_{22}+A_{23})\\&=(A_{11}+A_{21})+(A_{12}+A_{22})+(A_{31}+A_{32})\\&=\sum_{j=1}^{3}(A_{1j}+A_{2j})=\sum_{j=1}^{3}\Big(\sum_{i=1}^{2}A_{ij}\Big).\end{aligned}$$

在本课程中遇到的加法均满足交换律和结合律，因此求和可不计顺序地标记或简记为

$$\begin{aligned}S&=\sum_{i=1}^{m}\Big(\sum_{j=1}^{n}A_{ij}\Big)=\sum_{j=1}^{n}\Big(\sum_{i=1}^{m}A_{ij}\Big)=\sum_{i=1}^{m}\sum_{j=1}^{n}A_{ij}=\sum_{j=1}^{n}\sum_{i=1}^{m}A_{ij}\\&=\sum_{i=1,j=1}^{i=m,j=n}A_{ij}=\sum_{i,j}A_{ij}.\end{aligned}$$

此外，在很多关于求和的公式中，需求和的指标在求和项中重复出现了不止 1 次，例如矩阵的乘法：

$$\boldsymbol{C}=\boldsymbol{AB}\,,\quad c_{ij}=\sum_{k}a_{ik}b_{kj}\,,$$

我们引入“爱因斯坦求和约定”，当一个单独的项内有指标变量重复出现两次或以上时（例如上面 $a_{ik}b_{kj}$ 里 k 出现了两次），则默认代表对这个重复指标的所有可能的取值求和，并且省略掉求和符号. 即

$$a_{ik}b_{kj}=\sum_{k}a_{ik}b_{kj}\,,$$

利用爱因斯坦求和约定，有

$$a_{ijkl}b_{ijkl}=\sum_{i,j,k,l}a_{ijkl}b_{ijkl}=\sum_{i}\sum_{j}\sum_{k}\sum_{l}a_{ijkl}b_{ijkl}\,,$$

显然，使用求和约定公式要简洁很多. 矩阵乘法规则也可写为

$$c_{ij}=a_{ik}b_{kj}\,,$$

在下文中，如无特殊说明，则重复指标默认代表求和. 对不求和的重复指标，会在公式后特别注明. 例如 a_{ii} 代表着

$$a_{ii}=a_{11}+a_{22}+\cdots=\sum_{i}a_{ii}\,,$$

如果对 i 不求和，则标记为 a_{ii}　(i 不求和).

回到矩阵的乘法上来，可证明如下定理成立.

定理 2.1.2　数域 F 上的矩阵乘法满足如下性质(设下列矩阵运算都可进行).

(1) 乘法结合律:$\boldsymbol{A}(\boldsymbol{BC})=(\boldsymbol{AB})\boldsymbol{C}$.

(2) 左右分配律:$\boldsymbol{A}(\boldsymbol{B}+\boldsymbol{C})=\boldsymbol{AB}+\boldsymbol{AC}$,$(\boldsymbol{B}+\boldsymbol{C})\boldsymbol{A}=\boldsymbol{BA}+\boldsymbol{CA}$.

(3) 设其中 $k\in F$,则有 $k(\boldsymbol{AB})=(k\boldsymbol{A})\boldsymbol{B}=\boldsymbol{A}(k\boldsymbol{B})$.

证明　先证明性质(1).按矩阵乘法的定义,有

$$\begin{aligned}(\boldsymbol{A}(\boldsymbol{BC}))_{ij}&=(\boldsymbol{A})_{ik}(\boldsymbol{BC})_{kj}=a_{ik}(b_{kl}c_{lj})=(a_{ik}b_{kl})c_{lj}\\&=(\boldsymbol{AB})_{il}(\boldsymbol{C})_{lj}=((\boldsymbol{AB})\boldsymbol{C})_{ij},\end{aligned}$$

由于矩阵的对应元素相等意味着两矩阵相等,故

$$\boldsymbol{A}(\boldsymbol{BC})=(\boldsymbol{AB})\boldsymbol{C}.$$

这里我们已经使用了求和约定,并交换了求和顺序.

性质(2)、(3)的证明比较简单,类似上述方法写出左右两边的矩阵元即可,请读者自行补充.

对于方阵来说,可连续自乘下去,即

$$((\boldsymbol{AA})\boldsymbol{A})\boldsymbol{A}\cdots,$$

注意到矩阵乘法满足结合律,因此这些矩阵 $\boldsymbol{A}$ 哪些先相乘哪些后相乘并不影响结果,即这些括号都可省略,由此可无歧义地定义方阵的幂.

定义 2.1.10(方阵的幂)　设 $\boldsymbol{A}$ 为 n 阶方阵,则定义 $\boldsymbol{A}^k$ 为

$$\boldsymbol{A}^k=\underbrace{\boldsymbol{AA}\cdots\boldsymbol{A}}_{k\text{个}\boldsymbol{A}}\quad(k>0,k\in\mathbf{Z}),$$

对于 $k=0$ 时,定义 $\boldsymbol{A}^0=\boldsymbol{I}_n$.

显然,按照定义有　　$\boldsymbol{A}^p\boldsymbol{A}^q=\boldsymbol{A}^{p+q}$,　$(\boldsymbol{A}^p)^q=\boldsymbol{A}^{pq}$,

这些都与通常数的幂次的运算很类似.但值得注意的是,若 $\boldsymbol{AB}\neq\boldsymbol{BA}$,则 $(\boldsymbol{AB})^k=\boldsymbol{ABAB}\cdots\neq\boldsymbol{A}^k\boldsymbol{B}^k$.

完全类似地,可定义方阵的多项式如下.

定义 2.1.11(方阵的多项式)　设 $f(x)=k_mx^m+k_{m-1}x^{m-1}+\cdots+k_1x+k_0$ 为一个 m 次多项式,则对任意方阵 $\boldsymbol{A}$,可定义(注意常数项要乘上单位矩阵 $\boldsymbol{I}$)方阵的多项式:

$$f(\boldsymbol{A})=k_m\boldsymbol{A}^m+k_{m-1}\boldsymbol{A}^{m-1}+\cdots+k_1\boldsymbol{A}+k_0\boldsymbol{I},$$

其结果仍为同阶方阵.

类似地,对于可以用泰勒展开式来定义的函数 $f(x)$,都可以定义 $f(\boldsymbol{A})$,例如

$$\mathrm{e}^{\boldsymbol{A}}=\boldsymbol{I}+\boldsymbol{A}+\frac{1}{2!}\boldsymbol{A}^2+\frac{1}{3!}\boldsymbol{A}^3+\cdots$$

例 2.1.10　$\boldsymbol{A}^3-\boldsymbol{B}^3=(\boldsymbol{A}-\boldsymbol{B})(\boldsymbol{A}^2+\boldsymbol{AB}+\boldsymbol{B}^2)$是否成立?为什么?

解　注意到矩阵的乘法满足分配律和结合律,但不满足交换律,因此,有

$$(\boldsymbol{A}-\boldsymbol{B})(\boldsymbol{A}^2+\boldsymbol{AB}+\boldsymbol{B}^2)=\boldsymbol{A}^3+\boldsymbol{A}^2\boldsymbol{B}+\boldsymbol{AB}^2-\boldsymbol{BA}^2-\boldsymbol{BAB}-\boldsymbol{B}^3$$

$$=\boldsymbol{A}^3-\boldsymbol{B}^3+\boldsymbol{A}^2\boldsymbol{B}-\boldsymbol{BAB}$$
$$=\boldsymbol{A}^3-\boldsymbol{B}^3+(\boldsymbol{A}^2\boldsymbol{B}-\boldsymbol{BA}^2)+(\boldsymbol{AB}-\boldsymbol{BA})\boldsymbol{B},$$

一般来说 $\boldsymbol{AB}\neq\boldsymbol{BA}$，故

$$(\boldsymbol{A}-\boldsymbol{B})(\boldsymbol{A}^2+\boldsymbol{AB}+\boldsymbol{B}^2)\neq\boldsymbol{A}^3-\boldsymbol{B}^3.$$

2.1.4 矩阵的转置

定义 2.1.12(转置) 将数域 F 上的 $m\times n$ 矩阵 $\boldsymbol{A}$ 的行、列互换得到的 $n\times m$ 矩阵称作 $\boldsymbol{A}$ 的转置矩阵，记作 $\boldsymbol{A}^{\mathrm{T}}$. 即

$$\boldsymbol{A}=(a_{ij})_{m\times n}=\begin{bmatrix} a_{11} & a_{12} & \cdots & a_{1n} \\ a_{21} & a_{22} & \cdots & a_{2n} \\ \vdots & \vdots & & \vdots \\ a_{m1} & a_{m2} & \cdots & a_{mn} \end{bmatrix},\quad \boldsymbol{A}^{\mathrm{T}}=(a_{ji})_{n\times m}=\begin{bmatrix} a_{11} & a_{21} & \cdots & a_{m1} \\ a_{12} & a_{22} & \cdots & a_{m2} \\ \vdots & \vdots & & \vdots \\ a_{1n} & a_{2n} & \cdots & a_{mn} \end{bmatrix}.$$

显然，$\boldsymbol{A}^{\mathrm{T}}$ 的 ij 元就是 $\boldsymbol{A}$ 的 ji 元.

例 2.1.11 设 $\boldsymbol{A}=\begin{bmatrix} 1 & 2 & 2 \\ 4 & 5 & 8 \end{bmatrix}$，则 $\boldsymbol{A}^{\mathrm{T}}=\begin{bmatrix} 1 & 4 \\ 2 & 5 \\ 2 & 8 \end{bmatrix}$.

利用转置的概念，可将对称矩阵定义为满足 $\boldsymbol{A}^{\mathrm{T}}=\boldsymbol{A}$ 的矩阵，将反对称矩阵定义为满足 $\boldsymbol{A}^{\mathrm{T}}=-\boldsymbol{A}$ 的矩阵. 关于转置有如下定理.

定理 2.1.3 矩阵的转置运算满足如下 4 条运算律.

(1) $(\boldsymbol{A}^{\mathrm{T}})^{\mathrm{T}}=\boldsymbol{A}$.

(2) $(\boldsymbol{A}+\boldsymbol{B})^{\mathrm{T}}=\boldsymbol{A}^{\mathrm{T}}+\boldsymbol{B}^{\mathrm{T}}$.

(3) $(k\boldsymbol{A})^{\mathrm{T}}=k\boldsymbol{A}^{\mathrm{T}}$.

(4) $(\boldsymbol{AB})^{\mathrm{T}}=\boldsymbol{B}^{\mathrm{T}}\boldsymbol{A}^{\mathrm{T}}$.

证明 前面 3 条可利用转置的定义直接得到. 第(4)条证明如下：

$$((\boldsymbol{AB})^{\mathrm{T}})_{ij}=(\boldsymbol{AB})_{ji}=(\boldsymbol{A})_{jk}(\boldsymbol{B})_{ki}=(\boldsymbol{A}^{\mathrm{T}})_{kj}(\boldsymbol{B}^{\mathrm{T}})_{ik}=(\boldsymbol{B}^{\mathrm{T}})_{ik}(\boldsymbol{A}^{\mathrm{T}})_{kj}=(\boldsymbol{B}^{\mathrm{T}}\boldsymbol{A}^{\mathrm{T}})_{ij}.$$

由于矩阵对应元素相等，意味着矩阵相等，故

$$(\boldsymbol{AB})^{\mathrm{T}}=\boldsymbol{B}^{\mathrm{T}}\boldsymbol{A}^{\mathrm{T}}.$$

推论 2.1.4 矩阵的转置满足：

$$(\boldsymbol{A}_1\boldsymbol{A}_2\cdots\boldsymbol{A}_n)^{\mathrm{T}}=\boldsymbol{A}_n^{\mathrm{T}}\cdots\boldsymbol{A}_2^{\mathrm{T}}\boldsymbol{A}_1^{\mathrm{T}}.$$

证明 利用 $(\boldsymbol{AB})^{\mathrm{T}}=\boldsymbol{B}^{\mathrm{T}}\boldsymbol{A}^{\mathrm{T}}$，有

$$(\boldsymbol{A}_1\boldsymbol{A}_2\cdots\boldsymbol{A}_n)^{\mathrm{T}}=(\boldsymbol{A}_2\boldsymbol{A}_3\cdots\boldsymbol{A}_n)^{\mathrm{T}}\boldsymbol{A}_1^{\mathrm{T}}=(\boldsymbol{A}_3\cdots\boldsymbol{A}_n)^{\mathrm{T}}\boldsymbol{A}_2^{\mathrm{T}}\boldsymbol{A}_1^{\mathrm{T}}=\cdots=\boldsymbol{A}_n^{\mathrm{T}}\cdots\boldsymbol{A}_2^{\mathrm{T}}\boldsymbol{A}_1^{\mathrm{T}}.$$

例 2.1.12 设 $\boldsymbol{X}=[x_1\quad x_2\quad\cdots\quad x_n]$，则有

$$\boldsymbol{XX}^{\mathrm{T}}=[x_1\quad x_2\quad\cdots\quad x_n]\begin{bmatrix} x_1 \\ x_2 \\ \vdots \\ x_n \end{bmatrix}=x_1^2+x_2^2+\cdots+x_n^2=x_ix_i,$$

$$\boldsymbol{X}^{\mathrm{T}}\boldsymbol{X}=\begin{bmatrix}x_1\\x_2\\\vdots\\x_n\end{bmatrix}\begin{bmatrix}x_1 & x_2 & \cdots & x_n\end{bmatrix}=\begin{bmatrix}x_1^2 & x_1x_2 & \cdots & x_1x_n\\x_2x_1 & x_2^2 & \cdots & x_2x_n\\\vdots & \vdots & & \vdots\\x_nx_1 & x_nx_2 & \cdots & x_n^2\end{bmatrix}.$$

例 2.1.13 设 $\boldsymbol{A}=(a_{ij})_{nn}$,$\boldsymbol{X}=[x_1 \quad x_2 \quad \cdots \quad x_n]^{\mathrm{T}}$,求 $\boldsymbol{X}^{\mathrm{T}}\boldsymbol{AX}$.

解 注意到 $\boldsymbol{X}^{\mathrm{T}}\boldsymbol{AX}$ 为 1×1 矩阵,故

$$\boldsymbol{X}^{\mathrm{T}}\boldsymbol{AX}=(\boldsymbol{X}^{\mathrm{T}})_{1i}(\boldsymbol{A})_{ij}(\boldsymbol{X})_{ji}=(\boldsymbol{X})_{i1}a_{ij}(\boldsymbol{X})_{j1}=x_ia_{ij}x_j,$$

注意重复指标代表求和.

例 2.1.14 设 $\boldsymbol{\alpha}=[1 \quad 2 \quad 3]$,$\boldsymbol{\beta}=[1 \quad 1/2 \quad 1/3]$,求 $\boldsymbol{A}=\boldsymbol{\alpha}^{\mathrm{T}}\boldsymbol{\beta}$ 以及 $\boldsymbol{A}^n$.

解 依条件可直接计算给出

$$\boldsymbol{A}=\begin{bmatrix}1\\2\\3\end{bmatrix}\begin{bmatrix}1 & 1/2 & 1/3\end{bmatrix}=\begin{bmatrix}1 & 1/2 & 1/3\\2 & 1 & 2/3\\3 & 3/2 & 1\end{bmatrix},$$

虽然直接计算 $\boldsymbol{A}^n$ 较困难,但注意到 $\boldsymbol{A}$ 的定义,有

$$\boldsymbol{A}^n=(\boldsymbol{\alpha}^{\mathrm{T}}\boldsymbol{\beta})^n=\boldsymbol{\alpha}^{\mathrm{T}}\boldsymbol{\beta}\boldsymbol{\alpha}^{\mathrm{T}}\boldsymbol{\beta}\cdots\boldsymbol{\alpha}^{\mathrm{T}}\boldsymbol{\beta}=\boldsymbol{\alpha}^{\mathrm{T}}(\boldsymbol{\beta}\boldsymbol{\alpha}^{\mathrm{T}})^{n-1}\boldsymbol{\beta},$$

而 $\boldsymbol{\beta}\boldsymbol{\alpha}^{\mathrm{T}}=1+1+1=3$,故

$$\boldsymbol{A}^n=\boldsymbol{\alpha}^{\mathrm{T}}(3)^{n-1}\boldsymbol{\beta}=3^{n-1}\boldsymbol{A}=3^{n-1}\begin{bmatrix}1 & 1/2 & 1/3\\2 & 1 & 2/3\\3 & 3/2 & 1\end{bmatrix}.$$

这个例子可明显看出,1×1 矩阵参与矩阵运算时,与将其作为一个数来运算的结果相同.

例 2.1.15 设 $\boldsymbol{\alpha}$ 是三维行向量,且 $\boldsymbol{\alpha}^{\mathrm{T}}\boldsymbol{\alpha}=\begin{bmatrix}1 & -1 & 1\\-1 & 1 & -1\\1 & -1 & 1\end{bmatrix}$,求 $\boldsymbol{\alpha}\boldsymbol{\alpha}^{\mathrm{T}}$.

解 利用上一题的结论,有

$$(\boldsymbol{\alpha}^{\mathrm{T}}\boldsymbol{\alpha})^2=\boldsymbol{\alpha}^{\mathrm{T}}\boldsymbol{\alpha}\boldsymbol{\alpha}^{\mathrm{T}}\boldsymbol{\alpha}=\boldsymbol{\alpha}^{\mathrm{T}}(\boldsymbol{\alpha}\boldsymbol{\alpha}^{\mathrm{T}})\boldsymbol{\alpha}=k(\boldsymbol{\alpha}^{\mathrm{T}}\boldsymbol{\alpha}),$$

因此将 $\boldsymbol{\alpha}^{\mathrm{T}}\boldsymbol{\alpha}$ 进行平方,得到

$$(\boldsymbol{\alpha}^{\mathrm{T}}\boldsymbol{\alpha})^2=\begin{bmatrix}3 & -3 & 3\\-3 & 3 & -3\\3 & -3 & 3\end{bmatrix},$$

于是

$$\boldsymbol{\alpha}\boldsymbol{\alpha}^{\mathrm{T}}=3.$$

例 2.1.16 证明:$\boldsymbol{B}^{\mathrm{T}}\boldsymbol{B}$ 和 $\boldsymbol{B}\boldsymbol{B}^{\mathrm{T}}$ 均是对称矩阵.

证明 按照转置运算的性质,有

$$(\boldsymbol{B}^{\mathrm{T}}\boldsymbol{B})^{\mathrm{T}}=\boldsymbol{B}^{\mathrm{T}}(\boldsymbol{B}^{\mathrm{T}})^{\mathrm{T}}=\boldsymbol{B}^{\mathrm{T}}\boldsymbol{B},$$

故 $\boldsymbol{B}^{\mathrm{T}}\boldsymbol{B}$ 为对称矩阵.类似可证明 $\boldsymbol{B}\boldsymbol{B}^{\mathrm{T}}$ 为对称矩阵.

例 2.1.17 设 $\boldsymbol{A}$ 是 n 阶方阵，求证：(1) $\boldsymbol{A}+\boldsymbol{A}^{\mathrm{T}}$ 是对称矩阵；$\boldsymbol{A}-\boldsymbol{A}^{\mathrm{T}}$ 是反对称矩阵.(2) $\boldsymbol{A}$ 可表示为对称矩阵和反对称矩阵之和.

证明 (1) 由于$(\boldsymbol{A}+\boldsymbol{A}^{\mathrm{T}})^{\mathrm{T}}=\boldsymbol{A}^{\mathrm{T}}+(\boldsymbol{A}^{\mathrm{T}})^{\mathrm{T}}=\boldsymbol{A}+\boldsymbol{A}^{\mathrm{T}}$，故其为对称矩阵.类似可证明 $\boldsymbol{A}-\boldsymbol{A}^{\mathrm{T}}$ 为反对称矩阵.

(2) 由于 $\boldsymbol{A}=\frac{1}{2}(\boldsymbol{A}+\boldsymbol{A}^{\mathrm{T}})+\frac{1}{2}(\boldsymbol{A}-\boldsymbol{A}^{\mathrm{T}})$，故可分解为对称矩阵和反对称矩阵之和.

例 2.1.18 设 $\boldsymbol{X}$ 是 n 阶行向量，$\boldsymbol{A}$ 是 n 阶方阵，求证：对任意的 $\boldsymbol{X}$ 均有 $\boldsymbol{X}^{\mathrm{T}}\boldsymbol{A}\boldsymbol{X}=\boldsymbol{0}$ 的充要条件是 $\boldsymbol{A}=-\boldsymbol{A}^{\mathrm{T}}$(反对称矩阵).

证明 充分性：设 $\boldsymbol{A}=-\boldsymbol{A}^{\mathrm{T}}$，则有

$$(\boldsymbol{X}^{\mathrm{T}}\boldsymbol{A}\boldsymbol{X})_{11}=(\boldsymbol{X})_{i1}(\boldsymbol{A})_{ij}(\boldsymbol{X})_{j1}=a_{ij}x_ix_j=-a_{ji}x_ix_j=-a_{ji}x_jx_i=-(\boldsymbol{X}^{\mathrm{T}}\boldsymbol{A}\boldsymbol{X})_{11},$$

即

$$\boldsymbol{X}^{\mathrm{T}}\boldsymbol{A}\boldsymbol{X}=-\boldsymbol{X}^{\mathrm{T}}\boldsymbol{A}\boldsymbol{X}=\boldsymbol{0}.$$

必要性：设对任意的 $\boldsymbol{X}$ 均有 $\boldsymbol{X}^{\mathrm{T}}\boldsymbol{A}\boldsymbol{X}=\boldsymbol{0}$，则令

$$\boldsymbol{X}^{\mathrm{T}}=[1\quad 0\quad 0\quad \cdots\quad 0],$$

于是有

$$x_1a_{11}x_1=0\Rightarrow a_{11}=0,$$

类似可证明

$$a_{ii}=0\quad (i\text{ 不求和}).$$

再令

$$\boldsymbol{X}^{\mathrm{T}}=[1\quad 1\quad 0\quad \cdots\quad 0],$$

则有

$$a_{12}x_1x_2+a_{21}x_2x_1=0\Rightarrow a_{12}=-a_{21},$$

故 $a_{12}=-a_{21}$.类似可证明

$$a_{ij}=-a_{ji}(i\neq j).$$

综上，有 $\boldsymbol{A}^{\mathrm{T}}=-\boldsymbol{A}$.

例 2.1.19 求矩阵 $\boldsymbol{X}$，使 $3\begin{bmatrix}1 & -2 & 1\\4 & 1 & 0\end{bmatrix}+2\boldsymbol{X}^{\mathrm{T}}=\begin{bmatrix}2\\-1\end{bmatrix}[1\quad -2\quad 3]$.

解

$$\begin{aligned}2\boldsymbol{X}^{\mathrm{T}}&=\begin{bmatrix}2\\-1\end{bmatrix}[1\quad -2\quad 3]-3\begin{bmatrix}1 & -2 & 1\\4 & 1 & 0\end{bmatrix}\\&=\begin{bmatrix}2 & -4 & 6\\-1 & 2 & -3\end{bmatrix}-\begin{bmatrix}3 & -6 & 3\\12 & 3 & 0\end{bmatrix}\\&=\begin{bmatrix}-1 & 2 & 3\\-13 & -1 & -3\end{bmatrix},\end{aligned}$$

所以，有

$$X=\frac{1}{2}\begin{bmatrix}-1 & 2 & 3\\ -13 & -1 & -3\end{bmatrix}^{\mathrm{T}}=\begin{bmatrix}-1/2 & -13/2\\ 1 & -1/2\\ 3/2 & -3/2\end{bmatrix}.$$

例 2.1.20　设 $\boldsymbol{A},\boldsymbol{B}$ 为同阶对称矩阵,则 $\boldsymbol{AB}$ 为对称矩阵的充要条件是 $\boldsymbol{AB}=\boldsymbol{BA}$.

证明　充分性:因为 $\boldsymbol{A}^{\mathrm{T}}=\boldsymbol{A}$, $\boldsymbol{B}^{\mathrm{T}}=\boldsymbol{B}$,又 $\boldsymbol{AB}=\boldsymbol{BA}$,故 $(\boldsymbol{AB})^{\mathrm{T}}=\boldsymbol{B}^{\mathrm{T}}\boldsymbol{A}^{\mathrm{T}}=\boldsymbol{BA}=\boldsymbol{AB}$.

必要性:因为 $\boldsymbol{A}^{\mathrm{T}}=\boldsymbol{A}$, $\boldsymbol{B}^{\mathrm{T}}=\boldsymbol{B}$,又 $(\boldsymbol{AB})^{\mathrm{T}}=\boldsymbol{AB}$,故 $\boldsymbol{AB}=(\boldsymbol{AB})^{\mathrm{T}}=\boldsymbol{B}^{\mathrm{T}}\boldsymbol{A}^{\mathrm{T}}=\boldsymbol{BA}$.

2.1.5　方阵的行列式和迹

定义 2.1.13(方阵的行列式)　设 $\boldsymbol{A}$ 为 n 阶方阵,则由 $\boldsymbol{A}$ 的元素按原来排列方式构成的行列式,称作方阵 $\boldsymbol{A}$ 的行列式,记作 $|\boldsymbol{A}|$ 或 $\det(\boldsymbol{A})$.

例 2.1.21　设 $\boldsymbol{A}=\begin{bmatrix}2 & 3\\ 6 & 8\end{bmatrix}$,则 $\boldsymbol{A}$ 的行列式为

$$|\boldsymbol{A}|=\det(\boldsymbol{A})=\begin{vmatrix}2 & 3\\ 6 & 8\end{vmatrix}=-2.$$

由行列式的性质,方阵的行列式有如下定理.

定理 2.1.5　n 阶方阵的行列式满足如下性质.

(1) $|\boldsymbol{A}^{\mathrm{T}}|=|\boldsymbol{A}|$.

(2) $|k\boldsymbol{A}|=k^n|\boldsymbol{A}|$.

(3) $|\boldsymbol{AB}|=|\boldsymbol{A}||\boldsymbol{B}|$.

证明　第(1)条根据行列式的性质(1)得到.第(2)条利用矩阵的数乘定义以及行列式的性质(2)可得到.第(3)条就是行列式的乘法定理 1.5.3 重新用矩阵乘法表述出来.

利用上述第(3)条性质还可得到一个常用的结论:

$$|\boldsymbol{A}^k|=|\boldsymbol{A}||\boldsymbol{A}^{k-1}|=\cdots=|\boldsymbol{A}|^k.$$

方阵的行列式是方阵的一个重要属性,可看作定义在方阵上的泛函.对于方阵还可定义另外一个重要的属性,称作“迹”.

定义 2.1.14(方阵的迹)　设 $\boldsymbol{A}$ 为 n 阶方阵,则 $\boldsymbol{A}$ 的主对角元之和,称作方阵 $\boldsymbol{A}$ 的迹,记作 $\mathrm{tr}(\boldsymbol{A})$.即

$$\mathrm{tr}(\boldsymbol{A})=\sum_{i=1}^{n}a_{ii}=a_{ii}.$$

注意最后一个等号使用了求和约定.

对矩阵的迹有如下定理.

定理 2.1.6　设 $\boldsymbol{A},\boldsymbol{B}$ 均为同阶方阵,则有

(1) $\mathrm{tr}(\boldsymbol{A}^{\mathrm{T}})=\mathrm{tr}(\boldsymbol{A})$.

(2) $\mathrm{tr}(\boldsymbol{AB})=\mathrm{tr}(\boldsymbol{BA})$.

证明 由于方阵转置后主对角元不变，故第(1)条自然成立. 对于第(2)条，有

$$\mathrm{tr}(\boldsymbol{AB})=(\boldsymbol{AB})_{ii}=(\boldsymbol{A})_{ij}(\boldsymbol{B})_{ji}=(\boldsymbol{B})_{ji}(\boldsymbol{A})_{ij}=(\boldsymbol{BA})_{jj}=\mathrm{tr}(\boldsymbol{BA}),$$

证明中使用了求和约定，并交换了求和顺序.

其中第(2)条性质可推广到 n 个方阵的乘积：

$$\mathrm{tr}(\boldsymbol{A}_1\boldsymbol{A}_2\cdots\boldsymbol{A}_n)=\mathrm{tr}(\boldsymbol{A}_n\boldsymbol{A}_1\boldsymbol{A}_2\cdots\boldsymbol{A}_{n-1})=\mathrm{tr}(\boldsymbol{A}_2\boldsymbol{A}_3\cdots\boldsymbol{A}_n\boldsymbol{A}_1)=\cdots$$

即这些矩阵在进行轮换后其迹仍然不变. 证明很简单，只要将 $\boldsymbol{A}_2\boldsymbol{A}_3\cdots\boldsymbol{A}_n$ 或 $\boldsymbol{A}_1\boldsymbol{A}_2\cdots\boldsymbol{A}_{n-1}$ 看作另一个矩阵 $\boldsymbol{B}$ 再利用定理 2.1.6 的第(2)条性质即得. 需要指出的是，将 $\boldsymbol{A}_i$ 排列逆序后迹并不是不变的，即

$$\mathrm{tr}(\boldsymbol{A}_1\boldsymbol{A}_2\cdots\boldsymbol{A}_n)\neq\mathrm{tr}(\boldsymbol{A}_n\boldsymbol{A}_{n-1}\boldsymbol{A}_{n-2}\cdots\boldsymbol{A}_1).$$

很容易验证(请读者自行补充证明)，有

$$\mathrm{tr}(\boldsymbol{A}_1\boldsymbol{A}_2\cdots\boldsymbol{A}_n)=\mathrm{tr}(\boldsymbol{A}_n^{\mathrm{T}}\boldsymbol{A}_{n-1}^{\mathrm{T}}\boldsymbol{A}_{n-2}^{\mathrm{T}}\cdots\boldsymbol{A}_1^{\mathrm{T}}).$$

2.2 可逆矩阵

在各种数域(例如有理数域 **Q**，实数域 **R**、复数域 **C**)中，可进行加、减、乘、除(除数非 0 时)的运算. 实际上，减法是通过加法和负元来定义的，而除法是通过乘法和逆元来定义的.

对矩阵来说，可以定义加法运算以及加法的负元，从而定义减法，也可以定义乘法运算，那么是否也可以定义矩阵的除法呢？这取决于是否可以定义类似数的乘法的逆元(倒数). 注意到单位矩阵 $\boldsymbol{I}$ 乘以任意矩阵 $\boldsymbol{A}$ 还等于 $\boldsymbol{A}$，因此单位矩阵 $\boldsymbol{I}$ 相当于数的乘法中的数字 1，因此如果矩阵可以定义逆元的话，矩阵 $\boldsymbol{A}$ 的逆元应满足条件：

$$\boldsymbol{A}^{-1}\boldsymbol{A}=\boldsymbol{A}\boldsymbol{A}^{-1}=\boldsymbol{I}.$$

但是后面将看到，矩阵与数不同，并不是每一个非零的矩阵都可定义逆元. 先引入如下定义.

定义 2.2.1(可逆矩阵) 设 $\boldsymbol{A}$ 是 n 阶方阵，若存在一个 n 阶方阵 $\boldsymbol{B}$ 使得

$$\boldsymbol{AB}=\boldsymbol{BA}=\boldsymbol{I}_n,$$

则称 $\boldsymbol{A}$ 为可逆矩阵或非奇异矩阵，并称 $\boldsymbol{B}$ 为 $\boldsymbol{A}$ 的逆矩阵；否则称 $\boldsymbol{A}$ 为不可逆矩阵或奇异矩阵.

例 2.2.1 设 $\boldsymbol{A}=\begin{bmatrix}2&3\\2&2\end{bmatrix}$，$\boldsymbol{B}=\begin{bmatrix}-1&32\\1&-1\end{bmatrix}$，则计算给出 $\boldsymbol{AB}=\boldsymbol{I}$，$\boldsymbol{BA}=\boldsymbol{I}$，因此 $\boldsymbol{B}$ 是 $\boldsymbol{A}$ 的逆矩阵.

关于矩阵的逆有如下问题值得研究：

(1) 矩阵可逆的充要条件是什么？

(2) 逆矩阵是否唯一？

(3) 怎样求可逆矩阵的逆？

定理 2.2.1(逆矩阵的唯一性) 若 n 阶方阵 $\boldsymbol{A}$ 可逆,则逆矩阵唯一.

证明 设 $\boldsymbol{A}$ 有两个逆矩阵 $\boldsymbol{B}$ 和 $\boldsymbol{C}$,则有

$$\boldsymbol{AB}=\boldsymbol{BA}=\boldsymbol{I}_n \ \&\ \boldsymbol{AC}=\boldsymbol{CA}=\boldsymbol{I}_n \Rightarrow \boldsymbol{B}=\boldsymbol{BI}_n=\boldsymbol{B}(\boldsymbol{AC})=\boldsymbol{I}_n\boldsymbol{C}=\boldsymbol{C}.$$

由于逆矩阵唯一,因此可将 $\boldsymbol{A}$ 的逆矩阵无歧义地记作 $\boldsymbol{A}^{-1}$:

$$\boldsymbol{AA}^{-1}=\boldsymbol{A}^{-1}\boldsymbol{A}=\boldsymbol{I}_n.$$

与数的乘法不同的是,并不是所有的非零矩阵均有逆矩阵,例如

$$\boldsymbol{A}=\begin{bmatrix}1 & 2\\0 & 0\end{bmatrix},$$

其对任意的矩阵 $\boldsymbol{B}=\begin{bmatrix}b_{11} & b_{12}\\b_{21} & b_{22}\end{bmatrix}$都有

$$\boldsymbol{AB}=\begin{bmatrix}b_{11}+2b_{21} & b_{12}+2b_{22}\\0 & 0\end{bmatrix},$$

这个乘积不可能等于单位矩阵,因此 $\boldsymbol{A}$ 不存在逆矩阵.

对可逆的矩阵,可按定义用待定系数法列出方程组求其逆,这是最原始的方法.

例 2.2.2 求 $\boldsymbol{A}=\begin{bmatrix}2 & 1\\-1 & 0\end{bmatrix}$的逆矩阵.

解 设 $\boldsymbol{B}=\begin{bmatrix}a & b\\c & d\end{bmatrix}$是 $\boldsymbol{A}$ 的逆矩阵,则由 $\boldsymbol{AB}=\boldsymbol{I}_n$ 得

$$\boldsymbol{AB}=\begin{bmatrix}2 & 1\\-1 & 0\end{bmatrix}\begin{bmatrix}a & b\\c & d\end{bmatrix}=\begin{bmatrix}2a+c & 2b+d\\-c & -b\end{bmatrix}=\begin{bmatrix}1 & 0\\0 & 1\end{bmatrix}$$

$$\Rightarrow\begin{cases}2a+c=1,\\2b+d=0,\\-a=0,\\-b=1\end{cases}\Rightarrow\begin{cases}a=0,\\b=-1,\\c=1,\\d=2\end{cases}\Rightarrow\boldsymbol{B}=\begin{bmatrix}0 & -1\\1 & 2\end{bmatrix}.$$

容易验证

$$\boldsymbol{BA}=\begin{bmatrix}0 & -1\\1 & 2\end{bmatrix}\begin{bmatrix}2 & 1\\-1 & 0\end{bmatrix}=\begin{bmatrix}1 & 0\\0 & 1\end{bmatrix},$$

因此 $\boldsymbol{B}$ 是 $\boldsymbol{A}$ 的逆矩阵.

矩阵的逆具有如下一些性质.

定理 2.2.2 设 $\boldsymbol{A},\boldsymbol{B}$ 均为 n 阶可逆矩阵,则有:

(1) $\boldsymbol{A}$ 的逆矩阵 $\boldsymbol{A}^{-1}$亦为可逆矩阵,且$(\boldsymbol{A}^{-1})^{-1}=\boldsymbol{A}$.

(2) $\boldsymbol{A}$ 的转置矩阵 $\boldsymbol{A}^{\mathrm{T}}$ 亦为可逆矩阵,且$(\boldsymbol{A}^{\mathrm{T}})^{-1}=(\boldsymbol{A}^{-1})^{\mathrm{T}}$.

(3) $|\boldsymbol{A}^{-1}|=|\boldsymbol{A}|^{-1}$.

(4) $\boldsymbol{A},\boldsymbol{B}$ 的乘积亦可逆,且$(\boldsymbol{AB})^{-1}=\boldsymbol{B}^{-1}\boldsymbol{A}^{-1}$.

(5) $(k\boldsymbol{A})^{-1}=\dfrac{1}{k}\boldsymbol{A}^{-1}$.

证明　第(1)条是显然易证的. 将 $\boldsymbol{A}\boldsymbol{A}^{-1}=\boldsymbol{A}^{-1}\boldsymbol{A}=\boldsymbol{I}$ 取转置即可证明第(2)条. 取 $|\boldsymbol{A}\boldsymbol{A}^{-1}|=|\boldsymbol{I}|$ 即得到第(3)条. 注意到 $(\boldsymbol{B}^{-1}\boldsymbol{A}^{-1})(\boldsymbol{A}\boldsymbol{B})=(\boldsymbol{A}\boldsymbol{B})(\boldsymbol{B}^{-1}\boldsymbol{A}^{-1})=\boldsymbol{I}$,故第(4)条成立. 而第(5)条也是显然易证的.

推论 2.2.1　若 $\boldsymbol{A}_1,\boldsymbol{A}_2,\cdots,\boldsymbol{A}_m$ 均是 n 阶可逆矩阵,则 $\boldsymbol{A}_1\boldsymbol{A}_2\cdots\boldsymbol{A}_m$ 亦可逆且

$$(\boldsymbol{A}_1\boldsymbol{A}_2\cdots\boldsymbol{A}_m)^{-1}=\boldsymbol{A}_m^{-1}\boldsymbol{A}_{m-1}^{-1}\cdots\boldsymbol{A}_2^{-1}\boldsymbol{A}_1^{-1}$$

证明　令 $\boldsymbol{A}_2\cdots\boldsymbol{A}_n=\boldsymbol{B}$,利用上面第(4)条即可证明.

下面研究矩阵可逆的充要条件,为此先定义“伴随矩阵”.

定义 2.2.2(伴随矩阵)　将 n 阶方阵 $\boldsymbol{A}=(a_{ij})$ 的代数余子式 A_{ij} 按如下方式排成方阵

$$\begin{bmatrix} A_{11} & A_{21} & \cdots & A_{n1} \\ A_{12} & A_{22} & \cdots & A_{n2} \\ \vdots & \vdots & & \vdots \\ A_{1n} & A_{2n} & \cdots & A_{nn} \end{bmatrix},$$

则上述方阵称为
$$\begin{bmatrix} a_{11} & a_{12} & \cdots & a_{1n} \\ a_{21} & a_{22} & \cdots & a_{2n} \\ \vdots & \vdots & & \vdots \\ a_{n1} & a_{n2} & \cdots & a_{nn} \end{bmatrix}$$
的伴随矩阵,并记作 $\boldsymbol{A}^*$.

尤其要注意伴随矩阵中代数余子式的排列方式:$\boldsymbol{A}$ 的 ij 元的代数余子式 A_{ij},在排列成伴随矩阵 $\boldsymbol{A}^*$ 时,需放在 ji 元的位置. 即

$$(\boldsymbol{A}^*)_{ij}=A_{ji}.$$

由行列式的展开定理,得

$$(\boldsymbol{A}\boldsymbol{A}^*)_{ij}=(\boldsymbol{A})_{ik}(\boldsymbol{A}^*)_{kj}=a_{ik}A_{jk}=|\boldsymbol{A}|\delta_{ij},\quad (\boldsymbol{A}^*\boldsymbol{A})_{ij}=(\boldsymbol{A}^*)_{ik}(\boldsymbol{A})_{kj}=a_{kj}A_{ki}=|\boldsymbol{A}|\delta_{ij}$$

因此伴随矩阵满足如下性质:$\boldsymbol{A}\boldsymbol{A}^*=\boldsymbol{A}^*\boldsymbol{A}=|\boldsymbol{A}|\boldsymbol{I}_n$.

例 2.2.3　求 $\boldsymbol{A}=\begin{bmatrix} 1 & 2 & 3 \\ 0 & 2 & 3 \\ 1 & 2 & 4 \end{bmatrix}$ 的伴随矩阵 $\boldsymbol{A}^*$.

解　直接计算可得

$$A_{11}=2,\quad A_{12}=3,\quad A_{13}=-2,\quad A_{21}=-2,\quad A_{22}=1,$$
$$A_{23}=0,\quad A_{31}=0,\quad A_{32}=-3,\quad A_{33}=2.$$

因此伴随矩阵为

$$\boldsymbol{A}^*=\begin{bmatrix} 2 & -2 & 0 \\ 3 & 1 & -3 \\ -2 & 0 & 2 \end{bmatrix}.$$

利用伴随矩阵可证明如下矩阵可逆的充要条件.

定理 2.2.3 n 阶方阵 $\boldsymbol{A}$ 可逆的充要条件是 $|\boldsymbol{A}|\neq 0$. 当 $|\boldsymbol{A}|\neq 0$ 时,有 $\boldsymbol{A}^{-1}=\frac{1}{|\boldsymbol{A}|}\boldsymbol{A}^{*}$.

证明 必要性:设 $\boldsymbol{A}$ 可逆,则 $\boldsymbol{A}\boldsymbol{A}^{-1}=\boldsymbol{I}_n \Rightarrow |\boldsymbol{A}||\boldsymbol{A}^{-1}|=1$,故 $|\boldsymbol{A}|\neq 0$.

充分性:设 $|\boldsymbol{A}|\neq 0$,则由 $\boldsymbol{A}^{*}$ 的性质有 $\boldsymbol{A}\frac{\boldsymbol{A}^{*}}{|\boldsymbol{A}|}=\frac{\boldsymbol{A}^{*}}{|\boldsymbol{A}|}\boldsymbol{A}=\boldsymbol{I}$,故 $\boldsymbol{A}$ 可逆.

由于逆矩阵的唯一性,故 $\boldsymbol{A}^{-1}=\frac{1}{|\boldsymbol{A}|}\boldsymbol{A}^{*}$.

例 2.2.4 设 $\boldsymbol{A}$ 可逆,且每行元素之和为 a. 求证 $\boldsymbol{A}^{-1}$ 每行元素之和为 $1/a$.

证明 为利用每行元素之和这个条件,可用 $\boldsymbol{A}$ 左乘如下矩阵:

$$\boldsymbol{X}=\begin{bmatrix}1\\1\\\vdots\\1\end{bmatrix}.$$

于是根据条件,有

$$\boldsymbol{A}\boldsymbol{X}=a\boldsymbol{X} \Rightarrow a\boldsymbol{A}^{-1}\boldsymbol{X}=\boldsymbol{X},$$

只要 $a\neq 0$ 问题即得证. 为此,将行列式 $|\boldsymbol{A}|$ 的各列全加到第一列上,第一列就全为 a. 而 $\boldsymbol{A}$ 可逆,故 $|\boldsymbol{A}|\neq 0$,因此 $a\neq 0$. 于是有

$$\boldsymbol{A}^{-1}\boldsymbol{X}=\frac{1}{a}\boldsymbol{X},$$

即 $\boldsymbol{A}^{-1}$ 每行元素之和为 $1/a$.

前文定义可逆矩阵时,对矩阵 $\boldsymbol{A}$ 要求存在 $\boldsymbol{B}$,满足 $\boldsymbol{AB}=\boldsymbol{I}$ 和 $\boldsymbol{BA}=\boldsymbol{I}$ 两个条件,但实际上两个条件中只要满足一个即可,因为有如下定理.

定理 2.2.4 设 $\boldsymbol{A},\boldsymbol{B}$ 为 n 阶方阵,则 $\boldsymbol{AB}=\boldsymbol{I} \Rightarrow \boldsymbol{BA}=\boldsymbol{I}$.

证明 由 $\boldsymbol{AB}=\boldsymbol{I}$ 取行列式可知 $|\boldsymbol{A}|\neq 0$,故 $\boldsymbol{A}$ 可逆. 于是 $\boldsymbol{A}^{-1}\boldsymbol{AB}=\boldsymbol{A}^{-1}\boldsymbol{I}$,即 $\boldsymbol{B}=\boldsymbol{A}^{-1}$. 于是 $\boldsymbol{BA}=\boldsymbol{A}^{-1}\boldsymbol{A}=\boldsymbol{I}$. 同理可由 $\boldsymbol{BA}=\boldsymbol{I}$ 得到 $\boldsymbol{AB}=\boldsymbol{I}$.

由此定理,可逆矩阵可被等价地定义.

定义 2.2.3 设 $\boldsymbol{A}$ 为 n 阶方阵,若存在 n 阶方阵 $\boldsymbol{B}$ 使 $\boldsymbol{AB}=\boldsymbol{I}$(或 $\boldsymbol{BA}=\boldsymbol{I}$),则称 $\boldsymbol{A}$ 为可逆矩阵,且 $\boldsymbol{B}=\boldsymbol{A}^{-1}$.

例 2.2.5 设三阶矩阵 $\boldsymbol{A},\boldsymbol{B}$ 满足:$\boldsymbol{A}^{-1}\boldsymbol{BA}=6\boldsymbol{A}+\boldsymbol{BA}$,且 $\boldsymbol{A}=\mathrm{diag}(1/2,1/4,1/7)$,求 $\boldsymbol{B}$.

解 注意到 $\boldsymbol{A}$ 可逆,先将条件变形,有

$$(\boldsymbol{A}^{-1})\boldsymbol{BA}-\boldsymbol{IBA}=6\boldsymbol{A} \Rightarrow (\boldsymbol{A}^{-1}-\boldsymbol{I})\boldsymbol{BAA}^{-1}=6\boldsymbol{AA}^{-1} \Rightarrow (\boldsymbol{A}^{-1}-\boldsymbol{I})\boldsymbol{B}=6\boldsymbol{I},$$

而 $\boldsymbol{A}^{-1}=\mathrm{diag}(2,4,7)$,$\boldsymbol{A}^{-1}-\boldsymbol{I}=\mathrm{diag}(1,3,6)$ 也可逆,故

$$\boldsymbol{B}=6(\boldsymbol{A}^{-1}-\boldsymbol{I})^{-1}=\mathrm{diag}(6,2,1).$$

例 2.2.6 设方阵 $\boldsymbol{A}$ 满足 $\boldsymbol{A}^2-\boldsymbol{A}+2\boldsymbol{I}=\boldsymbol{O}$,求证:$\boldsymbol{A}$ 和 $\boldsymbol{A}+2\boldsymbol{I}$ 均可逆,并求它们

的逆.

证明 由条件变形得

$$\boldsymbol{A}(\boldsymbol{A}-\boldsymbol{I})+2\boldsymbol{I}=\boldsymbol{O} \Rightarrow \boldsymbol{A}\frac{\boldsymbol{I}-\boldsymbol{A}}{2}=\boldsymbol{I},$$

因此 $\boldsymbol{A}$ 可逆,且 $\boldsymbol{A}^{-1}=\frac{1}{2}(\boldsymbol{I}-\boldsymbol{A})$. 类似地,有

$$(\boldsymbol{A}+2\boldsymbol{I})(\boldsymbol{A}-3\boldsymbol{I})+8\boldsymbol{I}=\boldsymbol{O} \Rightarrow (\boldsymbol{A}+2\boldsymbol{I})\frac{3\boldsymbol{I}-\boldsymbol{A}}{8}=\boldsymbol{I},$$

因此 $\boldsymbol{A}+2\boldsymbol{I}$ 也可逆,且 $(\boldsymbol{A}+2\boldsymbol{I})^{-1}=\frac{1}{8}(3\boldsymbol{I}-\boldsymbol{A})$.

例 2.2.7 设 $\boldsymbol{A},\boldsymbol{B}$ 为 n 阶方阵,若 $\boldsymbol{AB}=\boldsymbol{A}+\boldsymbol{B}$,请证明 $\boldsymbol{A}-\boldsymbol{I}$ 可逆,且 $\boldsymbol{AB}=\boldsymbol{BA}$.

证明 由条件变形得

$$(\boldsymbol{A}-\boldsymbol{I})(\boldsymbol{B}-\boldsymbol{I})=\boldsymbol{I},$$

因此 $\boldsymbol{A}-\boldsymbol{I}$ 可逆,且 $(\boldsymbol{A}-\boldsymbol{I})^{-1}=\boldsymbol{B}-\boldsymbol{I}$. 再注意到 $(\boldsymbol{A}-\boldsymbol{I})^{-1}(\boldsymbol{A}-\boldsymbol{I})=\boldsymbol{I}$,则

$$(\boldsymbol{B}-\boldsymbol{I})(\boldsymbol{A}-\boldsymbol{I})=\boldsymbol{I}=(\boldsymbol{A}-\boldsymbol{I})(\boldsymbol{B}-\boldsymbol{I}) \Rightarrow \boldsymbol{AB}=\boldsymbol{BA}.$$

利用伴随矩阵也可以求逆矩阵 $\boldsymbol{A}^{-1}=\frac{1}{|\boldsymbol{A}|}\boldsymbol{A}^*$,其中 $\boldsymbol{A}^*=\begin{bmatrix} A_{11} & A_{21} & \cdots & A_{n1} \\ A_{12} & A_{22} & \cdots & A_{n2} \\ \vdots & \vdots & & \vdots \\ A_{1n} & A_{2n} & \cdots & A_{nn} \end{bmatrix}$,

而 A_{ij} 是 a_{ij} 的代数余子式. 特别地,对二阶矩阵:

$$\boldsymbol{A}=\begin{bmatrix} a & b \\ c & d \end{bmatrix},$$

其逆矩阵为

$$\boldsymbol{A}^{-1}=\frac{1}{ad-bc}\begin{bmatrix} d & -b \\ -c & a \end{bmatrix}.$$

例 2.2.8 求 $\boldsymbol{A}=\begin{bmatrix} 1 & 2 & 3 \\ 2 & 1 & 2 \\ 1 & 3 & 3 \end{bmatrix}$ 的逆矩阵.

解 直接计算可知 $|\boldsymbol{A}|=2\neq 0$,故 $\boldsymbol{A}$ 可逆. 进一步可求出其伴随矩阵为

$$\boldsymbol{A}^*=\begin{bmatrix} 2 & 6 & -4 \\ -3 & -6 & 5 \\ 2 & 2 & -2 \end{bmatrix},$$

由此其逆矩阵为

$$\boldsymbol{A}^{-1}=\frac{1}{|\boldsymbol{A}|}\boldsymbol{A}^*=\begin{bmatrix} 1 & 3 & -2 \\ -3/2 & -3 & 5/2 \\ 1 & 1 & -1 \end{bmatrix}.$$

例 2.2.9 设 $\boldsymbol{A}=\mathrm{diag}(\lambda_1,\lambda_2,\cdots,\lambda_n)$且$\lambda_i\neq 0$,求 $\boldsymbol{A}^{-1}$.

解 利用伴随矩阵可求出

$$\boldsymbol{A}^{-1}=\mathrm{diag}(\lambda_1^{-1},\lambda_2^{-1},\cdots,\lambda_n^{-1}).$$

可见,对角矩阵当对角元均非零时可逆,且其逆矩阵就是对角元取倒数得到的对角矩阵.

例 2.2.10 设 n 阶矩阵 $\boldsymbol{A}$ 可逆,且 $n\geqslant 2$,求$(\boldsymbol{A}^*)^*$与 $\boldsymbol{A}$ 的关系.

解 利用 $\boldsymbol{A}^{-1}=\dfrac{1}{|\boldsymbol{A}|}\boldsymbol{A}^*$ 得到

$$\boldsymbol{A}^*=|\boldsymbol{A}|\boldsymbol{A}^{-1},$$

于是,有

$$(\boldsymbol{A}^*)^*=|\boldsymbol{A}^*|(\boldsymbol{A}^*)^{-1},$$

而$|\boldsymbol{A}^*|=||\boldsymbol{A}|\boldsymbol{A}^{-1}|=|\boldsymbol{A}|^n|\boldsymbol{A}|^{-1}=|\boldsymbol{A}|^{n-1}$,故

$$(\boldsymbol{A}^*)^*=|\boldsymbol{A}^*|(\boldsymbol{A}^*)^{-1}=|\boldsymbol{A}|^{n-1}(|\boldsymbol{A}|\boldsymbol{A}^{-1})^{-1}=|\boldsymbol{A}|^{n-1}|\boldsymbol{A}|^{-1}\boldsymbol{A}=|\boldsymbol{A}|^{n-2}\boldsymbol{A}.$$

例 2.2.11 $\boldsymbol{A}=\begin{bmatrix}1&2&3\\2&2&1\\3&4&3\end{bmatrix}$,$\boldsymbol{B}=\begin{bmatrix}2&1\\5&3\end{bmatrix}$,$\boldsymbol{C}=\begin{bmatrix}1&3\\2&0\\3&1\end{bmatrix}$,求矩阵 $\boldsymbol{X}$ 使之满足 $\boldsymbol{AXB}=\boldsymbol{C}$.

解 计算可知$|\boldsymbol{A}|=2$,$|\boldsymbol{B}|=1$,因此 $\boldsymbol{A},\boldsymbol{B}$ 都可逆.于是,有

$$\boldsymbol{AXB}=\boldsymbol{C}\Rightarrow\boldsymbol{A}^{-1}\boldsymbol{AXBB}^{-1}=\boldsymbol{A}^{-1}\boldsymbol{CB}^{-1}\Rightarrow\boldsymbol{X}=\boldsymbol{A}^{-1}\boldsymbol{CB}^{-1},$$

由伴随矩阵可求出

$$\boldsymbol{A}^{-1}=\begin{bmatrix}1&3&-2\\-3/2&-3&5/2\\1&1&-1\end{bmatrix},\quad \boldsymbol{B}^{-1}=\begin{bmatrix}3&-1\\-5&2\end{bmatrix},$$

故由矩阵乘法可求出

$$\boldsymbol{X}=\begin{bmatrix}-2&1\\10&-4\\-10&4\end{bmatrix}.$$

例 2.2.12 设 $\boldsymbol{ABA}^{-1}=\boldsymbol{BA}^{-1}+3\boldsymbol{I}$,且 $\boldsymbol{A}^*=\begin{bmatrix}1&0&0&0\\0&1&0&0\\1&0&1&0\\0&-3&0&8\end{bmatrix}$.求矩阵 $\boldsymbol{B}$.

解 尽量先由已知条件化简.注意到

$$\boldsymbol{ABA}^{-1}=\boldsymbol{BA}^{-1}+3\boldsymbol{I}\Rightarrow\boldsymbol{AB}=\boldsymbol{B}+3\boldsymbol{A}\Rightarrow\boldsymbol{B}=\boldsymbol{A}^{-1}\boldsymbol{B}+3\boldsymbol{A}^{-1}\boldsymbol{A}\Rightarrow(\boldsymbol{I}-\boldsymbol{A}^{-1})\boldsymbol{B}=3\boldsymbol{I},$$

因此只要求出 $\boldsymbol{A}^{-1}$ 即可得到 $\boldsymbol{B}$.而 $\boldsymbol{A}^{-1}=\dfrac{\boldsymbol{A}^*}{|\boldsymbol{A}|}$,所以须先求$|\boldsymbol{A}|$.由于已知 $\boldsymbol{A}^*$,将 $\boldsymbol{AA}^*$

$=|\boldsymbol{A}|\boldsymbol{I}$ 取行列式有

$$|\boldsymbol{A}||\boldsymbol{A}^*|=|\boldsymbol{A}|^4|\boldsymbol{I}| \Rightarrow |\boldsymbol{A}|^3=|\boldsymbol{A}^*|=8 \Rightarrow |\boldsymbol{A}|=2,$$

因此 $\boldsymbol{A}^{-1}=\frac{1}{2}\boldsymbol{A}^*$,故

$$\boldsymbol{I}-\boldsymbol{A}^{-1}=\begin{bmatrix} 1/2 & 0 & 0 & 0 \\ 0 & 1/2 & 0 & 0 \\ -1/2 & 0 & 1/2 & 0 \\ 0 & 3/2 & 0 & -3 \end{bmatrix},$$

由行列式判据可知其可逆,于是 $\boldsymbol{B}=3(\boldsymbol{I}-\boldsymbol{A}^{-1})^{-1}$. 利用伴随矩阵方法可求出

$$\boldsymbol{B}=\begin{bmatrix} 2 & 0 & 0 & 0 \\ 0 & 2 & 0 & 0 \\ 2 & 0 & 2 & 0 \\ 0 & 1 & 0 & -1/3 \end{bmatrix}.$$

学过可逆矩阵之后回头再来看 Cramer 法则,如前所述,线性方程组

$$\begin{cases} a_{11}x_1+a_{12}x_2+\cdots+a_{1n}x_n=b_1, \\ a_{21}x_1+a_{22}x_2+\cdots+a_{2n}x_n=b_2, \\ \qquad\qquad\vdots \\ a_{n1}x_1+a_{n2}x_2+\cdots+a_{nn}x_n=b_n \end{cases}$$

可简记作 $\boldsymbol{AX}=\boldsymbol{B}$,其中

$$\boldsymbol{A}=\begin{bmatrix} a_{11} & a_{12} & \cdots & a_{1n} \\ a_{21} & a_{22} & \cdots & a_{2n} \\ \vdots & \vdots & & \vdots \\ a_{m1} & a_{m2} & \cdots & a_{mn} \end{bmatrix},\quad \boldsymbol{X}=\begin{bmatrix} x_1 \\ x_2 \\ \vdots \\ x_n \end{bmatrix},\quad \boldsymbol{B}=\begin{bmatrix} b_1 \\ b_2 \\ \vdots \\ b_n \end{bmatrix},$$

由可逆矩阵的知识可知,当 $|\boldsymbol{A}|\neq 0$ 时,$\boldsymbol{A}$ 可逆,于是 $\boldsymbol{A}^{-1}$ 存在. 此时,有

$$\boldsymbol{A}^{-1}(\boldsymbol{AX})=\boldsymbol{A}^{-1}\boldsymbol{B} \Rightarrow \boldsymbol{X}=\boldsymbol{A}^{-1}\boldsymbol{B},$$

将 $\boldsymbol{A}^{-1}=\frac{1}{|\boldsymbol{A}|}\boldsymbol{A}^*$ 代入,得

$$\boldsymbol{X}=\frac{1}{|\boldsymbol{A}|}\boldsymbol{A}^*\boldsymbol{B} \Rightarrow x_i=\frac{1}{|\boldsymbol{A}|}(\boldsymbol{A}^*)_{ij}(\boldsymbol{B})_{j1}=\frac{1}{|\boldsymbol{A}|}A_{ji}b_j.$$

这正是 Cramer 法则.

2.3 分块矩阵

对于行数和列数比较高的矩阵,一种常用的技巧是分块法. 有时将一个大矩阵看作是由一些小矩阵组成的,就如同矩阵是由一些数组成的一样. 将大矩阵分块成小矩

阵之后，运算中可将小矩阵当作数来处理，使大矩阵的运算化成各个小矩阵的运算.

定义 2.3.1（分块矩阵）　将矩阵 $\boldsymbol{A}$ 用若干条横线和纵线分成许多小矩阵，每一个小矩阵称为 $\boldsymbol{A}$ 的分块或子块，以子块为元素的形式上的矩阵称为分块矩阵.

例 2.3.1　对矩阵 $\boldsymbol{A}$ 进行分块，有

$$\boldsymbol{A}=\left[\begin{array}{c:cc} a_{11} & a_{12} & a_{13} \\ a_{21} & a_{22} & a_{23} \\ \hdashline a_{31} & a_{32} & a_{33} \\ a_{41} & a_{42} & a_{43} \end{array}\right],$$

若记

$$\boldsymbol{A}_{11}=\begin{bmatrix} a_{11} \\ a_{21} \end{bmatrix},\quad \boldsymbol{A}_{21}=\begin{bmatrix} a_{31} \\ a_{41} \end{bmatrix},\quad \boldsymbol{A}_{12}=\begin{bmatrix} a_{12} & a_{13} \\ a_{22} & a_{23} \end{bmatrix},\quad \boldsymbol{A}_{22}=\begin{bmatrix} a_{32} & a_{33} \\ a_{42} & a_{43} \end{bmatrix},$$

则

$$\boldsymbol{A}=\begin{bmatrix} \boldsymbol{A}_{11} & \boldsymbol{A}_{12} \\ \boldsymbol{A}_{21} & \boldsymbol{A}_{22} \end{bmatrix}.$$

更一般地，对于一个 $m\times n$ 的矩阵 $\boldsymbol{A}$，若行分成了 s 块，列分成了 t 块，则得到 $\boldsymbol{A}$ 的一个 $s\times t$ 分块矩阵，记作：

$$\boldsymbol{A}=(\boldsymbol{A}_{kl})_{s\times t}.$$

一些常见的分块形式如下.

● 按行分块：$\boldsymbol{A}=(a_{ij})_{m\times n}$ 可分块为 $\boldsymbol{A}=\begin{bmatrix} \boldsymbol{A}_1 \\ \boldsymbol{A}_2 \\ \vdots \\ \boldsymbol{A}_n \end{bmatrix}$，其中 $\boldsymbol{A}_i=[a_{i1} \quad a_{i2} \quad \cdots \quad a_{in}]$ 是行向量.

● 按列分块：$\boldsymbol{A}=(a_{ij})_{m\times n}$ 可分块为 $\boldsymbol{A}=[\boldsymbol{A}_1 \quad \boldsymbol{A}_2 \quad \cdots \quad \boldsymbol{A}_n]$，其中 $\boldsymbol{A}_i=\begin{bmatrix} a_{1i} \\ a_{2i} \\ \vdots \\ a_{mi} \end{bmatrix}$ 是列向量.

● 若 n 阶方阵 $\boldsymbol{A}$ 的非零元均集中在主对角线附近，则可分块为如下形式：

$$\boldsymbol{A}=\begin{bmatrix} \boldsymbol{A}_1 & & & \\ & \boldsymbol{A}_2 & & \\ & & \ddots & \\ & & & \boldsymbol{A}_s \end{bmatrix},$$

其中 $\boldsymbol{A}_i$ 是 r_i 阶的小方阵. 这样的矩阵称**对角分块矩阵**，或**准对角矩阵**. 例如

$$\boldsymbol{A}=\begin{bmatrix}1&2&0&0&0&0\\0&4&0&0&0&0\\0&0&0&-1&1&0\\0&0&2&5&8&0\\0&0&0&3&-2&0\\0&0&0&0&0&9\end{bmatrix}=\begin{bmatrix}\boldsymbol{A}_1&&\\&\boldsymbol{A}_2&\\&&\boldsymbol{A}_3\end{bmatrix},$$

其中$\boldsymbol{A}_1$为2阶方阵,$\boldsymbol{A}_2$为3阶方阵,$\boldsymbol{A}_3$为1阶方阵.由例1.5.5的结论可知,准对角矩阵的行列式满足

$$|\boldsymbol{A}|=|\boldsymbol{A}_1||\boldsymbol{A}_2|\cdots|\boldsymbol{A}_s|.$$

下面讨论分块矩阵的运算.先来看加法和数乘运算.设$\boldsymbol{A},\boldsymbol{B}$是两个同型矩阵,且用同样的方法将$\boldsymbol{A}$、$\boldsymbol{B}$分块:

$$\boldsymbol{A}=\begin{bmatrix}\boldsymbol{A}_{11}&\cdots&\boldsymbol{A}_{1s}\\\vdots&&\vdots\\\boldsymbol{A}_{k1}&\cdots&\boldsymbol{A}_{ks}\end{bmatrix},\quad\boldsymbol{B}=\begin{bmatrix}\boldsymbol{B}_{11}&\cdots&\boldsymbol{B}_{1s}\\\vdots&&\vdots\\\boldsymbol{B}_{k1}&\cdots&\boldsymbol{B}_{ks}\end{bmatrix}.$$

则由矩阵的加法和数乘的定义有:

$$\boldsymbol{A}+\boldsymbol{B}=\begin{bmatrix}\boldsymbol{A}_{11}+\boldsymbol{B}_{11}&\cdots&\boldsymbol{A}_{1s}+\boldsymbol{B}_{1s}\\\vdots&&\vdots\\\boldsymbol{A}_{k1}+\boldsymbol{B}_{k1}&\cdots&\boldsymbol{A}_{ks}+\boldsymbol{B}_{ks}\end{bmatrix},$$

即分块矩阵的加法为对应块相加;

$$\lambda\boldsymbol{A}=\begin{bmatrix}\lambda\boldsymbol{A}_{11}&\cdots&\lambda\boldsymbol{A}_{1s}\\\vdots&&\vdots\\\lambda\boldsymbol{A}_{k1}&\cdots&\lambda\boldsymbol{A}_{ks}\end{bmatrix},$$

即数乘运算为数乘所有的块;

$$\boldsymbol{A}^{\mathrm{T}}=\begin{bmatrix}\boldsymbol{A}_{11}^{\mathrm{T}}&\cdots&\boldsymbol{A}_{k1}^{\mathrm{T}}\\\vdots&&\vdots\\\boldsymbol{A}_{1s}^{\mathrm{T}}&\cdots&\boldsymbol{A}_{ks}^{\mathrm{T}}\end{bmatrix},$$

即转置运算为将分块转置后,排列顺序也转置.

对分块矩阵的乘法,若$\boldsymbol{A}$是$m\times k$的矩阵,$\boldsymbol{B}$是$k\times n$的矩阵,从而$\boldsymbol{AB}$有定义.如果对$\boldsymbol{A}$和$\boldsymbol{B}$分块使得$\boldsymbol{A}$的列的分法与$\boldsymbol{B}$的行的分法完全一致,即

$$\boldsymbol{A}=\begin{bmatrix}\overbrace{\boldsymbol{A}_{11}}^{k_1}&\overbrace{\boldsymbol{A}_{12}}^{k_2}&\cdots&\overbrace{\boldsymbol{A}_{1s}}^{k_s}\}m_1\\\boldsymbol{A}_{21}&\boldsymbol{A}_{22}&\cdots&\boldsymbol{A}_{2s}\}m_2\\\vdots&\vdots&&\vdots\\\boldsymbol{A}_{r1}&\boldsymbol{A}_{r2}&\cdots&\boldsymbol{A}_{rs}\}m_s\end{bmatrix},\quad\boldsymbol{B}=\begin{bmatrix}\overbrace{\boldsymbol{B}_{11}}^{n_1}&\overbrace{\boldsymbol{B}_{12}}^{n_2}&\cdots&\overbrace{\boldsymbol{B}_{1p}}^{n_p}\}k_1\\\boldsymbol{B}_{21}&\boldsymbol{B}_{22}&\cdots&\boldsymbol{B}_{2p}\}k_2\\\vdots&\vdots&&\vdots\\\boldsymbol{B}_{s1}&\boldsymbol{B}_{s2}&\cdots&\boldsymbol{B}_{sp}\}k_s\end{bmatrix},$$

则 $\boldsymbol{A}_{it}$ 子块的列数等于 $\boldsymbol{B}_{tj}$ 子块的行数，因此可以相乘. 定义

$$\boldsymbol{C}_{ij} = \sum_{t=1}^{p} \boldsymbol{A}_{it}\boldsymbol{B}_{tj} = \boldsymbol{A}_{it}\boldsymbol{B}_{tj},$$

以 $\boldsymbol{C}_{ij}$ 为子块排成矩阵，有

$$\boldsymbol{C}=\begin{bmatrix} \boldsymbol{C}_{11} & \boldsymbol{C}_{12} & \cdots & \boldsymbol{C}_{1p} \\ \boldsymbol{C}_{21} & \boldsymbol{C}_{22} & \cdots & \boldsymbol{C}_{2p} \\ \vdots & \vdots & & \vdots \\ \boldsymbol{C}_{r1} & \boldsymbol{C}_{r2} & \cdots & \boldsymbol{C}_{rp} \end{bmatrix},$$

则由矩阵乘积的定义直接验证可知

$$\boldsymbol{C}=\boldsymbol{A}\boldsymbol{B}.$$

由此可见：当 $\boldsymbol{A}$ 的列分块与 $\boldsymbol{B}$ 的行分块方式一致时才可做分块矩阵的乘法，且分块矩阵相乘时，可将小块看成元素再按通常的矩阵乘法相乘.

例 2.3.2 $\boldsymbol{A}=\begin{bmatrix} 1 & 0 & 0 & 0 \\ 0 & 1 & 0 & 0 \\ -1 & 2 & 1 & 0 \\ 1 & 1 & 0 & 1 \end{bmatrix}$，$\boldsymbol{B}=\begin{bmatrix} 1 & 0 \\ -1 & 2 \\ 1 & 0 \\ -1 & -1 \end{bmatrix}$，求 $\boldsymbol{AB}$.

解　将 $\boldsymbol{A}$，$\boldsymbol{B}$ 分块，有

$$\boldsymbol{A}=\begin{bmatrix} \boldsymbol{A}_{11} & \boldsymbol{A}_{12} \\ \boldsymbol{A}_{21} & \boldsymbol{A}_{22} \end{bmatrix},\quad \boldsymbol{A}_{11}=\boldsymbol{I}_2,\quad \boldsymbol{A}_{12}=\boldsymbol{O},\quad \boldsymbol{A}_{21}=\begin{bmatrix} -1 & 2 \\ 1 & 1 \end{bmatrix},\quad \boldsymbol{A}_{22}=\boldsymbol{I}_2,$$

$$\boldsymbol{B}=\begin{bmatrix} \boldsymbol{B}_{11} \\ \boldsymbol{B}_{21} \end{bmatrix},\quad \boldsymbol{B}_{11}=\begin{bmatrix} 1 & 0 \\ -1 & 2 \end{bmatrix},\quad \boldsymbol{B}_{21}=\begin{bmatrix} 1 & 0 \\ -1 & -1 \end{bmatrix},$$

则

$$\boldsymbol{AB}=\begin{bmatrix} \boldsymbol{A}_{11}\boldsymbol{B}_{11}+\boldsymbol{A}_{12}\boldsymbol{B}_{21} \\ \boldsymbol{A}_{21}\boldsymbol{B}_{11}+\boldsymbol{A}_{22}\boldsymbol{B}_{21} \end{bmatrix}=\begin{bmatrix} \boldsymbol{B}_{11} \\ \boldsymbol{A}_{21}\boldsymbol{B}_{11}+\boldsymbol{B}_{21} \end{bmatrix}=\begin{bmatrix} 1 & 0 \\ -1 & 2 \\ -2 & 4 \\ -1 & 1 \end{bmatrix}.$$

例 2.3.3　用分块矩阵的运算重新推导对角矩阵 $\boldsymbol{\Lambda}=\operatorname{diag}[\lambda_1 \quad \lambda_2 \quad \cdots \quad \lambda_n]$ 左乘或右乘任意矩阵 $\boldsymbol{A}$ 的法则.

解　为计算 $\boldsymbol{\Lambda A}$，可将 $\boldsymbol{A}$ 按行分块为行向量，有

$$\boldsymbol{A}=\begin{bmatrix} \boldsymbol{A}_1 \\ \boldsymbol{A}_2 \\ \vdots \\ \boldsymbol{A}_n \end{bmatrix},$$

于是

$$\boldsymbol{\Lambda A}=\begin{bmatrix}\lambda_1 & & & \\ & \lambda_2 & & \\ & & \ddots & \\ & & & \lambda_n\end{bmatrix}\begin{bmatrix}\boldsymbol{A}_1\\ \boldsymbol{A}_2\\ \vdots\\ \boldsymbol{A}_n\end{bmatrix}=\begin{bmatrix}\lambda_1\boldsymbol{A}_1\\ \lambda_2\boldsymbol{A}_2\\ \vdots\\ \lambda_n\boldsymbol{A}_n\end{bmatrix};$$

类似地，为计算 $\boldsymbol{A\Lambda}$，可将 $\boldsymbol{A}$ 按列分块为列向量，有

$$\boldsymbol{A}=[\boldsymbol{A}_1\quad \boldsymbol{A}_2\quad \cdots\quad \boldsymbol{A}_n],$$

于是 $$\boldsymbol{A\Lambda}=[\boldsymbol{A}_1\quad \boldsymbol{A}_2\quad \cdots\quad \boldsymbol{A}_n]\begin{bmatrix}\lambda_1 & & & \\ & \lambda_2 & & \\ & & \ddots & \\ & & & \lambda_n\end{bmatrix}=[\lambda_1\boldsymbol{A}_1\quad \lambda_2\boldsymbol{A}_2\quad \cdots\quad \lambda_n\boldsymbol{A}_n].$$

例 2.3.4　设 $\boldsymbol{A}$、$\boldsymbol{B}$ 均为 n 阶准对角矩阵且按相同的方式分块：

$$\boldsymbol{A}=\begin{bmatrix}\boldsymbol{A}_1 & & & \\ & \boldsymbol{A}_2 & & \\ & & \ddots & \\ & & & \boldsymbol{A}_r\end{bmatrix},\quad \boldsymbol{B}=\begin{bmatrix}\boldsymbol{B}_1 & & & \\ & \boldsymbol{B}_2 & & \\ & & \ddots & \\ & & & \boldsymbol{B}_r\end{bmatrix},$$

试求 $\boldsymbol{AB}$.

解　直接按分块矩阵的乘法有

$$\boldsymbol{AB}=\begin{bmatrix}\boldsymbol{A}_1\boldsymbol{B}_1 & & & \\ & \boldsymbol{A}_2\boldsymbol{B}_2 & & \\ & & \ddots & \\ & & & \boldsymbol{A}_r\boldsymbol{B}_r\end{bmatrix},$$

即准对角矩阵相乘只需将对角块相乘即可.

例 2.3.5　$\boldsymbol{A}$ 为 n 阶准对角矩阵，$\boldsymbol{A}=\begin{bmatrix}\boldsymbol{A}_1 & & & \\ & \boldsymbol{A}_2 & & \\ & & \ddots & \\ & & & \boldsymbol{A}_r\end{bmatrix}$，试求 $\boldsymbol{A}$ 可逆的充要条件，并在 $\boldsymbol{A}$ 可逆时求出其逆矩阵.

解　$|\boldsymbol{A}|\neq 0 \Leftrightarrow |\boldsymbol{A}_1||\boldsymbol{A}_2|\cdots|\boldsymbol{A}_r|\neq 0$，故 $\boldsymbol{A}$ 可逆的充要条件是每个分块均可逆. 为求出逆矩阵，注意到

$$\boldsymbol{A}\begin{bmatrix}\boldsymbol{A}_1^{-1} & & & \\ & \boldsymbol{A}_2^{-1} & & \\ & & \ddots & \\ & & & \boldsymbol{A}_r^{-1}\end{bmatrix}=\boldsymbol{I},$$

故

$$A^{-1}=\begin{bmatrix} A_1^{-1} & & & \\ & A_2^{-1} & & \\ & & \ddots & \\ & & & A_r^{-1} \end{bmatrix}.$$

例 2.3.6 若 A 为斜对角分块矩阵，即 $A=\begin{bmatrix} & & & A_1 \\ & & A_2 & \\ & \iddots & & \\ A_r & & & \end{bmatrix}$，求 A 可逆的充要条件以及可逆时的逆矩阵.

解 注意到做若干次列交换，可将其化为对角分块矩阵，因此

$$|A|=(-1)^p|A_1||A_2|\cdots|A_r|.$$

即可逆的充要条件仍是副对角线上的每个子块均可逆. 为求出逆矩阵，注意到

$$A\begin{bmatrix} & & & A_r^{-1} \\ & & A_{r-1}^{-1} & \\ & \iddots & & \\ A_1^{-1} & & & \end{bmatrix}=I,$$

故

$$A^{-1}=\begin{bmatrix} & & & A_r^{-1} \\ & & A_{r-1}^{-1} & \\ & \iddots & & \\ A_1^{-1} & & & \end{bmatrix}.$$

例 2.3.7 设 $A=\begin{bmatrix} 5 & 0 & 0 \\ 0 & 3 & 1 \\ 0 & 2 & 1 \end{bmatrix}$，求 A^{-1}.

解 A 为对角分块矩阵，故其逆矩阵为

$$A^{-1}=\begin{bmatrix} 1/5 & \\ & \begin{bmatrix} 3 & 1 \\ 2 & 1 \end{bmatrix}^{-1} \end{bmatrix}=\begin{bmatrix} 1/5 & & \\ & 1 & -1 \\ & -2 & 3 \end{bmatrix}.$$

例 2.3.8 设 $P=\begin{bmatrix} A & O \\ C & B \end{bmatrix}$是一个 n 阶方阵，其中 A 和 B 分别是 r 阶和 s 阶（$r+s=n$）可逆方阵，求证 P 可逆，并求出 P^{-1}.

解 取 P 的行列式，并注意到下三角分块行列式的性质，有

$$|P|=|A||B|,$$

由于 A,B 可逆，故 $|P|\neq 0$，即 P 可逆. 为求其逆，设 P^{-1}可分块为

$$P^{-1}=\begin{bmatrix} D & F \\ G & H \end{bmatrix}.$$

则由 $PP^{-1}=I$，有

$$AD=I_r,\quad AF=O,\quad CD+BG=O,\quad CF+BH=I_s,$$

注意到 A,B 均可逆，于是，有

$$D=A^{-1},\quad F=O,\quad CA^{-1}+BG=O,\quad BH=I_s,$$

即
$$D=A^{-1},\quad F=O,\quad G=-B^{-1}CA^{-1},\quad H=B^{-1},$$

因此 P 的逆矩阵为

$$P^{-1}=\begin{bmatrix} A^{-1} & O \\ -B^{-1}CA^{-1} & B^{-1} \end{bmatrix}.$$

本例中的矩阵为下三角分块矩阵. 类似的方法可求上三角分块矩阵的逆.

例 2.3.9　设 A、B、C、D 均是 n 阶方阵，且 A 可逆，又 $AC=CA$，试证明 $\begin{vmatrix} A & B \\ C & D \end{vmatrix}=|AD-CB|$.

证明　构造如下的分块矩阵乘法：

$$\begin{bmatrix} A^{-1} & O \\ X & I \end{bmatrix}\begin{bmatrix} A & B \\ C & D \end{bmatrix}=\begin{bmatrix} I & A^{-1}B \\ XA+C & XB+D \end{bmatrix},$$

可见，当取

$$X=-CA^{-1}$$

时，乘积为一个上三角矩阵. 此时，有

$$\begin{bmatrix} A^{-1} & O \\ X & I \end{bmatrix}\begin{bmatrix} A & B \\ C & D \end{bmatrix}=\begin{bmatrix} I & A^{-1}B \\ O & -CA^{-1}B+D \end{bmatrix},$$

两边取行列式，并利用上(下)三角分块行列式的性质得到

$$|A|^{-1}\begin{vmatrix} A & B \\ C & D \end{vmatrix}=|-CA^{-1}B+D|.$$

故
$$\begin{aligned}\begin{vmatrix} A & B \\ C & D \end{vmatrix}&=|A||-CA^{-1}B+D|=|AD-ACA^{-1}B|\\&=|AD-CAA^{-1}B|=|AD-CB|.\end{aligned}$$

2.4　矩阵的初等变换

前面给出了两种矩阵求逆的方法：待定系数法和伴随矩阵法. 这两种方法计算量都比较大，这一节将介绍一种用初等变换求逆的方法. 先引入初等变换和初等矩阵的概念.

2.4.1 初等变换、初等矩阵

定义 2.4.1(初等变换) 矩阵的行(列)初等变换是指对一个矩阵施行的如下3类变换.

(1) 交换矩阵的两行(列).

(2) 用非零的数乘矩阵的某一行(列).

(3) 用某个数乘矩阵的某一行(列)后加到另一行(列).

矩阵的行初等变换和列初等变换统称为矩阵的初等变换.

类似行列式的等值变形,引入初等变换的如下记号.

$$\xrightarrow{r_i\leftrightarrow r_j}:\text{互换};\xrightarrow{kr_i}:\text{倍乘};\xrightarrow{r_i+kr_j}:\text{倍乘后再加到另一行};$$

$$\xrightarrow{c_i\leftrightarrow c_j}:\text{互换};\xrightarrow{kc_i}:\text{倍乘};\xrightarrow{c_i+kc_j}:\text{倍乘后再加到另一列}.$$

定义 2.4.2(初等矩阵) 对 n 阶单位矩阵 $\boldsymbol{I}_n$ 施行一次初等变换得到的矩阵,称作 n 阶初等矩阵.对应3类初等变换有3种初等矩阵.

(1) 第一类:将 $\boldsymbol{I}_n$ 的 i,j 两行(列)交换,有

$$\boldsymbol{P}_{ij}=\begin{bmatrix}1 &&&&&&&&\\ &\ddots&&&&&&&\\ &&1&&&&&&\\ &\cdots&0&\cdots&1&\cdots&&&\\ &&&1&&&&&\\ &&&&\ddots&&&&\\ &&&&&1&&&\\ &\cdots&1&\cdots&0&\cdots&&&\\ &&&&&&1&&\\ &&&&&&&\ddots&\\ &&&&&&&&1\end{bmatrix}\begin{matrix}\\ \\ \\ \text{第 } i \text{ 行}\\ \\ \\ \\ \text{第 } j \text{ 行}\\ \\ \\ \\ \end{matrix}$$

(2) 第二类:将 $\boldsymbol{I}_n$ 的 i 行(列)倍乘 k,有

$$\boldsymbol{D}_i(k)=\begin{bmatrix}1&&&&\\ &\ddots&&&0\\ &&1&&\\ &\cdots&k&\cdots&\\ &&&1&\\ &0&&&\ddots\\ &&&&&1\end{bmatrix}\begin{matrix}\\ \\ \\ \text{第 } i \text{ 行}\\ \\ \\ \\ \end{matrix}$$

(3) 第三类:将 $\boldsymbol{I}_n$ 的第 j 行(或第 i 列)倍乘 c 后加到第 i 行(或第 j 列)上,有

$$\boldsymbol{T}_{ij}(c)=\begin{bmatrix}1 & & & & & & \\ & \ddots & & & & & \\ & & 1 & \cdots & c & & \\ & & & \ddots & \vdots & & \\ & & & & 1 & & \\ 0 & & & & & \ddots & \\ & & & & & & 1\end{bmatrix}\begin{matrix} \\ \\ 第\,i\,行 \\ \\ 第\,j\,行 \\ \\ \\ \end{matrix}$$

或

$$\begin{bmatrix}1 & & & & & & \\ & \ddots & & & 0 & & \\ & & 1 & & & & \\ & & \vdots & \ddots & & & \\ & & c & \cdots & 1 & & \\ & & & & & \ddots & \\ & & & & & & 1\end{bmatrix}\begin{matrix} \\ 第\,j\,行 \\ \\ \\ 第\,i\,行 \\ \\ \\ \end{matrix}$$

直接计算可验证，关于初等矩阵有如下定理.

定理 2.4.1　n 阶初等矩阵均为可逆矩阵，且其逆与其本身属同类型的初等矩阵. 即

(1) $\boldsymbol{P}_{ij}^{-1}=\boldsymbol{P}_{ij}$；

(2) $(\boldsymbol{D}_i(k))^{-1}=\boldsymbol{D}_i\left(\frac{1}{k}\right), k\neq 0$；

(3) $(\boldsymbol{T}_{ij}(c))^{-1}=\boldsymbol{T}_{ij}(-c)$.

初等变换和初等矩阵之间还有如下关系.

定理 2.4.2　对矩阵 $\boldsymbol{A}_{m\times n}$ 施行一次行(列)初等变换的结果等于用一个 $m(n)$ 阶初等矩阵左(右)乘 $\boldsymbol{A}$.

证明　仅对行初等变换证明，列变换的证明与之完全类似. 将 $\boldsymbol{A}$ 按行分块如下：

$$\boldsymbol{A}=\begin{bmatrix}\boldsymbol{A}_1\\ \boldsymbol{A}_2\\ \vdots\\ \boldsymbol{A}_n\end{bmatrix},$$

则

$$\boldsymbol{P}_{ij}\boldsymbol{A}=\begin{bmatrix}1 & & & & & & \\ & \ddots & & & & & \\ & & 0 & & 1 & & \\ & & & \ddots & & & \\ & & 1 & & 0 & & \\ & & & & & \ddots & \\ & & & & & & 1\end{bmatrix}\begin{bmatrix}\boldsymbol{A}_1\\ \vdots\\ \boldsymbol{A}_i\\ \vdots\\ \boldsymbol{A}_j\\ \vdots\\ \boldsymbol{A}_n\end{bmatrix}=\begin{bmatrix}\boldsymbol{A}_1\\ \vdots\\ \boldsymbol{A}_j\\ \vdots\\ \boldsymbol{A}_i\\ \vdots\\ \boldsymbol{A}_n\end{bmatrix},$$

$$
\boldsymbol{D}_i(k)\boldsymbol{A}=\begin{bmatrix}1&&&&&&\\&\ddots&&&&&\\&&1&&&&\\&&&k&&&\\&&&&1&&\\&&&&&\ddots&\\&&&&&&1\end{bmatrix}\begin{bmatrix}\boldsymbol{A}_1\\\vdots\\\boldsymbol{A}_{i-1}\\\boldsymbol{A}_i\\\boldsymbol{A}_{i+1}\\\vdots\\\boldsymbol{A}_n\end{bmatrix}=\begin{bmatrix}\boldsymbol{A}_1\\\vdots\\\boldsymbol{A}_{i-1}\\k\boldsymbol{A}_i\\\boldsymbol{A}_{i+1}\\\vdots\\\boldsymbol{A}_n\end{bmatrix},
$$

$$
\boldsymbol{T}_{ij}(c)\boldsymbol{A}=\begin{bmatrix}1&&&&&&\\&\ddots&&&&&\\&&1&&c&&\\&&&\ddots&&&\\&&&&1&&\\&&&&&\ddots&\\&&&&&&1\end{bmatrix}\begin{bmatrix}\boldsymbol{A}_1\\\vdots\\\boldsymbol{A}_i\\\vdots\\\boldsymbol{A}_j\\\vdots\\\boldsymbol{A}_n\end{bmatrix}=\begin{bmatrix}\boldsymbol{A}_1\\\vdots\\\boldsymbol{A}_i+c\boldsymbol{A}_j\\\vdots\\\boldsymbol{A}_j\\\vdots\\\boldsymbol{A}_n\end{bmatrix}.
$$

由于初等矩阵都是可逆矩阵，且逆矩阵仍为初等矩阵，因此矩阵的初等变换都存在逆操作，且逆操作也是初等变换.

2.4.2　行标准型

定义 2.4.3(行等价、列等价)　若矩阵 $\boldsymbol{A}$ 经有限次行初等变换变成矩阵 $\boldsymbol{B}$，则称 $\boldsymbol{A}$ 与 $\boldsymbol{B}$ 的行等价. 类似地，若矩阵 $\boldsymbol{A}$ 经有限次列初等变换变成矩阵 $\boldsymbol{B}$，则称 $\boldsymbol{A}$ 与 $\boldsymbol{B}$ 的列等价.

由于初等变换的逆操作也是初等变换，故行(列)等价是一个等价关系[①]，即满足如下性质.

(1) 自反性：$\boldsymbol{A}$ 与自身行(列)等价.

(2) 对称性：若 $\boldsymbol{A}$ 与 $\boldsymbol{B}$ 的行(列)等价，则 $\boldsymbol{B}$ 与 $\boldsymbol{A}$ 的行(列)等价.

(3) 传递性：若 $\boldsymbol{A}$ 与 $\boldsymbol{B}$ 的行(列)等价，且 $\boldsymbol{B}$ 与 $\boldsymbol{C}$ 的行(列)等价，则 $\boldsymbol{A}$ 与 $\boldsymbol{C}$ 的行(列)等价.

定义 2.4.4(行梯形、行标准形(或简化行阶梯形)、主 1)　若矩阵 $\boldsymbol{U}$ 满足如下条件.

(1) $\boldsymbol{U}$ 的所有零行在非零行的下面.

(2) 每个非零行的第一个非零元素(自左至右)都等于 1，称为主 1.

(3) 每一非零行的主 1 所在的列在上一行主 1 所在列的右边.

---

① 等价关系的具体含义见第 3 章.

(4) 每一个非零行的主 1 所在列的下方元素均为零,则称 $\boldsymbol{U}$ 为行梯形矩阵.

如果将第(4)条改为每一个非零行的主 1 是它所在列唯一的非零元素,则称 $\boldsymbol{U}$ 为行标准型矩阵,或简化行梯形矩阵.

根据定义,行标准型的最一般的形式如下:

$$\begin{bmatrix} 0 & \cdots & 0 & 1 & * & 0 & * & \cdots & 0 & \cdots & 0 & * & 0 & * \\ & & & & & 1 & * & \cdots & 0 & \cdots & 0 & * & 0 & * \\ & & & & & & & & 1 & \cdots & \vdots & \vdots & \vdots & \vdots \\ & & & & & & & & & & 1 & * & 0 & * \\ & & & & & & & & & & & & 1 & * \\ 0 & \cdots & 0 & 0 & 0 & 0 & 0 & \cdots & 0 & \cdots & 0 & 0 & 0 & 0 \\ \vdots & & \vdots & \vdots & \vdots & \vdots & \vdots & & \vdots & & \vdots & \vdots & \vdots & \vdots \\ 0 & \cdots & 0 & 0 & 0 & 0 & 0 & \cdots & 0 & \cdots & 0 & 0 & 0 & 0 \end{bmatrix}.$$

行梯形与行标准型唯一的区别在于行梯形的主 1 上方的元素可以非零.

定理 2.4.3 任意一个矩阵 $\boldsymbol{A}_{m\times n}$ 一定与一个行标准型(行梯形)矩阵 $\boldsymbol{U}$ 行等价. 即存在有限个初等矩阵 $\boldsymbol{E}_1,\boldsymbol{E}_2,\cdots,\boldsymbol{E}_l$,使得

$$\boldsymbol{E}_l\cdots\boldsymbol{E}_2\boldsymbol{E}_1\boldsymbol{A}=\boldsymbol{U}.$$

证明 我们只证明等价于行标准型,行梯形的证明与之完全类似. 如果 $\boldsymbol{A}$ 为零矩阵,则其已经是行标准型. 下面假设 $\boldsymbol{A}$ 为非零矩阵. 可对行数 m 用数学归纳法证明. 当 $m=1$ 时,$\boldsymbol{A}$ 只有 1 行. 从左向右找到第一个非零元素,用第 2 类行变换将其变为 1$\boldsymbol{A}$ 就变成了行标准型. 故 $m=1$ 时定理成立.

假设对 $m-1$ 行的矩阵定理成立,则对 m 行的矩阵 $\boldsymbol{A}$,我们可通过以下 4 步将其化为行标准型.

(1) 从左向右找到第一个非零列. 利用第 1 类行初等变换,将该列的某个非零元素所在的行交换到第一行,再用第 2 类初等变换将该元素变为 1(主 1).

(2) 利用这个主 1 做第 3 类行初等变换,将该列的其余元素变为 0. 此时 $\boldsymbol{A}$ 变成如下形式:

$$\begin{bmatrix} 0 & \cdots & 0 & 1 & * & \cdots & * \\ 0 & \cdots & 0 & 0 & & & \\ \vdots & & \vdots & \vdots & & \boldsymbol{C} & \\ 0 & \cdots & 0 & 0 & & & \end{bmatrix}$$

(3) 此时右下角的部分 $\boldsymbol{C}$ 为一个 $m-1$ 行的矩阵,按归纳假设,可化为行标准型.

(4) 利用 $\boldsymbol{C}$ 化成的行标准型矩阵中的主 1 做第 3 类初等变换,将第一行中主 1 所在列的元素变为零.

经过以上 4 步之后,$\boldsymbol{A}$ 变成了行标准型. 实际上,上述证明的过程即给出了计算

行标准型的过程.

例 2.4.1 将 $\boldsymbol{A}=\begin{bmatrix}0&0&1&7&3&1\\0&1&3&2&1&-1\\0&2&6&5&2&3\\0&3&9&7&3&2\\0&1&4&9&4&0\end{bmatrix}$化为行标准型.

解 第二列为非零列,故从第二列里找一个非零元,例如 $a_{22}=1$. 于是用行变换将第二行对换到第一行,有

$$\boldsymbol{A}\xrightarrow{r_1\leftrightarrow r_2}\begin{bmatrix}0&1&3&2&1&-1\\0&0&1&7&3&1\\0&2&6&5&2&3\\0&3&9&7&3&2\\0&1&4&9&4&0\end{bmatrix},$$

然后用 $a_{12}=1$ 将第二列其他元素化为 0,有

$$\boldsymbol{A}\xrightarrow[\cdots]{r_3-2r_1}\begin{bmatrix}0&1&3&2&1&-1\\0&0&1&7&3&1\\0&0&0&1&0&5\\0&0&0&1&0&5\\0&0&1&7&3&1\end{bmatrix},$$

再对右下角的 4×4 分块用同样的步骤,利用 $a_{23}=1$ 作为主 1,将第三列的其他元素化为 0,有

$$\boldsymbol{A}\xrightarrow[\cdots]{r_1-3r_2}\begin{bmatrix}0&1&0&-19&-8&-4\\0&0&1&7&3&1\\0&0&0&1&0&5\\0&0&0&1&0&5\\0&0&0&0&0&0\end{bmatrix},$$

依此下去,得到

$$\boldsymbol{A}\xrightarrow[\cdots]{r_1+19r_3}\begin{bmatrix}0&1&0&0&-8&91\\0&0&1&0&3&-34\\0&0&0&1&0&5\\0&0&0&0&0&0\\0&0&0&0&0&0\end{bmatrix}.$$

在行标准形的实际计算中,先将矩阵化为行梯形,再从右往左利用主 1 将其所在列的上方元素变为 0,得到行标准型,这样的计算量稍微小一些.

引理 2.4.1 可逆的 n 阶简化行梯形矩阵 $\boldsymbol{U}$ 必为 $\boldsymbol{I}_n$.

证明　$\boldsymbol{U}$ 可逆$\Rightarrow|\boldsymbol{U}|\neq 0\Rightarrow\boldsymbol{U}$ 不存在零行，故每行都有主 1，共 n 个主 1. 由于主 1 的个数等于列数，故每列也有一个主 1. 因此 $\boldsymbol{U}=\boldsymbol{I}_n$.

引理 2.4.2　两个行等价 n 阶矩阵或者均可逆，或者均不可逆.

证明　设 $\boldsymbol{A},\boldsymbol{B}$ 行等价，则 $\boldsymbol{E}_l\cdots\boldsymbol{E}_2\boldsymbol{E}_1\boldsymbol{A}=\boldsymbol{B}\Rightarrow|\boldsymbol{E}_l|\cdots|\boldsymbol{E}_2||\boldsymbol{E}_1||\boldsymbol{A}|=|\boldsymbol{B}|$，又 $|\boldsymbol{E}_i|\neq 0$，故 $|\boldsymbol{A}|=0\Leftrightarrow|\boldsymbol{B}|=0$，即 $\boldsymbol{A},\boldsymbol{B}$ 的可逆性相同.

定理 2.4.4　设 $\boldsymbol{A}$ 为 n 阶方阵，则下列条件等价.

(1) $\boldsymbol{A}$ 可逆.

(2) $\boldsymbol{A}$ 与 $\boldsymbol{I}_n$ 行等价.

(3) $\boldsymbol{A}$ 与 $\boldsymbol{I}_n$ 列等价.

(4) $\boldsymbol{A}$ 等于有限个初等矩阵的积.

证明　用循环法证明.

(1) $\Rightarrow$ (2)：设 $\boldsymbol{A}$ 可逆，其行标准型为 $\boldsymbol{U}$. 由于 $\boldsymbol{A},\boldsymbol{U}$ 行等价，故 $\boldsymbol{U}$ 也可逆. 进一步由引理 2.4.1 知 $\boldsymbol{U}=\boldsymbol{I}_n$.

(2) $\Rightarrow$ (3)：设 $\boldsymbol{E}_k\cdots\boldsymbol{E}_2\boldsymbol{E}_1\boldsymbol{A}=\boldsymbol{I}_n$，则由逆矩阵的定义知 $\boldsymbol{A}^{-1}=\boldsymbol{E}_k\cdots\boldsymbol{E}_2\boldsymbol{E}_1$，故 $\boldsymbol{A}\boldsymbol{E}_k\cdots\boldsymbol{E}_2\boldsymbol{E}_1=\boldsymbol{I}_n$，即 $\boldsymbol{A}$ 与 $\boldsymbol{I}_n$ 列等价.

(3) $\Rightarrow$ (4)：设 $\boldsymbol{A}\boldsymbol{E}_k\cdots\boldsymbol{E}_2\boldsymbol{E}_1=\boldsymbol{I}_n$，由于初等矩阵可逆，故 $\boldsymbol{A}=\boldsymbol{I}_n\boldsymbol{E}_1^{-1}\cdots\boldsymbol{E}_k^{-1}=\boldsymbol{E}_1^{-1}\cdots\boldsymbol{E}_k^{-1}$. 由于初等矩阵的逆仍是初等矩阵，故 $\boldsymbol{A}$ 等于有限个初等矩阵的积.

(4) $\Rightarrow$ (1)：设 $\boldsymbol{A}=\boldsymbol{E}_1\boldsymbol{E}_2\cdots\boldsymbol{E}_k$，则 $|\boldsymbol{A}|\neq 0$，故可逆.

此定理给出了逆矩阵的另一种求法：初等变换法. 具体说明如下，假设 $\boldsymbol{A}$ 可逆，则其必定与 $\boldsymbol{I}_n$ 行等价，有 $\boldsymbol{E}_k\cdots\boldsymbol{E}_2\boldsymbol{E}_1\boldsymbol{A}=\boldsymbol{I}_n$. 构造分块矩阵

$$[\boldsymbol{A}\ \vdots\ \boldsymbol{I}_n],$$

注意到 $\boldsymbol{E}_k\cdots\boldsymbol{E}_2\boldsymbol{E}_1=\boldsymbol{A}^{-1}$，有

$$\boldsymbol{E}_k\cdots\boldsymbol{E}_2\boldsymbol{E}_1[\boldsymbol{A}\ \vdots\ \boldsymbol{I}_n]=[\boldsymbol{E}_k\cdots\boldsymbol{E}_2\boldsymbol{E}_1\boldsymbol{A}\ \vdots\ \boldsymbol{E}_k\cdots\boldsymbol{E}_2\boldsymbol{E}_1]=[\boldsymbol{I}_n\ \vdots\ \boldsymbol{A}^{-1}],$$

即对 $[\boldsymbol{A}\ \vdots\ \boldsymbol{I}_n]$ 实行行初等变换，使得 $\boldsymbol{A}$ 变成 $\boldsymbol{I}_n$，此时，右边子块的 $\boldsymbol{I}_n$ 即变成了 $\boldsymbol{A}^{-1}$. 用这种方法求逆矩阵的计算量较小. 若事先不知道 $\boldsymbol{A}$ 是否可逆，则利用上述方法变换若干步之后，一旦 $\boldsymbol{A}$ 中出现了零行或零列，由上述定理可知此时 $\boldsymbol{A}$ 必定不可逆. 由于可逆的充要条件也可表述为 $\boldsymbol{A}$ 与 $\boldsymbol{I}_n$ 列等价，因此也可利用列初等变换来求逆矩阵. 这可从如下公式看出：

$$\begin{bmatrix}\boldsymbol{A}\\ \cdots\\ \boldsymbol{I}_n\end{bmatrix}\boldsymbol{E}_1\boldsymbol{E}_2\cdots\boldsymbol{E}_l=\begin{bmatrix}\boldsymbol{A}\boldsymbol{E}_1\boldsymbol{E}_2\cdots\boldsymbol{E}_k\\ \cdots\cdots\cdots\\ \boldsymbol{E}_1\boldsymbol{E}_2\cdots\boldsymbol{E}_k\end{bmatrix}=\begin{bmatrix}\boldsymbol{I}_n\\ \cdots\\ \boldsymbol{A}^{-1}\end{bmatrix}.$$

顺便指出，上述逆矩阵的求法也可用来计算 $\boldsymbol{A}^{-1}\boldsymbol{B}$ 或者 $\boldsymbol{B}\boldsymbol{A}^{-1}$. 这可从如下式子看出：

$$[\boldsymbol{A}\quad\boldsymbol{B}]\xrightarrow{\text{行初等变换}}[\boldsymbol{I}\quad\boldsymbol{A}^{-1}\boldsymbol{B}],$$

$$\begin{bmatrix}\boldsymbol{A}\\ \boldsymbol{B}\end{bmatrix}\xrightarrow{\text{列初等变换}}\begin{bmatrix}\boldsymbol{I}\\ \boldsymbol{B}\boldsymbol{A}^{-1}\end{bmatrix}.$$

例 2.4.2 设 $\boldsymbol{A}=\begin{bmatrix}1&2&0\\3&4&2\\1&1&-1\end{bmatrix}$,$\boldsymbol{A}$ 是否可逆？若可逆，求 $\boldsymbol{A}^{-1}$.

解 可直接对$[\boldsymbol{A}\quad \boldsymbol{I}]$进行行初等变换，有

$$[\boldsymbol{A}\quad \boldsymbol{I}]=\begin{bmatrix}1&2&0&1&0&0\\3&4&2&0&1&0\\1&1&-1&0&0&1\end{bmatrix}\xrightarrow[r_3-r_1]{r_2-3r_1}\begin{bmatrix}1&2&0&1&0&0\\0&-2&2&-3&1&0\\0&-1&-1&-1&0&1\end{bmatrix}$$

$$\xrightarrow[r_2/(-1)]{r_2\leftrightarrow r_3}\begin{bmatrix}1&2&0&1&0&0\\0&1&1&1&0&-1\\0&-2&2&-3&1&0\end{bmatrix}\xrightarrow[r_3+2r_2]{r_1-2r_2}\begin{bmatrix}1&0&-2&-1&0&2\\0&1&1&1&0&-1\\0&0&4&-1&1&-2\end{bmatrix}$$

$$\xrightarrow{\substack{r_3/4\\r_1+2r_3\\r_2-r_3}}\begin{bmatrix}1&0&0&-3/2&1/2&1\\0&1&0&5/4&-1/4&-1/2\\0&0&1&-1/4&1/4&-1/2\end{bmatrix},$$

故 $\boldsymbol{A}$ 可逆，且

$$\boldsymbol{A}^{-1}=\begin{bmatrix}-3/2&1/2&1\\5/4&-1/4&-1/2\\-1/4&1/4&-1/2\end{bmatrix}.$$

例 2.4.3 设 $\boldsymbol{A}=\begin{bmatrix}1&2&-3\\1&-2&1\\5&-2&-3\end{bmatrix}$,$\boldsymbol{A}$ 是否可逆？若可逆，求 $\boldsymbol{A}^{-1}$.

解 可直接对$[\boldsymbol{A}\quad \boldsymbol{I}]$进行行初等变换，有

$$[\boldsymbol{A}\quad \boldsymbol{I}]=\begin{bmatrix}1&2&-3&1&0&0\\1&-2&1&0&1&0\\5&-2&-3&0&0&1\end{bmatrix}\xrightarrow[r_3-5r_1]{r_2-r_1}\begin{bmatrix}1&2&-3&1&0&0\\0&-4&4&-1&1&0\\0&-12&12&-5&0&1\end{bmatrix}$$

$$\xrightarrow{r_3-3r_2}\begin{bmatrix}1&2&-3&1&0&0\\0&-4&4&-1&1&0\\0&0&0&-2&-3&1\end{bmatrix},$$

注意到 $\boldsymbol{A}$ 中出现了零行，因此 $\boldsymbol{A}$ 不可逆. 实际上计算行列式亦可知$|\boldsymbol{A}|=0$.

2.4.3 等价、标准型

若对矩阵 $\boldsymbol{A}$ 不仅做行初等变换，还允许进行列初等变换，则行标准型矩阵还可以继续简化. 为此，我们回顾一下行标准型的结构：

$$\begin{bmatrix} 0 & \cdots & 0 & 1 & * & 0 & * & \cdots & 0 & \cdots & 0 & * & 0 & * \\ & & & & & 1 & * & \cdots & 0 & \cdots & 0 & * & 0 & * \\ & & & & & & & & 1 & \cdots & \vdots & \vdots & \vdots & \vdots \\ & & & & & & & & & & 1 & * & 0 & * \\ & & & & & & & & & & & & 1 & * \\ 0 & \cdots & 0 & 0 & 0 & 0 & 0 & \cdots & 0 & \cdots & 0 & 0 & 0 & 0 \\ \vdots & & \vdots & \vdots & \vdots & \vdots & \vdots & & \vdots & & \vdots & \vdots & \vdots & \vdots \\ 0 & \cdots & 0 & 0 & 0 & 0 & 0 & \cdots & 0 & \cdots & 0 & 0 & 0 & 0 \end{bmatrix}.$$

如果进一步做如下两步变换.

(1) 利用第 1 类列初等变换(交换两列),将主 1 所在的列依次对换到第 1 列,第 2 列,….

(2) 利用第 3 类列初等变换,用主 1 将所在行的其他非零元素化为零.

则行标准型矩阵可变为$\begin{bmatrix} \boldsymbol{I} & \boldsymbol{O} \\ \boldsymbol{O} & \boldsymbol{O} \end{bmatrix}$这样的形式,其中子块 $\boldsymbol{O}$ 有可能不出现. 由此分析可得到如下定理.

定理 2.4.5 任意一个 $m\times n$ 的矩阵 $\boldsymbol{A}$,经过初等变换(包括行初等变换和列初等变换)一定可以化简成如下形式:

$$\begin{bmatrix} \boldsymbol{I}_r & \boldsymbol{O}_{r\times(n-r)} \\ \boldsymbol{O}_{(m-r)\times r} & \boldsymbol{O}_{(m-r)\times(n-r)} \end{bmatrix},$$

其中 $0\leqslant r\leqslant \min\{m,n\}$. 上述形式称为矩阵 $\boldsymbol{A}$ 的标准型. 标准型中的各个零矩阵子块 $\boldsymbol{O}$ 有可能不出现,以后提到标准型时也默认如此而不再单独说明.

注意到任何一个可逆矩阵等价于有限个初等矩阵的乘积,因此上述定理也可进行如下表述.

定理 2.4.6 对于任意矩阵 $\boldsymbol{A}$,一定存在可逆方阵 $\boldsymbol{P},\boldsymbol{Q}$ 使得

$$\boldsymbol{PAQ}=\begin{bmatrix} \boldsymbol{I}_r & \boldsymbol{O} \\ \boldsymbol{O} & \boldsymbol{O} \end{bmatrix}.$$

值得指出的是,单位矩阵本身既是行标准型也是标准型. 而前面已证明,可逆矩阵的行标准形就是单位矩阵,因此可逆矩阵的标准型也是单位矩阵,且对可逆矩阵来说,只需进行行(或列)初等变换即可变为标准型.

例 2.4.4 将例 2.4.1 的矩阵 $\boldsymbol{A}$ 化为标准型.

解 前面已求出 $\boldsymbol{A}$ 的行标准型为

$$\boldsymbol{A}\rightarrow\begin{bmatrix} 0 & 1 & 0 & 0 & -8 & 91 \\ 0 & 0 & 1 & 0 & 3 & -34 \\ 0 & 0 & 0 & 1 & 0 & 5 \\ 0 & 0 & 0 & 0 & 0 & 0 \\ 0 & 0 & 0 & 0 & 0 & 0 \end{bmatrix},$$

因此将第 2、3、4 列交换到 1、2、3 列，再用主 1 将所在行的非零元变为 0 即得到

$$\boldsymbol{A}\to\begin{bmatrix}1&0&0&0&0&0\\0&1&0&0&0&0\\0&0&1&0&0&0\\0&0&0&0&0&0\\0&0&0&0&0&0\end{bmatrix},$$

此即为 $\boldsymbol{A}$ 的标准型.

定义 2.4.5（等价） 若矩阵 $\boldsymbol{A}$ 经有限次初等变换（包括行和列）变成矩阵 $\boldsymbol{B}$，则称 $\boldsymbol{A}$ 与 $\boldsymbol{B}$ 等价.

由于可逆矩阵等价于初等矩阵的乘积，因此 $\boldsymbol{A}$ 和 $\boldsymbol{B}$ 等价说明存在可逆矩阵 $\boldsymbol{P}$，$\boldsymbol{Q}$，使得 $\boldsymbol{PAQ}=\boldsymbol{B}$. 与矩阵的行等价类似，矩阵的等价亦是一个等价关系，满足自反、对称、传递等 3 个定律.

利用矩阵的等价，可将定理 2.4.5 重新表述如下.

定理 2.4.7 任意矩阵 $\boldsymbol{A}$ 必定与某标准型矩阵 $\begin{bmatrix}\boldsymbol{I}_r&\boldsymbol{O}\\\boldsymbol{O}&\boldsymbol{O}\end{bmatrix}$ 等价.

一个问题是，给定矩阵 $\boldsymbol{A}$，其标准形是否唯一？即用不同步骤的初等变换得到的 $\boldsymbol{I}_r$ 的阶数是否相等？这个问题与下文将要讨论的矩阵的秩有关.

2.5 矩阵的秩

秩是矩阵的一个重要的数量特征，矩阵的许多性质可通过秩来刻画.

2.5.1 秩的定义

在行列式的学习中定义过行列式的子式，完全类似地，可将矩阵的子式定义如下.

定义 2.5.1（子式） 矩阵 $\boldsymbol{A}_{m\times n}$ 中任取 k 行 k 列（如 km,n），位于这些行列交叉点处的 k^2 个元素按原相对位置构成的 k 阶行列式称矩阵 $\boldsymbol{A}$ 的一个 k 阶子式. 显然，k 阶子式共有 $C_m^k C_n^k$ 个.

定义 2.5.2（秩） 矩阵 $\boldsymbol{A}_{m\times n}$ 中不等于 0 的子式的最大阶数，称为 $\boldsymbol{A}$ 矩的秩，记作 $r(\boldsymbol{A})$. 规定零矩阵的秩 $r(\boldsymbol{O})=0$. 显然，只有零矩阵的秩 $r=0$，非零矩阵的秩 $r\geqslant 1$. 对 n 阶方阵，如果 $r(\boldsymbol{A})=n$，则称矩阵 $\boldsymbol{A}$ 满秩.

由矩阵秩的定义可知，秩有如下性质.

(1) 对 $\boldsymbol{A}_{m\times n}$，$r(\boldsymbol{A})\leqslant\min\{m,n\}$，即秩不大于行数，也不大于列数.

(2) $r(k\boldsymbol{A})=r(\boldsymbol{A})$，$(k\neq 0)$.

(3) $r(\boldsymbol{A}^{\mathrm{T}})=r(\boldsymbol{A})$.

这是由于，矩阵 $\boldsymbol{A}$ 中的子式交换行列之后正好与 $\boldsymbol{A}^{\mathrm{T}}$ 中的子式一一对应.

● 对 n 阶方阵，$\boldsymbol{A}$ 满秩 $\Leftrightarrow$ $|\boldsymbol{A}|\neq 0$ $\Leftrightarrow$ $\boldsymbol{A}$ 可逆.

● 若 $\boldsymbol{A}$ 的所有 k 阶子式均等于 0，则 $r(\boldsymbol{A})<k$. 若 $\boldsymbol{A}$ 有一个 k 阶子式不等于 0，则 $r(\boldsymbol{A})\geqslant k$.

这是由于，假设 $\boldsymbol{A}$ 的所有 k 阶子式均等于 0，而任意一个 $k+1$ 阶子式均可按某一行(列)展开为 k 阶子式的代数和，则所有的 $k+1$ 阶子式均等于 0. 依次类推可知，$\boldsymbol{A}$ 的所有大于 k 阶的子式均等于 0. 因此 $r(\boldsymbol{A})<k$.

● 由于上一条性质，矩阵 $\boldsymbol{A}$ 的秩为 r 的等价说法是：$\boldsymbol{A}$ 的所有 $r+1$ 阶子式均等于 0，且至少有一个 r 阶子式非零.

例 2.5.1 求下列矩阵的秩：

$$\boldsymbol{A}=\begin{bmatrix}1&2&1&3&4\\0&2&5&1&2\\0&0&0&1&1\\0&0&0&0&0\end{bmatrix},\quad \boldsymbol{B}=\begin{bmatrix}1&3&-9&3\\0&1&-3&4\\-2&-3&9&6\end{bmatrix}.$$

解 由于 $\boldsymbol{A}$ 有零行，故秩不可能等于 4. 对其三阶子式，可取 1,2,3 行和 1,2,4 列，得到一个上三角形行列式，其值非零. 因此 $r(\boldsymbol{A})=3$. 对于 $\boldsymbol{B}$，可验算其 4 个三阶子式均为零，而取 1,2 行和 1,2 列的二阶子式非零. 故 $r(\boldsymbol{B})=2$.

由上面例子可见，通过定义求秩需计算若干个行列式，其算法比较烦琐. 下面寻找秩的其他求法.

2.5.2 秩与初等变换

定理 2.5.1 初等变换不改变矩阵的秩.

证明 下面以第三类行初等变换为例证之，对第一、二类行初等变换以及列初等变换，证明完全类似. 设 $r(\boldsymbol{A})=r$，$\boldsymbol{A}$ 经过第三类行初等变换变成矩阵 $\boldsymbol{B}$，即

$$\boldsymbol{A}=\begin{bmatrix}a_{11}&a_{12}&\cdots&a_{1n}\\\vdots&\vdots&&\vdots\\a_{i1}&a_{i2}&\cdots&a_{in}\\\vdots&\vdots&&\vdots\\a_{j1}&a_{j2}&\cdots&a_{jn}\\\vdots&\vdots&&\vdots\\a_{m1}&a_{m2}&\cdots&a_{mn}\end{bmatrix}\xrightleftharpoons[r_i+(-k)r_j]{r_i+kr_j}\boldsymbol{B}=\begin{bmatrix}a_{11}&\cdots&a_{1n}\\\vdots&&\vdots\\a_{i1}+ka_{j1}&\cdots&a_{in}+ka_{jn}\\\vdots&&\vdots\\a_{j1}&\cdots&a_{jn}\\\vdots&&\vdots\\a_{m1}&\cdots&a_{jm}\end{bmatrix}.$$

现在在 $\boldsymbol{B}$ 中取一个 $r+1$ 阶的子式，则可能出现以下 4 种情况.

(1) $\boldsymbol{B}$ 中不存在 $r+1$ 阶的子式.

(2) $\boldsymbol{B}$ 存在 $r+1$ 阶的子式，但取出的子式不含有第 i 行，则这个子式必定也是 $\boldsymbol{A}$ 的子式，而 $\boldsymbol{A}$ 的所有 $r+1$ 阶子式均为零. 因此从 $\boldsymbol{B}$ 中取出的该 $r+1$ 阶的子式的值为

0.

(3) $\boldsymbol{B}$ 存在 $r+1$ 阶子式，且取出的子式含有第 i 行，但不含第 j 行，则这个子式必定可按照第 i 行拆成两个行列式，且每个行列式都是 $\boldsymbol{A}$ 的子式(最多相差一个负号). 因此该 $r+1$ 阶子式的值为 0.

(4) $\boldsymbol{B}$ 存在 $r+1$ 阶子式，且取出的子式含有第 i,j 两行，则该子式经过等值变换 (r_i-kr_j) 之后变成 $\boldsymbol{A}$ 的子式. 因此该 $r+1$ 阶子式的值为 0.

综上，$\boldsymbol{B}$ 中要么不存在大于 r 阶的子式，要么所有 $r+1$ 阶子式均为零. 故

$$r(\boldsymbol{B})\leqslant r=r(\boldsymbol{A}),$$

再注意到 $\boldsymbol{B}$ 经过第三类行初等变换也变成 $\boldsymbol{A}$，因此类似地可得到

$$r(\boldsymbol{A})\leqslant r(\boldsymbol{B}).$$

合起来，有

$$r(\boldsymbol{B})=r(\boldsymbol{A})$$

即第三类行初等变换不改变矩阵的秩.

由于可逆矩阵等价于一系列初等矩阵的乘积，因此可逆矩阵左乘或右乘任意矩阵，不改变其秩，即有如下推论.

推论 2.5.1　行等价、或列等价、或等价的矩阵，其秩相等. 即

$$r(\boldsymbol{PA})=r(\boldsymbol{AQ})=r(\boldsymbol{PAQ})=r(\boldsymbol{A})\quad(\boldsymbol{P},\boldsymbol{Q}\text{ 可逆}).$$

对于行标准型矩阵，容易看出取主 1 所在的行列得到的子式非零，而阶数大于该子式的任意子式必定包含零行，其值为零. 即有如下推论.

推论 2.5.2　矩阵的秩等于其行标准型中主 1 的个数.

这个推论说明，可以用初等变换求矩阵的秩.

例 2.5.2　$\boldsymbol{A}=\begin{bmatrix}1&0&2&1&0\\7&1&14&7&1\\0&5&1&4&6\\2&1&1&-10&-2\end{bmatrix}$ 的秩.

解　用行初等变换可得到

$$\boldsymbol{A}\to\begin{bmatrix}1&0&2&1&0\\0&1&0&0&1\\0&5&1&4&6\\0&1&-3&-12&-2\end{bmatrix}\to\begin{bmatrix}1&0&2&1&0\\0&1&0&0&1\\0&0&1&4&1\\0&0&-3&-12&-3\end{bmatrix}\to\begin{bmatrix}1&0&0&-7&-2\\0&1&0&0&1\\0&0&1&4&1\\0&0&0&0&0\end{bmatrix}.$$

因此 $\boldsymbol{A}$ 的秩为 3.

矩阵的标准型的秩显然等于其中 $\boldsymbol{I}_r$ 的阶数，故对任意一个矩阵，用不同的途径得到的标准型中 $\boldsymbol{I}_r$ 的阶数都等于原矩阵的秩.

推论 2.5.3　矩阵的标准型唯一，且矩阵的秩等于其标准型中 $\boldsymbol{I}_r$ 的阶数.

定理 2.5.2(推论 2.5.1 的加强)　同型矩阵 $\boldsymbol{A},\boldsymbol{B}$ 等价的充要条件是 $r(\boldsymbol{A})$

$=r(\boldsymbol{B})$.

证明 必要性已由推论 2.5.1 给出，现证明充分性. 设 $r(\boldsymbol{A})=r(\boldsymbol{B})$，则 $\boldsymbol{A},\boldsymbol{B}$ 均等价于$\begin{bmatrix}\boldsymbol{I}_r & \boldsymbol{O}\\ \boldsymbol{O} & \boldsymbol{O}\end{bmatrix}$. 由等价的传递性可知 $\boldsymbol{A},\boldsymbol{B}$ 等价.

2.5.3 矩阵秩的一些不等式

由定义可知：对矩阵 $\boldsymbol{A}_{m\times n}$ 有 $r(\boldsymbol{A})\leqslant\min\{m,n\}$. 下面研究矩阵运算后秩满足的一些不等式.

定理 2.5.3 矩阵 $\boldsymbol{A}$ 数乘 k 后，秩满足：

$$r(k\boldsymbol{A})=\begin{cases}0, & k=0,\\ r(\boldsymbol{A}), & k\neq 0.\end{cases}$$

证明 当 $k=0$ 时 $k\boldsymbol{A}=\boldsymbol{O}$，故秩为零；当 $k\neq 0$ 时，$k\boldsymbol{A}$ 与 $\boldsymbol{A}$ 等价，故秩相等.

为研究矩阵加法和乘法运算后秩的变化，先看如下引理.

引理 2.5.1 分块矩阵$\begin{bmatrix}\boldsymbol{A} & \boldsymbol{O}\\ \boldsymbol{O} & \boldsymbol{B}\end{bmatrix}$的秩 $r=r(\boldsymbol{A})+r(\boldsymbol{B})$.

证明 设 $\boldsymbol{A},\boldsymbol{B}$ 经过左右乘可逆矩阵后变为标准型：

$$\boldsymbol{P}_1\boldsymbol{A}\boldsymbol{Q}_1=\begin{bmatrix}\boldsymbol{I}_{r(\boldsymbol{A})} & \boldsymbol{O}\\ \boldsymbol{O} & \boldsymbol{O}\end{bmatrix},\quad \boldsymbol{P}_2\boldsymbol{B}\boldsymbol{Q}_2=\begin{bmatrix}\boldsymbol{I}_{r(\boldsymbol{B})} & \boldsymbol{O}\\ \boldsymbol{O} & \boldsymbol{O}\end{bmatrix},$$

则构造

$$\boldsymbol{P}=\begin{bmatrix}\boldsymbol{P}_1 & \boldsymbol{O}\\ \boldsymbol{O} & \boldsymbol{P}_2\end{bmatrix},\quad \boldsymbol{Q}=\begin{bmatrix}\boldsymbol{Q}_1 & \boldsymbol{O}\\ \boldsymbol{O} & \boldsymbol{Q}_2\end{bmatrix},$$

可知 $\boldsymbol{P},\boldsymbol{Q}$ 可逆，且

$$\boldsymbol{P}\begin{bmatrix}\boldsymbol{A} & \boldsymbol{O}\\ \boldsymbol{O} & \boldsymbol{B}\end{bmatrix}\boldsymbol{Q}=\begin{bmatrix}\boldsymbol{I}_{r(\boldsymbol{A})} & \boldsymbol{O} & & \\ \boldsymbol{O} & \boldsymbol{O} & & \\ & & \boldsymbol{I}_{r(\boldsymbol{B})} & \boldsymbol{O}\\ & & \boldsymbol{O} & \boldsymbol{O}\end{bmatrix}.$$

由此可见其秩为 $r(\boldsymbol{A})+r(\boldsymbol{B})$.

定理 2.5.4 设 $\boldsymbol{A}_{m\times n},\boldsymbol{B}_{n\times k}$ 为两矩阵，则 $r(\boldsymbol{A}\boldsymbol{B})\leqslant\min\{r(\boldsymbol{A}),r(\boldsymbol{B})\}$.

证明 设 $r(\boldsymbol{A})=r$. 则存在可逆矩阵 $\boldsymbol{P},\boldsymbol{Q}$ 使得 $\boldsymbol{PAQ}$ 为标准型. 故

$$\boldsymbol{A}=\boldsymbol{P}^{-1}\begin{bmatrix}\boldsymbol{I}_r & \boldsymbol{O}\\ \boldsymbol{O} & \boldsymbol{O}\end{bmatrix}\boldsymbol{Q}^{-1},\quad \boldsymbol{A}\boldsymbol{B}=\boldsymbol{P}^{-1}\begin{bmatrix}\boldsymbol{I}_r & \boldsymbol{O}\\ \boldsymbol{O} & \boldsymbol{O}\end{bmatrix}(\boldsymbol{Q}^{-1}\boldsymbol{B}).$$

将 $\boldsymbol{Q}^{-1}\boldsymbol{B}$ 分块为 r 行和 $n-r$ 行的子块，有

$$\boldsymbol{Q}^{-1}\boldsymbol{B}=\begin{bmatrix}\boldsymbol{C}_1\\ \boldsymbol{C}_2\end{bmatrix},$$

则

$$AB=P^{-1}\begin{bmatrix}I_r & O\\ O & O\end{bmatrix}\begin{bmatrix}C_1\\ C_2\end{bmatrix}=P^{-1}\begin{bmatrix}C_1\\ O\end{bmatrix}.$$

故 $r(AB)\leqslant r=r(A)$. 类似可证明 $r(AB)\leqslant r(B)$.

定理 2.5.5 设 $A_{m\times n}$,$B_{n\times k}$ 为两矩阵,则 $r(AB)\geqslant r(A)+r(B)-n$. 特别地,若 $AB=O$,则 $r(A)+r(B)\leqslant n$.

证明 构造如下的分块矩阵相乘,有

$$\begin{bmatrix}I_n & O\\ -A & I_m\end{bmatrix}\begin{bmatrix}I_n & B\\ A & O\end{bmatrix}\begin{bmatrix}I_n & -B\\ O & I_k\end{bmatrix}=\begin{bmatrix}I_n & O\\ O & -AB\end{bmatrix},$$

注意到 $\begin{bmatrix}I_n & O\\ -A & I_m\end{bmatrix}$ 和 $\begin{bmatrix}I_n & -B\\ O & I_k\end{bmatrix}$ 行列式非零,都是可逆矩阵,故

$$r\left(\begin{bmatrix}I_n & B\\ A & O\end{bmatrix}\right)=r\left(\begin{bmatrix}I_n & O\\ O & -AB\end{bmatrix}\right),$$

而按照引理 2.5.1,有

$$r\left(\begin{bmatrix}I_n & O\\ O & -AB\end{bmatrix}\right)=r(I_n)+r(-AB)=n+r(AB),$$

对矩阵 $\begin{bmatrix}I_n & B\\ A & O\end{bmatrix}$ 而言,只要 A 有一个 s 阶子式非零,B 有一个 t 阶子式非零,则此矩阵必定有一个 $s+t$ 阶子式非零,故

$$r\left(\begin{bmatrix}I_n & B\\ A & O\end{bmatrix}\right)\geqslant r(A)+r(B).$$

综上得到

$$n+r(AB)\geqslant r(A)+r(B).$$

定理 2.5.6 设 $A_{m\times n}$,$B_{m\times n}$,则 $r(A+B)\leqslant r(A)+r(B)$.

证明 构造分块矩阵的乘法,有

$$\begin{bmatrix}A & B\end{bmatrix}\begin{bmatrix}I_n\\ I_n\end{bmatrix}=A+B,$$

因此

$$r(A+B)\leqslant r(\begin{bmatrix}A & B\end{bmatrix}),$$

注意到矩阵 $[A\quad B]$ 任意一个子式都是 $\begin{bmatrix}A & B\\ O & B\end{bmatrix}$ 的子式,根据秩的定义显然有

$$r(\begin{bmatrix}A & B\end{bmatrix})\leqslant r\left(\begin{bmatrix}A & B\\ O & B\end{bmatrix}\right),$$

而

$$\begin{bmatrix}A & B\\ O & B\end{bmatrix}=\begin{bmatrix}I_m & I_m\\ O & I_m\end{bmatrix}\begin{bmatrix}A & O\\ O & B\end{bmatrix},$$

故
$$r\left(\begin{bmatrix}\boldsymbol{A} & \boldsymbol{B}\\ \boldsymbol{O} & \boldsymbol{B}\end{bmatrix}\right)=r\left(\begin{bmatrix}\boldsymbol{A} & \boldsymbol{O}\\ \boldsymbol{O} & \boldsymbol{B}\end{bmatrix}\right)=r(\boldsymbol{A})+r(\boldsymbol{B}).$$
综上有
$$r(\boldsymbol{A}+\boldsymbol{B})\leqslant r(\boldsymbol{A})+r(\boldsymbol{B}).$$

例 2.5.3 $\boldsymbol{A},\boldsymbol{B}$ 为 n 阶方阵，则 $r(\boldsymbol{AB})=r(\boldsymbol{BA})$ 是否成立？

解 不一定成立，例如 $\boldsymbol{A}=\begin{bmatrix}1 & 2\\ 1 & 2\end{bmatrix}$，$\boldsymbol{B}=\begin{bmatrix}2 & 2\\ -1 & -1\end{bmatrix}$，则 $\boldsymbol{AB}=\boldsymbol{O}$，$\boldsymbol{BA}\neq\boldsymbol{O}$，故秩不相等.

例 2.5.4 设 $\boldsymbol{A}$ 是 n 阶幂等矩阵，即 $\boldsymbol{A}^2=\boldsymbol{A}$，求证 $r(\boldsymbol{A})+r(\boldsymbol{I}-\boldsymbol{A})=n$.

证明 为利用秩的不等式，需凑出和、积关系. 注意到
$$\boldsymbol{A}+(\boldsymbol{I}-\boldsymbol{A})=\boldsymbol{I},\quad \boldsymbol{A}(\boldsymbol{I}-\boldsymbol{A})=\boldsymbol{O},$$
故
$$r(\boldsymbol{A})+r(\boldsymbol{I}-\boldsymbol{A})\geqslant r(\boldsymbol{I})=n,\quad r(\boldsymbol{A})+r(\boldsymbol{I}-\boldsymbol{A})-n\leqslant r(\boldsymbol{O})=0.$$
因此
$$r(\boldsymbol{A})+r(\boldsymbol{I}-\boldsymbol{A})=n.$$

例 2.5.5 设 $\boldsymbol{A},\boldsymbol{B}$ 为 n 阶矩阵，且 $r(\boldsymbol{A}-\boldsymbol{I})=p$，$r(\boldsymbol{B}-\boldsymbol{I})=q$. 求证 $r(\boldsymbol{AB}-\boldsymbol{I})\leqslant p+q$.

证明 想办法将 $\boldsymbol{AB}-\boldsymbol{I}$ 中凑出 $\boldsymbol{A}-\boldsymbol{I}$ 和 $\boldsymbol{B}-\boldsymbol{I}$，再用秩的不等式，则有
$$\boldsymbol{AB}-\boldsymbol{I}=\boldsymbol{A}(\boldsymbol{B}-\boldsymbol{I})+(\boldsymbol{A}-\boldsymbol{I}),$$
故
$$r(\boldsymbol{AB}-\boldsymbol{I})\leqslant r(\boldsymbol{A}(\boldsymbol{B}-\boldsymbol{I}))+r(\boldsymbol{A}-\boldsymbol{I})\leqslant r(\boldsymbol{B}-\boldsymbol{I})+r(\boldsymbol{A}-\boldsymbol{I})=p+q.$$

例 2.5.6 设 $\boldsymbol{A}$ 为 n 阶矩阵，求证：

(1) 当 $r(\boldsymbol{A})=n$ 时，$r(\boldsymbol{A}^*)=n$；

(2) 当 $r(\boldsymbol{A})=n-1$ 时，$r(\boldsymbol{A}^*)=1$；

(3) 当 $r(\boldsymbol{A})<n-1$ 时，$r(\boldsymbol{A}^*)=0$. 换言之，$\boldsymbol{A}^*$ 的秩只可能取值 $0,1,n$.

证明 注意到 $\boldsymbol{AA}^*=|\boldsymbol{A}|\boldsymbol{I}$，因此，有

(1) 当 $r(\boldsymbol{A})=n$ 时，$\boldsymbol{A}$ 满秩，故可逆. 因此 $\boldsymbol{A}^*=|\boldsymbol{A}|\boldsymbol{A}^{-1}$ 也可逆. 于是 $r(\boldsymbol{A}^*)=n$.

(2) 当 $r(\boldsymbol{A})=n-1$ 时，$|\boldsymbol{A}|=0$，于是 $\boldsymbol{AA}^*=\boldsymbol{O}$. 利用
$$r(\boldsymbol{A})+r(\boldsymbol{A}^*)-n\leqslant 0,$$
得到
$$r(\boldsymbol{A}^*)\leqslant n-r(\boldsymbol{A})=1,$$
而 $r(\boldsymbol{A})=n-1$ 意味着 $\boldsymbol{A}$ 中至少有一个 $n-1$ 阶子式非零，也即 $\boldsymbol{A}^*$ 中至少有一个元素非零，故
$$r(\boldsymbol{A}^*)\geqslant 1.$$
综上有
$$r(\boldsymbol{A}^*)=1.$$

(3) 当 $r(\boldsymbol{A})<n-1$ 时，$\boldsymbol{A}$ 的所有 $n-1$ 阶子式均为零，故 $\boldsymbol{A}^*$ 的元素全为零，即
$$\boldsymbol{A}^*=\boldsymbol{O},$$
因此
$$r(\boldsymbol{A}^*)=0.$$

例 2.5.7 设 $\boldsymbol{A}=\begin{bmatrix} a & b & b \\ b & a & b \\ b & b & a \end{bmatrix}$,且 $r(\boldsymbol{A}^*)=1$,求 a、b 满足的关系.

解 求 $\boldsymbol{A}^*$ 比较烦琐,可利用例 2.5.6 的结论:$r(\boldsymbol{A}^*)=1$ 意味着 $r(\boldsymbol{A})=3-1=2$.因此由 $|\boldsymbol{A}|=0$ 可得到

$$a^3+2b^3-3ab^2=0 \Rightarrow (a-b)(a^2+ab-2b^2)=0 \Rightarrow (a-b)^2(a+2b)=0,$$

于是 $a=b$ 或 $a=-2b$.但当 $a=b$ 时,$r(\boldsymbol{A})<2$;当 $a=-2b=0$ 时,$r(\boldsymbol{A})=0$.因此唯一的可能是

$$a=-2b\neq 0,$$

容易验证,此时的确有 $r(\boldsymbol{A})=2$.

第3章 线性空间

3.1 引 言

3.1.1 代数和线性代数

本书的主要内容讲的是线性代数.那么什么是线性代数？更一般地，什么是代数？粗略地说，代数起源于加法、乘法和求整数次方幂的计算技术（算术），如果用字母代替数，就能在更广泛的系统中用类似的法则进行计算.算术和方程就构成了初等代数的主要内容.

今天，代数的主要研究对象不再是数字，而是各种抽象化的结构.例如，整数集作为一个带有加法、乘法和次序关系的集合就是一个代数结构.其中，我们只关心各种关系及其性质，而对于“数本身是什么”这样的问题并不关心.在很多时候，数学中重要的并不是对象，而是对象之间的关系.从这种观点来看，几何可以看成是图形的代数，而代数也可看成是符号的几何.故此，代数被定义为对各种集合的元素施行代数运算的科学.而代数结构，即定义为有代数运算的集合（例如后面将介绍的群、环、域、线性空间、线性代数等），则成为代数学研究的主体，这些内容被发展为抽象代数这门学科.

抽象代数的思想和方法已渗透到数学各个分支的理论和应用中，在一定意义上甚至可以依此来谈论整个数学的“代数化”.这种抽象集合的思想可用来统一数学的不同分支，将数学主体建立在一个公共的基石上.在某种意义上，数学就是研究集合上各种结构（关系）的科学.这导致了现代数学的两大特点：抽象和统一.抽象意味着具有普适性，只要符合定义和公设，则结论自然适用，这也是不重视对象而重视结构的体现；而统一意味着具有简洁性，由一个公理化系统通过逻辑推导可构建出整个理论体系.

公理化也是追求数学严格性的产物，其精神是不重视算术而重视推理.这种追求导致了几何的解析化，分析的算术化等.可以说，代数、几何、分析乃至现代数学的主体都是建立在“集合论”的基础之上.而集合论和数学基础的自洽性、完备性、独立性等研究，不仅推动了整个数学学科的进步，还产生了哥德尔的不完备定理和图灵-丘奇的可计算性理论，为现代计算机和人工智能等领域奠定了基础.

回到线性代数上来，什么是线性代数？我们将在后面引入精确定义. 但什么是线性比较容易理解，简单来说就是一次方、成比例等. 至于为什么要研究线性结构，其原因在于物理学中本身就有很多理论是线性的，例如量子力学. 另外线性较简单，而非线性也常常可局域化为线性. 线性代数的主要内容有行列式、矩阵、线性空间等. 行列式的概念起源于线性方程组的求解. 对一元多次方程求解的研究发展出群论、域论和抽象代数；而对多元一次方程组（线性方程组）的研究则发展出行列式. 至于矩阵，尽管在逻辑上其概念应先于行列式，但在历史上它们的出现顺序却相反。矩阵的概念是在对行列式的研究中建立起来的. 这导致矩阵被引进数学中时，其基本性质就已经比较清楚了. 线性空间的概念起源于三维空间中的向量分析，这是物理学家们的创造（数学上起源于四元数，但四元数的理论后来却发展成超复数及 Grassmann 代数理论，这些在物理上处理费米场量子化时是很好的工具）. 从今天看来，尽管行列式和矩阵是数学中非常有用的两个工具，但线性空间及其上的线性变换理论才是线性代数的主体. 原因在于，行列式和矩阵完全是语言和记号上的改进，而向量则是重要的数学对象. 尤其是，向量具有直接的物理意义，例如力、速度等都是向量. 为了学习线性空间和向量的理论，我们先简单介绍一下集合论和抽象代数的基本概念.

3.1.2 集合论简介

1. 集合的定义和运算

什么是集合？集合论的创始人，康托(George Cantor)给出的定义如下.

定义 3.1.1(集合)　把一些明确的(确定的)、彼此有区别的、具体的或抽象的东西看作一个整体，便叫作集合.

值得说明的是，这个定义其实并不合适. "集合"与"看作一个整体"几乎就是同义语，但除康托之外，再没有别人对集合下过定义. 简单说，若干个(有限或无限)固定的事物的全体就叫一个集合. 通常用大写字母表示集合，例如 $A,B,\cdots$. 各个事物称为集合的元素或者元，通常用小写字母代表元素，例如 $a,b,\cdots$，但这并不是绝对的，因为集合也可作为集合的元素. 元素和集合的从属关系用符号$\in$，例如 $a\in A$.

集合是数学中极其基本也极其重要的概念. 其中，基本是因为用任何数学概念都不能定义它，重要是因为由它可定义出几乎所有的数学概念(借助数理逻辑)，从而将绝大部分的数学建立在集合论之上.

上述集合的定义实际上蕴含了"概括原则"，即把满足一给定条件的一切东西聚合起来，则必然可以组成一个集合. 众所周知，这会导致罗素悖论. 朴素集合论的悖论问题促使了公理集合论的诞生.

集合的常用表示方法如下.

● 列举法：用列出的全部元素来表示集合. 例如，由 ± 1 和 $\pm i$ 构成的集合，可标

记为 $A=\{1,-1,i,-i\}$.

● 描述法:用集合中的元素所具有的性质来表示. 例如,具有某性质 P 的集合 S 可记作 $S=\{x|P(x)\}$,上述集合 A 可记作 $A=\{x|x^4=1\}$.

● 符号法:有时用约定的符号来表示集合. 例如,自然数集 $\mathbf{N}=\{1,2,3,\cdots\}$,整数数集 $\mathbf{Z}=\{\cdots,-2,-1,0,1,2,\cdots\}$,有理数集 $\mathbf{Q}=\{p/q|p,q\in\mathbf{Z}\,\&\,q\neq0\}$,实数集 $\mathbf{R}$,复数集 $\mathbf{C}$,三维转动群集合 $SO(3)$,等等.

朴素集合论中的一些概念和运算可参考文献[11],这里仅统一一下本书的符号. 集合的相等记作 $A=B$;相异记作 $A\neq B$;子集记作 $A\subseteq B$;真子集记作 $A\subset B$;空集记作 $\varnothing$;幂集记作 $P(A)=\{X|X\subseteq A\}$. 集合的并、交、差、补分别记作 $A\cup B$、$A\cap B$、$X-A$;当 $A\subseteq X$ 时,$X-A$ 称作补集,记作 $A^c=X-A$. 集合的运算可用韦恩(Wenn)图来形象描写. 这里顺便也统一一下本书中将用到的一些逻辑记号:$A\,\&\,B$ 表示 A 及 B;A or B 表示 A 或 B;$A\Rightarrow B$ 表示 A 蕴含 B 或由 A 可得到 B;$A\Leftrightarrow B$ 表示 A,B 等价;$(\exists x)P$ 表示存在满足 P 的 x;$(\forall x)P$ 表示任意满足 P 的 x.

定义 3.1.2(集合的直积,也叫笛卡尔积)　设 A,B 都是集合,则其直积集合 $A\times B$是指有序偶的集合:

$$C=A\times B=\{(a,b)|a\in A,b\in B\}.$$

2. 映射

为研究集合,需知道集合内各元素之间的关系,以及集合与另一个集合之间的关系. 对于后者,映射是一个重要而基本的概念.

定义 3.1.3(映射)　设 A 和 B 均是集合,若存在一个对应关系或法则,使得对任意一个 $a\in A$,在 B 中均存在唯一一个元素 b 与之相对应,则称给出了一个从 A 到 B 的映射 f,记作

$$f:A\to B,\quad a\to b=f(a).$$

A 集合称映射的定义域,记作 $\mathrm{dom}(f)=A$. $f(A)=\{f(a)|a\in A\}\subseteq B$ 被称作值域,记作 $\mathrm{ran}(f)=f(A)$. $b=f(a)$称为 a 的像;a 称为 b 的一个像源.

若 A 和 B 均是数集,则 f 就是函数. 若 A 是非数集,B 是数集,则 f 称为泛函. 可见映射是函数概念的推广.

数学中常借助映射来引入一些新的数学运算. 例如实数集上的加法运算可看成 $+:\mathbf{R}\times\mathbf{R}\to\mathbf{R},(a,b)\to a+b$.

定义 3.1.4　设 A 和 B 均为集合,映射 $f:A\to B$,

(1) 若 $f(A)=B$,则称 f 为 A 到 B 上的映射,也称**满映射**;

(2) 若 $f(A)\subset B$,则称 f 为 A 到 B 中的映射,也称**内映射**;

(3) 若 $f(a)=f(a')\Rightarrow a=a'$,则称 f 为**一对一映射**(1−1 映射),也称**单映射**;

(4) 若映射 f 是 A 到 B 上的,且是 1−1 映射,则称 f 为 A 与 B 之间的一个 1−1 对应,也称为 1−1 到上映射或**双映射**.

如同单调函数可定义反函数，对于 1－1 到上映射，即双映射，也可以定义逆映射．函数中的复合函数的概念也可推广到映射中，即映射的**复合**：若 $f:A\to B$ 和 $g:B\to C$ 是两个映射，则由 $h(a)=g(f(a))$ 定义的新映射 $h:A\to C$ 称为映射 f 和 g 的复合，记作 $h=g\circ f$.

3．关系、分类

现在引入数学中另一个概念：关系．先看一个例子，在实数集 $\mathbf{R}$ 中，考虑直线方程 $x+5y=1$，则由直线的方程可知点 $\left(0,\frac{1}{5}\right)$，$(1,0)$，… 在这条直线上，而 $(0,0)$，$\left(\frac{1}{5},0\right)$，… 不在其上，即数偶 0 和 $\frac{1}{5}$、1 和 0 等满足 $x+5y=1$ 这个函数关系，而数偶 0 和 0 等不满足．因此 $x+5y=1$ 给出了判别 $\mathbf{R}$ 中两个数是否满足这一函数关系的法则．将这个例子进行推广，就得到一般集合上关系的概念．

定义 3.1.5（关系）　集合 A 上的一个关系～，指一种法则，由此可判断 $\forall a,b\in A$ 构成的有序偶 (a,b) 是满足某种条件（此时称 a,b 有关系，记作 $a\sim b$），还是不满足这一条件（此时称 a,b 没有关系，记作 $a\nsim b$）．

定义 3.1.6（次序关系）　集合 X 上的一个关系～，若满足：

（1）$\forall a\in X$，有 $a\sim a$；

（2）$a\sim b\ \&\ b\sim a\Rightarrow a=b$；

（3）$a\sim b\ \&\ b\sim c\Rightarrow a\sim c$.

则称～是一个次序关系，可用“$\leqslant$”来标记次序关系．若集合 X 上能定义次序关系，则称它为一个有序集合，记作 $(X,\leqslant)$.

例如，$\mathbf{N},\mathbf{Z},\mathbf{Q},\mathbf{R}$ 都是有序集合，但 $\mathbf{C}$ 不是．

定义 3.1.7（等价关系）　集合 X 上的一个关系～，若满足：

（1）自反律：$\forall a\in X$，有 $a\sim a$；

（2）对称律：$a\sim b\Rightarrow b\sim a$；

（3）传递律：$a\sim b\ \&\ b\sim c\Rightarrow a\sim c$.

则称～是一个等价关系．

等价关系的重要性在于它与集合分类这一概念有密切的联系．

定义 3.1.8（分类）　所谓集合 X 的一个分类，是指满足下列条件的一个集合族 $u\subseteq P(X)$：

（1）$A,B\in u\Rightarrow A=B$ or $A\cap B=\varnothing$；

（2）$\bigcup_{A\in u}A=X$.

简单来说，分类是指将集合分成若干个称为类的子集合，使集合的每个元素属于且仅属于其中一个类．类的全体就称为一个分类．

若给出了集合的一个分类，那么可定义关系：以两元素是否属于同一类作为判断准则，容易证明这是一个等价关系. 反之，若给出了集合上的一个等价关系，则将彼此等价的元素集中在一起构成一个子集合，容易证明这些子集合构成的集合族，正好给出了集合的一个分类. 因此我们有等价关系和分类之间的如下定理.

定理 3.1.1（等价关系与分类） 集合 X 的一个分类可以确定它的一个等价关系；反之，每一个等价关系可以确定它的一个分类.

由于上述定理，也把类称之为等价类. 把 A_a 称为由 a 确定的等价类，且称 a 为 A_a 的一个代表. 若 $a\sim b$，则有 $A_a=A_b$，即等价类可由其中任一元素来做代表.

3.1.3 常见代数系统简介*

抽象代数的研究方法，就是在集合上定义一些运算和关系，即在集合上附加一些结构，研究这些带有结构的集合，可得到一些普遍的结论. 任何一个具体的系统，只要满足这些抽象集合的定义，那么之前得到的普遍结论全部适用.

定义 3.1.9（代数运算） 设 A 是一个非空集合，则任意一个由 $A\times A$ 到 A 的映射就称为定义在 A 上的一个代数运算.

在这个定义下，某些运算（例如矢量的点乘）就不是代数运算，因为它们涉及两个不同集合. 这些运算如何抽象以后再处理.

在集合上加上不同的附加结构，就可以构成不同的**代数系统**. 接下来我们介绍一些典型的代数系统：群、环、域等.

1. 群

定义 3.1.10（群） 在非空集合 G 中定义一种代数运算，称为“乘”法（记作 $a\cdot b$，或者 ab），若这样定义的乘法满足如下运算法则（称为群公理）.

（1）封闭性：$\forall a,b\in G \Rightarrow a\cdot b\in G$.

（2）结合律：$\forall a,b,c\in G$，有 $a\cdot(b\cdot c)=(a\cdot b)\cdot c$.

（3）存在单位元：$\exists e\in G$，使 $\forall a\in G$ 有 $e\cdot a=a$.

（4）存在逆元：$\forall a\in G$，$\exists b\in G$，满足 $b\cdot a=e$，称 b 为 a 的逆元，记作 $b=a^{-1}$.

则我们称集合 G 是一个群. 若运算还满足交换律（$a\cdot b=b\cdot a$），则称为 Abel 群.

根据定义容易验证如下这些群的例子.

● 全体非零实数 $\mathbf{R}^*$ 对于通常的乘法构成一个群.

● 全体整数 $\mathbf{Z}$ 对于通常的加法构成一个群.

● 一个图形（或系统）的全部对称变换（即保持图形不变的变换），也构成一个群（对称群）. 其中元素的乘法被定义为相继做变换.

● n 个元素的全部置换 $\left\{\begin{pmatrix}1 & 2 & \cdots & n\\ p_1 & p_2 & \cdots & p_n\end{pmatrix}\right\}$ 对前面介绍的置换乘法而言构成置换群.

2. 群的同态和同构

定义 3.1.11（群的同态） 设有两个群 G 和 G'，如存在一个映射 $f:G\rightarrow G'$，$a\rightarrow$

$f(a)$，且满足

$$\forall a,b\in G,\quad f(a\cdot b)=f(a)\cdot f(b),$$

则称 f 是 $G\to G'$ 的一个同态，记作 $G\sim G'$.

定义 3.1.12（群的同构） 如映射 f 是群 $G\to G'$ 的同态映射，且是双射，则称 f 是群 $G\to G'$ 的同构映射，并称 G' 同构于 G，记作 $G\cong G'$.

当群 G' 与 G 同态时，G' 只能部分地反映 G 的性质，与 G' 同一个元素相对应的 G 中的不同元素之间的差异未能反映出来. 而群 G' 与 G 同构时，在抽象的意义上，G' 与 G 的构造是完全一样的，即在代数上可以认为是同一的. 其他代数系统的同构都可类似定义（双射，保持代数结构）.

3. 环和域

定义 3.1.13（半群） 非空集合 G 中定义一种代数运算，称为"乘"法，且满足运算的封闭性和结合律，则该集合称为半群.

例如，自然数对加法来说构成半群 $(\mathbf{N},+)$.

定义 3.1.14（环） 非空集合 K 中定义有加法运算（$+$）和乘法运算（$\cdot$），并满足：

(1) $(K,+)$ 构成 Abel 群；

(2) $(K,\cdot)$ 构成半群；

(3) $(K,+,\cdot)$ 满足左右分配律 $a\cdot(b+c)=a\cdot b+a\cdot c,(b+c)\cdot a=b\cdot a+c\cdot a$.

则称 $(K,+,\cdot)$ 构成一个环. 若 $(K,\cdot)$ 还满足交换律，则称 Abel 环.

例如，全体整数对加法和乘法来说构成环，称整数环 $(\mathbf{Z},+,\cdot)$. 数域 F 上的多项式全体构成一个环，记作 $F(x)$. 数环 F 上的全体 n 阶方阵构成 n 阶方阵环.

定义 3.1.15（域） 若 $(K,+,\cdot)$ 构成一个 Abel 环，且 $(K-\{0\},\cdot)$ 构成 Abel 群（其中 0 为 Abel 群 $(K,+)$ 的单位元，称为零元），则称 $(K,+,\cdot)$ 为一个域.

由于域对加法构成 Abel 群，因此可通过加法的逆元定义"减法"：$a-b=a+(-b)$. 进一步来说，由于域除去加法单位元后，对乘法构成 Abel 群，因此对非零元，可通过乘法的逆元定义"除法"：$a/b=a\cdot b^{-1}$. 由于乘法存在逆元，故域还满足消去律，即对任意 $c\neq 0$（其中 0 是 $(K,+)$ 的单位元），$c\cdot a=c\cdot b\Rightarrow a=b$. 因此，简单来说，域就是定义有加、减、乘、除（对非零元）运算，且满足交换律、结合律和分配律的集合.

例如，全体有理数对加法乘法运算构成一个数域 $\mathbf{Q}$. 可以证明，有理数域是最小的数域. 再例如，集合 $\{a+b\sqrt{2}\mid a,b\in\mathbf{Q}\}$ 对加法乘法也构成一个域，记作 $\mathbf{Q}(\sqrt{2})$ 域.

3.2 线性空间的定义和例子

线性空间是非常基本的数学概念，也是一个抽象的概念. 它是一大类事物从量的方面的一个抽象，通过研究线性空间的普遍性质可解决这一类具体的问题.

第 3 章研究了数域 F 上的 $m\times n$ 矩阵的集合 $F^{m\times n}$，并定义了矩阵的线性运算——加法和数乘. 这些线性运算满足一些性质. 数学中还会遇到其他具有类似性质的集合，例如我们熟悉的三维空间中有向线段(矢量)的集合，也可定义加法和数乘运算，并满足与矩阵线性运算相同的性质. 将这些具有类似性质的集合抽象出来即得到如下线性空间的概念.

定义 3.2.1(线性空间)　设 F 是一个数域，V 是一非空集合，若下列条件被满足，则称 V 是 F 上的一个线性空间，或向量空间：

(1) V 中定义了加法，即 $\forall\boldsymbol{\alpha},\boldsymbol{\beta}\in V$，存在唯一元素 $\boldsymbol{\gamma}\in V$ 与之对应，称作 $\boldsymbol{\alpha}$ 与 $\boldsymbol{\beta}$ 之和. 记作 $\boldsymbol{\gamma}=\boldsymbol{\alpha}+\boldsymbol{\beta}$.

(2) V 中定义了数量乘法，简称数乘，即 $\forall k\in F$，$\forall\boldsymbol{\alpha}\in V$，存在唯一元素 $\boldsymbol{\beta}\in V$ 与之对应，称作 k 与 $\boldsymbol{\alpha}$ 之积. 记作 $\boldsymbol{\beta}=k\boldsymbol{\alpha}$.

(3) 上述加法和数乘满足如下运算律.

- 加法交换律：$\boldsymbol{\alpha}+\boldsymbol{\beta}=\boldsymbol{\beta}+\boldsymbol{\alpha}$.
- 加法结合律：$(\boldsymbol{\alpha}+\boldsymbol{\beta})+\boldsymbol{\gamma}=\boldsymbol{\alpha}+(\boldsymbol{\beta}+\boldsymbol{\gamma})$.
- 存在零元：$\exists\boldsymbol{\gamma}\in V$，满足 $\forall\boldsymbol{\alpha}\in V$，都有 $\boldsymbol{\alpha}+\boldsymbol{\gamma}=\boldsymbol{\alpha}$. 称 $\boldsymbol{\gamma}$ 为零元或零向量.
- 存在负元：$\forall\boldsymbol{\alpha}\in V$，$\exists\boldsymbol{\beta}\in V$，满足 $\boldsymbol{\alpha}+\boldsymbol{\beta}=\mathbf{0}$. 称 $\boldsymbol{\beta}$ 是 $\boldsymbol{\alpha}$ 的负元素.
- 数乘分配律Ⅰ：$k(\boldsymbol{\alpha}+\boldsymbol{\beta})=k\boldsymbol{\alpha}+k\boldsymbol{\beta}$.
- 数乘分配律Ⅱ：$(k+l)\boldsymbol{\alpha}=k\boldsymbol{\alpha}+l\boldsymbol{\alpha}$.
- 数乘结合律：$(kl)\boldsymbol{\alpha}=k(l\boldsymbol{\alpha})$.
- 单位律：$1\boldsymbol{\alpha}=\boldsymbol{\alpha}$.

这时，我们称 V 中的元素为向量，称 F 中的元素为数量或纯量，将加法运算和数乘运算统称为线性运算. F 为实数域时，称 V 为实线性空间；F 为复数域时，称 V 为复线性空间.

对于线性空间的定义以及 8 条运算律，可联系矩阵的运算和性质来帮助记忆，也可以这们分组来记忆：前四条运算律是说线性空间对于向量的加法构成了 Abel 群；第 5、6、7 三条运算律是说数乘满足分配律和结合律；最后一条单位律是说数字 1 是数乘运算的单位元. 单位律可以这样来理解：如果不能求单位律成立则可按照 $k\boldsymbol{\alpha}=\mathbf{0}$ 来定义数乘，这个定义满足其他全部运算律，通过要求单位律成立就能够避免出现这种情况. 从线性空间的定义还可推出如下性质.

(1) V 中的零向量唯一.

证明　设 $\exists\boldsymbol{\gamma},\boldsymbol{\rho}$ 均为零向量，则 $\forall\boldsymbol{\alpha}\in\boldsymbol{V}$，$\boldsymbol{\alpha}+\boldsymbol{\gamma}=\boldsymbol{\alpha}$，$\boldsymbol{\rho}+\boldsymbol{\alpha}=\boldsymbol{\alpha}$. 因此，有

$$\boldsymbol{\rho}=\boldsymbol{\rho}+\boldsymbol{\gamma}=\boldsymbol{\gamma}.$$

由于零向量唯一，一般都用 $\mathbf{0}$ 标记.

(2) V 中任意向量的负向量唯一.

证明 设 $\boldsymbol{\alpha}\in V$ 有两个负向量 $\boldsymbol{\alpha}',\boldsymbol{\alpha}''$，则 $\boldsymbol{\alpha}'+\boldsymbol{\alpha}=\boldsymbol{\alpha}''+\boldsymbol{\alpha}=\mathbf{0}$，故

$$\boldsymbol{\alpha}'=\boldsymbol{\alpha}'+\mathbf{0}=\boldsymbol{\alpha}'+(\boldsymbol{\alpha}+\boldsymbol{\alpha}'')=(\boldsymbol{\alpha}'+\boldsymbol{\alpha})+\boldsymbol{\alpha}''=\mathbf{0}+\boldsymbol{\alpha}''=\boldsymbol{\alpha}''.$$

由于负向量唯一，可将 $\boldsymbol{\alpha}$ 的负向量记作 $-\boldsymbol{\alpha}$，即

$$\boldsymbol{\alpha}+(-\boldsymbol{\alpha})=(-\boldsymbol{\alpha})+\boldsymbol{\alpha}=\mathbf{0},$$

并可定义减法：
$$\boldsymbol{\alpha}-\boldsymbol{\beta}=\boldsymbol{\alpha}+(-\boldsymbol{\beta}).$$

(3) $\forall\,\boldsymbol{\alpha}\in V$，有 $0\boldsymbol{\alpha}=\mathbf{0}$；$\forall\,k\in F$，有 $k\mathbf{0}=\mathbf{0}$.

证明
$$\begin{aligned}0\boldsymbol{\alpha}&=0\boldsymbol{\alpha}+\mathbf{0}=0\boldsymbol{\alpha}+(0\boldsymbol{\alpha}-0\boldsymbol{\alpha})=(0\boldsymbol{\alpha}+0\boldsymbol{\alpha})-0\boldsymbol{\alpha}\\&=(0+0)\boldsymbol{\alpha}-0\boldsymbol{\alpha}=0\boldsymbol{\alpha}-0\boldsymbol{\alpha}=\mathbf{0},\\k\mathbf{0}&=k\mathbf{0}+\mathbf{0}=k\mathbf{0}+(k\mathbf{0}-k\mathbf{0})=(k\mathbf{0}+k\mathbf{0})-k\mathbf{0}\\&=k(\mathbf{0}+\mathbf{0})-k\mathbf{0}=k\mathbf{0}-k\mathbf{0}=\mathbf{0}.\end{aligned}$$

(4) $\forall\,k\in F,\forall\,\boldsymbol{\alpha}\in V$，有 $k(-\boldsymbol{\alpha})=(-k)\boldsymbol{\alpha}=-k\boldsymbol{\alpha}$.

证明
$$k(-\boldsymbol{\alpha})+k\boldsymbol{\alpha}=k(-\boldsymbol{\alpha}+\boldsymbol{\alpha})=k\mathbf{0}=\mathbf{0},$$

因此 $k(-\boldsymbol{\alpha})=-k\boldsymbol{\alpha}$. 同理，

$$(-k)\boldsymbol{\alpha}+k\boldsymbol{\alpha}=(-k+k)\boldsymbol{\alpha}=0\boldsymbol{\alpha}=\mathbf{0},$$

因此 $(-k)\boldsymbol{\alpha}=-k\boldsymbol{\alpha}$. 特别地，

$$(-1)\boldsymbol{\alpha}=-\boldsymbol{\alpha}.$$

(5) $k\boldsymbol{\alpha}=\mathbf{0}\Rightarrow k=0$ 或 $\boldsymbol{\alpha}=\mathbf{0}$.

证明 若 $k=0$，则显然 $k\boldsymbol{\alpha}=\mathbf{0}$；若 $k\neq0$，则 $\boldsymbol{\alpha}=1\boldsymbol{\alpha}=\left(\frac{1}{k}k\right)\boldsymbol{\alpha}=\frac{1}{k}(k\boldsymbol{\alpha})=\mathbf{0}$.

根据定义来判断一个集合是否构成线性空间，需验证其中是否有封闭的加法和数乘运算以及是否满足 8 条运算律. 下面给出一些线性空间的例子，请读者自行验证.

例 3.2.1 数域 F 上的全体 $m\times n$ 矩阵，对矩阵的加法和数与矩阵的数乘运算构成了数域 F 上的线性空间，记作 $F^{m\times n}$.

特别地，数域 F 上的全体 $n\times1$ 矩阵的集合，以及全体 $1\times n$ 矩阵的集合，分别构成了 F 上的线性空间. 前者称 F 上的 n 元列向量空间，后者称 F 上的 n 元行向量空间，并用同一个符号 F^n 来表示，即

$$F^n=\left\{\begin{bmatrix}a_1\\a_2\\\vdots\\a_n\end{bmatrix}\middle|\,a_i\in F,i=1,2,\cdots,n\right\}$$

或
$$F^n=\{[a_1\quad a_2\quad\cdots\quad a_n]\mid a_i\in F,i=1,2,\cdots,n\},$$

其中 $\{[1\quad0\quad\cdots\quad0],[0\quad1\quad\cdots\quad0],\cdots,[0\quad0\quad\cdots\quad1]\}$ 或其转置称为 n 元基本向量.

例 3.2.2 三维空间中的有向线段的集合,即三维空间中的矢量[①]集合,对于通常的矢量加法的平行四边形规则和实数与矢量的数量乘法规则(即有向线段方向不变,长度倍乘),构成了实数域上的线性空间,称三维矢量空间.从图 3.1 中可验证加法的交换律和结合律,其他运算律请读者自行验证.

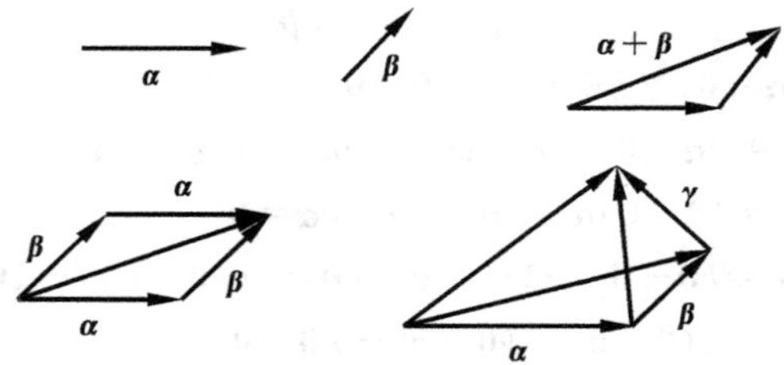

图 3.1 三维矢量空间图

例 3.2.3 任意数域 F 按照通常数量的加法和乘法,构成了自身上的一个线性空间.

例 3.2.4 $\mathbf{R}$ 上次数不超过 n 的多项式的全体,记作 $P[x]_n$,即

$$P[x]_n=\{a_nx^n+\cdots+a_1x+a_0\mid a_n,\cdots,a_1,a_0\in\mathbf{R}\}.$$

对于通常的多项式加法以及数与多项式的乘法,构成了一个实线性空间.但需要注意的是,次数等于 n 的多项式全体 $Q[x]_n$ 并不构成线性空间,例如其对加法并不封闭.

例 3.2.5 $\mathbf{R}$ 上如下的正弦函数集合:

$$S[x]=\{A\sin(x+B)\mid A,B\in\mathbf{R}\},$$

对于通常的函数加法以及数与函数的普通乘法,也构成了一个线性空间.例如加法的封闭性验证如下:
存在

$$S_1,S_2\in S[x]$$

则有

$$\begin{aligned}S_1+S_2&=A_1\sin(x+B_1)+A_2\sin(x+B_2)\\&=(a_1\cos x+b_1\sin x)+(a_2\cos x+b_2\sin x)\\&=(a_1+a_2)\cos x+(b_1+b_2)\sin x\\&=A\sin(x+B)\in S[x].\end{aligned}$$

更一般地,闭区间$[a,b]$上的一切连续实(或复值)函数的集合,对通常的加法和乘法运算,构成了 $\mathbf{R}$(或 $\mathbf{C}$)上的一个线性空间.

例 3.2.6 在全体正实数 $\mathbf{R}^+$ 集合中,定义如下的"加法"和"数乘"运算:

$$a\oplus b=ab,\quad k\circ a=a^k(k\in\mathbf{R};a,b\in\mathbf{R}^+),$$

---

① 实际上,"矢量""向量"都是英文"Vector"的不同翻译.在物理学中习惯译作"矢量",而在数学中习惯译作"向量".在本教材中,我们用"向量"作为"Vector"一词的翻译,而用"矢量"特指三维空间中的有向线段.

请验证 $\mathbf{R}^+$ 对上述加法和数乘构成了 $\mathbf{R}$ 上的线性空间.

证明 下面一一验证8条线性运算规律.

(1) $a\oplus b=ab=ba=b\oplus a$.

(2) $(a\oplus b)\oplus c=(ab)\oplus c=(ab)c=a(bc)=a\oplus(b\oplus c)$.

(3) $\mathbf{R}^+$ 中存在零元素1,对任何 $a\in\mathbf{R}^+$,有 $a\oplus 1=a\cdot 1=a$.

(4) $\forall a\in\mathbf{R}^+$,有负元素 $a^{-1}\in\mathbf{R}^+$,使得 $a\oplus a^{-1}=a\cdot a^{-1}=1$.

(5) $1\circ a=a^1=a$.

(6) $\lambda\circ(\mu\circ a)=\lambda\circ(a^\mu)=(a^\mu)^\lambda=(a^\lambda)^\mu=\mu\circ(a^\lambda)=\mu\circ(\lambda\circ a)$.

(7) $(\lambda+\mu)\circ a=a^{\lambda+\mu}=a^\lambda a^\mu=a^\lambda\oplus a^\mu=\lambda\circ a\oplus\mu\circ a$.

(8) $\lambda\circ(a\oplus b)=\lambda\circ(ab)=(ab)^\lambda=a^\lambda b^\lambda=a^\lambda\oplus b^\lambda=\lambda\circ a\oplus\lambda\circ b$.

所以 $\mathbf{R}^+$ 对所定义的运算构成线性空间.

例 3.2.7 n 元有序数组的全体:

$$S^n=\{(x_1,x_2,\cdots,x_n)\mid x_i\in\mathbf{R},i=1,2,\cdots,n\}$$

对通常有序数组的加法和如下数乘:

$$\lambda\circ(x_1,x_2,\cdots,x_n)=(0,0,\cdots,0)$$

是否构成线性空间?

解 不构成线性空间,例如单位律就不成立.

3.3 子空间

定义 3.3.1(子空间) 设 V 是数域 F 上的线性空间,W 是 V 的一个非空子集合.若 W 对于 V 中同样的加法和数乘运算也构成 F 上的线性空间,则称 W 是 V 的一个子空间.

例 3.3.1 任意的线性空间 V 都有两个子空间,一个是 V 自身,另一个是 $\{\mathbf{0}\}$ 称作零空间.这两个子空间也叫 V 的平凡子空间.

例 3.3.2 次数不大于 n 的多项式集合 $P[x]_n$ 是多项式空间 $P[x]$ 的一个子空间.

对于子空间的判定有如下定理.

定理 3.3.1 线性空间 V 的非空子集 W 构成子空间的充要条件是:W 对 V 中的线性运算封闭.即

(1) $\forall \boldsymbol{\alpha},\boldsymbol{\beta}\in W,\boldsymbol{\alpha}+\boldsymbol{\beta}\in W$;

(2) $\forall \boldsymbol{\alpha}\in W,\forall k\in F,k\boldsymbol{\alpha}\in W$.

证明 必要性是显然的,只需证明充分性.由于线性运算封闭,故 W 中加法和数乘运算成立.对于8条运算律,只有第(3)、(4)两条需要证明,其余自动成立.对于零元,有 $0\boldsymbol{\alpha}=\mathbf{0}\in W$.对于负元,有 $(-1)\boldsymbol{\alpha}=-\boldsymbol{\alpha}\in W$.因此线性空间 V 的非空子集 W 构成子空间.

实际上,定理中的两个条件等价于:

$$\forall \boldsymbol{\alpha},\boldsymbol{\beta}\in W,\quad \forall k,l\in F,\quad k\boldsymbol{\alpha}+l\boldsymbol{\beta}\in W.$$

例 3.3.3 试判断 $\mathbf{R}^{2\times 3}$ 的如下子集是否构成子空间?

(1) $W_1=\left\{\begin{bmatrix}1 & b & 0\\ 0 & c & d\end{bmatrix}\middle| b,c,d\in\mathbf{R}\right\}$;

(2) $W_2=\left\{\begin{bmatrix}a & b & 0\\ 0 & 0 & c\end{bmatrix}\middle| a+b+c=0,a,b,c\in\mathbf{R}\right\}$.

解 取

$$\boldsymbol{A}=\boldsymbol{B}=\begin{pmatrix}1 & 0 & 0\\ 0 & 0 & 0\end{pmatrix}\in W_1,$$

$$\boldsymbol{A}+\boldsymbol{B}=\begin{pmatrix}2 & 0 & 0\\ 0 & 0 & 0\end{pmatrix}\notin W_1,$$

即 W_1 对矩阵加法不封闭,不构成子空间.对于 W_2,因

$$\boldsymbol{A}=\begin{bmatrix}a_1 & b_1 & 0\\ 0 & 0 & c_1\end{bmatrix}\in W_2,\quad \boldsymbol{B}=\begin{bmatrix}a_2 & b_2 & 0\\ 0 & 0 & c_2\end{bmatrix}\in W_2,$$

$$k\boldsymbol{A}+l\boldsymbol{B}=\begin{bmatrix}ka_1+la_2 & kb_1+lb_2 & 0\\ 0 & 0 & kc_1+lc_2\end{bmatrix},$$

又由于

$$a_1+b_1+c_1=0,\quad a_2+b_2+c_2=0,$$

故

$$(ka_1+la_2)+(kb_1+lb_2)+(kc_1+kc_2)=0,$$

即

$$k\boldsymbol{A}+l\boldsymbol{B}\in W_2.$$

故 W_2 是 $\mathbf{R}^{2\times 3}$ 的子空间.

例 3.3.4 试判断 $\mathbf{R}^{n\times n}$ 的如下子集是否构成子空间?

(1) $W_1=\{\boldsymbol{A}\,|\,\boldsymbol{A}^{\mathrm{T}}=\boldsymbol{A},\boldsymbol{A}\in\mathbf{R}^{n\times n}\}$;

(2) $W_2=\{\boldsymbol{A}\,|\,|\boldsymbol{A}|\neq 0,\boldsymbol{A}\in\mathbf{R}^{n\times n}\}$;

(3) $W_3=\{\boldsymbol{A}\,|\,\boldsymbol{A}^2=\boldsymbol{A},\boldsymbol{A}\in\mathbf{R}^{n\times n}\}$.

解 (1) 由于

$$(k\boldsymbol{A}+l\boldsymbol{B})^{\mathrm{T}}=k\boldsymbol{A}^{\mathrm{T}}+l\boldsymbol{B}^{\mathrm{T}}=k\boldsymbol{A}+l\boldsymbol{B},$$

故 W_1 构成子空间.

(2) 取 $\boldsymbol{O}\notin W_2$,故 W_2 不存在零元,不构成子空间.

(3) 注意到 $(k\boldsymbol{A})^2=k^2\boldsymbol{A}^2=k^2\boldsymbol{A}=k(k\boldsymbol{A})$,故 $k\boldsymbol{A}\notin W_3$,即 W_3 不构成子空间.

对子空间的交有如下定理.

定理 3.3.2 设 W_1,W_2 是数域 F 上线性空间 V 的两个子空间,则它们的交 W_1

$\cap W_2$ 亦是 V 的一个子空间.

证明　设 $\forall k,l\in V$, $\forall \boldsymbol{\alpha},\boldsymbol{\beta}\in W_1\cap W_2$,则由 W_1 和 W_2 各自是子空间可知

$$k\boldsymbol{\alpha}+l\boldsymbol{\beta}\in W_1,\quad k\boldsymbol{\alpha}+l\boldsymbol{\beta}\in W_2,\ \Rightarrow k\boldsymbol{\alpha}+l\boldsymbol{\beta}\in W_1\cap W_2.$$

故 $W_1\cap W_2$ 亦是 V 的一个子空间.

对两个子空间的并集,并不构成子空间,但可引入子空间的和的概念.

定义 3.3.2(子空间的和)　设 W_1,W_2 是数域 F 上线性空间 V 的两个子空间,则它们的和 W_1+W_2 被定义为

$$W_1+W_2=\{\boldsymbol{\alpha}_1+\boldsymbol{\alpha}_2\mid \boldsymbol{\alpha}_1\in W_1,\boldsymbol{\alpha}_2\in W_2\}.$$

定理 3.3.3　设 W_1,W_2 是数域 F 上线性空间 V 的两个子空间,则它们的和 W_1+W_2 亦是 V 的一个子空间.

证明　设 $\forall k,l\in V$, $\forall \boldsymbol{\alpha},\boldsymbol{\beta}\in W_1+W_2$,则由子空间和的定义可知

$$\exists \boldsymbol{\alpha}_1,\boldsymbol{\beta}_1\in W_1,\quad \exists \boldsymbol{\alpha}_2,\boldsymbol{\beta}_2\in W_2,\quad \text{使得 } \boldsymbol{\alpha}=\boldsymbol{\alpha}_1+\boldsymbol{\alpha}_2,\quad \boldsymbol{\beta}=\boldsymbol{\beta}_1+\boldsymbol{\beta}_2,$$

故

$$k\boldsymbol{\alpha}+l\boldsymbol{\beta}=(k\boldsymbol{\alpha}_1+l\boldsymbol{\beta}_1)+(k\boldsymbol{\alpha}_2+l\boldsymbol{\beta}_2)\in W_1+W_2,$$

即 W_1+W_2 构成子空间.

用归纳法容易证明,以上两个定理的结论可以推广到任意有限个子空间的交与和.

例 3.3.5　设 $\mathbf{R}^3$ 的两个子空间分别为 $W_1=\{[x,y,0]\mid x,y\in\mathbf{R}\}$ 和 $W_2=\{[x,0,z]\mid x,z\in\mathbf{R}\}$. 求证:$W_1+W_2=\mathbf{R}^3$.

证明　$\forall \boldsymbol{\alpha}\in W_1+W_2$, $\boldsymbol{\alpha}=[x,y,0]+[x',0,z']=[x+x',y,z']\in\mathbf{R}^3$. 故

$$W_1+W_2\subseteq\mathbf{R}^3.$$

另一方面,$\forall \boldsymbol{\alpha}\in\mathbf{R}^3$, $\boldsymbol{\alpha}=[x,y,z]=[x_1,y,0]+[x-x_1,0,z]\in W_1+W_2$,故

$$\mathbf{R}^3\subseteq W_1+W_2.$$

综上,有

$$W_1+W_2=\mathbf{R}^3.$$

例 3.3.6　通常的三维矢量空间 $\mathbf{R}^3$ 中,xy 平面 L_1 与 xz 平面 L_2 均是 $\mathbf{R}^3$ 的子空间. $L_1\cap L_2$ 是 x 轴,而 L_1+L_2 是全空间 $\mathbf{R}^3$,显然均是子空间.

例 3.3.7　令 $F^{n\times n}$ 表示数域 F 上所有 n 阶矩阵构成的线性空间. 求证:F 上全体 n 阶对称矩阵的集合 S 与反对称矩阵的集合 T 均是 $F^{n\times n}$ 的子空间,且有

$$S\cap T=\{\mathbf{0}\},\quad S+T=F^{n\times n}.$$

证明　设 $\mathbf{A}\in S\ \&\ \mathbf{A}\in T$,则 $\mathbf{A}^{\mathrm{T}}=\mathbf{A}\ \&\ \mathbf{A}^{\mathrm{T}}=-\mathbf{A}$,故 $\mathbf{A}=\mathbf{0}$. 因此

$$S\cap T=\{\mathbf{0}\}.$$

另一方面,首先显然有 $S+T\subseteq F^{n\times n}$,而 $\forall \mathbf{A}\in F^{n\times n}$ 都有

$$\mathbf{A}=\frac{\mathbf{A}+\mathbf{A}^{\mathrm{T}}}{2}+\frac{\mathbf{A}-\mathbf{A}^{\mathrm{T}}}{2}\in S+T,$$

故有
$$F^{n\times n}\subseteq S+T.$$
综上,有
$$S+T=F^{n\times n}.$$

3.4 向量组的线性无关性

向量组之间的线性关系在研究线性空间的构造时,起着极为重要的作用.以下提到线性空间 V,都是指给定数域 F 上的.

3.4.1 线性组合

定义 3.4.1(线性组合) 设 $\boldsymbol{\alpha}_1,\boldsymbol{\alpha}_2,\cdots,\boldsymbol{\alpha}_m$ 是线性空间 V 中的 m 个向量,$k_1,k_2,\cdots,k_m$ 是 F 中任意 m 个数量,则称和式:
$$k_1\boldsymbol{\alpha}_1+k_2\boldsymbol{\alpha}_2+\cdots+k_m\boldsymbol{\alpha}_m \tag{3.4.1}$$
为向量 $\boldsymbol{\alpha}_1,\boldsymbol{\alpha}_2,\cdots,\boldsymbol{\alpha}_m$ 的一个线性组合.若 $\boldsymbol{\alpha}\in V$ 是 $\boldsymbol{\alpha}_1,\boldsymbol{\alpha}_2,\cdots,\boldsymbol{\alpha}_m$ 的线性组合,我们也说,$\boldsymbol{\alpha}$ 可由 $\boldsymbol{\alpha}_1,\boldsymbol{\alpha}_2,\cdots,\boldsymbol{\alpha}_m$ 线性表示.

例 3.4.1 设 $\boldsymbol{\alpha}_1=\begin{bmatrix}1\\2\\-1\end{bmatrix},\boldsymbol{\alpha}_2=\begin{bmatrix}0\\1\\2\end{bmatrix},\boldsymbol{\alpha}_3=\begin{bmatrix}1\\1\\-1\end{bmatrix}$是 $\mathbf{R}^3$ 的向量,由于线性组合

$\boldsymbol{\alpha}_1-2\boldsymbol{\alpha}_2+3\boldsymbol{\alpha}_3=\begin{bmatrix}4\\3\\-8\end{bmatrix}$,故$\begin{bmatrix}4\\3\\-8\end{bmatrix}$可由 $\boldsymbol{\alpha}_1,\boldsymbol{\alpha}_2,\boldsymbol{\alpha}_3$ 线性表示.

例 3.4.2 $\mathbf{R}^3$ 中的任意向量都是三元基本向量的线性组合.

这是显然的,因为
$$\boldsymbol{\alpha}=\begin{bmatrix}a_1\\a_2\\a_3\end{bmatrix}=a_1\begin{bmatrix}1\\0\\0\end{bmatrix}+a_2\begin{bmatrix}0\\1\\0\end{bmatrix}+a_3\begin{bmatrix}0\\0\\1\end{bmatrix}.$$

例 3.4.3 零向量 $\mathbf{0}$ 可由 V 中任意一组向量线性表示.

证明 这是由于:$\mathbf{0}=0\boldsymbol{\alpha}_1+0\boldsymbol{\alpha}_2+\cdots+0\boldsymbol{\alpha}_m$.

例 3.4.4 向量组 $\boldsymbol{\alpha}_1,\boldsymbol{\alpha}_2,\cdots,\boldsymbol{\alpha}_m$ 中每一个向量均可由这一组向量线性表示.

证明 $\boldsymbol{\alpha}_i=0\boldsymbol{\alpha}_1+0\boldsymbol{\alpha}_2+\cdots+0\boldsymbol{\alpha}_{i-1}+1\boldsymbol{\alpha}_i+0\boldsymbol{\alpha}_{i+1}+\cdots+0\boldsymbol{\alpha}_n$,其余类似.

习惯上也常常将线性组合写成类似矩阵乘法的形式:
$$k_1\boldsymbol{\alpha}_1+k_2\boldsymbol{\alpha}_2+\cdots+k_m\boldsymbol{\alpha}_m=[\boldsymbol{\alpha}_1\quad\boldsymbol{\alpha}_2\quad\cdots\quad\boldsymbol{\alpha}_m]\begin{bmatrix}k_1\\k_2\\\vdots\\k_m\end{bmatrix}.$$

但要注意的是，这只是套用矩阵的记号，因为一般来说$[\boldsymbol{\alpha}_1\quad \boldsymbol{\alpha}_2\quad \cdots\quad \boldsymbol{\alpha}_m]$不是数域上的矩阵. 另外，在写成这种形式时，习惯上总是将抽象的向量排成行向量.

例 3.4.5　设$\boldsymbol{A}\in\mathbf{R}^{m\times n}$，$\boldsymbol{X}=[x_1\quad x_2\quad \cdots\quad x_n]^{\mathrm{T}}\in\mathbf{R}^n$，则$\boldsymbol{AX}$是$\boldsymbol{A}$的列向量的线性组合.

证明　这可通过将$\boldsymbol{A}$按列分块看出来，按列分块时，$\boldsymbol{A}=[\boldsymbol{\alpha}_1\ \boldsymbol{\alpha}_2\cdots\ \boldsymbol{\alpha}_n]$，由分块矩阵的乘法有

$$\boldsymbol{AX}=x_1\boldsymbol{\alpha}_1+\cdots+x_n\boldsymbol{\alpha}_n. \tag{3.4.2}$$

定理 3.4.1　若向量$\boldsymbol{\gamma}$可由$\boldsymbol{\alpha}_1,\boldsymbol{\alpha}_2,\cdots,\boldsymbol{\alpha}_r$线性表示，而每一个$\boldsymbol{\alpha}_i$又都可以由$\boldsymbol{\beta}_1,\boldsymbol{\beta}_2,\cdots,\boldsymbol{\beta}_s$线性表示，则$\boldsymbol{\gamma}$亦可由$\boldsymbol{\beta}_1,\boldsymbol{\beta}_2,\cdots,\boldsymbol{\beta}_s$线性表示.

证明　$\boldsymbol{\gamma}=k_i\boldsymbol{\alpha}_i$，　$\boldsymbol{\alpha}_i=l_{ji}\boldsymbol{\beta}_j\Rightarrow\boldsymbol{\gamma}=k_i(l_{ji}\boldsymbol{\beta}_j)=\boldsymbol{\beta}_j(l_{ji}k_i)=\boldsymbol{\beta}_jk'_j$，
其中$k'_j=l_{ij}k_j$. 以上使用了求和约定以及求和的换序. 上述过程也可写为矩阵形式：由于$\boldsymbol{\alpha}_i=l_{ji}\boldsymbol{\beta}_j$，写成矩阵的形式为

$$[\boldsymbol{\alpha}_1\quad \boldsymbol{\alpha}_2\quad \cdots\quad \boldsymbol{\alpha}_r]=[\boldsymbol{\beta}_1\quad \boldsymbol{\beta}_2\quad \cdots\quad \boldsymbol{\beta}_s]\begin{bmatrix} l_{11} & l_{12} & \cdots & l_{1r}\\ l_{21} & l_{22} & \cdots & l_{2r}\\ \vdots & \vdots & & \vdots\\ l_{s1} & l_{s2} & \cdots & l_{sr}\end{bmatrix},$$

再注意到$\boldsymbol{\gamma}$可由$\boldsymbol{\alpha}_i$线性表示，于是有

$$\begin{aligned}\boldsymbol{\gamma}&=[\boldsymbol{\alpha}_1\quad \boldsymbol{\alpha}_2\quad \cdots\quad \boldsymbol{\alpha}_r]\begin{bmatrix}k_1\\ k_2\\ \vdots\\ k_r\end{bmatrix}=[\boldsymbol{\beta}_1\quad \boldsymbol{\beta}_2\quad \cdots\quad \boldsymbol{\beta}_s]\begin{bmatrix} l_{11} & l_{12} & \cdots & l_{1r}\\ l_{21} & l_{22} & \cdots & l_{2r}\\ \vdots & \vdots & & \vdots\\ l_{s1} & l_{s2} & \cdots & l_{sr}\end{bmatrix}\begin{bmatrix}k_1\\ k_2\\ \vdots\\ k_r\end{bmatrix}\\ &=[\boldsymbol{\beta}_1\quad \boldsymbol{\beta}_2\quad \cdots\quad \boldsymbol{\beta}_s]\begin{bmatrix}k'_1\\ k'_2\\ \vdots\\ k'_r\end{bmatrix},\end{aligned}$$

其中

$$\begin{bmatrix}k'_1\\ k'_2\\ \vdots\\ k'_r\end{bmatrix}=\begin{bmatrix} l_{11} & l_{12} & \cdots & l_{1r}\\ l_{21} & l_{22} & \cdots & l_{2r}\\ \vdots & \vdots & & \vdots\\ l_{s1} & l_{s2} & \cdots & l_{sr}\end{bmatrix}\begin{bmatrix}k_1\\ k_2\\ \vdots\\ k_r\end{bmatrix}.$$

值得提醒的是，通常将抽象向量排成行向量，因此抽象向量的指标总是与矩阵的前一个指标收缩求和.

3.4.2　向量组的等价

定理 3.4.2　设$\boldsymbol{\alpha}_1,\boldsymbol{\alpha}_2,\cdots,\boldsymbol{\alpha}_m\in V$，则由$\boldsymbol{\alpha}_1,\boldsymbol{\alpha}_2,\cdots,\boldsymbol{\alpha}_m$的所有线性组合构成的

集合：

$$L(\boldsymbol{\alpha}_1,\boldsymbol{\alpha}_2,\cdots,\boldsymbol{\alpha}_m)=\{k_1\boldsymbol{\alpha}_1+k_2\boldsymbol{\alpha}_2+\cdots+k_m\boldsymbol{\alpha}_m \mid k_i\in F\} \tag{3.4.3}$$

是 V 的一个子空间.

证明　注意到线性空间的子集要构成子空间，只需满足线性运算的封闭性即可.任取 $k,l\in F,\boldsymbol{\beta},\boldsymbol{\gamma}\in L(\boldsymbol{\alpha}_1,\boldsymbol{\alpha}_2,\cdots,\boldsymbol{\alpha}_m)$，则必存在一组 $p_i,q_i\in F$，使得

$$\boldsymbol{\beta}=p_1\boldsymbol{\alpha}_1+p_2\boldsymbol{\alpha}_2+\cdots+p_m\boldsymbol{\alpha}_m,\quad \boldsymbol{\gamma}=q_1\boldsymbol{\alpha}_1+q_2\boldsymbol{\alpha}_2+\cdots+q_m\boldsymbol{\alpha}_m,$$

于是，有

$$k\boldsymbol{\beta}+l\boldsymbol{\gamma}=(kp_1+lq_1)\boldsymbol{\alpha}_1+(kp_2+lq_2)\boldsymbol{\alpha}_2+\cdots+(kp_m+lq_m)\boldsymbol{\alpha}_m\in L(\boldsymbol{\alpha}_1,\boldsymbol{\alpha}_2,\cdots,\boldsymbol{\alpha}_m),$$

常称 $L(\boldsymbol{\alpha}_1,\boldsymbol{\alpha}_2,\cdots,\boldsymbol{\alpha}_m)$ 为向量 $\boldsymbol{\alpha}_1,\boldsymbol{\alpha}_2,\cdots,\boldsymbol{\alpha}_m$ **张成的子空间**，并称 $\{\boldsymbol{\alpha}_1,\boldsymbol{\alpha}_2,\cdots,\boldsymbol{\alpha}_m\}$ 为 $L(\boldsymbol{\alpha}_1,\boldsymbol{\alpha}_2,\cdots,\boldsymbol{\alpha}_m)$ 的**生成元组**.

例如，由 $\{[1\quad 0\quad 0]^{\mathrm{T}},[0\quad 1\quad 0]^{\mathrm{T}}\}$ 可生成子空间 $\{[x\quad y\quad 0]\mid x,y\in F\}$. 再例如，由不共线的两个非零矢量，可生成一个平面.

定义 3.4.2（向量组等价）　若 $L(\boldsymbol{\alpha}_1,\boldsymbol{\alpha}_2,\cdots,\boldsymbol{\alpha}_s)=L(\boldsymbol{\beta}_1,\boldsymbol{\beta}_2,\cdots,\boldsymbol{\beta}_t)$，则称两个向量组 $\{\boldsymbol{\alpha}_1,\boldsymbol{\alpha}_2,\cdots,\boldsymbol{\alpha}_s\}$ 与 $\{\boldsymbol{\beta}_1,\boldsymbol{\beta}_2,\cdots,\boldsymbol{\beta}_t\}$ 等价.

容易验证：向量组的等价是一个等价关系，满足自反、对称、传递等 3 个定律. 但是，两个等价的向量组，所含向量的个数未必相同.

定理 3.4.3（等价的另一种表述）　线性空间 V 中两向量组 $S_1=\{\boldsymbol{\alpha}_1,\boldsymbol{\alpha}_2,\cdots,\boldsymbol{\alpha}_s\}$ 与 $S_2=\{\boldsymbol{\beta}_1,\boldsymbol{\beta}_2,\cdots,\boldsymbol{\beta}_t\}$ 等价的充要条件是：S_1 中每个向量均可由 S_2 中的向量线性表示，且 S_2 中每个向量也均可由 S_1 中的向量线性表示.

证明　必要性：设 S_1 与 S_2 等价，则 $\boldsymbol{\alpha}_i\in L(S_1)=L(S_2)$ 可由 S_2 中的向量线性表示，同理 $\boldsymbol{\beta}_i\in L(S_2)=L(S_1)$ 可由 S_1 中的向量线性表示.

充分性：设 S_1 和 S_2 中的向量可相互线性表示，则任取 $\boldsymbol{\gamma}\in L(S_1)$，可知 $\boldsymbol{\gamma}$ 必可由 $\boldsymbol{\alpha}_1,\boldsymbol{\alpha}_2,\cdots,\boldsymbol{\alpha}_s$ 线性表示，而每个 $\boldsymbol{\alpha}_i$ 都可由 $\boldsymbol{\beta}_1,\boldsymbol{\beta}_2,\cdots,\boldsymbol{\beta}_t$ 线性表示，由定理 3.4.1 可知，$\boldsymbol{\gamma}$ 必可由 $\boldsymbol{\beta}_1,\boldsymbol{\beta}_2,\cdots,\boldsymbol{\beta}_t$ 线性表示，故 $\boldsymbol{\alpha}\in L(S_2)$，亦即 $L(S_1)\subseteq L(S_2)$. 同理可证 $L(S_2)\subseteq L(S_1)$，因此 $L(S_1)=L(S_2)$，S_1 与 S_2 等价.

由于 $k_1\boldsymbol{\alpha}_1+k_2\boldsymbol{\alpha}_2+\cdots+k_m\boldsymbol{\alpha}_m$ 可写成 $[\boldsymbol{\alpha}_1\quad \boldsymbol{\alpha}_2\quad \cdots\quad \boldsymbol{\alpha}_m]\begin{bmatrix}k_1\\k_2\\\vdots\\k_m\end{bmatrix}$ 的形式，故上述定理亦可表述为：两向量组等价的充要条件是存在两个矩阵 $\boldsymbol{K}_{t\times s}$ 和 $\boldsymbol{M}_{s\times t}$ 使得

$$\begin{cases}[\boldsymbol{\alpha}_1\quad \boldsymbol{\alpha}_2\quad \cdots\quad \boldsymbol{\alpha}_s]=[\boldsymbol{\beta}_1\quad \boldsymbol{\beta}_2\quad \cdots\quad \boldsymbol{\beta}_t]\boldsymbol{K},\\ [\boldsymbol{\alpha}_1\quad \boldsymbol{\alpha}_2\quad \cdots\quad \boldsymbol{\alpha}_s]=[\boldsymbol{\beta}_1\quad \boldsymbol{\beta}_2\quad \cdots\quad \boldsymbol{\beta}_t]\boldsymbol{M}\end{cases}$$

同时成立.

例 3.4.6　$\mathbf{R}^3$ 中向量组 $T_1=\{\boldsymbol{e}_1,\boldsymbol{e}_2,\boldsymbol{e}_3\}$ 与 $T_2=\{\boldsymbol{e}_1,\boldsymbol{e}_2,\boldsymbol{e}_3,\boldsymbol{\beta}\}$，其中 $\boldsymbol{e}_i$ 是三元基本向量，$\boldsymbol{\beta}=[3\quad 2\quad 3]^{\mathrm{T}}$，则 T_1 与 T_2 是否等价？

解 T_1 中的向量显然都可以用 T_2 中的向量表示. 再注意到

$$\boldsymbol{\beta}=3\boldsymbol{e}_1+2\boldsymbol{e}_2+3\boldsymbol{e}_3,$$

故 T_2 中的向量也都可以用 T_1 中的向量表示. 因此两向量组等价.

3.4.3 线性相关性

定义 3.4.3(线性相关、线性无关) 设 $\boldsymbol{\alpha}_1,\boldsymbol{\alpha}_2,\cdots,\boldsymbol{\alpha}_m\in$ 线性空间 V. 若数域 F 中存在不全为零的 m 个数 $k_1,k_2,\cdots,k_m$,使得

$$k_1\boldsymbol{\alpha}_1+k_2\boldsymbol{\alpha}_2+\cdots+k_m\boldsymbol{\alpha}_m=\mathbf{0},$$

则称 $\boldsymbol{\alpha}_1,\boldsymbol{\alpha}_2,\cdots,\boldsymbol{\alpha}_m$ 线性相关,否则,称 $\boldsymbol{\alpha}_1,\boldsymbol{\alpha}_2,\cdots,\boldsymbol{\alpha}_m$ 线性无关.

由定义可知,线性无关是指 $k_1\boldsymbol{\alpha}_1+k_2\boldsymbol{\alpha}_2+\cdots+k_m\boldsymbol{\alpha}_m=\mathbf{0}$ 对 k_i 来说只有零解,即由此可推出 $k_1=k_2=\cdots=k_m=0$. 只需找到一组不全为零的 k_i,则 $\boldsymbol{\alpha}_1,\boldsymbol{\alpha}_2,\cdots,\boldsymbol{\alpha}_m$ 线性相关.

例 3.4.7 $\mathbf{R}^3$ 中,$\boldsymbol{\alpha}_1=[1\quad 2\quad -1]$,$\boldsymbol{\alpha}_2=[-1\quad 0\quad 1]$,$\boldsymbol{\alpha}_3=[-1\quad 4\quad 1]$线性相关,因为 $2\boldsymbol{\alpha}_1+3\boldsymbol{\alpha}_2-\boldsymbol{\alpha}_3=\mathbf{0}$.

例 3.4.8 求证:两个非零向量 $\boldsymbol{\alpha}_1,\boldsymbol{\alpha}_2$ 线性相关的充要条件是:$\boldsymbol{\alpha}_1$ 与 $\boldsymbol{\alpha}_2$ 成比例.

证明 充分性:设 $\boldsymbol{\alpha}_1=k\boldsymbol{\alpha}_2$,则 $\boldsymbol{\alpha}_1-k\boldsymbol{\alpha}_2=\mathbf{0}$. 因此其线性相关.

必要性:设其线性相关,则 $k_1\boldsymbol{\alpha}_1+k_2\boldsymbol{\alpha}_2=\mathbf{0}$,且 k_1,k_2 不全为零,则不妨设 $k_1\neq 0$,于是 $\boldsymbol{\alpha}_1=-\dfrac{k_2}{k_1}\boldsymbol{\alpha}_2$.

例 3.4.9 平面内不共线的两矢量线性无关,三维空间内不共面的三个矢量线性无关.

例 3.4.10 $\mathbf{R}^n$ 中的 n 个 n 元基本向量 $\boldsymbol{e}_1,\boldsymbol{e}_2,\cdots,\boldsymbol{e}_n$ 线性无关.

例 3.4.11 $\mathbf{R}^3$ 中三个向量 $\boldsymbol{\alpha}_1=[1\quad 2\quad 1]$,$\boldsymbol{\alpha}_2=[1\quad -2\quad 2]$,$\boldsymbol{\alpha}_3=[2\quad 0\quad 1]$ 是否线性无关?

解 按定义,设 $x_1\boldsymbol{\alpha}_1+x_2\boldsymbol{\alpha}_2+x_3\boldsymbol{\alpha}_3=\mathbf{0}$,即

$$\boldsymbol{AX}=\mathbf{0},\quad \boldsymbol{A}=\begin{bmatrix}1 & 1 & 2\\ 2 & -2 & 0\\ 1 & 2 & 1\end{bmatrix},$$

注意到 $|\boldsymbol{A}|\neq 0$,故由克莱姆法则知 $\boldsymbol{X}=\mathbf{0}$,故$\{\boldsymbol{\alpha}_1,\boldsymbol{\alpha}_2,\boldsymbol{\alpha}_3\}$线性无关.

由例 3.4.11 可见,判断若干 n 元向量组是否线性相关,可归结为求解齐次线性方程组. 后面将介绍线性方程组的一般理论.

定理 3.4.4 向量组$\{\boldsymbol{\alpha}_1,\boldsymbol{\alpha}_2,\cdots,\boldsymbol{\alpha}_m\}$线性相关的充要条件是:其中至少有一个向量可由其他向量线性表示.

证明 必要性:设向量组线性相关,则存在不全为零的 k_i 满足 $k_i\boldsymbol{\alpha}_i=\mathbf{0}$. 设其中 $k_l\neq 0$,则有 $\boldsymbol{\alpha}_l=\sum\limits_{i\neq l}\dfrac{-k_i}{k_l}\boldsymbol{\alpha}_i$.

充分性:假设某个 $\boldsymbol{\alpha}_l = \sum_{i\neq l} k_i\boldsymbol{\alpha}_i$,则移项得 $-\boldsymbol{\alpha}_l + \sum_{i\neq l} k_i\boldsymbol{\alpha}_i = \mathbf{0}$, 即它们线性相关.

这个定理的逆否表述如下.

定理 3.4.5　向量组$\{\boldsymbol{\alpha}_1,\boldsymbol{\alpha}_2,\cdots,\boldsymbol{\alpha}_m\}$线性无关的充要条件是:其中任何一个向量都不能由其他向量线性表示.

上述定理可形象地理解为线性相关的向量组是“不独立”的,而线性无关的向量组则彼此“独立”.

定理 3.4.6　若向量组$\{\boldsymbol{\alpha}_1,\boldsymbol{\alpha}_2,\cdots,\boldsymbol{\alpha}_m\}$线性无关,而向量组$\{\boldsymbol{\beta},\boldsymbol{\alpha}_1,\boldsymbol{\alpha}_2,\cdots,\boldsymbol{\alpha}_m\}$线性相关,则 $\boldsymbol{\beta}$ 可由 $\boldsymbol{\alpha}_1,\boldsymbol{\alpha}_2,\cdots,\boldsymbol{\alpha}_m$ 唯一地线性表示出来.

证明　由$\{\boldsymbol{\beta},\boldsymbol{\alpha}_1,\boldsymbol{\alpha}_2,\cdots,\boldsymbol{\alpha}_m\}$线性相关可知存在不全为零的一组 $k,k_1,k_2,\cdots,k_m$,使得

$$k\boldsymbol{\beta}+k_1\boldsymbol{\alpha}_1+k_2\boldsymbol{\alpha}_2+\cdots+k_m\boldsymbol{\alpha}_m=\mathbf{0},$$

但可证明 $k\neq 0$. 这是因为假设 $k=0$,则由上式可知$\{\boldsymbol{\alpha}_1,\boldsymbol{\alpha}_2,\cdots,\boldsymbol{\alpha}_m\}$线性相关,与前提矛盾. 因此 $\boldsymbol{\beta}$ 必可由 $\boldsymbol{\alpha}_1,\boldsymbol{\alpha}_2,\cdots,\boldsymbol{\alpha}_m$ 线性表示:

$$\boldsymbol{\beta} = \sum_i \frac{-k_i}{k}\boldsymbol{\alpha}_i.$$

现在证明唯一性. 假设 $\boldsymbol{\beta}$ 由两种线性表示:

$$\boldsymbol{\beta}=l_i\boldsymbol{\alpha}_i,\quad \boldsymbol{\beta}=l'_i\boldsymbol{\alpha}_i,$$

则两式相减得$(l_i-l'_i)\boldsymbol{\alpha}_i=\mathbf{0}$,由$\{\boldsymbol{\alpha}_1,\boldsymbol{\alpha}_2,\cdots,\boldsymbol{\alpha}_m\}$线性无关可知 $l_i-l'_i=0$,即唯一性得证.

实际上,上述定理的逆命题也成立.

定理 3.4.7　若向量组$\{\boldsymbol{\beta},\boldsymbol{\alpha}_1,\boldsymbol{\alpha}_2,\cdots,\boldsymbol{\alpha}_m\}$线性相关,且 $\boldsymbol{\beta}$ 可由 $\boldsymbol{\alpha}_1,\boldsymbol{\alpha}_2,\cdots,\boldsymbol{\alpha}_m$ 唯一地线性表示出来,则向量组$\{\boldsymbol{\alpha}_1,\boldsymbol{\alpha}_2,\cdots,\boldsymbol{\alpha}_m\}$必线性无关.

证明　用反证法. 由于 $\boldsymbol{\beta}=l_i\boldsymbol{\alpha}_i$. 假设$\{\boldsymbol{\alpha}_i\}$线性相关,则存在不全为零的 k_i 使得 $k_i\boldsymbol{\alpha}_i=\mathbf{0}$,故

$$\boldsymbol{\beta} = \sum_i l_i\boldsymbol{\alpha}_i = \sum_i l_i\boldsymbol{\alpha}_i + \mathbf{0} = \sum_i (l_i+k_i)\boldsymbol{\alpha}_i$$

与 $\boldsymbol{\beta}$ 由$\{\boldsymbol{\alpha}\}$线性表示的唯一性矛盾.

关于向量组的线性相关性还有如下一些性质.

(1) 含零向量的向量组必定线性相关.

证明　设有向量组$\{\mathbf{0},\boldsymbol{\alpha}_1,\cdots,\boldsymbol{\alpha}_k\}$,则

$$1\mathbf{0}+0\boldsymbol{\alpha}_1+\cdots+0\boldsymbol{\alpha}_k=\mathbf{0}.$$

(2) 若向量组$\{\boldsymbol{\alpha}_1,\boldsymbol{\alpha}_2,\cdots,\boldsymbol{\alpha}_m\}$有两向量成比例,则$\{\boldsymbol{\alpha}_1,\boldsymbol{\alpha}_2,\cdots,\boldsymbol{\alpha}_m\}$必线性相关.

证明　不失一般性,设 $\boldsymbol{\alpha}=k\boldsymbol{\alpha}_2$,则

$$1\boldsymbol{\alpha}_1-k\boldsymbol{\alpha}_2+0\boldsymbol{\alpha}_3+\cdots+0\boldsymbol{\alpha}_m=\mathbf{0}.$$

(3) 若向量组 $S_1\subseteq S_2$,则 S_1 线性相关$\Rightarrow S_2$ 线性相关;S_2 线性无关$\Rightarrow S_1$ 线性

无关.

证明 假设 $S_1=\{\boldsymbol{\alpha}_1,\cdots,\boldsymbol{\alpha}_s\}$，$S_2=\{\boldsymbol{\alpha}_1,\cdots,\boldsymbol{\alpha}_s,\boldsymbol{\beta}_1,\cdots,\boldsymbol{\beta}_t\}$，则由 $k_i\boldsymbol{\alpha}_i=\mathbf{0}$ 可知

$$k_1\boldsymbol{\alpha}_1+\cdots+k_s\boldsymbol{\alpha}_s+0\boldsymbol{\beta}_1+\cdots+0\boldsymbol{\beta}_t=\mathbf{0}.$$

例 3.4.12 设$\{\boldsymbol{\alpha}_1,\boldsymbol{\alpha}_2,\cdots,\boldsymbol{\alpha}_n\}$线性无关，$\{\boldsymbol{\beta}_1,\boldsymbol{\beta}_2,\cdots,\boldsymbol{\beta}_n\}$中每个 $\boldsymbol{\beta}_i$ 均可由 $\boldsymbol{\alpha}_1,\boldsymbol{\alpha}_2,\cdots,\boldsymbol{\alpha}_n$ 线性表示：$\boldsymbol{\beta}_i=\boldsymbol{\alpha}_jk_{ji}$，即

$$[\boldsymbol{\beta}_1\quad\boldsymbol{\beta}_2\quad\cdots\quad\boldsymbol{\beta}_n]=[\boldsymbol{\alpha}_1\quad\boldsymbol{\alpha}_2\quad\cdots\quad\boldsymbol{\alpha}_n]\boldsymbol{K},$$

其中 $\boldsymbol{K}$ 为 n 阶方阵. 求证：$\boldsymbol{\beta}_1,\boldsymbol{\beta}_2,\cdots,\boldsymbol{\beta}_n$ 线性无关的充要条件是 $\boldsymbol{K}$ 满秩(即$|\boldsymbol{K}|\neq 0$).

证明 按定义，$\boldsymbol{\beta}_1,\boldsymbol{\beta}_2,\cdots,\boldsymbol{\beta}_n$ 是否线性相关取决于$[\boldsymbol{\beta}_1\quad\boldsymbol{\beta}_2\quad\cdots\quad\boldsymbol{\beta}_n]\boldsymbol{X}=\mathbf{0}$ 对 $\boldsymbol{X}$ 是否有非零解，其中 $\boldsymbol{X}=[x_1\quad x_2\quad\cdots\quad x_n]^{\mathrm{T}}$. 现在令$[\boldsymbol{\beta}_1\quad\boldsymbol{\beta}_2\quad\cdots\quad\boldsymbol{\beta}_n]\boldsymbol{X}=\mathbf{0}$. 由条件有$[\boldsymbol{\alpha}_1\quad\boldsymbol{\alpha}_2\quad\cdots\quad\boldsymbol{\alpha}_n]\boldsymbol{K}\boldsymbol{X}=\mathbf{0}$. 而$\{\boldsymbol{\alpha}_1,\boldsymbol{\alpha}_2,\cdots,\boldsymbol{\alpha}_n\}$ 线性无关，故必有 $\boldsymbol{K}\boldsymbol{X}=\mathbf{0}$，归结为线性方程组的求解. 在学过线性方程组的理论之后可知，该方程组只有零解的充要条件是 $\boldsymbol{K}$ 的秩为 n. 在这里我们用矩阵的方法证明.

(1) 若$|\boldsymbol{K}|\neq 0$，则由克莱姆法则知所有 $x_i=0$，故$\{\boldsymbol{\beta}_1,\boldsymbol{\beta}_2,\cdots,\boldsymbol{\beta}_n\}$线性无关.

(2) 若$|\boldsymbol{K}|=0$，则存在 $\boldsymbol{PKQ}=\begin{bmatrix}\boldsymbol{I}_r & \boldsymbol{O}\\ \boldsymbol{O} & \boldsymbol{O}\end{bmatrix}$，其中 $r<n$. 代入$[\boldsymbol{\beta}_1\ \boldsymbol{\beta}_2\cdots\ \boldsymbol{\beta}_n]=[\boldsymbol{\alpha}_1\ \boldsymbol{\alpha}_2\cdots\ \boldsymbol{\alpha}_n]\boldsymbol{K}$ 中，有

$$[\boldsymbol{\beta}_1\ \boldsymbol{\beta}_2\ \cdots\ \boldsymbol{\beta}_n]\boldsymbol{Q}=[\boldsymbol{\alpha}_1\ \boldsymbol{\alpha}_2\ \cdots\ \boldsymbol{\alpha}_n]\boldsymbol{P}^{-1}\begin{bmatrix}\boldsymbol{I}_r & \boldsymbol{O}\\ \boldsymbol{O} & \boldsymbol{O}\end{bmatrix}.$$

注意到 $\boldsymbol{Q}$ 可逆，无零列，故比较上式两边的最后一列给出 $\boldsymbol{\beta}_1,\boldsymbol{\beta}_2,\cdots,\boldsymbol{\beta}_n$ 的非零线性组合为 $\mathbf{0}$，因此$\{\boldsymbol{\beta}_1,\boldsymbol{\beta}_2,\cdots,\boldsymbol{\beta}_n\}$线性相关.

综上，$\{\boldsymbol{\beta}_1,\boldsymbol{\beta}_2,\cdots,\boldsymbol{\beta}_n\}$线性无关$\Rightarrow|\boldsymbol{K}|\neq 0$.

注：学过基的概念以及抽象向量与其坐标的关系之后，也可将 $\boldsymbol{\beta}$ 的线性相关性转化为 $\boldsymbol{K}$ 的列向量的线性相关性来讨论. 而矩阵的行向量或列向量的线性相关性可通过初等变换来研究，见 3.5 节.

例 3.4.13 设 $\boldsymbol{\alpha}_1,\boldsymbol{\alpha}_2,\cdots,\boldsymbol{\alpha}_n$ 线性无关，求证：$\boldsymbol{\beta}_1=\boldsymbol{\alpha}_1+\boldsymbol{\alpha}_2,\boldsymbol{\beta}_2=\boldsymbol{\alpha}_2+\boldsymbol{\alpha}_3,\cdots,\boldsymbol{\beta}_n=\boldsymbol{\alpha}_n+\boldsymbol{\alpha}_1$ 线性无关的充要条件是 n 为奇数.

证明 利用上一题的结论，注意到

$$\begin{aligned}[\boldsymbol{\beta}_1\quad\boldsymbol{\beta}_2\quad\cdots\quad\boldsymbol{\beta}_n]&=[\boldsymbol{\alpha}_1\quad\boldsymbol{\alpha}_2\quad\cdots\quad\boldsymbol{\alpha}_n]\begin{bmatrix}1&0&0&\cdots&1\\1&1&0&\cdots&0\\0&1&1&\cdots&0\\\vdots&\vdots&\vdots&&\vdots\\0&0&0&\cdots&1\end{bmatrix}\\&=[\boldsymbol{\alpha}_1\quad\boldsymbol{\alpha}_2\quad\cdots\quad\boldsymbol{\alpha}_n]\boldsymbol{K}_n\end{aligned}$$

因此，$\{\boldsymbol{\beta}_1,\boldsymbol{\beta}_2,\cdots,\boldsymbol{\beta}_n\}$ 线性无关$\Rightarrow|\boldsymbol{K}_n|\neq 0$. 按第一行展开行列式得 $|\boldsymbol{K}_n|=1+(-1)^{n+1}$，故$\{\boldsymbol{\beta}_i\}$线性无关的充要条件是 n 为奇数.

3.4.4　极大无关组、秩

定义 3.4.4(极大无关组)　若向量组 $S=\{\boldsymbol{\alpha}_1,\boldsymbol{\alpha}_2,\cdots,\boldsymbol{\alpha}_n\}$的一个部分组 $T=\{\boldsymbol{\alpha}_{i_1},\boldsymbol{\alpha}_{i_2},\cdots,\boldsymbol{\alpha}_{i_r}\}(r\leqslant m)$满足如下两个条件:

(1) 向量组 T 线性无关;

(2) S 中每一个向量 $\boldsymbol{\alpha}_j$ 均可由 T 中的向量线性表示.

则称 T 是 S 的一个极大线性无关部分组,简称极大无关组.

关于极大无关组,稍做解释如下.

(1) 由于 $T\subseteq S$,故 T 中每个向量可由 S 线性表示;又根据定义,S 中向量亦可由 T 线性表示,故可知 S 和 T 等价.

(2) 若任取 S 中不属于 T 的向量,加入 T 中,则 T 就会变成线性相关.

以上分析表示:T 是按照与 S 等价的前提下,能够选取的最大线性无关的向量组,后面将会用“秩”来进一步说明.

例 3.4.14　求 $\boldsymbol{\alpha}_1=[1\quad 2\quad 4]$,$\boldsymbol{\alpha}_2=[-1\quad 2\quad 0]$,$\boldsymbol{\alpha}_3=[0\quad 4\quad 4]$的极大无关组.

解　由于 $\boldsymbol{\alpha}_1\neq\mathbf{0}$,故$\{\boldsymbol{\alpha}_1\}$线性无关.又 $\boldsymbol{\alpha}_2\neq k\boldsymbol{\alpha}_1$,故$\{\boldsymbol{\alpha}_1,\boldsymbol{\alpha}_2\}$线性无关.又 $\boldsymbol{\alpha}_3=\boldsymbol{\alpha}_1+\boldsymbol{\alpha}_2$,故$\{\boldsymbol{\alpha}_1,\boldsymbol{\alpha}_2\}$是极大无关组.同理可验证$\{\boldsymbol{\alpha}_1,\boldsymbol{\alpha}_3\}$和$\{\boldsymbol{\alpha}_2,\boldsymbol{\alpha}_3\}$也都是极大无关组.由此可见,极大无关组并不唯一.

推广此方法,可得如下定理.

定理 3.4.8(极大无关组的存在性)　线性空间 V 中不全为零的有限向量组 $S=\{\boldsymbol{\alpha}_1,\boldsymbol{\alpha}_2,\cdots,\boldsymbol{\alpha}_n\}$一定存在极大无关组.

证明　不失一般性,设 $\boldsymbol{\alpha}_1\neq\mathbf{0}$,则令 $T_1=\{\boldsymbol{\alpha}_1\}$.再考察 $\boldsymbol{\alpha}_2$,若 $\boldsymbol{\alpha}_2$ 能被 S_1 线性表示,则令 $T_2=T_1$,否则令 $T_2=T_1\cup\{\boldsymbol{\alpha}_2\}=\{\boldsymbol{\alpha}_1,\boldsymbol{\alpha}_2\}$.如此下去,依次考察 $\boldsymbol{\alpha}_3$ 直至 $\boldsymbol{\alpha}_n$.对于有限集,总可完成.最后得到的向量组 T_n 即一个极大无关组.

上述定理的证明也给出了极大无关组的一种求法,称为筛选法.用筛选法求极大无关组十分烦琐,对 n 元向量组我们以后用其他方法求解.

例 3.4.15　求向量组 $\mathbf{R}^n$ 的一个极大无关组.

解　令 $\boldsymbol{e}_1,\boldsymbol{e}_2,\cdots,\boldsymbol{e}_n$ 代表 $\mathbf{R}^n$ 中的基本向量,即

$$\boldsymbol{e}_1=[1\quad 0\quad 0\quad \cdots\quad 0]^{\mathrm{T}},\boldsymbol{e}_2=[0\quad 1\quad 0\quad \cdots\quad 0]^{\mathrm{T}},\cdots,\boldsymbol{e}_n=[0\quad 0\quad 0\quad \cdots\quad 1]^{\mathrm{T}}.$$

则易证明:(1) $\boldsymbol{e}_1,\boldsymbol{e}_2,\cdots,\boldsymbol{e}_n$ 线性无关.(2) $\forall \boldsymbol{X}=[\boldsymbol{x}_1\quad \boldsymbol{x}_2\quad \cdots\quad \boldsymbol{x}_n]^{\mathrm{T}}\in\mathbf{R}^n$,$\boldsymbol{X}=x_1\boldsymbol{e}_1+x_2\boldsymbol{e}_2+\cdots+x_n\boldsymbol{e}_n$.因此$\{\boldsymbol{e}_1,\boldsymbol{e}_2,\cdots,\boldsymbol{e}_n\}$是 $\mathbf{R}^n$ 的一个极大无关组.

实际上还可证明$\{\boldsymbol{e}_1,\boldsymbol{e}_1+\boldsymbol{e}_2,\cdots,\boldsymbol{e}_1+\boldsymbol{e}_2+\cdots+\boldsymbol{e}_n\}$亦是 $\mathbf{R}^n$ 的一个极大无关组,即向量组的极大无关组并不唯一.

定理 3.4.9　线性空间 V 中两向量组:$T_1=\{\boldsymbol{\alpha}_1,\boldsymbol{\alpha}_2,\cdots,\boldsymbol{\alpha}_{r_1}\}$,$T_2=\{\boldsymbol{\beta}_1,\boldsymbol{\beta}_2,\cdots,\boldsymbol{\beta}_{r_2}\}$,若 T_1 能被 T_2 线性表示,且 $r_1>r_2$,则向量组 T_1 线性相关.

证明 由定理条件有$[\boldsymbol{\alpha}_1\boldsymbol{\alpha}_2\cdots\boldsymbol{\alpha}_{r_1}]=[\boldsymbol{\beta}_1\boldsymbol{\beta}_2\cdots\boldsymbol{\beta}_{r_2}]\boldsymbol{K}_{r_2\times r_1}$，或者$\boldsymbol{\alpha}_i=\boldsymbol{\beta}_j k_{ji}$，其中$\boldsymbol{K}$为$r_2\times r_1$矩阵. 注意到$r_1>r_2$，因此$\boldsymbol{K}$是行数小于列数的矩阵，故$r(\boldsymbol{K})\leqslant r_2$. 由于存在可逆方阵$\boldsymbol{P},\boldsymbol{Q}$将$\boldsymbol{K}$化为标准型：

$$\boldsymbol{PKQ}=\begin{bmatrix}\boldsymbol{I}_{r(\boldsymbol{K})} & \boldsymbol{O}\\ \boldsymbol{O} & \boldsymbol{O}\end{bmatrix},$$

即

$$\boldsymbol{KQ}=\boldsymbol{P}^{-1}\begin{bmatrix}\boldsymbol{I}_{r(\boldsymbol{K})} & \boldsymbol{O}\\ \boldsymbol{O} & \boldsymbol{O}\end{bmatrix}=[\boldsymbol{K}'_{r_2\times r_2}\quad \boldsymbol{O}_{r_2\times(r_1-r_2)}],$$

故

$$[\boldsymbol{\alpha}_1\boldsymbol{\alpha}_2\cdots\boldsymbol{\alpha}_{r_1}]\boldsymbol{Q}=[\boldsymbol{\beta}_1\boldsymbol{\beta}_2\cdots\boldsymbol{\beta}_{r_2}][\boldsymbol{K}'_{r_2\times r_2}\quad \boldsymbol{O}_{r_2\times(r_1-r_2)}].$$

考虑最后一列(第r_1列)，即有

$$Q_{1r_1}\boldsymbol{\alpha}_1+Q_{2r_1}\boldsymbol{\alpha}_2+\cdots+Q_{r_1r_1}\boldsymbol{\alpha}_{r_1}=\boldsymbol{0},$$

注意到$\boldsymbol{Q}$可逆，$|\boldsymbol{Q}|\neq 0$，因此$\boldsymbol{Q}$中无零列. 由此可知$\boldsymbol{\alpha}_1,\boldsymbol{\alpha}_2,\cdots,\boldsymbol{\alpha}_{r_1}$必定线性相关.

简单来说，若一组向量可由另一组较少的向量线性表示，则这组向量组一定线性相关. 利用逆否命题与原命题的等价性，可将该定理重新表述如下.

定理 3.4.10(定理 3.4.9 的逆否命题) 线性空间V中两向量组：$T_1=\{\boldsymbol{\alpha}_1,\boldsymbol{\alpha}_2,\cdots,\boldsymbol{\alpha}_{r_1}\}$，$T_2=\{\boldsymbol{\beta}_1,\boldsymbol{\beta}_2,\cdots,\boldsymbol{\beta}_{r_2}\}$，若$T_1$能被$T_2$线性表示，且$T_1$线性无关，则$r_1\leqslant r_2$.

简而言之，若一线性无关的向量组可由另一组向量线性表示，则另一组向量的个数一定不小于线性无关的这组向量的个数. 此定理的一个直接推论如下.

推论 3.4.1 若两个线性无关的向量组等价，则它们所含向量个数相等.

推论 3.4.2 两个等价的向量组，它们的极大无关组所含向量的个数相等. 特别地，同一个向量组的任意两个极大无关组所含的向量个数相等.

证明 只要注意到极大无关组之间相互等价，且都线性无关，利用以上推论立刻得到此推论.

正是由于一个向量组的极大无关组中向量个数的唯一性，可引入向量组的“秩”的概念.

定义 3.4.5(向量组的秩) 一个向量组的极大线性无关组所含的向量的个数，称为向量组的秩. 规定：由一个零向量构成的向量组$\{\boldsymbol{0}\}$的秩为 0.

利用秩的概念，上述推论 3.4.2 可重新表述如下.

推论 3.4.3 等价的向量组秩相等.

注意：上述定理的逆定理不成立，可很容易举出反例，例如$\mathbf{R}^4$中的两个向量组$\{\boldsymbol{e}_1,\boldsymbol{e}_2\}$和$\{\boldsymbol{e}_3,\boldsymbol{e}_4\}$秩都是 2，但并不等价.

利用秩的概念，我们对向量组的极大无关组做如下补充说明.

(1) 设向量组T的秩为r，则由于T中任意一个线性无关的向量组都可以由极大无关组来线性表示，因此按照定理 3.4.10，这个向量组所含的向量的个数必定不超过极大无关组中向量的个数,也就是说,T 中线性无关向量组中的向量个数不超过 T 的秩 r. 这就是定义极大无关组时"极大"一词的由来,这也说明了 T 的极大无关组是 T 中保持线性无关的前提下,包含最多向量的向量组.

(2) 由于 T 的极大无关组中的所有向量都能被任意一个与 T 等价的向量组线性表示,因此根据定理 3.4.10,这个向量组中的向量的个数必定不少于极大无关组中向量的个数,即 T 中与 T 等价的向量组中向量的个数不小于 T 的秩 r. 这说明 T 的极大无关组是在 T 中与之等价的前提下,包含最少向量的向量组.

例 3.4.16 由于$\{\boldsymbol{e}_1,\boldsymbol{e}_2,\cdots,\boldsymbol{e}_n\}$是 $\mathbf{R}^n$ 的一个极大无关组,故 $\mathbf{R}^n$ 的秩为 n. 因此 $\mathbf{R}^n$ 中任意 $n+1$ 个向量一定线性相关.

3.5 n 元向量组与矩阵的关系

n 元列(行)向量空间 F^n 一类极其重要的线性空间,这是由于:

(1) n 元向量空间是最直观、最具体的线性空间之一;

(2) n 元向量与矩阵之间有密切的联系,n 元向量空间的性质可以通过研究矩阵的性质得到;

(3) 后面将证明,任意一个有限维线性空间都与某个 n 元向量空间"同构",因此,研究清楚了 n 元向量空间的性质,本质上可得到任意一个有限维线性空间的性质.

矩阵与 n 元向量的联系是直接的,任意矩阵 $\boldsymbol{A}_{m\times n}$都可按行(或列)分组成行向量组(或列向量组):

$$\boldsymbol{A}=[\boldsymbol{\alpha}_1 \quad \boldsymbol{\alpha}_2 \quad \cdots \quad \boldsymbol{\alpha}_n] \quad 或 \quad \boldsymbol{A}=\begin{bmatrix}\boldsymbol{\beta}_1\\ \boldsymbol{\beta}_2\\ \vdots\\ \boldsymbol{\beta}_m\end{bmatrix},$$

其中 $\boldsymbol{\alpha}_i$ 是列向量,$\boldsymbol{\beta}_i$ 是行向量,且有如下定理.

定理 3.5.1 矩阵 $\boldsymbol{A}_{m\times n}$的行(列)初等变换不改变其列(行)向量的线性相关性和线性组合关系. 以行初等变换为例,具体来说,若 $\boldsymbol{A}_{m\times n}$ 经有限次行初等变换成 $\boldsymbol{B}_{m\times n}$,则

(1) $\boldsymbol{A}$ 的列向量组 $\boldsymbol{\alpha}_1,\boldsymbol{\alpha}_2,\cdots,\boldsymbol{\alpha}_n$ 中任意一个部分组 $\boldsymbol{\alpha}_{i1},\boldsymbol{\alpha}_{i2},\cdots,\boldsymbol{\alpha}_{is}$ 与 $\boldsymbol{B}$ 的列向量组 $\boldsymbol{\beta}_1,\boldsymbol{\beta}_2,\cdots,\boldsymbol{\beta}_n$ 中相对应的部分组 $\boldsymbol{\beta}_{i1},\boldsymbol{\beta}_{i2},\cdots,\boldsymbol{\beta}_{is}$ 同为线性无关或线性相关的向量组;

(2) 若 $\boldsymbol{A}$ 的一个列向量 $\boldsymbol{\alpha}_j$ 可由 $\boldsymbol{\alpha}_{i1},\boldsymbol{\alpha}_{i2},\cdots,\boldsymbol{\alpha}_{is}$ 线性表示,则 $\boldsymbol{B}$ 中与 $\boldsymbol{\alpha}_j$ 相对应的列向量可由 $\boldsymbol{\beta}_{i1},\boldsymbol{\beta}_{i2},\cdots,\boldsymbol{\beta}_{is}$ 线性表示,且表示系数完全一致.

证明 以行初等变换为例证明,列初等变换类似. 设 $\boldsymbol{A}$ 经过有限次行初等变换变成 $\boldsymbol{B}$,则存在可逆矩阵 $\boldsymbol{P}_{m\times n}$,使 $\boldsymbol{PA}=\boldsymbol{B}$. 对 $\boldsymbol{A},\boldsymbol{B}$ 按列分块得到

$$\boldsymbol{P}[\boldsymbol{\alpha}_1 \quad \boldsymbol{\alpha}_2 \quad \cdots \quad \boldsymbol{\alpha}_n]=[\boldsymbol{\beta}_1 \quad \boldsymbol{\beta}_2 \quad \cdots \quad \boldsymbol{\beta}_n], \quad 即 \quad \boldsymbol{\beta}_i=\boldsymbol{P}\boldsymbol{\alpha}_i, \quad \boldsymbol{\alpha}_i=\boldsymbol{P}^{-1}\boldsymbol{\beta}_i,$$

于是，有

$$\begin{aligned}
& l_{i1}\boldsymbol{\alpha}_{i1}+l_{i2}\boldsymbol{\alpha}_{i2}+\cdots+l_{is}\boldsymbol{\alpha}_{is}=\boldsymbol{O} \\
\Leftrightarrow\ & \boldsymbol{P}(l_{i1}\boldsymbol{\alpha}_{i1}+l_{i2}\boldsymbol{\alpha}_{i2}+\cdots+l_{is}\boldsymbol{\alpha}_{is})=\boldsymbol{P}\boldsymbol{O} \\
\Leftrightarrow\ & l_{i1}\boldsymbol{\beta}_{i1}+l_{i2}\boldsymbol{\beta}_{i2}+\cdots+l_{is}\boldsymbol{\beta}_{is}=\boldsymbol{O},
\end{aligned}$$

且

$$\begin{aligned}
& \boldsymbol{\alpha}_j=l_{i1}\boldsymbol{\alpha}_{i1}+l_{i2}\boldsymbol{\alpha}_{i2}+\cdots+l_{is}\boldsymbol{\alpha}_{is} \\
\Leftrightarrow\ & \boldsymbol{P}\boldsymbol{\alpha}_j=\boldsymbol{P}(l_{i1}\boldsymbol{\alpha}_{i1}+l_{i2}\boldsymbol{\alpha}_{i2}+\cdots+l_{is}\boldsymbol{\alpha}_{is}) \\
\Leftrightarrow\ & \boldsymbol{\beta}_j=l_{i1}\boldsymbol{\beta}_{i1}+l_{i2}\boldsymbol{\beta}_{i2}+\cdots+l_{is}\boldsymbol{\beta}_{is}.
\end{aligned}$$

为得到矩阵的列向量组的极大无关组，以及列向量组中其他向量如何用极大无关组线性表示，我们注意到任意矩阵可通过行初等变换变成行标准型. 设 $\boldsymbol{A}_{m\times n}\in F^{m\times n}$，其秩 $r(\boldsymbol{A})=r$，则对 $\boldsymbol{A}$ 有限次行初等变换可化为行标准型 $\boldsymbol{B}$，且 $\boldsymbol{B}$ 中有 r 个主 1：

$$\begin{bmatrix}
0 & \cdots & 0 & 1 & * & 0 & * & \cdots & 0 & \cdots & 0 & * & 0 & * \\
 & & & & & 1 & * & \cdots & 0 & \cdots & 0 & * & 0 & * \\
 & & & & & & & & 1 & \cdots & \vdots & \vdots & \vdots & \vdots \\
 & & & & & & & & & & 1 & * & 0 & * \\
 & & & & & & & & & & & & 1 & * \\
0 & \cdots & 0 & 0 & 0 & 0 & 0 & \cdots & 0 & \cdots & 0 & 0 & 0 & 0 \\
\vdots & & \vdots & \vdots & \vdots & \vdots & \vdots & & \vdots & & \vdots & \vdots & \vdots & \vdots \\
0 & \cdots & 0 & 0 & 0 & 0 & 0 & \cdots & 0 & \cdots & 0 & 0 & 0 & 0
\end{bmatrix}.$$

容易看出，$\boldsymbol{B}$ 中主 1 所在的 r 列是 $\boldsymbol{B}$ 的列向量组的极大线性无关组. 因此由上述定理 3.5.1 可知，$\boldsymbol{A}$ 的列向量组中与 $\boldsymbol{B}$ 的极大无关组对应的向量组即 $\boldsymbol{A}$ 的极大无关组. $\boldsymbol{B}$ 的某列向量用极大无关组线性组合的系数就是该列向量中主 1 对应行的矩阵元，故 $\boldsymbol{A}$ 的对应列向量也可用极大无关组通过同样的系数线性组合出来.

此外，由于 $\boldsymbol{A}$ 的列向量组的极大无关组中有 r 个向量，故 $\boldsymbol{A}$ 的列向量组的秩等于 r. 由于 $r(\boldsymbol{A}^{\mathrm{T}})=r(\boldsymbol{A})$，故对 $\boldsymbol{A}^{\mathrm{T}}$ 同样讨论可知：$\boldsymbol{A}$ 的行向量组的秩也等于 r，由此得如下定理.

定理 3.5.2　矩阵的行向量组与列向量组有相等的秩，且都等于这个矩阵的秩.

进一步有如下推论.

推论 3.5.1　设 $\boldsymbol{A}_{m\times n}$，则

(1) $r(\boldsymbol{A})=m$ 时，行向量组线性无关，$r(\boldsymbol{A})<m$ 时，行向量组线性相关；

(2) $r(\boldsymbol{A})=n$ 时，列向量组线性无关，$r(\boldsymbol{A})<n$ 时，列向量组线性相关；

(3) $m>n$ 时，$\boldsymbol{A}$ 的行向量组必定线性相关；

(4) $m<n$ 时，$\boldsymbol{A}$ 的列向量组必定线性相关；

(5) $m=n$ 时，$\boldsymbol{A}$ 的行(列)向量组线性无关的充要条件是 $|\boldsymbol{A}|\neq 0$.

由于矩阵的秩与其行(列)向量组的秩相等，因此亦可反过来用其行(列)向量组

的秩来研究矩阵的秩.下面给出矩阵秩不等式的重新推导,并借助线性空间的概念来重新理解秩的不等式.

定理 3.5.3　设矩阵为 $\boldsymbol{A}_{m\times n}$,$\boldsymbol{B}_{m\times n}$,则 $r(\boldsymbol{A}+\boldsymbol{B})\leqslant r(\boldsymbol{A})+r(\boldsymbol{B})$.

证明　设 $\boldsymbol{A}$ 和 $\boldsymbol{B}$ 的列向量组的极大无关组分别为

$$\{\boldsymbol{\alpha}_1,\boldsymbol{\alpha}_2,\cdots,\boldsymbol{\alpha}_{r(\boldsymbol{A})}\}\quad 和 \quad \{\boldsymbol{\beta}_1,\boldsymbol{\beta}_2,\cdots,\boldsymbol{\beta}_{r(\boldsymbol{B})}\},$$

则 $\boldsymbol{A}+\boldsymbol{B}$ 的每一个列向量均可由向量组

$$C=\{\boldsymbol{\alpha}_1,\boldsymbol{\alpha}_2,\cdots,\boldsymbol{\alpha}_{r(\boldsymbol{A})},\boldsymbol{\beta}_1,\boldsymbol{\beta}_2,\cdots,\boldsymbol{\beta}_{r(\boldsymbol{B})}\}$$

线性表示.故

$$r(\boldsymbol{A}+\boldsymbol{B})\leqslant r(\boldsymbol{A})+r(\boldsymbol{B}).$$

定理 3.5.4　设矩阵为 $\boldsymbol{A}_{m\times n}$,$\boldsymbol{B}_{m\times n}$,则 $r(\boldsymbol{AB})\leqslant \min\{r(\boldsymbol{A}),r(\boldsymbol{B})\}$.

证明　设 $\boldsymbol{C}=\boldsymbol{AB}$,对 $\boldsymbol{C}$ 和 $\boldsymbol{A}$ 按列分块,有

$$[\boldsymbol{\gamma}_1\quad \boldsymbol{\gamma}_2\quad \cdots\quad \boldsymbol{\gamma}_n]=[\boldsymbol{\alpha}_1\quad \boldsymbol{\alpha}_2\quad \cdots\quad \boldsymbol{\alpha}_n]\begin{bmatrix} b_{11} & b_{12} & \cdots & b_{1n} \\ b_{21} & b_{22} & \cdots & b_{2n} \\ \vdots & \vdots & & \vdots \\ b_{n1} & b_{n2} & \cdots & b_{nn} \end{bmatrix},$$

即 $\boldsymbol{C}$ 的每一个列向量均可由 $\boldsymbol{A}$ 的列向量线性表示,故 $r(\boldsymbol{C})\leqslant r(\boldsymbol{A})$,同理可证 $r(\boldsymbol{C})\leqslant r(\boldsymbol{B})$.

定理 3.5.5　设矩阵为 $\boldsymbol{A}_{m\times n}$,$\boldsymbol{B}_{n\times k}$,则 $r(\boldsymbol{AB})\geqslant r(\boldsymbol{A})+r(\boldsymbol{B})-n$.

此定理亦可用向量组的理论证明,但不比用矩阵理论证明更简单,可参见文献[4].

由于初等变换不改变线性关系,因此对于如下 3 类问题都可以用初等变换的方法求解.

(1) 判断一给定的 n 元向量组是否线性无关.

(2) 求一给定的 n 元向量组的极大无关组.

(3) 求一给定的 n 元向量如何用某 n 元向量组线性表示.

例 3.5.1　判断如下的 4 个 5 元列向量是否线性无关?其中 $\boldsymbol{\alpha}_1=[1\ 4\ 1\ 0\ 2]^{\mathrm{T}}$,$\boldsymbol{\alpha}_2=[2\ 5\ -1\ -3\ 2]^{\mathrm{T}}$,$\boldsymbol{\alpha}_3=[-1\ 2\ 5\ 6\ 2]^{\mathrm{T}}$,$\boldsymbol{\alpha}_4=[0\ 2\ 2\ -1\ 0]^{\mathrm{T}}$.

解　方法一.按线性无关的定义,设 k_i 满足

$$k_1\boldsymbol{\alpha}_1+k_2\boldsymbol{\alpha}_2+k_3\boldsymbol{\alpha}_3+k_4\boldsymbol{\alpha}_4=\boldsymbol{0},$$

即

$$[\boldsymbol{\alpha}_1\quad \boldsymbol{\alpha}_2\quad \boldsymbol{\alpha}_3\quad \boldsymbol{\alpha}_4]\begin{bmatrix} k_1 \\ k_2 \\ k_3 \\ k_4 \end{bmatrix}=0,$$

化为线性方程组为 $\boldsymbol{AK}=\boldsymbol{0}$.于是$\{\boldsymbol{\alpha}_1,\boldsymbol{\alpha}_2,\boldsymbol{\alpha}_3,\boldsymbol{\alpha}_4\}$是否线性无关取决于该方程组是否只有零解,在学习线性方程组的一般理论之前我们给出另一种解法.

方法二. 向量组的秩 ⇔ 矩阵的秩，行变换不改变列向量间的线性关系，故可将矩阵

$$\boldsymbol{A}=[\boldsymbol{\alpha}_1 \quad \boldsymbol{\alpha}_2 \quad \boldsymbol{\alpha}_3 \quad \boldsymbol{\alpha}_4]$$

用行变换变成行标准型来看其列向量的线性关系(若排成的矩阵 $\boldsymbol{A}$ 正好是方阵，则可直接由 $|\boldsymbol{A}|$ 是否为 0 判断列向量是否线性无关). 故

$$\boldsymbol{A}=\begin{bmatrix}1 & 2 & -1 & 0\\ 4 & 5 & 2 & 2\\ 1 & -1 & 5 & 2\\ 0 & -3 & 6 & -1\\ 2 & 2 & 2 & 0\end{bmatrix}\rightarrow\begin{bmatrix}1 & 2 & -1 & 0\\ 0 & 1 & -2 & 0\\ 0 & 0 & 0 & 1\\ 0 & 0 & 0 & 0\\ 0 & 0 & 0 & 0\end{bmatrix}\rightarrow\begin{bmatrix}1 & 0 & 3 & 0\\ 0 & 1 & -2 & 0\\ 0 & 0 & 0 & 1\\ 0 & 0 & 0 & 0\\ 0 & 0 & 0 & 0\end{bmatrix},$$

由于该向量组的秩为 $3<4$，故其线性相关.

例 3.5.2　同例 3.5.1 的 4 个列向量，求其极大无关组.

解　同样利用行初等变换，有

$$[\boldsymbol{\alpha}_1 \quad \boldsymbol{\alpha}_2 \quad \boldsymbol{\alpha}_3 \quad \boldsymbol{\alpha}_4]\rightarrow\begin{bmatrix}1 & 0 & 3 & 0\\ 0 & 1 & -2 & 0\\ 0 & 0 & 0 & 1\\ 0 & 0 & 0 & 0\\ 0 & 0 & 0 & 0\end{bmatrix},$$

由于主 1 对应的列是第 1,2,4 列，故极大无关组为 $\{\boldsymbol{\alpha}_1,\boldsymbol{\alpha}_2,\boldsymbol{\alpha}_4\}$.

例 3.5.3　同例 3.5.1 的 4 个列向量，请问 $\boldsymbol{\alpha}_3$ 能否由 $\boldsymbol{\alpha}_1,\boldsymbol{\alpha}_2,\boldsymbol{\alpha}_4$ 线性表示？若能，则求出线性组合式.

解　方法一.　设 $\boldsymbol{\alpha}_3=x_1\boldsymbol{\alpha}_1+x_2\boldsymbol{\alpha}_2+x_4\boldsymbol{\alpha}_4$，写成矩阵形式，有

$$[\boldsymbol{\alpha}_1 \quad \boldsymbol{\alpha}_2 \quad \boldsymbol{\alpha}_4]\begin{bmatrix}x_1\\ x_2\\ x_3\end{bmatrix}=\boldsymbol{\alpha}_3.$$

该线性方程组为 $\boldsymbol{AX}=\boldsymbol{B}$. 于是能否线性表示就转化为该线性方程组是否有解，如果 $\boldsymbol{A}$ 是可逆方阵，则显然 $\boldsymbol{X}=\boldsymbol{A}^{-1}\boldsymbol{B}$，但若 $\boldsymbol{A}$ 不是方阵，或者是不可逆方阵则需要线性方程组的理论. 我们在第 4 章再讨论这个问题.

方法二.　对 $[\boldsymbol{\alpha}_1 \quad \boldsymbol{\alpha}_2 \quad \boldsymbol{\alpha}_4 \quad \boldsymbol{\alpha}_3]$ 进行行初等变换，有

$$[\boldsymbol{\alpha}_1 \quad \boldsymbol{\alpha}_2 \quad \boldsymbol{\alpha}_4 \quad \boldsymbol{\alpha}_3]\rightarrow\begin{bmatrix}1 & 0 & 0 & 3\\ 0 & 1 & 0 & -2\\ 0 & 0 & 1 & 0\\ 0 & 0 & 0 & 0\\ 0 & 0 & 0 & 0\end{bmatrix},$$

因此由于行标准型的最后一列可由前三列线性组合：

$$\boldsymbol{u}_4=3\boldsymbol{u}_1-2\boldsymbol{u}_2+0\boldsymbol{u}_3,$$

故对应地有

$$\boldsymbol{\alpha}_3=3\boldsymbol{\alpha}_1-2\boldsymbol{\alpha}_2+0\boldsymbol{\alpha}_4.$$

例 3.5.4 讨论下列向量组的线性相关性：

(1) $[1\quad 2]^{\mathrm{T}},[2\quad 7]^{\mathrm{T}},[-4\quad 5]^{\mathrm{T}}$；

(2) $[1\quad 3\quad 5]^{\mathrm{T}},[1\quad 1\quad 0]^{\mathrm{T}},[-1\quad 1\quad 5]^{\mathrm{T}}$；

(3) $[1\quad 1\quad 3\quad 1]^{\mathrm{T}},[4\quad 1\quad -3\quad 2]^{\mathrm{T}},[1\quad 0\quad -1\quad 2]^{\mathrm{T}}$.

解 将其按列排成矩阵，则可利用矩阵的秩来求向量组的秩.

(1) 由于排成矩阵后只有 2 行，因此矩阵的秩不大于 2. 故该向量组的秩不大于 2，因此它们线性相关.

(2) 由于排成矩阵后为方阵，故可通过行列式来判断是否满秩：

$$|[\boldsymbol{\alpha}_1\quad \boldsymbol{\alpha}_2\quad \boldsymbol{\alpha}_3]|=0,$$

故这三个向量线性相关.

(3) 用初等变换来做，有

$$\begin{bmatrix}1 & 4 & 1\\ 1 & 1 & 0\\ 3 & -3 & -1\\ 1 & 2 & 2\end{bmatrix}\to\begin{bmatrix}1 & 1 & 0\\ 0 & 1 & 1/3\\ 0 & 0 & 1\\ 0 & 0 & 0\end{bmatrix},$$

由此可见此三个向量线性无关.

例 3.5.5 设 $\boldsymbol{\alpha}_1=[2\quad 2\quad -1]^{\mathrm{T}},\boldsymbol{\alpha}_2=[2\quad -1\quad 2]^{\mathrm{T}},\boldsymbol{\alpha}_3=[-1\quad 2\quad 2]^{\mathrm{T}},\boldsymbol{\beta}_1=[1\quad 0\quad -4]^{\mathrm{T}},\boldsymbol{\beta}_2=[4\quad 3\quad 2]^{\mathrm{T}}$. 求证：$\boldsymbol{\alpha}_1,\boldsymbol{\alpha}_2,\boldsymbol{\alpha}_3$ 线性无关，并将 $\boldsymbol{\beta}_1,\boldsymbol{\beta}_2$ 用其表示出.

解 利用初等变换来做，有

$$[\boldsymbol{\alpha}_1\quad \boldsymbol{\alpha}_2\quad \boldsymbol{\alpha}_3\quad \boldsymbol{\beta}_1\quad \boldsymbol{\beta}_2]\to\begin{bmatrix}1 & -1/2 & 1 & 0 & 3/2\\ 0 & 1 & -1 & 1/3 & 1/3\\ 0 & 0 & 1 & -1 & 2/3\end{bmatrix}\to\begin{bmatrix}1 & 0 & 0 & 2/3 & 4/3\\ 0 & 1 & 0 & -2/3 & 1\\ 0 & 0 & 1 & -1 & 2/3\end{bmatrix},$$

由此可见 $\boldsymbol{\alpha}_1,\boldsymbol{\alpha}_2,\boldsymbol{\alpha}_3$ 线性无关，且

$$\boldsymbol{\beta}_1=\frac{2}{3}\boldsymbol{\alpha}_1-\frac{2}{3}\boldsymbol{\alpha}_2-\boldsymbol{\alpha}_3,\quad \boldsymbol{\beta}_2=\frac{4}{3}\boldsymbol{\alpha}_1+\boldsymbol{\alpha}_2+\frac{2}{3}\boldsymbol{\alpha}_3.$$

例 3.5.6 设 $\boldsymbol{\alpha}_1=[1\quad -1\quad 2\quad 4]^{\mathrm{T}},\boldsymbol{\alpha}_2=[0\quad 3\quad 1\quad 2]^{\mathrm{T}},\boldsymbol{\alpha}_3=[3\quad 0\quad 7\quad 14]^{\mathrm{T}},\boldsymbol{\alpha}_4=[1\quad -2\quad 2\quad 0]^{\mathrm{T}},\boldsymbol{\alpha}_5=[2\quad 1\quad 5\quad 10]^{\mathrm{T}}$，求 $\{\boldsymbol{\alpha}_1,\boldsymbol{\alpha}_2,\boldsymbol{\alpha}_3,\boldsymbol{\alpha}_4,\boldsymbol{\alpha}_5\}$ 的一个极大无关组，并将其他向量用极大无关组线性表示.

解 仍将其按列排成矩阵，有

$$[\boldsymbol{\alpha}_1\quad \boldsymbol{\alpha}_2\quad \boldsymbol{\alpha}_3\quad \boldsymbol{\alpha}_4\quad \boldsymbol{\alpha}_5]=\begin{bmatrix}1 & 0 & 3 & 1 & 2\\ -1 & 3 & 0 & -2 & 1\\ 2 & 1 & 7 & 2 & 5\\ 4 & 2 & 14 & 0 & 10\end{bmatrix}\to\begin{bmatrix}1 & 0 & 3 & 0 & 2\\ 0 & 1 & 1 & 0 & 1\\ 0 & 0 & 0 & 1 & 0\\ 0 & 0 & 0 & 0 & 0\end{bmatrix},$$

由主 1 对应的列可知 $\{\boldsymbol{\alpha}_1,\boldsymbol{\alpha}_2,\boldsymbol{\alpha}_4\}$ 为一个极大无关组，且

$$\boldsymbol{\alpha}_3=3\boldsymbol{\alpha}_1+\boldsymbol{\alpha}_2+0\boldsymbol{\alpha}_3,\quad \boldsymbol{\alpha}_5=2\boldsymbol{\alpha}_1+\boldsymbol{\alpha}_2+0\boldsymbol{\alpha}_3.$$

例 3.5.7 设矩阵 $\boldsymbol{A}\in F^{m\times n}$,求证:若存在 $\boldsymbol{B}_{n\times m}$,使 $\boldsymbol{BA}=\boldsymbol{I}_n$,则 $\boldsymbol{A}$ 的列向量组线性无关.

证明 方法一.按定义,设存在$[x_1 \quad x_2 \quad \cdots \quad x_n]^{\mathrm{T}}=\boldsymbol{X}$ 使 $\boldsymbol{AX}=\boldsymbol{O}$,则

$$\boldsymbol{BAX}=\boldsymbol{IX}=\boldsymbol{BO}=\boldsymbol{O} \Rightarrow \boldsymbol{X}=\boldsymbol{O},$$

因此系数只有零解,故 $\boldsymbol{A}$ 的列向量组线性无关.

方法二.利用矩阵秩的不等式:

$$r(\boldsymbol{A})\geqslant r(\boldsymbol{BA})=n,$$

而另一方面矩阵秩不大于列数:$r(\boldsymbol{A})\leqslant n$.

综上可知 $r(\boldsymbol{A})=n$,故列向量组的秩也为 n,线性无关.

例 3.5.8 设 $T_1=\{\boldsymbol{\alpha}_1,\boldsymbol{\alpha}_2,\boldsymbol{\alpha}_3\}$,$T_2=\{\boldsymbol{\alpha}_1,\boldsymbol{\alpha}_2,\boldsymbol{\alpha}_3,\boldsymbol{\alpha}_4\}$,$T_3=\{\boldsymbol{\alpha}_1,\boldsymbol{\alpha}_2,\boldsymbol{\alpha}_3,\boldsymbol{\alpha}_5\}$,且 $r(T_1)=r(T_2)=3$,$r(T_3)=4$,求证:$T_4=\{\boldsymbol{\alpha}_1,\boldsymbol{\alpha}_2,\boldsymbol{\alpha}_3,\boldsymbol{\alpha}_5-\boldsymbol{\alpha}_4\}$的秩 $r(T_4)=4$.

证明 由于 T_1 秩为 3,故 $\boldsymbol{\alpha}_1,\boldsymbol{\alpha}_2,\boldsymbol{\alpha}_3$ 线性无关.又 T_2 秩为 3,故 $\boldsymbol{\alpha}_1,\boldsymbol{\alpha}_2,\boldsymbol{\alpha}_3,\boldsymbol{\alpha}_4$ 线性相关.因此 $\boldsymbol{\alpha}_4$ 可由 $\boldsymbol{\alpha}_1,\boldsymbol{\alpha}_2,\boldsymbol{\alpha}_3$ 唯一地线性表示,不妨设

$$\boldsymbol{\alpha}_4=l_1\boldsymbol{\alpha}_1+l_2\boldsymbol{\alpha}_2+l_3\boldsymbol{\alpha}_3,$$

为研究 T_4 的线性相关性,令

$$k_1\boldsymbol{\alpha}_1+k_2\boldsymbol{\alpha}_2+k_3\boldsymbol{\alpha}_3+k_4(\boldsymbol{\alpha}_5-\boldsymbol{\alpha}_4)=\boldsymbol{0},$$

则将 $\boldsymbol{\alpha}_4$ 代入得

$$(k_1-k_4l_1)\boldsymbol{\alpha}_1+(k_2-k_4l_2)\boldsymbol{\alpha}_2+(k_3-k_4l_3)\boldsymbol{\alpha}_3+k_4\boldsymbol{\alpha}_5=\boldsymbol{0},$$

而注意到 T_3 的秩为 4,故 $\boldsymbol{\alpha}_1,\boldsymbol{\alpha}_2,\boldsymbol{\alpha}_3,\boldsymbol{\alpha}_5$ 线性无关,因此

$$k_1=k_2=k_3=k_4=0,$$

即 T_4 中向量线性无关,故秩 $r(T_4)=4$.

例 3.5.9 设 $\boldsymbol{\alpha}_1=[1 \quad 0 \quad 2 \quad 3]^{\mathrm{T}}$,$\boldsymbol{\alpha}_2=[1 \quad -1 \quad a+2 \quad 1]^{\mathrm{T}}$,$\boldsymbol{\alpha}_3=[1 \quad 2 \quad 4 \quad a+8]^{\mathrm{T}}$,$\boldsymbol{\alpha}_4=[1 \quad 1 \quad 3 \quad 5]^{\mathrm{T}}$,$\boldsymbol{\beta}=[1 \quad 1 \quad b+3 \quad 5]^{\mathrm{T}}$.

(1) a,b 为何值时,$\boldsymbol{\beta}$ 可由 $\boldsymbol{\alpha}_1,\boldsymbol{\alpha}_2,\boldsymbol{\alpha}_3,\boldsymbol{\alpha}_4$ 唯一线性表示?

(2) a,b 为何值时,$\boldsymbol{\beta}$ 可由 $\boldsymbol{\alpha}_1,\boldsymbol{\alpha}_2,\boldsymbol{\alpha}_3,\boldsymbol{\alpha}_4$ 线性表示,但不唯一?

(3) a,b 为何值时,$\boldsymbol{\beta}$ 不可由 $\boldsymbol{\alpha}_1,\boldsymbol{\alpha}_2,\boldsymbol{\alpha}_3,\boldsymbol{\alpha}_4$ 线性表示?

解 注意到定理 3.4.6 和定理 3.4.7,以及等价的向量组秩相等.因此 $\boldsymbol{\alpha}_1,\boldsymbol{\alpha}_2,\boldsymbol{\alpha}_3,\boldsymbol{\alpha}_4$ 线性无关,且 $\boldsymbol{\alpha}_1,\boldsymbol{\alpha}_2,\boldsymbol{\alpha}_3,\boldsymbol{\alpha}_4,\boldsymbol{\beta}$ 与 $\boldsymbol{\alpha}_1,\boldsymbol{\alpha}_2,\boldsymbol{\alpha}_3,\boldsymbol{\alpha}_4$ 等价时(因此秩相等),$\boldsymbol{\beta}$ 可由 $\boldsymbol{\alpha}_1,\boldsymbol{\alpha}_2,\boldsymbol{\alpha}_3,\boldsymbol{\alpha}_4$ 唯一线性表示.而 $\boldsymbol{\alpha}_1,\boldsymbol{\alpha}_2,\boldsymbol{\alpha}_3,\boldsymbol{\alpha}_4$ 线性相关,且 $\boldsymbol{\alpha}_1,\boldsymbol{\alpha}_2,\boldsymbol{\alpha}_3,\boldsymbol{\alpha}_4,\boldsymbol{\beta}$ 与 $\boldsymbol{\alpha}_1,\boldsymbol{\alpha}_2,\boldsymbol{\alpha}_3,\boldsymbol{\alpha}_4$ 等价时(因此秩相等),$\boldsymbol{\beta}$ 可由 $\boldsymbol{\alpha}_1,\boldsymbol{\alpha}_2,\boldsymbol{\alpha}_3,\boldsymbol{\alpha}_4$ 线性表示,且表示不唯一.$\boldsymbol{\alpha}_1,\boldsymbol{\alpha}_2,\boldsymbol{\alpha}_3,\boldsymbol{\alpha}_4,\boldsymbol{\beta}$ 的秩大于 $\boldsymbol{\alpha}_1,\boldsymbol{\alpha}_2,\boldsymbol{\alpha}_3,\boldsymbol{\alpha}_4$ 的秩时,$\boldsymbol{\beta}$ 不可由 $\boldsymbol{\alpha}_1,\boldsymbol{\alpha}_2,\boldsymbol{\alpha}_3,\boldsymbol{\alpha}_4$ 线性表示.我们将这些向量按列排成矩阵$[\boldsymbol{\alpha}_1 \quad \boldsymbol{\alpha}_2 \quad \boldsymbol{\alpha}_3 \quad \boldsymbol{\alpha}_4 \quad \boldsymbol{\beta}]$,并将其化为行梯形:

$$[\boldsymbol{\alpha}_1 \quad \boldsymbol{\alpha}_2 \quad \boldsymbol{\alpha}_3 \quad \boldsymbol{\alpha}_4 \quad \boldsymbol{\beta}]=\begin{bmatrix}1 & 1 & 1 & 1 & 1\\ 0 & -1 & 2 & 1 & 1\\ 2 & a+2 & 4 & 3 & b+3\\ 3 & 1 & a+8 & 5 & 5\end{bmatrix}\rightarrow\begin{bmatrix}1 & 1 & 1 & 1 & 1\\ 0 & -1 & 2 & 1 & 1\\ 0 & a & 2 & 1 & b+1\\ 0 & -2 & a+5 & 2 & 2\end{bmatrix}$$

$$\rightarrow\begin{bmatrix}1&1&1&1&1\\0&1&-2&-1&-1\\0&0&2a+2&a+1&a+b+1\\0&0&a+1&0&0\end{bmatrix}$$

$$\rightarrow\begin{bmatrix}1&0&3&2&2\\0&1&-2&-1&-1\\0&0&a+1&0&0\\0&0&0&a+1&a+b+1\end{bmatrix}.$$

由此可见：

(1) $a\neq-1$ 时，$\boldsymbol{\alpha}_1,\boldsymbol{\alpha}_2,\boldsymbol{\alpha}_3,\boldsymbol{\alpha}_4$ 线性无关，且 $\boldsymbol{\alpha}_1,\boldsymbol{\alpha}_2,\boldsymbol{\alpha}_3,\boldsymbol{\alpha}_4,\boldsymbol{\beta}$ 与 $\boldsymbol{\alpha}_1,\boldsymbol{\alpha}_2,\boldsymbol{\alpha}_3,\boldsymbol{\alpha}_4$ 的秩相等. 此时 $\boldsymbol{\beta}$ 可由 $\boldsymbol{\alpha}_1,\boldsymbol{\alpha}_2,\boldsymbol{\alpha}_3,\boldsymbol{\alpha}_4$ 唯一线性表示.

(2) $a=-1$，且 $b=0$ 时，$\boldsymbol{\alpha}_1,\boldsymbol{\alpha}_2,\boldsymbol{\alpha}_3,\boldsymbol{\alpha}_4$ 线性相关，且 $\boldsymbol{\alpha}_1,\boldsymbol{\alpha}_2,\boldsymbol{\alpha}_3,\boldsymbol{\alpha}_4,\boldsymbol{\beta}$ 与 $\boldsymbol{\alpha}_1,\boldsymbol{\alpha}_2,\boldsymbol{\alpha}_3,\boldsymbol{\alpha}_4$ 的秩相等. 此时 $\boldsymbol{\beta}$ 可由 $\boldsymbol{\alpha}_1,\boldsymbol{\alpha}_2,\boldsymbol{\alpha}_3,\boldsymbol{\alpha}_4$ 线性表示，但不唯一.

(3) $a=-1$，且 $b\neq0$ 时，$\boldsymbol{\alpha}_1,\boldsymbol{\alpha}_2,\boldsymbol{\alpha}_3,\boldsymbol{\alpha}_4,\boldsymbol{\beta}$ 的秩比 $\boldsymbol{\alpha}_1,\boldsymbol{\alpha}_2,\boldsymbol{\alpha}_3,\boldsymbol{\alpha}_4$ 大. 此时 $\boldsymbol{\beta}$ 不可由 $\boldsymbol{\alpha}_1,\boldsymbol{\alpha}_2,\boldsymbol{\alpha}_3,\boldsymbol{\alpha}_4$ 线性表示. 在学过线性方程组之后，还可用方程组的理论来求解此例.

例 3.5.10（矩阵的满秩分解） 设 $\boldsymbol{A}\in F^{m\times n}$，$r(\boldsymbol{A})=r$，求证：存在 $\boldsymbol{P}_{m\times r},\boldsymbol{Q}_{r\times n}$ 使得 $\boldsymbol{A}=\boldsymbol{P}_{m\times r}\boldsymbol{Q}_{r\times n}$，其中 $\boldsymbol{P},\boldsymbol{Q}$ 的秩均为 r.

证明 方法一. 考虑 $\boldsymbol{A}$ 的标准型：

$$\boldsymbol{A}=\boldsymbol{P}'\begin{bmatrix}\boldsymbol{I}_r&\boldsymbol{O}\\\boldsymbol{O}&\boldsymbol{O}\end{bmatrix}\boldsymbol{Q}'=\boldsymbol{P}'\begin{bmatrix}\boldsymbol{I}_r&\boldsymbol{O}\\\boldsymbol{O}&\boldsymbol{O}\end{bmatrix}_{m\times n}\begin{bmatrix}\boldsymbol{I}_r&\boldsymbol{O}\\\boldsymbol{O}&\boldsymbol{O}\end{bmatrix}_{n\times n}\boldsymbol{Q}'$$

将 $\boldsymbol{P}'$ 按列分块，$\boldsymbol{Q}'$ 按行分块，得

$$\boldsymbol{A}=[\boldsymbol{P}_1\ \boldsymbol{P}_2\ \cdots\ \boldsymbol{P}_r\ \boldsymbol{P}_{r+1}\ \cdots\ \boldsymbol{P}_m]\begin{bmatrix}\boldsymbol{I}_r&\boldsymbol{O}\\\boldsymbol{O}&\boldsymbol{O}\end{bmatrix}_{m\times n}\begin{bmatrix}\boldsymbol{I}_r&\boldsymbol{O}\\\boldsymbol{O}&\boldsymbol{O}\end{bmatrix}_{n\times n}\begin{bmatrix}\boldsymbol{Q}_1\\\boldsymbol{Q}_2\\\vdots\\\boldsymbol{Q}_r\\\boldsymbol{Q}_{r+1}\\\vdots\\\boldsymbol{Q}_n\end{bmatrix}$$

$$=[\boldsymbol{P}_1\ \cdots\ \boldsymbol{P}_r\ \boldsymbol{O}\ \cdots\ \boldsymbol{O}]\begin{bmatrix}\boldsymbol{Q}_1\\\vdots\\\boldsymbol{Q}_r\\\boldsymbol{O}\\\vdots\\\boldsymbol{O}\end{bmatrix}=[\boldsymbol{P}_1\ \cdots\ \boldsymbol{P}_r]\begin{bmatrix}\boldsymbol{Q}_1\\\vdots\\\boldsymbol{Q}_r\end{bmatrix}=\boldsymbol{PQ},$$

由于 $\boldsymbol{P}',\boldsymbol{Q}'$ 均可逆，故其列向量组和行向量组都是线性无关的. 因此 $\boldsymbol{P},\boldsymbol{Q}$ 的秩均为 r.

方法二. 考虑将 $\boldsymbol{A}$ 化为行梯形：

$$\boldsymbol{A}=\boldsymbol{P}'\begin{bmatrix}0 & 1 & * & * & * & * & * \\ & & 0 & 1 & * & * & * \\ & & & 0 & 0 & \cdots & * \\ & & & & 0 & 1 & * \\ 0 & 0 & 0 & 0 & 0 & 0 & 0 \\ 0 & 0 & 0 & 0 & 0 & 0 & 0\end{bmatrix}=\boldsymbol{P}'\begin{bmatrix}\boldsymbol{Q}_{r\times n} \\ \boldsymbol{O}_{(m-r)\times n}\end{bmatrix},$$

再将 $\boldsymbol{P}'$ 分块得

$$\boldsymbol{A}=\boldsymbol{P}'\begin{bmatrix}\boldsymbol{Q} \\ \boldsymbol{O}\end{bmatrix}=\begin{bmatrix}\boldsymbol{P}_{m\times r} & \boldsymbol{P}''_{m\times(m-r)}\end{bmatrix}\begin{bmatrix}\boldsymbol{Q}_{r\times n} \\ \boldsymbol{O}_{(m-r)\times n}\end{bmatrix}=\boldsymbol{P}\boldsymbol{Q},$$

$\boldsymbol{P}$ 是可逆矩阵 $\boldsymbol{P}'$ 的前 r 列，而 $\boldsymbol{P}'$ 的列向量是线性无关的，故 $\boldsymbol{P}$ 的 r 列向量线性无关，即 $r(\boldsymbol{P})=r$. 同时 $r(\boldsymbol{Q})=r(\boldsymbol{A})=r$.

3.6 线性空间的基、维数、坐标

设 V 是数域 F 上的线性空间，若存在有限个向量 $\boldsymbol{\alpha}_1,\boldsymbol{\alpha}_2,\cdots,\boldsymbol{\alpha}_m\in V$ 使得

$$L(\boldsymbol{\alpha}_1,\boldsymbol{\alpha}_2,\cdots,\boldsymbol{\alpha}_m)=V,$$

则称 V 是有限维线性空间，否则，称 V 是无限维线性空间. 有限维线性空间中的有些概念和结论稍加修改就可以很直观地推广到无限维线性空间，但也有一些结论推广到无限维线性空间并不成立. 无论这些推广正确与否，要在无限维空间证明这些结论一般并不容易，一个关键的地方是无穷级数的收敛性. 关于无限维线性空间的内容可参考泛函分析的书籍(例如文献[13])，一个简明的导引见文献[7]. 本书若无特别指明，后文提到的所有定理及结论默认都是针对有限维线性空间. 当要介绍一些无限维线性空间的例子和性质时，则会具体指明.

3.6.1 基和坐标

定义 3.6.1(基) 设 V 是 F 上有限维线性空间，若 V 中一向量组 $\{\boldsymbol{\alpha}_1,\boldsymbol{\alpha}_2,\cdots,\boldsymbol{\alpha}_n\}$ 满足：

(1) $\boldsymbol{\alpha}_1,\boldsymbol{\alpha}_2,\cdots,\boldsymbol{\alpha}_n$ 线性无关；

(2) $\forall\boldsymbol{\alpha}\in V$，$\boldsymbol{\alpha}$ 均能被 $\boldsymbol{\alpha}_1,\boldsymbol{\alpha}_2,\cdots,\boldsymbol{\alpha}_n$ 线性表示.

则称 $\{\boldsymbol{\alpha}_1,\boldsymbol{\alpha}_2,\cdots,\boldsymbol{\alpha}_n\}$ 是 V 的一个基.

条件(1)体现了向量组的线性独立性，而条件(2)常被称作向量组在空间 V 中的完备性. 故“基”即完备的线性无关组. 如果将 V 看成由无穷个向量构成的向量组，则基无非就是其极大无关组. 因此，只要找到了一组基向量，则由基的线性组合就可张成整个空间 V. 在无限维线性空间中，基的定义比较微妙，主要是涉及无穷求和的问

题.一种方法是避开无穷求和来定义,例如 Hamel 基.一种方法是在 V 中赋予更多结构,以保证可讨论无穷求和的收敛性,例如 Banach 空间中的 Schauder 基.还有一些其他的基的定义方式.关于无限维空间的更多讨论请参考泛函分析的书籍,这里不再展开.

例 3.6.1 F^n 中,n 元基本向量组$\{\boldsymbol{e}_1=[1\quad 0\quad \cdots\quad 0]^{\mathrm{T}},\boldsymbol{e}_2=[0\quad 1\quad \cdots\quad 0]^{\mathrm{T}},\cdots,\boldsymbol{e}_n=[0\quad 0\quad \cdots\quad 1]^{\mathrm{T}}\}$,显然构成 F^n 的一个基,称为 F^n 的自然基.

例 3.6.2 $F^{m\times n}$中,如下的 $m\times n$ 个矩阵:

$$\boldsymbol{E}_{ij}=\begin{bmatrix}0 & \cdots & 0 & \cdots & 0\\ \vdots & & \vdots & & \vdots\\ 0 & \cdots & 1 & \cdots & 0\\ \vdots & & \vdots & & \vdots\\ 0 & \cdots & 0 & \cdots & 0\end{bmatrix}$$

(即只有(i,j)元等于 1 其他元均为零$(\boldsymbol{E}_{ij})_{kl}=\delta_{ki}\delta_{lj}$)构成的集合$\{\boldsymbol{E}_{ij}\}$,这显然是 $F^{m\times n}$ 的一个基.这个基中共含有 $m\times n$ 个向量.

一般来说,线性空间的基并不唯一,例如

$$\{\boldsymbol{g}_1=[1\quad 0\quad \cdots\quad 0\quad 0]^{\mathrm{T}},\boldsymbol{g}_2=[1\quad 1\quad \cdots\quad 0\quad 0]^{\mathrm{T}},\cdots,\boldsymbol{g}_n=[1\quad 1\quad \cdots\quad 1\quad 1]^{\mathrm{T}}\}$$

也构成 F^n 的一组基.但是,类似向量组的极大无关组,同样可以证明如下定理.

定理 3.6.1 非零线性空间 V 的所有基都含有相同数目的向量.

由上述定理,我们可以引入如下定义.

定义 3.6.2(维数) 非零线性空间 V 的基中所含向量的个数称为 V 的维数,记作 $\dim V$.规定零空间的维数为 0.显然,若将 V 看成无穷个向量构成的向量组,则维数即为该向量组的秩.

例 3.6.3 $\dim F^n=n$, $\dim F^{m\times n}=mn$.

例 3.6.4 求线性空间 $V=\{[2x_2+5x_3\quad x_2\quad x_3]^{\mathrm{T}}\mid x_i\in F\}$的一组基和维数.

解 显然

$$\boldsymbol{X}_1=[2\quad 1\quad 0]^{\mathrm{T}},\quad \boldsymbol{X}_2=[5\quad 0\quad 1]^{\mathrm{T}}$$

都是 V 中的向量,且由 $k_1\boldsymbol{X}_1+k_2\boldsymbol{X}_2=\boldsymbol{0}$ 容易推出 $k_1=k_2=0$,故 $\boldsymbol{X}_1,\boldsymbol{X}_2$ 线性无关.另一方面,

$$\forall\,\boldsymbol{X}=[2x_2+5x_3\quad x_2\quad x_3]^{\mathrm{T}}\in V,\quad \boldsymbol{X}=x_2\boldsymbol{X}_1+x_3\boldsymbol{X}_2,$$

因此任意向量都可用 $\boldsymbol{X}_1,\boldsymbol{X}_2$ 线性表示.综上,$\{\boldsymbol{X}_1,\boldsymbol{X}_2\}$就是 V 的一个基,V 的维数 $\dim V=2$.

类似前面对向量组的秩的讨论,由定理 3.4.9 可得如下定理.

定理 3.6.2 设 $\dim V=n$,则

(1) V 中线性无关向量组所含向量个数不超过 n.

(2) V 中生元组所含向量个数不小于 n.

(3) V 的子空间的维数不超过 n.

线性空间的基并不唯一,一般地,有如下定理.

定理 3.6.3 设 $\dim V=n$,则 V 中任意 n 个线性无关的向量构成的向量组,都是 V 的一个基.

证明 设$\{\boldsymbol{e}_1,\boldsymbol{e}_2,\cdots,\boldsymbol{e}_n\}$是 V 的一个基,再设$\{\boldsymbol{\alpha}_1,\boldsymbol{\alpha}_2,\cdots,\boldsymbol{\alpha}_n\}$线性无关,现在来证明$\{\boldsymbol{\alpha}_1,\boldsymbol{\alpha}_2,\cdots,\boldsymbol{\alpha}_n\}$亦是 V 的一个基.注意到 $\boldsymbol{\alpha}_i$ 可用基来线性表示,故

$$[\boldsymbol{\alpha}_1 \quad \boldsymbol{\alpha}_2 \quad \cdots \quad \boldsymbol{\alpha}_n]=[\boldsymbol{e}_1 \quad \boldsymbol{e}_2 \quad \cdots \quad \boldsymbol{e}_n]\boldsymbol{K}_{n\times n},$$

由例 3.4.12 的结论可知,$\{\boldsymbol{e}_1,\boldsymbol{e}_2,\cdots,\boldsymbol{e}_n\}$与$\{\boldsymbol{\alpha}_1,\boldsymbol{\alpha}_2,\cdots,\boldsymbol{\alpha}_n\}$均线性无关,意味着 $\boldsymbol{K}$ 可逆,故

$$[\boldsymbol{e}_1 \quad \boldsymbol{e}_2 \quad \cdots \quad \boldsymbol{e}_n]=[\boldsymbol{\alpha}_1 \quad \boldsymbol{\alpha}_2 \quad \cdots \quad \boldsymbol{\alpha}_n]\boldsymbol{K}^{-1},$$

即每个 $\boldsymbol{e}_i$ 都可以用这组$\{\boldsymbol{\alpha}_i\}$线性表示.从而 $\forall\,\boldsymbol{\alpha}\in V$ 均可用$\{\boldsymbol{\alpha}_1,\boldsymbol{\alpha}_2,\cdots,\boldsymbol{\alpha}_n\}$线性表示.

类似定理 3.4.6 可得到如下定理.

定理 3.6.4 若$\{\boldsymbol{\alpha}_1,\boldsymbol{\alpha}_2,\cdots,\boldsymbol{\alpha}_n\}$是 V 的一个基,则 $\forall\,\boldsymbol{\alpha}\in V$,$\boldsymbol{\alpha}$ 均可被 $\boldsymbol{\alpha}_1,\boldsymbol{\alpha}_2,\cdots,\boldsymbol{\alpha}_n$ 以唯一的方式线性表示.

由此定理,我们可以引入坐标的概念(以下谈到线性空间的基,均指有序基,即基中的向量具有确定的次序).

定义 3.6.3(坐标) 设 V 是 F 上的线性空间,$\{\boldsymbol{\alpha}_1,\boldsymbol{\alpha}_2,\cdots,\boldsymbol{\alpha}_n\}$是 V 的一个基,则对 $\forall\,\boldsymbol{\alpha}\in V$,$\boldsymbol{\alpha}$ 可唯一写成

$$\boldsymbol{\alpha}=x_1\boldsymbol{\alpha}_1+x_2\boldsymbol{\alpha}_2+\cdots+x_n\boldsymbol{\alpha}_n=\boldsymbol{\alpha}_i x_i,$$

或写成类似矩阵的形式:

$$\boldsymbol{\alpha}=[\boldsymbol{\alpha}_1\ \boldsymbol{\alpha}_2\cdots\ \boldsymbol{\alpha}_n]\begin{bmatrix}x_1\\x_2\\\vdots\\x_n\end{bmatrix}=[\boldsymbol{\alpha}_1\ \boldsymbol{\alpha}_2\cdots\ \boldsymbol{\alpha}_n]\boldsymbol{X},$$

其中 $x_i\in F$,称 $\boldsymbol{X}=[x_1\ x_2\ \cdots\ x_n]^{\mathrm{T}}$ 是向量 $\boldsymbol{\alpha}$ 关于基$\{\boldsymbol{\alpha}_1,\boldsymbol{\alpha}_2,\cdots,\boldsymbol{\alpha}_n\}$的坐标.

显然,向量的坐标是与基的选取有关的.但是一旦基给定时,向量与其坐标之间是一一对应的.即任意给定一个向量,其坐标是唯一确定的;反之,任意给定一个坐标,则与之对应的向量也是唯一确定的.更进一步地,还有如下定理.

定理 3.6.5 设$\{\boldsymbol{\alpha}_1,\boldsymbol{\alpha}_2,\cdots,\boldsymbol{\alpha}_n\}$是 V 的一个基,V 中两个向量 $\boldsymbol{\alpha},\boldsymbol{\beta}$ 关于这个基的坐标分别是 $\boldsymbol{X}=[x_1 \quad x_2 \quad \cdots \quad x_n]^{\mathrm{T}}$ 和 $\boldsymbol{Y}=[y_1 \quad y_2 \quad \cdots \quad y_n]^{\mathrm{T}}$,则 $\boldsymbol{\alpha}+\boldsymbol{\beta}$ 与 $k\boldsymbol{\alpha}$ 关于这个基的坐标分别是

$$[x_1 \quad x_2 \quad \cdots \quad x_n]^{\mathrm{T}}+[y_1 \quad y_2 \quad \cdots \quad y_n]^{\mathrm{T}}=[x_1+y_1 \quad x_2+y_2 \quad \cdots \quad x_n+y_n]^{\mathrm{T}},$$

$$k[x_1 \quad x_2 \quad \cdots \quad x_n]^{\mathrm{T}}=[kx_1 \quad kx_2 \quad \cdots \quad kx_n]^{\mathrm{T}}.$$

定理的证明很简单,只需要注意到向量坐标的唯一性,请读者自行补充.此定理说明,向量与坐标之间不仅一一对应,而且向量之间的线性相关性和线性组合关系与

向量的坐标之间的线性相关性和线性组合关系也完全一致.因此,对抽象向量构成的向量组的如下 3 类基本问题:

(1) 判断向量组是否线性无关;

(2) 求向量组的极大无关组;

(3) 求某向量用给定的向量组线性表示.

它们都可选定一组基之后,转化为 n 元向量组的相应问题来求解.

例 3.6.5 $\mathbf{R}^4$ 中,$\boldsymbol{\alpha}_1=[1\ \ -1\ \ -1\ \ -1]^{\mathrm{T}}$,$\boldsymbol{\alpha}_2=[-1\ \ 1\ \ -1\ \ -1]^{\mathrm{T}}$,$\boldsymbol{\alpha}_3=[-1\ \ -1\ \ 1\ \ -1]^{\mathrm{T}}$,$\boldsymbol{\alpha}_4=[-1\ \ -1\ \ -1\ \ 1]^{\mathrm{T}}$,$\boldsymbol{\beta}=[1\ \ 2\ \ 1\ \ 1]^{\mathrm{T}}$,则

(1) 求证$\{\boldsymbol{\alpha}_1,\boldsymbol{\alpha}_2,\boldsymbol{\alpha}_3,\boldsymbol{\alpha}_4\}$是 $\mathbf{R}^4$ 的一个基.

(2) 求向量 $\boldsymbol{\beta}$ 关于基$\{\boldsymbol{\alpha}_1,\boldsymbol{\alpha}_2,\boldsymbol{\alpha}_3,\boldsymbol{\alpha}_4\}$的坐标.

解 (1) 只需证明它们线性无关即可.注意到

$$|[\boldsymbol{\alpha}_1\ \boldsymbol{\alpha}_2\ \boldsymbol{\alpha}_3\ \boldsymbol{\alpha}_4]|=\begin{vmatrix}1 & -1 & -1 & -1\\ -1 & 1 & -1 & -1\\ -1 & -1 & 1 & -1\\ -1 & -1 & -1 & 1\end{vmatrix}=-16\neq 0,$$

故它们线性无关,又该向量组中向量的个数等于线性空间的维数,故$\{\boldsymbol{\alpha}_1,\boldsymbol{\alpha}_2,\boldsymbol{\alpha}_3,\boldsymbol{\alpha}_4\}$是 $\mathbf{R}^4$ 的一个基.

(2) 设

$$\boldsymbol{\beta}=x_1\boldsymbol{\alpha}_1+x_2\boldsymbol{\alpha}_2+x_3\boldsymbol{\alpha}_3+x_4\boldsymbol{\alpha}_4=[\boldsymbol{\alpha}_1\ \boldsymbol{\alpha}_2\ \boldsymbol{\alpha}_3\ \boldsymbol{\alpha}_4]\begin{bmatrix}x_1\\ x_2\\ x_3\\ x_4\end{bmatrix},$$

求一个向量关于一组基的坐标,实际上就是求一个向量如何用给定的向量组线性表示.为此我们可用行初等变换:

$$[\boldsymbol{\alpha}_1\ \boldsymbol{\alpha}_2\ \boldsymbol{\alpha}_3\ \boldsymbol{\alpha}_4\ \boldsymbol{\beta}]=\begin{bmatrix}1 & -1 & -1 & -1 & 1\\ -1 & 1 & -1 & -1 & 2\\ -1 & -1 & 1 & -1 & 1\\ -1 & -1 & -1 & 1 & 1\end{bmatrix}\to\begin{bmatrix}1 & -1 & -1 & -1 & 1\\ 0 & 1 & 0 & 1 & -1\\ 0 & 0 & 1 & -1 & 0\\ 0 & 0 & 0 & 1 & -3/4\end{bmatrix}$$

$$\to\begin{bmatrix}1 & 0 & 0 & 0 & -3/4\\ 0 & 1 & 0 & 0 & -1/4\\ 0 & 0 & 1 & 0 & -3/4\\ 0 & 0 & 0 & 1 & -3/4\end{bmatrix},$$

因此 $\boldsymbol{\beta}$ 的坐标为 $\boldsymbol{X}=\left[\frac{-3}{4}\ \ \frac{-1}{4}\ \ \frac{-3}{4}\ \ \frac{-3}{4}\right]^{\mathrm{T}}$.

3.6.2　子空间的直和*

前面介绍了线性空间的子空间的和的概念. 当线性空间 $V=V_1+V_2$ 时，按定义 V 中任意一个向量 $\boldsymbol{\alpha}$ 都可分解为 V_1 和 V_2 中的向量之和 $\boldsymbol{\alpha}=\boldsymbol{\alpha}_1+\boldsymbol{\alpha}_2$. 如果这个分解方式唯一，那么就可将 $\boldsymbol{\alpha}_i$ 看成 $\boldsymbol{\alpha}$ 在对应的子空间 V_i 中的分量. 但遗憾的是，一般情况下，和空间中向量的这种分解不是唯一的. 如例 3.3.6 中，任意矢量都可分解为 xy 平面的矢量和 xz 平面的矢量的矢量和，但由几何易看出这种分解不唯一. 那么问题来了，什么时候这种分解是唯一的？这就引出了线性空间的直和的概念.

首先，关于子空间的和的维数，有如下定理.

定理 3.6.6（维数定理）　设 V_1 和 V_2 是线性空间 V 的两个子空间，则

$$\dim(V_1+V_2)=\dim V_1+\dim V_2-\dim(V_1\cap V_2).$$

证明　设 $V_1\cap V_2$ 的一组基为 $T=\{\boldsymbol{\alpha}_1,\cdots,\boldsymbol{\alpha}_m\}$（若交为零空间，则 $m=0$，不影响下面的讨论）. 由这组向量可分别扩充成 V_1 的基 $S_1=\{\boldsymbol{\alpha}_1,\cdots,\boldsymbol{\alpha}_m,\boldsymbol{\beta}_1,\cdots,\boldsymbol{\beta}_{n_1-m}\}$ 和 V_2 的基 $S_2=\{\boldsymbol{\alpha}_1,\cdots,\boldsymbol{\alpha}_m,\boldsymbol{\gamma}_1,\cdots,\boldsymbol{\gamma}_{n_2-m}\}$. 现在来证明 $S_1\cup S_2=\{\boldsymbol{\alpha}_1,\cdots,\boldsymbol{\alpha}_m,\boldsymbol{\beta}_1,\cdots,\boldsymbol{\beta}_{n_1-m},\boldsymbol{\gamma}_1,\cdots,\boldsymbol{\gamma}_{n_2-m}\}$ 正好构成了 V_1+V_2 的一组基.

首先注意到 V_1 的任意向量可用 S_1 线性展开，V_2 的任意向量可用 S_2 线性展开，而 V_1+V_2 中的向量等于 V_1 的向量与 V_2 的向量之和，因此必可用 $S_1\cup S_2$ 展开，故 $S_1\cup S_2$ 在 V_1+V_2 中作为向量组是完备的.

其次，考察 $S_1\cup S_2$ 中向量的线性相关性. 假设 $k_1\boldsymbol{\alpha}_1+\cdots+k_m\boldsymbol{\alpha}_m+p_1\boldsymbol{\beta}_1+\cdots+p_{n_1-m}\boldsymbol{\beta}_{n_1-m}+q_1\boldsymbol{\gamma}_1+\cdots+q_{n_2-m}\boldsymbol{\gamma}_{n_2-m}=\mathbf{0}$，移项得 $k_1\boldsymbol{\alpha}_1+\cdots+k_m\boldsymbol{\alpha}_m+p_1\boldsymbol{\beta}_1+\cdots+p_{n_1-m}\boldsymbol{\beta}_{n_1-m}=-q_1\boldsymbol{\gamma}_1-\cdots-q_{n_2-m}\boldsymbol{\gamma}_{n_2-m}$，注意到等号左边 $\in V_1$，而等号右边 $\in V_2$，故左右两边均 $\in V_1\cap V_2$，因此 $l.h.s=r.h.s=l_1\boldsymbol{\alpha}_1+\cdots+l_m\boldsymbol{\alpha}_m$. 而由 S_2 的线性无关性可知：所有的 $q_i=l_j=0$. 代入回去，并注意到 S_1 的线性无关性，进一步可得所有的 $k_i=p_j=0$. 因此 $S_1\cup S_2$ 是线性无关的.

综上可知，$S_1\cup S_2$ 是 V_1+V_2 的一组基. 因此 $\dim(V_1+V_2)=m+n_1-m+n_2-m=n_1+n_2-m=\dim V_1+\dim V_2-\dim(V_1\cap V_2)$.

定理 3.6.7　若线性空间 V 是 V_1 和 V_2 的和空间，则如下 3 个陈述等价.

(1) V_1 和 V_2 的交是零空间，即 $V_1\cap V_2=\{\mathbf{0}\}$.

(2) V 的维数是 V_1 和 V_2 维数的和，即 $\dim V=\dim V_1+\dim V_2$.

(3) V 中任意一个向量均可唯一分解为分属于 V_1 和 V_2 的两个向量之和.

证明　(1)、(2)的等价性：由定理 3.6.6 直接得到.

(1)、(3)的等价性：由于 $V=V_1+V_2$，故 V 中任意一个向量必定可分解为分属于 V_1 和 V_2 的两个向量之和，因此只需证明分解的唯一性. 若 $V_1\cap V_2=\{\mathbf{0}\}$，则假设有两种分解方式，$\boldsymbol{\alpha}=\boldsymbol{\alpha}_1+\boldsymbol{\alpha}_2=\boldsymbol{\beta}_1+\boldsymbol{\beta}_2$，则 $\boldsymbol{\alpha}_1-\boldsymbol{\beta}_1=\boldsymbol{\beta}_2-\boldsymbol{\alpha}_2$，而 $V_1\cap V_2=\{\mathbf{0}\}$，故 $\boldsymbol{\alpha}_1-\boldsymbol{\beta}_1=\boldsymbol{\beta}_2-\boldsymbol{\alpha}_2=\mathbf{0}$. 因此分解方式是唯一的. 若 $V_1\cap V_2\neq\{\mathbf{0}\}$，则 $V_1\cap V_2$ 构成一个线性空间，

取 $\boldsymbol{\gamma}\in V_1\cap V_2$，则 $\forall\,\boldsymbol{\alpha}\in V$，$\boldsymbol{\alpha}=\boldsymbol{\alpha}_1+\boldsymbol{\alpha}_2=(\boldsymbol{\alpha}_1+\boldsymbol{\gamma})+(\boldsymbol{\alpha}_2-\boldsymbol{\gamma})$，即分解方式不唯一.

由上述定理，我们可引入如下定义.

定义 3.6.4（线性空间的直和） 若线性空间 V 是 V_1 和 V_2 的和空间，且如下三个等价的条件之一成立.

(1) V_1 和 V_2 的交是零空间，即 $V_1\cap V_2=\{\mathbf{0}\}$.

(2) V 的维数是 V_1 和 V_2 维数的和，即 $\dim V=\dim V_1+\dim V_2$.

(3) V 中任意一个向量均可唯一分解为分属于 V_1 和 V_2 的两个向量之和.

则称线性空间 V 是 V_1 和 V_2 的直和，记作：$V=V_1\oplus V_2$. V_1（或 V_2）称 V_2（或 V_1）的补空间，或者称 V_1 和 V_2 为互补的子空间.

注意：一个子空间的补空间一定存在，这可通过将该子空间的一个基扩充为整个空间的一个基看出来，在扩充的过程中，添加的基向量张成的线性空间即原来子空间的补空间. 但是，补空间不是唯一的. 例如，在三维矢量空间 $V=\mathbf{R}^3$ 中，二维平面 W 是 V 的一个子空间，由补空间的定义容易验证：任何不在该平面内的直线都是 W 的一个补空间.

直和的概念可推广到 n 个子空间的情况（见文献[1]）.

定义 3.6.5（线性空间的直和） 若线性空间 V 是 $V_1,V_2,\cdots,V_s$ 的和空间，且如下三个等价的条件之一成立.

(1) $V_i\cap\sum\limits_{j\neq i}V_j=\{\mathbf{0}\}$.

(2) $\dim V=\dim V_1+\dim V_2+\cdots+\dim V_s$.

(3) V 中任意一个向量均可唯一分解为分属于 $V_1,V_2,\cdots,V_s$ 的 s 个向量之和.

则称线性空间 V 是 $V_1,V_2,\cdots,V_s$ 的直和，记作 $V=V_1\oplus V_2\oplus\cdots\oplus V_s$.

其中定义 3.6.5(1)、(3)的等价性与 $s=2$ 时基本相同，不再复述. 定义 3.6.5(1)、(2)的等价性可通过取各个 V_i 的一个基并将其合并成一个大的向量组后，证明这个向量组正好构成 V 的一个基来证明，请读者自行补充过程. 另外，由此可看出，V 是 $V_1,V_2,\cdots,V_s$ 的直和的一个充要条件是：将各个 V_i 的基合并成一个大的向量组正好给出 V 的一个基.

3.6.3 坐标变换

向量的坐标与基的选择有关. 对不同的基，同一个向量具有不同的坐标. 为寻求坐标间的关系，先研究两个基之间的关系.

设 $\{\boldsymbol{\alpha}_1,\boldsymbol{\alpha}_2,\cdots,\boldsymbol{\alpha}_n\}$ 与 $\{\boldsymbol{\beta}_1,\boldsymbol{\beta}_2,\cdots,\boldsymbol{\beta}_n\}$ 是线性空间的两个基，则按基的定义，每个 $\boldsymbol{\beta}_j$ $(j=1,\cdots,n)$ 均可被 $\boldsymbol{\alpha}_1,\boldsymbol{\alpha}_2,\cdots,\boldsymbol{\alpha}_n$ 线性表示，即

$$\begin{cases}\boldsymbol{\beta}_1=c_{11}\boldsymbol{\alpha}_1+c_{21}\boldsymbol{\alpha}_2+\cdots+c_{n1}\boldsymbol{\alpha}_n,\\ \boldsymbol{\beta}_2=c_{12}\boldsymbol{\alpha}_1+c_{22}\boldsymbol{\alpha}_2+\cdots+c_{n2}\boldsymbol{\alpha}_n,\\ \quad\vdots\\ \boldsymbol{\beta}_n=c_{1n}\boldsymbol{\alpha}_1+c_{2n}\boldsymbol{\alpha}_2+\cdots+c_{nn}\boldsymbol{\alpha}_n.\end{cases}$$

可将上述关系写成类似矩阵的形式：

$$[\boldsymbol{\beta}_1\ \boldsymbol{\beta}_2 \cdots \boldsymbol{\beta}_n]=[\boldsymbol{\alpha}_1\ \boldsymbol{\alpha}_2 \cdots \boldsymbol{\alpha}_n]\boldsymbol{C},\quad 其中\quad \boldsymbol{C}=\begin{bmatrix} c_{11} & c_{12} & \cdots & c_{1n} \\ c_{21} & c_{22} & \cdots & c_{2n} \\ \vdots & \vdots & & \vdots \\ c_{n1} & c_{n2} & \cdots & c_{nn} \end{bmatrix},$$

也用求和约定可简写为

$$\boldsymbol{\beta}_i=\boldsymbol{\alpha}_j c_{ji}\quad (i=1,2,\cdots,n).$$

再次强调，习惯上总是将抽象的基排成行矩阵，而将坐标排成列矩阵. 因此用求和约定简写时，抽象基的指标一般总是与矩阵的前一个指标求和，以后会看到，坐标的指标一般总是与矩阵的后一个指标求和. 我们引入过渡矩阵来刻画两个基之间的上述关系.

定义 3.6.6（过渡矩阵） 称如上的 $\boldsymbol{C}$ 矩阵为由基$\{\boldsymbol{\alpha}_1,\boldsymbol{\alpha}_2,\cdots,\boldsymbol{\alpha}_n\}$到基$\{\boldsymbol{\beta}_1,\boldsymbol{\beta}_2,\cdots,\boldsymbol{\beta}_n\}$的过渡矩阵.

定理 3.6.8 设方阵 $\boldsymbol{C}$ 是由 n 维线性空间 V 的基$\{\boldsymbol{\alpha}_1,\boldsymbol{\alpha}_2,\cdots,\boldsymbol{\alpha}_n\}$到$\{\boldsymbol{\beta}_1,\boldsymbol{\beta}_2,\cdots,\boldsymbol{\beta}_n\}$的过渡矩阵，则 $\boldsymbol{C}$ 可逆，且 $\boldsymbol{C}^{-1}$ 是由基$\{\boldsymbol{\beta}_1,\boldsymbol{\beta}_2,\cdots,\boldsymbol{\beta}_n\}$到基$\{\boldsymbol{\alpha}_1,\boldsymbol{\alpha}_2,\cdots,\boldsymbol{\alpha}_n\}$的过渡矩阵.

证明 由定理条件，知

$$[\boldsymbol{\beta}_1\ \boldsymbol{\beta}_2 \cdots \boldsymbol{\beta}_n]=[\boldsymbol{\alpha}_1\ \boldsymbol{\alpha}_2 \cdots \boldsymbol{\alpha}_n]\boldsymbol{C}\quad 或\quad \boldsymbol{\beta}_i=\boldsymbol{\alpha}_j c_{ji},$$

而$\{\boldsymbol{\beta}_1,\boldsymbol{\beta}_2,\cdots,\boldsymbol{\beta}_n\}$是一个基，故 $\boldsymbol{\alpha}_i(i=1,\cdots,n)$也可由 $\boldsymbol{\beta}$ 表示，即

$$[\boldsymbol{\alpha}_1\ \boldsymbol{\alpha}_2 \cdots \boldsymbol{\alpha}_n]=[\boldsymbol{\beta}_1\ \boldsymbol{\beta}_2 \cdots \boldsymbol{\beta}_n]\boldsymbol{D}\quad 或\quad \boldsymbol{\alpha}_j=\boldsymbol{\beta}_k d_{kj},$$

代入前一个式子可得

$$[\boldsymbol{\beta}_1\ \boldsymbol{\beta}_2 \cdots \boldsymbol{\beta}_n]=[\boldsymbol{\beta}_1\ \boldsymbol{\beta}_2 \cdots \boldsymbol{\beta}_n]\boldsymbol{DC}\quad 或\quad \boldsymbol{\beta}_i=\boldsymbol{\beta}_k d_{kj} c_{ji},$$

注意到 $\boldsymbol{\beta}$ 是基，故

$$\boldsymbol{DC}=\boldsymbol{I}\quad 或\quad d_{kj}c_{ji}=\delta_{ki}.$$

故 $\boldsymbol{C}$ 可逆，且 $\boldsymbol{D}=\boldsymbol{C}^{-1}$.

下面来看基的变换诱导出坐标如何变换. 设向量 $\boldsymbol{\alpha}$ 关于基$\{\boldsymbol{\alpha}_1,\boldsymbol{\alpha}_2,\cdots,\boldsymbol{\alpha}_n\}$的坐标是 $\boldsymbol{X}=[x_1\quad x_2\quad \cdots\quad x_n]^{\mathrm{T}}$，关于基$\{\boldsymbol{\beta}_1,\boldsymbol{\beta}_2,\cdots,\boldsymbol{\beta}_n\}$的坐标是 $\boldsymbol{Y}=[y_1\quad y_2\quad \cdots\quad y_n]^{\mathrm{T}}$，则有

$$\boldsymbol{\alpha}=[\boldsymbol{\alpha}_1\ \boldsymbol{\alpha}_2 \cdots \boldsymbol{\alpha}_n]\boldsymbol{X}=[\boldsymbol{\beta}_1\ \boldsymbol{\beta}_2 \cdots \boldsymbol{\beta}_n]\boldsymbol{Y}.$$

设基$\{\boldsymbol{\alpha}_1,\boldsymbol{\alpha}_2,\cdots,\boldsymbol{\alpha}_n\}$到$\{\boldsymbol{\beta}_1,\boldsymbol{\beta}_2,\cdots,\boldsymbol{\beta}_n\}$的过渡矩阵为 $\boldsymbol{C}$，即

$$[\boldsymbol{\beta}_1\ \boldsymbol{\beta}_2 \cdots \boldsymbol{\beta}_n]=[\boldsymbol{\alpha}_1\ \boldsymbol{\alpha}_2 \cdots \boldsymbol{\alpha}_n]\boldsymbol{C},$$

代入上式，注意到给定基时坐标的唯一性，以及过渡矩阵一定可逆，有

$$\boldsymbol{X}=\boldsymbol{CY}\quad 或\quad \boldsymbol{Y}=\boldsymbol{C}^{-1}\boldsymbol{X},$$

上面两式称为坐标变换公式. 在推导坐标变换公式时，我们抓住了向量这个不变量，即向量是不依赖基的选择的. 由此可见，坐标的变换正好与基的变换相反，这样才能

保证向量本身是不变量.

例 3.6.6 已知 $\mathbf{R}^3$ 中两个基：$\{\boldsymbol{\alpha}_1=[1\ \ 0\ \ 1]^{\mathrm{T}},\boldsymbol{\alpha}_2=[1\ \ 1\ \ -1]^{\mathrm{T}},\boldsymbol{\alpha}_3=[1\ \ -1\ \ 1]^{\mathrm{T}}\}$与$\{\boldsymbol{\beta}_1=[3\ \ 0\ \ 1]^{\mathrm{T}},\boldsymbol{\beta}_2=[2\ \ 0\ \ 0]^{\mathrm{T}},\boldsymbol{\beta}_3=[0\ \ 2\ \ -2]^{\mathrm{T}}\}$，

(1) 求由基$\{\boldsymbol{\alpha}_1,\boldsymbol{\alpha}_2,\boldsymbol{\alpha}_3\}$到基$\{\boldsymbol{\beta}_1,\boldsymbol{\beta}_2,\boldsymbol{\beta}_3\}$的过渡矩阵；

(2) 求向量 $\boldsymbol{\eta}=[1\ \ 0\ \ -1]^{\mathrm{T}}$ 在上述两个基下的坐标.

解 (1) 求过渡矩阵本质上也就是求一个基中的向量如何用另一个基线性表示. 因此可用初等变换法：

$$[\boldsymbol{\alpha}_1\ \boldsymbol{\alpha}_2\ \boldsymbol{\alpha}_3\ \boldsymbol{\beta}_1\ \boldsymbol{\beta}_2\ \boldsymbol{\beta}_3]=\begin{bmatrix}1&1&1&3&2&0\\0&1&-1&0&0&2\\1&-1&1&1&0&-2\end{bmatrix}\to\begin{bmatrix}1&1&1&3&2&0\\0&1&-1&0&0&2\\0&0&1&1&1&-1\end{bmatrix}$$

$$\to\begin{bmatrix}1&0&0&1&0&0\\0&1&0&1&1&1\\0&0&1&1&1&-1\end{bmatrix},$$

因此过渡矩阵为

$$\boldsymbol{C}=\begin{bmatrix}1&0&0\\1&1&1\\1&1&-1\end{bmatrix}.$$

(2) 可先求出在$\{\boldsymbol{\beta}_i\}$这组基下的坐标：

$$[\boldsymbol{\beta}_1\ \boldsymbol{\beta}_2\ \boldsymbol{\beta}_3\ \boldsymbol{\eta}]=\begin{bmatrix}3&2&0&1\\0&0&2&0\\1&0&-2&-1\end{bmatrix}\to\begin{bmatrix}1&\frac{2}{3}&0&\frac{1}{3}\\0&1&3&2\\0&0&1&0\end{bmatrix}\to\begin{bmatrix}1&0&0&-1\\0&1&0&2\\0&0&1&0\end{bmatrix},$$

故坐标为

$$\boldsymbol{Y}=[-1\ \ 2\ \ 0]^{\mathrm{T}}.$$

由坐标变换公式可知，$\boldsymbol{\eta}$ 在$\{\boldsymbol{\alpha}_i\}$这个基下的坐标是

$$\boldsymbol{X}=\boldsymbol{CY}=[-1\ \ 1\ \ 1]^{\mathrm{T}}.$$

3.6.4 线性空间的同构

设$\{\boldsymbol{\alpha}_1,\boldsymbol{\alpha}_2,\cdots,\boldsymbol{\alpha}_n\}$是 n 维线性空间 V_n 的一个基，在这个基下，V_n 中的每个向量都有唯一确定的坐标. 而向量的坐标可以看作 $\mathbf{R}^n$ 中的元素，因此，向量与它的坐标之间的对应给出了 V_n 到 $\mathbf{R}^n$ 的一个映射. 由于 $\mathbf{R}^n$ 中的每个元素都有 V_n 中的向量与之对应，同时由于 V_n 中不同的向量的坐标不同，对应 $\mathbf{R}^n$ 中的不同元素，因此这个 V_n 到 $\mathbf{R}^n$ 的映射是一个双映射. 再注意到定理 3.6.5，这个映射还保持线性结构不变，即在向量用坐标表示后，它们的线性运算就归结为坐标的线性运算. 因此线性空间 V_n 中的问题都可以归结为 $\mathbf{R}^n$ 中的问题. 为更确切地说明这一点，我们引入同构的

概念.

定义 3.6.7(同构映射) 设 V,U 均是 F 上的线性空间,若 V 到 W 的一个映射 $f:V\to W$ 满足:

(1) f 是一个双映射;

(2) f 保持线性结构,即

$$\forall \boldsymbol{\alpha},\boldsymbol{\beta}\in V,\quad k,l\in F,\quad f(k\boldsymbol{\alpha}+l\boldsymbol{\beta})=kf(\boldsymbol{\alpha})+lf(\boldsymbol{\beta}),$$

则称 f 为一个同构映射.

定义 3.6.8(线性空间的同构) 设 V,U 均是 F 上的线性空间,若 V 与 U 之间可以建立一个同构映射,则称 V 与 U 同构,记作

$$V\cong U.$$

对于同构映射,容易证明其逆映射也是同构映射,进一步可证明线性空间的同构是一种等价关系,满足自反、对称、传递等3个定律.更进一步地,还有如下一些结论.

设 f 是 F 上 V 到 U 的同构映射,则

- $f(\mathbf{0})=\mathbf{0}'$,其中 $\mathbf{0},\mathbf{0}'$ 分别是 V,U 中的零向量,即将零向量映射为零向量;
- $\forall \boldsymbol{\alpha}\in V$ 有 $f(-\boldsymbol{\alpha})=-f(\boldsymbol{\alpha})$,即将负向量映射为负向量;
- $\forall k_i\in F,\boldsymbol{\alpha}_i\in V(i=1,2,\cdots,m)$,有 $f(k_i\boldsymbol{\alpha}_i)=k_if(\boldsymbol{\alpha}_i)$;
- V 中 m 个向量 $\boldsymbol{\alpha}_1,\boldsymbol{\alpha}_2,\cdots,\boldsymbol{\alpha}_m$ 线性相关,当且仅当 U 中的 $f(\boldsymbol{\alpha}_1),f(\boldsymbol{\alpha}_2),\cdots,f(\boldsymbol{\alpha}_m)$线性相关.

由此可见,同构映射不改变映射前后的向量组的线性关系,在线性空间的抽象讨论中,无论构成线性空间的元素是什么,无论其中的线性运算是如何定义的,我们所关心的只是这些线性运算的代数性质.从这个意义上可以说,同构的线性空间本质上是完全相同的.下面将看到,有限维线性空间唯一本质的特征就是它的维数.实际上,本小节已经给出了如下定理(取定 V 的一个基建立向量到坐标的映射即可证明).

定理 3.6.9 数域 F 上任意一个 n 维线性空间 V 与 F^n 同构.

更重要的是如下定理.

定理 3.6.10 数域 F 上两个有限维线性空间同构的充要条件是它们的维数相等.

证明 充分性:设 $\dim V=\dim U=n$,则 $V\cong F^n\cong U$,由同构的传递性可知 $V\cong U$.

必要性:设 $V\cong U$,则存在同构映射 $f:V\to U$;设 $\dim V=n$,$\{\boldsymbol{\alpha}_1,\cdots,\boldsymbol{\alpha}_n\}$为 V 的基,则由同构映射的性质可知

$$\{f(\boldsymbol{\alpha}_1),\cdots,f(\boldsymbol{\alpha}_n)\}$$

也线性无关.而由于同构映射是双射,对 $\forall \boldsymbol{\beta}\in U$,必定 $\exists \boldsymbol{\alpha}\in V$ 使得 $f(\boldsymbol{\alpha})=\boldsymbol{\beta}$,故

$$\boldsymbol{\beta}=f(\boldsymbol{\alpha})=f(k_i\boldsymbol{\alpha}_i)=k_if(\boldsymbol{\alpha}_i),$$

即任意 U 中向量都可用$\{f(\boldsymbol{\alpha}_1),\cdots,f(\boldsymbol{\alpha}_n)\}$线性表示.由此可见$\{f(\boldsymbol{\alpha}_1),\cdots,f(\boldsymbol{\alpha}_n)\}$正好是 U 的一个基.故

$$\dim U = n = \dim V.$$

由于这两个定理，F 上一切维数相等的线性空间本质上都无区别，而每一个 n 维线性空间都与 F^n 同构，故 F^n 可看作一切 F 上的 n 维线性空间的代表或模型.

例 3.6.7 F 上的如下矩阵集合构成的线性空间，分别与几元列向量空间同构？

(1) 一切 $m\times n$ 的矩阵的集合；

(2) 全体 n 阶对称矩阵；

(3) 全体 n 阶反对称矩阵；

(4) 全体迹为 0 的 n 阶矩阵.

解 (1) 如前所述，满足 $(\boldsymbol{E}_{ij})_{kl}=\delta_{ki}\delta_{lj}$ 的 $m\times n$ 个 $\boldsymbol{E}_{ij}$ 构成了 $F^{m\times n}$ 的一个基，因此 $F^{m\times n}\cong F^{mn}$.

(2) 容易证明，形如：

$$\begin{bmatrix} 0 & 1 & \cdots \\ 1 & 0 & \cdots \\ \vdots & \vdots & \ddots \end{bmatrix}$$

的 ij 元和 ji 元 $(i\neq j)$ 都等于 1，其他元素为零的 $\frac{1}{2}n(n-1)$ 个矩阵 $\boldsymbol{E}_{ij}$，以及形如：

$$\begin{bmatrix} 1 & 0 & \cdots \\ 0 & 0 & \cdots \\ \vdots & \vdots & \ddots \end{bmatrix}$$

的 ii 元为 1，其他元素为零的 n 个矩阵 $\boldsymbol{E}_i$，共同构成了该线性空间的一个基，因此维数为 $\frac{1}{2}n(n+1)$，即其同构于 $F^{\frac{1}{2}n(n+1)}$.

(3) 类似地，形如：

$$\begin{bmatrix} 0 & 1 & \cdots \\ -1 & 0 & \cdots \\ \vdots & \vdots & \ddots \end{bmatrix}$$

的 ij 元等于 1，ji 元等于 $-1(i<j)$，其他元素为零的 $\frac{1}{2}n(n-1)$ 个矩阵 $\boldsymbol{E}_{ij}$ 构成了该空间的一个基，因此其同构于 $F^{\frac{1}{2}n(n-1)}$.

(4) 满足 $(\boldsymbol{E}_{ij})_{kl}=\delta_{ki}\delta_{lj}\,(i\neq j)$ 的 n^2-n 个矩阵，以及形如：

$$\begin{bmatrix} 1 & 0 & \cdots & 0 \\ 0 & 0 & \cdots & 0 \\ \vdots & \vdots & & \vdots \\ 0 & 0 & \cdots & -1 \end{bmatrix},\quad \begin{bmatrix} 0 & 0 & \cdots & 0 \\ 0 & 1 & \cdots & 0 \\ \vdots & \vdots & & \vdots \\ 0 & 0 & \cdots & -1 \end{bmatrix},\cdots$$

的 $n-1$ 个无迹矩阵一起构成了线性空间的一组基，因此其同构于 F^{n^2-1}.

第 4 章　线性方程组

第 1 章介绍过求解线性方程组的克拉默法则，在使用克拉默法则求解 n 元线性方程组时，方程的个数必须等于未知元的个数，并且必须系数行列式 $D\neq 0$ 才可求解. 此外，在求解过程中涉及多个行列式的计算，其计算量较大. 这些都是克拉默法则的局限性. 这一章我们将介绍线性方程组的一般理论.

4.1　线性方程组的基本概念和高斯消元法

含 m 个方程，n 个未知量的线性方程组一般形式是

$$\begin{cases} a_{11}x_1+a_{12}x_2+\cdots+a_{1n}x_n=b_1, \\ a_{21}x_1+a_{22}x_2+\cdots+a_{2n}x_n=b_2, \\ \qquad\qquad\qquad\qquad\vdots \\ a_{m1}x_1+a_{m2}x_2+\cdots+a_{mn}x_n=b_m, \end{cases}$$

称之为 $m\times n$ 型线性方程组. 若所有 $b_i=0$，则称为齐次线性方程组，若 b_i 不全为 0，则称为非齐次线性方程组.

线性方程组的一个解指的是一个 n 元向量 $[c_1 c_2 \cdots c_n]^{\mathrm{T}}$，当 $x_1, x_2, \cdots, x_n$ 分别用 $c_1, c_2, \cdots, c_n$ 代入后，线性方程组中每个方程都变为恒等式. 线性方程组的解的全体称为它的解集合.

解方程组就是求其解集合. 若两个线性方程组的解集合相同，则称它们是同解方程组. 线性方程组理论主要解决以下 3 个问题.

(1) 对给定的线性方程组，有没有解？有解的条件是什么？

(2) 如果有解的话，有多少解？如何求解？

(3) 当解集合不止含有一个解时，解与解之间的关系如何？

在具体讨论这 3 个问题之前，先看线性方程组与矩阵、向量的联系. 如果引入系数矩阵：

$$\boldsymbol{A}=\begin{bmatrix} a_{11} & a_{12} & \cdots & a_{1n} \\ a_{21} & a_{22} & \cdots & a_{2n} \\ \vdots & \vdots & & \vdots \\ a_{m1} & a_{m2} & \cdots & a_{mn} \end{bmatrix}$$

及增广矩阵：

$$\boldsymbol{B}=\begin{bmatrix} a_{11} & a_{12} & \cdots & a_{1n} & b_1 \\ a_{21} & a_{22} & \cdots & a_{2n} & b_2 \\ \vdots & \vdots & & \vdots & \vdots \\ a_{m1} & a_{m2} & \cdots & a_{mn} & b_m \end{bmatrix}=[\boldsymbol{A} \ \vdots \ \boldsymbol{b}],$$

则原线性方程组可写成如下形式：

$$\boldsymbol{AX}=\boldsymbol{b},$$

这称作线性方程组的矩阵形式，其中列向量为

$$\boldsymbol{X}=[x_1 \quad x_2 \quad \cdots \quad x_n]^{\mathrm{T}}.$$

另一方面，可将系数矩阵按列分块，有

$$\boldsymbol{A}=[\boldsymbol{A}_1\ \boldsymbol{A}_2 \cdots\ \boldsymbol{A}_n],$$

其中，$\boldsymbol{A}_i$ 是列向量，则原方程组可写成

$$\boldsymbol{A}_1x_1+\boldsymbol{A}_2x_2+\cdots+\boldsymbol{A}_nx_n=\boldsymbol{b},$$

这称作线性方程组的向量形式. 由向量形式可见，原方程组有解的充要条件是：列向量 $\boldsymbol{b}$ 可写成 $\boldsymbol{A}$ 的列向量组的线性组合，也即向量组 $\{\boldsymbol{A}_1,\boldsymbol{A}_2,\cdots,\boldsymbol{A}_n,\boldsymbol{b}\}$ 与向量组 $\{\boldsymbol{A}_1,\boldsymbol{A}_2,\cdots,\boldsymbol{A}_n\}$ 等价. 由此出发，可进一步讨论线性方程组有解、无解、有唯一解的充要条件，如文献[5]. 本教材主要用矩阵理论来讨论.

中学阶段已学过用消元法求解二元、三元等简单线性方程组，在消元法中，我们可以使用如下操作对方程组进行变换：

(1) 交换两个方程的位置；

(2) 用非零的数乘某一个方程；

(3) 用一个数乘某一个方程后加到另一个方程.

使得逐渐从方程组中消去若干个未知元，而将其中某个方程变成一元方程，从而求解. 这 3 种变换统称为线性方程组的初等变换. 实际上，有如下定理.

定理 4.1.1 线性方程组的初等变换将一个线性方程组变成一个与之同解的线性方程组.

证明 注意到以上线性方程组的初等变换正好导致了其系数矩阵和增广矩阵都进行相应的行初等变换，因此设方程组(Ⅰ)：$\boldsymbol{AX}=\boldsymbol{b}$ 经过初等变换变成方程组(Ⅱ)：$\boldsymbol{A}'\boldsymbol{X}=\boldsymbol{b}'$，则必有

$$\boldsymbol{A}'=\boldsymbol{PA},\quad \boldsymbol{b}'=\boldsymbol{Pb},\quad |\boldsymbol{P}|\neq 0.$$

设列向量 $\boldsymbol{C}$ 是方程组(Ⅰ)的解，则

$$\boldsymbol{AC}=\boldsymbol{b} \Rightarrow \boldsymbol{PAC}=\boldsymbol{Pb} \Rightarrow \boldsymbol{A}'\boldsymbol{C}=\boldsymbol{b}',$$

即 $\boldsymbol{C}$ 也是方程组(Ⅱ)的解. 反之，设 $\boldsymbol{C}$ 是方程组(Ⅱ)的解，则

$$\boldsymbol{A}'\boldsymbol{C}=\boldsymbol{b}' \Rightarrow \boldsymbol{P}^{-1}\boldsymbol{A}'\boldsymbol{C}=\boldsymbol{P}^{-1}\boldsymbol{b}' \Rightarrow \boldsymbol{AC}=\boldsymbol{b},$$

即 $\boldsymbol{C}$ 也是方程组(Ⅰ)的解. 因此方程组(Ⅰ)、(Ⅱ)为同解方程组.

由中学学过的消元法可知，若线性方程组的增广矩阵为行标准型，则这样的方程

组较容易求解. 由于矩阵可通过行初等变换变为行标准型,因此任意一个线性方程组都可以通过上述 3 类初等变换化成增广矩阵是行标准型的同解线性方程组,这个过程称为 Gauss 消元. 即对线性方程组,有

$$\boldsymbol{AX}=\boldsymbol{b},$$

$$[\boldsymbol{A} \mid \boldsymbol{b}]\to[\boldsymbol{C} \mid \boldsymbol{d}]\text{(行标准型)},$$

则

$$\boldsymbol{AX}=\boldsymbol{b} \Leftrightarrow \boldsymbol{CX}=\boldsymbol{d}.$$

例 4.1.1　用 Gauss 消元法将下列方程组化为增广矩阵是行标准型的同解方程组:

(1) $\begin{cases} x_1+x_2=1, \\ x_1-x_2=3, \\ -x_1+2x_2=-2; \end{cases}$　(2) $\begin{cases} x_1-2x_2+3x_3-4x_4=4, \\ x_1+3x_2-3x_4=1, \\ x_2-x_3+x_4=-3, \\ 7x_2-3x_3-x_4=3; \end{cases}$

(3) $\begin{cases} x_1+x_2+x_3+x_4+x_5=2, \\ x_1+x_2+x_3+2x_4+2x_5=3, \\ x_1+x_2+x_3+2x_4+3x_5=2. \end{cases}$

解　(1) 由初等变换,有

$$\begin{bmatrix} 1 & 1 & 1 \\ 1 & -1 & 3 \\ -1 & 2 & -2 \end{bmatrix} \to \begin{bmatrix} 1 & 1 & 1 \\ 0 & 1 & -1 \\ 0 & 0 & 1 \end{bmatrix} \to \begin{bmatrix} 1 & 0 & 0 \\ 0 & 1 & 0 \\ 0 & 0 & 1 \end{bmatrix},$$

故同解方程组为

$$\begin{cases} x_1=0, \\ x_2=0, \\ 0=1\text{(即方程组无解)}. \end{cases}$$

(2) 由于

$$\begin{bmatrix} 1 & -2 & 3 & -4 & 4 \\ 1 & 3 & 0 & -3 & 1 \\ 0 & 1 & -1 & 1 & -3 \\ 0 & 7 & -3 & -1 & 3 \end{bmatrix} \to \begin{bmatrix} 1 & 3 & 0 & -3 & 1 \\ 0 & 1 & -\frac{3}{5} & \frac{1}{5} & -\frac{3}{5} \\ 0 & 0 & 1 & -2 & 6 \\ 0 & 0 & 0 & 0 & 0 \end{bmatrix} \to \begin{bmatrix} 1 & 0 & 0 & 0 & -8 \\ 0 & 1 & 0 & -1 & 3 \\ 0 & 0 & 1 & -2 & 6 \\ 0 & 0 & 0 & 0 & 0 \end{bmatrix},$$

故同解方程组为

$$\begin{cases} x_1=-8, \\ x_2-x_4=3, \\ x_3-2x_4=6, \\ 0=0. \end{cases}$$

(3) 由于

$$\begin{bmatrix}1&1&1&1&1&2\\1&1&1&2&2&3\\1&1&1&2&3&2\end{bmatrix}\to\begin{bmatrix}1&1&1&1&1&2\\0&0&0&1&2&0\\0&0&0&0&1&-1\end{bmatrix}\to\begin{bmatrix}1&1&1&0&0&1\\0&0&0&1&0&2\\0&0&0&0&1&-1\end{bmatrix},$$

故同解方程组为

$$\begin{cases}x_1+x_2+x_3=1,\\x_4=2,\\x_5=-1.\end{cases}$$

一般地,对线性方程组 $\boldsymbol{AX}=\boldsymbol{b}$(其增广矩阵为 $\boldsymbol{B}=[\boldsymbol{A}\mid\boldsymbol{b}]$),利用高斯消元法变成同解方程组 $\boldsymbol{CX}=\boldsymbol{d}$(其增广矩阵为 $\boldsymbol{D}=[\boldsymbol{C}\mid\boldsymbol{d}]$),则 $\boldsymbol{D}$ 的一般形式为

$$\boldsymbol{D}=\begin{bmatrix}1&0&\cdots&0&c_{1r+1}&\cdots&c_{1n}&d_1\\0&1&\cdots&0&c_{2r+1}&\cdots&c_{2n}&d_2\\\vdots&\vdots&&\vdots&\vdots&&\vdots&\vdots\\0&0&\cdots&1&c_{rr+1}&\cdots&c_{rn}&d_r\\0&0&\cdots&0&0&\cdots&0&d_{r+1}\\0&0&\cdots&0&0&\cdots&0&0\\\vdots&\vdots&&\vdots&\vdots&&\vdots&\vdots\\0&0&\cdots&0&0&\cdots&0&0\end{bmatrix}=[\boldsymbol{C}\mid\boldsymbol{d}].$$

注意:为了书写方便,得到上面的 $\boldsymbol{D}$ 时有可能会交换列的位置.从线性方程组和矩阵的对应可看出,交换列相当于交换方程组中未知元的位置,显然不会影响其解.但是,在实际解题时没有必要交换增广矩阵的列.其对应的同解方程组 $\boldsymbol{CX}=\boldsymbol{d}$ 即为

$$\begin{cases}x_{i_1}\qquad +c_{1(r+1)}x_{i_{r+1}}+\cdots+c_{1n}x_{i_n}=d_1,\\\quad x_{i_2}\qquad +c_{2(r+1)}x_{i_{r+1}}+\cdots+c_{2n}x_{i_n}=d_2,\\\qquad\qquad\qquad\vdots\\\qquad x_{i_r}\ +c_{r(r+1)}x_{i_{r+1}}+\cdots+c_{rn}x_{i_n}=d_r,\\\qquad\qquad\qquad 0=d_{r+1},\\\qquad\qquad\qquad 0=0,\\\qquad\qquad\qquad\vdots\\\qquad\qquad\qquad 0=0,\end{cases}$$

其中 $i_1,i_2,\cdots,i_n$ 是 $1,2,\cdots,n$ 的一个排列,这是由于可能交换过列的位置,相应地未知元 x_i 的位置也要调整.这个同解方程组较容易解出.为此注意到系数矩阵的秩 $r\leqslant\min\{m,n\}\leqslant n$,故只有下面 3 种情形.

(1) 情形 1:$d_{r+1}\neq 0$.

此时 $\boldsymbol{CX}=\boldsymbol{d}$ 无解.相应地,$\boldsymbol{AX}=\boldsymbol{b}$ 也无解.由条件 $d_{r+1}\neq 0$ 说明 $r(\boldsymbol{D})\neq r(\boldsymbol{C})$,即 $r(\boldsymbol{B})\neq r(\boldsymbol{A})$.

(2) 情形 2：$d_{r+1}=0$. 此时需再分下面两种情况.

● $d_{r+1}=0$，且 $r=n$.

此时 $c_{i(r+1)}$ 至 c_{in} 均为 0，故同解方程组 $\boldsymbol{CX}=\boldsymbol{d}$ 有唯一解 $x_{i_s}=d_s$. 相应地，$\boldsymbol{AX}=\boldsymbol{b}$ 也有唯一解，其解与 $\boldsymbol{CX}=\boldsymbol{d}$ 相同. 由条件 $d_{r+1}=0$ 且 $r=n$，说明 $r(\boldsymbol{D})=r(\boldsymbol{C})=n$，即 $r(\boldsymbol{B})=r(\boldsymbol{A})=n$.

● $d_{r+1}=0$，且 $r<n$.

此时同解方程组 $\boldsymbol{CX}=\boldsymbol{d}$ 的解(即 $\boldsymbol{AX}=\boldsymbol{b}$ 的解)可写成：

$$\begin{cases} x_{i_1} = d_1 - c_{1(r+1)}t_{r+1} - \cdots - c_{1n}t_n, \\ x_{i_2} = d_2 - c_{2(r+1)}t_{r+1} - \cdots - c_{2n}t_n, \\ \quad\vdots \\ x_{i_r} = d_r - c_{r(r+1)}t_{r+1} - \cdots - c_{rn}t_n, \\ x_{i_{r+1}} = t_{r+1}, \\ \quad\vdots \\ x_{i_n} = t_n. \end{cases}$$

由于 $t_{i_{r+1}},\cdots,t_{i_n}$ 可以为任意的数值，故 $\boldsymbol{AX}=\boldsymbol{b}$ 有无穷多个解. 上述解称 $\boldsymbol{AX}=\boldsymbol{b}$ 的通解(或一般解).

与 $\boldsymbol{D}$ 中主 1 对应的未知量 $x_{i_1},\cdots,x_{i_r}$ 称为主未知元，$x_{i_{r+1}},\cdots,x_{i_n}$ 为自由未知元. 由条件 $d_{r+1}=0$ 且 $r<n$，说明 $r(\boldsymbol{D})=r(\boldsymbol{C})<n$，即 $r(\boldsymbol{B})=r(\boldsymbol{A})<n$.

综合上述讨论，即得到线性方程组的有解的判定定理.

定理 4.1.2　线性方程组 $\boldsymbol{AX}=\boldsymbol{b}$ 有解的充要条件是：其系数矩阵与增广矩阵的秩相等，即 $r(\boldsymbol{A})=r([\boldsymbol{A}\ \vdots\ \boldsymbol{b}])$.

定理 4.1.3　设线性方程组 $\boldsymbol{A}_{m\times n}\boldsymbol{X}_{n\times 1}=\boldsymbol{b}_{m\times 1}$ 的系数矩阵与增广矩阵秩均为 r，则其必有解，此时：

(1) $r=n$ 时，方程组有唯一解；

(2) $r<n$ 时，方程组有无穷多解.

对齐次线性方程组有如下推论及定理.

推论 4.1.1　齐次方程组 $\boldsymbol{A}_{m\times n}\boldsymbol{X}_{n\times 1}=\boldsymbol{0}$，若 $r(\boldsymbol{A})<n$，则有非零解.

推论 4.1.2　齐次方程组 $\boldsymbol{A}_{m\times n}\boldsymbol{X}_{n\times 1}=\boldsymbol{0}$，若 $m<n$，则有非零解.

定理 4.1.4　n 个 n 元方程组成的齐次线性方程组：$\boldsymbol{A}_{n\times n}\boldsymbol{X}_{n\times 1}=\boldsymbol{0}$ 有非零解的充要条件是 $|\boldsymbol{A}|=0$.

证明　若 $|\boldsymbol{A}|\neq 0$，则 $r(\boldsymbol{A})=n$，因此其有唯一解. 显然零解是其解，故 $\boldsymbol{AX}=\boldsymbol{0}$ 只有零解. 若 $|\boldsymbol{A}|=0$，则 $r(\boldsymbol{A})<n$，由上述推论知 $\boldsymbol{AX}=\boldsymbol{0}$ 有非零解. 综上，$|\boldsymbol{A}|=0 \Leftrightarrow \boldsymbol{AX}=\boldsymbol{0}$ 有非零解.

例 4.1.2　求解：

$$\begin{cases}x_1+x_2+x_3+x_4+x_5=2,\\3x_1+2x_2+x_3+x_4-3x_5=-2,\\5x_1+4x_2+3x_3+3x_4-x_5=2,\\x_2+2x_3+2x_4+x_5=3,\end{cases}$$

写出通解，并指出主未知元、自由未知元.

解 由高斯消元法，有

$$\begin{bmatrix}1&1&1&1&1&2\\3&2&1&1&-3&-2\\5&4&3&3&-1&2\\0&1&2&2&1&3\end{bmatrix}\to\begin{bmatrix}1&1&1&1&1&2\\0&1&2&2&6&8\\0&0&0&0&1&1\\0&0&0&0&0&0\end{bmatrix}\to\begin{bmatrix}1&0&-1&-1&0&-1\\0&1&2&2&0&2\\0&0&0&0&1&1\\0&0&0&0&0&0\end{bmatrix},$$

故主未知元是 x_1,x_2,x_5；自由未知元是 x_3,x_4；其通解为

$$\begin{cases}x_1=-1+t+s,\\x_2=2-2t-2s,\\x_3=t, \qquad\qquad (t,s\text{ 取任意值}).\\x_4=s,\\x_5=1\end{cases}$$

4.2 线性方程组解的结构

当线性方程组有不止一个解时，解与解之间的关系又如何？我们先看齐次线性方程组.

$m\times n$ 型齐次线性方程组可写为矩阵形式或向量形式.

矩阵形式 $$\boldsymbol{A}_{m\times n}\boldsymbol{X}_{n\times 1}=\boldsymbol{0},$$

向量形式 $$x_1\boldsymbol{A}_1+x_2\boldsymbol{A}_2+\cdots+x_n\boldsymbol{A}_n=\boldsymbol{0},$$

显然，齐次线性方程组至少有一个解：$\boldsymbol{X}=\boldsymbol{0}$，即零解. 一般地，将其解集合记作

$$N(\boldsymbol{A})=\{\boldsymbol{X}\mid\boldsymbol{AX}=\boldsymbol{0}\}.$$

定理 4.2.1 设 $\boldsymbol{X}_1$ 和 $\boldsymbol{X}_2$ 是 $\boldsymbol{AX}=\boldsymbol{0}$ 的两解，则 $\forall k_1,k_2\in F$，$k_1\boldsymbol{X}_1+k_2\boldsymbol{X}_2$ 亦是 $\boldsymbol{AX}=\boldsymbol{0}$ 的一个解.

证明 $\boldsymbol{A}(k_1\boldsymbol{X}_1+k_2\boldsymbol{X}_2)=k_1\boldsymbol{AX}_1+k_2\boldsymbol{AX}_2=\boldsymbol{0}$，故 $k_1\boldsymbol{X}_1+k_2\boldsymbol{X}_2\in N(\boldsymbol{A})$.

上述定理说明：齐次线性方程组的解的全体，构成 F^n 的一个子空间. 即解集合构成一个线性空间，称之为解空间.

定义 4.2.1（基础解系） 齐次线性方程组解空间的一个基称为该方程组的一个基础解系.

由定义，一个基础解系满足如下 3 个条件.

(1) 其中每个向量均是 $\boldsymbol{AX}=\boldsymbol{0}$ 的解.

（2）基础解系中的向量线性无关.

（3）解空间中任意一个向量均可以用基础解系中的向量线性表示.

设$\{\boldsymbol{X}_1,\boldsymbol{X}_2,\cdots,\boldsymbol{X}_s\}$是$\boldsymbol{AX}=\boldsymbol{0}$的一个基础解系，则$\boldsymbol{AX}=\boldsymbol{0}$的任意一个解均可写成$k_1\boldsymbol{X}_1+k_2\boldsymbol{X}_2+\cdots+k_s\boldsymbol{X}_s$，此式称$\boldsymbol{AX}=\boldsymbol{0}$的通解.

定理 4.2.2　设$\boldsymbol{A}_{m\times n}\boldsymbol{X}_{n\times 1}=\boldsymbol{0}$中矩阵$\boldsymbol{A}$的秩为$r(\boldsymbol{A})$，则它的解空间的维数是$\dim N(\boldsymbol{A})=n-r(\boldsymbol{A})$.

证明　若$r(\boldsymbol{A})=n$，则$\boldsymbol{AX}=\boldsymbol{0}$只有零解，故解空间是零空间.

若$r(\boldsymbol{A})<n$，令$r(\boldsymbol{A})=r$，则由高斯消元法$\boldsymbol{B}=[\boldsymbol{A}\ \vdots\ \boldsymbol{O}]\to\boldsymbol{D}=[\boldsymbol{C}\ \vdots\ \boldsymbol{O}]$，其中，

$$\boldsymbol{D}=\begin{bmatrix} 1 & 0 & \cdots & 0 & c_{1(r+1)} & \cdots & c_{1n} & 0 \\ 0 & 1 & \cdots & 0 & c_{2(r+1)} & \cdots & c_{2n} & 0 \\ \vdots & \vdots & & \vdots & \vdots & & \vdots & \vdots \\ 0 & 0 & \cdots & 1 & c_{r(r+1)} & \cdots & c_{rn} & 0 \\ 0 & 0 & \cdots & 0 & 0 & \cdots & 0 & 0 \\ 0 & 0 & \cdots & 0 & 0 & \cdots & 0 & 0 \\ \vdots & \vdots & & \vdots & \vdots & & \vdots & \vdots \\ 0 & 0 & \cdots & 0 & 0 & \cdots & 0 & 0 \end{bmatrix}=[\boldsymbol{C}\ \vdots\ \boldsymbol{O}],$$

其同解方程组$\boldsymbol{CX}=\boldsymbol{0}$如下：

$$\begin{cases} x_{i_1} \quad + c_{1(r+1)}x_{i_{r+1}}+\cdots+c_{1n}x_{i_n}=0, \\ \quad x_{i_2} \quad + c_{2(r+1)}x_{i_{r+1}}+\cdots+c_{2n}x_{i_n}=0, \\ \qquad \vdots \\ \qquad x_{i_r} + c_{r(r+1)}x_{i_{r+1}}+\cdots+c_{rn}x_{i_n}=0, \\ \qquad 0=0, \\ \qquad \vdots \\ \qquad 0=0, \end{cases}$$

其中$i_1,i_2,\cdots,i_n$是$1,2,\cdots,n$的一个排列，这是由于可能交换过列的位置，相应地x_i的位置也要调整，其解为（即$\boldsymbol{AX}=\boldsymbol{0}$之解）

$$\begin{cases} x_{i_1}=-c_{1(r+1)}t_{r+1}-\cdots-c_{1n}t_n, \\ x_{i_2}=-c_{2(r+1)}t_{r+1}-\cdots-c_{2n}t_n, \\ \qquad \vdots \\ x_{i_r}=-c_{r(r+1)}t_{r+1}-\cdots-c_{rn}t_n, \\ x_{i_{r+1}}=t_{r+1}, \\ \qquad \vdots \\ x_{i_n}=t_n, \end{cases}$$

让自由未知变量$(t_{r+1},\cdots,t_n)$依次取$(1,0,\cdots,0),(0,1,\cdots,0),\cdots,(0,0,\cdots,1)$可得到

$n-r$ 个解向量 $\boldsymbol{\alpha}_{r+1},\boldsymbol{\alpha}_{r+2},\cdots,\boldsymbol{\alpha}_n$，从而可将解写成如下的向量形式：

$$\begin{bmatrix} x_{i_1} \\ x_{i_2} \\ \vdots \\ x_{i_r} \\ x_{i_{r+1}} \\ x_{i_{r+2}} \\ \vdots \\ x_{i_n} \end{bmatrix} = t_{i_{r+1}} \begin{bmatrix} -c_{1(r+1)} \\ -c_{2r+1} \\ \vdots \\ -c_{rr+1} \\ 1 \\ 0 \\ \vdots \\ 0 \end{bmatrix} + t_{i_{r+2}} \begin{bmatrix} -c_{1r+2} \\ -c_{2r+2} \\ \vdots \\ -c_{rr+2} \\ 0 \\ 1 \\ \vdots \\ 0 \end{bmatrix} + \cdots + \begin{bmatrix} -c_{1n} \\ -c_{2n} \\ \vdots \\ -c_{rn} \\ 0 \\ 0 \\ \vdots \\ 1 \end{bmatrix},$$

即

$$\boldsymbol{X}=t_{i_{r+1}}\boldsymbol{\alpha}_{r+1}+t_{i_{r+2}}\boldsymbol{\alpha}_{r+2}+\cdots+t_{i_n}\boldsymbol{\alpha}_n.$$

这说明，任意一个解都可用 $\boldsymbol{\alpha}_{r+1},\boldsymbol{\alpha}_{r+2},\cdots,\boldsymbol{\alpha}_n$ 线性表示. 进一步容易证明这 $n-r$ 个解向量 $\boldsymbol{\alpha}_{r+1},\boldsymbol{\alpha}_{r+2},\cdots,\boldsymbol{\alpha}_n$ 线性无关. 由此可知$\{\boldsymbol{\alpha}_{r+1},\boldsymbol{\alpha}_{r+2},\cdots,\boldsymbol{\alpha}_n\}$就是 $\boldsymbol{AX}=\boldsymbol{0}$ 的基础解系，故解空间的维数为

$$\dim N(\boldsymbol{A})=n-r=n-r(\boldsymbol{A})$$

例 4.2.1 求$\begin{cases} x_1+x_2+x_3+x_4=0, \\ 2x_1+2x_2+x_3+3x_4=0, \\ x_1+x_2+2x_3=0 \end{cases}$的基础解系和通解.

解 由初等变换有

$$\boldsymbol{A}=\begin{bmatrix} 1 & 1 & 1 & 1 \\ 2 & 2 & 1 & 3 \\ 1 & 1 & 2 & 0 \end{bmatrix} \to \begin{bmatrix} 1 & 1 & 0 & 2 \\ 0 & 0 & 1 & -1 \\ 0 & 0 & 0 & 0 \end{bmatrix}.$$

方法一. 由上述行标准型可看出，x_1,x_3 是主未知元，x_2,x_4 是自由未知元. 依次取(x_2,x_4)为$(1,0)$，$(0,1)$，代入得到同解方程组，有

$$\begin{cases} x_1+x_2+2x_4=0, \\ x_3-x_4=0, \end{cases}$$

可得到基础解系：

$$\boldsymbol{\alpha}_1=[-1 \quad 1 \quad 0 \quad 0]^{\mathrm{T}}, \quad \boldsymbol{\alpha}_2=[-2 \quad 0 \quad 1 \quad 1]^{\mathrm{T}},$$

故通解为

$$\boldsymbol{X}=k_1\boldsymbol{\alpha}_1+k_2\boldsymbol{\alpha}_2.$$

方法二. 由 $\boldsymbol{A}$ 的标准型可知，列向量组$\{\boldsymbol{A}_1,\boldsymbol{A}_2,\boldsymbol{A}_3,\boldsymbol{A}_4\}$的极大无关组是$\{\boldsymbol{A}_1,\boldsymbol{A}_3\}$，故 $\boldsymbol{A}_2$ 和 $\boldsymbol{A}_4$ 均可用 $\boldsymbol{A}_1,\boldsymbol{A}_3$ 线性表示，具体来说，即

$$\begin{cases} \boldsymbol{A}_2=\boldsymbol{A}_1, \\ \boldsymbol{A}_4=2\boldsymbol{A}_1-\boldsymbol{A}_3, \end{cases}$$

重新改写，即

$$\begin{cases} -\boldsymbol{A}_1+\boldsymbol{A}_2=\boldsymbol{0}, \\ -2\boldsymbol{A}_1+\boldsymbol{A}_3+\boldsymbol{A}_4=\boldsymbol{0}, \end{cases}$$

与线性方程组的向量形式：

$$x_1\boldsymbol{A}_1+x_2\boldsymbol{A}_2+\cdots+x_4\boldsymbol{A}_4=\boldsymbol{0}.$$

相比较，可得到两个解如下：

$$\boldsymbol{\alpha}_1=[-1\quad 1\quad 0\quad 0]^{\mathrm{T}},\quad \boldsymbol{\alpha}_2=[-2\quad 0\quad 1\quad 1]^{\mathrm{T}}.$$

从 x_2，x_4 的取值容易看出，这正是基础解系.

由上例可见，求齐次线性方程组 $\boldsymbol{AX}=\boldsymbol{0}$ 的基础解系通常有下面两种方法.

(1) 用高斯消元法求出 $\boldsymbol{AX}=\boldsymbol{0}$ 的同解方程组，找出自由未知元和主未知元. 然后依次只取某一自由未知元为 1，其他自由未知元为 0，代入同解方程组就可得到基础解系.

(2) 将 $\boldsymbol{A}$ 化为行标准型，找出 $\boldsymbol{A}$ 的列向量的极大无关组. 将极大无关组之外的其他列向量用极大无关组线性表示出来，然后移项写成线性方程组的向量形式，由线性组合系数即可得到基础解系.

例 4.2.2　设 $\boldsymbol{A}_{m\times n}$，$\boldsymbol{B}_{n\times k}$满足 $\boldsymbol{AB}=\boldsymbol{O}$，求证：$r(\boldsymbol{A})+r(\boldsymbol{B})\leqslant n$.

证明　方法一. 利用矩阵秩的不等式直接可得.

方法二. 将 $\boldsymbol{B}$ 按列分块：$\boldsymbol{B}=[\boldsymbol{B}_1\ \boldsymbol{B}_2\cdots\ \boldsymbol{B}_k]$，则由于 $\boldsymbol{AB}=\boldsymbol{O}$ 可知 $\boldsymbol{AB}_i=\boldsymbol{0}$，即 $\boldsymbol{B}_i\in N(\boldsymbol{A})$，故 $r(\boldsymbol{B})\leqslant\dim N(\boldsymbol{A})$. 而 $\dim N(\boldsymbol{A})=n-r(\boldsymbol{A})$，故 $r(\boldsymbol{A})+r(\boldsymbol{B})\leqslant n$.

例 4.2.3　设 $\boldsymbol{A}_{m\times n}$是实矩阵，求证：$r(\boldsymbol{A}^{\mathrm{T}}\boldsymbol{A})=r(\boldsymbol{A})$.

证明　构造线性方程组(Ⅰ)：$\boldsymbol{AX}=\boldsymbol{0}$ 和(Ⅱ)：$\boldsymbol{A}^{\mathrm{T}}\boldsymbol{AX}=\boldsymbol{0}$. 则由(Ⅰ)两边左乘 $\boldsymbol{A}^{\mathrm{T}}$ 即得到(Ⅱ). 反过来，由(Ⅱ)两边左乘 $\boldsymbol{X}^{\mathrm{T}}$ 得到 $\boldsymbol{X}^{\mathrm{T}}\boldsymbol{A}^{\mathrm{T}}\boldsymbol{AX}=\boldsymbol{0}$，或者$(\boldsymbol{AX})^{\mathrm{T}}(\boldsymbol{AX})=\boldsymbol{0}$. 注意到 $\boldsymbol{AX}$ 为实列向量，故$(\boldsymbol{AX})^{\mathrm{T}}(\boldsymbol{AX})=\boldsymbol{0}$ 意味着其所有元素的平方和为 0，故 $\boldsymbol{AX}=\boldsymbol{0}$，此即方程组(Ⅰ). 由此可见(Ⅰ)和(Ⅱ)为同解方程组，其解空间相同，故 $n-r(\boldsymbol{A})=n-r(\boldsymbol{A}^{\mathrm{T}}\boldsymbol{A})$，即 $r(\boldsymbol{A}^{\mathrm{T}}\boldsymbol{A})=r(\boldsymbol{A})$.

用完全类似的方法可证明下例.

例 4.2.4　设 $\boldsymbol{A}\in\mathbf{C}^{m\times n}$，求证：$r(\boldsymbol{A}^{\dagger}\boldsymbol{A})=r(\boldsymbol{A})$. 其中，$\boldsymbol{A}^{\dagger}:=\overline{\boldsymbol{A}^{\mathrm{T}}}$(转置复共轭).

例 4.2.5　已知 $\boldsymbol{A}_{m\times n}$的秩 $r(\boldsymbol{A})=m<n$. $\boldsymbol{AX}=\boldsymbol{0}$ 的一个基础解系为$\{\boldsymbol{b}_1,\boldsymbol{b}_2,\cdots,\boldsymbol{b}_{n-m}\}$. 求方程组 $\boldsymbol{BY}=\boldsymbol{0}$ 的一个基础解系，其中 $\boldsymbol{B}=[\boldsymbol{b}_1\quad \boldsymbol{b}_2\quad \cdots\quad \boldsymbol{b}_{n-m}]^{\mathrm{T}}$.

解　由条件可知 $\boldsymbol{Ab}_i=\boldsymbol{0}$，因此 $\boldsymbol{AB}^{\mathrm{T}}=\boldsymbol{O}$. 将其转置得到 $\boldsymbol{BA}^{\mathrm{T}}=\boldsymbol{O}$，即 $\boldsymbol{A}^{\mathrm{T}}$ 的列向量都是 $\boldsymbol{BY}=\boldsymbol{0}$ 的解. 又 $r(\boldsymbol{B})=\dim N(\boldsymbol{A})=n-r(\boldsymbol{A})$，故 $r(\boldsymbol{A}^{\mathrm{T}})=n-r(\boldsymbol{B})=\dim N(\boldsymbol{B})$，即 $\boldsymbol{A}^{\mathrm{T}}$ 的秩正好等于 $\boldsymbol{BY}=\boldsymbol{0}$ 的解空间的维数. 再注意到 $r(\boldsymbol{A}^{\mathrm{T}})=m$，故 $\boldsymbol{A}^{\mathrm{T}}$ 的全部 m 个列向量正好构成了 $\boldsymbol{BY}=\boldsymbol{0}$ 的一个基础解系.

例 4.2.6　求证：方程组 $\boldsymbol{A}_{m\times n}\boldsymbol{Y}_{n\times 1}=\boldsymbol{b}_{m\times 1}$有解的充要条件是 $\boldsymbol{A}^{\mathrm{T}}\boldsymbol{X}_{m\times 1}=\boldsymbol{0}$ 的任意一个解都满足 $\boldsymbol{b}^{\mathrm{T}}\boldsymbol{X}=\boldsymbol{0}$.

证明　必要性. 设 $\boldsymbol{AY}=\boldsymbol{b}$ 有解，则 $\exists\boldsymbol{Y}_0$，使 $\boldsymbol{b}=\boldsymbol{AY}_0$. 于是对 $\boldsymbol{A}^{\mathrm{T}}\boldsymbol{X}_{m\times 1}=\boldsymbol{0}$ 的任意一个解 $\boldsymbol{X}_0$ 都有 $\boldsymbol{b}^{\mathrm{T}}\boldsymbol{X}_0=\boldsymbol{Y}_0^{\mathrm{T}}\boldsymbol{A}^{\mathrm{T}}\boldsymbol{X}_0=\boldsymbol{Y}_0^{\mathrm{T}}\boldsymbol{0}=\boldsymbol{0}$.

充分性. 设 $\forall \boldsymbol{X}, \boldsymbol{A}^{\mathrm{T}}\boldsymbol{X}=\boldsymbol{0}$ 都有 $\boldsymbol{b}^{\mathrm{T}}\boldsymbol{X}=\boldsymbol{0}$, 则 $\boldsymbol{A}^{\mathrm{T}}\boldsymbol{X}=\boldsymbol{0} \Leftrightarrow \begin{bmatrix}\boldsymbol{A}^{\mathrm{T}}\\ \boldsymbol{b}^{\mathrm{T}}\end{bmatrix}\boldsymbol{X}=\boldsymbol{0}$. 故这两个方程组同解，于是 $r(\boldsymbol{A})=r([\boldsymbol{A} \mid \boldsymbol{b}])$，故 $\boldsymbol{AY}=\boldsymbol{b}$ 有解.

下面来看看非齐次线性方程组解的结构. 对 $m\times n$ 型非齐次线性方程组，有

矩阵形式：

$$\boldsymbol{A}_{m\times n}\boldsymbol{X}_{n\times 1}=\boldsymbol{b}_{m\times 1}\quad (\boldsymbol{A}_i,\boldsymbol{b}\in F^m),$$

向量形式：

$$x_1\boldsymbol{A}_1+x_2\boldsymbol{A}_2+\cdots+x_n\boldsymbol{A}_n=\boldsymbol{b}\quad (\boldsymbol{A}_i,\boldsymbol{b}\in F^m),$$

与齐次方程组不同，非齐次线性方程组的解不构成线性空间，这很容易看出，设 x_1，x_2 满足 $\boldsymbol{A}x_1=\boldsymbol{b}$, $\boldsymbol{A}x_2=\boldsymbol{b}$，则对 x_1+x_2 有 $\boldsymbol{A}(x_1+x_2)=\boldsymbol{b}+\boldsymbol{b}=2\boldsymbol{bb}$. 但是，任意两个解的差，仍然构成一个线性空间. 为看出这一点，先引入导出组的概念.

定义 4.2.2（导出方程组）　称 $\boldsymbol{AX}=\boldsymbol{0}$ 为非齐次线性方程组 $\boldsymbol{AX}=\boldsymbol{b}$ 的导出方程组，简称导出组.

定理 4.2.3　关于非齐次线性方程组与其导出组，有

(1) $\boldsymbol{AX}=\boldsymbol{b}$ 的两个解之差是其导出组 $\boldsymbol{AX}=\boldsymbol{0}$ 的解；

(2) $\boldsymbol{AX}=\boldsymbol{b}$ 的一个解与其导出组 $\boldsymbol{AX}=\boldsymbol{0}$ 的一个解之和，仍是 $\boldsymbol{AX}=\boldsymbol{b}$ 的一个解.

证明　(1) 设 $\boldsymbol{X}_1,\boldsymbol{X}_2$ 是 $\boldsymbol{AX}=\boldsymbol{b}$ 的两个解，则 $\boldsymbol{A}(\boldsymbol{X}_1-\boldsymbol{X}_2)=\boldsymbol{AX}_1-\boldsymbol{AX}_2=\boldsymbol{b}-\boldsymbol{b}=\boldsymbol{0}$，故 $\boldsymbol{X}_1-\boldsymbol{X}_2\in N(\boldsymbol{A})$.

(2) 设 $\boldsymbol{Y}_1$ 是 $\boldsymbol{AX}=\boldsymbol{b}$ 一个解，$\boldsymbol{X}_1$ 是 $\boldsymbol{AX}=\boldsymbol{0}$ 一个解. 则 $\boldsymbol{A}(\boldsymbol{Y}_1+\boldsymbol{X}_1)=\boldsymbol{AY}_1+\boldsymbol{AX}_1=\boldsymbol{b}+\boldsymbol{0}=\boldsymbol{b}$.

定理 4.2.4　若 $\boldsymbol{\gamma}_0$ 是 $\boldsymbol{AX}=\boldsymbol{b}$ 的一个解（称作特解），则 $\boldsymbol{AX}=\boldsymbol{b}$ 的所有解都可写成 $\boldsymbol{\gamma}_0+\boldsymbol{\alpha}$ 的形式（称作通解），其中 $\boldsymbol{\alpha}$ 是导出组（即 $\boldsymbol{AX}=\boldsymbol{0}$）的解.

证明　按定理 4.2.3，$\boldsymbol{\gamma}_0+\boldsymbol{\alpha}$ 是 $\boldsymbol{AX}=\boldsymbol{b}$ 的一个解. 对 $\boldsymbol{AX}=\boldsymbol{b}$ 的任意一个解 $\boldsymbol{\gamma}$，按定理 4.2.3，$\boldsymbol{\gamma}-\boldsymbol{\gamma}_0$ 是导出组之解 $\boldsymbol{\gamma}-\boldsymbol{\gamma}_0=\boldsymbol{\alpha}\in N(\boldsymbol{A})$. 因此 $\boldsymbol{\gamma}=\boldsymbol{\gamma}_0+\boldsymbol{\alpha}$.

由上述定理可知：若已求出非齐次线性方程组 $\boldsymbol{AX}=\boldsymbol{b}$ 的一个特解 $\boldsymbol{\gamma}_0$，以及其导出组 $\boldsymbol{AX}=\boldsymbol{0}$ 的一组基础解系 $\boldsymbol{\alpha}_1,\boldsymbol{\alpha}_2,\cdots,\boldsymbol{\alpha}_{n-r}$（其中 $r=r(\boldsymbol{A})$），则 $\boldsymbol{AX}=\boldsymbol{b}$ 的通解为

$$\boldsymbol{X}=\boldsymbol{\gamma}_0+k_1\boldsymbol{\alpha}_1+k_2\boldsymbol{\alpha}_2+\cdots+k_{n-r}\boldsymbol{\alpha}_{n-r},\tag{4.2.1}$$

这个结论可与前面用高斯消元法求得的通解相互印证. 用高斯消元法得到的通解为

$$\begin{cases}x_{i_1} = d_1 - c_{1(r+1)}t_{r+1}-\cdots-c_{1n}t_n,\\ x_{i_2} = d_2 - c_{2(r+1)}t_{r+1}-\cdots-c_{2n}t_n,\\ \quad\vdots\\ x_{i_r} = d_r - c_{r(r+1)}t_{r+1}-\cdots-c_{rn}t_n,\\ x_{i_{r+1}} = t_{r+1},\\ \quad\vdots\\ x_{i_n} = t_n,\end{cases}$$

其可改写为如下形式：

$$\begin{bmatrix} x_{i_1} \\ x_{i_2} \\ \vdots \\ x_{i_r} \\ x_{i_{r+1}} \\ x_{i_{r+2}} \\ \vdots \\ x_{i_n} \end{bmatrix} = \begin{bmatrix} d_1 \\ d_2 \\ \vdots \\ d_r \\ 0 \\ 0 \\ \vdots \\ 0 \end{bmatrix} + t_{r+1}\begin{bmatrix} -c_{1(r+1)} \\ -c_{2(r+1)} \\ \vdots \\ -c_{r(r+1)} \\ 1 \\ 0 \\ \vdots \\ 0 \end{bmatrix} + t_{r+2}\begin{bmatrix} -c_{1(r+2)} \\ -c_{2(r+2)} \\ \vdots \\ -c_{r(r+2)} \\ 0 \\ 1 \\ \vdots \\ 0 \end{bmatrix} + \cdots + t_n\begin{bmatrix} -c_{1n} \\ -c_{2n} \\ \vdots \\ -c_{rn} \\ 0 \\ 0 \\ \vdots \\ 1 \end{bmatrix},$$

这正是式(4.2.1)的形式.

例 4.2.7　求方程组的通解：$\begin{cases} x_1+x_2+x_3+x_4+x_5=7, \\ 3x_1+2x_2+x_3+x_4-3x_5=-2, \\ x_2+2x_3+2x_4+6x_5=23, \\ 5x_1+4x_2+3x_3+3x_4-x_5=12. \end{cases}$

解　用初等变换得到

$$\begin{bmatrix} 1 & 1 & 1 & 1 & 1 & 7 \\ 3 & 2 & 1 & 1 & -3 & -2 \\ 0 & 1 & 2 & 2 & 6 & 23 \\ 5 & 4 & 3 & 3 & -1 & 12 \end{bmatrix} \to \begin{bmatrix} 1 & 1 & 1 & 1 & 1 & 7 \\ 0 & 1 & 2 & 2 & 6 & 23 \\ 0 & 0 & 0 & 0 & 0 & 0 \\ 0 & 0 & 0 & 0 & 0 & 0 \end{bmatrix}$$

$$\to \begin{bmatrix} 1 & 0 & -1 & -1 & -5 & -16 \\ 0 & 1 & 2 & 2 & 6 & 23 \\ 0 & 0 & 0 & 0 & 0 & 0 \\ 0 & 0 & 0 & 0 & 0 & 0 \end{bmatrix},$$

由此可见，其一个特解为

$$\boldsymbol{\gamma}=[-16 \quad 23 \quad 0 \quad 0 \quad 0]^{\mathrm{T}},$$

由于自由未知元为 x_3, x_4, x_5，故导出组的基础解系为

$$\boldsymbol{\alpha}_1=[1 \quad -2 \quad 1 \quad 0 \quad 0]^{\mathrm{T}}, \quad \boldsymbol{\alpha}_2=[1 \quad -2 \quad 0 \quad 1 \quad 0]^{\mathrm{T}}, \quad \boldsymbol{\alpha}_3=[5 \quad -6 \quad 0 \quad 0 \quad 1]^{\mathrm{T}}.$$

因此通解为

$$\boldsymbol{X}=\boldsymbol{\gamma}+k_1\boldsymbol{\alpha}_1+k_2\boldsymbol{\alpha}_2+k_3\boldsymbol{\alpha}_3 \quad (k_i \text{ 取任意值}).$$

例 4.2.8　设 $\mathbf{R}^4$ 中列向量组为 $\{\boldsymbol{\alpha}_1, \boldsymbol{\alpha}_2, \boldsymbol{\alpha}_3, \boldsymbol{\alpha}_4\}$，$\boldsymbol{\alpha}_1, \boldsymbol{\alpha}_2, \boldsymbol{\alpha}_4$ 线性无关，且 $\boldsymbol{\alpha}_3=3\boldsymbol{\alpha}_1-\boldsymbol{\alpha}_2-2\boldsymbol{\alpha}_4$，$\boldsymbol{\beta}=\boldsymbol{\alpha}_1+2\boldsymbol{\alpha}_2+3\boldsymbol{\alpha}_3+4\boldsymbol{\alpha}_4$，设 $\boldsymbol{A}=[\boldsymbol{\alpha}_1 \ \boldsymbol{\alpha}_2 \ \boldsymbol{\alpha}_3 \ \boldsymbol{\alpha}_4]$，求 $\boldsymbol{AX}=\boldsymbol{\beta}$ 的通解.

解　可将 $\boldsymbol{AX}=\boldsymbol{\beta}$ 两边展开为 $\boldsymbol{\alpha}_1, \boldsymbol{\alpha}_2, \boldsymbol{\alpha}_4$ 的线性组合，比较系数列出方程组. 但更方便的是利用线性方程组 $\boldsymbol{AX}=\boldsymbol{\beta}$ 的向量形式. 注意到

$$\boldsymbol{\beta}=\boldsymbol{\alpha}_1+2\boldsymbol{\alpha}_2+3\boldsymbol{\alpha}_3+4\boldsymbol{\alpha}_4,$$

可给出一个特解

$$\boldsymbol{\gamma}=[1\quad 2\quad 3\quad 4]^{\mathrm{T}}.$$

而对于导出组 $\boldsymbol{AX}=\mathbf{0}$，注意到 $r(\boldsymbol{A})=3$，故导出组的解空间为 $4-3=1$，即一维. 而由

$$\boldsymbol{\alpha}_3=3\boldsymbol{\alpha}_1-\boldsymbol{\alpha}_2-2\boldsymbol{\alpha}_4$$

可给出导出组的基础解系为

$$\boldsymbol{\alpha}=[-3\quad 1\quad 1\quad 2]^{\mathrm{T}}.$$

因此通解为

$$\boldsymbol{X}=\boldsymbol{\gamma}+k\boldsymbol{\alpha}\quad (k \text{ 取任意值}).$$

例 4.2.9　设 $\boldsymbol{AX}=\boldsymbol{b}$ 中，$r(\boldsymbol{A})=r$，若 $\boldsymbol{\alpha}_0,\boldsymbol{\alpha}_1,\boldsymbol{\alpha}_2,\cdots,\boldsymbol{\alpha}_{n-r}$ 是 $\boldsymbol{AX}=\boldsymbol{b}$ 的线性无关的解，求其通解.

解　取 $\boldsymbol{\beta}_1=\boldsymbol{\alpha}_1-\boldsymbol{\alpha}_0,\boldsymbol{\beta}_2=\boldsymbol{\alpha}_2-\boldsymbol{\alpha}_0,\cdots,\boldsymbol{\beta}_{n-r}=\boldsymbol{\alpha}_{n-r}-\boldsymbol{\alpha}_0$，则这些 $\boldsymbol{\beta}_i$ 都是导出组 $\boldsymbol{AX}=\mathbf{0}$ 的解. 现在来看其线性相关性，令

$$k_1\boldsymbol{\beta}_1+k_2\boldsymbol{\beta}_2+\cdots+k_{n-r}\boldsymbol{\beta}_{n-r}=\mathbf{0},$$

则整理后有

$$k_1\boldsymbol{\alpha}_1+k_2\boldsymbol{\alpha}_2+\cdots+k_{n-r}\boldsymbol{\alpha}_{n-r}-(k_1+k_2+\cdots+k_{n-r})\boldsymbol{\alpha}_0=\mathbf{0},$$

由 $\boldsymbol{\alpha}_i$ 的线性无关性可知：所有的 $k_i=0$，故这些 $\boldsymbol{\beta}_i$ 线性无关. 又其个数等于 $N(\boldsymbol{A})$的维数，故这些 $\boldsymbol{\beta}_i$ 构成了导出组的基础解系. 因此 $\boldsymbol{AX}=\boldsymbol{b}$ 的通解为

$$\boldsymbol{X}=\boldsymbol{\alpha}_0+k_i\boldsymbol{\beta}_i=(1-k_1-\cdots-k_{n-r})\boldsymbol{\alpha}_0+k_i\boldsymbol{\alpha}_i.$$

例 4.2.10　设 $\boldsymbol{\gamma}$ 是非齐次方程组 $\boldsymbol{AX}=\boldsymbol{b}$ 的一个特解，$\boldsymbol{\alpha}_1,\boldsymbol{\alpha}_2,\cdots,\boldsymbol{\alpha}_{n-r}$ 是其导出组 $\boldsymbol{AX}=\mathbf{0}$ 的一个基础解系，其中 $r=r(\boldsymbol{A})$，求证：

(1) $\boldsymbol{\gamma},\boldsymbol{\alpha}_1,\boldsymbol{\alpha}_2,\cdots,\boldsymbol{\alpha}_{n-r}$ 线性无关；

(2) $\boldsymbol{\gamma},\boldsymbol{\gamma}+\boldsymbol{\alpha}_1,\boldsymbol{\gamma}+\boldsymbol{\alpha}_2,\cdots,\boldsymbol{\gamma}+\boldsymbol{\alpha}_{n-r}$ 也线性无关；

(3) $\boldsymbol{\gamma},\boldsymbol{\gamma}+\boldsymbol{\alpha}_1,\boldsymbol{\gamma}+\boldsymbol{\alpha}_2,\cdots,\boldsymbol{\gamma}+\boldsymbol{\alpha}_{n-r}$ 是 $\boldsymbol{AX}=\boldsymbol{b}$ 的解集合的一个极大无关组.

证明　(1) 设 $k\boldsymbol{\gamma}+k_1\boldsymbol{\alpha}_1+\cdots+k_{n-r}\boldsymbol{\alpha}_{n-r}=\mathbf{0}$ 左乘 $\boldsymbol{A}$ 有 $k=0$. 代入上式并注意到 $\boldsymbol{\alpha}_1,\boldsymbol{\alpha}_2,\cdots,\boldsymbol{\alpha}_{n-r}$ 线性无关，可知所有的 $k_i=0$. 因此 $\boldsymbol{\gamma},\boldsymbol{\alpha}_1,\boldsymbol{\alpha}_2,\cdots,\boldsymbol{\alpha}_{n-r}$ 线性无关.

(2) 设 $k\boldsymbol{\gamma}+k_1(\boldsymbol{\gamma}+\boldsymbol{\alpha}_1)+\cdots+k_{n-r}(\boldsymbol{\gamma}+\boldsymbol{\alpha}_{n-r})=\mathbf{0}$，整理后有 $(k+k_1+\cdots+k_{n-r})\boldsymbol{\gamma}+k_1\boldsymbol{\alpha}_1+\cdots+k_{n-r}\boldsymbol{\alpha}_{n-r}=\mathbf{0}$. 由(1)的结论可知 $k=0,k_i=0$. 因此 $\boldsymbol{\gamma},\boldsymbol{\gamma}+\boldsymbol{\alpha}_1,\boldsymbol{\gamma}+\boldsymbol{\alpha}_2,\cdots,\boldsymbol{\gamma}+\boldsymbol{\alpha}_{n-r}$ 也线性无关.

(3) 注意到 $\boldsymbol{\gamma},\boldsymbol{\gamma}+\boldsymbol{\alpha}_1,\boldsymbol{\gamma}+\boldsymbol{\alpha}_2,\cdots,\boldsymbol{\gamma}+\boldsymbol{\alpha}_{n-r}$ 每个向量都是 $\boldsymbol{AX}=\boldsymbol{b}$ 的解，且线性无关. 对 $\boldsymbol{AX}=\boldsymbol{b}$ 的解集合中的任意一个解：

$\boldsymbol{X}=\boldsymbol{\gamma}+k_1\boldsymbol{\alpha}_1+\cdots+k_{n-r}\boldsymbol{\alpha}_{n-r}=(1-k_1-\cdots-k_{n-r})\boldsymbol{\gamma}+k_1(\boldsymbol{\gamma}+\boldsymbol{\alpha}_1)+\cdots+k_{n-r}(\boldsymbol{\gamma}+\boldsymbol{\alpha}_{n-r})$，故解集合中任一个向量都可以用它们线性表示. 由此可见，$\boldsymbol{\gamma},\boldsymbol{\gamma}+\boldsymbol{\alpha}_1,\boldsymbol{\gamma}+\boldsymbol{\alpha}_2,\cdots,\boldsymbol{\gamma}+\boldsymbol{\alpha}_{n-r}$ 是 $\boldsymbol{AX}=\boldsymbol{b}$ 的解集合的一个极大无关组.

例 4.2.11　设 $\boldsymbol{\alpha}_1=[1\quad 0\quad 2\quad 3]^{\mathrm{T}},\boldsymbol{\alpha}_2=[1\quad -1\quad a+2\quad 1]^{\mathrm{T}},\boldsymbol{\alpha}_3=[1\quad 2\quad 4\quad a+8]^{\mathrm{T}},\boldsymbol{\alpha}_4=[1\quad 1\quad 3\quad 5]^{\mathrm{T}},\boldsymbol{\beta}=[1\quad 1\quad b+3\quad 5]^{\mathrm{T}}$.

(1) a,b 为何值时,$\boldsymbol{\beta}$ 可由 $\boldsymbol{\alpha}_1,\boldsymbol{\alpha}_2,\boldsymbol{\alpha}_3,\boldsymbol{\alpha}_4$ 唯一线性表示?

(2) a,b 为何值时,$\boldsymbol{\beta}$ 可由 $\boldsymbol{\alpha}_1,\boldsymbol{\alpha}_2,\boldsymbol{\alpha}_3,\boldsymbol{\alpha}_4$ 线性表示,但不唯一?

(3) a,b 为何值时,$\boldsymbol{\beta}$ 不可由 $\boldsymbol{\alpha}_1,\boldsymbol{\alpha}_2,\boldsymbol{\alpha}_3,\boldsymbol{\alpha}_4$ 线性表示?

解　这里用方程组的理论重新求解. 令 $\boldsymbol{\beta}=x_1\boldsymbol{\alpha}_1+x_2\boldsymbol{\alpha}_2+x_3\boldsymbol{\alpha}_3+x_4\boldsymbol{\alpha}_4$,则其可写成线性方程组 $\boldsymbol{AX}=\boldsymbol{b}$ 的形式,其中

$$\boldsymbol{A}=[\boldsymbol{\alpha}_1\ \boldsymbol{\alpha}_2\ \boldsymbol{\alpha}_3\ \boldsymbol{\alpha}_4],\quad \boldsymbol{b}=\boldsymbol{\beta},$$

问题转换为线性方程组的求解. 由增广矩阵的行初等变换得到

$$\begin{bmatrix}1&1&1&1&1\\0&-1&2&1&1\\2&a+2&4&3&b+3\\3&1&a+8&5&5\end{bmatrix}\to\begin{bmatrix}1&1&1&1&1\\0&-1&2&1&1\\0&a&2&1&b+1\\0&-2&a+5&2&2\end{bmatrix}$$

$$\to\begin{bmatrix}1&1&1&1&1\\0&1&-2&-1&-1\\0&0&2a+2&a+1&a+b+1\\0&0&a+1&0&0\end{bmatrix}$$

$$\to\begin{bmatrix}1&0&3&2&2\\0&1&-2&-1&-1\\0&0&a+1&0&0\\0&0&0&a+1&a+b+1\end{bmatrix}.$$

因此,有

(1) $a\neq-1$ 时,$r(\boldsymbol{A})=r([\boldsymbol{A}\ \vdots\ \boldsymbol{b}])=4$,方程组有唯一解. 故 $\boldsymbol{\beta}$ 可由 $\boldsymbol{\alpha}_1,\boldsymbol{\alpha}_2,\boldsymbol{\alpha}_3,\boldsymbol{\alpha}_4$ 唯一线性表示.

(2) $a=-1,b=0$ 时,$r(\boldsymbol{A})=r([\boldsymbol{A}\ \vdots\ \boldsymbol{b}])<4$,方程组有无穷解. 故 $\boldsymbol{\beta}$ 可由 $\boldsymbol{\alpha}_1,\boldsymbol{\alpha}_2,\boldsymbol{\alpha}_3,\boldsymbol{\alpha}_4$ 线性表示,但不唯一.

(3) $a=-1$ 且 $b\neq0$ 时,$r(\boldsymbol{A})<r([\boldsymbol{A}\ \vdots\ \boldsymbol{b}])$,方程组无解. 故 $\boldsymbol{\beta}$ 不可由 $\boldsymbol{\alpha}_1,\boldsymbol{\alpha}_2,\boldsymbol{\alpha}_3,\boldsymbol{\alpha}_4$ 线性表示.

这与例 3.5.9 得到的结论一致.

第 5 章　线性变换

线性变换是线性空间到自身的一类特殊映射.在有限维线性空间中,线性变换与矩阵有极为密切的联系.

5.1　线性映射

5.1.1　线性映射的定义和基本性质

前面已经学过线性空间中的同构映射,这里我们先看一类更广泛的映射:线性映射.线性泛函和线性变换都是一类特殊的线性映射.

定义 5.1.1(线性映射)　设 V 和 U 是数域 F 上的线性空间,若映射 $\sigma: V \to U$ 满足下列两个条件:

(1) $\forall \boldsymbol{\alpha}, \boldsymbol{\beta} \in V, \sigma(\boldsymbol{\alpha}+\boldsymbol{\beta})=\sigma(\boldsymbol{\alpha})+\sigma(\boldsymbol{\beta})$;

(2) $\forall \boldsymbol{\alpha} \in V, k \in F, \sigma(k\boldsymbol{\alpha})=k\sigma(\boldsymbol{\alpha})$.

则称 σ 为 V 到 U 的线性映射.

定义中条件(1)、(2)可等价地写成 $\sigma(k\boldsymbol{\alpha}+l\boldsymbol{\beta})=k\sigma(\boldsymbol{\alpha})+l\sigma(\boldsymbol{\beta})$.线性映射实际上是保持线性运算的一类特殊映射,具体来说,有

(1) 将零向量映射为零向量:$\sigma(\mathbf{0})=\mathbf{0}'$;

(2) 将负向量映射为负向量:$\forall \boldsymbol{\alpha} \in V, \sigma(-\boldsymbol{\alpha})=-\sigma(\boldsymbol{\alpha})$;

(3) 保持线性叠加关系:$\sigma(k_i\boldsymbol{\alpha}_i)=k_i\sigma(\boldsymbol{\alpha}_i)$,因此若有 $\boldsymbol{\beta}=k_i\boldsymbol{\alpha}_i$,则可推出 $\sigma(\boldsymbol{\beta})=k_i\sigma(\boldsymbol{\alpha}_i)$;

(4) 若 $\boldsymbol{\alpha}_1, \boldsymbol{\alpha}_2, \cdots, \boldsymbol{\alpha}_n$ 线性相关,则 $\sigma(\boldsymbol{\alpha}_1), \sigma(\boldsymbol{\alpha}_i), \cdots, \sigma(\boldsymbol{\alpha}_n)$ 也线性相关,注意线性无关时不一定成立,例如定义零映射:$\forall \boldsymbol{\alpha} \in V, \sigma(\boldsymbol{\alpha})=\mathbf{0}'$,则零映射将线性无关的向量全部映射为线性相关的零向量;

(5) 若线性映射同时也是双映射,则它是前面介绍的同构映射.

例 5.1.1　设 $\mathbf{A} \in F^{m \times n}$,则如下定义的映射:

$$\sigma: F^n \to F^m, \quad \forall \boldsymbol{\alpha} \in F^n, \quad \sigma(\boldsymbol{\alpha})=\mathbf{A}\boldsymbol{\alpha},$$

容易证明这是一个线性映射.由此可见,任意一个矩阵可定义一个列向量之间的线性映射.后面将证明,在有限维空间之间的线性映射和矩阵可建立一一对应的关系.因此本例虽简单,但可认为是有限维空间之间的线性映射的最普遍情况.

例 5.1.2　$V=C[a,b]$ 是定义在 $[a,b]$ 上的实连续函数构成的线性空间,定义:

$$\sigma: V \to \mathbf{R}, \quad \forall f(x) \in C[a,b], \quad \sigma(f(x)) = \int_a^b f(x)\mathrm{d}x,$$

则这也是 $C[a,b]$ 到 $\mathbf{R}$ 的一个线性映射.

例 5.1.3　设 $P[x]_n$ 是次数不大于 n 的多项式空间,定义:

$$\sigma: P[x]_n \to P[x]_n, \quad \forall f(x) \in P[x]_n, \quad \sigma(f(x)) = \frac{\mathrm{d}}{\mathrm{d}x} f(x)$$

是 $P[x]_n$ 到 $P[x]_n$ 的一个线性映射.

例 5.1.4　下列映射是线性映射吗?

(1) $\sigma([x\ y\ z]^{\mathrm{T}}) = [y\quad z]^{\mathrm{T}}$;

(2) $\sigma([x_1\quad x_2\quad x_3]) = [0\quad 0]$;

(3) $\sigma([x_1\quad x_2\quad x_3]^{\mathrm{T}} = [1+x_1\quad x_3])$;

(4) $\sigma([x_1\quad x_2\quad x_3]) = [x_3\quad x_1+x_2]$;

(5) $\sigma([x_1\quad x_2\quad x_3]) = [1+x_1\quad x_2]$;

(6) $\sigma([x\quad y\quad z]) = [x+y\quad 2z\quad x]$.

解　直接利用定义验证可知,(1)、(2)、(4)、(6)是线性映射,(3)、(5)不是.

定理 5.1.1　设 $\sigma: V \to U$ 是 F 上线性空间 V 到 U 的线性映射,S 与 H' 分别是 V 和 U 的子空间,则

(1) S 的像:$\sigma(S) = \{\sigma(\boldsymbol{\alpha}) \mid \boldsymbol{\alpha} \in S\}$ 是 U 的子空间;

(2) H' 的像源:$H = \{\boldsymbol{\alpha} \in V \mid \sigma(\boldsymbol{\alpha}) \in H'\}$ 是 V 的子空间.

证明　注意到线性空间的子集只要对线性运算封闭就构成子空间.

(1) 设 $\boldsymbol{\alpha}, \boldsymbol{\beta} \in \sigma(S)$,则 $\exists \boldsymbol{\alpha}', \boldsymbol{\beta}' \in S$ 使得 $\boldsymbol{\alpha} = \sigma(\boldsymbol{\alpha}')$,$\boldsymbol{\beta} = \sigma(\boldsymbol{\beta}')$,注意到 S 是子空间,有 $k\boldsymbol{\alpha} + l\boldsymbol{\beta} = k\sigma(\boldsymbol{\alpha}') + l\sigma(\boldsymbol{\beta}') = \sigma(k\boldsymbol{\alpha}' + l\boldsymbol{\beta}') \in \sigma(S)$. 因此 $\sigma(S)$ 也是子空间.

(2) 类似地,$\forall \boldsymbol{\alpha}, \boldsymbol{\beta} \in H$,$\sigma(\boldsymbol{\alpha}), \sigma(\boldsymbol{\beta}) \in H'$. $\sigma(k\boldsymbol{\alpha} + l\boldsymbol{\beta}) = k\sigma(\boldsymbol{\alpha}) + l\sigma(\boldsymbol{\beta}) \in H'$,故 $k\boldsymbol{\alpha} + l\boldsymbol{\beta} \in H$. 因此 H 也是子空间.

本定理说明,线性映射将子空间映射为子空间;反之,子空间的像源也是子空间. 有两个重要的子空间可由此定理得到.

定义 5.1.2(像,核)　V 的全体在 σ 下的像向量的集合 $\sigma(V)$ 是 U 的一个子空间,称映射 σ 的像,记作 $\mathrm{Im}(\sigma)$. U 中的零空间 $\{\mathbf{0}'\}$ 在 σ 之下的像源集合是 V 的一个子空间,称映射 σ 的核,记作 $\mathrm{Ker}(\sigma)$.

像:$\mathrm{Im}(\sigma) = \{\sigma(\boldsymbol{\alpha}) \mid \boldsymbol{\alpha} \in V\}$;核:$\mathrm{Ker}(\sigma) = \{\boldsymbol{\alpha} \in V \mid \sigma(\boldsymbol{\alpha}) = \mathbf{0}'\}$.

定理 5.1.2　设 $\sigma: V \to U$ 是 F 上线性空间 V 到 U 的线性映射,则

(1) σ 是单映射的充要条件是 $\mathrm{Ker}(\sigma) = \{\mathbf{0}\}$;

(2) σ 是满映射的充要条件是 $\mathrm{Im}(\sigma) = U$.

证明　(2)是显然的,只需要证明(1). 设 σ 是单映射,则 $\mathbf{0}'$ 的像源只有一个,只能是 $\mathbf{0}$,故 $\mathrm{Ker}(\sigma) = \{\mathbf{0}\}$. 反之,若 $\mathrm{Ker}(\sigma) = \{\mathbf{0}\}$,则设 $\boldsymbol{\alpha}, \boldsymbol{\beta} \in V$,由 $\sigma(\boldsymbol{\alpha}) = \sigma(\boldsymbol{\beta})$ 可得到 $\sigma(\boldsymbol{\alpha}$

$-\boldsymbol{\beta})=\mathbf{0}'$,即 $\boldsymbol{\alpha}-\boldsymbol{\beta}=\mathbf{0}$,亦即 $\boldsymbol{\alpha}=\boldsymbol{\beta}$. 由此可见 σ 是单映射.

定义 5.1.3(秩,零度) 设 σ 是 F 上有限线性空间 V 到有限线性空间 U 的线性映射 $\sigma:V\to U$,则 σ 的像与核的维数分别称为 σ 的秩和零度,记作 $r(\sigma)$ 和 $N(\sigma)$. 即

$$r(\sigma)=\dim(\mathrm{Im}(\sigma));\quad N(\sigma)=\dim(\mathrm{Ker}(\sigma)).$$

关于秩和零度有如下重要定理.

定理 5.1.3(秩-零度定理) 设 σ 是 F 上有限线性空间 V 到有限线性空间 U 的线性映射 $\sigma:V\to U$,则其秩和零度满足 $r(\sigma)+N(\sigma)=\dim(V)$.

证明 当 $N(\sigma)=\dim(V)$ 时,$\mathrm{Im}(\sigma)=\{\mathbf{0}\}$,$r(\sigma)=0$,故定理成立.

当 $N(\sigma)<\dim(V)$ 时,设 $N(\sigma)=k$,$\dim(V)=n$. 选取 $\mathrm{Ker}(\sigma)$ 的一个基为 $\{\boldsymbol{\alpha}_1,\boldsymbol{\alpha}_2,\cdots,\boldsymbol{\alpha}_k\}$,则 V 中必有不能用这组基线性表示的向量,任取一个记作 $\boldsymbol{\beta}_{k+1}$ 放入上述基中,得到新的向量组,若该向量组还不能张成整个线性空间 V,则再取一个不能用这组向量线性表示的向量放入向量组中,如此下去,可构造 $\{\boldsymbol{\alpha}_1,\boldsymbol{\alpha}_2,\cdots,\boldsymbol{\alpha}_k,\boldsymbol{\beta}_{k+1},\cdots,\boldsymbol{\beta}_n\}$ 成为 V 的一组基.

现在来证明 $\{\boldsymbol{\alpha}(\boldsymbol{\beta}_{k+1}),\cdots,\boldsymbol{\alpha}(\boldsymbol{\beta}_n)\}$ 正好构成了 $\mathrm{Im}(\sigma)$ 的基. 首先,$\forall\boldsymbol{\beta}\in\mathrm{Im}(\sigma)$,有 $\exists\alpha\in V$,使 $\boldsymbol{\beta}=\sigma(\boldsymbol{\alpha})$. 而 $V\ni\boldsymbol{\alpha}=k_1\boldsymbol{\alpha}_1+\cdots+k_k\boldsymbol{\alpha}_k+k_{k+1}\boldsymbol{\beta}_{k+1}+\cdots+k_n\boldsymbol{\beta}_n$,$\sigma(\boldsymbol{\alpha}_i)=\mathbf{0}'$,故 $\sigma(\boldsymbol{\alpha})=k_{k+1}\sigma(\boldsymbol{\beta}_{k+1})+\cdots+k_n\sigma(\boldsymbol{\beta}_n)$. 即 $\mathrm{Im}(\sigma)$ 中任意向量都可用 $\{\boldsymbol{\alpha}(\boldsymbol{\beta}_{k+1}),\cdots,\boldsymbol{\alpha}(\boldsymbol{\beta}_n)\}$ 线性表示. 另一方面,设 $k_{k+1}\sigma(\boldsymbol{\beta}_{k+1})+\cdots+k_n\sigma(\boldsymbol{\beta}_n)=\mathbf{0}'$,则 $\sigma(k_{k+1}\boldsymbol{\beta}_{k+1}+\cdots+k_n\boldsymbol{\beta}_n)=\mathbf{0}'$,故 $k_{k+1}\boldsymbol{\beta}_{k+1}+\cdots+k_n\boldsymbol{\beta}_n\in\mathrm{Ker}(\sigma)$,即 $k_{k+1}\boldsymbol{\beta}_{k+1}+\cdots+k_n\boldsymbol{\beta}_n=k_1\boldsymbol{\alpha}_1+\cdots+k_k\boldsymbol{\alpha}_k$. 由于 $\{\boldsymbol{\alpha}_1,\boldsymbol{\alpha}_2,\cdots,\boldsymbol{\alpha}_k,\boldsymbol{\beta}_{k+1},\cdots,\boldsymbol{\beta}_n\}$ 为 V 的一组基,故 $k_i=0$. 即 $\{\boldsymbol{\sigma}(\boldsymbol{\beta}_{k+1}),\cdots,\boldsymbol{\sigma}(\boldsymbol{\beta}_n)\}$ 线性无关. 由此可知,$\{\boldsymbol{\sigma}(\boldsymbol{\beta}_{k+1}),\cdots,\boldsymbol{\sigma}(\boldsymbol{\beta}_n)\}$ 构成了 $\mathrm{Im}(\sigma)$ 的基.

综上,$r(\sigma)+N(\sigma)=(n-k)+k=n=\dim(V)$.

实际上,将上述证明稍做修改即可证明,对 $\sigma:V\to U$,将 $\mathrm{Im}(\sigma)$ 的一个基的原像与 $\mathrm{Ker}(\sigma)$ 的一个基合并,正好能给出 V 的一个基. 请读者自行完成证明.

例 5.1.5 对由 $\boldsymbol{A}\in F^{m\times n}$ 定义的 $F^n\to F^m$ 的如下线性映射:$\sigma:\boldsymbol{X}\to\boldsymbol{Y}=\boldsymbol{AX}$,验证上述秩-零度定理.

解 按像和核的定义有

$$\mathrm{Ker}(\sigma)=\{\boldsymbol{X}\mid\boldsymbol{X}\in F^n\text{ 且 }\boldsymbol{AX}=\boldsymbol{O}\},\quad \mathrm{Im}(\sigma)=\{\boldsymbol{AX}\mid\forall\boldsymbol{X}\in F^n\},$$

即 $\mathrm{Ker}(\sigma)$ 就是齐次方程组 $\boldsymbol{AX}=\boldsymbol{O}$ 的解空间. 为看出 $\mathrm{Im}(\sigma)$ 的具体含义,可将 $\boldsymbol{A}$ 按列分块,则 $\boldsymbol{AX}=x_1\boldsymbol{A}_1+x_2\boldsymbol{A}_2+\cdots+x_n\boldsymbol{A}_n$,这正是 $\boldsymbol{A}$ 的列向量的线性组合. 因此 $\mathrm{Im}(\sigma)$ 是 $\boldsymbol{A}$ 的列向量组张成的线性空间. 故

$$N(\sigma)=\dim\mathrm{Ker}(\sigma)=n-r(\boldsymbol{A}),\quad r(\sigma)=\dim\mathrm{Im}(\sigma)=r(\boldsymbol{A}),$$

因此 $N(\sigma)+r(\sigma)=n-r(\boldsymbol{A})+r(\boldsymbol{A})=n$ 满足秩-零度定理.

从上例也可看出线性映射的秩、零度与矩阵的秩、齐次方程的解空间维数有紧密的联系,这正是后面将要学到的线性映射与矩阵的联系的体现.

5.1.2 线性映射的运算

下面讨论线性映射的运算，在学过线性映射和矩阵的联系后，这些运算也与矩阵的相应运算一一对应.

定义 5.1.4(加法) 设 σ 和 τ 是 F 上 V 到 U 的两线性映射，则定义 $\sigma+\tau$ 为一个新的映射：

$$\forall \boldsymbol{\alpha}\in V,\quad (\sigma+\tau)(\boldsymbol{\alpha})=\sigma(\boldsymbol{\alpha})+\tau(\boldsymbol{\alpha}).$$

这个定义是确切的，因为一个映射由它对定义域里任意一个元素的操作来定义. 易证明 $\sigma+\tau$ 仍是 V 到 U 的一个线性映射：

$$(\sigma+\tau)(k\boldsymbol{\alpha}+l\boldsymbol{\beta})=k(\sigma+\tau)(\boldsymbol{\alpha})+l(\sigma+\tau)(\boldsymbol{\beta}),$$

即线性映射的和仍然为一个线性映射. 直接由定义以及向量的运算律可验证，线性映射的加法满足如下运算律.

(1) 交换律：$\sigma+\tau=\tau+\sigma$.

(2) 结合律：$\sigma+(\tau+\rho)=(\sigma+\tau)+\rho$.

(3) 存在零元：定义零映射：$\forall \boldsymbol{\alpha}\in V,\sigma(\boldsymbol{\alpha})=\mathbf{0}$，这样的映射称 σ 为零映射，本教材用 o 来标记零映射. 则零映射满足：$\forall \rho, o+\rho=\rho$.

(4) 存在负元：定义 $-\sigma$ 为 $(-\sigma)(\boldsymbol{\alpha})=-\sigma(\boldsymbol{\alpha})$，则满足 $(-\sigma)+\sigma=o$. 由负元可定义线性映射的减法：$\rho-\sigma=\rho+(-\sigma)$.

定义 5.1.5(数乘) 设 σ 是 F 上 V 到 U 的线性映射，$k\in F$，则定义 $k\sigma$ 为一个新的映射：

$$\forall \boldsymbol{\alpha}\in V,\quad (k\sigma)(\boldsymbol{\alpha})=k\sigma(\boldsymbol{\alpha}).$$

易证明，$k\sigma$ 仍是 V 到 U 的线性映射，即满足：

$$k\sigma(m\boldsymbol{\alpha}+l\boldsymbol{\beta})=m(k\sigma)(\boldsymbol{\alpha})+l(k\sigma)(\boldsymbol{\beta}).$$

由定义以及向量的运算律可验证，线性映射的数乘满足如下运算律.

(1) 数乘分配律Ⅰ：$k(\boldsymbol{\sigma}+\tau)=k\boldsymbol{\sigma}+k\tau$.

(2) 数乘分配律Ⅱ：$(k+l)\sigma=k\sigma+l\sigma$.

(3) 数乘结合律：$(kl)\sigma=k(l\sigma)$.

(4) 数乘单位律：$1\sigma=\sigma$.

由上述加法、数乘的定义，以及其满足的运算律可知如下定理.

定理 5.1.4 F 上 V 到 U 的线性映射全体，线性映射的加法与数乘，构成 F 上的一个线性空间，记作 $L(V\to U)$.

后面将学到，n 维线性空间 V 到 m 维线性空间 U 的线性映射全体 $L(V\to U)$，作为线性空间与 $F^{m\times n}$ 同构. 可进一步定义线性映射的乘法如下.

定义 5.1.6(乘法) 设 σ 是 F 上线性空间 V 到线性空间 U 的线性映射，τ 是 F 上 U 到线性空间 W 的线性映射，则定义 σ 和 τ 的乘积 $\tau\sigma$ 为 V 到 W 的映射：

$$\forall \boldsymbol{\alpha} \in V, \quad (\tau\sigma)(\boldsymbol{\alpha}) = \tau(\sigma(\boldsymbol{\alpha})).$$

易证明，$\tau\sigma$ 是 V 到 U 的线性映射. 但是线性映射的乘法不满足交换律，按上述定义，当 $\tau\sigma$ 可定义时，一般地并不能定义 $\sigma\tau$，除非 $W=V$. 然而从定义可看出，线性映射的乘法满足结合律，即该乘法有意义，则

$$(\sigma\rho)\tau = \sigma(\rho\tau).$$

这是由于，无论等式左边还是右边，其结果都是先做 τ 映射，再做 ρ 映射，最后做 σ 映射.

5.1.3 线性泛函和对偶空间*

定义 5.1.7(线性泛函) 注意到数域 F 可作为自身上的线性空间，数域 F 上线性空间 V 到数域 F 的一个线性映射被称为 V 上的一个 F 值线性泛函.

作为一类特殊的线性映射，线性泛函同样满足定理 5.1.4，故可引入对偶空间的概念.

定义 5.1.8(对偶空间) V 上全部 F 值线性泛函构成一个线性空间，称为 V 的对偶空间，记作 V^*.

下面看看对偶空间的结构. 设 $\{\boldsymbol{v}_1, \boldsymbol{v}_2, \cdots, \boldsymbol{v}_n\}$ 是 V 中的一个基. 注意到线性映射是通过对任意向量的映射来定义的，由于需满足线性性质，故实际上只要确定了对 V 中基向量的映射，就能完全确定一个线性映射. 因此可按如下方式定义 n 个线性泛函 $w^i \in V^* \ (i=1,2,\cdots,n)$①：

$$w^i: V \to F, \quad w^i(\boldsymbol{v}_j) = \delta_{ij} \quad (i,j=1,2,\cdots,n).$$

如前所述，每个 w^i 都是恰当定义的，因为 $\forall \boldsymbol{\alpha} \in V$，有

$$\boldsymbol{\alpha} = k_j \boldsymbol{v}_j, \quad w^i(\boldsymbol{\alpha}) = w^i(k_j \boldsymbol{v}_j) = k_j w^i(\boldsymbol{v}_j) = k_j \delta_{ij} = k_i.$$

可以证明，这 n 个线性泛函 w^i 正好构成了对偶空间 V^* 的一个基，证明如下. 首先，$w^1, w^2, \cdots, w^n$ 线性无关，这是因为：假设 $k_i w^i = o$，两边对 $\boldsymbol{v}_j$ 映射给出 $k_j = 0$. 其次，$\forall \sigma \in V^*$，σ 都可用 $w^1, w^2, \cdots, w^n$ 来展开. 这是因为直接计算可知 σ 和 $\sigma(\boldsymbol{v}_i) w^i$ 作用在任意 $\boldsymbol{\alpha} \in V$ 上，其结果都相等：

$$\begin{aligned}(\sigma(\boldsymbol{v}_i) w^i)(\boldsymbol{\alpha}) &= (\sigma(\boldsymbol{v}_i) w^i)(k_j \boldsymbol{v}_j) = \sigma(\boldsymbol{v}_i) k_j w^i(\boldsymbol{v}_j) = \sigma(\boldsymbol{v}_i) k_j \delta_{ij} = \sigma(\boldsymbol{v}_i) k_i \\ &= \sigma(k_i \boldsymbol{v}_i) = \sigma(\boldsymbol{\alpha}),\end{aligned}$$

故

$$\sigma = \sigma(\boldsymbol{v}_i) w^i.$$

---

① 对于 V 和 V^* 中的基的指标，习惯上，一个用上标标记，另一个用下标标记，用以区分在变换群中不同的变换性质. 相应地，根据变换性质，V 和 V^* 中向量坐标的指标也是一个用下标标记，另一个用上标标记. 由于本课程中不讨论向量或张量的变换群，故我们不刻意区分上、下标，仅在这里按习惯对对偶基的指标使用上标. 关于从变换群的角度对张量理论的简单介绍可见文献[11]，关于张量的数学理论见文献[12]的第 2 章.

因此$\{\boldsymbol{w}^1,\boldsymbol{w}^2,\cdots,\boldsymbol{w}^n\}$构成了对偶空间$V^*$的一个基，称$V$中基$\{\boldsymbol{v}_1,\boldsymbol{v}_2,\cdots,\boldsymbol{v}_n\}$的对偶基.由对偶基中向量的数目可知$\dim V^*=\dim V$，即对偶空间的维数等于原空间的维数，因此两线性空间同构$V^*\cong V$.实际上，对偶可看作相互的，这取决于线性泛函的定义，例如$\forall\boldsymbol{\alpha}\in V,\boldsymbol{\beta}\in V^*$，若定义

$$\boldsymbol{\alpha}(\boldsymbol{\beta})=\boldsymbol{\beta}(\boldsymbol{\alpha}),$$

则V可看作V^*的对偶空间，即$V=(V^*)^*$.物理学中有很多相互对偶的空间例子，例如量子力学中，右矢$|\varphi\rangle$的集合和左矢$\langle\varphi|$的集合各构成一个线性空间，其互为对偶空间.再例如广义相对论中，协变向量构成的向量空间是逆变向量构成的向量空间的对偶空间.在数学上，对偶空间的概念也是很重要的，利用线性空间和对偶空间上的多重线性映射可引入张量的概念.

例 5.1.6　三维矢量空间V中不共面的三个矢量$\boldsymbol{\alpha}_1,\boldsymbol{\alpha}_2,\boldsymbol{\alpha}_3$可构成$V$的一个基.任意一个矢量$\boldsymbol{v}$，可定义$V\to\mathbf{R}$的一个线性映射：$\forall\boldsymbol{v}'\in V,\boldsymbol{v}(\boldsymbol{v}')=\boldsymbol{v}\cdot\boldsymbol{v}'$，此时有$V^*=V$.求$\{\boldsymbol{\alpha}_1,\boldsymbol{\alpha}_2,\boldsymbol{\alpha}_3\}$的对偶基.

解　设对偶基为$\{\boldsymbol{b}_1,\boldsymbol{b}_2,\boldsymbol{b}_3\}$，则满足

$$\boldsymbol{b}_i(\boldsymbol{\alpha}_j)=\boldsymbol{b}_i\cdot\boldsymbol{\alpha}_j=\delta_{ij},$$

可见$\boldsymbol{b}_1$与$\boldsymbol{\alpha}_2,\boldsymbol{\alpha}_3$都垂直，因此

$$\boldsymbol{b}_1\propto\boldsymbol{\alpha}_2\times\boldsymbol{\alpha}_3,$$

由$\boldsymbol{b}_1\cdot\boldsymbol{\alpha}_1=1$可知

$$\boldsymbol{b}_1=\frac{1}{\Omega}(\boldsymbol{\alpha}_2\times\boldsymbol{\alpha}_3),\quad \Omega=\boldsymbol{\alpha}_1\cdot(\boldsymbol{\alpha}_2\times\boldsymbol{\alpha}_3).$$

类似可求出$\boldsymbol{b}_2,\boldsymbol{b}_3$，因此对偶基为

$$\left\{\boldsymbol{b}_1=\frac{1}{\Omega}(\boldsymbol{\alpha}_2\times\boldsymbol{\alpha}_3),\boldsymbol{b}_2=\frac{1}{\Omega}(\boldsymbol{\alpha}_3\times\boldsymbol{\alpha}_1),\boldsymbol{b}_3=\frac{1}{\Omega}(\boldsymbol{\alpha}_1\times\boldsymbol{\alpha}_2)\right\}.$$

例 5.1.7　设线性空间V中基$\{\boldsymbol{v}_i\}$到基$\{\boldsymbol{v}'_i\}$的过渡矩阵为$\boldsymbol{C}$，求证对偶空间V^*中$\{\boldsymbol{v}_i\}$的对偶基$\{\boldsymbol{w}^j\}$到$\{\boldsymbol{v}'_i\}$的对偶基$\{\boldsymbol{w}'^j\}$的过渡矩阵是$(\boldsymbol{C}^{-1})^{\mathrm{T}}$.

证明　设$\{\boldsymbol{w}^j\}$到$\{\boldsymbol{w}'^j\}$的过渡矩阵为$\boldsymbol{D}$，则由条件可知

$$\boldsymbol{v}'_i=\boldsymbol{v}_jc_{ji},\quad \boldsymbol{w}'^i=\boldsymbol{w}^jd_{ji},\quad \boldsymbol{w}^i(\boldsymbol{v}_j)=\delta_{ij},\quad \boldsymbol{w}'^i(\boldsymbol{v}'_j)=\delta_{ij},$$

将前两式代入最后一式，有

$$\begin{aligned}\delta_{ij}&=\boldsymbol{w}'^i(\boldsymbol{v}'_j)=(d_{ki}\boldsymbol{w}^k)(c_{lj}\boldsymbol{v}_l)=d_{ki}c_{lj}\boldsymbol{w}^k(\boldsymbol{v}_l)=d_{ki}c_{lj}\delta_{kl}=d_{ki}c_{kj}\\&=(\boldsymbol{D}^{\mathrm{T}})_{ik}(\boldsymbol{C})_{kj}=(\boldsymbol{D}^{\mathrm{T}}\boldsymbol{C})_{ij}\end{aligned}$$

故$\boldsymbol{D}^{\mathrm{T}}\boldsymbol{C}=\boldsymbol{I}$，即$\boldsymbol{D}=(\boldsymbol{C}^{-1})^{\mathrm{T}}$.

5.1.4　线性变换

定义 5.1.9(线性变换)　线性空间V到其自身的线性映射称为V上的线性变换.

例 5.1.8　任给定一个 $\mathbf{A}\in F^{n\times n}$，则如下定义的映射：

$$\sigma: F^n \rightarrow F^n, \forall \boldsymbol{X}\in F^n, \quad \sigma(\boldsymbol{X})=\boldsymbol{AX}$$

是 F^n 上的一个线性变换.

例 5.1.9　设 $\boldsymbol{n}=l\boldsymbol{i}+m\boldsymbol{j}+n\boldsymbol{k}$ 是 $\mathbf{R}^3$ 中的一个单位向量($l^2+m^2+n^2=1$)，则试证明

$$\sigma: \forall \boldsymbol{\alpha}\in \mathbf{R}^3, \quad \sigma(\boldsymbol{\alpha})=(\boldsymbol{\alpha}\cdot\boldsymbol{n})\boldsymbol{n},$$

定义的 σ 是 $\mathbf{R}^3$ 上的一个线性变换.

证明　首先，$\forall \boldsymbol{\alpha}\in \mathbf{R}^3$，$\sigma(\boldsymbol{\alpha})=(\boldsymbol{\alpha}\cdot\boldsymbol{n})\boldsymbol{n}\in \mathbf{R}^3$，因此 σ 是 $\mathbf{R}^3\rightarrow\mathbf{R}^3$ 的映射. 其次，容易验证该映射满足线性关系. 因此这是 $\mathbf{R}^3$ 上的一个线性变换. 从几何上看，该变换的几何意义是将矢量投影到 $\boldsymbol{n}$ 方向.

由于线性变换是一类特殊的线性映射，因此像空间、核空间的概念对线性变换仍然成立，且仍然满足秩和定理. 即对 V 上的线性变换 σ：

(1) 像 $\mathrm{Im}(\sigma)$和核 $\mathrm{Ker}(\sigma)$分别构成线性空间；

(2) 秩 $r(\sigma)$和零度 $N(\sigma)$满足 $r(\sigma)+N(\sigma)=\dim V$.

同样，线性变换的线性运算(加法和数乘)与线性映射的运算完全一样.

定理 5.1.5　线性空间 V 上的线性变换全体，对线性变换的加法和数乘运算构成了数域 F 上的线性空间，通常记作 $L(V)$.

线性变换的乘法与线性映射也相同.

定义 5.1.10(线性变换的乘法)　设 $\sigma,\tau\in L(V)$，则定义 σ 与 τ 的乘积(记作 $\sigma\tau$)为 σ 与 τ 的复合映射：

$$\forall \boldsymbol{\alpha}\in V, \quad (\sigma\tau)(\boldsymbol{\alpha})=\sigma(\tau(\boldsymbol{\alpha})).$$

可证明，这仍是一个线性变换.

后面将看到，线性变换的乘法与方阵的乘法相对应，因此一般不满足交换律，即 $\sigma\tau\neq\tau\sigma$. 但是如同线性映射，线性变换的乘法满足结合律. 故类似方阵的幂，可定义线性变换的幂：

$$\sigma^n=\sigma\sigma\cdots\sigma,$$

以及线性变换的多项式：设 $f(x)=k_m x^m+k_{m-1}x^{m-1}+\cdots+k_1 x+k_0$ 为一个 m 次多项式，则对任意线性变换 σ，可定义线性变换的多项式：

$$f(\sigma)=k_m\sigma^m+k_{m-1}\sigma^{m-1}+\cdots+k_1\sigma+k_0\varepsilon,$$

其结果仍为一个线性变换. 注意常数项要乘上恒等变换 ε.

定理 5.1.6　若 V 上的线性变换 σ 作为映射存在逆映射 σ^{-1}(即 σ 为双映射)，则其逆映射 σ^{-1} 也是一个线性变换. 此时，称 σ 是可逆线性变换.

证明　令 ε 表示恒等映射，则 $\forall \boldsymbol{\alpha},\boldsymbol{\gamma}\in V$，由于 σ^{-1} 存在，故

$$k\sigma^{(-1)}(\boldsymbol{\alpha})+l\sigma^{-1}(\boldsymbol{\beta})\in V,$$

而利用映射与逆映射的复合映射为恒等映射 $\sigma\sigma^{-1}=\sigma^{-1}\sigma=\varepsilon$ 可知

$$k\sigma^{-1}(\boldsymbol{\alpha})+l\sigma^{-1}(\boldsymbol{\beta})=\varepsilon(k\sigma^{-1}(\boldsymbol{\alpha})+l\sigma^{-1}(\boldsymbol{\beta}))=\sigma^{-1}(\sigma(k\sigma^{-1}(\boldsymbol{\alpha})+l\sigma^{-1}(\boldsymbol{\beta})))$$
$$=\sigma^{-1}(k\sigma(\sigma^{-1}(\boldsymbol{\alpha}))+l\sigma(\sigma^{-1}(\boldsymbol{\beta})))=\sigma^{-1}(k\boldsymbol{\alpha}+l\boldsymbol{\beta}),$$

故 σ^{-1} 也是一个线性变换.

对可逆线性变换有如下定理(直接按群的定义即可验证).

定理 5.1.7 V 上可逆线性变换的全体,对线性变换的乘法构成群,称 V 上的线性变换群.

对有限维度线性空间上的线性变换有如下定理.

定理 5.1.8 设 σ 是 n 维线性空间 V 上的线性变换,则如下论述等价:

(1) σ 是单映射;

(2) σ 是满映射;

(3) σ 是双映射;

(4) σ 是可逆线性变换.

证明 我们用循环论证法证明.

(1) ⇒ (2):由于 σ 是单映射,故 $\mathrm{Ker}(\sigma)=\{\mathbf{0}\}$,$N(\sigma)=0$,由此可知 $r(\sigma)=n-0=n$. 从而 $\mathrm{Im}(\sigma)=V$,即 σ 是满映射.

(2) ⇒ (3):由于 σ 是满映射,$\mathrm{Im}(\sigma)=V$,故 $r(\sigma)=n$,由此可知 $N(\sigma)=n-n=0$. 从而 $\mathrm{Ker}(\sigma)=\{\mathbf{0}\}$,即 σ 是单射. σ 是单映射又是满映射,故 σ 是双映射.

(3) ⇒ (4):由于双映射有逆映射,由定理 5.1.6 可知其为可逆线性变换.

(4) ⇒ (1):由于 σ 为可逆线性变换,故 σ^{-1} 存在. 对 $\forall\,\boldsymbol{\alpha}\in\mathrm{Ker}(\sigma)$ 有 $\sigma(\boldsymbol{\alpha})=\mathbf{0}$,故 $\boldsymbol{\alpha}=\sigma^{-1}(\sigma(\boldsymbol{\alpha}))=\sigma^{-1}(\mathbf{0})=\mathbf{0}$. 即 $\mathrm{Ker}(\sigma)=\{\mathbf{0}\}$,故 σ 是单射.

例 5.1.10 以 F^n 上的线性变换 σ: $F^n\to F^n$, $\forall\,\boldsymbol{X}\in F^n$, $\sigma(\boldsymbol{X})=\boldsymbol{AX}$ 为例(其中 $\boldsymbol{A}\in F^{n\times n}$),讨论定理 5.1.8.

解 设 σ 是单映射,则 $\mathrm{Ker}(\sigma)=\{\mathbf{0}\}$,即 $\boldsymbol{AX}=\mathbf{0}$ 只有零解,故 $r(\boldsymbol{A})=n$. 由此可见 $\boldsymbol{A}$ 的列向量组 $\{\boldsymbol{A}_1,\boldsymbol{A}_2,\cdots,\boldsymbol{A}_n\}$ 满秩,而从 $\boldsymbol{AX}=\boldsymbol{A}_1x_1+\boldsymbol{A}_2x_2+\cdots+\boldsymbol{A}_nx_n$ 可看出 $\mathrm{Im}(\sigma)=F^n$,即 σ 是满映射. 反之,若 σ 是满映射,则说明 $\boldsymbol{AX}=\boldsymbol{A}_1x_1+\boldsymbol{A}_2x_2+\cdots+\boldsymbol{A}_nx_n$ 构成 F^n,故 $\boldsymbol{A}$ 的列向量组 $\{\boldsymbol{A}_1,\boldsymbol{A}_2,\cdots,\boldsymbol{A}_n\}$ 线性无关,$r(\boldsymbol{A})=n$,从而 $\boldsymbol{AX}=\mathbf{0}$ 只有零解,故 σ 为单映射. 同时,对方阵 $\boldsymbol{A}$ 来说,满秩意味着可逆,故 σ 为单映射或满映射都意味着 σ 可逆. 这验证了定理 5.1.8 的结论.

例 5.1.11 线性空间 F^n 中,定义:$\sigma([x_1\ x_2\cdots\ x_n])=[0\ x_1\cdots\ x_{n-1}]$. 求证 σ 是 F^n 的一个线性变换,且 $\sigma^n=\sigma\sigma\cdots\sigma=o$,并求 $N(\sigma)$ 和 $r(\sigma)$.

解 直接验证可知,σ 保持线性关系,是 F^n 上的一个线性变换. 再注意到 $\sigma^2([x_1\ x_2\cdots\ x_n])=\sigma(\sigma([x_1\ x_2\cdots\ x_n]))=\sigma([0\ x_1\cdots\ x_{n-1}])=[0\ 0\ x_1\cdots\ x_{n-2}]$,依此类推可知

$$\sigma^n([x_1\ x_2\cdots\ x_n])=[0\ 0\ \cdots\ 0]=\mathbf{0},\quad \sigma^n=o,$$

为求出 $N(\sigma)$，令 $\sigma(\boldsymbol{X})=\sigma([x_1\ x_2\cdots\ x_n])=\mathbf{0}$，可得到 $x_1=x_2=\cdots=x_{n-1}=0$，故

$$\mathrm{Ker}(\sigma)=\{[0\ 0\ \cdots\ 0\ x_n]\mid x_n\in F\}$$

为 1 维子空间，$\{[0\ 0\ \cdots\ 0\ 1]\}$ 是其一个基. 故 $N(\sigma)=1$. 由秩和定理可知 $r(\sigma)=n-1$.

5.1.5 代数、线性变换代数*

定义 5.1.11(线性代数) 设 A 是数域 F 上的线性空间，若在 A 中可定义乘法，且对 $\forall\sigma,\rho,\tau\in A,k,l\in F$，满足

(1) 对乘法封闭：$\sigma\rho\in A$；

(2) 左右分配律：$\sigma(\rho+\tau)=\sigma\rho+\sigma\tau,(\sigma+\rho)\tau=\sigma\tau+\rho\tau$；

(3) 数乘左右结合律：$k(\sigma\rho)=(k\sigma)\rho=\sigma(k\rho)$.

则称 A 为 F 上的线性代数，简称代数.

实际上，定义 5.1.11(2)、(3)两条可等价地写作：定义 5.1.11(2)、(3)向量乘法的**双线性**为

$$(k\rho+l\sigma)\tau=k(\rho\tau)+l(\sigma\tau),$$
$$\rho(k\sigma+l\tau)=k(\rho\sigma)+l(\rho\tau).$$

简单来说，线性代数就是定义了双线性的向量乘法的线性空间. 线性代数中，任意一个元素既可以看成是线性空间中的向量，也可以看成是线性空间上的线性变换(其对任意向量的映射可定义为左乘或右乘该向量).

定义 5.1.12(结合代数) 设 A 是数域 F 上的线性代数，若 A 中的向量乘法对 $\forall\rho,\sigma,\tau\in A$ 还满足结合律：$(\rho\sigma)\tau=\rho(\sigma\tau)$. 则称 A 为数域 F 上一个可结合代数或结合代数.

例 5.1.12 三维空间中所有矢量(有向线段)的集合 $\mathbf{R}^3$ 对数乘和矢量加法的三角形法则来说，构成 $\mathbf{R}$ 上的线性空间. 若进一步在 $\mathbf{R}^3$ 中定义两矢量间的代数乘法为矢量叉乘 $\boldsymbol{a}\times\boldsymbol{b}$，则 V 构成了一个线性代数. 这是一个非结合代数.

例 5.1.13 数域 F 上全体 n 阶方阵构成一个集合 $F^{n\times n}$，则

(1) $F^{n\times n}$ 对于矩阵的加法和数乘运算来说，构成一个线性空间；

(2) $F^{n\times n}$ 中可逆矩阵构成的子集，对矩阵的乘法来说构成一个群；

(3) $F^{n\times n}$ 对于矩阵的加法、数乘、乘法运算来说，构成了数域 F 上的一个代数，称矩阵代数，矩阵代数是结合代数.

例 5.1.14(线性变换代数) 数域 F 上的线性空间 V 中的全体线性变换构成一个集合 $L(V)$，则

(1) $L(V)$ 对于线性变换的加法和数乘来说，构成一个线性空间；

(2) $L(V)$ 中由可逆线性变换构成的子集，对线性变换的乘法来说构成一个群；

(3) $L(V)$ 对于线性变换的加法、数乘、乘法运算来说，构成一个线性代数，称线

性变换代数，这也是一个结合代数.

5.2 线性变换的矩阵表示

5.2.1 矩阵表示

设 V 和 U 是数域 F 上的线性空间，且 $\dim V=n,\dim U=m$. 要确定一个 $V\to U$ 的线性映射，我们可以这样分析. 注意到有限维线性空间与列向量空间同构，则 $V\cong F^n,U\cong F^m$，故 $\forall\boldsymbol{\alpha}\in V$，$\boldsymbol{\alpha}$ 都与 F^n 中的一个列向量 $\boldsymbol{X}_{\boldsymbol{\alpha}}$ 一一对应. 同理 U 中任意一个向量都与 F^m 中的列向量一一对应. 因此对 $V\to U$ 的任意一个线性映射，都可以用 $F^n\to F^m$ 的线性映射来代替. 而 $F^n\to F^m$ 的映射的最一般形式可用 m 个多元函数 f_i 表示：

$$f:F^n\to F^m,\quad \begin{bmatrix}x_1\\x_2\\\vdots\\x_n\end{bmatrix}\to\begin{bmatrix}f_1(x_1,x_2,\cdots,x_n)\\f_2(x_1,x_2,\cdots,x_n)\\\vdots\\f_m(x_1,x_2,\cdots,x_n)\end{bmatrix}.$$

若要求为线性映射，则不难分析 m 个函数 f_i 必须均为 $x_1,x_2,\cdots,x_n$ 的一次齐次函数，换句话说，$F^n\to F^m$ 的线性映射的最一般形式只能为

$$f:F^n\to F^m,\quad \boldsymbol{X}\to\boldsymbol{AX},$$

其中 $\boldsymbol{A}\in F^{m\times n}$. 即任意一个 $V\to U$ 的线性映射都与一个 $m\times n$ 的矩阵相对应.

为了得到这个矩阵，我们从另一个角度来分析. 仍设 V 和 U 都是数域 F 上的线性空间，且 $\dim V=n,\dim U=m$. 若要确定 $V\to U$ 的一个线性映射 σ，也就要确定 σ 对 V 中任意一个向量如何映射. 而注意到线性映射的线性性质，原则上只需要确定对 V 的基中的任意一个基向量如何映射就够了. 故设 $\{\boldsymbol{\alpha}_1,\boldsymbol{\alpha}_2,\cdots,\boldsymbol{\alpha}_n\}$ 是 V 的一个基，则只要确定每个 $\sigma(\boldsymbol{\alpha}_i)$ 即可确定线性映射 σ. 再注意到 $\sigma(\boldsymbol{\alpha}_i)\in U$，故给定 U 的一个基 $\{\boldsymbol{\beta}_1,\boldsymbol{\beta}_2,\cdots,\boldsymbol{\beta}_m\}$ 之后，只需确定 $\sigma(\boldsymbol{\alpha}_i)$ 的坐标即可确定 $\sigma(\boldsymbol{\alpha}_i)$. 这样的话，要确定线性映射 σ，只需确定 n 个向量 $\sigma(\boldsymbol{\alpha}_i)$ 的坐标，每个坐标含有 m 个数，故一共需要 $m\times n$ 个数. 我们可将这些数排成一个矩阵. 为此将每个 $\sigma(\boldsymbol{\alpha}_i)$ 都用 $\{\boldsymbol{\beta}_i\}$ 展开来定义矩阵 $\boldsymbol{A}$，其矩阵元 a_{ij} 按下式得到

$$\sigma(\boldsymbol{\alpha}_i)=\boldsymbol{\beta}_j a_{ji}=\boldsymbol{\beta}_1 a_{1i}+\boldsymbol{\beta}_2 a_{2i}+\cdots+\boldsymbol{\beta}_m a_{mi},$$

换句话说，将 $\{\sigma(\boldsymbol{\alpha}_1),\sigma(\boldsymbol{\alpha}_2),\cdots,\sigma(\boldsymbol{\alpha}_n)\}$ 关于基 $\{\boldsymbol{\beta}_1,\boldsymbol{\beta}_2,\cdots,\boldsymbol{\beta}_m\}$ 的坐标按列排成矩阵即为矩阵 $\boldsymbol{A}$. 可将上式写成类似矩阵的形式：

$$\sigma(\boldsymbol{\alpha}_i)=[\boldsymbol{\beta}_1\ \boldsymbol{\beta}_2\cdots\ \boldsymbol{\beta}_m]\begin{bmatrix}a_{i1}\\a_{2i}\\\vdots\\a_{mi}\end{bmatrix},$$

于是有①

$$[\sigma(\boldsymbol{\alpha}_1)\ \sigma(\boldsymbol{\alpha}_2)\ \cdots\ \sigma(\boldsymbol{\alpha}_n)]=[\boldsymbol{\beta}_1\ \boldsymbol{\beta}_2\cdots\ \boldsymbol{\beta}_m]\begin{bmatrix}a_{11}&a_{12}&\cdots&a_{1n}\\a_{21}&a_{22}&\cdots&a_{2n}\\\vdots&\vdots&&\vdots\\a_{m1}&a_{m2}&\cdots&a_{mn}\end{bmatrix}=[\boldsymbol{\beta}_1\ \boldsymbol{\beta}_2\cdots\ \boldsymbol{\beta}_m]\mathbf{A},$$

这样得到的矩阵

$$\mathbf{A}=\begin{bmatrix}a_{11}&a_{12}&\cdots&a_{1n}\\a_{21}&a_{22}&\cdots&a_{2n}\\\vdots&\vdots&&\vdots\\a_{m1}&a_{m2}&\cdots&a_{mn}\end{bmatrix},$$

称为线性映射 σ 关于基$\{\boldsymbol{\alpha}_i\}$和$\{\boldsymbol{\beta}_j\}$的矩阵. 简言之,线性映射的矩阵通过对基的映射来定义,下面的定理给出了该矩阵的用途.

定理 5.2.1 设 $\dim V=n,\dim U=m,\{\boldsymbol{\alpha}_1,\boldsymbol{\alpha}_2,\cdots,\boldsymbol{\alpha}_n\}$是 V 的一个基,$\{\boldsymbol{\beta}_1,\boldsymbol{\beta}_2,\cdots,\boldsymbol{\beta}_m\}$是 U 的一个基,线性映射 $\sigma:V\rightarrow U$ 在上述基下的矩阵是 $\mathbf{A}_{m\times n}$. 对任意 $\boldsymbol{\alpha}\in V$,若 $\boldsymbol{\gamma}$ 在上述基下的坐标为 $\boldsymbol{X}=[x_1\ x_2\cdots\ x_n]^{\mathrm{T}}$,则 $\sigma(\boldsymbol{\gamma})$ 在上述基下的坐标为 $\boldsymbol{Y}=\boldsymbol{AX}$.

证明 由定理的条件可知

$$\boldsymbol{\gamma}=\boldsymbol{\alpha}_i x_i,\quad \sigma(\boldsymbol{\alpha}_i)=\boldsymbol{\beta}_j a_{ji}$$

为求 $\sigma(\boldsymbol{\gamma})$的坐标,可将其按 $\boldsymbol{\beta}_j$ 展开,有

$$\sigma(\boldsymbol{\gamma})=\sigma(\boldsymbol{\alpha}_i x_i)=\sigma(\boldsymbol{\alpha}_i)x_i=(\boldsymbol{\beta}_j a_{ji})x_i=\boldsymbol{\beta}_j(a_{ji}x_i)=\boldsymbol{\beta}_j y_j,$$

故 $\sigma(\boldsymbol{\gamma})$的坐标为

$$y_j=a_{ji}x_i\quad 即\quad \boldsymbol{Y}=\boldsymbol{AX}.$$

由上述定理可知,任意有限维线性空间之间的线性映射 $\sigma:\boldsymbol{\alpha}\rightarrow\sigma(\boldsymbol{\alpha})$,都可以用列向量空间之间的映射 $\boldsymbol{X}\rightarrow\boldsymbol{AX}$ 来代替,这称线性映射的矩阵表示. 关于线性映射和矩阵之间的关系,还有如下定理.

定理 5.2.2 在给定 F 上线性空间 V 和 U(其中 $\dim V=n,\dim U=m$)各自的一个基之后,$V\rightarrow U$ 的线性映射与 $F^{m\times n}$ 中的矩阵一一对应.

证明 在确定 V、U 的基$\{\boldsymbol{\alpha}_i\}$,$\{\boldsymbol{\beta}_i\}$之后,可按线性映射的矩阵的定义得到一个

① 这里仍遵从之前的习惯,将抽象的基排成行矩阵而将坐标排成列矩阵.

$L(V\to U)\to F^{m\times n}$的映射：

$$f:L(V\to U)\to F^{m\times n},\quad \sigma\to f(\sigma)=\boldsymbol{A},$$

其中 $\boldsymbol{A}$ 是线性映射 σ 在上述基下的矩阵.现在证明 f 是一个双映射.

设 $\sigma,\rho\in L(V\to U)$ 满足 $f(\sigma)=f(\rho)=\boldsymbol{A}$,则对任意向量 $\boldsymbol{\gamma}\in V$,有

$$\sigma(\boldsymbol{\gamma})=\sigma(\boldsymbol{\alpha}_i x_i)=\sigma(\boldsymbol{\alpha}_i)x_i=(\boldsymbol{\beta}_j a_{ji})x_i=\boldsymbol{\beta}_j(a_{ji}x_i),$$

同理,有

$$\rho(\boldsymbol{\gamma})=\boldsymbol{\beta}_j(a_{ji}x_i).$$

因此对任意 $\boldsymbol{\gamma}\in V$ 都有 $\sigma(\boldsymbol{\gamma})=\rho(\boldsymbol{\gamma})$,即 $\sigma=\rho$.故

$$f(\sigma)=f(\rho)\Rightarrow\sigma=\rho,$$

这说明 f 是一个单映射.

再设 $\boldsymbol{A}\in F^{m\times n}$ 为任意矩阵.则可定义一个映射 σ：

$$\forall\,\boldsymbol{\gamma}\in V,\quad \boldsymbol{\gamma}=\boldsymbol{\alpha}_i x_i,\quad \sigma(\boldsymbol{\gamma})=\boldsymbol{\beta}_j(a_{ji}x_i),$$

容易证明 σ 的确是 $V\to U$ 的线性映射,且在上述基下的矩阵正好为 $\boldsymbol{A}$,即 $f(\sigma)=\boldsymbol{A}$.这说明 f 是一个满映射.

综上,f 是一个双映射,即 $V\to U$ 的线性映射与 $F^{m\times n}$中的矩阵一一对应.

实际上,线性映射不仅与矩阵一一对应,进一步还保持运算也相对应,即有如下定理.

定理 5.2.3 设 $\sigma:V\to U$,$\tau:V\to U$,$\rho:U\to W$ 是三个线性映射,且在 V,U,W 的某给定基下的矩阵分别是 $\boldsymbol{A}$,$\boldsymbol{B}$,$\boldsymbol{C}$.则 $\sigma+\tau$,$k\sigma$,$\rho\sigma$ 在同样的基下的矩阵分别是 $\boldsymbol{A}+\boldsymbol{B}$,$k\boldsymbol{A}$,$\boldsymbol{CA}$.

证明 加法和数乘的证明比较简单,下面仅以乘法为例给出证明.设 V 的基是$\{\boldsymbol{\alpha}_1,\boldsymbol{\alpha}_2,\cdots,\boldsymbol{\alpha}_n\}$,$n=\dim V$,$U$ 的基是$\{\boldsymbol{\beta}_1,\boldsymbol{\beta}_2,\cdots,\boldsymbol{\beta}_m\}$,$m=\dim U$,$W$ 的基是$\{\boldsymbol{\gamma}_1,\boldsymbol{\gamma}_2,\cdots,\boldsymbol{\gamma}_k\}$,$k=\dim W$.则 $\boldsymbol{A}\in F^{m\times n}$,$\boldsymbol{B}\in F^{m\times n}$,$\boldsymbol{C}\in F^{k\times n}$,且有

$$\sigma(\boldsymbol{\alpha}_i)=\boldsymbol{\beta}_j a_{ji},\quad \tau(\boldsymbol{\alpha}_i)=\boldsymbol{\beta}_j b_{ji},\quad \rho(\boldsymbol{\beta}_i)=\boldsymbol{\gamma}_j c_{ji}$$

为求 $\rho\sigma$ 的矩阵,可令其对基映射：

$$(\rho\sigma)(\boldsymbol{\alpha}_i)=\rho(\sigma(\boldsymbol{\alpha}_i))=\rho(\boldsymbol{\beta}_j a_{ji})=\rho(\boldsymbol{\beta}_j)a_{ji}=(\boldsymbol{\gamma}_k c_{kj})a_{ji}=\boldsymbol{\gamma}_k(c_{kj}a_{ji})=\boldsymbol{\gamma}_k(\boldsymbol{CA})_{ki}$$

由此可见,$\rho\sigma$ 在同样的基下的矩阵是 $\boldsymbol{CA}$.

实际上,这个定理可理解为矩阵乘法定义的由来:若要求映射的乘积 $\rho\sigma$ 对应的矩阵为矩阵的乘积 $\boldsymbol{CA}$,则矩阵的乘法规则必须为$(\boldsymbol{CA})_{ki}=(\boldsymbol{C})_{kj}(\boldsymbol{A})_{ji}$.由这两个定理直接得到如下定理.

定理 5.2.4 F 上 n 维线性空间 V 到 m 维线性空间 U 的映射全体构成的线性空间与 F 上的 $m\times n$ 矩阵空间同构,即

$$L(V\to U)\cong F^{m\times n}.$$

例 5.2.1 设 V^* 为线性空间 V 的对偶空间,则 $\forall\,\sigma\in V^*$,由线性映射的矩阵的定义可知,σ 在 V 的给定基下的矩阵 $\boldsymbol{A}$ 为一个行矩阵(在数域中选择数 1 作为基).对

任意 $\boldsymbol{\alpha}\in V$，设其坐标为 $\boldsymbol{X}$，则泛函值 $\sigma(\boldsymbol{\alpha})=\boldsymbol{AX}$ 为行矩阵与列矩阵的乘积.

下面考虑线性变换的矩阵. 作为线性映射的特殊情况，其矩阵的定义与线性映射完全一致. 设 σ 是 n 维线性空间 V 上的线性变换，即 $\sigma\in L(V)$，$\sigma: V\to V$. 而$\{\boldsymbol{\alpha}_1,\boldsymbol{\alpha}_2,\cdots,\boldsymbol{\alpha}_n\}$是 V 的一个基，则

$$\sigma(\boldsymbol{\alpha}_i)=\boldsymbol{\alpha}_j a_{ji}=\boldsymbol{\alpha}_1 a_{1i}+\boldsymbol{\alpha}_2 a_{2i}+\cdots+\boldsymbol{\alpha}_n a_{ni},$$

按列排成矩阵的形式即为

$$[\sigma(\boldsymbol{\alpha}_1)\ \sigma(\boldsymbol{\alpha}_2)\ \cdots\ \sigma(\boldsymbol{\alpha}_n)]=[\boldsymbol{\alpha}_1\ \boldsymbol{\alpha}_2\cdots\ \boldsymbol{\alpha}_n]\boldsymbol{A},$$

其中

$$\boldsymbol{A}=\begin{bmatrix} a_{11} & a_{12} & \cdots & a_{1n}\\ a_{21} & a_{22} & \cdots & a_{2n}\\ \vdots & \vdots & & \vdots\\ a_{m1} & a_{m2} & \cdots & a_{mn}\end{bmatrix}$$

称为线性变换 σ 在基$\{\boldsymbol{\alpha}_1,\boldsymbol{\alpha}_2,\cdots,\boldsymbol{\alpha}_n\}$下的矩阵. 一旦得到了线性变换的矩阵，任意有限维空间上的线性变换都可用矩阵来代替研究：$\forall\boldsymbol{\alpha}\in V$，若 $\boldsymbol{\alpha}$ 在上述基下的坐标为列向量 $\boldsymbol{X}$，则 $\sigma(\boldsymbol{\alpha})$在上述基下的坐标为 $\boldsymbol{Y}=\boldsymbol{AX}$. 定理 5.2.2、5.2.3、5.2.4 的结论也同样成立，即线性变换与方阵之间一一对应，且对于线性变换的加法、数乘、乘法等运算有如下结论：

设 $\sigma,\tau\in L(V)$，在 V 的某个基下 σ 和 τ 的矩阵分别是 $\boldsymbol{A},\boldsymbol{B}$，则

(1) $\sigma+\tau$ 在该基下的矩阵为 $\boldsymbol{A}+\boldsymbol{B}$；

(2) $k\sigma$ 在该基下的矩阵为 $k\boldsymbol{A}$；

(3) $\sigma\tau$ 在该基下的矩阵为 $\boldsymbol{AB}$.

特别是，由此可知若 σ 可逆，则 σ^{-1} 的矩阵为 $\boldsymbol{A}^{-1}$(设 σ^{-1} 的矩阵为 $\boldsymbol{B}$，则由于 $\sigma\sigma^{-1}=\varepsilon$，而恒等变换的矩阵为 $\boldsymbol{I}$，故 $\boldsymbol{AB}=\boldsymbol{I}$，由此可知 $\boldsymbol{B}=\boldsymbol{A}^{-1}$). 进一步可知，线性变换 σ 可逆的充要条件是在某基下的矩阵 $\boldsymbol{A}$ 可逆.

由此可见，有限维线性空间 $L(V)$ 与 $F^{n\times n}$ 同构：

$$L(V)\cong F^{n\times n}.$$

例 5.2.2 设 σ 是 n 维线性空间 V 上的线性变换，求证：必存在一个有限次的多项式 $f(x)$，使得 σ 满足 $f(\sigma)=o$(其中 o 为零映射).

证明 注意到 $\sigma\in L(V)$，而 $L(V)\cong F^{n\times n}$ 为 n^2 维的线性空间，故考虑 n^2+1 个向量：

$$\sigma^{n^2},\sigma^{n^2-1},\cdots,\sigma,\varepsilon.$$

由于向量的个数大于空间的维数，故必定线性相关，即存在一组数使得

$$k_{n^2}\sigma^{n^2}+k_{n^2-1}\sigma^{n^2-1}+\cdots+k_1\sigma+k_0\varepsilon=o,\quad 即\quad f(\sigma)=o.$$

例 5.2.3 求 $\mathbf{R}^3$ 中的线性变换 $\sigma:\sigma\left(\begin{bmatrix}x\\y\\z\end{bmatrix}\right)=\begin{bmatrix}x-y\\2x\\x+z\end{bmatrix}$ 在自然基$\{\boldsymbol{e}_1,\boldsymbol{e}_2,\boldsymbol{e}_3\}$下的

矩阵.

解 注意到

$$\begin{cases}\sigma(\boldsymbol{e}_1)=[1\quad 2\quad 1]^{\mathrm{T}}=1\boldsymbol{e}_1+2\boldsymbol{e}_2+1\boldsymbol{e}_3,\\ \sigma(\boldsymbol{e}_2)=[-1\quad 0\quad 0]^{\mathrm{T}}=-1\boldsymbol{e}_1+0\boldsymbol{e}_2+0\boldsymbol{e}_3,\\ \sigma[\boldsymbol{e}_3]=[0\quad 0\quad 1]^{\mathrm{T}}=0\boldsymbol{e}_1+0\boldsymbol{e}_2+1\boldsymbol{e}_3,\end{cases}$$

故将这些坐标按列排列即得到 σ 在自然基下的矩阵为

$$\begin{bmatrix}1 & -1 & 0\\ 2 & 0 & 0\\ 1 & 0 & 1\end{bmatrix}.$$

例 5.2.4 求由 $\boldsymbol{n}=l\boldsymbol{i}+m\boldsymbol{j}+n\boldsymbol{k}$ 定义的 $\mathbf{R}^3$ 中的线性变换 $\sigma:\boldsymbol{a}\to(\boldsymbol{a}\cdot\boldsymbol{n})\boldsymbol{n}$ 在直角坐标基$\{\boldsymbol{i},\boldsymbol{j},\boldsymbol{k}\}$下的矩阵.

解 按定义来求,注意到

$$\begin{cases}\sigma(\boldsymbol{i})=(\boldsymbol{i}\cdot\boldsymbol{n})\boldsymbol{n}=l\boldsymbol{n}=l^2\boldsymbol{i}+lm\boldsymbol{j}+ln\boldsymbol{k},\\ \sigma(\boldsymbol{j})=(\boldsymbol{j}\cdot\boldsymbol{n})\boldsymbol{n}=m\boldsymbol{n}=lm\boldsymbol{i}+m^2\boldsymbol{j}+mn\boldsymbol{k},\\ \sigma(\boldsymbol{k})=(\boldsymbol{k}\cdot\boldsymbol{n})\boldsymbol{n}=n\boldsymbol{n}=ln\boldsymbol{i}+mn\boldsymbol{j}+n^2\boldsymbol{k},\end{cases}$$

故所求的矩阵为

$$\begin{bmatrix}l^2 & lm & ln\\ lm & m^2 & mn\\ ln & mn & n^2\end{bmatrix}.$$

例 5.2.5 设$\{\boldsymbol{\alpha}_1,\boldsymbol{\alpha}_2,\cdots,\boldsymbol{\alpha}_n\}$是 V 一个基,求 $\sigma:\boldsymbol{\alpha}\to\sigma(\boldsymbol{\alpha})=k\boldsymbol{\alpha}$ 关于这个基的矩阵.

解 $\sigma(\boldsymbol{\alpha}_j)=k\boldsymbol{\alpha}_j=[\boldsymbol{\alpha}_1\ \boldsymbol{\alpha}_2\cdots\ \boldsymbol{\alpha}_n][0,\cdots,k,\cdots,0]^{\mathrm{T}}$,故矩阵为 $k\boldsymbol{I}$. 特别地,恒等变换关于任何一个基的矩阵都是单位矩阵 $\boldsymbol{I}$,零变换 o 关于任何一个基的矩阵都是零矩阵 $\boldsymbol{O}$.

例 5.2.6 设$\{\boldsymbol{\alpha}_1,\boldsymbol{\alpha}_2,\boldsymbol{\alpha}_3\}$是 V 的基,$\sigma,\tau\in L(V)$分别定义如下:

$$\begin{cases}\sigma(\boldsymbol{\alpha}_1)=4\boldsymbol{\alpha}_1+3\boldsymbol{\alpha}_2-3\boldsymbol{\alpha}_3,\\ \sigma(\boldsymbol{\alpha}_2)=3\boldsymbol{\alpha}_1+4\boldsymbol{\alpha}_2-3\boldsymbol{\alpha}_3,\\ \sigma(\boldsymbol{\alpha}_3)=-\boldsymbol{\alpha}_1-2\boldsymbol{\alpha}_2+\boldsymbol{\alpha}_3;\end{cases}\quad \begin{cases}\tau(\boldsymbol{\alpha}_1)=-\boldsymbol{\alpha}_1+\boldsymbol{\alpha}_2,\\ \tau(\boldsymbol{\alpha}_2)=-\boldsymbol{\alpha}_1+3\boldsymbol{\alpha}_3,\\ \tau(\boldsymbol{\alpha}_3)=\boldsymbol{\alpha}_1-\boldsymbol{\alpha}_2.\end{cases}$$

(1) 分别求 $\sigma,\tau,3\sigma-2\tau,\sigma\tau,\tau\sigma,\sigma^{-1}$ 在该基下的矩阵.

(2) τ 可逆否?

解 (1) 设 σ,τ 在该基下的矩阵分别为 $\boldsymbol{A},\boldsymbol{B}$,则按定义有

$$\boldsymbol{A}=\begin{bmatrix}4 & 3 & -1\\ 3 & 4 & -2\\ -3 & -3 & 1\end{bmatrix},\quad \boldsymbol{B}=\begin{bmatrix}-1 & -1 & 1\\ 1 & 0 & -1\\ 0 & 3 & 0\end{bmatrix},$$

于是 $3\sigma-2\tau$ 的矩阵为

$$3\boldsymbol{A}-2\boldsymbol{B}=\begin{bmatrix}14 & 11 & -5\\ 7 & 12 & -4\\ -9 & -15 & 3\end{bmatrix},$$

$\sigma\tau$ 的矩阵为

$$\boldsymbol{AB}=\begin{bmatrix}-1 & -7 & 1\\ 1 & -9 & -1\\ 0 & 6 & 0\end{bmatrix},$$

$\tau\sigma$ 的矩阵为

$$\boldsymbol{BA}=\begin{bmatrix}-10 & -10 & 4\\ 7 & 6 & -2\\ 9 & 12 & -6\end{bmatrix},$$

σ^{-1}的矩阵为

$$\boldsymbol{A}^{-1}=\begin{bmatrix}1 & 0 & 1\\ -\frac{3}{2} & -\frac{1}{2} & -\frac{5}{2}\\ -\frac{3}{2} & -\frac{3}{2} & -\frac{7}{2}\end{bmatrix}.$$

（2）注意到 τ 的矩阵满足

$$|\boldsymbol{B}|=0.$$

故 $\boldsymbol{B}$ 不可逆，因此线性变换 τ 也不可逆.

5.2.2 矩阵表示的变换、相似矩阵

向量的坐标与基的选择有关，类似地，线性变换的矩阵也与基的选择有关．不同的基下，线性变换的矩阵不同.

定理 5.2.5 设 $\boldsymbol{C}$ 是 F 上线性空间 V 的基$\{\boldsymbol{\alpha}_1,\boldsymbol{\alpha}_2,\cdots,\boldsymbol{\alpha}_n\}$到基$\{\boldsymbol{\beta}_1,\boldsymbol{\beta}_2,\cdots,\boldsymbol{\beta}_n\}$的过渡矩阵，$V$ 上的线性变换 σ 关于基$\{\boldsymbol{\alpha}_i\}$与基$\{\boldsymbol{\beta}_i\}$的矩阵分别是 $\boldsymbol{A}$ 和 $\boldsymbol{B}$，则有 $\boldsymbol{B}=\boldsymbol{C}^{-1}\boldsymbol{AC}$.

证明 依条件件有

$$\boldsymbol{\beta}_i=\boldsymbol{\alpha}_j c_{ji},\quad \sigma(\boldsymbol{\alpha}_i)=\boldsymbol{\alpha}_j a_{ji},\quad \sigma(\boldsymbol{\beta}_i)=\boldsymbol{\beta}_j b_{ji},$$

将上面第一式代入第三式并利用第二式有

$$\sigma(\boldsymbol{\alpha}_m c_{mi})=(\boldsymbol{\alpha}_k c_{kj})b_{ji}\Rightarrow \sigma(\boldsymbol{\alpha}_m)c_{mi}=\boldsymbol{\alpha}_k(c_{kj}b_{ji})\Rightarrow \boldsymbol{\alpha}_k(a_{km}c_{mi})=\boldsymbol{\alpha}_k(c_{kj}b_{ji}).$$

因此有

$$a_{km}c_{mi}=c_{kj}b_{ji}\Rightarrow(\boldsymbol{AC})_{ki}=(\boldsymbol{CB})_{ki}\Rightarrow \boldsymbol{AC}=\boldsymbol{CB}\Rightarrow \boldsymbol{B}=\boldsymbol{C}^{-1}\boldsymbol{AC},$$

其中已利用了过渡矩阵可逆.

为描述不同基下同一个线性变换的矩阵之间的关系，引入相似矩阵的概念.

定义 5.2.1(相似矩阵) 设 $\boldsymbol{A},\boldsymbol{B}\in F^{n\times n}$,若存在可逆的 $\boldsymbol{C}\in F^{n\times n}$,使得 $\boldsymbol{B}=\boldsymbol{C}^{-1}\boldsymbol{A}\boldsymbol{C}$,则称矩阵 $\boldsymbol{A}$ 与 $\boldsymbol{B}$ 相似,记作 $\boldsymbol{A}\sim\boldsymbol{B}$. $\boldsymbol{C}$ 称相似变换矩阵.

容易验证方阵的相似也是一种等价关系,即满足

(1) 自反律:$\boldsymbol{A}\sim\boldsymbol{A}$.

(2) 对称律:$\boldsymbol{A}\sim\boldsymbol{B}\Rightarrow\boldsymbol{B}\sim\boldsymbol{A}$.

(3) 传递律:$\boldsymbol{A}\sim\boldsymbol{B}\ \&\ \boldsymbol{B}\sim\boldsymbol{C}\Rightarrow\boldsymbol{A}\sim\boldsymbol{C}$.

利用相似的概念,定理 5.2.5 可表述成:V 上的线性变换关于两个基的矩阵是相似的. 反之,相似的两个矩阵可看作是同一个线性变换在不同基之下的矩阵.

矩阵相似的充要条件需用到 λ-矩阵理论(见文献[1]),这里从略,只介绍相似矩阵的一些简单性质.

定理 5.2.6 设矩阵 $\boldsymbol{A}\sim\boldsymbol{B}$,则 $\mathrm{tr}(\boldsymbol{A})=\mathrm{tr}(\boldsymbol{B})$,且 $|\boldsymbol{A}|=|\boldsymbol{B}|$.

证明 由于 $\boldsymbol{A}\sim\boldsymbol{B}$,存在可逆的 $\boldsymbol{C}$ 使得 $\boldsymbol{B}=\boldsymbol{C}^{-1}\boldsymbol{A}\boldsymbol{C}$,故

$$\mathrm{tr}(\boldsymbol{B})=\mathrm{tr}(\boldsymbol{C}^{-1}\boldsymbol{A}\boldsymbol{C})=\mathrm{tr}(\boldsymbol{A}\boldsymbol{C}\boldsymbol{C}^{-1})=\mathrm{tr}(\boldsymbol{A}),$$

$$|\boldsymbol{B}|=|\boldsymbol{C}^{-1}\boldsymbol{A}\boldsymbol{C}|=|\boldsymbol{C}^{-1}||\boldsymbol{A}||\boldsymbol{C}|=|\boldsymbol{A}|.$$

由于线性变换在不同基下的矩阵相似,而相似的矩阵有相同的迹和行列式,因此可以无歧义地定义线性变换的秩和行列式.

定义 5.2.2 有限维空间上的线性变换 σ 的迹 $\mathrm{tr}(\sigma)$ 和行列式 $|\sigma|$ 被定义为 σ 在任意一个基下的矩阵的迹和行列式.

例 5.2.7 设 $\boldsymbol{A},\boldsymbol{B}\in F^{n\times n}$,且 $\boldsymbol{A}$ 可逆,求证:$\boldsymbol{A}\boldsymbol{B}\sim\boldsymbol{B}\boldsymbol{A}$.

证明 注意到 $\boldsymbol{A}\boldsymbol{B}=\boldsymbol{A}\boldsymbol{B}\boldsymbol{A}\boldsymbol{A}^{-1}=\boldsymbol{A}(\boldsymbol{B}\boldsymbol{A})\boldsymbol{A}^{-1}$,故 $\boldsymbol{A}\boldsymbol{B}\sim\boldsymbol{B}\boldsymbol{A}$.

例 5.2.8 设 $\boldsymbol{A}=\begin{bmatrix}2&0&0\\0&0&1\\0&1&x\end{bmatrix}\sim\boldsymbol{B}=\begin{bmatrix}2&0&0\\0&y&0\\0&0&-1\end{bmatrix}$,求 x 和 y.

解 由于只有两个未知数,故只需找出两个条件即可. 利用 $\mathrm{tr}(\boldsymbol{A})=\mathrm{tr}(\boldsymbol{B})$ 及 $|\boldsymbol{A}|=|\boldsymbol{B}|$ 得到

$$\begin{cases}2+x=2+y-1,\\-2=-2y\end{cases}\Rightarrow\begin{cases}x=0,\\y=1.\end{cases}$$

例 5.2.9 设 $\sigma\in L(F^3)$,$\sigma:[x\quad y\quad z]^{\mathrm{T}}\to[x+y\quad x-y+z\quad 2z]^{\mathrm{T}}$,则

(1) 求 σ 在自然基 $\{\boldsymbol{e}_1,\boldsymbol{e}_2,\boldsymbol{e}_3\}$ 下的矩阵.

(2) 求基 $\{\boldsymbol{e}_1,\boldsymbol{e}_2,\boldsymbol{e}_3\}$ 到基 $\{\boldsymbol{g}_1=[1\quad 0\quad 0]^{\mathrm{T}},\boldsymbol{g}_2=[1\quad 1\quad 0]^{\mathrm{T}},\boldsymbol{g}_3=[1\quad 1\quad 1]^{\mathrm{T}}\}$ 的过渡矩阵和逆矩阵.

(3) 求 σ 在基 $\{\boldsymbol{g}_1,\boldsymbol{g}_2,\boldsymbol{g}_3\}$ 下的矩阵.

(4) 求向量 $\boldsymbol{\alpha}=[1\quad 2\quad 3]^{\mathrm{T}}$ 在基 $\{\boldsymbol{g}_1,\boldsymbol{g}_2,\boldsymbol{g}_3\}$ 下的坐标.

(5) 求 $\sigma(\boldsymbol{\alpha})$ 分别在上述两个基下的坐标.

解 (1) 由于 $\sigma(\boldsymbol{e}_1)=[1\quad 1\quad 0]^{\mathrm{T}}$,$\sigma(\boldsymbol{e}_2)=[1\quad -1\quad 0]^{\mathrm{T}}$,$\sigma(\boldsymbol{e}_3)=[0\quad 1\quad 2]^{\mathrm{T}}$,

故在自然基下的矩阵为

$$\boldsymbol{A}=\begin{bmatrix}1 & 1 & 0\\ 1 & -1 & 1\\ 0 & 0 & 2\end{bmatrix}.$$

(2) 由于 $\boldsymbol{g}_1=\boldsymbol{e}_1,\boldsymbol{g}_2=\boldsymbol{e}_1+\boldsymbol{e}_2,\boldsymbol{g}_3=\boldsymbol{e}_1+\boldsymbol{e}_2+\boldsymbol{e}_3$,故过渡矩阵为

$$\boldsymbol{C}=\begin{bmatrix}1 & 1 & 1\\ 0 & 1 & 1\\ 0 & 0 & 1\end{bmatrix}.$$

对分块矩阵$[\boldsymbol{C} \ \vdots \ \boldsymbol{I}]$进行行初等变换可求出逆矩阵为

$$\boldsymbol{C}^{-1}=\begin{bmatrix}1 & -1 & 0\\ 0 & 1 & -1\\ 0 & 0 & 1\end{bmatrix}.$$

(3) 可按定义,将 $\sigma(\boldsymbol{g}_i)$用$\{\boldsymbol{g}_i\}$展开来得到矩阵,也可直接利用公式:

$$\boldsymbol{B}=\boldsymbol{C}^{-1}\boldsymbol{A}\boldsymbol{C}=\begin{bmatrix}0 & 2 & 1\\ 1 & 0 & -1\\ 0 & 0 & 2\end{bmatrix}.$$

(4) 对$[\boldsymbol{g}_1 \ \boldsymbol{g}_2 \ \boldsymbol{g}_3 \ \boldsymbol{\alpha}]$进行行初等变换可求出 $\boldsymbol{\alpha}$ 在$\{\boldsymbol{g}_i\}$下的坐标. 也可用坐标变换:$\boldsymbol{\alpha}$ 在自然基下的坐标为 $\boldsymbol{X}=[1 \quad 2 \quad 3]^{\mathrm{T}}$,故在基$\{\boldsymbol{g}_i\}$下的坐标为

$$\boldsymbol{Y}=\boldsymbol{C}^{-1}\boldsymbol{X}=[-1 \quad -1 \quad 3]^{\mathrm{T}}.$$

(5) $\sigma(\boldsymbol{\alpha})$在自然基下的坐标为

$$\boldsymbol{A}\boldsymbol{X}=[3 \quad 2 \quad 6]^{\mathrm{T}},$$

在基$\{\boldsymbol{g}_i\}$下的坐标为

$$\boldsymbol{B}\boldsymbol{Y}=\boldsymbol{C}^{-1}\boldsymbol{A}\boldsymbol{C}\boldsymbol{C}^{-1}\boldsymbol{X}=\boldsymbol{C}^{-1}\boldsymbol{A}\boldsymbol{X}=[1 \quad -4 \quad 6]^{\mathrm{T}}.$$

5.3 本征值、本征向量

对于任意一个有限维线性空间 V 上的线性变换 $\sigma\in L(v)$,由于 V 中基的选择不同,σ 的矩阵形式也不同,因此一个自然的问题:能否找到 V 的一个基,使得 σ 在该基下的矩阵是尽可能简单,比如对角矩阵?这个问题也可等价地表述为对任意 $\boldsymbol{A}\in F^{n\times n}$,能否找到一个可逆的矩阵 $\boldsymbol{P}$,使得 $\boldsymbol{P}^{-1}\boldsymbol{A}\boldsymbol{P}$ 成为对角矩阵?这个问题与所谓的本征值和本征向量有关.

对无限维线性变换,本征值和本征向量不是很合适的概念,取而代之的是线性变换的谱. 下面主要讨论有限维线性空间,无限维空间请参考文献[13, 14].

定义 5.3.1(本征值、本征向量) 设 $\sigma\in L(V)$,$\lambda\in F$,若存在非零向量 $\sigma\in V$,使得

$$\sigma(\boldsymbol{\alpha})=\lambda\boldsymbol{\alpha},$$

则称 λ 是 σ 的一个本征值，而 $\boldsymbol{\alpha}$ 称 σ 的属于本征值 λ 的本征向量，简称本征向量.

显然，本征向量若存在，则不唯一. 若 $\boldsymbol{\alpha}$ 为 σ 的一个本征向量，则对 $\forall k\neq 0$，$k\boldsymbol{\alpha}$ 也是本征向量. 更一般地，有如下定理.

定理 5.3.1 线性变换 $\sigma\in L(V)$ 的属于本征值 λ 的全部本征向量与零向量构成的集合

$$E_{\lambda}=\{\boldsymbol{\alpha}\in V\mid\sigma(\boldsymbol{\alpha})=\lambda\boldsymbol{\alpha}\}$$

是 V 的子空间，称 σ 的属于本征值 λ 的本征子空间.

证明 按定理 3.3.1，只要证明 E_{λ} 对线性运算封闭即可. 为此任取 $\forall\boldsymbol{\alpha},\boldsymbol{\beta}\in E_{\lambda}$，则

$$\sigma(k\boldsymbol{\alpha}+l\boldsymbol{\beta})=k\sigma(\boldsymbol{\alpha})+l\sigma(\boldsymbol{\beta})=k\lambda\boldsymbol{\alpha}+l\lambda\boldsymbol{\beta}=\lambda(k\boldsymbol{\alpha}+l\boldsymbol{\beta}),$$

故 $k\boldsymbol{\alpha}+l\boldsymbol{\beta}\in E_{\lambda}$. 因此 E_{λ} 构成 V 的子空间.

由于线性变换与数域上的方阵存在一一对应关系，故平行地有如下定义.

定义 5.3.2（矩阵的本征值，本征向量） 设 $\lambda\in F$，若存在 $\boldsymbol{X}\in F^{n}$，$\boldsymbol{X}\neq\boldsymbol{O}$，使得 $\boldsymbol{AX}=\lambda\boldsymbol{X}$，则称 λ 是 $\boldsymbol{A}$ 的一个本征值，称列向量 $\boldsymbol{X}$ 是 $\boldsymbol{A}$ 的属于本征值 λ 的一个本征向量.

同样地有如下定理.

定理 5.3.2 n 阶矩阵 $\boldsymbol{A}$ 的属于本征值 λ 的全部本征向量与 F^{n} 中的零向量一起构成的集合是 F^{n} 的一个子空间，称 $\boldsymbol{A}$ 的属于本征值 λ 的本征子空间.

线性变换的本征值、本征向量与矩阵的本征值、本征向量是一一对应的，这可从如下推导看出：设 $\boldsymbol{\gamma}\in V$，$\{\boldsymbol{\alpha}_1,\boldsymbol{\alpha}_2,\cdots,\boldsymbol{\alpha}_n\}$ 是线性空间 V 的一个基，$\boldsymbol{X}=[x_1\ x_2\cdots\ x_n]$ 是 V 中向量 $\boldsymbol{\gamma}$ 在上述基下的坐标，$\boldsymbol{A}$ 是线性变换 $\sigma\in L(V)$ 在上述基下的矩阵，则

$$\sigma(\boldsymbol{\gamma})=\lambda\boldsymbol{\gamma}\Leftrightarrow\sigma(\boldsymbol{\alpha}_i x_i)=\lambda(\boldsymbol{\alpha}_i x_i)\Leftrightarrow\sigma(\boldsymbol{\alpha}_i)x_i=\boldsymbol{\alpha}_i(\lambda x_i)\Leftrightarrow(\boldsymbol{\alpha}_j a_{ji})x_i=\boldsymbol{\alpha}_i(\lambda x_i)$$

$$\Leftrightarrow\boldsymbol{\alpha}_j(a_{ji}x_i)=\boldsymbol{\alpha}_j(\lambda x_j)\Leftrightarrow a_{ji}x_i=\lambda x_j\Leftrightarrow\boldsymbol{AX}=\lambda\boldsymbol{X}.$$

线性变换的本征值、本征向量是否存在？若存在又如何求解？注意到选定 V 的一个基之后，线性变换的本征值、本征向量与矩阵的本征值、本征向量一一对应，故求出了矩阵的本征值、本征向量，即可得线性变换的本征值、本征向量. 因此下面只讨论矩阵的本征值、本征向量.

设 $\boldsymbol{A}\in F^{n\times n}$，$\boldsymbol{X}\in F^{n}$，则

$$\boldsymbol{AX}=\lambda\boldsymbol{X}\Rightarrow(\lambda\boldsymbol{I}-\boldsymbol{A})\boldsymbol{X}=\boldsymbol{O},$$

称上述方程为矩阵 $\boldsymbol{A}$ 的本征方程. 按本征向量的定义 $\boldsymbol{X}\neq\boldsymbol{O}$，故由线性方程组的理论可知

$$|\lambda\boldsymbol{I}-\boldsymbol{A}|=\begin{vmatrix}\lambda-a_{11} & a_{12} & \cdots & a_{1n}\\ a_{21} & \lambda-a_{22} & \cdots & a_{2n}\\ \vdots & \vdots & & \vdots\\ a_{n1} & a_{n2} & \cdots & \lambda-a_{nn}\end{vmatrix}=0,$$

将上述行列式展开之后，可得到 F 上的一个 λ 的 n 次首一多项式，即

$$f(\lambda)=|\lambda\boldsymbol{I}-\boldsymbol{A}|=\lambda^n+b_{n-1}\lambda^{n-1}+\cdots+b_1\lambda+b_0.$$

定义 5.3.3（本征多项式） 称 $f(\lambda)=|\lambda\boldsymbol{I}-\boldsymbol{A}|$ 为矩阵 $\boldsymbol{A}$ 的本征多项式，而方程 $f(\lambda)=0$ 称为矩阵 $\boldsymbol{A}$ 的本征值方程.

矩阵 $\boldsymbol{A}$ 的所有本征值都满足 $f(\lambda)=0$，反之，数域 F 中所有 $f(\lambda)=0$ 的根都是 $\boldsymbol{A}$ 的本征值——因为 $f(\lambda)=0$ 意味着 $\boldsymbol{AX}=\lambda\boldsymbol{X}$ 一定有非零解，故 $f(\lambda)=0$ 在数域 F 中的根就是 $\boldsymbol{A}$ 的全部本征值. 而由代数学基本定理可知，在复数域 $\mathbf{C}$ 中，$f(\lambda)=0$ 有且仅有 n 个根（重根按重数计算），从而 $\boldsymbol{A}$ 有 n 个本征值（可能有重值）. 若某本征值 $f(\lambda)=0$ 是 r 重根（$r\geqslant 2$），则称该本征值为 $\boldsymbol{A}$ 的一个 r 重本征值，否则称其为单本征值. 在计算 $\boldsymbol{A}$ 的本征值数目时，一个 r 重本征值按照 r 个来计算.

显然，对角矩阵、上（下）三角矩阵的 n 个本征值就是其 n 个对角元.

设 $\boldsymbol{A}$ 在 $\mathbf{C}$ 中的 n 个本征值为 $\lambda_1,\lambda_2,\cdots,\lambda_n$，则有

$$f(\lambda)=|\lambda\boldsymbol{I}-\boldsymbol{A}|=(\lambda-\lambda_1)(\lambda-\lambda_2)\cdots(\lambda-\lambda_n),$$

以下如无特别指明，都默认在复数域 $\mathbf{C}$ 上考虑矩阵的本征值.

定理 5.3.3 复数域 $\mathbf{C}$ 上，n 阶矩阵 $\boldsymbol{A}$ 的 n 个本征值满足如下关系：

$$\sum_i\lambda_i=\lambda_1+\lambda_2+\cdots+\lambda_n=\mathrm{tr}(\boldsymbol{A}),\quad \prod_i\lambda_i=\lambda_1\lambda_2\cdots\lambda_n=|\boldsymbol{A}|.$$

证明 设矩阵 $\boldsymbol{A}$ 的本征多项式为

$$f(\lambda)=|\lambda\boldsymbol{I}-\boldsymbol{A}|=\lambda^n+b_{n-1}\lambda^{n-1}+\cdots+b_1\lambda+b_0,$$

先来看看 λ^{n-1} 的系数 b_{n-1}. 从行列式的定义可看出，若要得到 λ^{n-1}，必须在行列式的 $n-1$个主对角元中取 λ，因此剩下的元素也必须为最后一个主对角元. 即 λ^{n-1} 只能从行列式展开后的如下项中得到

$$(-1)^0(\lambda-a_{11})(\lambda-a_{22})\cdots(\lambda-a_{nn}),$$

由此可见

$$b_{n-1}=-a_{11}-a_{22}-\cdots-a_{nn}=-\mathrm{tr}(\boldsymbol{A})$$

另一方面，从根与系数关系的韦达定理可知

$$b_{n-1}=-\lambda_1-\lambda_2-\cdots-\lambda_n=-\sum_i\lambda_i.$$

因此，$\sum_i\lambda_i=\mathrm{tr}(\boldsymbol{A})$.

再来考察本征多项式中的常数项. 注意到

$$b_0=f(0)=|0\boldsymbol{I}-\boldsymbol{A}|=|-\boldsymbol{A}|=(-1)^n|\boldsymbol{A}|,$$

而从韦达定理有

$$b_0=(-\lambda_1)(-\lambda_2)\cdots(-\lambda_n)=(-1)^n\prod_i\lambda_i.$$

因此，$\prod_i\lambda_i=|\boldsymbol{A}|$.

由定理 5.3.3，$\boldsymbol{A}$ 的本征多项式可写为

$$f(\lambda)=|\lambda \boldsymbol{I}-\boldsymbol{A}|=\lambda^n+\operatorname{tr}(-\boldsymbol{A})\lambda^{n-1}+b_{n-2}\lambda^{n-2}+\cdots+b_1\lambda+|-\boldsymbol{A}|.$$

推论 5.3.1　矩阵 $\boldsymbol{A}$ 可逆的充要条件是：复数域上 $\boldsymbol{A}$ 的全部本征值均不为零.

证明　$\boldsymbol{A}$ 可逆 $\Leftrightarrow |\boldsymbol{A}|\neq 0 \Leftrightarrow \prod_{i=1}^{n}\lambda_i\neq 0 \Leftrightarrow \forall i,\lambda_i\neq 0$.

定理 5.3.4　设 $\boldsymbol{A}$ 与 $\boldsymbol{B}$ 相似，则 $\boldsymbol{A},\boldsymbol{B}$ 的本征多项式相等.

证明　$\boldsymbol{A}\sim\boldsymbol{B}\Leftrightarrow \boldsymbol{B}=\boldsymbol{C}^{-1}\boldsymbol{A}\boldsymbol{C}$，故

$$|\lambda\boldsymbol{I}-\boldsymbol{B}|=|\lambda\boldsymbol{I}-\boldsymbol{C}^{-1}\boldsymbol{A}\boldsymbol{C}|=|\boldsymbol{C}^{-1}(\lambda\boldsymbol{I}-\boldsymbol{A})\boldsymbol{C}|=|\lambda\boldsymbol{I}-\boldsymbol{A}|.$$

推论 5.3.2　相似的矩阵，本征值相同.

由于相似的矩阵可看成同一个线性变换在不同基下的表现形式，故此推论是理所当然的.不仅如此，由于对应同一个线性变换，故相似的矩阵的本征向量也是一一对应的.设 $\boldsymbol{X}$ 为矩阵 $\boldsymbol{A}$ 的本征向量，即

$$\boldsymbol{A}\boldsymbol{X}=\lambda_i\boldsymbol{X}.$$

若 $\boldsymbol{B}$ 与 $\boldsymbol{A}$ 相似，即 $\boldsymbol{B}=\boldsymbol{C}^{-1}\boldsymbol{A}\boldsymbol{C}$，则有

$$\boldsymbol{A}\boldsymbol{X}=\lambda_i\boldsymbol{X}\Leftrightarrow \boldsymbol{C}^{-1}\boldsymbol{A}\boldsymbol{X}=\lambda_i\boldsymbol{C}^{-1}\boldsymbol{X}\Leftrightarrow \boldsymbol{C}^{-1}\boldsymbol{A}\boldsymbol{C}\boldsymbol{C}^{-1}\boldsymbol{X}=\lambda_i\boldsymbol{C}^{-1}\boldsymbol{X}\Leftrightarrow \boldsymbol{B}(\boldsymbol{C}^{-1}\boldsymbol{X})=\lambda_i(\boldsymbol{C}^{-1}\boldsymbol{X}),$$

即 $\boldsymbol{A}$ 有一本征向量 $\boldsymbol{X}$，则 $\boldsymbol{B}$ 也有属于相同本征值的本征向量 $\boldsymbol{C}^{-1}\boldsymbol{X}$，反之亦然.

小结一下：相似的矩阵有相同的本征多项式、本征值、迹、行列式及秩，并有一一对应的本征向量.

例 5.3.1　设矩阵 $\boldsymbol{A}$ 与 $\boldsymbol{B}$ 相似，求证 $\boldsymbol{A}$ 的任意多项式 $f(\boldsymbol{A})$ 与 $\boldsymbol{B}$ 的相应多项式 $f(\boldsymbol{B})$ 相似，即 $\boldsymbol{A}\sim\boldsymbol{B}\Rightarrow f(\boldsymbol{A})\sim f(\boldsymbol{B})$.

证明　设 $f(x)=\sum_i l_i x^i$. 而注意到，当 $k>0$ 时，有

$$\boldsymbol{A}\sim\boldsymbol{B}\Rightarrow \boldsymbol{B}=\boldsymbol{C}^{-1}\boldsymbol{A}\boldsymbol{C}\Rightarrow \boldsymbol{B}^k=(\boldsymbol{C}^{-1}\boldsymbol{A}\boldsymbol{C})^k=\boldsymbol{C}^{-1}\boldsymbol{A}^k\boldsymbol{C}\Rightarrow \boldsymbol{B}^k\sim\boldsymbol{A}^k;$$

当 $k=0$ 时，有

$$\boldsymbol{B}^0=\boldsymbol{I}=\boldsymbol{C}^{-1}\boldsymbol{I}\boldsymbol{C}=\boldsymbol{C}^{-1}\boldsymbol{A}^0\boldsymbol{C}.$$

故

$$f(\boldsymbol{B})=\sum_i l_i\boldsymbol{B}^i=\sum_i l_i\boldsymbol{C}^{-1}\boldsymbol{A}^i\boldsymbol{C}=\boldsymbol{C}^{-1}\Big(\sum_i l_i\boldsymbol{A}^i\Big)\boldsymbol{C}=\boldsymbol{C}^{-1}f(\boldsymbol{A})\boldsymbol{C}.$$

从而 $f(\boldsymbol{A})\sim f(\boldsymbol{B})$.

例 5.3.2　求证：若 $\boldsymbol{A}_{m\times n},\boldsymbol{B}_{n\times m}$ 为两矩阵，且 $m\geqslant n$，则 $\boldsymbol{AB}$ 和 $\boldsymbol{BA}$ 的本征多项式满足

$$|\lambda\boldsymbol{I}-\boldsymbol{AB}|=\lambda^{m-n}|\lambda\boldsymbol{I}-\boldsymbol{BA}|.$$

证明　构造分块方阵：

$$\boldsymbol{P}=\begin{bmatrix}\boldsymbol{I}_n & \boldsymbol{O}\\ -\boldsymbol{A} & \boldsymbol{I}_m\end{bmatrix},\quad \boldsymbol{Q}=\begin{bmatrix}\lambda\boldsymbol{I}_n & \boldsymbol{B}\\ \lambda\boldsymbol{A} & \lambda\boldsymbol{I}_m\end{bmatrix},$$

则直接计算有

$$\boldsymbol{PQ}=\begin{bmatrix}\lambda\boldsymbol{I}_n & \boldsymbol{B}\\ \boldsymbol{O} & \lambda\boldsymbol{I}_m-\boldsymbol{AB}\end{bmatrix},\quad \boldsymbol{QP}=\begin{bmatrix}\lambda\boldsymbol{I}_n-\boldsymbol{AB} & \boldsymbol{B}\\ \boldsymbol{O} & \lambda\boldsymbol{I}_m\end{bmatrix}.$$

由于$|\boldsymbol{PQ}|=|\boldsymbol{QP}|$,故

$$\lambda^n|\lambda\boldsymbol{I}-\boldsymbol{AB}|=\lambda^m|\lambda\boldsymbol{I}-\boldsymbol{BA}|.$$

例 5.3.3　设$\boldsymbol{A}$有一个本征值λ_0,且属于λ_0的一个本征向量是$\boldsymbol{\alpha}_0$,则求证:

(1) $k\boldsymbol{A}$有一个本征值$k\lambda_0$,且$\boldsymbol{\alpha}_0$也是$k\boldsymbol{A}$的特征向量.

(2) $\boldsymbol{A}^k$有一个本征值λ_0^k,且$\boldsymbol{\alpha}_0$也是$\boldsymbol{A}^k$的特征向量.

(3) $g(\boldsymbol{A})=b_k\boldsymbol{A}^k+b_{k-1}\boldsymbol{A}^{k-1}+\cdots+b_1\boldsymbol{A}+b_0\boldsymbol{I}$有一个本征值$g(\lambda_0)$.

(4) 若$\boldsymbol{A}$可逆,则$\boldsymbol{A}^{-1}$有一个本征值λ_0^{-1}.

(5) 若$\boldsymbol{A}$满足矩阵方程$g(\boldsymbol{A})=b_k\boldsymbol{A}^k+b_{k-1}\boldsymbol{A}^{k-1}+\cdots+b_1\boldsymbol{A}+b_0\boldsymbol{I}=\boldsymbol{O}$,则$\lambda_0$满足同样的多项式方程:$g(\lambda_0)=0$.

证明　按题设,有$\boldsymbol{A}\boldsymbol{\alpha}_0=\lambda_0\boldsymbol{\alpha}_0$,因此

(1) $(k\boldsymbol{A})\boldsymbol{\alpha}_0=k\lambda_0\boldsymbol{\alpha}_0$.

(2) $\boldsymbol{A}^k\boldsymbol{\alpha}_0=\boldsymbol{A}^{k-1}(\boldsymbol{A}\boldsymbol{\alpha}_0)=\boldsymbol{A}^{k-1}(\lambda_0\boldsymbol{\alpha}_0)=\lambda_0\boldsymbol{A}^{k-1}\boldsymbol{\alpha}_0=\lambda_0^2\boldsymbol{A}^{k-2}\boldsymbol{\alpha}_0=\cdots=\lambda_0^k\boldsymbol{\alpha}_0$.

(3) 设 $g(\boldsymbol{A})=\sum\limits_i k_i\boldsymbol{A}^i$, 则 $g(\boldsymbol{A})\boldsymbol{\alpha}_0=\left(\sum\limits_i k_i\boldsymbol{A}^i\right)\boldsymbol{\alpha}_0=\sum\limits_i k_i(\boldsymbol{A}^i\boldsymbol{\alpha}_0)=\left(\sum\limits_i k_i\lambda_0^i\right)\boldsymbol{\alpha}_0=g(\lambda_0)\boldsymbol{\alpha}_0$.

(4) 若$\boldsymbol{A}$可逆,则$\boldsymbol{A}$无零本征值,即$\lambda_0\neq0$.故$\boldsymbol{A}^{-1}\boldsymbol{\alpha}_0=\boldsymbol{A}^{-1}\dfrac{1}{\lambda_0}\boldsymbol{A}\boldsymbol{\alpha}_0=\lambda_0^{-1}\boldsymbol{\alpha}_0$.

(5) 由(3)的结论可知$g(\boldsymbol{A})\boldsymbol{\alpha}_0=g(\lambda_0)\boldsymbol{\alpha}_0$,故$g(\lambda_0)\boldsymbol{\alpha}_0=g(\boldsymbol{A})\boldsymbol{\alpha}_0=\boldsymbol{O}\boldsymbol{\alpha}_0=\boldsymbol{0}$,而$\boldsymbol{\alpha}_0\neq\boldsymbol{0}$,故$g(\lambda_0)=0$.

注意,本例的第(3)问说明了$\boldsymbol{A}$的每个本征向量都是$g(\boldsymbol{A})$的本征向量,且对$\boldsymbol{A}$的每个本征值λ_i,$g(\boldsymbol{A})$都相应存在一个本征值$f(\lambda_i)$.对n阶矩阵$\boldsymbol{A}$,设其全部n个本征值为$\lambda_1,\lambda_2,\cdots,\lambda_n$,则$g(\boldsymbol{A})$存在相应的本征值$g(\lambda_1),g(\lambda_2),\cdots,g(\lambda_n)$.若$g(\boldsymbol{A})$的这些本征值中没有重值,则注意到$g(\boldsymbol{A})$有且仅有$n$个本征值,故此时,$g(\lambda_1),g(\lambda_2),\cdots,g(\lambda_n)$就是$g(\boldsymbol{A})$的全部本征值,且均为单本征值.但是,当$g(\lambda_1),g(\lambda_2),\cdots,g(\lambda_n)$中有重值时,此时$g(\lambda_1),g(\lambda_2),\cdots,g(\lambda_n)$是否仍正好是$g(\boldsymbol{A})$的全部本征值?这个问题可通过Jordan标准型来解决,我们将在5.4.4节中讨论这些内容.

例 5.3.4　证明:

(1) 若$\boldsymbol{A}^2=\boldsymbol{I}$,则$\boldsymbol{A}$的本征值只能是1或$-1$.

(2) 若$\boldsymbol{A}^2=\boldsymbol{A}$,则$\boldsymbol{A}$的本征值只能是0或1.

(3) 若$\boldsymbol{A}^m=\boldsymbol{O}(m\in\mathbf{Z}^+)$,则$\boldsymbol{A}$的本征值只能是0.

证明　按例5.3.3第(5)问的结论,本例第(1)问的本征值满足

$$\lambda^2-1=0,$$

因此本征值只能是1或-1.第(2)问的本征值满足

$$\lambda^2-\lambda=0,$$

因此本征值只能是 1 或 0. 第(3)问的本征值满足

$$\lambda^m=0,$$

因此本征值只能是 0.

例 5.3.5　设 $\boldsymbol{A}\in\mathbf{C}^{3\times 3}$，$\boldsymbol{A}$ 的三个本征值分别是 1,2,3，求 $|2\boldsymbol{A}^2+\boldsymbol{I}|$.

解　按例 5.3.4 的结论，$2\boldsymbol{A}^2+\boldsymbol{I}$ 有本征值 3,9,19，由于这些本征值互不相同，因此就是其全部的本征值. 故 $|2\boldsymbol{A}^2+\boldsymbol{I}|=1\times 9\times 19=171$.

例 5.3.6　3 阶方阵 $\boldsymbol{A}$ 的本征值为 1,2,3，求 $\boldsymbol{A}^*$ 的本征值.

解　$\boldsymbol{A}^{-1}$ 有本征值 1,1/2,1/3. 注意到 $\boldsymbol{A}^*=|\boldsymbol{A}|\boldsymbol{A}^{-1}=6\boldsymbol{A}^{-1}$，故 $\boldsymbol{A}^*$ 具有本征值 6,3,2. 由于它为 3 阶矩阵，故这就是 $\boldsymbol{A}^*$ 的全部本征值.

例 5.3.7　3 阶方阵 $\boldsymbol{A}$ 的本征值为 $1,-1,2$，$\boldsymbol{C}\sim\boldsymbol{A}$，而 $\boldsymbol{B}=\boldsymbol{C}^2-5\boldsymbol{C}+2\boldsymbol{I}$，求 $|\boldsymbol{B}|$.

解　注意相似矩阵有相同的本征值，故 $\boldsymbol{C}$ 的本征值为 $1,-1,2$. 而 $\boldsymbol{B}$ 是 $\boldsymbol{C}$ 的多项式 $\boldsymbol{B}=f(\boldsymbol{C})$，因此 $\boldsymbol{B}$ 具有本征值 $f(1)=-2$，$f(-1)=8$，$f(2)=-4$. 显然这就是 $\boldsymbol{B}$ 的全部本征值，因此 $|\boldsymbol{B}|=(-2)\cdot 8\cdot(-4)=64$.

例 5.3.8　设 $\boldsymbol{A}=\begin{bmatrix} a & -1 & a \\ 5 & b & 3 \\ 1-a & 0 & -a \end{bmatrix}$，且 $|\boldsymbol{A}|=1$. 而 $\boldsymbol{\alpha}=[-1\ \ -1\ \ 1]^{\mathrm{T}}$ 是 $\boldsymbol{A}$ 的伴随矩阵 $\boldsymbol{A}^*$ 的本征值为 λ_0 的本征向量. 求 a,b,λ_0.

解　依题意有

$$\boldsymbol{A}^*\boldsymbol{\alpha}=\lambda_0\boldsymbol{\alpha}\Rightarrow\boldsymbol{A}\boldsymbol{A}^*\boldsymbol{\alpha}=\lambda_0\boldsymbol{A}\boldsymbol{\alpha}\Rightarrow\lambda_0\boldsymbol{A}\boldsymbol{\alpha}=|\boldsymbol{A}|\boldsymbol{\alpha},$$

代入已知条件有

$$\lambda_0\begin{bmatrix} a & -1 & a \\ 5 & b & 3 \\ 1-a & 0 & -a \end{bmatrix}\begin{bmatrix} -1 \\ -1 \\ 1 \end{bmatrix}=-\begin{bmatrix} -1 \\ -1 \\ 1 \end{bmatrix},$$

由此解得 $\lambda_0=1$，$b=-3$，最后由 $|\boldsymbol{A}|=1$ 得到 $a=4$.

例 5.3.9　设 $\boldsymbol{A}_n=(a_{ij})_{n\times n}$ 的本征值互不相同，为 λ_i，$i=1,2,\cdots,n$，则 $\sum\limits_{i=1}^{n}\lambda_i^2$ 等于______.

(A) $\sum\limits_{i=1}^{n}a_{ii}^2$　　(B) $\sum\limits_{i=1}^{n}a_{jj}^2$　　(C) $\sum\limits_{i,j=1}^{n}a_{ij}^2$　　(D) $\sum\limits_{i,j=1}^{n}a_{ij}a_{ji}$

解　注意到 λ_i^2 正好是矩阵 $\boldsymbol{A}^2$ 的全部本征值，因此

$$\sum_{i=1}^{n}\lambda_i^2=\mathrm{tr}(\boldsymbol{A}^2)=\sum_i(\boldsymbol{A}^2)_{ii}=\sum_{i,j=1}^{n}a_{ij}a_{ji}.$$

因此答案为(D).

按例 5.2.2，对任意有限维线性空间 V 上的线性变换 σ，总存在有限次的多项式

$f(x)$使得 $f(\sigma)=o$,这样的多项式称为 σ 的零化多项式. 相应地,对任意一个方阵 $\boldsymbol{A}$,也总存在有限次的多项式 $f(x)$使得 $f(\boldsymbol{A})=\boldsymbol{O}$. 实际上,矩阵的本征多项式即为这样的多项式,即有如下定理.

定理 5.3.5(Hamilton-Cayley 定理*) 设 $\boldsymbol{A}\in F^{n\times n}$,其本征多项式为 $f(\lambda)=|\lambda\boldsymbol{I}-\boldsymbol{A}|$,则

$$f(\boldsymbol{A})=\boldsymbol{O}.$$

证明 设 $\boldsymbol{B}(\lambda)$是 $\lambda\boldsymbol{I}-\boldsymbol{A}$ 的伴随矩阵. 注意到 $\boldsymbol{B}(\lambda)$的元素是 $\lambda\boldsymbol{I}-\boldsymbol{A}$ 的元素的代数余子式,故 $\boldsymbol{B}(\lambda)$的矩阵元均为 λ 的次数不超过 $n-1$ 次的多项式. 因此可按照 λ 的幂次将其拆为 n 个矩阵之和,以及式中的每个矩阵均只含有 λ 的固定幂次,即

$$\boldsymbol{B}(\lambda)=\lambda^{n-1}\boldsymbol{B}_0+\lambda^{n-1}\boldsymbol{B}_1+\cdots+\lambda\boldsymbol{B}_{n-2}+\boldsymbol{B}_{n-1},\quad B_i\in F^{nn}.$$

注意到伴随矩阵满足

$$\boldsymbol{B}(\lambda)(\lambda\boldsymbol{I}-\boldsymbol{A})=|\lambda\boldsymbol{I}-\boldsymbol{A}|\boldsymbol{I}=f(\lambda)\boldsymbol{I},$$

其中 $f(\lambda)$为矩阵 $\boldsymbol{A}$ 的本征多项式,设其为

$$f(\lambda)=\lambda^n+c_1\lambda^{n-1}+\cdots+c_{n-1}\lambda+c_n,\quad c_i\in F,$$

则通过比较 $\boldsymbol{B}(\lambda)(\lambda\boldsymbol{I}-\boldsymbol{A})=f(\lambda)\boldsymbol{I}$ 两边 λ 的幂次有

$$\begin{aligned}\boldsymbol{B}_0&=\boldsymbol{I},\\ \boldsymbol{B}_1-\boldsymbol{B}_0\boldsymbol{A}&=c_1\boldsymbol{I},\\ &\vdots\\ \boldsymbol{B}_{n-1}-\boldsymbol{B}_{n-2}\boldsymbol{A}&=c_{n-1}\boldsymbol{I},\\ -\boldsymbol{B}_{n-1}\boldsymbol{A}&=c_n\boldsymbol{I}.\end{aligned}$$

用 $\boldsymbol{A}^n,\boldsymbol{A}^{n-1},\cdots,\boldsymbol{A},\boldsymbol{I}$ 分别乘上面各式有

$$\begin{aligned}\boldsymbol{B}_0\boldsymbol{A}^n&=\boldsymbol{A}^n,\\ \boldsymbol{B}_1\boldsymbol{A}^{n-1}-\boldsymbol{B}_0\boldsymbol{A}^n&=c_1\boldsymbol{A}^{n-1},\\ &\vdots\\ \boldsymbol{B}_{n-1}\boldsymbol{A}-\boldsymbol{B}_{n-2}\boldsymbol{A}^2&=c_{n-1}\boldsymbol{A},\\ -\boldsymbol{B}_{n-1}\boldsymbol{A}&=c_n\boldsymbol{I}.\end{aligned}$$

将上述各式相加,即有 $f(\boldsymbol{A})=\boldsymbol{O}$.

显然,由于矩阵和有限维空间上的线性变换对应,因此 Hamilton-Cayley 定理对有限维空间上的线性变换也成立. 实际上,如果将线性变换作用的线性空间看作一元多项式环(多项式的字母可理解为该线性变换)上的模,则这个证明可改写成更简洁的形式,这里不再展开,详见文献[3].

现在来小结一下矩阵本征值和本征向量的求法(在复数域 $\mathbf{C}$ 上讨论). 注意到

$$\boldsymbol{AX}=\lambda\boldsymbol{X}(\boldsymbol{X}\neq\boldsymbol{O})\Leftrightarrow(\lambda\boldsymbol{I}-\boldsymbol{A})\boldsymbol{X}=\boldsymbol{O}(\boldsymbol{X}\neq\boldsymbol{O})\Leftrightarrow|\lambda\boldsymbol{I}-\boldsymbol{A}|=0,$$

故可看出本征值和本征向量的求解步骤如下.

(1) 由 $f(\lambda)=|\lambda\boldsymbol{I}-\boldsymbol{A}|=0$,求出 $\boldsymbol{A}$ 的全部本征值(注意可能有重根)$\lambda_1,\lambda_2,$

$\cdots,\lambda_n$.

(2) 对每个本征值 λ_i,线性方程组 $(\lambda_i \boldsymbol{I}-\boldsymbol{A})\boldsymbol{X}=\boldsymbol{O}$ 一定有非零解,这些非零解即为矩阵 $\boldsymbol{A}$ 的属于本征值 λ_i 的全部本征向量.

下面通过例题来具体说明.

例 5.3.10 求 $\boldsymbol{A}=\begin{bmatrix}-2 & -1 & 9\\ -9 & 4 & 0\\ -3 & 1 & 1\end{bmatrix}$ 的全部本征值和本征向量.

解 由 $|\lambda \boldsymbol{I}-\boldsymbol{A}|=0$ 可得到本征方程为

$$\lambda^3-3\lambda^2+12\lambda-10=0 \Rightarrow (\lambda-1)(\lambda-1-3\mathrm{i})(\lambda-1+3\mathrm{i})=0,$$

因此矩阵 $\boldsymbol{A}$ 有 3 个不同的本征值:$\lambda_1=1,\lambda_2=1+3\mathrm{i},\lambda_3=1-3\mathrm{i}$. 现在对每个本征值分别求对应的本征向量.

对 $\lambda_1=1$,注意到由行初等变换可得

$$\lambda_1 \boldsymbol{I}-\boldsymbol{A}=\begin{bmatrix}3 & 1 & -9\\ 9 & -3 & 0\\ 3 & -1 & 0\end{bmatrix}\to\begin{bmatrix}1 & 0 & -\dfrac{3}{2}\\ 0 & 1 & -\dfrac{9}{2}\\ 0 & 0 & 0\end{bmatrix},$$

因此由 $(\lambda_1 \boldsymbol{I}-\boldsymbol{A})\boldsymbol{X}=\boldsymbol{O}$ 可求出属于本征值 λ_1 的本征向量为

$$\boldsymbol{X}_1=k_1\begin{bmatrix}3\\ 9\\ 2\end{bmatrix},\quad k_1\neq 0.$$

对 $\lambda_2=1+3\mathrm{i}$,注意到由行初等变换可得

$$\lambda_2 \boldsymbol{I}-\boldsymbol{A}=\begin{bmatrix}3+3\mathrm{i} & 1 & -9\\ 9 & -3+3\mathrm{i} & 0\\ 3 & -1 & 3\mathrm{i}\end{bmatrix}\to\begin{bmatrix}1 & 0 & -1+\mathrm{i}\\ 0 & 1 & -3\\ 0 & 0 & 0\end{bmatrix},$$

因此由 $(\lambda_2 \boldsymbol{I}-\boldsymbol{A})\boldsymbol{X}=\boldsymbol{O}$ 可求出属于本征值 λ_2 的本征向量为

$$\boldsymbol{X}_2=k_2\begin{bmatrix}1-\mathrm{i}\\ 3\\ 1\end{bmatrix},\quad k_2\neq 0.$$

对 $\lambda_3=1-3\mathrm{i}$ 也可类似求本征向量. 但注意到 $\boldsymbol{A}$ 为实矩阵,因此其复本征值成对出现. 不仅如此,对互为复共轭的本征值,由下式:

$$(\lambda \boldsymbol{I}-\boldsymbol{A})\boldsymbol{X}=\boldsymbol{O}\xrightarrow{\text{取复共轭}}(\bar{\lambda} \boldsymbol{I}-\boldsymbol{A})\bar{\boldsymbol{X}}=\boldsymbol{O},$$

可知,其本征向量也成对出现. 由于 $\lambda_3=\bar{\lambda}_2$,故属于本征值 λ_3 的本征向量为

$$\boldsymbol{X}_3=k_3\begin{bmatrix}1+\mathrm{i}\\ 3\\ 1\end{bmatrix},\quad k_3\neq 0$$

例 5.3.11 求 $\boldsymbol{A}=\begin{bmatrix}-3 & 1 & -1\\ -7 & 5 & -1\\ -6 & 6 & -2\end{bmatrix}$的全部本征值和本征向量.

解 由$|\lambda\boldsymbol{I}-\boldsymbol{A}|=0$可得到本征方程为

$$\lambda^3-12\lambda-16=0 \Rightarrow (\lambda-4)(\lambda+2)^2=0,$$

因此矩阵 $\boldsymbol{A}$ 有 3 个本征值(含 1 个二重本征值)$\lambda_1=4,\lambda_{2,3}=-2$.类似例 5.3.10 的方法,由$(\lambda\boldsymbol{I}-\boldsymbol{A})\boldsymbol{X}=\boldsymbol{O}$可求解出与本征值对应的本征向量.

对 $\lambda_1=4$,其本征向量为

$$\boldsymbol{X}_1=k_1\begin{bmatrix}0\\1\\1\end{bmatrix},\quad k_1\neq 0.$$

对 $\lambda_{2,3}=-2$,其本征向量为

$$\boldsymbol{X}_2=k_2\begin{bmatrix}1\\1\\0\end{bmatrix},\quad k_2\neq 0.$$

例 5.3.12 求 $\boldsymbol{A}=\begin{bmatrix}1 & -3 & 3\\ 3 & -5 & 3\\ 6 & -6 & 4\end{bmatrix}$的全部本征值和本征向量.

解 类似前两例,由$|\lambda\boldsymbol{I}-\boldsymbol{A}|=0$可得到本征方程为

$$\lambda^3-12\lambda-16=0 \Rightarrow (\lambda-4)\ (\lambda+2)^2=0,$$

因此矩阵 $\boldsymbol{A}$ 有 3 个本征值(含 1 个二重本征值)$\lambda_1=4,\lambda_{2,3}=-2$.类似前两例,由$(\lambda\boldsymbol{I}-\boldsymbol{A})\boldsymbol{X}=\boldsymbol{O}$可求解出与本征值对应的本征向量.

对 $\lambda_1=4$,其本征向量为

$$\boldsymbol{X}_1=k_1\begin{bmatrix}1\\1\\2\end{bmatrix},\quad k_1\neq 0.$$

对 $\lambda_{2,3}=-2$,由$(\lambda_{2,3}\boldsymbol{I}-\boldsymbol{A})\boldsymbol{X}=\boldsymbol{O}$解出其本征向量为

$$\boldsymbol{X}=k_2\begin{bmatrix}1\\1\\0\end{bmatrix}+k_3\begin{bmatrix}0\\1\\1\end{bmatrix}.$$

因此该本征值可以有两个线性无关的本征向量,取为

$$\boldsymbol{X}_2=k_2\begin{bmatrix}1\\1\\0\end{bmatrix},\quad \boldsymbol{X}_3=k_3\begin{bmatrix}0\\1\\1\end{bmatrix}\quad (k_2,k_3\neq 0).$$

以上三个例子中,例 5.3.10 只有单本征值,每个单本征值对应存在 1 个线性无

关的本征向量. 例 5.3.11 有单本征值，也有二重本征值，且单本征值和二重本征值分别都只对应 1 个线性无关的本征向量. 例 5.3.12 也有二重本征值，但该二重本征值对应存在两个线性无关的本征向量. 由此可见，本征值的重数为多少？一个本征值对应存在多少个线性无关的本征向量？这些都有待深究，我们在下一节将讨论这些问题.

5.4　矩阵的相似对角化

5.4.1　相似对角化

本节将研究矩阵与一个对角矩阵相似的充要条件，从而回答类似 5.3 节最开始提出的问题：能否找到 V 的一个基，使线性变换 σ 在该基下的矩阵是简单的对角形式？或等价地，对任意 $\boldsymbol{A}\in F^{n\times n}$，能否找到一个可逆的矩阵 $\boldsymbol{P}$，使得 $\boldsymbol{P}^{-1}\boldsymbol{AP}$ 是对角形式？先引入如下定义：

定义 5.4.1（可对角化）　设 σ 是 F 上线性空间 V 上的一个线性变换，若存在 V 的一个基使 σ 在该基下的矩阵是对角矩阵，则称 σ 可以对角化.

由线性变换与矩阵的关系，平行地有如下定义.

定义 5.4.2（可对角化）　设 $\boldsymbol{A}$ 是 F 上一个 n 阶矩阵，若存在一个可逆的 n 阶矩阵 $\boldsymbol{P}$，使 $\boldsymbol{P}^{-1}\boldsymbol{AP}$ 是对角矩阵，则称矩阵 $\boldsymbol{A}$ 可以对角化.

关于矩阵 $\boldsymbol{A}$ 是否可对角化，有如下基本定理.

定理 5.4.1　数域 F 上一个 n 阶矩阵 $\boldsymbol{A}$ 可对角化的充要条件是：$\boldsymbol{A}$ 在 F^n 中有 n 个线性无关的本征向量.

证明

$$\begin{aligned}\boldsymbol{A}\text{ 可对角化}&\Leftrightarrow \text{存在可逆的 } n \text{ 阶矩阵 } \boldsymbol{P}\text{，使得 } \boldsymbol{P}^{-1}\boldsymbol{AP}=\operatorname{diag}(\lambda_1,\lambda_2,\cdots,\lambda_n)\\&\Leftrightarrow \text{存在可逆的 } n \text{ 阶矩阵 } \boldsymbol{P}\text{，使得 } \boldsymbol{AP}=\boldsymbol{P}\operatorname{diag}(\lambda_1,\lambda_2,\cdots,\lambda_n).\end{aligned}$$

现将 $\boldsymbol{P}$ 按列分块，即 $\boldsymbol{P}=[\boldsymbol{P}_1\ \boldsymbol{P}_2\cdots\ \boldsymbol{P}_n]$，注意到对角矩阵右乘任意矩阵的法则，进一步有

$$\Leftrightarrow \text{存在可逆的 } n \text{ 阶矩阵 } \boldsymbol{P}\text{，使得 } \boldsymbol{A}[\boldsymbol{P}_1\ \boldsymbol{P}_2\cdots\boldsymbol{P}_n]=[\lambda_1\boldsymbol{P}_1\ \lambda_2\boldsymbol{P}_2\cdots\ \lambda_n\boldsymbol{P}_n]$$

$$\Leftrightarrow \text{存在 } n \text{ 个线性无关的向量 } \boldsymbol{P}_1,\boldsymbol{P}_2,\cdots,\boldsymbol{P}_n\text{，使得}$$

$$\boldsymbol{AP}_1=\lambda_1\boldsymbol{P}_1,\boldsymbol{AP}_2=\lambda_2\boldsymbol{P}_2,\cdots,\boldsymbol{AP}_n=\lambda_n\boldsymbol{P}_n$$

由于对角矩阵的本征值就是其对角元，而相似的矩阵具有完全相同的本征值，因此若 $\boldsymbol{A}$ 可对角化，则 $\boldsymbol{A}$ 的全部 n 个本征值正好是与之相似的对角矩阵的 n 个对角元. 这由上述定理的证明亦可知. 另外，设 $g(\boldsymbol{A})$ 为矩阵 $\boldsymbol{A}$ 的多项式，注意到 $\boldsymbol{A}$ 的任意一个本征向量都是 $g(\boldsymbol{A})$ 的本征向量，因此有如下推论.

推论 5.4.1　设 n 阶矩阵 $\boldsymbol{A}$ 可相似对角化，则 $\boldsymbol{A}$ 的多项式 $g(\boldsymbol{A})$ 也可相似对

角化.

实际上,矩阵相似对角化的其中一个应用是求矩阵的幂次,以及矩阵 $\boldsymbol{A}$ 的任意多项式.例如对可对角化的矩阵 $\boldsymbol{A}$,直接计算幂次 $\boldsymbol{A}^n$ 较烦琐.若将 $\boldsymbol{A}$ 相似对角化得到

$$\boldsymbol{P}^{-1}\boldsymbol{A}\boldsymbol{P}=\boldsymbol{\Lambda},$$

则

$$\boldsymbol{A}^n=(\boldsymbol{P}\boldsymbol{\Lambda}\boldsymbol{P}^{-1})^n=\boldsymbol{P}\boldsymbol{\Lambda}\boldsymbol{P}^{-1}\boldsymbol{P}\boldsymbol{\Lambda}\boldsymbol{P}^{-1}\cdots\boldsymbol{P}\boldsymbol{\Lambda}\boldsymbol{P}^{-1}=\boldsymbol{P}\boldsymbol{\Lambda}\boldsymbol{\Lambda}\cdots\boldsymbol{\Lambda}\boldsymbol{P}^{-1}=\boldsymbol{P}\boldsymbol{\Lambda}^n\boldsymbol{P}^{-1}.$$

而对角矩阵的幂次 $\boldsymbol{\Lambda}^n$ 较容易计算.类似地容易得到,对 $\boldsymbol{A}$ 的多项式有

$$g(\boldsymbol{A})=g(\boldsymbol{P}\boldsymbol{\Lambda}\boldsymbol{P}^{-1})=\boldsymbol{P}g(\boldsymbol{\Lambda})\boldsymbol{P}^{-1},$$

可用 Taylor 展开式定义的矩阵函数,例如 e 指数有

$$\mathrm{e}^{\boldsymbol{A}}=\mathrm{e}^{\boldsymbol{P}\boldsymbol{\Lambda}\boldsymbol{P}^{-1}}=\boldsymbol{P}\mathrm{e}^{\boldsymbol{\Lambda}}\boldsymbol{P}^{-1},$$

而对角矩阵的函数很容易计算.

由此亦可见,若 $\boldsymbol{A}$ 可对角化,则 $g(\boldsymbol{A})$亦可以,有

$$g(\boldsymbol{A})=\boldsymbol{P}g(\boldsymbol{\Lambda})\boldsymbol{P}^{-1},$$

且可看出,$g(\boldsymbol{A})$的全部 n 个本征值正好是 $g(\lambda_i)$,$i=1,2,\cdots,n$,其中 $\lambda_1,\lambda_2,\cdots,\lambda_n$ 是 $\boldsymbol{A}$ 的全部 n 个本征值.

为了更深刻地揭示矩阵可对角化的条件,我们来研究属于不同本征值的本征向量之间的关系.

定理 5.4.2　设 $\boldsymbol{\alpha}_1,\boldsymbol{\alpha}_2,\cdots,\boldsymbol{\alpha}_m$ 是 n 阶矩阵 $\boldsymbol{A}$ 的属于不同本征值的本征向量,则 $\boldsymbol{\alpha}_1,\boldsymbol{\alpha}_2,\cdots,\boldsymbol{\alpha}_m$ 线性无关.简言之,属于不同本征值的本征向量线性无关.

证明　用归纳法证明.

当 $m=1$ 时,按本征向量的定义 $\boldsymbol{\alpha}_1\neq\boldsymbol{0}$,故 $\boldsymbol{\alpha}_1$ 线性无关.

假设定理对 $m-1$ 成立,则考虑 m 个不同本征值的情况.设 m 个不同本征值为 $\lambda_1,\lambda_2,\cdots,\lambda_m$,令

$$k_1\boldsymbol{\alpha}_1+k_2\boldsymbol{\alpha}_2+\cdots+k_m\boldsymbol{\alpha}_m=\boldsymbol{0}. \tag{5.4.1}$$

利用本征向量的性质,用$(\boldsymbol{A}-\lambda_m\boldsymbol{I})$左乘上式,得

$$k_1(\lambda_1-\lambda_m)\boldsymbol{\alpha}_1+k_2(\lambda_2-\lambda_m)\boldsymbol{\alpha}_2+\cdots+k_{m-1}(\lambda_{m-1}-\lambda_m)\boldsymbol{\alpha}_{m-1}=\boldsymbol{0},$$

而按归纳假设,$\boldsymbol{\alpha}_1,\boldsymbol{\alpha}_2,\cdots,\boldsymbol{\alpha}_{m-1}$线性无关,又 λ_i 互不相等,故必有

$$k_1=k_2=\cdots=k_{m-1}=0,$$

代入式(5.4.1)进一步得到

$$k_m=0,$$

故 $\boldsymbol{\alpha}_1,\boldsymbol{\alpha}_2,\cdots,\boldsymbol{\alpha}_m$ 也线性无关.

由定理 5.4.1 和定理 5.4.2,立即得到如下推论.

推论 5.4.2　**C** 上的 n 阶矩阵 $\boldsymbol{A}$ 若有 n 个互不相同的本征值,则必可对角化.

值得注意的是,这是矩阵可对角化的充分条件,而非必要条件.

定理 5.4.3　设 $\lambda_1,\lambda_2,\cdots,\lambda_k$ 是 $\boldsymbol{A}$ 的 k 个互不相同的本征值,而 $\boldsymbol{\alpha}_{i_1},\boldsymbol{\alpha}_{i_2},\cdots,\boldsymbol{\alpha}_{i_{s_i}}$

是$\boldsymbol{A}$的s_i个线性无关的本征向量($i=1,2,\cdots,k$),则$\{\boldsymbol{\alpha}_{1_1},\boldsymbol{\alpha}_{1_2},\cdots,\boldsymbol{\alpha}_{1_{s_1}},\boldsymbol{\alpha}_{2_1},\boldsymbol{\alpha}_{2_2},\cdots,\boldsymbol{\alpha}_{2_{s_2}},\cdots,\boldsymbol{\alpha}_{k_1},\boldsymbol{\alpha}_{k_2},\cdots,\boldsymbol{\alpha}_{k_{s_k}}\}$线性无关.简言之,将属于$k$个不同本征值的$k$组各自线性无关的本征向量合并在一起,其仍然线性无关.

证明　设

$$c_{1_1}\boldsymbol{\alpha}_{1_1}+\cdots+c_{1_{s_1}}\boldsymbol{\alpha}_{1_{s_1}}+\cdots+c_{k_1}\boldsymbol{\alpha}_{k_1}+\cdots+c_{k_{s_k}}\boldsymbol{\alpha}_{k_{s_k}}=\boldsymbol{0},\tag{5.4.2}$$

进一步引入

$$\boldsymbol{\alpha}_i=c_{i_1}\boldsymbol{\alpha}_{i_1}+c_{i_2}\boldsymbol{\alpha}_{i_2}+\cdots+c_{i_{s_i}}\boldsymbol{\alpha}_{i_{s_i}},$$

由式(5.4.2)得到

$$\boldsymbol{\alpha}_1+\boldsymbol{\alpha}_2+\cdots+\boldsymbol{\alpha}_k=\boldsymbol{0},\tag{5.4.3}$$

由于$\boldsymbol{\alpha}_i$是n阶矩阵$\boldsymbol{A}$的属于本征值λ_i的本征向量或者零向量,而按照定理(5.4.2),不同本征值的本征向量线性无关,因此由式(5.4.2)可知,必须所有的$\boldsymbol{\alpha}_i$均为零向量,否则矛盾.即

$$\boldsymbol{\alpha}_i=\boldsymbol{0},\quad i=1,2,\cdots,k,$$

又$\boldsymbol{\alpha}_{i_1},\boldsymbol{\alpha}_{i_2},\cdots,\boldsymbol{\alpha}_{i_{s_i}}$线性无关,从而系数为

$$c_{i_1}=c_{i_2}=\cdots=c_{i_{s_i}}=0,\quad i=1,2,\cdots,k,$$

故命题得证.

关于本征值的重数与本征子空间的维数还有如下定理.

定理 5.4.4　在数域F上,设λ是矩阵$\boldsymbol{A}$的s重本征值,E_λ是$\boldsymbol{A}$的属于本征值λ的本征子空间,则$\dim E_\lambda\leqslant s$.简言之,本征子空间的维数不大于本征值的重数.

证明　设$\dim E_\lambda=l$,$\{\boldsymbol{\alpha}_1,\boldsymbol{\alpha}_2,\cdots,\boldsymbol{\alpha}_l\}$是本征子空间$E_\lambda$的一个基,则可通过逐步扩充(见定理5.1.3的证明),可得到F^n的一个基:

$$\{\boldsymbol{\alpha}_1,\boldsymbol{\alpha}_2,\cdots,\boldsymbol{\alpha}_l,\boldsymbol{\beta}_{l+1},\boldsymbol{\beta}_{l+2},\cdots,\boldsymbol{\beta}_n\},$$

现在将$\boldsymbol{A}$作为F^n上的线性变换,考虑$\boldsymbol{A}$在这个新基下的矩阵形式,即考虑$\boldsymbol{A}\boldsymbol{\alpha}_1$,$\boldsymbol{A}\boldsymbol{\alpha}_2,\cdots,\boldsymbol{A}\boldsymbol{\alpha}_l,\boldsymbol{A}\boldsymbol{\beta}_{l+1},\boldsymbol{A}\boldsymbol{\beta}_{l+2},\cdots,\boldsymbol{A}\boldsymbol{\beta}_n$的线性展开形式可知

$$\boldsymbol{A}[\boldsymbol{\alpha}_1\ \boldsymbol{\alpha}_2\ \cdots\ \boldsymbol{\alpha}_l\ \boldsymbol{\beta}_{l+1}\ \boldsymbol{\beta}_{l+2}\cdots\ \boldsymbol{\beta}_n]=[\boldsymbol{\alpha}_1\ \boldsymbol{\alpha}_2\ \cdots\ \boldsymbol{\alpha}_l\ \boldsymbol{\beta}_{l+1}\ \boldsymbol{\beta}_{l+2}\cdots\ \boldsymbol{\beta}_n]\begin{bmatrix}\lambda\boldsymbol{I}_l & \boldsymbol{C}\\ \boldsymbol{O} & \boldsymbol{B}\end{bmatrix},$$

将$\boldsymbol{\alpha}_1,\boldsymbol{\alpha}_2,\cdots,\boldsymbol{\alpha}_l,\boldsymbol{\beta}_{l+1},\boldsymbol{\beta}_{l+2},\cdots,\boldsymbol{\beta}_n$按列排成矩阵$\boldsymbol{P}$,即

$$\boldsymbol{AP}=\boldsymbol{P}\begin{bmatrix}\lambda\boldsymbol{I}_l & \boldsymbol{C}\\ \boldsymbol{O} & \boldsymbol{B}\end{bmatrix},\quad \boldsymbol{P}^{-1}\boldsymbol{AP}=\begin{bmatrix}\lambda\boldsymbol{I}_l & \boldsymbol{C}\\ \boldsymbol{O} & \boldsymbol{B}\end{bmatrix}=\widetilde{\boldsymbol{A}}.$$

由于相似矩阵具有相同的本征多项式,故

$$f(x)=|x\boldsymbol{I}-\boldsymbol{A}|=|x\boldsymbol{I}-\widetilde{\boldsymbol{A}}|=\begin{vmatrix}(x-\lambda)\boldsymbol{I}_l & -\boldsymbol{C}\\ \boldsymbol{O} & x\boldsymbol{I}-\boldsymbol{B}\end{vmatrix}=(x-\lambda)^l q(x),$$

可见$\boldsymbol{A}$的本征值λ的重数不小于l,即$s\geqslant l$,亦即$\dim E_\lambda\leqslant s$.

推论 5.4.3　n阶矩阵$\boldsymbol{A}$的线性无关的本征向量的个数不大于n.

下面给出矩阵可对角化的另一个充要条件.

定理 5.4.5 设复数域 **C** 上的 n 阶矩阵 $\boldsymbol{A}$ 上有 m 个互不相同的本征值,重数分别是 $s_1,s_2,\cdots,s_m\left(\sum_{i=1}^{m}s_i=n\right)$,则矩阵 $\boldsymbol{A}$ 在 **C** 上可对角化的充要条件是,对每一个本征值 λ_i,矩阵 $\boldsymbol{A}$ 中属于 λ_i 的本征子空间 E_{λ_i} 的维数正好等于 λ_i 的重数 s_i,即 $\dim E_{\lambda_i}=s_i(i=1,2,\cdots,m)$.

证明 这是定理 5.4.1 和定理 5.4.4 的直接结果.

先看充分性.设 $\dim E_{\lambda_i}=s_i$,则 $\boldsymbol{A}$ 共有 $\sum_{i=1}^{m}s_i=n$ 个线性无关的本征向量,故矩阵 $\boldsymbol{A}$ 可对角化.

再看必要性.由定理 5.4.4 可知 $\boldsymbol{A}$ 的所有线性无关的本征向量的个数满足

$$\sum_{i=1}^{m}\dim E_{\lambda_i}\leqslant\sum_{i=1}^{m}s_i=n,$$

而矩阵 $\boldsymbol{A}$ 可对角化意味着 $\boldsymbol{A}$ 有 n 个线性无关的本征向量,因此上式需取"="号.根据定理 5.4.4,这意味着求和中的每一项都必须满足

$$\dim E_{\lambda_i}=s_i.$$

综合上述若干定理,可按如下步骤求与矩阵 $\boldsymbol{A}$ 相似的对角矩阵,以及对角化的过渡矩阵 $\boldsymbol{P}$.

(1) 先由 $|\lambda\boldsymbol{I}-\boldsymbol{A}|=0$,求出数域 F 中 $\boldsymbol{A}_n$ 的全部本征值 λ_i 及其重数 s_i.

(2) 对每一个本征值 λ_i,求出 $(\lambda_i\boldsymbol{I}-\boldsymbol{A})\boldsymbol{X}=\boldsymbol{O}$ 的基础解系,即对应本征值 λ_i 的全部线性无关的本征向量.

(3) 若每一个本征值 λ_i,都有 $\dim E_{\lambda_i}=s_i$,则矩阵 $\boldsymbol{A}$ 可对角化;否则,不能对角化.

(4) 可对角化时,以这些基础解系中的解向量作为列向量,排成矩阵 $\boldsymbol{P}$,则 $\boldsymbol{P}$ 必可逆且满足 $\boldsymbol{AP}=\boldsymbol{P}\operatorname{diag}(\lambda_1,\lambda_2,\cdots,\lambda_n)$,即

$$\boldsymbol{P}^{-1}\boldsymbol{AP}=\operatorname{diag}(\lambda_1,\lambda_2,\cdots,\lambda_n).$$

值得注意的是,由于这些本征向量的选取具有任意性,故这样的 $\boldsymbol{P}$ 矩阵也并不唯一.

例 5.4.1 判断 5.3 节的例 5.3.10、例 5.3.11、例 5.3.12 的矩阵是否可对角化,若可,则求出对应的对角矩阵和相应的过渡矩阵.

解 例 5.3.10 的矩阵 $\boldsymbol{A}$ 有三个不同本征值,故可对角化:

$$\boldsymbol{P}^{-1}\boldsymbol{AP}=\begin{bmatrix}1&&\\&1+3\mathrm{i}&\\&&1-3\mathrm{i}\end{bmatrix},\quad\boldsymbol{P}=\begin{bmatrix}3&1-\mathrm{i}&1+\mathrm{i}\\9&3&3\\2&1&1\end{bmatrix}.$$

例 5.3.11 的矩阵 $\boldsymbol{A}$ 有二重本征值对应的本征子空间为 1 维,故不可对角化.

例 5.3.12 的矩阵 $\boldsymbol{A}$ 有三个线性无关的本征向量,故可对角化:

$$\boldsymbol{P}^{-1}\boldsymbol{A}\boldsymbol{P}=\begin{bmatrix}4 & & \\ & -2 & \\ & & -2\end{bmatrix},\quad \boldsymbol{P}=\begin{bmatrix}1 & 1 & 0\\1 & 1 & 1\\2 & 0 & 1\end{bmatrix}.$$

例 5.4.2　设 3 阶矩阵 $\boldsymbol{A}$ 有本征值 $\lambda_1=1,\lambda_2=2,\lambda_3=3$，对应的本征向量是 $\boldsymbol{X}_1=[1\ 1\ 1]^{\mathrm{T}},\boldsymbol{X}_2=[1\ 2\ 4]^{\mathrm{T}},\boldsymbol{X}_3=[1\ 3\ 9]^{\mathrm{T}}$，则

(1) 求 $\boldsymbol{A}^{-1}$；

(2) 设 $\boldsymbol{\beta}=[1\ 1\ 3]^{\mathrm{T}}$，求 $\boldsymbol{A}^n\boldsymbol{\beta}$.

解　按题意，有

$$\boldsymbol{P}^{-1}\boldsymbol{A}\boldsymbol{P}=\boldsymbol{\Lambda}=\begin{bmatrix}1 & & \\ & 2 & \\ & & 3\end{bmatrix},\quad \boldsymbol{P}=[\boldsymbol{X}_1\ \boldsymbol{X}_2\ \boldsymbol{X}_3]=\begin{bmatrix}1 & 1 & 1\\1 & 2 & 3\\1 & 4 & 9\end{bmatrix},$$

因此

$$\boldsymbol{A}^{-1}=(\boldsymbol{P}\boldsymbol{\Lambda}\boldsymbol{P}^{-1})^{-1}=\boldsymbol{P}\boldsymbol{\Lambda}^{-1}\boldsymbol{P}^{-1}=\begin{bmatrix}1 & 1 & 1\\1 & 2 & 3\\1 & 4 & 9\end{bmatrix}\begin{bmatrix}1 & & \\ & \frac{1}{2} & \\ & & \frac{1}{3}\end{bmatrix}\begin{bmatrix}3 & -\frac{5}{2} & \frac{1}{2}\\-3 & 4 & -1\\-1 & -\frac{3}{2} & \frac{1}{2}\end{bmatrix}$$

$$=\begin{bmatrix}\frac{11}{6} & -1 & \frac{1}{6}\\1 & 0 & 0\\0 & 1 & 1\end{bmatrix},$$

为了求 $\boldsymbol{A}^n\boldsymbol{\beta}$，可先求出 $\boldsymbol{A}^n$. 但更简洁的做法是，利用 $\boldsymbol{A}$ 的本征向量组的完备性，可将 $\boldsymbol{\beta}$ 用 $\boldsymbol{X}_1,\boldsymbol{X}_2,\boldsymbol{X}_3$ 线性展开，即

$$[\boldsymbol{X}_1\ \boldsymbol{X}_2\ \boldsymbol{X}_3\ \boldsymbol{\beta}]=\begin{bmatrix}1 & 1 & 1 & 1\\1 & 2 & 3 & 1\\1 & 4 & 9 & 3\end{bmatrix}\to\begin{bmatrix}1 & 0 & 0 & 2\\0 & 1 & 0 & -2\\0 & 0 & 1 & 1\end{bmatrix},$$

故有

$$\boldsymbol{\beta}=2\boldsymbol{X}_1-2\boldsymbol{X}_2+\boldsymbol{X}_3,$$

则

$$\begin{aligned}\boldsymbol{A}^n\boldsymbol{\beta}&=\boldsymbol{A}^n(2\boldsymbol{X}_1-2\boldsymbol{X}_2+\boldsymbol{X}_3)=2\boldsymbol{A}^n\boldsymbol{X}_1-2\boldsymbol{A}^n\boldsymbol{X}_2+\boldsymbol{A}^n\boldsymbol{X}_3=2\lambda_1^n\boldsymbol{X}_1-2\lambda_2^n\boldsymbol{X}_2+\lambda_3^n\boldsymbol{X}_3\\&=\begin{bmatrix}1\\1\\1\end{bmatrix}-2^{n+1}\begin{bmatrix}1\\2\\4\end{bmatrix}+3^n\begin{bmatrix}1\\3\\9\end{bmatrix}=\begin{bmatrix}1-2^{n+1}+3^n\\1-2^{n+2}+3^{n+1}\\1-2^{n+3}+3^{n+2}\end{bmatrix}.\end{aligned}$$

例 5.4.3　求解微分方程组：

$$\begin{cases}\dfrac{\mathrm{d}x_1(t)}{\mathrm{d}t}=4x_1+x_3,\\[2mm]\dfrac{\mathrm{d}x_2(t)}{\mathrm{d}t}=2x_1+3x_2+2x_3,\\[2mm]\dfrac{\mathrm{d}x_3(t)}{\mathrm{d}t}=x_1+4x_3.\end{cases}$$

解　该微分方程组可写为矩阵形式,若引入:

$$\boldsymbol{X}=\begin{bmatrix}x_1\\x_2\\x_3\end{bmatrix},\quad \boldsymbol{A}=\begin{bmatrix}4&0&1\\2&3&2\\1&0&4\end{bmatrix},$$

则方程组可写为

$$\frac{\mathrm{d}}{\mathrm{d}t}\boldsymbol{X}=\boldsymbol{A}\boldsymbol{X}.$$

若 $\boldsymbol{A}$ 可对角化,设

$$\boldsymbol{C}^{-1}\boldsymbol{A}\boldsymbol{C}=\boldsymbol{\Lambda}=\mathrm{diag}(\lambda_1,\lambda_2,\lambda_3),\quad \boldsymbol{A}=\boldsymbol{C}\boldsymbol{\Lambda}\boldsymbol{C}^{-1},$$

则微分方程组可变形为

$$\frac{\mathrm{d}}{\mathrm{d}t}\boldsymbol{X}=\boldsymbol{C}\boldsymbol{\Lambda}\boldsymbol{C}^{-1}\boldsymbol{X}\Rightarrow\frac{\mathrm{d}}{\mathrm{d}t}(\boldsymbol{C}^{-1}\boldsymbol{X})=\boldsymbol{\Lambda}(\boldsymbol{C}^{-1}\boldsymbol{X}).$$

若引入 $\boldsymbol{Y}=[y_1\ y_2\ y_3]^{\mathrm{T}}=\boldsymbol{C}^{-1}\boldsymbol{X}$,则微分方程组变为

$$\frac{\mathrm{d}}{\mathrm{d}t}\boldsymbol{Y}=\boldsymbol{\Lambda}\boldsymbol{Y},$$

注意到 $\boldsymbol{\Lambda}$ 为对角矩阵,因此原方程组退耦为关于 y_1,y_2,y_3 的 3 个独立的微分方程:

$$\begin{cases}\dfrac{\mathrm{d}}{\mathrm{d}t}y_1=\lambda_1y_1,\\[2mm]\dfrac{\mathrm{d}}{\mathrm{d}t}y_2=\lambda_2y_2,\\[2mm]\dfrac{\mathrm{d}}{\mathrm{d}t}y_3=\lambda_3y_3.\end{cases}$$

由此可解出 $\boldsymbol{Y}$,进一步由

$$\boldsymbol{X}=\boldsymbol{C}\boldsymbol{Y}$$

即可解出 $\boldsymbol{X}$.

由上述分析可见,首先是尝试将矩阵 $\boldsymbol{A}$ 相似对角化. 为此,由

$$|\lambda\boldsymbol{I}-\boldsymbol{A}|=0\Rightarrow\lambda^3-11\lambda^2+39\lambda-45=0\Rightarrow\lambda_{1,2}=3,\lambda_3=5.$$

对 $\lambda_{1,2}=3$,由行初等变换可得

$$\lambda_{1,2}\boldsymbol{I}-\boldsymbol{A}=\begin{bmatrix}-1&0&-1\\-2&0&-2\\-1&0&-1\end{bmatrix}\to\begin{bmatrix}1&0&1\\0&0&0\\0&0&0\end{bmatrix}.$$

因此由 $\lambda_{1,2}\boldsymbol{I}-\boldsymbol{A}=\boldsymbol{O}$ 可求出属于本征值 $\lambda_{1,2}=3$ 的两个线性无关的本征向量为

$$\boldsymbol{P}_1=\begin{bmatrix}0\\1\\0\end{bmatrix},\quad \boldsymbol{P}_2=\begin{bmatrix}-1\\0\\1\end{bmatrix},$$

类似可求出属于本征值 $\lambda_3=5$ 的一个本征向量为

$$P_3=\begin{bmatrix}1\\2\\1\end{bmatrix},$$

因此矩阵 $\boldsymbol{A}$ 的确可对角化. 且按上述分析,$\boldsymbol{Y}$ 满足的微分方程的解为

$$\boldsymbol{Y}=\begin{bmatrix}c_1\mathrm{e}^{3t}\\c_2\mathrm{e}^{3t}\\c_3\mathrm{e}^{5t}\end{bmatrix},$$

其中 c_1,c_2,c_3 为3个积分常数. 由

$$\boldsymbol{X}=\boldsymbol{CY},\quad \boldsymbol{C}=\begin{bmatrix}0&-1&1\\1&0&2\\0&1&1\end{bmatrix}$$

可解出 $\boldsymbol{X}$,为

$$\begin{cases}x_1(t)=-c_2\mathrm{e}^{3t}+c_3\mathrm{e}^{5t},\\x_2(t)=c_1\mathrm{e}^{3t}+2c_3\mathrm{e}^{5t},\\x_3(t)=c_2\mathrm{e}^{3t}+c_3\mathrm{e}^{5t}.\end{cases}$$

例 5.4.4*　所有 $\dfrac{\mathrm{d}}{\mathrm{d}t}\boldsymbol{X}=\boldsymbol{AX}$ 的常系数线性齐次的常微分方程组,当 $\boldsymbol{A}$ 可对角化时都可用例 5.4.3 的技巧,先将 $\boldsymbol{A}$ 相似对角化,然后通过变量代换 $\boldsymbol{Y}=\boldsymbol{PX}$ 变成无耦合的常微分方程来求解. 由例 5.4.3 给出的解的形式可以看出来,也可以直接尝试求 $\boldsymbol{X}=\boldsymbol{Q}\mathrm{e}^{\omega t}$ 形式的解. 将该形式解代入方程得到 $\boldsymbol{AQ}=\omega\boldsymbol{Q}$,即变成本征值问题来处理. 试将这些方法推广到高阶导数情况,讨论如下二阶微分方程组的求解:

$$\frac{\mathrm{d}^2\boldsymbol{X}}{\mathrm{d}t^2}+\boldsymbol{A}\frac{\mathrm{d}\boldsymbol{X}}{\mathrm{d}t}+\boldsymbol{BX}=\boldsymbol{O},$$

其中 $\boldsymbol{A},\boldsymbol{B}$ 为方阵,$\boldsymbol{X}$ 为列向量.

解　方法一. 可通过增加变量个数来降低微分方程的阶数,即引入 $\boldsymbol{Y}=\dot{\boldsymbol{X}}$(其中"·"代表对 t 的导数),于是该方程组变为

$$\begin{cases}\boldsymbol{A}\dot{\boldsymbol{X}}+\dot{\boldsymbol{Y}}+\boldsymbol{BX}=\boldsymbol{O}\\\dot{\boldsymbol{X}}-\boldsymbol{Y}=\boldsymbol{O}\end{cases}\Rightarrow\begin{bmatrix}\boldsymbol{A}&\boldsymbol{I}\\\boldsymbol{I}&\boldsymbol{O}\end{bmatrix}\begin{bmatrix}\dot{\boldsymbol{X}}\\\dot{\boldsymbol{Y}}\end{bmatrix}+\begin{bmatrix}\boldsymbol{B}&\boldsymbol{O}\\\boldsymbol{O}&-\boldsymbol{I}\end{bmatrix}\begin{bmatrix}\boldsymbol{X}\\\boldsymbol{Y}\end{bmatrix}=\boldsymbol{O},$$

引入 $\boldsymbol{Z}=\begin{bmatrix}\boldsymbol{X}\\\boldsymbol{Y}\end{bmatrix}$并在两边左乘$\begin{bmatrix}\boldsymbol{A}&\boldsymbol{I}\\\boldsymbol{I}&\boldsymbol{O}\end{bmatrix}^{-1}=\begin{bmatrix}\boldsymbol{O}&\boldsymbol{I}\\\boldsymbol{I}&-\boldsymbol{A}\end{bmatrix}$即可将其化为例 5.4.3 的一阶形

式求解.

方法二. 尝试直接求 $\boldsymbol{X}=\boldsymbol{Q}\mathrm{e}^{\omega t}$ 形式的解,则代入原方程有

$$(\omega^2\boldsymbol{I}+\boldsymbol{A}\omega+\boldsymbol{B})\boldsymbol{Q}=\boldsymbol{O},$$

即变为所谓的广义本征值问题. 这个问题可通过引入额外的列向量 $\boldsymbol{P}=\omega\boldsymbol{Q}$ 类似方法一来求解,也可直接求解. 根据向量 $\boldsymbol{Q}$ 非零的要求,$\boldsymbol{Q}$ 前面的矩阵行列式必须为零,给出 ω 的一个 $2n$ 次代数方程,故 ω 有 $2n$ 个解(复数域上). 再将 ω 代回该代数方程即可求出 $\boldsymbol{Q}$.

例 5.4.5　(1) 设 $\boldsymbol{A}$ 的本征值均相等,且可对角化,求证 $\boldsymbol{A}=k\boldsymbol{I}$.

(2) 求证 $\boldsymbol{B}=\begin{bmatrix}1 & 1\\0 & 1\end{bmatrix}$ 不可对角化.

证明　(1) 设 $\boldsymbol{A}$ 的本征值为 k,由于其可对角化,故有

$$\boldsymbol{P}^{-1}\boldsymbol{A}\boldsymbol{P}=\mathrm{diag}(k,k,\cdots,k)=k\boldsymbol{I},$$

则

$$\boldsymbol{A}=\boldsymbol{P}(k\boldsymbol{I})\boldsymbol{P}^{-1}=k\boldsymbol{I}.$$

(2) 假设 $\boldsymbol{B}$ 可对角化,注意到 $\boldsymbol{B}$ 为上三角矩阵,故由对角元可看出 $\boldsymbol{B}$ 的本征值均为 1,因此按照前一问的结论必有

$$\boldsymbol{B}=1\boldsymbol{I}=\boldsymbol{I},$$

这与题设矛盾. 故 $\boldsymbol{B}$ 不可对角化.

例 5.4.6　设 $\boldsymbol{A}=\begin{bmatrix}3 & 2 & -2\\-k & -1 & k\\4 & 2 & -3\end{bmatrix}$,求 k 的值,使得 $\boldsymbol{A}$ 可对角化. 并求出与 $\boldsymbol{A}$ 相似的对角矩阵以及对角化的过渡矩阵.

解　先尝试求 $\boldsymbol{A}$ 的本征值. 由

$$|\lambda\boldsymbol{I}-\boldsymbol{A}|=0\Rightarrow\lambda^3+\lambda^2-\lambda-1=0\Rightarrow\lambda_{1,2}=-1,\lambda_3=1,$$

因此要使 $\boldsymbol{A}$ 可对角化,必须使 $\lambda_{1,2}=-1$ 存在两个线性无关的本征向量. 注意到

$$\lambda_{1,2}\boldsymbol{I}-\boldsymbol{A}=\begin{bmatrix}-4 & -2 & 2\\k & 0 & -k\\-4 & -2 & 2\end{bmatrix}\to\begin{bmatrix}1 & 1/2 & -1/2\\0 & -k & -k\\0 & 0 & 0\end{bmatrix},$$

因此要使得上述矩阵秩为 1,必须有

$$k=0,$$

由此可得到对应 $\lambda_{1,2}=-1$ 的两个线性无关的本征向量为

$$\boldsymbol{X}_1=\begin{bmatrix}-1\\2\\0\end{bmatrix},\quad\boldsymbol{X}_2=\begin{bmatrix}1\\0\\2\end{bmatrix}.$$

类似可求出对应 $\lambda_3=1$ 的一个本征向量为

$$X_3=\begin{bmatrix}1\\0\\1\end{bmatrix},$$

因此与 $\boldsymbol{A}$ 相似的对角矩阵为

$$\boldsymbol{\Lambda}=\begin{bmatrix}-1&&\\&-1&\\&&1\end{bmatrix}.$$

而如下的矩阵 $\boldsymbol{P}$ 可使 $\boldsymbol{A}$ 相似对角化 $\boldsymbol{P}^{-1}\boldsymbol{AP}=\boldsymbol{\Lambda}$：

$$\boldsymbol{P}=\begin{bmatrix}-1&1&1\\2&0&0\\0&2&1\end{bmatrix}.$$

例 5.4.7 设 $\boldsymbol{\alpha}=[a_1\ a_2\cdots\ a_n]^{\mathrm{T}}$，$\boldsymbol{\beta}=[b_1\ b_2\cdots\ b_n]^{\mathrm{T}}(a_1\neq 0,b_1\neq 0)$，且 $\boldsymbol{\alpha}^{\mathrm{T}}\boldsymbol{\beta}=2$. 矩阵 $\boldsymbol{A}=\boldsymbol{\alpha}\boldsymbol{\beta}^{\mathrm{T}}$.

(1) 求 $\boldsymbol{A}$ 的本征值和本征向量.

(2) 求证 $\boldsymbol{A}$ 可对角化，并求出与 $\boldsymbol{A}$ 相似的对角矩阵.

解 (1) 方法一. 注意到 $\boldsymbol{\beta}^{\mathrm{T}}\boldsymbol{\alpha}=(\boldsymbol{\beta}^{\mathrm{T}}\boldsymbol{\alpha})^{\mathrm{T}}=\boldsymbol{\alpha}^{\mathrm{T}}\boldsymbol{\beta}=2$，因此利用例 5.3.2 的结论可知

$$|\lambda\boldsymbol{I}-\boldsymbol{A}|=|\lambda\boldsymbol{I}-\boldsymbol{\alpha}\boldsymbol{\beta}^{\mathrm{T}}|=\lambda^{n-1}|\lambda\boldsymbol{I}-\boldsymbol{\beta}^{\mathrm{T}}\boldsymbol{\alpha}|=\lambda^{n-1}(\lambda-\boldsymbol{\beta}^{\mathrm{T}}\boldsymbol{\alpha})=\lambda^{n-1}(\lambda-2),$$

因此 $\boldsymbol{A}$ 有一个 $n-1$ 重本征值 0，一个单本征值 2.

方法二. 注意到

$$\boldsymbol{A}^2=\boldsymbol{\alpha}\boldsymbol{\beta}^{\mathrm{T}}\boldsymbol{\alpha}\boldsymbol{\beta}^{\mathrm{T}}=\boldsymbol{\alpha}(\boldsymbol{\beta}^{\mathrm{T}}\boldsymbol{\alpha})\boldsymbol{\beta}^{\mathrm{T}}=2\boldsymbol{\alpha}\boldsymbol{\beta}^{\mathrm{T}}=2\boldsymbol{A},$$

因此 $\boldsymbol{A}^2-2\boldsymbol{A}=\boldsymbol{O}$，故其本征值只可能在 0，2 之中取值. 进一步由第二问的解答，对 0，2 都可求出对应的本征向量，因此其本征值为 0 和 2.

(2) 对本征值 2，直接由 $2\boldsymbol{I}-\boldsymbol{A}$ 做初等变换比较烦琐(即使这样做，也请注意利用条件 $a_ib_i=2$). 注意到

$$\boldsymbol{A\alpha}=(\boldsymbol{\alpha}\boldsymbol{\beta}^{\mathrm{T}})\boldsymbol{\alpha}=\boldsymbol{\alpha}(\boldsymbol{\beta}^{\mathrm{T}}\boldsymbol{\alpha})=2\boldsymbol{\alpha},$$

而本征值 2 为单本征值，因此对应本征值 2 的本征向量可取为

$$\boldsymbol{X}_1=\boldsymbol{\alpha}=\begin{bmatrix}a_1\\a_2\\\vdots\\a_n\end{bmatrix},$$

对本征值 0，注意到

$$0\boldsymbol{I}-\boldsymbol{A}=-\boldsymbol{A}=-\begin{bmatrix}a_1b_1&a_1b_2&\cdots&a_1b_n\\a_2b_1&a_2b_2&\cdots&a_2b_n\\\vdots&\vdots&&\vdots\\a_nb_1&a_nb_2&\cdots&a_nb_n\end{bmatrix}\rightarrow\begin{bmatrix}b_1&b_2&\cdots&b_n\\0&0&\cdots&0\\\vdots&\vdots&&\vdots\\0&0&\cdots&0\end{bmatrix}.$$

故对应存在 $n-1$ 个线性无关的本征向量：

$$\boldsymbol{X}_2=\begin{bmatrix}-b_2\\b_1\\0\\\vdots\\0\end{bmatrix},\boldsymbol{X}_3=\begin{bmatrix}-b_3\\0\\b_1\\\vdots\\0\end{bmatrix},\cdots,\boldsymbol{X}_n=\begin{bmatrix}-b_n\\0\\0\\\vdots\\b_1\end{bmatrix},$$

由此可见，$\boldsymbol{A}$ 共有 n 个线性无关的本征向量，故必可对角化，且与 $\boldsymbol{A}$ 相似的对角矩阵为

$$\boldsymbol{\Lambda}=\mathrm{diag}(2,0,0,\cdots,0).$$

例 5.4.8 设 n 阶非零矩阵 $\boldsymbol{A}$ 的秩 $r(\boldsymbol{A})=r<n$，且 $\boldsymbol{A}^2=\boldsymbol{A}$. 试证明 $\boldsymbol{A}$ 可对角化，并写出与之相似的对角矩阵.

证明 由于 $\boldsymbol{A}^2-\boldsymbol{A}=\boldsymbol{O}$，故其本征值也满足 $\lambda^2-\lambda=0$，即本征值只能在 0，1 之中取值. 注意到 $r(\boldsymbol{A})<n$，故

$$|0\boldsymbol{I}-\boldsymbol{A}|=|-\boldsymbol{A}|=0.$$

因此 0 是其一个本征值，对应该本征值的线性无关本征向量的个数取决于线性方程组：

$$(0\boldsymbol{I}-\boldsymbol{A})\boldsymbol{X}=\boldsymbol{O}\quad 即\quad \boldsymbol{A}\boldsymbol{X}=\boldsymbol{O}.$$

因此对应 0 的本征值有 $n-r(\boldsymbol{A})=n-r$ 个线性无关的本征向量.

另一方面，由于 $\boldsymbol{A}^2=\boldsymbol{A}$，故

$$(\boldsymbol{I}-\boldsymbol{A})\boldsymbol{A}=\boldsymbol{O},$$

即 $\boldsymbol{A}$ 的每个列向量都满足线性方程组：

$$(1\boldsymbol{I}-\boldsymbol{A})\boldsymbol{X}=\boldsymbol{O},$$

故 $\boldsymbol{A}$ 矩阵具有本征值 1，且 $\boldsymbol{A}$ 的列向量组的极大无关组中的向量都是本征值为 1 的线性无关的本征向量. 即 $\boldsymbol{A}$ 至少有 $r(\boldsymbol{A})=r$ 个属于本征值 1 的线性无关的本征向量. 由于 $\boldsymbol{A}$ 的线性无关的本征向量不超过 n 个，可见 $\boldsymbol{A}$ 正好有 r 个属于本征值 1 的线性无关的本征向量.

本征值 1 对应的线性无关本征向量数目也可由下列方法得到. 注意到 $\boldsymbol{A}+(\boldsymbol{I}-\boldsymbol{A})=\boldsymbol{I}$，$\boldsymbol{A}(\boldsymbol{I}-\boldsymbol{A})=\boldsymbol{O}$，因此利用矩阵秩的不等式可求出 $r(\boldsymbol{I})-r(\boldsymbol{A})\leqslant r(\boldsymbol{I}-\boldsymbol{A})\leqslant r(\boldsymbol{O})+n-r(\boldsymbol{A})$，即 $r(\boldsymbol{I}-\boldsymbol{A})=n-r$，由此可知 $(\boldsymbol{I}-\boldsymbol{A})\boldsymbol{X}=\boldsymbol{O}$ 有 $n-(n-r)=r$ 个线性无关的解.

综上，$\boldsymbol{A}$ 有 n 个线性无关的本征向量，必可对角化. 再注意到不同本征值的重数之和等于 n，本征值 0 的重数正好等于 $n-r$，本征值 1 的重数正好等于 r. 故与 $\boldsymbol{A}$ 相似的对角矩阵为

$$\boldsymbol{A}\sim\begin{bmatrix}\boldsymbol{I}_r&\\&\boldsymbol{O}\end{bmatrix}.$$

例 5.4.9* 求相似变换的过渡矩阵 $\boldsymbol{P}$,使得

$$\boldsymbol{P}^{-1}\begin{bmatrix} 0 & -\sqrt{2}/2 & 1/2 \\ \sqrt{2}/2 & 0 & -1/2 \\ -1/2 & 1/2 & 0 \end{bmatrix}\boldsymbol{P}=\begin{bmatrix} 0 & -1 & 0 \\ 1 & 0 & 0 \\ 0 & 0 & 0 \end{bmatrix}.$$

解 方法一. 可将等式两边左乘 $\boldsymbol{P}$,变成

$$\boldsymbol{AP}=\boldsymbol{PB}$$

的形式,则上式给出了 $\boldsymbol{P}$ 的矩阵元的一次齐次线性方程组,于是通过方程组的理论可求解.

方法二. 尽管 $\boldsymbol{P}^{-1}\boldsymbol{AP}=\boldsymbol{B}$ 中 $\boldsymbol{A},\boldsymbol{B}$ 均不是对角矩阵,即不是一个相似对角化的问题,但可转化为相似对角化问题. 设 $\boldsymbol{A},\boldsymbol{B}$ 可对角化,则由于其相似,故必相似于同一个对角矩阵,即

$$\boldsymbol{Q}^{-1}\boldsymbol{AQ}=\boldsymbol{\Lambda}=\boldsymbol{R}^{-1}\boldsymbol{BR},$$

因此,$\boldsymbol{RQ}^{-1}\boldsymbol{AQR}^{-1}=\boldsymbol{B}$,即 $\boldsymbol{QR}^{-1}$就是要求的 $\boldsymbol{P}$. 请读者按上述方法自行完成计算.

例 5.4.10* 求可逆矩阵 $\boldsymbol{P}$,使以下 3 个式子同时成立:

$$\boldsymbol{P}^{-1}\begin{bmatrix} 0 & -\mathrm{i} & 0 \\ \mathrm{i} & 0 & 0 \\ 0 & 0 & 0 \end{bmatrix}\boldsymbol{P}=\begin{bmatrix} 1 & 0 & 0 \\ 0 & 0 & 0 \\ 0 & 0 & -1 \end{bmatrix},\quad \boldsymbol{P}^{-1}\begin{bmatrix} 0 & 0 & 0 \\ 0 & 0 & -\mathrm{i} \\ 0 & \mathrm{i} & 0 \end{bmatrix}\boldsymbol{P}=\frac{1}{\sqrt{2}}\begin{bmatrix} 0 & 1 & 0 \\ 1 & 0 & 1 \\ 0 & 1 & 0 \end{bmatrix},$$

$$\boldsymbol{P}^{-1}\begin{bmatrix} 0 & 0 & \mathrm{i} \\ 0 & 0 & 0 \\ -\mathrm{i} & 0 & 0 \end{bmatrix}\boldsymbol{P}=\frac{1}{\sqrt{2}}\begin{bmatrix} 0 & -1 & 0 \\ 1 & 0 & -1 \\ 0 & 1 & 0 \end{bmatrix}.$$

解 这 3 个式子可写为 $\boldsymbol{P}^{-1}\boldsymbol{A}_i\boldsymbol{P}=\boldsymbol{B}_i$ 的形式. 可将其改写为 $\boldsymbol{A}_i\boldsymbol{P}=\boldsymbol{PB}_i$ 然后用线性方程组的理论求解,但这样做比较烦琐. 注意到第一个式子:$\boldsymbol{P}^{-1}\boldsymbol{A}_1\boldsymbol{P}=\boldsymbol{B}_1$,$\boldsymbol{B}_1$ 是对角矩阵,因此可通过 $\boldsymbol{A}_1$ 的相似对角化来确定部分 $\boldsymbol{P}$. 设 $\boldsymbol{A}_1$ 的 3 个线性无关的本征向量分别为

$$\boldsymbol{X}_1,\quad \boldsymbol{X}_2,\quad \boldsymbol{X}_3.$$

注意到 3 个本征值都是一重本征值,可知矩阵 $\boldsymbol{P}$ 的最一般的形式为

$$\boldsymbol{P}=[k_1\boldsymbol{X}_1\quad k_2\boldsymbol{X}_2\quad k_3\boldsymbol{X}_3],\quad k_i\neq 0,$$

再将 $k_{1,2,3}$作为未知系数代入

$$\boldsymbol{A}_2\boldsymbol{P}=\boldsymbol{PB}_2,\quad \boldsymbol{A}_3\boldsymbol{P}=\boldsymbol{PB}_3$$

中即可确定 $k_{1,2,3}$,进一步得到矩阵 $\boldsymbol{P}$. 请读者自行完成计算细节.

5.4.2 不变子空间*

对可对角化的线性变换,其矩阵相似对角化的过程与线性空间的某种分解有内在联系,这个联系可通过不变子空间的概念来说明,从这个角度也可深入理解 5.4.4 节将介绍的 Jordan 标准型理论. 我们不打算详细讨论线性空间如何按照线性变换的不变子空间作直和分解(见文献[1]、[2]),而仅简单介绍不变子空间的概念以及从这

个角度对相似对角化的理解.

定义 5.4.3(不变子空间) 设σ是数域F上线性空间V的线性变换,W是V的子空间.若W在σ下的像满足$\sigma(W)\subseteq W$,即

$$\forall \boldsymbol{\alpha}\in W,\quad \sigma(\boldsymbol{\alpha})\in W,$$

则称W是σ的不变子空间,简称σ-子空间.

容易验证,σ-子空间的交与和都是σ-子空间.另外,若W是V的一个子空间,$\{\boldsymbol{\alpha}_1,\boldsymbol{\alpha}_2,\cdots,\boldsymbol{\alpha}_m\}$为$W$的一个基,则不难证明,$W$是$\sigma$-子空间的充要条件是$\forall i=1,2,\cdots,m$,都有$\sigma(\boldsymbol{\alpha}_i)\in W$.

例 5.4.11 显然,整个线性空间V以及零空间$\{\mathbf{0}\}$对每个线性变换σ都是σ-子空间.

例 5.4.12 任意线性变换σ的像$\mathrm{Im}(\sigma)$和核$\mathrm{Ker}(\sigma)$都是σ-子空间.

例 5.4.13 试证明:设V上线性变换σ和ρ可对易,即$\sigma\rho=\rho\sigma$,则ρ的像空间$\mathrm{Im}(\rho)$和核空间$\mathrm{Ker}(\rho)$都是σ-子空间.

证明 $\forall \boldsymbol{\alpha}\in \mathrm{Im}(\rho)$,有$\boldsymbol{\alpha}=\rho(\boldsymbol{\gamma})$,其中$\boldsymbol{\gamma}\in V$,故

$$\sigma(\boldsymbol{\alpha})=\sigma\rho(\boldsymbol{\gamma})=\rho\sigma(\boldsymbol{\gamma})=\rho(\sigma(\boldsymbol{\gamma}))\in \mathrm{Im}(\rho),$$

则$\mathrm{Im}(\rho)$是σ-子空间.

$\forall \boldsymbol{\alpha}\in \mathrm{Ker}(\rho)$,有$\rho(\boldsymbol{\alpha})=\mathbf{0}$,故

$$\rho(\sigma(\boldsymbol{\alpha}))=\sigma(\rho(\boldsymbol{\alpha}))=\sigma(\mathbf{0})=\mathbf{0}\Rightarrow \sigma(\boldsymbol{\alpha})\in \mathrm{Ker}(\rho),$$

则$\mathrm{Ker}(\rho)$是σ-子空间.

例 5.4.14 线性变换σ属于某本征值λ的本征子空间E_λ是σ-子空间.

设σ是V上的线性变换,W是σ-子空间.由于W中的向量通过σ仍然映射到W中,故σ本质上也给出了W上的一个线性变换,为了区分V上的线性变换,我们用符号$\sigma|_W$来标记.在不至于引起混淆的情况下,也可用同一个符号σ来标记.

现在可以讨论σ矩阵的化简与不变子空间的联系.设W是V上线性变换σ的不变子空间,则将W的一个基$\{\boldsymbol{\alpha}_1,\boldsymbol{\alpha}_2,\cdots,\boldsymbol{\alpha}_m\}$可扩充为$V$的一个基$\{\boldsymbol{\alpha}_1,\boldsymbol{\alpha}_2,\cdots,\boldsymbol{\alpha}_m,\boldsymbol{\beta}_{m+1},\cdots,\boldsymbol{\beta}_n\}$.由于不变子空间的性质:

$$\sigma(\boldsymbol{\alpha}_i)\in W\Rightarrow \sigma(\boldsymbol{\alpha}_i)=\sum_{i=1}^{m}\boldsymbol{\alpha}_j a_{ji},$$

在V的这个新基下,σ的矩阵将具有如下结构:

$$\mathbf{A}=\begin{bmatrix}\mathbf{A}_1 & \mathbf{A}_3\\ \boldsymbol{O} & \mathbf{A}_2\end{bmatrix},$$

并且左上角的$\mathbf{A}_1$正是$\sigma|_W$在W的基$\{\boldsymbol{\alpha}_1,\boldsymbol{\alpha}_2,\cdots,\boldsymbol{\alpha}_m\}$下的矩阵.简言之,在这样一个基下$\sigma$的矩阵为上三角分块矩阵.容易证明,反之亦成立,即假如σ在某个基下的矩阵为上三角分块矩阵,则与左上对角块对应的一组基向量张成的线性子空间是一个σ-子空间.

进一步,如果$V=V_1\oplus V_2$,且V_1,V_2都是σ-子空间的话,则将V_1,V_2的基合并起

来可给出 V 的一个基,在这个基下 σ 的矩阵将具有如下对角分块的形式:

$$\boldsymbol{A}=\begin{bmatrix}\boldsymbol{A}_1 & \boldsymbol{O}\\ \boldsymbol{O} & \boldsymbol{A}_2\end{bmatrix},$$

其中 $\boldsymbol{A}_1,\boldsymbol{A}_2$ 正是 $\sigma|_{V_1},\sigma|_{V_2}$ 在选定的基下的矩阵形式.反之,若 σ 在某个基下的矩阵为对角分块矩阵,则与每个对角块对应的一组基向量张成的线性子空间都是一个 σ-子空间.很容易将上述结论推广到多个 σ 的不变子空间的直和的情形.

由此可见,要使得线性变换 σ 的矩阵形式尽可能简单,可将 V 分解为 σ 的不变子空间的直和,对每个不变子空间如果还可进一步分解的话,则一直这样分解下去,直到不能分解为止.这样,在这些不变子空间的基合并成的 V 的基下,σ 的矩阵将具有对角分块的形式,且每个对角块不可能进一步通过相似变换为更小的对角块.如果能使每个对角块都是 1×1 的块,则 σ 的矩阵即变为对角矩阵.因此,要将 σ 对角化,无非是要将 V 分解为 σ 的一维不变子空间的直和.

5.4.3 同时对角化*

在物理学中有时会遇到将两个矩阵同时对角化的问题.我们先给出如下定义.

定义 5.4.4(同时对角化) 若存在线性空间的一个基,在这个基下两个线性变换的矩阵都是对角的,则称这两个线性变换可同时对角化.用矩阵的语言来说,即两个矩阵 $\boldsymbol{A},\boldsymbol{B}\in\mathbf{C}^{n\times n}$ 可同时对角化,是指存在同一个相似变换矩阵 $\boldsymbol{P}\in\mathbf{C}^{n\times n}$,使得 $\boldsymbol{P}^{-1}\boldsymbol{AP}$ 和 $\boldsymbol{P}^{-1}\boldsymbol{BP}$ 都是对角矩阵.

显然,上述 $\boldsymbol{P}$ 的列向量同时是 $\boldsymbol{A}$ 和 $\boldsymbol{B}$ 的本征向量.故 $\boldsymbol{A}$ 和 $\boldsymbol{B}$ 可同时对角化指的是,$\boldsymbol{A}$ 和 $\boldsymbol{B}$ 可以具有共同的完备的本征向量组.

定理 5.4.6 两个可对角化的矩阵 $\boldsymbol{A},\boldsymbol{B}\in\mathbf{C}^{n\times n}$ 能同时对角化的充要条件是 $\boldsymbol{AB}=\boldsymbol{BA}$(此时称 $\boldsymbol{A},\boldsymbol{B}$ 可对易).

为证明此定理,先看一个引理.

引理 5.4.1 设 $V=V_1\oplus V_2$,且 V_1,V_2 都是 V 上线性变换 σ 的不变子空间,则 σ 可对角化的充要条件是 $\sigma|_{V_1}$ 和 $\sigma|_{V_2}$ 都可对角化.用矩阵的语言,即设 $\boldsymbol{A},\boldsymbol{B}$ 均为方阵且 $\boldsymbol{C}=\begin{bmatrix}\boldsymbol{A} & \boldsymbol{O}\\ \boldsymbol{O} & \boldsymbol{B}\end{bmatrix}$,则 $\boldsymbol{C}$ 可对角化的条件是当且仅当 $\boldsymbol{A},\boldsymbol{B}$ 都可对角化.

证明 我们用矩阵的语言来证明.充分性显然,现在证明必要性.

假设 $\boldsymbol{A},\boldsymbol{B}$ 分别为 m,n 阶方阵,则 $\boldsymbol{C}$ 可对角化表明存在满秩的 $\boldsymbol{P}$,使得 $\boldsymbol{P}^{-1}\boldsymbol{CP}=\boldsymbol{\Lambda}$.将 $\boldsymbol{P}$ 按行分成 m 行和 n 行的两块,即

$$\boldsymbol{P}=\begin{bmatrix}\boldsymbol{P}_1\\ \boldsymbol{P}_2\end{bmatrix},\quad \text{则由 } \boldsymbol{CP}=\boldsymbol{P\Lambda},\quad \text{得}\begin{bmatrix}\boldsymbol{AP}_1\\ \boldsymbol{BP}_2\end{bmatrix}=\begin{bmatrix}\boldsymbol{P}_1\boldsymbol{\Lambda}\\ \boldsymbol{P}_2\boldsymbol{\Lambda}\end{bmatrix}.$$

从而 $\boldsymbol{AP}_1=\boldsymbol{P}_1\boldsymbol{\Lambda},\boldsymbol{BP}_2=\boldsymbol{P}_2\boldsymbol{\Lambda}$,即 $\boldsymbol{P}_1$(或 $\boldsymbol{P}_2$)的列向量正好是 $\boldsymbol{A}$(或 $\boldsymbol{B}$)的本征向量或者零向量.用线性变换的语言,即 σ 的本征向量在 V_i 中的投影正好是 $\sigma|_{V_i}$ 的属于同一本征值的本征向量.

另一方面，注意到 $\boldsymbol{P}$ 为满秩方阵，其行向量组为线性无关的向量组，故 $r(\boldsymbol{P}_1)=m$，$r(\boldsymbol{P}_2)=n$. 由矩阵的行秩等于列秩可知 $\boldsymbol{P}_1$，$\boldsymbol{P}_2$ 的列向量组秩也分别为 m,n. 即 $\boldsymbol{A}$，$\boldsymbol{B}$ 分别有 m,n 个线性无关的本征向量，故 $\boldsymbol{A}$，$\boldsymbol{B}$ 均可对角化.

用数学归纳法容易将上述引理推广到有任意个对角块的情形. 现在来看定理5.4.6的证明.

证明　必要性易证明，假设 $\boldsymbol{A}=\boldsymbol{P}\boldsymbol{\Lambda}_A\boldsymbol{P}^{-1}$，$\boldsymbol{B}=\boldsymbol{P}\boldsymbol{\Lambda}_B\boldsymbol{P}^{-1}$，则直接验证可知 $\boldsymbol{AB}=\boldsymbol{BA}$. 现在来证明充分性.

将 $\boldsymbol{A}$，$\boldsymbol{B}$ 可分别看做 σ，ρ 在线性空间 V 的某一组基下的矩阵，利用线性变换来证明. 由于 σ 可对角化（$\boldsymbol{A}$ 可对角化），其本征向量组完备，故将 σ 的属于各个本征值 λ_i 的本征子空间 $E_{\lambda_i}^{\boldsymbol{A}}$ 的基合起来正好构成 V 的一组基，由直和的定义可知

$$V=E_{\lambda_1}^{\boldsymbol{A}}\oplus E_{\lambda_2}^{\boldsymbol{A}}\oplus\cdots.$$

现在考虑线性变换 ρ，注意到 $\sigma\rho=\rho\sigma$（因为 $\boldsymbol{AB}=\boldsymbol{BA}$），故

$$\forall\,\boldsymbol{\alpha}\in E_{\lambda_i}^{\boldsymbol{A}},\quad \sigma(\rho(\boldsymbol{\alpha}))=\rho(\sigma(\boldsymbol{\alpha}))=\rho(\lambda_i\boldsymbol{\alpha}_i)=\lambda_i(\rho(\boldsymbol{\alpha}_i))\quad (i\text{ 不求和}),$$

即 $\rho(\boldsymbol{\alpha}_i)\in E_{\lambda_i}^{\boldsymbol{A}}$，因此每个 $E_{\lambda_i}^{\boldsymbol{A}}$ 也都是 ρ 的不变子空间. 又由于 ρ 可对角化（$\boldsymbol{B}$ 可对角化），按照上述引理，这意味着在每个 $E_{\lambda_i}^{\boldsymbol{A}}$ 上 ρ 都可对角化. 因此，在每个 $E_{\lambda_i}^{\boldsymbol{A}}$ 中都可重新选取一组基，使得全部基向量都是 ρ 的本征向量. 注意到 $E_{\lambda_i}^{\boldsymbol{A}}$ 为 σ 的本征子空间，故这样重新选取的基仍是 σ 的本征向量. 在所有子空间中都这样重新选取基之后，合并起来可得到 V 的一个新基. 于是在新的基下 σ，ρ 就同时对角化了.

由上述证明过程可给出同时对角化的求法：先将矩阵 $\boldsymbol{A}$ 对角化，然后在 $\boldsymbol{A}$ 的每个本征子空间上求出 $\boldsymbol{B}$ 的矩阵形式，进一步在子空间中将 $\boldsymbol{B}$ 对角化，求出该子空间中 $\boldsymbol{B}$ 的本征向量. 由于每个子空间都是 $\boldsymbol{A}$ 的本征子空间，故这些本征向量仍是 $\boldsymbol{A}$ 的本征向量. 最后，将这样得到的全部本征向量按列排成矩阵即得到相似变换的变换矩阵.

5.4.4　Jordan 标准型简介*

由例 5.4.5 可知，不是每个方阵都可对角化. 对这些不可对角化的方阵，用相似变换如何将其尽可能简单地化为何种形式呢？例如，对例 5.4.3 这样的微分方程组，如果对应的矩阵不可对角化，该如何求解？实际上在复数域 $\mathbf{C}$ 中，对任意 n 阶方阵 $\boldsymbol{A}$，总可先选取其一个本征向量然后扩充为整个 $\mathbf{C}^n$ 的一个基，通过考察 $\boldsymbol{A}$ 在这个基下的矩阵形式容易由归纳法证明，其一定相似于一个上三角矩阵. 那么这个上三角矩阵是否能进一步通过相似变换化简呢？为讨论这些问题，我们引入 Jordan 标准型的概念.

定义 5.4.5（Jordan 块）　形如 $\begin{bmatrix}\lambda & 1 & & & \\ & \lambda & 1 & & \\ & & \lambda & \ddots & \\ & & & \ddots & 1 \\ & & & & \lambda\end{bmatrix}_{r\times r}$ 的方阵称为一个 r 阶的

Jordan块，记作 $\boldsymbol{J}(\lambda)$.

定义 5.4.6(Jordan 矩阵)　主对角线子块为 Jordan 块 $\boldsymbol{J}_i(\lambda_i)$ 的准对角矩阵称为 Jordan 矩阵，其一般形式如下：

$$\boldsymbol{J}=\begin{bmatrix}\boldsymbol{J}_1(\lambda_1) & & & \\ & \boldsymbol{J}_2(\lambda_2) & & \\ & & \ddots & \\ & & & \boldsymbol{J}_m(\lambda_m)\end{bmatrix}.$$

注意，Jordan 矩阵中的各 Jordan 子块不必互异，各个 λ_i 也不必互异. 另外，Jordan 矩阵是上三角矩阵，因此其本征值就是主对角线上的元素. 现举一些 Jordan 块的例子如下：

$$\begin{bmatrix}2 & 1\\ 0 & 2\end{bmatrix},\quad \begin{bmatrix}2 & 1 & 0\\ 0 & 2 & 1\\ 0 & 0 & 2\end{bmatrix}.$$

Jordan 矩阵的一个例子如下：

$$\begin{bmatrix}1 & 1 & 0 & 0 & 0\\ 0 & 1 & 0 & 0 & 0\\ 0 & 0 & 5 & 0 & 0\\ 0 & 0 & 0 & 2 & 1\\ 0 & 0 & 0 & 0 & 2\end{bmatrix}=\begin{bmatrix}\boldsymbol{J}_1(1) & & \\ & \boldsymbol{J}_2(5) & \\ & & \boldsymbol{J}_3(2)\end{bmatrix},$$

其中
$$\boldsymbol{J}_1(1)=\begin{bmatrix}1 & 1\\ 0 & 1\end{bmatrix},\quad \boldsymbol{J}_2(5)=[5],\quad \boldsymbol{J}_3(2)=\begin{bmatrix}2 & 1\\ 0 & 2\end{bmatrix}.$$

容易看出，对角矩阵也是一类特殊的 Jordan 矩阵，即由 1×1 的 Jordan 块组成的 Jordan 矩阵.

线性代数中关于相似变换的一个深刻结论如下，其本质上反映了线性空间按线性变换的不变子空间进行分解.

定理 5.4.7　复数域上 $\mathbf{C}$ 内，每个 n 阶矩阵 $\boldsymbol{A}$ 都相似于一个 Jordan 矩阵，且若不计较主对角线上各 Jordan 子块的顺序的话，该 Jordan 矩阵是唯一的. 即 $\forall \boldsymbol{A}\in \mathbf{C}^{n\times n}$，$\exists \boldsymbol{P}$ 可逆，使得

$$\boldsymbol{P}^{-1}\boldsymbol{A}\boldsymbol{P}=\boldsymbol{J}_A=\begin{bmatrix}\boldsymbol{J}_1(\lambda_1) & & & \\ & \boldsymbol{J}_2(\lambda_2) & & \\ & & \ddots & \\ & & & \boldsymbol{J}_m(\lambda_m)\end{bmatrix}.$$

若矩阵 $\boldsymbol{A}$ 与 Jordan 矩阵 $\boldsymbol{J}_A$ 相似，也称 $\boldsymbol{J}_A$ 是 $\boldsymbol{A}$ 的 Jordan 标准型. 从而上述定理可以表述成：任意一个 $\mathbf{C}$ 上的 n 阶矩阵必唯一存在 Jordan 标准型. 显然，对可对角化的矩阵，与之相似的对角矩阵就是其 Jordan 标准型.

上述定理有多种证明途径.从几何的角度,任意给定一个线性变换,可先证明线性空间能分解为线性变换的根子空间(或称为广义本征子空间)的直和,然后证明每个根子空间都是该线性变换的不变子空间,最后只需要证明在每个根子空间上该线性变换的矩阵正好为对角元相同的 Jordan 矩阵.从代数(或矩阵)的角度,可利用 λ-矩阵理论.λ-矩阵的引入是为了将线性变换作用的线性空间看成数域上一元多项式环上的模,多项式的字母可理解为该线性变换,通过研究模的分解可得到线性变换的标准型矩阵,具体计算过程可归结为 λ-矩阵的等价.该证明的大致思路如下:将矩阵的相似转化为其特征矩阵(λ-矩阵)等价,而 λ-矩阵等价的充要条件是具有相同的不变因子和初等因子.注意到 Jordan 矩阵的初等因子的结构,因此对任意方阵,由其初等因子可唯一构造一个 Jordan 矩阵,这个 Jordan 矩阵自然与之相似.

由于这些证明过程涉及的概念较多,且有更高观点下的背景,但结论又相对简单,用途也很广泛,故我们只介绍其结论和一些应用,证明请参见文献[1]、[2]、[3].

下面在 Jordan 标准型的唯一存在性的前提下,简单讨论一下其求法,我们略去相关证明,而只陈述结论.由于 Jordan 矩阵的本征值就是主对角线上的元素,因此要求 n 阶方阵 $\boldsymbol{A}$ 的 Jordan 标准型,第一步先求 $\boldsymbol{A}$ 的本征值.设

$$|\lambda \boldsymbol{I}-\boldsymbol{A}|=f(\boldsymbol{A})=(\lambda-\lambda_1)^{s_1}(\lambda-\lambda_2)^{s_2}\cdots(\lambda-\lambda_m)^{s_m},$$

其中 $\lambda_1,\lambda_2,\cdots,\lambda_m$ 是互不相同的本征值,显然 $s_1+s_2+\cdots+s_m=n$.在 $\boldsymbol{A}$ 的 Jordan 标准型中,将属于相同本征值 λ_i 的 Jordan 块放在一起,有

$$\boldsymbol{J}_{\boldsymbol{A}}=\begin{bmatrix}\boldsymbol{A}_1(\lambda_1) & & & \\ & \boldsymbol{A}_2(\lambda_2) & & \\ & & \ddots & \\ & & & \boldsymbol{A}_m(\lambda_m)\end{bmatrix},$$

其中 $\boldsymbol{A}_i(\lambda_i)$ 包含了一系列本征值为 λ_i 的 Jordan 块.注意到

$$\boldsymbol{P}^{-1}\boldsymbol{A}\boldsymbol{P}=\boldsymbol{J}_{\boldsymbol{A}},$$

因此将 $\boldsymbol{P}$ 按列分块之后有

$$\boldsymbol{A}[\boldsymbol{P}_1\ \boldsymbol{P}_2\cdots\ \boldsymbol{P}_n]=[\boldsymbol{P}_1\ \boldsymbol{P}_2\cdots\ \boldsymbol{P}_n]\boldsymbol{J}_{\boldsymbol{A}}.$$

假设 $\boldsymbol{A}_l(\lambda_l)$ 中含有 k_l 个 Jordan 块(后面将看到 $k_l=\dim E_{\lambda_l}$),即

$$\boldsymbol{A}_l(\lambda_l)=\begin{bmatrix}\boldsymbol{J}_{l1}(\lambda_l) & & & \\ & \boldsymbol{J}_{l2}(\lambda_l) & & \\ & & \ddots & \\ & & & \boldsymbol{J}_{lk_l}(\lambda_l)\end{bmatrix},$$

其中每个 $\boldsymbol{J}_{li}(\lambda_l)$ 均是一个 Jordan 块.则由于 $\boldsymbol{J}_{\boldsymbol{A}}$ 的分块对角结构,每个 Jordan 块的列指标对应的列向量 $\boldsymbol{P}_j$ 经过矩阵 $\boldsymbol{A}$ 左乘(可将 $\boldsymbol{A}$ 的左乘看作是列向量的线性变换)之后,只会相互线性叠加,而不会与其他 Jordan 块对应的列向量混合起来.现在具体

来说其中一个 Jordan 块 $\boldsymbol{J}_{li}(\lambda_l)$ 以及与之对应的列向量 $\boldsymbol{P}_j$. 设这个 Jordan 块为 $t\times t$ 的矩阵，为书写简单，与之对应的列向量 $\boldsymbol{P}_j$ 改用 $\boldsymbol{\alpha},\boldsymbol{\beta}$ 标记，则有

$$\boldsymbol{A}[\boldsymbol{\alpha},\boldsymbol{\beta}_2,\cdots,\boldsymbol{\beta}_t]=[\boldsymbol{\alpha},\boldsymbol{\beta}_2,\cdots,\boldsymbol{\beta}_t]\begin{bmatrix}\lambda_l & 1 & & & \\ & \lambda_l & 1 & & \\ & & \lambda_l & \ddots & \\ & & & \ddots & 1 \\ & & & & \lambda_l\end{bmatrix}_{t\times t},$$

可将列向量满足的关系写成方程组的形式：

$$\begin{cases}\boldsymbol{A}\boldsymbol{\alpha}=\lambda_l\boldsymbol{\alpha}, \\ \boldsymbol{A}\boldsymbol{\beta}_2=\boldsymbol{\alpha}+\lambda_l\boldsymbol{\beta}_2, \\ \boldsymbol{A}\boldsymbol{\beta}_3=\boldsymbol{\beta}_2+\lambda_l\boldsymbol{\beta}_3, \\ \quad\vdots \\ \boldsymbol{A}\boldsymbol{\beta}_t=\boldsymbol{\beta}_{t-1}+\lambda_l\boldsymbol{\beta}_t\end{cases}\Rightarrow\begin{cases}(\boldsymbol{A}-\lambda_l\boldsymbol{I})\boldsymbol{\alpha}=\boldsymbol{O}, \\ (\boldsymbol{A}-\lambda_l\boldsymbol{I})\boldsymbol{\beta}_2=\boldsymbol{\alpha}, \\ (\boldsymbol{A}-\lambda_l\boldsymbol{I})\boldsymbol{\beta}_3=\boldsymbol{\beta}_2, \\ \quad\vdots \\ (\boldsymbol{A}-\lambda_l\boldsymbol{I})\boldsymbol{\beta}_t=\boldsymbol{\beta}_{t-1}.\end{cases}\tag{5.4.4}$$

由式(5.4.4)可知，这些向量中 $\boldsymbol{\alpha}$ 正是本征值 λ_i 对应的本征向量，其余的 $\boldsymbol{\beta}_i$ 并非本征向量. 称所有这些向量为根向量或广义本征向量，同一个 Jordan 块对应的这些根向量(即这里的 $\boldsymbol{\alpha},\boldsymbol{\beta}_2,\cdots,\boldsymbol{\beta}_t$)常被称作一个 Jordan 链. 可以证明，$(\boldsymbol{A}-\lambda_l\boldsymbol{I})\boldsymbol{X}=\boldsymbol{\beta}_t$ 是一个无解的方程.

由 Jordan 链的结构可看出，每一个 Jordan 块对应了 λ_l 的一个本征向量 $\boldsymbol{\alpha}$，如果能求出每个 Jordan 块对应的 $\boldsymbol{\alpha}$，则由上述方程组可解出这些 $\boldsymbol{\beta}$. 但遗憾的是，反过来不成立，即选取属于本征值 λ_l 的本征子空间 E_{λ_l} 的一个基，则并非基中的每个本征向量都对应存在一个 Jordan 块. 然而可证明，如果恰当地选取 E_{λ_l} 的一个基，则其中每个本征向量都对应一个 Jordan 块. 进一步还可证明，通过线性无关的 $\boldsymbol{\alpha}$，结合上述方程来求解 $\boldsymbol{\beta}$，得到的所有的 $\boldsymbol{\alpha},\boldsymbol{\beta}$ 放在一起构成的向量组是线性无关的. 由此可得到 Jordan 标准型的一个求法如下.

(1) 求解 $|(\lambda\boldsymbol{I}-\boldsymbol{A})|=0$，得到 $\boldsymbol{A}$ 的所有的互异本征值 λ_i 及其重数 s_i.

(2) 对每一个 λ_i，由 $(\lambda_i\boldsymbol{I}-\boldsymbol{A})\boldsymbol{X}=\boldsymbol{O}$ 求出本征子空间 E_{λ_i} 的一个基：

$$\{\boldsymbol{\alpha}^{(i1)},\boldsymbol{\alpha}^{(i2)},\cdots,\boldsymbol{\alpha}^{(ir_i)}\}\quad (r_i=\dim E_{\lambda_i}).$$

(3) 若 $r_i=s_i$(单根即属于这种情况)，则与本征值 λ_i 对应的 Jordan 块全是 1×1 的矩阵，共有 s_i 个；若 $r_i<s_i$，则在 E_{λ_i} 的基中，先选取 $\boldsymbol{\alpha}^{(i1)}$，由

$$\begin{gathered}(\boldsymbol{A}-\lambda_i\boldsymbol{I})\boldsymbol{\beta}_2^{(i1)}=\boldsymbol{\alpha}^{(i1)}, \\ (\boldsymbol{A}-\lambda_i\boldsymbol{I})\boldsymbol{\beta}_3^{(i1)}=\boldsymbol{\beta}_2^{(i1)}, \\ \vdots\end{gathered}$$

依次求出 $\boldsymbol{\beta}_2^{(i1)},\boldsymbol{\beta}_3^{(i1)},\cdots$，直到某个 $(\boldsymbol{A}-\lambda_i\boldsymbol{I})\boldsymbol{X}=\boldsymbol{\beta}_t^{(i1)}$ 无解，则可得到 $\boldsymbol{\alpha}^{(i1)}$ 对应的 Jordan 链. 继续按类似的方法求 $\boldsymbol{\alpha}^{(i2)}$ 相对应的 Jordan 链，直到 $\boldsymbol{\alpha}^{(ir_i)}$(实际上求到 $\boldsymbol{\alpha}$ 与 $\boldsymbol{\beta}$ 的个数加起来等于 s_i 即可停止，因为可证明对应同一个本征值 λ_i 的根向量的总数正好是

s_i). 这里可能遇到的问题是，按上述方法对 $\boldsymbol{\alpha}^{(i1)},\cdots,\boldsymbol{\alpha}^{(ir_i)}$ 求对应的 Jordan 链，得到的 $\boldsymbol{\alpha}$ 与 $\boldsymbol{\beta}$ 的总数仍然小于 s_i。此时说明 E_{λ_i} 的这个基选择不恰当，需将这个基中的向量重新组合成新的 $\boldsymbol{\alpha}^{(i1)},\cdots,\boldsymbol{\alpha}^{(ir_i)}$，以使得到的 $\boldsymbol{\alpha}$ 与 $\boldsymbol{\beta}$ 的总数正好等于 s_i.

（4）对所有的 i（即所有相异的本征值）重复步骤(3). 将按上述步骤求出的所有 $\boldsymbol{\alpha},\boldsymbol{\beta}$ 当作列向量排成矩阵，即得可逆方阵 $\boldsymbol{P}$，其满足

$$\boldsymbol{P}^{-1}\boldsymbol{A}\boldsymbol{P}=\boldsymbol{J}_{\boldsymbol{A}}.$$

上述 Jordan 标准型的求法在同一个本征值对应存在多个 Jordan 块的时候（即本征子空间大于 1 维的时候），需要恰当地选择初始的本征向量，实际计算起来很不方便. 一个更有效的解法是，先通过本征值的重数以及一系列 $(\boldsymbol{A}-\lambda\boldsymbol{I})^i$，$i=1,2,3,\cdots$ 的秩得到根向量的结构，进而得到 Jordan 块的结构. 再通过求出 Jordan 链的最后一个根向量 $\boldsymbol{\beta}_t$ 依次得到该链上的全部根向量，从而得到相似变换的过渡矩阵. 具体来说，该步骤如下所示.

（1）求解 $|(\lambda\boldsymbol{I}-\boldsymbol{A})|=0$，得到 $\boldsymbol{A}$ 的所有的互异本征值 λ_i 及其重数 s_i.

（2）从式(5.4.4)可看出，每个 Jordan 块中的 $\boldsymbol{\alpha}$ 满足方程 $(\boldsymbol{A}-\lambda\boldsymbol{I})\boldsymbol{X}=\boldsymbol{O}$，根向量 $\boldsymbol{\alpha},\boldsymbol{\beta}_1$ 均满足方程 $(\boldsymbol{A}-\lambda\boldsymbol{I})^2\boldsymbol{X}=\boldsymbol{O},\cdots$，根向量 $\boldsymbol{\alpha},\boldsymbol{\beta}_1,\boldsymbol{\beta}_2,\cdots,\boldsymbol{\beta}_k$ 均满足方程 $(\boldsymbol{A}-\lambda\boldsymbol{I})^k\boldsymbol{X}=\boldsymbol{O}$. 因此对某个本征值 λ_i，可从 $(\boldsymbol{A}-\lambda\boldsymbol{I})\boldsymbol{X}=\boldsymbol{O}$，$(\boldsymbol{A}-\lambda\boldsymbol{I})^2\boldsymbol{X}=\boldsymbol{O}$，…这一系列线性方程组的解空间的维数（即相应的系数矩阵的零度），确定本征值 λ_i 存在多少个 1 级根、2 级根等. 例如，设本征值 2 是矩阵 $\boldsymbol{A}$ 的一个 5 重本征值，通过计算 $(\boldsymbol{A}-2\boldsymbol{I})^i$，$i=1,2,3,\cdots$ 的秩发现：

$(\boldsymbol{A}-2\boldsymbol{I})\boldsymbol{X}=\boldsymbol{O}$ 的解空间维数为 2；

$(\boldsymbol{A}-2\boldsymbol{I})^2\boldsymbol{X}=\boldsymbol{O}$ 的解空间维数为 4；

$(\boldsymbol{A}-2\boldsymbol{I})^3\boldsymbol{X}=\boldsymbol{O}$ 的解空间维数为 5，正好等于本征值的重数 5.

则可知道本征值 2 对应存在 2 个 $\boldsymbol{\alpha}$，$4-2=2$ 个 $\boldsymbol{\beta}_1$，$5-4=1$ 个 $\boldsymbol{\beta}_3$. 即本征值 2 对应的 Jordan 链的结构如下.

$$\begin{array}{lll}
2\text{ 个：} & \boldsymbol{\alpha}^{(1)}, & \boldsymbol{\alpha}^{(2)}. \\
 & \uparrow & \uparrow \\
4-2=2\text{ 个：} & \boldsymbol{\beta}_1^{(1)}, & \boldsymbol{\beta}_1^{(2)}. \\
 & \uparrow & \\
5-4=1\text{ 个：} & \boldsymbol{\beta}_2^{(1)}. &
\end{array}$$

于是可知本征值 2 对应存在两个 Jordan 块，一个是 3×3 的块，一个是 2×2 的块. 用类似的方法，对矩阵 $\boldsymbol{A}$ 的所有不相等的本征值，可确定对应的 Jordan 块的结构. 从而可得到 $\boldsymbol{A}$ 的 Jordan 标准型 $\boldsymbol{J}_{\boldsymbol{A}}$.

（3）为了进一步求出将 $\boldsymbol{A}$ 相似变换为 $\boldsymbol{J}_{\boldsymbol{A}}$ 的过渡矩阵，对每个本征值可先求出其最长的 Jordan 链的最后一个根向量 $\boldsymbol{\beta}_t$，再得到其他根向量. 仍以上面的 5 重本征值 2 为例，由于其 Jordan 链结构已知，故可先求出最长 Jordan 链中的 $\boldsymbol{\beta}_2^{(1)}$. $\boldsymbol{\beta}_2^{(1)}$ 满足的充

要条件是

$$\boldsymbol{\beta}_2^{(1)}:(\boldsymbol{A}-2\boldsymbol{I})^3\boldsymbol{\beta}_2^{(1)}=\boldsymbol{O}\ \&\ (\boldsymbol{A}-2\boldsymbol{I})^2\boldsymbol{\beta}_2^{(1)}\neq\boldsymbol{O}.$$

由上式可唯一确定 $\boldsymbol{\beta}_2^{(1)}$，进一步由式(5.4.4)可求出 $\boldsymbol{\beta}_1^{(1)}$，$\boldsymbol{\alpha}^{(1)}$. 接下来再求本征值2对应的次长 Jordan 链的最后一个根向量 $\boldsymbol{\beta}_1^{(2)}$. $\boldsymbol{\beta}_1^{(2)}$ 满足的充要条件是

$$\boldsymbol{\beta}_1^{(2)}:(\boldsymbol{A}-2\boldsymbol{I})^2\boldsymbol{\beta}_1^{(2)}=\boldsymbol{O}\ \&\ (\boldsymbol{A}-2\boldsymbol{I})\boldsymbol{\beta}_1^{(2)}\neq\boldsymbol{O}\ \&\ \text{与}\ \boldsymbol{\beta}_1^{(1)}\ \text{线性无关}.$$

由上式可唯一确定 $\boldsymbol{\beta}_1^{(2)}$，进一步由式(5.4.4)可求出 $\boldsymbol{\alpha}^{(2)}$. 用类似的方法，对每个本征值，都可求出其对应的所有根向量 $\boldsymbol{\alpha}$，$\boldsymbol{\beta}_i$ 等.

(4) 将按上述步骤求出的全部根向量 $\boldsymbol{\alpha}$，$\boldsymbol{\beta}_i$ 当作列向量排成矩阵，即得可逆方阵 $\boldsymbol{P}$，其满足

$$\boldsymbol{P}^{-1}\boldsymbol{A}\boldsymbol{P}=\boldsymbol{J}_A.$$

下面以一个例子来演示这两种求法.

例 5.4.15　求矩阵 $\boldsymbol{A}=\begin{bmatrix}2&-1&-1\\2&-1&-2\\-1&1&2\end{bmatrix}$ 的 Jordan 标准型 $\boldsymbol{J}_A$ 和相似变换过渡矩阵 $\boldsymbol{P}$.

解　方法一. 由 $|\boldsymbol{A}-\lambda\boldsymbol{I}|=(1-\lambda)^3=0$ 可得 $\boldsymbol{A}$ 有一个3重本征值 $\lambda=1$. 先来求本征值1对应的本征向量. 由 $(\boldsymbol{A}-\boldsymbol{I})\boldsymbol{X}=\boldsymbol{O}$ 可得到

$$\boldsymbol{X}=k_1\begin{bmatrix}1\\1\\0\end{bmatrix}+k_2\begin{bmatrix}1\\0\\1\end{bmatrix},$$

因此两个线性相关的本征向量可取为

$$\boldsymbol{\alpha}^{(1)}=\begin{bmatrix}1\\1\\0\end{bmatrix},\quad \boldsymbol{\alpha}^{(2)}=\begin{bmatrix}1\\0\\1\end{bmatrix}.$$

由此可知 $\boldsymbol{A}$ 的 Jordan 标准型中有2个 Jordan 块，实际上，对本题来说，这就决定了 $\boldsymbol{A}$ 的标准型为

$$\boldsymbol{J}_A=\begin{bmatrix}1&&\\&1&1\\&&1\end{bmatrix},$$

为了求出根向量 $\boldsymbol{\beta}_1$，可求解如下两个方程组：

$$(\boldsymbol{A}-\boldsymbol{I})\boldsymbol{X}=\boldsymbol{\alpha}^{(1)},\quad (\boldsymbol{A}-\boldsymbol{I})\boldsymbol{X}=\boldsymbol{\alpha}^{(2)},$$

但是这两个方程组均无解. 按照前文的叙述，这并不意味着根向量 $\boldsymbol{\beta}_1$ 不存在，而是说明初始的两个本征向量 $\boldsymbol{\alpha}^{(1)}$，$\boldsymbol{\alpha}^{(2)}$ 选择不恰当，需要重新选择. 为此取

$$\boldsymbol{\alpha}^{(1)}=k_1\begin{bmatrix}1\\1\\0\end{bmatrix}+k_2\begin{bmatrix}1\\0\\1\end{bmatrix}=\begin{bmatrix}k_1+k_2\\k_1\\k_2\end{bmatrix},$$

由方程组的理论可求出,要使

$$(\boldsymbol{A}-\boldsymbol{I})\boldsymbol{X}=\boldsymbol{\alpha}^{(1)}$$

有解,必须有

$$k_1=2,\quad k_2=-1,$$

因此可取

$$\boldsymbol{\alpha}^{(1)}=\begin{bmatrix}1\\2\\-1\end{bmatrix},$$

由此可求出

$$\boldsymbol{\beta}_1^{(1)}=\begin{bmatrix}1\\0\\0\end{bmatrix}.$$

而本征向量 $\boldsymbol{\alpha}^{(2)}$ 要与 $\boldsymbol{\alpha}^{(1)}$ 线性无关,故可取为

$$\boldsymbol{\alpha}^{(2)}=\begin{bmatrix}1\\1\\0\end{bmatrix},$$

因此可取矩阵 $\boldsymbol{P}$ 为

$$\boldsymbol{P}=[\boldsymbol{\alpha}^{(2)}\quad\boldsymbol{\alpha}^{(1)}\quad\boldsymbol{\beta}_1^{(1)}]=\begin{bmatrix}1&1&1\\1&2&0\\0&-1&0\end{bmatrix},$$

其满足

$$\boldsymbol{P}^{-1}\boldsymbol{A}\boldsymbol{P}=\boldsymbol{J}_A=\begin{bmatrix}1&&\\&1&1\\&&1\end{bmatrix}.$$

方法二. 仍然先求得其本征值,可得 $\boldsymbol{A}$ 有一个 3 重本征值 1. 为了得到 Jordan 链的结构,注意到

$$\boldsymbol{A}-\boldsymbol{I}=\begin{bmatrix}1&-1&-1\\2&-2&-2\\-1&1&1\end{bmatrix},\quad r(\boldsymbol{A}-\boldsymbol{I})=1,\quad N(\boldsymbol{A}-\boldsymbol{I})=2,$$

$$(\boldsymbol{A}-\boldsymbol{I})^2=\begin{bmatrix}0&0&0\\0&0&0\\0&0&0\end{bmatrix},\quad r((\boldsymbol{A}-\boldsymbol{I})^2)=0,\quad N((\boldsymbol{A}-\boldsymbol{I})^2)=3.$$

故可知其 Jordan 链的结构为

$$\begin{matrix}\boldsymbol{\alpha}^{(1)} & \boldsymbol{\alpha}^{(2)}\\ \uparrow & \\ \boldsymbol{\beta}_1^{(1)} & \end{matrix}$$

实际上由此已可得到 $\boldsymbol{A}$ 的 Jordan 标准型. 为了进一步求 $\boldsymbol{P}$ 矩阵,可从最长的链末端,即 $\boldsymbol{\beta}_1^{(1)}$ 开始求. $\boldsymbol{\beta}_1^{(1)}$ 满足的充要条件是

$$(\boldsymbol{A}-\boldsymbol{I})^2\boldsymbol{\beta}_1^{(1)}=\boldsymbol{O}\ \&\ (\boldsymbol{A}-\boldsymbol{I})\boldsymbol{\beta}_1^{(1)}\neq\boldsymbol{O},$$

由此可求出 $\boldsymbol{\beta}_1^{(1)}$ 的一个解为(可以看到,$\boldsymbol{\beta}_1^{(1)}$ 具有很大的任意性)

$$\boldsymbol{\beta}_1^{(1)}=\begin{bmatrix}0\\0\\1\end{bmatrix},$$

可得到

$$(\boldsymbol{A}-\boldsymbol{I})\boldsymbol{\beta}_1^{(1)}=\boldsymbol{\alpha}^{(1)}\Rightarrow\boldsymbol{\alpha}^{(1)}=\begin{bmatrix}-1\\-2\\1\end{bmatrix},$$

再来求第二条 Jordan 链的最末端,即 $\boldsymbol{\alpha}^{(2)}$,其满足的充要条件是

$$(\boldsymbol{A}-\boldsymbol{I})\boldsymbol{\alpha}^{(2)}=\boldsymbol{O}\ \&\ \text{与 }\boldsymbol{\alpha}^{(1)}\text{线性无关},$$

由此可解出 $\boldsymbol{\alpha}^{(2)}$ 的一个选择是

$$\boldsymbol{\alpha}^{(2)}=\begin{bmatrix}1\\0\\1\end{bmatrix},$$

因此可取矩阵 $\boldsymbol{P}$ 为

$$\boldsymbol{P}=[\ \boldsymbol{\alpha}^{(2)}\ \ \boldsymbol{\alpha}^{(1)}\ \ \boldsymbol{\beta}_1^{(1)}\ ]=\begin{bmatrix}1&-1&0\\0&-2&0\\1&1&1\end{bmatrix},$$

其满足

$$\boldsymbol{P}^{-1}\boldsymbol{A}\boldsymbol{P}=\boldsymbol{J}_{\boldsymbol{A}}=\begin{bmatrix}1&&\\&1&1\\&&1\end{bmatrix}.$$

例 5.4.16　求 Jordan 块的幂:$\begin{bmatrix}\lambda&1\\0&\lambda\end{bmatrix}^n$,$\begin{bmatrix}\lambda&1&\\&\lambda&1\\&&\lambda\end{bmatrix}^n$.

解　直接计算可知

$$\begin{bmatrix}\lambda&1\\0&\lambda\end{bmatrix}^2=\begin{bmatrix}\lambda^2&2\lambda\\0&\lambda^2\end{bmatrix},\begin{bmatrix}\lambda&1\\0&\lambda\end{bmatrix}^3=\begin{bmatrix}\lambda^3&3\lambda\\0&\lambda^3\end{bmatrix},\cdots,$$

由数学归纳法容易证明

$$\begin{bmatrix}\lambda&1\\0&\lambda\end{bmatrix}^n=\begin{bmatrix}\lambda^n&n\lambda\\0&\lambda^n\end{bmatrix}.$$

同理,对 3×3 的 Jordan 块,直接计算有

$$\begin{bmatrix}\lambda & 1 & \\ & \lambda & 1\\ & & \lambda\end{bmatrix}^2=\begin{bmatrix}\lambda^2 & 2\lambda & 1\\ & \lambda^2 & 2\lambda\\ & & \lambda^2\end{bmatrix},\begin{bmatrix}\lambda & 1 & \\ & \lambda & 1\\ & & \lambda\end{bmatrix}^3=\begin{bmatrix}\lambda^3 & 3\lambda^2 & \lambda\\ & \lambda^3 & 3\lambda^2\\ & & \lambda^3\end{bmatrix},\cdots,$$

由数学归纳法容易证明

$$\begin{bmatrix}\lambda & 1 & \\ & \lambda & 1\\ & & \lambda\end{bmatrix}^n=\begin{bmatrix}\lambda^n & n\lambda^{n-1} & \frac{n}{2}(n-1)\lambda^{n-2}\\ & \lambda^n & n\lambda^{n-1}\\ & & \lambda^n\end{bmatrix}.$$

实际上，由上述例题可以推广得到任意 $r\times r$ 的 Jordan 块的幂次计算方法. 特别是，对本征值 $\lambda=0$ 的 Jordan 块，有

$$\begin{bmatrix}0 & 1\\ 0 & 0\end{bmatrix}^2=\boldsymbol{O},\quad \begin{bmatrix}0 & 1 & 0\\ 0 & 0 & 1\\ 0 & 0 & 0\end{bmatrix}^3=\boldsymbol{O},\cdots,$$

即一个 $r\times r$ 的本征值为 0(也即对角元为 0)的 Jordan 块，其 r 次幂等于零矩阵. 由此可以给出不可对角化的矩阵幂次的计算. 设 $\boldsymbol{A}$ 不可对角化，则要计算 $\boldsymbol{A}^k$ 可将其相似矩阵变换为 Jordan 标准型：

$$\boldsymbol{A}=\boldsymbol{P}\boldsymbol{J}_A\boldsymbol{P}^{-1}\Rightarrow \boldsymbol{A}^n=\boldsymbol{P}\boldsymbol{J}_A^n\boldsymbol{P}^{-1},$$

则问题归结为 Jordan 矩阵的幂次的计算，由上述计算 Jordan 块的幂次的规则不难求出 $\boldsymbol{J}_A^k$. 实际上，$\boldsymbol{J}_A^k$ 还可这样来计算：将 $\boldsymbol{J}_A$ 的对角部分拆分出来，有

$$\boldsymbol{J}_A=\boldsymbol{\Lambda}+\boldsymbol{N}.$$

式中，$\boldsymbol{N}$ 即对角元为零的 Jordan 矩阵. 由于 $\boldsymbol{\Lambda}$ 与 $\boldsymbol{N}$ 具有相同的对角块结构，而 $\boldsymbol{\Lambda}$ 的对角块都是常数矩阵，故

$$\boldsymbol{\Lambda}\boldsymbol{N}=\boldsymbol{N}\boldsymbol{\Lambda},$$

即它们的乘积可交换，因此

$$\boldsymbol{J}_A^k=(\boldsymbol{\Lambda}+\boldsymbol{N})^k=\boldsymbol{\Lambda}^k+\mathrm{C}_k^1\boldsymbol{\Lambda}^{k-1}\boldsymbol{N}+\mathrm{C}_k^2\boldsymbol{\Lambda}^{k-2}\boldsymbol{N}^2+\cdots,$$

即可用二项式定理来展开. 再注意到 $\boldsymbol{N}$ 的足够高幂次为 $\boldsymbol{O}$，即可求出 $\boldsymbol{J}_A^k$.

由上述 Jordan 矩阵的分解可知：$\mathbf{C}$ 上的任意一个 n 阶矩阵 $\boldsymbol{A}$ 都可分解为一个可对角化的矩阵 $\boldsymbol{A}_\Lambda$ 和一个幂零矩阵 $\boldsymbol{A}_N$ 之和，且 $\boldsymbol{A}_\Lambda$ 和 $\boldsymbol{A}_N$ 乘法可交换. 这可从如下方式看出：

$$\boldsymbol{A}=\boldsymbol{P}\boldsymbol{J}_A\boldsymbol{P}^{-1}=\boldsymbol{P}(\boldsymbol{\Lambda}+\boldsymbol{N})\boldsymbol{P}^{-1}=\boldsymbol{P}\boldsymbol{\Lambda}\boldsymbol{P}^{-1}+\boldsymbol{P}\boldsymbol{N}\boldsymbol{P}^{-1}=\boldsymbol{A}_\Lambda+\boldsymbol{A}_N,$$

且
$$\boldsymbol{A}_\Lambda\boldsymbol{A}_N=\boldsymbol{P}\boldsymbol{\Lambda}\boldsymbol{N}\boldsymbol{P}^{-1}=\boldsymbol{P}\boldsymbol{N}\boldsymbol{\Lambda}\boldsymbol{P}^{-1}=\boldsymbol{A}_N\boldsymbol{A}_\Lambda.$$

Jordan 标准型不仅可用来计算矩阵的幂次，对例 5.4.3 形式的微分方程组，若系数矩阵不可对角化，也可通过相似变换为 Jordan 标准型求解. 实际上，在许多涉及矩阵的命题证明中都可利用 Jordan 标准型.

例 5.4.17　设 $\boldsymbol{A}$ 为 n 阶方阵，$\lambda_1,\lambda_2,\cdots,\lambda_n$ 是其全部 n 个本征值(重本征值按重

数计)，$f(\boldsymbol{A})$为方阵的多项式，求证：

$$\operatorname{tr}(f(\boldsymbol{A}))=\sum_{i=1}^{n}f(\lambda_i),\quad \det(f(\boldsymbol{A}))=\prod_{i=1}^{n}f(\lambda_i).$$

证明 由于$\boldsymbol{A}$可相似变换为Jordan标准型，故有

$$\boldsymbol{A}=\boldsymbol{P}\boldsymbol{J}_A\boldsymbol{P}^{-1}\Rightarrow f(\boldsymbol{A})=f(\boldsymbol{P}\boldsymbol{J}_A\boldsymbol{P}^{-1})=\boldsymbol{P}f(\boldsymbol{J}_A)\boldsymbol{P}^{-1},$$

而注意到$\boldsymbol{J}_A$是上三角矩阵，故$f(\boldsymbol{J}_A)$仍是上三角矩阵. 这实际上也可从计算Jordan块幂次的规则可看出来：$f(\boldsymbol{J}_A)$的对角元正好是$\boldsymbol{J}_A$的对角元的函数，即$f(\lambda_1)$，$f(\lambda_2)$，…，$f(\lambda_n)$. 因此，有

$$\operatorname{tr}(f(\boldsymbol{A}))=\operatorname{Tr}(\boldsymbol{P}f(\boldsymbol{J}_A)\boldsymbol{P}^{-1})=\operatorname{Tr}(f(\boldsymbol{J}_A))=\sum_{i=1}^{n}f(\lambda_i),$$

$$\det(f(\boldsymbol{A}))=|\boldsymbol{P}f(\boldsymbol{J}_A)\boldsymbol{P}^{-1}|=|f(\boldsymbol{J}_A)|=\prod_{i=1}^{n}f(\lambda_i).$$

一个在物理学中常用的结论是

$$\det(\exp(\boldsymbol{A}))=\prod_{i=1}^{n}\exp(\lambda_i)=\exp\Big(\sum_{i=1}^{n}\lambda_i\Big)=\exp(\operatorname{tr}(\boldsymbol{A})),$$

或者

$$\ln(\det(\exp(\boldsymbol{A})))=\operatorname{tr}(\boldsymbol{A}).$$

例 5.4.18 设非零列向量$\{\boldsymbol{\alpha},\boldsymbol{\beta}_2,\cdots,\boldsymbol{\beta}_t\}$满足方程组(5.4.4)，求证：$\{\boldsymbol{\alpha},\boldsymbol{\beta}_2,\cdots,\boldsymbol{\beta}_t\}$线性无关.

证明 注意到性质：$(\boldsymbol{A}-\lambda\boldsymbol{I})^k\boldsymbol{\beta}_{k-1}=\boldsymbol{\alpha}$，$(\boldsymbol{A}-\lambda\boldsymbol{I})^k\boldsymbol{\beta}_k=\boldsymbol{O}$，因此设

$$k_1\boldsymbol{\alpha}+k_2\boldsymbol{\beta}_2+\cdots+k_t\boldsymbol{\beta}_t=\boldsymbol{0},$$

则将矩阵$(\boldsymbol{A}-\lambda\boldsymbol{I})^{t-1}$左乘上式两边得到

$$k_t\boldsymbol{\alpha}=\boldsymbol{0}\Rightarrow k_t=0,$$

再将矩阵$(\boldsymbol{A}-\lambda\boldsymbol{I})^{t-2}$左乘等式两边，并注意到$k_t=0$，可得到$k_{t-1}=0$，依次类推可得

$$k_1=k_2=\cdots=k_t=0,$$

因此$\{\boldsymbol{\alpha},\boldsymbol{\beta}_2,\cdots,\boldsymbol{\beta}_t\}$线性无关.

第 6 章 内积空间

线性代数起源于物理学中的矢量，而三维空间中的矢量还具有长度、夹角等度量性质. 为描述这些性质，需在线性空间中附加更丰富的结构. 注意到长度、夹角等度量都可以通过矢量的点乘来计算，故可仿照点乘引入内积的概念. 通过内积可将长度、夹角等度量系统推广到更一般的线性空间中. 我们先在实数域上讨论，后面再推广到复数域上.

6.1 实内积、欧空间

6.1.1 内积的定义

定义 6.1.1（内积） 设 V 是实数域 $\mathbf{R}$ 上的线性空间. 若 $\forall \boldsymbol{\alpha},\boldsymbol{\beta}\in V$，有唯一确定的一个实数（记作[①]$(\boldsymbol{\alpha},\boldsymbol{\beta})$）与之对应，且满足

(1) $(\boldsymbol{\alpha},\boldsymbol{\beta})=(\boldsymbol{\beta},\boldsymbol{\alpha})$；

(2) $(\boldsymbol{\alpha}+\boldsymbol{\beta},\boldsymbol{\gamma})=(\boldsymbol{\alpha},\boldsymbol{\gamma})+(\boldsymbol{\beta},\boldsymbol{\gamma})$；

(3) $(k\boldsymbol{\alpha},\boldsymbol{\beta})=k(\boldsymbol{\alpha},\boldsymbol{\beta})$；

(4) $\forall \boldsymbol{\alpha}\neq\mathbf{0}, (\boldsymbol{\alpha},\boldsymbol{\alpha})>0$.

则称 $(\boldsymbol{\alpha},\boldsymbol{\beta})$ 为向量 $\boldsymbol{\alpha},\boldsymbol{\beta}$ 的内积，V 为这个内积下的实内积空间，或称欧几里得空间，简称欧氏空间.

可以将内积看作 $V\times V\rightarrow R$ 的一个双线性映射，即双线性泛函. 引入内积后，每个向量 $\boldsymbol{\alpha}$ 也可看作是线性空间上的一个线性泛函，其对向量 $\boldsymbol{\beta}$ 的映射通过内积来定义：$\boldsymbol{\alpha}(\boldsymbol{\beta})=(\boldsymbol{\alpha},\boldsymbol{\beta})$. 在这个意义下，引入内积后，线性空间的对偶空间即是该线性空间自身.

在物理学中还会遇到不满足第(4)条的“内积”，这样的“内积”称赝内积，相应的实线性空间称赝内积空间或赝欧空间，本书不讨论赝内积空间.

直接由定义可验证，内积满足如下性质.

---

① 在物理学中，内积常用 P. A. M. Dirac 引入的 Dirac 符号来标记，我们这里采用的是标准数学记号. 两套记号各有优缺点，Dirac 符号的优点是可以方便地用向量来写出投影算符，以及完备性关系，但它的一个主要不便之处在于，这套符号中的算符默认只能作用到右边的向量上，这对定义伴随变换、厄米变换等不太方便. 更详细的对比可见 S. Weinberg 的《Lectures on Quantum Mechanics》P57 最后一段，P62 的脚注，P67 的脚注.

定理 6.1.1 设 V 是一欧空间，则

(1) $(\boldsymbol{\alpha},\boldsymbol{\beta}+\boldsymbol{\gamma})=(\boldsymbol{\alpha},\boldsymbol{\beta})+(\boldsymbol{\alpha},\boldsymbol{\gamma})$；

(2) $(\boldsymbol{\alpha},k\boldsymbol{\beta})=k(\boldsymbol{\alpha},\boldsymbol{\beta})$（由之可得$(\boldsymbol{\alpha},\boldsymbol{0})=(\boldsymbol{0},\boldsymbol{\alpha})=0$）；

(3) $(\boldsymbol{\alpha},\boldsymbol{\alpha})=0$ 当且仅当 $\boldsymbol{\alpha}=\boldsymbol{0}$.

例 6.1.1 三维空间中的矢量(即有方向的线段)构成的线性空间中，规定：

$$(\boldsymbol{\alpha},\boldsymbol{\beta})=|\boldsymbol{\alpha}||\boldsymbol{\beta}|\cos\theta,$$

其中 θ 是 $\boldsymbol{\alpha},\boldsymbol{\beta}$ 的夹角，则求证这是一个内积.

证明 内积定义 6.1.1 中的(1)、(3)、(4)三条都可直接验证，第(2)条可通过图 6.1 看出.

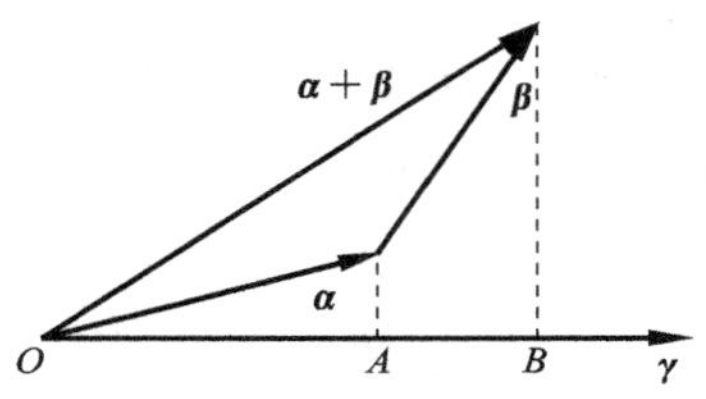

图 6.1 内积定义例图

其中线段 OA 的长度即为$|\boldsymbol{\alpha}|\cos\theta_{\boldsymbol{\alpha},\boldsymbol{\gamma}}$，线段 AB 的长度即为$|\boldsymbol{\beta}|\cos\theta_{\boldsymbol{\beta},\boldsymbol{\gamma}}$，加起来正好等于 OB 的长度，即$|\boldsymbol{\alpha}+\boldsymbol{\beta}|\cos\theta_{\boldsymbol{\alpha}+\boldsymbol{\beta},\boldsymbol{\gamma}}$，因此

$$(\boldsymbol{\alpha}+\boldsymbol{\beta},\boldsymbol{\gamma})=(\boldsymbol{\alpha},\boldsymbol{\gamma})+(\boldsymbol{\beta},\boldsymbol{\gamma}).$$

此例给出的是通常的矢量“点乘”运算. 由此可见，点乘可看作内积的一种.

例 6.1.2 在 $\mathbf{R}^n$ 中，$\boldsymbol{X}=[x_1\quad x_2\quad\cdots\quad x_n]^{\mathrm{T}}$，$\boldsymbol{T}=[y_1\quad y_2\quad\cdots\quad y_n]^{\mathrm{T}}$，若规定：

$$(\boldsymbol{X},\boldsymbol{Y})=\sum_{i=1}^{n}x_iy_i=\boldsymbol{X}^{\mathrm{T}}\boldsymbol{Y},$$

由定义容易验证，这是 $\mathbf{R}^n$的一个内积，故 $\mathbf{R}^n$ 对这样定义的内积来说构成了一个欧氏空间.

例 6.1.3 在 $\mathbf{R}^n$ 中若规定：

$$(\boldsymbol{X},\boldsymbol{Y})=\sum_{i=1}^{n}ix_iy_i,$$

求证这也是 $\mathbf{R}^n$ 的一个内积，故 $\mathbf{R}^n$对这样定义的内积来说也构成了一个欧氏空间.

证明
$$(\boldsymbol{X},\boldsymbol{Y})=\sum_{i=1}^{n}ix_iy_i=\sum_{i=1}^{n}iy_ix_i=(\boldsymbol{Y},\boldsymbol{X}),$$

$$(\boldsymbol{X}+\boldsymbol{Y},\boldsymbol{Z})=\sum_{i=1}^{n}i(\boldsymbol{X}+\boldsymbol{Y})_i\boldsymbol{Z}_i=\sum_{i=1}^{n}i(x_iz_i+y_iz_i)=(\boldsymbol{X},\boldsymbol{Z})+(\boldsymbol{Y},\boldsymbol{Z}),$$

$$(k\boldsymbol{X},\boldsymbol{Y})=\sum_{i=1}^{n}i(k\boldsymbol{X})_iy_i=k\sum_{i=1}^{n}ix_iy_i=k(\boldsymbol{X},\boldsymbol{Y}),$$

当 $\boldsymbol{X}\neq\boldsymbol{0}$ 时，$(\boldsymbol{X},\boldsymbol{X})=\sum_{i=1}^{n}ix_i^2>0$. 因此这是一个内积.

由上两例可见，同一个线性空间可定义不同的内积，使之成为不同的欧氏空间. 这里我们约定，以后凡提到欧氏空间 $\mathbf{R}^n$ 时，都是指对例 6.1.2 的内积而言的欧氏空间.

例 6.1.4 对任意实函数 $f(x),g(x)\in C[a,b]$（闭区间 $[a,b]$ 上的实连续[①]函数构成的线性空间），规定：

$$(f,g)=\int_a^b f(x)g(x)\mathrm{d}x,$$

则这是一个内积. 故线性空间 $C[a,b]$ 对上述内积构成一个欧氏空间.

6.1.2 度规

在有限维内积空间中，内积可用度规矩阵来描述.

定义 6.1.2（度规矩阵） 设 V 是 n 维欧空间，$\{\boldsymbol{\alpha}_1,\boldsymbol{\alpha}_2,\cdots,\boldsymbol{\alpha}_n\}$ 是其中的一个基，则令 $a_{ij}=(\boldsymbol{\alpha}_i,\boldsymbol{\alpha}_j)$，可得到一个实对称矩阵

$$\boldsymbol{A}=\begin{bmatrix} a_{11} & a_{12} & \cdots & a_{1n} \\ a_{21} & a_{22} & \cdots & a_{2n} \\ \vdots & \vdots & & \vdots \\ a_{n1} & a_{n2} & \cdots & a_{nn} \end{bmatrix}=\begin{bmatrix} (\boldsymbol{\alpha}_1,\boldsymbol{\alpha}_1) & (\boldsymbol{\alpha}_1,\boldsymbol{\alpha}_2) & \cdots & (\boldsymbol{\alpha}_1,\boldsymbol{\alpha}_n) \\ (\boldsymbol{\alpha}_2,\boldsymbol{\alpha}_1) & (\boldsymbol{\alpha}_2,\boldsymbol{\alpha}_2) & \cdots & (\boldsymbol{\alpha}_2,\boldsymbol{\alpha}_n) \\ \vdots & \vdots & & \vdots \\ (\boldsymbol{\alpha}_n,\boldsymbol{\alpha}_1) & (\boldsymbol{\alpha}_n,\boldsymbol{\alpha}_2) & \cdots & (\boldsymbol{\alpha}_n,\boldsymbol{\alpha}_n) \end{bmatrix}$$

称作欧氏空间在基 $\{\boldsymbol{\alpha}_1,\boldsymbol{\alpha}_2,\cdots,\boldsymbol{\alpha}_n\}$ 下的度规矩阵（或度量矩阵）.

由定义可见：当给定一个基后，由内积就可以完全确定度规矩阵. 反之，给定一个基下的度规矩阵，也可以完全确定内积. 这是由于

$$\forall\,\boldsymbol{\alpha},\boldsymbol{\beta}\in V,\quad (\boldsymbol{\alpha},\boldsymbol{\beta})=\Big(\sum_{i=1}^n x_i\boldsymbol{\alpha}_i,\sum_{i=1}^n y_i\boldsymbol{\alpha}_i\Big)=\sum_{ij}x_i(\boldsymbol{\alpha}_i,\boldsymbol{\alpha}_j)y_j=\boldsymbol{X}^{\mathrm{T}}\boldsymbol{A}\boldsymbol{Y},$$

因此，度规矩阵可用来等价地描述内积.

同线性变换的矩阵类似，度规矩阵依赖于基的选择. 可证明：设两组基之间的过渡矩阵为 $\boldsymbol{C}$，则 $\boldsymbol{A}$ 的变换为 $\boldsymbol{A}\to\boldsymbol{C}^{\mathrm{T}}\boldsymbol{A}\boldsymbol{C}$. 证明如下：设 $\{\boldsymbol{\alpha}_i\}$ 和 $\{\boldsymbol{\beta}_i\}$ 是欧氏空间 V 的两个基，这两组基下的度规矩阵分别为 $\boldsymbol{A}$ 和 $\boldsymbol{B}$，从 $\{\boldsymbol{\alpha}_i\}$ 到 $\{\boldsymbol{\beta}_i\}$ 的过渡矩阵是 $\boldsymbol{C}$，即

$$\boldsymbol{\beta}_i=\boldsymbol{\alpha}_j c_{ji},\quad a_{ij}=(\boldsymbol{\alpha}_i,\boldsymbol{\alpha}_j),\quad b_{ij}=(\boldsymbol{\beta}_i,\boldsymbol{\beta}_j),$$

将上面第一式代入第三式有

$$b_{ij}=(\boldsymbol{\beta}_i,\boldsymbol{\beta}_j)=(\boldsymbol{\alpha}_k c_{ki},\boldsymbol{\alpha}_l c_{lj})=c_{ki}(\boldsymbol{\alpha}_k,\boldsymbol{\alpha}_l)c_{lj}=(\boldsymbol{C}^{\mathrm{T}}\boldsymbol{A}\boldsymbol{C})_{ij},$$

因此 $\boldsymbol{B}=\boldsymbol{C}^{\mathrm{T}}\boldsymbol{A}\boldsymbol{C}$.

后面将证明（见例 6.2.6，或第 7 章正定矩阵的性质），欧氏空间中的度规矩阵一定是可逆矩阵.

例 6.1.5 写出欧空间 $\mathbf{R}^n$ 在如下两组基：

$$\{\boldsymbol{e}_1,\boldsymbol{e}_2,\cdots,\boldsymbol{e}_n\},\quad \{\boldsymbol{e}_1,\boldsymbol{e}_1+\boldsymbol{e}_2,\boldsymbol{e}_1+\boldsymbol{e}_2+\boldsymbol{e}_3,\cdots,\boldsymbol{e}_1+\boldsymbol{e}_2+\cdots+\boldsymbol{e}_n\}$$

下的度规矩阵.

---

① 如果去掉连续性的条件，则由 $(f,f)=0$ 并不能推出 $f(x)$ 恒为零，因为 f 可以在一个测度为零的区域取非零值. 另一种处理方式是，将向量定义为一个函数类，该类中函数之差的平方积分为零.

解 $\boldsymbol{e}_1=[1\ 0\ \cdots\ 0]^{\mathrm{T}}$, $\boldsymbol{e}_2=[0\ 1\ \cdots\ 0]^{\mathrm{T}}$, $\cdots$, $\boldsymbol{e}_n=[0\ 0\ \cdots\ 1]^{\mathrm{T}}$.

设两组基下的度规矩阵分别为 $\boldsymbol{A}$ 和 $\boldsymbol{B}$,则

$$a_{ij}=(\boldsymbol{e}_i,\boldsymbol{e}_j)=\delta_{ij},$$

$$b_{ij}=\left(\sum_{k=1}^{i}\boldsymbol{e}_k,\sum_{l=1}^{j}\boldsymbol{e}_l\right)=\min\{i,j\}.$$

故

$$\boldsymbol{A}=\begin{bmatrix}1&0&\cdots&0\\0&1&\cdots&0\\\vdots&\vdots&&\vdots\\0&0&\cdots&1\end{bmatrix},\quad \boldsymbol{B}=\begin{bmatrix}1&1&1&\cdots&1\\1&2&2&\cdots&2\\1&2&3&\cdots&3\\\vdots&\vdots&\vdots&&\vdots\\1&2&3&\cdots&n\end{bmatrix}.$$

例 6.1.6* 如前所述,在内积空间 V 中向量亦可看作线性泛函,故对偶空间 $V^*=V$. 设 $\{\boldsymbol{v}_i\}$ 是 V 的一个基,试利用该基下的度规矩阵 $\boldsymbol{G}=(g_{ij})_{n\times n}$ 写出对偶基.

解 对偶基 $\boldsymbol{w}^i$ 由条件 $\boldsymbol{w}^i(\boldsymbol{v}_j)=\delta_{ij}$ 来确定. 注意到 $V^*=V$,故对偶基可由 $\boldsymbol{v}_i$ 线性组合出来. 设 $\boldsymbol{w}^i=c_{ij}\boldsymbol{v}_j$,则

$$\delta_{ij}=\boldsymbol{w}^i(\boldsymbol{v}_j)=(\boldsymbol{w}^i,\boldsymbol{v}_j)=(c_{ik}\boldsymbol{v}_k,\boldsymbol{v}_j)=c_{ik}(\boldsymbol{v}_k,\boldsymbol{v}_j)=c_{ik}g_{kj},$$

故 $c_{ik}=(\boldsymbol{G}^{-1})_{ik}$,即对偶基为

$$\boldsymbol{w}^i=(\boldsymbol{G}^{-1})_{ik}\boldsymbol{v}_k.$$

6.1.3 模、夹角

如前所述,引入内积结构的目的之一是为了引入长度、夹角等度量性质. 向量的模(或长度)可定义如下.

定义 6.1.3(模) 欧氏空间中,$\sqrt{(\boldsymbol{\alpha},\boldsymbol{\alpha})}$ 称为向量 $\boldsymbol{\alpha}$ 的模或长度,记作 $|\boldsymbol{\alpha}|$.

由定义可看出,零向量 $\mathbf{0}$ 的模为 0,非零向量的模为一正实数.

定义 6.1.4(单位向量) 模等于 1 的向量称为单位向量.

例 6.1.7 欧氏空间 $\mathbf{R}^n$ 中

$$|\boldsymbol{X}|=\sqrt{|\boldsymbol{X}^{\mathrm{T}}\boldsymbol{X}|}=\sqrt{x_1^2+x_2^2+\cdots+x_n^2}.$$

例 6.1.8 实连续函数空间 $C[a,b]$ 中

$$|f(x)|=\sqrt{\int_a^b f(x)^2\,\mathrm{d}x}.$$

向量的模具有如下性质.

定理 6.1.2 在欧氏空间 V 中,有

(1) $|k\boldsymbol{\alpha}|=|k||\boldsymbol{\alpha}|$.

(2) 柯西不等式:$|(\boldsymbol{\alpha},\boldsymbol{\beta})|\leqslant|\boldsymbol{\alpha}||\boldsymbol{\beta}|$,等号当且仅当 $\boldsymbol{\alpha},\boldsymbol{\beta}$ 线性相关时成立.

(3) 三角不等式:$|\boldsymbol{\alpha}+\boldsymbol{\beta}|\leqslant|\boldsymbol{\alpha}|+|\boldsymbol{\beta}|$,等号当且仅当 $\boldsymbol{\alpha},\boldsymbol{\beta}$ 线性相关时成立.

证明 (1) $|k\boldsymbol{\alpha}|=\sqrt{(k\boldsymbol{\alpha},k\boldsymbol{\alpha})}=\sqrt{k^2(\boldsymbol{\alpha},\boldsymbol{\alpha})}=|k||\boldsymbol{\alpha}|$.

(2) $\boldsymbol{\alpha},\boldsymbol{\beta}$ 线性相关时易证等号成立. 下面考虑 $\boldsymbol{\alpha},\boldsymbol{\beta}$ 线性无关，则 $\forall k\in\mathbf{R}$，取 $\boldsymbol{\gamma}=\boldsymbol{\alpha}-k\boldsymbol{\beta}$，由线性无关可知 $\boldsymbol{\gamma}\neq\mathbf{0}$. 于是 $|\boldsymbol{\gamma}|^2>0$. 而

$$|\boldsymbol{\gamma}|^2=(\boldsymbol{\alpha}-k\boldsymbol{\beta},\boldsymbol{\alpha}-k\boldsymbol{\beta})=|\boldsymbol{\alpha}|^2-2k(\boldsymbol{\alpha},\boldsymbol{\beta})+k^2|\boldsymbol{\beta}|^2,$$

由于此时 $|\boldsymbol{\beta}|>0$（线性无关的要求），上式又对 $\forall k\in\mathbf{R}$ 均为正，因此必有判别式：

$$\Delta=4(\boldsymbol{\alpha},\boldsymbol{\beta})^2-4|\boldsymbol{\alpha}|^2|\boldsymbol{\beta}|^2<0,$$

整理后即得柯西不等式.

(3) 直接由柯西不等式有

$$\begin{aligned}|\boldsymbol{\alpha}+\boldsymbol{\beta}|^2&=(\boldsymbol{\alpha}+\boldsymbol{\beta},\boldsymbol{\alpha}+\boldsymbol{\beta})=|\boldsymbol{\alpha}|^2+2(\boldsymbol{\alpha},\boldsymbol{\beta})+|\boldsymbol{\beta}|^2\leqslant|\boldsymbol{\alpha}|^2+2|\boldsymbol{\alpha}||\boldsymbol{\beta}|+|\boldsymbol{\beta}|^2\\&=(|\boldsymbol{\alpha}|+|\boldsymbol{\beta}|)^2,\end{aligned}$$

开方后即得到三角不等式.

例 6.1.9 对欧氏空间 $\mathbf{R}^n$ 应用柯西不等式，有

$$(\boldsymbol{X},\boldsymbol{Y})^2=\left(\sum_{i=1}^n x_i y_i\right)^2\leqslant\left(\sum_{i=1}^n x_i^2\right)\left(\sum_{i=1}^n y_i^2\right).$$

例 6.1.10 对欧氏空间 $C[a,b]$ 应用柯西不等式，有

$$\left|\int_a^b f(x)g(x)\mathrm{d}x\right|\leqslant\sqrt{\int_a^b f(x)^2\mathrm{d}x\int_a^b g(x)^2\mathrm{d}x}.$$

由柯西不等式知，对 $\forall\boldsymbol{\alpha}\neq\mathbf{0}$，$\forall\boldsymbol{\beta}\neq\mathbf{0}$，有 $\dfrac{|(\boldsymbol{\alpha},\boldsymbol{\beta})|}{|\boldsymbol{\alpha}||\boldsymbol{\beta}|}\leqslant 1$. 由于内积为实数，故

$$-1\leqslant\frac{(\boldsymbol{\alpha},\boldsymbol{\beta})}{|\boldsymbol{\alpha}||\boldsymbol{\beta}|}\leqslant 1,$$

由此可引入夹角的概念.

定义 6.1.5（夹角） 设 $\boldsymbol{\alpha},\boldsymbol{\beta}$ 是欧氏空间 V 中的两非零向量，则 $\boldsymbol{\alpha},\boldsymbol{\beta}$ 间的夹角 θ 定义为

$$\cos\theta=\frac{(\boldsymbol{\alpha},\boldsymbol{\beta})}{|\boldsymbol{\alpha}||\boldsymbol{\beta}|},$$

其中 $0\leqslant\theta\leqslant\pi$.

对例 6.1.1 定义的内积来说，向量的模正好还原为通常几何意义下的线段的长度，向量的夹角正好还原为通常几何意义下的有向线段间的夹角.

利用夹角的定义还可得到

$$|\boldsymbol{\alpha}+\boldsymbol{\beta}|^2=|\boldsymbol{\alpha}|^2+|\boldsymbol{\beta}|^2+2|\boldsymbol{\alpha}||\boldsymbol{\beta}|\cos\theta,$$

即一般欧氏空间中的余弦定理.

6.1.4 正交、标准正交基

在通常的三维矢量空间中，直角坐标基 $\boldsymbol{i},\boldsymbol{j},\boldsymbol{k}$ 是很有用的概念，在直角坐标基下的计算通常比较简单. 由于一般的欧氏空间中有长度和夹角的概念，所以我们可以将直角坐标基推广到一般欧氏空间中.

定义 6.1.6(正交)　若向量满足$(\boldsymbol{\alpha},\boldsymbol{\beta})=0$,则称$\boldsymbol{\alpha}$与$\boldsymbol{\beta}$正交.

由定义可知,零向量与所有向量都正交.对两个非零向量,由正交和夹角的定义可知,正交即两向量的夹角为$\pi/2$.因此正交通常是三维矢量空间中“垂直”这一几何概念的推广.

定义 6.1.7(正交向量组、标准正交向量组)　欧氏空间V中的一个向量组,若所有向量均非零,且两两正交,则称该向量组为一个正交向量组;进一步来说,若正交向量组中每一个向量都是单位向量,则称该向量组为一个标准正交向量组.

正交向量组具有如下性质.

定理 6.1.3　设$\{\boldsymbol{\alpha}_1,\boldsymbol{\alpha}_2,\cdots,\boldsymbol{\alpha}_n\}$是一正交向量组,则$\boldsymbol{\alpha}_1,\boldsymbol{\alpha}_2,\cdots,\boldsymbol{\alpha}_n$线性无关.即正交向量组中的向量必定线性无关.

证明　设$k_1\boldsymbol{\alpha}_1+k_2\boldsymbol{\alpha}_2+\cdots+k_n\boldsymbol{\alpha}_n=\boldsymbol{0}$,则

$$(\boldsymbol{\alpha}_i,k_1\boldsymbol{\alpha}_1+k_2\boldsymbol{\alpha}_2+\cdots+k_n\boldsymbol{\alpha}_n)=(\boldsymbol{\alpha}_i,\boldsymbol{0})=0,$$

即$k_i(\boldsymbol{\alpha}_i,\boldsymbol{\alpha}_i)=0$,故$k_i=0\ (i=1,2,\cdots,n)$.

推论 6.1.1　n维欧氏空间V中正交向量组所含向量个数不大于n.

由定理6.1.3可知,在n维欧氏空间V中若一个正交向量组正好含有n个向量,则这个正交组是V的一个基,可引入如下定义.

定义 6.1.8(正交基、标准正交基)　由V中相互正交的向量构成的基,称作V的正交基;若正交基中每个向量均是单位向量,则称该基是V的标准正交基.

标准正交基$\{\boldsymbol{\varepsilon}_1,\boldsymbol{\varepsilon}_2,\cdots,\boldsymbol{\varepsilon}_n\}$满足的条件可简洁地写为

$$\{\boldsymbol{\varepsilon}_i,\boldsymbol{\varepsilon}_j\}=\delta_{ij},$$

即标准正交基下的度规矩阵为单位矩阵.

例 6.1.11　欧氏空间$\mathbf{R}^n$中,

$$\{\boldsymbol{e}_1=[1\ 0\ \cdots\ 0]^{\mathrm{T}},\quad \boldsymbol{e}_2=[0\ 1\ \cdots\ 0]^{\mathrm{T}},\quad \cdots,\quad \boldsymbol{e}_n=[0\ 0\ \cdots\ 1]^{\mathrm{T}}\}$$

是一个标准正交基;而

$$\{\boldsymbol{e}_1,\boldsymbol{e}_1+\boldsymbol{e}_2,\boldsymbol{e}_1+\boldsymbol{e}_2+\boldsymbol{e}_3,\cdots,\boldsymbol{e}_1+\boldsymbol{e}_2+\cdots+\boldsymbol{e}_n\}$$

不是标准正交基.

例 6.1.12　设$\boldsymbol{\alpha}=[1\ 2\ -1\ 1]^{\mathrm{T}},\boldsymbol{\beta}=[2\ 3\ 1\ -1]^{\mathrm{T}},\boldsymbol{\gamma}=[-1\ -1\ -2\ 2]^{\mathrm{T}}$,求$\boldsymbol{\alpha},\boldsymbol{\beta},\boldsymbol{\gamma}$的模,每两个向量的内积,每两个向量的夹角,以及与$\boldsymbol{\alpha},\boldsymbol{\beta},\boldsymbol{\gamma}$均正交的所有向量.

解　由定义直接计算,有

$$|\boldsymbol{\alpha}|=\sqrt{1+4+1+1}=\sqrt{7},$$

$$|\boldsymbol{\beta}|=\sqrt{4+9+1+1}=\sqrt{15},$$

$$\cos\theta_{\boldsymbol{\alpha},\boldsymbol{\beta}}=\frac{2+6-1-1}{\sqrt{7}\sqrt{15}}=\frac{6}{\sqrt{105}},$$

因此$\boldsymbol{\alpha},\boldsymbol{\beta}$之间的夹角为$\arccos\dfrac{6}{\sqrt{105}}$.其余几个模和夹角计算类似.

设 $\boldsymbol{X}$ 与它们都正交,则有

$$\boldsymbol{\alpha}^{\mathrm{T}}\boldsymbol{X}=\boldsymbol{\beta}^{\mathrm{T}}\boldsymbol{X}=\boldsymbol{\gamma}^{\mathrm{T}}\boldsymbol{X}=\boldsymbol{0},$$

这是一个线性方程组,可改写为矩阵的形式:

$$\begin{bmatrix}\boldsymbol{\alpha}^{\mathrm{T}}\\ \boldsymbol{\beta}^{\mathrm{T}}\\ \boldsymbol{\gamma}^{\mathrm{T}}\end{bmatrix}\boldsymbol{X}=\boldsymbol{0},\quad 即\quad \begin{bmatrix}1&2&-1&1\\2&3&1&-1\\-1&-1&-2&2\end{bmatrix}\boldsymbol{X}=\boldsymbol{0}.$$

由此解出

$$\boldsymbol{X}=k_1\begin{bmatrix}-5\\3\\1\\0\end{bmatrix}+k_2\begin{bmatrix}5\\-3\\0\\1\end{bmatrix}\quad (k_1,k_2\in\mathbf{R}).$$

例 6.1.13 欧氏空间 V 中,求证:

$$|\boldsymbol{\alpha}+\boldsymbol{\beta}|^2+|\boldsymbol{\alpha}-\boldsymbol{\beta}|^2=2|\boldsymbol{\alpha}|^2+2|\boldsymbol{\beta}|^2.$$

证明 直接将左边展开有

$$\begin{aligned}等式左边&=(\boldsymbol{\alpha}+\boldsymbol{\beta},\boldsymbol{\alpha}+\boldsymbol{\beta})+(\boldsymbol{\alpha}-\boldsymbol{\beta},\boldsymbol{\alpha}-\boldsymbol{\beta})\\&=(\boldsymbol{\alpha},\boldsymbol{\alpha})+(\boldsymbol{\alpha},\boldsymbol{\beta})+(\boldsymbol{\beta},\boldsymbol{\alpha})+(\boldsymbol{\beta},\boldsymbol{\beta})+(\boldsymbol{\alpha},\boldsymbol{\alpha})-(\boldsymbol{\alpha},\boldsymbol{\beta})-(\boldsymbol{\beta},\boldsymbol{\alpha})+(\boldsymbol{\beta},\boldsymbol{\beta})\\&=2(\boldsymbol{\alpha},\boldsymbol{\alpha})+2(\boldsymbol{\beta},\boldsymbol{\beta})=等式右边.\end{aligned}$$

几何上,这表示平行四边形对角线长度的平方和等于四条边长的平方和.

6.1.5 一些常见的"空间"简介*

数学中常将一些附加了某种结构的抽象集合称为"空间",这里简单介绍几个常见的空间,相关的详细内容请参见泛函分析的书籍,如文献[13]、[14]. 我们知道,实分析研究的是实函数的性质,如连续性、可微可积等性质,与此类似,泛函分析研究的是泛函的各种性质. 在实分析中,极限是一个最基本的概念,连续性、可微可积等性质都可在极限论上定义. 而定义极限用到的 $\varepsilon-\delta$ 语言,依赖于 $|x-y|$、$|f(x)-f(y)|$ 这些量,本质上可将这些绝对值看作函数的定义域和值域——实数集——上的一种度量结构. 因此要类似地在泛函中引入极限、收敛、连续性等概念,首先需在泛函的定义域内,即一般的抽象集合中附加度量结构①.

(1) 度量空间(距离空间):定义了任意两元素 a,b 间"距离"$d(a,b)$的集合. 距离必须满足如下性质:

$$d(a,b)\geqslant 0,\quad d(a,c)\leqslant d(a,b)+d(b,c),\quad d(a,b)=d(b,a).$$

(2) 赋范线性空间:对任意一个向量 $\boldsymbol{\alpha}$ 都定义了"范数"(长度) $\|\boldsymbol{\alpha}\|$ 的线性空

① 数学中还有一种更一般的、不依赖度量的方法来讨论连续性,其关键是利用开集之间的映射,这属于拓扑学的研究内容.

间. 范数必须满足：

$$\|\boldsymbol{\alpha}\| \geqslant 0, \quad \|k\boldsymbol{\alpha}\| = \|k\| \cdot \|\boldsymbol{\alpha}\|, \quad \|\boldsymbol{\alpha}+\boldsymbol{\beta}\| \leqslant \|\boldsymbol{\alpha}\| + \|\boldsymbol{\beta}\|.$$

可以看出，赋范线性空间属于度量空间，因为由范数可以诱导出距离：

$$d(\boldsymbol{\alpha},\boldsymbol{\beta}) = \|\boldsymbol{\alpha}-\boldsymbol{\beta}\|$$

（3）Banach 空间：完备的赋范线性空间.

我们以实数集为例来解释完备性. 我们知道实数集有一个重要的特性，即任何柯西基本列在实数集中必有极限，这就是通常所说的实数集的"完备性". 在这个意义上，有理数集就不完备，例如如下有理数的序列：

$$a_1 = 1, \quad a_{n+1} = \frac{1}{1+a_n}, \quad 即 \quad 1, \frac{1}{1+1}, \frac{1}{1+\frac{1}{1+1}}, \cdots,$$

其极限不是有理数. 对于赋范线性空间，由范数可诱导出距离，进一步可定义极限、柯西基本列等概念. 因此赋范线性空间可按照与实数集类似的方式定义完备性，简单来说，任意柯西基本列在该线性空间之内都存在极限的赋范线性空间，就称为 Banach 空间. 这里注意区分线性空间的完备性和向量组的完备性.

在这里借助范数顺便谈谈无限维空间中基的问题。对于无限维 Banach 空间，可类似有限维线性空间引入基的概念. 由于有限维空间中基的重要性之一是任意向量均可分解为基中向量之代数和（线性表示），对于无限维线性空间，按照类似的要求定义基的时候会涉及求和级数的收敛性问题（收敛的定义、收敛的判据等）. Banach 空间中按照范数收敛来定义的基称为 Schauder 基. 与有限维不同的是，不是所有 Banach 空间（即使可分的）都具有 Schauder 基. 另一个与有限维不同（也与 Hamel 基不同）的是，Schauder 基中的元素是有序的，因为级数可能不是无条件收敛.

（4）内积空间：定义了内积的线性空间.

内积空间属于赋范线性空间（从而也属于度量空间），因为由内积可诱导出范数（从而定义距离）：

$$\|\boldsymbol{\alpha}\| = \sqrt{(\boldsymbol{\alpha},\boldsymbol{\alpha})}, \quad d(\boldsymbol{\alpha},\boldsymbol{\beta}) = \|\boldsymbol{\alpha}-\boldsymbol{\beta}\| = \sqrt{(\boldsymbol{\alpha}-\boldsymbol{\beta},\boldsymbol{\alpha}-\boldsymbol{\beta})}.$$

（5）Hilbert 空间：完备的内积空间. Hilbert 空间的例子如下.

- 量子力学中全部可能的物理态矢量的集合构成一个 Hilbert 空间.
- 开区间 (a,b) 或闭区间 $[a,b]$ 上所有平方可积的函数集合构成一个 Hilbert 空间，记作 $L^2(a,b)$ 或 $L^2[a,b]$. 区间 $(-\infty,+\infty)$ 上所有平方可积的函数集合也构成一个 Hilbert 空间，记作 $L^2(-\infty,+\infty)$. 详细证明见泛函分析的文献，如文献[13].

平方可积：$|f(x)|^2$ 可积. 内积：$(f,g) = \int_{x\in D} \overline{f(x)}g(x)\mathrm{d}x$.

Hilbert 空间作为有限维欧氏空间的推广，继承了其大部分性质. 首先，Hilbert 空间是一个内积空间，从而有度量和角度，及正交性. 此外，Hilbert 空间还是一个完备的空间，其所有柯西基本列均收敛，从而数学分析中的大部分概念都可以无障碍地推广到 Hilbert 空间中. Hilbert 空间中也存在标准正交基(即完备的标准正交向量组),从而为诸如傅里叶级数和傅里叶变换等提供了一种有效的表述方式.

6.2 标准正交基的存在性

6.2.1 Schmidt 标准正交化方法

在三维矢量空间,通过直角坐标基 $\boldsymbol{i},\boldsymbol{j},\boldsymbol{k}$ 进行计算较为简单. 类似地,若已知 n 维欧氏空间 V 的标准正交基 $\{\boldsymbol{\varepsilon}_1,\boldsymbol{\varepsilon}_2,\cdots,\boldsymbol{\varepsilon}_n\}$,则 V 在该基下的度规矩阵、V 中向量的坐标、V 中线性变换的矩阵形式、V 中任意两个向量的内积、V 中两组标准正交基的过渡矩阵等计算均变得特别简单. 例如,设 $\{\boldsymbol{\varepsilon}_i\}$ 是一个标准正交基,则

- 度规矩阵 $\boldsymbol{G}$: $g_{ij}=(\boldsymbol{\varepsilon}_i,\boldsymbol{\varepsilon}_j)=\delta_{ij}$,故

$$\boldsymbol{G}=\boldsymbol{I}_n.$$

- 向量 $\boldsymbol{\alpha}$ 的坐标:设 $\boldsymbol{\alpha}=\boldsymbol{\varepsilon}_j x_j$,两边与 $\boldsymbol{\varepsilon}_i$ 作内积,有 $(\boldsymbol{\varepsilon}_i,\boldsymbol{\alpha})=(\boldsymbol{\varepsilon}_i,\boldsymbol{\varepsilon}_j x_j)=(\boldsymbol{\varepsilon}_i,\boldsymbol{\varepsilon}_j)x_j=\delta_{ij}x_j=x_i$,即

$$x_i=(\boldsymbol{\varepsilon}_i,\boldsymbol{\alpha}),\quad \boldsymbol{\alpha}=x_i\boldsymbol{\varepsilon}_i=\boldsymbol{\varepsilon}_i(\boldsymbol{\varepsilon}_i,\boldsymbol{\alpha}).$$

- 线性变换 σ 的矩阵:设 $\sigma(\boldsymbol{\varepsilon}_j)=\boldsymbol{\varepsilon}_i(\boldsymbol{A})_{ij}$,两边与 $\boldsymbol{\varepsilon}_i$ 作内积,有 $(\boldsymbol{\varepsilon}_i,\sigma(\boldsymbol{\varepsilon}_j))=(\boldsymbol{\varepsilon}_i,\boldsymbol{\varepsilon}_k(\boldsymbol{A})_{kj})=\delta_{ik}(\boldsymbol{A})_{kj}=(\boldsymbol{A})_{ij}$,即

$$(\boldsymbol{A})_{ij}=(\boldsymbol{\varepsilon}_i,\sigma(\boldsymbol{\varepsilon}_j)).$$

- 设 $\{\boldsymbol{\varepsilon}_i\}$ 和 $\{\boldsymbol{\varepsilon}'_i\}$ 都是标准正交基,且从 $\{\boldsymbol{\varepsilon}_i\}$ 到 $\{\boldsymbol{\varepsilon}'_i\}$ 的过渡矩阵为 $\boldsymbol{C}$,则 $\boldsymbol{\varepsilon}'_i=\boldsymbol{\varepsilon}_j c_{ji}$,两边与 $\boldsymbol{\varepsilon}_i$ 作内积,有 $(\boldsymbol{\varepsilon}_i,\boldsymbol{\varepsilon}'_j)=(\boldsymbol{\varepsilon}_i,\boldsymbol{\varepsilon}_k c_{kj})=c_{ij}$,故

$$(\boldsymbol{C})_{ij}=(\boldsymbol{\varepsilon}_i,\boldsymbol{\varepsilon}'_j),\quad \boldsymbol{\varepsilon}'_j=\boldsymbol{\varepsilon}_i(\boldsymbol{\varepsilon}_i,\boldsymbol{\varepsilon}'_j).$$

- 设向量 $\boldsymbol{\alpha}=[\boldsymbol{\varepsilon}_1,\boldsymbol{\varepsilon}_2,\cdots,\boldsymbol{\varepsilon}_n]\boldsymbol{X},\boldsymbol{B}=[\boldsymbol{\varepsilon}_1,\boldsymbol{\varepsilon}_2,\cdots,\boldsymbol{\varepsilon}_n]\boldsymbol{Y}$,则由于度规矩阵 $\boldsymbol{G}$ 为单位矩阵,故

$$(\boldsymbol{\alpha},\boldsymbol{\beta})=\boldsymbol{X}^{\mathrm{T}}\boldsymbol{G}\boldsymbol{Y}=\boldsymbol{X}^{\mathrm{T}}\boldsymbol{I}_n\boldsymbol{Y}=\boldsymbol{X}^{\mathrm{T}}\boldsymbol{Y}=x_1y_1+x_2y_2+\cdots+x_ny_n,$$

$$|\boldsymbol{\alpha}|=\sqrt{(\boldsymbol{\alpha},\boldsymbol{\alpha})}=\sqrt{\boldsymbol{X}^{\mathrm{T}}\boldsymbol{X}}=\sqrt{x_1^2+x_2^2+\cdots+x_n^2}\ .$$

由此可见,n 维欧氏空间中使用标准正交基也能给计算带来许多方便. 那么在任意的 n 维欧氏空间中是否一定存在标准正交基? 如果存在,又如何找出一个标准正交基? 通过回顾三维矢量空间 $\mathbf{R}^3$ 的几何学可知,若 $\boldsymbol{a},\boldsymbol{b},\boldsymbol{c}$ 是 $\mathbf{R}^3$ 中的三个不共面的矢量,则它们可构成 $\mathbf{R}^3$ 的一个基. 此时将 $\boldsymbol{b}$ 减去 $\boldsymbol{b}$ 在 $\boldsymbol{a}$ 上的投影,有

$$\boldsymbol{b}'=\boldsymbol{b}-(|\boldsymbol{b}|\cos\theta_{a,b})\frac{\boldsymbol{a}}{|\boldsymbol{a}|}=\boldsymbol{b}-\left(\frac{\boldsymbol{a}}{|\boldsymbol{a}|}\cdot\boldsymbol{b}\right)\frac{\boldsymbol{a}}{|\boldsymbol{a}|}=\boldsymbol{b}-\frac{\boldsymbol{a}\cdot\boldsymbol{b}}{\boldsymbol{a}\cdot\boldsymbol{a}}\boldsymbol{a}.$$

则得到的 $\boldsymbol{b}'$ 与 $\boldsymbol{a}$ 垂直. 进一步,将 $\boldsymbol{c}$ 减去其在 $\boldsymbol{a}$ 和 $\boldsymbol{b}'$ 上的分量,有

$$\boldsymbol{c}'=\boldsymbol{c}-\frac{\boldsymbol{a}\cdot\boldsymbol{c}}{\boldsymbol{a}\cdot\boldsymbol{a}}\boldsymbol{a}-\frac{\boldsymbol{b}'\cdot\boldsymbol{c}}{\boldsymbol{b}'\cdot\boldsymbol{b}'}\boldsymbol{b}',$$

则得到的新矢量 $\boldsymbol{c}'$ 与 $\boldsymbol{a}$ 和 $\boldsymbol{b}'$ 都垂直. 即从非正交的基 $\{\boldsymbol{a},\boldsymbol{b},\boldsymbol{c}\}$ 得到了两两垂直的向量组 $\{\boldsymbol{a},\boldsymbol{b}',\boldsymbol{c}'\}$，从几何上可知这组向量中没有零向量，因此可作为一组正交基，进一步做归一化处理，有 $\{\boldsymbol{a}/|\boldsymbol{a}|,\boldsymbol{b}'/|\boldsymbol{b}'|,\boldsymbol{c}'/|\boldsymbol{c}'|\}$，即得到了一个标准正交基.

只需要将点乘换成内积操作即可将上述构造式推广到一般的欧氏空间中，可以证明，这样得到的向量正好构成了一个标准正交基，即有如下定理成立.

定理 6.2.1（Schmidt 标准正交化方法） n 维欧氏空间 V 中，从任意一组基 $\{\boldsymbol{\alpha}_1,\boldsymbol{\alpha}_2,\cdots,\boldsymbol{\alpha}_n\}$ 出发，可以构造一组标准正交基 $\{\boldsymbol{\gamma}_1,\boldsymbol{\gamma}_2,\cdots,\boldsymbol{\gamma}_n\}$，使 $\boldsymbol{\gamma}_i$ 为 $\boldsymbol{\alpha}_1,\boldsymbol{\alpha}_2,\cdots,\boldsymbol{\alpha}_i$ 的线性组合.

证明 仿照上述三维矢量空间的论述，可先构造：

$$\begin{cases}\boldsymbol{\beta}_1=\boldsymbol{\alpha}_1,\\ \boldsymbol{\beta}_2=\boldsymbol{\alpha}_2-\dfrac{(\boldsymbol{\beta}_1,\boldsymbol{\alpha}_2)}{(\boldsymbol{\beta}_1,\boldsymbol{\beta}_1)}\boldsymbol{\beta}_1,\\ \boldsymbol{\beta}_3=\boldsymbol{\alpha}_3-\dfrac{(\boldsymbol{\beta}_1,\boldsymbol{\alpha}_3)}{(\boldsymbol{\beta}_1,\boldsymbol{\beta}_1)}\boldsymbol{\beta}_1-\dfrac{(\boldsymbol{\beta}_2,\boldsymbol{\alpha}_3)}{(\boldsymbol{\beta}_2,\boldsymbol{\beta}_2)}\boldsymbol{\beta}_2,\\ \quad\vdots\\ \boldsymbol{\beta}_n=\boldsymbol{\alpha}_n-\displaystyle\sum_{k=1}^{n-1}\dfrac{(\boldsymbol{\beta}_k,\boldsymbol{\alpha}_n)}{(\boldsymbol{\beta}_k,\boldsymbol{\beta}_k)}\boldsymbol{\beta}_k.\end{cases}$$

由构造过程可看出，每个 $\boldsymbol{\beta}_i$ 都仅仅是 $\boldsymbol{\alpha}_1,\boldsymbol{\alpha}_2,\cdots,\boldsymbol{\alpha}_i$ 的线性组合且 $\boldsymbol{\alpha}_i$ 前的系数为1. 因此每个 $\boldsymbol{\beta}_i$ 均非零向量. 否则的话，设某个 $\boldsymbol{\beta}_k=\mathbf{0}$，则有

$$\boldsymbol{\beta}_k=\boldsymbol{\alpha}_k+\sum_{j=1}^{k-1}l_j\boldsymbol{\alpha}_j=\mathbf{0}$$

与 $\{\boldsymbol{\alpha}_1,\boldsymbol{\alpha}_2,\cdots,\boldsymbol{\alpha}_k\}$ 线性无关矛盾. 下面由数学归纳法证明 $\{\boldsymbol{\beta}_1,\boldsymbol{\beta}_2,\cdots,\boldsymbol{\beta}_n\}$ 为正交向量组. 由于

$$(\boldsymbol{\beta}_1,\boldsymbol{\beta}_2)=\left(\boldsymbol{\beta}_1,\boldsymbol{\alpha}_2-\frac{(\boldsymbol{\beta}_1,\boldsymbol{\alpha}_2)}{(\boldsymbol{\beta}_1,\boldsymbol{\beta}_1)}\boldsymbol{\beta}_1\right)=(\boldsymbol{\beta}_1,\boldsymbol{\alpha}_2)-\frac{(\boldsymbol{\beta}_1,\boldsymbol{\alpha}_2)}{(\boldsymbol{\beta}_1,\boldsymbol{\beta}_1)}(\boldsymbol{\beta}_1,\boldsymbol{\beta}_1)=0,$$

因此 $\boldsymbol{\beta}_1,\boldsymbol{\beta}_2$ 两两正交. 现假设 $\{\boldsymbol{\beta}_1,\boldsymbol{\beta}_2,\cdots,\boldsymbol{\beta}_i\}$ 两两正交，则考虑将 $\boldsymbol{\beta}_{i+1}$ 放入之后的向量组的正交性. 为此，$\forall\boldsymbol{\beta}_j\in\{\boldsymbol{\beta}_1,\boldsymbol{\beta}_2,\cdots,\boldsymbol{\beta}_i\}$，有

$$\begin{aligned}(\boldsymbol{\beta}_j,\boldsymbol{\beta}_{i+1})&=\left(\boldsymbol{\beta}_j,\boldsymbol{\alpha}_{i+1}-\sum_{k=1}^{i}\frac{(\boldsymbol{\beta}_k,\boldsymbol{\alpha}_{i+1})}{(\boldsymbol{\beta}_k,\boldsymbol{\beta}_k)}\boldsymbol{\beta}_k\right)\\&=(\boldsymbol{\beta}_j,\boldsymbol{\alpha}_{i+1})-\sum_{k=1}^{i}\frac{(\boldsymbol{\beta}_k,\boldsymbol{\alpha}_{i+1})}{(\boldsymbol{\beta}_k,\boldsymbol{\beta}_k)}(\boldsymbol{\beta}_j,\boldsymbol{\beta}_k)\\&=(\boldsymbol{\beta}_j,\boldsymbol{\alpha}_{i+1})-\sum_{k=1}^{i}\frac{(\boldsymbol{\beta}_k,\boldsymbol{\alpha}_{i+1})}{(\boldsymbol{\beta}_k,\boldsymbol{\beta}_k)}\delta_{jk}(\boldsymbol{\beta}_j,\boldsymbol{\beta}_j)\\&=(\boldsymbol{\beta}_j,\boldsymbol{\alpha}_{i+1})-\frac{(\boldsymbol{\beta}_j,\boldsymbol{\alpha}_{i+1})}{(\boldsymbol{\beta}_i,\boldsymbol{\beta}_j)}(\boldsymbol{\beta}_j,\boldsymbol{\beta}_j)=0,\end{aligned}$$

因此 $\boldsymbol{\beta}_{i+1}$ 与 $\boldsymbol{\beta}_1$ 到 $\boldsymbol{\beta}_i$ 均正交. 从而 $\{\boldsymbol{\beta}_1,\boldsymbol{\beta}_2,\cdots,\boldsymbol{\beta}_{i+1}\}$ 也两两正交，为一个正交向量组. 由

此可知 n 个向量 $\{\boldsymbol{\beta}_1,\boldsymbol{\beta}_2,\cdots,\boldsymbol{\beta}_n\}$ 构成了 V 的一个正交基.

进一步将 $\boldsymbol{\beta}_i$ 归一化,即构造:

$$\boldsymbol{\gamma}_1=\boldsymbol{\beta}_1/|\boldsymbol{\beta}_1|,\cdots,\boldsymbol{\gamma}_n=\boldsymbol{\beta}_n/|\boldsymbol{\beta}_n|,$$

则 $\{\boldsymbol{\gamma}_1,\boldsymbol{\gamma}_2,\cdots,\boldsymbol{\gamma}_n\}$ 为满足定理条件的标准正交基.

证明中构造正交基和标准正交基的方法称 Schmidt 标准正交化方法. 本质上,$\boldsymbol{\beta}_i$ 的构造可被理解为是通过由 $\boldsymbol{\alpha}_i$ 依次减去其在 $\boldsymbol{\beta}_1$ 到 $\boldsymbol{\beta}_{i-1}$ 上的"分量"(投影)得到的,因此满足正交关系. 另外,$\boldsymbol{\beta}_i$ 的构造式还可通过 $\boldsymbol{\gamma}_i$ 来写出:

$$\boldsymbol{\beta}_1=\boldsymbol{\alpha}_1,\quad \boldsymbol{\gamma}_k=\boldsymbol{\beta}_k/|\boldsymbol{\beta}_k|,\quad \boldsymbol{\beta}_i=\boldsymbol{\alpha}_i-\sum_{k=1}^{i-1}(\boldsymbol{\gamma}_k,\boldsymbol{\alpha}_i)\boldsymbol{\gamma}_k.$$

这样,可通过 $\boldsymbol{\alpha}_1\to\cdots\to\boldsymbol{\beta}_i\to\boldsymbol{\gamma}_i\to\boldsymbol{\beta}_{i+1}\to\boldsymbol{\gamma}_{i+1}\to\cdots$ 的顺序求出全部的 $\boldsymbol{\beta}_i$ 和 $\boldsymbol{\gamma}_i$. 从 Schmidt 标准正交化方法可看到,欧氏空间中标准正交基并不是唯一的,从不同的 $\boldsymbol{\alpha}_i$ 的顺序出发,可得到不同的标准正交基. 而且由上述证明过程不难看出,在求标准正交基时,不一定要从一组基出发. 可直接从任意一组向量 $\{\boldsymbol{\alpha}_1,\boldsymbol{\alpha}_2,\cdots\}$ 出发按照 Schmidt 方法构造 $\boldsymbol{\beta}_i$,如果出现了某个 $\boldsymbol{\beta}_i=\mathbf{0}$,则说明 $\{\boldsymbol{\alpha}_1,\cdots,\boldsymbol{\alpha}_i\}$ 线性相关,这时重新选取一个 $\boldsymbol{\alpha}_i$ 来构造 $\boldsymbol{\beta}_i$ 即可. 直到得到了 $n=\dim V$ 个非零的 $\boldsymbol{\beta}_i$,则其可作为该欧氏空间的一个正交基.

例 6.2.1 试从 $\mathbf{R}^3$ 的基 $\{\boldsymbol{\alpha}_1=[1\ \ 1\ \ 0]^{\mathrm{T}},\boldsymbol{\alpha}_2=[2\ \ 0\ \ 1]^{\mathrm{T}},\boldsymbol{\alpha}_3=[2\ \ 2\ \ 1]^{\mathrm{T}}\}$ 出发,构造一组标准正交基.

解 $\boldsymbol{\beta}_1=\boldsymbol{\alpha}_1=[1\ \ 1\ \ 0]^{\mathrm{T}},\boldsymbol{\gamma}_1=\dfrac{1}{|\boldsymbol{\beta}_1|}\boldsymbol{\beta}_1=\dfrac{1}{\sqrt{2}}[1\ \ 1\ \ 0]^{\mathrm{T}},$

$$\begin{aligned}\boldsymbol{\beta}_2&=\boldsymbol{\alpha}_2-(\boldsymbol{\gamma}_1,\boldsymbol{\alpha}_2)\boldsymbol{\gamma}_1=[2\ \ 0\ \ 1]^{\mathrm{T}}-\frac{1}{\sqrt{2}}(2+0+0)\frac{1}{\sqrt{2}}[1\ \ 1\ \ 0]^{\mathrm{T}}\\&=[1\ \ -1\ \ 1]^{\mathrm{T}},\end{aligned}$$

$$\boldsymbol{\gamma}_2=\frac{1}{|\boldsymbol{\beta}_2|}\boldsymbol{\beta}_2=\frac{1}{\sqrt{3}}[1\ \ -1\ \ 1]^{\mathrm{T}},$$

$$\begin{aligned}\boldsymbol{\beta}_3&=\boldsymbol{\alpha}_3-(\boldsymbol{\gamma}_1,\boldsymbol{\alpha}_3)\boldsymbol{\gamma}_1-(\boldsymbol{\gamma}_2,\boldsymbol{\alpha}_3)\boldsymbol{\gamma}_2\\&=[2\ \ 2\ \ 1]^{\mathrm{T}}-\frac{1}{\sqrt{2}}(2+2+0)\frac{1}{\sqrt{2}}[1\ \ 1\ \ 0]^{\mathrm{T}}-\frac{1}{\sqrt{3}}(2-2+1)\frac{1}{\sqrt{3}}[1\ \ -1\ \ 1]^{\mathrm{T}}\\&=\frac{1}{3}[-1\ \ 1\ \ 2]^{\mathrm{T}},\end{aligned}$$

$$\boldsymbol{\gamma}_3=\frac{1}{|\boldsymbol{\beta}_3|}\boldsymbol{\beta}_3=\frac{1}{\sqrt{6}}[-1\ \ 1\ \ 2]^{\mathrm{T}},$$

故 $\{\boldsymbol{\gamma}_1,\boldsymbol{\gamma}_2,\boldsymbol{\gamma}_3\}$ 即为所求.

例 6.2.2 如下行列式称欧氏空间中向量 $\boldsymbol{\alpha}_1,\boldsymbol{\alpha}_2,\cdots,\boldsymbol{\alpha}_n$ 的 Gram 行列式:

$$g(\boldsymbol{\alpha}_1,\boldsymbol{\alpha}_2,\cdots,\boldsymbol{\alpha}_n)=\begin{vmatrix}(\boldsymbol{\alpha}_1,\boldsymbol{\alpha}_1) & (\boldsymbol{\alpha}_1,\boldsymbol{\alpha}_2) & \cdots & (\boldsymbol{\alpha}_1,\boldsymbol{\alpha}_n)\\(\boldsymbol{\alpha}_2,\boldsymbol{\alpha}_1) & (\boldsymbol{\alpha}_2,\boldsymbol{\alpha}_2) & \cdots & (\boldsymbol{\alpha}_2,\boldsymbol{\alpha}_n)\\\vdots & \vdots & & \vdots\\(\boldsymbol{\alpha}_n,\boldsymbol{\alpha}_1) & (\boldsymbol{\alpha}_n,\boldsymbol{\alpha}_2) & \cdots & (\boldsymbol{\alpha}_n,\boldsymbol{\alpha}_n)\end{vmatrix}.$$

求证：对 $\boldsymbol{\alpha}_1,\boldsymbol{\alpha}_2,\cdots,\boldsymbol{\alpha}_n$ 施行正交化过程得到正交向量组 $\boldsymbol{\beta}_1,\boldsymbol{\beta}_2,\cdots,\boldsymbol{\beta}_n$，则有

$$g(\boldsymbol{\alpha}_1,\boldsymbol{\alpha}_2,\cdots,\boldsymbol{\alpha}_n)=g(\boldsymbol{\beta}_1,\boldsymbol{\beta}_2,\cdots,\boldsymbol{\beta}_n).$$

证明　注意到正交化过程中，每个 $\boldsymbol{\beta}_i$ 仅由 $\boldsymbol{\alpha}_1,\boldsymbol{\alpha}_2,\cdots,\boldsymbol{\alpha}_i$ 线性表示，且 $\boldsymbol{\alpha}_i$ 前的系数为 1. 因此若将从 $\{\boldsymbol{\alpha}_i\}$ 到 $\{\boldsymbol{\beta}_i\}$ 的过渡矩阵 $\boldsymbol{C}$ 写出来的话，则 $\boldsymbol{C}$ 是主对角线为 1 的上三角矩阵. 由此可知两组基下的度规矩阵满足

$$|\boldsymbol{G}'|=|\boldsymbol{C}^{\mathrm{T}}\boldsymbol{G}\boldsymbol{C}|=|\boldsymbol{G}|,$$

注意到度规矩阵的行列式即基的 Gram 行列式，故命题得证.

例 6.2.3（行列式的几何意义）　设 $\boldsymbol{X}_1,\boldsymbol{X}_2,\cdots,\boldsymbol{X}_n$ 是欧氏空间 $\mathbf{R}^n$ 中的 n 个列向量，方阵 $\boldsymbol{A}=[\boldsymbol{X}_1\boldsymbol{X}_2\cdots\boldsymbol{X}_n]$，求证：以 $\boldsymbol{X}_1,\boldsymbol{X}_2,\cdots,\boldsymbol{X}_n$ 为棱的 n 维平行体的体积为 $V=|\boldsymbol{A}|$（如果要求体积恒为正的话，则这里忽略了一个符号因子的差别. 实际上如果考虑体积的定向性，则该体积表达式连符号都是正确的）.

证明　首先，由 Schmidt 标准正交化方法可从 $\boldsymbol{X}_1,\boldsymbol{X}_2,\cdots,\boldsymbol{X}_n$ 构造出 $\boldsymbol{Y}_1,\boldsymbol{Y}_2,\cdots,\boldsymbol{Y}_n$，其中，

$$\boldsymbol{Y}_1=\boldsymbol{X}_1,\quad \boldsymbol{Y}_i=\boldsymbol{X}_i-\sum_{k=1}^{i-1}\left(\frac{\boldsymbol{Y}_k}{|\boldsymbol{Y}_k|},\boldsymbol{X}_i\right)\frac{\boldsymbol{Y}_k}{|\boldsymbol{Y}_k|}\quad(i=2,3,\cdots,n),$$

由于体积的原始定义就是“底×高”，而通过对 $\mathbf{R}^2$ 中面积、$\mathbf{R}^3$ 中体积的分析可知：每个 $\boldsymbol{Y}_i$ 正好就是在 $\boldsymbol{X}_1,\boldsymbol{X}_2,\cdots,\boldsymbol{X}_{i-1}$ 所处的超平面上的垂线，因此待证平行多面体的体积为（暂不考虑体积的定向性）

$$V=|\boldsymbol{Y}_1|\cdot|\boldsymbol{Y}_2|\cdot\cdots\cdot|\boldsymbol{Y}_n|,$$

构造方阵，有

$$\boldsymbol{B}=[\boldsymbol{Y}_1\boldsymbol{Y}_2\cdots\boldsymbol{Y}_n],$$

注意到 $\boldsymbol{Y}_i$ 正交，故有

$$\boldsymbol{B}^{\mathrm{T}}\boldsymbol{B}=\mathrm{diag}(|\boldsymbol{Y}_1|^2,|\boldsymbol{Y}_2|^2,\cdots,|\boldsymbol{Y}_n|^2),$$

从而

$$|\boldsymbol{B}^{\mathrm{T}}\boldsymbol{B}|=|\boldsymbol{Y}_1|^2|\boldsymbol{Y}_2|^2\cdots|\boldsymbol{Y}_n|^2=V^2\quad\Rightarrow\quad|\boldsymbol{B}|=|\boldsymbol{Y}_1||\boldsymbol{Y}_2|\cdots|\boldsymbol{Y}_n|=V,$$

因此只需证明 $|\boldsymbol{A}|=|\boldsymbol{B}|$ 即可. 注意到

$$[\boldsymbol{Y}_1\boldsymbol{Y}_2\cdots\boldsymbol{Y}_n]=[\boldsymbol{X}_1\boldsymbol{X}_2\cdots\boldsymbol{X}_n]\boldsymbol{C},$$

即 $\boldsymbol{B}=\boldsymbol{A}\boldsymbol{C}$，其中 $\boldsymbol{C}$ 是对角元为 1 的上三角矩阵，取行列式有 $|\boldsymbol{C}|=1$，故

$$|\boldsymbol{B}|=|\boldsymbol{A}|.$$

综合 $|\boldsymbol{B}|=V$ 即有 $V=|\boldsymbol{A}|$.

本例给出了行列式的一个几何意义：行列式等于以其列（行）向量为棱的欧氏空间 $\mathbf{R}^n$ 中的 n 维平行多面体的体积. 实际上，在微分几何中流形上的体积元正是用外积来表示的（见文献[12]），外积满足和行列式类似的性质，例如多线性、反对称性和

规范性.

例 6.2.4(哈达玛不等式)　设 $\boldsymbol{A}$ 为 n 阶实矩阵,求证:$|\boldsymbol{A}|\leqslant\prod_{i=1}^{n}\sqrt{a_{1i}^2+a_{2i}^2+\cdots+a_{ni}^2}$.

证明　当 $|\boldsymbol{A}|=0$ 时,显然成立.当 $|\boldsymbol{A}|\neq0$ 时,按照上例的证明过程,可从 $\boldsymbol{A}$ 的列向量组 $\boldsymbol{X}_1,\boldsymbol{X}_2,\cdots,\boldsymbol{X}_n$ 通过正交化构造出 $\boldsymbol{Y}_1,\boldsymbol{Y}_2,\cdots,\boldsymbol{Y}_n$,将其按列排成矩阵 $\boldsymbol{B}$,故上例已经证明 $|\boldsymbol{A}|=|\boldsymbol{B}|=|\boldsymbol{Y}_1||\boldsymbol{Y}_2|\cdots|\boldsymbol{Y}_n|$.现注意到

$$\boldsymbol{Y}_1=\boldsymbol{X}_1,\quad \boldsymbol{Y}_i=\boldsymbol{X}_i-\sum_{k=1}^{i-1}\left(\frac{\boldsymbol{Y}_k}{|\boldsymbol{Y}_k|},\boldsymbol{X}_i\right)\frac{\boldsymbol{Y}_k}{|\boldsymbol{Y}_k|}\quad(i=2,3,\cdots,n),$$

即 $\boldsymbol{X}_i=\boldsymbol{Y}_i+\sum_{k=1}^{i-1}l_k\boldsymbol{Y}_k$,故由 $\{\boldsymbol{Y}_i\}$ 的正交性可知

$$(\boldsymbol{X}_i,\boldsymbol{X}_i)=(\boldsymbol{Y}_i,\boldsymbol{Y}_i)+\sum_{k=1}^{i-1}l_k^2(\boldsymbol{Y}_k,\boldsymbol{Y}_k)\geqslant(\boldsymbol{Y}_i,\boldsymbol{Y}_i)\quad(i\text{ 不求和})$$

即 $|\boldsymbol{Y}_i|\leqslant|\boldsymbol{X}_i|$.综上,有

$$|\boldsymbol{A}|\leqslant|\boldsymbol{X}_1||\boldsymbol{X}_2|\cdots|\boldsymbol{X}_n|=\prod_{i=1}^{n}\sqrt{a_{1i}^2+a_{2i}^2+\cdots+a_{ni}^2}.$$

结合上一例可看出,哈达玛不等式的几何含义很明显,即 n 维平行多面体的体积不大于其 n 个棱的长度之积.

例 6.2.5　求证:在欧氏空间 $\mathbf{R}^n$ 中,任意 m 个列向量 $\boldsymbol{X}_1,\boldsymbol{X}_2,\cdots,\boldsymbol{X}_m$ 线性无关的充要条件是 Gram 行列式非零:

$$g(\boldsymbol{X}_1,\boldsymbol{X}_2,\cdots,\boldsymbol{X}_m)=\begin{vmatrix}(\boldsymbol{X}_1,\boldsymbol{X}_1) & (\boldsymbol{X}_1,\boldsymbol{X}_2) & \cdots & (\boldsymbol{X}_1,\boldsymbol{X}_m)\\(\boldsymbol{X}_2,\boldsymbol{X}_1) & (\boldsymbol{X}_2,\boldsymbol{X}_2) & \cdots & (\boldsymbol{X}_2,\boldsymbol{X}_m)\\\vdots & \vdots & & \vdots\\(\boldsymbol{X}_m,\boldsymbol{X}_1) & (\boldsymbol{X}_m,\boldsymbol{X}_2) & \cdots & (\boldsymbol{X}_m,\boldsymbol{X}_m)\end{vmatrix}\neq0.$$

证明　首先构造矩阵:

$$\boldsymbol{A}_{n\times m}=[\boldsymbol{X}_1\boldsymbol{X}_2\cdots\boldsymbol{X}_m],$$

注意到 $(\boldsymbol{X}_i,\boldsymbol{X}_j)=\boldsymbol{X}_i^{\mathrm{T}}\boldsymbol{X}_j$,因此

$$\boldsymbol{A}^{\mathrm{T}}\boldsymbol{A}=\begin{bmatrix}(\boldsymbol{X}_1,\boldsymbol{X}_1) & (\boldsymbol{X}_1,\boldsymbol{X}_2) & \cdots & (\boldsymbol{X}_1,\boldsymbol{X}_m)\\(\boldsymbol{X}_2,\boldsymbol{X}_1) & (\boldsymbol{X}_2,\boldsymbol{X}_2) & \cdots & (\boldsymbol{X}_2,\boldsymbol{X}_m)\\\vdots & \vdots & & \vdots\\(\boldsymbol{X}_m,\boldsymbol{X}_1) & (\boldsymbol{X}_m,\boldsymbol{X}_2) & \cdots & (\boldsymbol{X}_m,\boldsymbol{X}_m)\end{bmatrix},$$

取行列式即有　　$|\boldsymbol{A}^{\mathrm{T}}\boldsymbol{A}|=g(\boldsymbol{X}_1,\boldsymbol{X}_2,\cdots,\boldsymbol{X}_m)$.

再注意到线性方程组一章得到的结论 $r(\boldsymbol{A})=r(\boldsymbol{A}^{\mathrm{T}}\boldsymbol{A})$,故

$$g(\boldsymbol{X}_1,\boldsymbol{X}_2,\cdots,\boldsymbol{X}_m)\neq0\Leftrightarrow|\boldsymbol{A}^{\mathrm{T}}\boldsymbol{A}|\neq0\Leftrightarrow r(\boldsymbol{A}^{\mathrm{T}}\boldsymbol{A})=m\Leftrightarrow r(\boldsymbol{A})=m$$
$$\Leftrightarrow\boldsymbol{A}\text{ 的列向量组线性无关}.$$

例 6.2.6　求证:在欧氏空间中任意 m 个列向量 $\boldsymbol{\alpha}_1,\boldsymbol{\alpha}_2,\cdots,\boldsymbol{\alpha}_m$ 线性无关的充要

条件是其 Gram 行列式：

$$g(\boldsymbol{\alpha}_1,\boldsymbol{\alpha}_2,\cdots,\boldsymbol{\alpha}_m)\neq 0.$$

证明　方法一. 利用有限维线性空间与列向量空间的同构，选取 V 的一个标准正交基，则可将抽象向量的内积转化为其坐标的内积：

$$(\boldsymbol{\alpha}_i,\boldsymbol{\alpha}_j)=(\boldsymbol{X}_i,\boldsymbol{X}_j).$$

再注意到向量的线性相关性与其坐标的线性相关性一致，故可转化为例 6.2.5，从而得证.

方法二. 先证必要性. 设 $\boldsymbol{\alpha}_1,\boldsymbol{\alpha}_2,\cdots,\boldsymbol{\alpha}_m$ 线性无关，则可按标准正交化方法构造出正交向量组 $\boldsymbol{\beta}_1,\boldsymbol{\beta}_2,\cdots,\boldsymbol{\beta}_m$. 由前面例题的结论可知

$$g(\boldsymbol{\alpha}_1,\boldsymbol{\alpha}_2,\cdots,\boldsymbol{\alpha}_m)=g(\boldsymbol{\beta}_1,\boldsymbol{\beta}_2,\cdots,\boldsymbol{\beta}_m),$$

而正交向量组 $\boldsymbol{\beta}_1,\boldsymbol{\beta}_2,\cdots,\boldsymbol{\beta}_m$ 的 Gram 行列式为

$$g(\boldsymbol{\beta}_1,\boldsymbol{\beta}_2,\cdots,\boldsymbol{\beta}_m)=|\boldsymbol{\beta}_1|^2|\boldsymbol{\beta}_2|^2\cdots|\boldsymbol{\beta}_m|^2\neq 0,$$

故 $g(\boldsymbol{\alpha}_1,\boldsymbol{\alpha}_2,\cdots,\boldsymbol{\alpha}_m)\neq 0$.

再证充分性. 设 $g(\boldsymbol{\alpha}_1,\boldsymbol{\alpha}_2,\cdots,\boldsymbol{\alpha}_m)\neq 0$，令

$$x_1\boldsymbol{\alpha}_1+x_2\boldsymbol{\alpha}_2+\cdots+x_m\boldsymbol{\alpha}_m=\boldsymbol{0},$$

则两边与 $\boldsymbol{\alpha}_i$ 做内积有

$$(\boldsymbol{\alpha}_i,x_1\boldsymbol{\alpha}_1+x_2\boldsymbol{\alpha}_2+\cdots+x_m\boldsymbol{\alpha}_m)=(\boldsymbol{\alpha}_i,\boldsymbol{0})=0$$

即

$$(\boldsymbol{\alpha}_i,\boldsymbol{\alpha}_j)x_j=0\Rightarrow \boldsymbol{GX}=\boldsymbol{O},$$

其中 $|\boldsymbol{G}|=g(\boldsymbol{\alpha}_1,\boldsymbol{\alpha}_2,\cdots,\boldsymbol{\alpha}_m)\neq 0$，故上述方程组只有零解：$\boldsymbol{X}=\boldsymbol{O}$. 这说明 $\boldsymbol{\alpha}_1,\boldsymbol{\alpha}_2,\cdots,\boldsymbol{\alpha}_m$ 线性无关.

由此例的结论以及度规矩阵的定义可知，度规矩阵的行列式非零，即欧氏空间中的度规矩阵是可逆矩阵.

例 6.2.7　求证：欧氏空间中任意 m 个列向量 $\boldsymbol{\alpha}_1,\boldsymbol{\alpha}_2,\cdots,\boldsymbol{\alpha}_m$ 的 Gram 行列式满足不等式 $g(\boldsymbol{\alpha}_1,\boldsymbol{\alpha}_2,\cdots,\boldsymbol{\alpha}_m)\geqslant 0$.

证明　上面已经证明了 $\boldsymbol{\alpha}_1,\boldsymbol{\alpha}_2,\cdots,\boldsymbol{\alpha}_m$ 线性相关时，$g(\boldsymbol{\alpha}_1,\boldsymbol{\alpha}_2,\cdots,\boldsymbol{\alpha}_m)=0$，接下来看 $\boldsymbol{\alpha}_1,\boldsymbol{\alpha}_2,\cdots,\boldsymbol{\alpha}_m$ 线性无关时的情况. 此时可按标准正交化方法构造出正交向量组 $\boldsymbol{\beta}_1,\boldsymbol{\beta}_2,\cdots,\boldsymbol{\beta}_m$. 类似例 6.2.6，有

$$g(\boldsymbol{\alpha}_1,\boldsymbol{\alpha}_2,\cdots,\boldsymbol{\alpha}_m)=g(\boldsymbol{\beta}_1,\boldsymbol{\beta}_2,\cdots,\boldsymbol{\beta}_m),$$

而正交向量组 $\boldsymbol{\beta}_1,\boldsymbol{\beta}_2,\cdots,\boldsymbol{\beta}_m$ 的 Gram 行列式为

$$g(\boldsymbol{\beta}_1,\boldsymbol{\beta}_2,\cdots,\boldsymbol{\beta}_m)=|\boldsymbol{\beta}_1|^2|\boldsymbol{\beta}_2|^2\cdots|\boldsymbol{\beta}_m|^2>0,$$

故此时

$$g(\boldsymbol{\alpha}_1,\boldsymbol{\alpha}_2,\cdots,\boldsymbol{\alpha}_m)>0.$$

综上有

$$g(\boldsymbol{\alpha}_1,\boldsymbol{\alpha}_2,\cdots,\boldsymbol{\alpha}_m)\geqslant 0,$$

其中，当且仅当 $\boldsymbol{\alpha}_1,\boldsymbol{\alpha}_2,\cdots,\boldsymbol{\alpha}_m$ 线性相关时取等号.

我们已知任意一个 n 维线性空间都与 n 元列向量空间同构. 而注意到在欧氏空间中恒存在标准正交基，故在标准正交基下，n 维线性空间到 n 元列向量空间的同构

映射还保持内积结构不变，有

$$\boldsymbol{\alpha} \leftrightarrow \boldsymbol{X}, \boldsymbol{\beta} \leftrightarrow \boldsymbol{Y}, (\boldsymbol{\alpha}, \boldsymbol{\beta}) = (\boldsymbol{X}, \boldsymbol{Y}).$$

这种一一对应关系表明 n 维欧氏空间与 n 元实列向量空间从线性代数的角度来看并无不同，本质上可看作是同一个内积空间. 我们将这种关系称为欧氏空间的同构.

定义 6.2.1（欧氏空间的同构）　若在欧氏空间 V 和 V' 之间存在一个双映射 σ 使得 $\forall \boldsymbol{\alpha}, \boldsymbol{\beta} \in V, k \in \mathbf{R}$，有

(1) $\sigma(\boldsymbol{\alpha}+\boldsymbol{\beta})=\sigma(\boldsymbol{\alpha})+\sigma(\boldsymbol{\beta})$；

(2) $\sigma(k\boldsymbol{\alpha})=k\sigma(\boldsymbol{\alpha})$；

(3) $(\sigma(\boldsymbol{\alpha}), \sigma(\boldsymbol{\beta}))=(\boldsymbol{\alpha}, \boldsymbol{\beta})$.

则称欧氏空间 V 与 V' 同构，这样的映射 σ 称作 V 到 V' 的同构映射.

容易验证，欧氏空间的同构是一种等价关系. 显然，欧氏空间的同构映射也是作为线性空间的同构映射，因此同构的欧氏空间具有相同的维数. 而由上述分析知，选定标准正交基后度规矩阵为单位矩阵，故

$$(\sigma(\boldsymbol{\alpha}), \sigma(\boldsymbol{\beta})) = (\boldsymbol{X}, \boldsymbol{Y}) = \boldsymbol{X}^{\mathrm{T}}\boldsymbol{Y} = (\boldsymbol{\alpha}, \boldsymbol{\beta}),$$

即任意 n 维欧氏空间均同构于欧氏空间 $\mathbf{R}^n$. 由同构为等价关系可知，两个欧氏空间同构的充要条件是维数相等. 由此可见，维数相等的欧氏空间可以只选取一个作为代表，一个最简单选取就是欧氏空间 $\mathbf{R}^n$.

6.2.2　正交补空间*

利用向量的正交关系可定义线性子空间的正交关系，进一步可定义内积空间的一种特殊的直和分解.

定义 6.2.2　设 $\boldsymbol{\alpha}$ 为欧氏空间 V 中一个向量，W 为 V 的一个子空间，若

$$\forall \boldsymbol{\gamma} \in W, \quad (\boldsymbol{\gamma}, \boldsymbol{\alpha}) = 0,$$

则称向量 $\boldsymbol{\alpha}$ 与子空间 W 正交，记作 $\boldsymbol{\alpha} \perp W$.

容易证明，与子空间正交等价于与该子空间的一个生成元组或一个基正交.

定义 6.2.3　设 V_1, V_2 是欧氏空间 V 的两个子空间. 若

$$\forall \boldsymbol{\alpha} \in V_1, \quad \boldsymbol{\beta} \in V_2, \quad (\boldsymbol{\alpha}, \boldsymbol{\beta}) = 0,$$

则称 V_1, V_2 是正交的，记作 $V_1 \perp V_2$.

注意到只有零向量与自身正交，故由 $V_1 \perp V_2$ 可知 $V_1 \cap V_2 = \{\mathbf{0}\}$. 关于子空间的正交有如下定理.

定理 6.2.2　若欧氏空间的子空间 $V_1, V_2, \cdots, V_s$ 两两正交，则和 $V_1+V_2+\cdots+V_s$ 是直和.

证明　对每个子空间 V_i，可以选取一个标准正交基. 由于这些子空间两两正交，故将这些 V_i 的基合并成一个大的向量组时，这个向量组为标准正交向量组. 又因为

和空间中的任意一个向量都可用这个向量组中的向量线性表示,因此这个向量组构成了和空间的标准正交基.故

$$\dim V = \sum_{i=1}^{s} \dim V_i,$$

按直和的定义可知 $V_1+V_2+\cdots+V_s$ 是直和.

由此定理,我们引入正交补空间的概念.

定义 6.2.4(正交补空间) 设欧氏空间 $V=V_1+V_2$,且两个子空间正交:$V_1 \perp V_2$.则由上述定理可知 $V=V_1 \oplus V_2$,即 V_1, V_2 互为补空间.我们称此时 V_1 是 V_2 的正交补空间.

线性空间中一个子空间的补空间存在但不唯一,那么正交补空间呢?这由定理 6.2.3 给出.

定理 6.2.3 欧氏空间 V 的任意子空间 W 都存在唯一的正交补空间.

证明 当 W 为零空间时,其正交补空间只能是 V,定理显然成立.当 W 不是零空间时,取 W 的一个标准正交基$\{\boldsymbol{\varepsilon}_1, \boldsymbol{\varepsilon}_2, \cdots, \boldsymbol{\varepsilon}_m\}$,通过逐步添加向量可构成 V 的一个基$\{\boldsymbol{\varepsilon}_1, \boldsymbol{\varepsilon}_2, \cdots, \boldsymbol{\varepsilon}_m, \boldsymbol{\alpha}_{m+1}, \cdots, \boldsymbol{\alpha}_n\}$.进一步由 Schmidt 正交化方法可得到 V 的一个标准正交基.由正交化手续容易看出,标准正交化手续得到的前 m 个基向量仍为 $\boldsymbol{\varepsilon}_1, \boldsymbol{\varepsilon}_2, \cdots, \boldsymbol{\varepsilon}_m$.将这样得到的 V 的标准正交基记作:

$$\{\boldsymbol{\varepsilon}_1, \boldsymbol{\varepsilon}_2, \cdots, \boldsymbol{\varepsilon}_m, \boldsymbol{\varepsilon}_{m+1}, \cdots, \boldsymbol{\varepsilon}_n\}.$$

则容易看出 $L(\boldsymbol{\varepsilon}_{m+1}, \cdots, \boldsymbol{\varepsilon}_n)$即 W 的一个正交补空间,故正交补空间存在.

现在来证明,正交补空间唯一.设 W 的任意一个正交补空间为 U,则有

$$\forall \boldsymbol{\alpha} \in U, (\boldsymbol{\varepsilon}_i, \boldsymbol{\alpha}) = 0 \quad (i=1,2,\cdots,m),$$

注意到 $\boldsymbol{\alpha}$ 可由基$\{\boldsymbol{\varepsilon}_1, \boldsymbol{\varepsilon}_2, \cdots, \boldsymbol{\varepsilon}_m, \boldsymbol{\alpha}_{m+1}, \cdots, \boldsymbol{\alpha}_n\}$线性表示,有

$$\boldsymbol{\alpha} = \sum_{i=1}^{n} k_i \boldsymbol{\varepsilon}_i,$$

代入上一式可得 $k_1=k_2=\cdots=k_m=0$,即

$$\boldsymbol{\alpha} = \sum_{i=m+1}^{n} k_i \boldsymbol{\varepsilon}_i \in L(\boldsymbol{\varepsilon}_{m+1}, \cdots, \boldsymbol{\varepsilon}_n),$$

故 $$U \subseteq L(\boldsymbol{\varepsilon}_{m+1}, \cdots, \boldsymbol{\varepsilon}_n).$$

又由于 $$\dim U = \dim V - \dim W = n-m = \dim L(\boldsymbol{\varepsilon}_{m+1}, \cdots, \boldsymbol{\varepsilon}_n),$$

故 $$U = L(\boldsymbol{\varepsilon}_{m+1}, \cdots, \boldsymbol{\varepsilon}_n),$$

即 W 的正交补空间唯一.

正是由于正交补空间唯一存在,故可无歧义地将子空间 W 的正交补空间记作 $W^{\perp}$.另外,由定理 6.2.3 的证明可见,正交补空间 $L(\boldsymbol{\varepsilon}_{m+1}, \cdots, \boldsymbol{\varepsilon}_n)$ 中的任意向量都与 W 正交.反之,与 W 正交的全部向量必定具有如下形式(在 W 的基向量上的分量为 0):

$$\boldsymbol{\alpha} = \sum_{i=m+1}^{n} k_i \boldsymbol{\varepsilon}_i ,$$

由此可得如下推论.

推论 6.2.1 正交补空间 $W^{\perp}$ 为与 W 正交的所有向量构成的线性空间. 即

$$W^{\perp} = \{\boldsymbol{\alpha} \mid \boldsymbol{\alpha} \in V, \boldsymbol{\alpha} \perp W\}.$$

6.2.3 最小二乘法*

在实际问题中经常会遇到寻找一个多项式(或其他函数级数)来拟合数据点的问题. 然而,若数据点太多,或数据点存在一定的误差,那么精确拟合所有数据点的一个高次多项式可能并非最佳结果. 反而近似拟合数据点的一个更简单的模型可能更加合理. 所有这类问题中,均可抽象出如下的问题.

对 n 元线性方程组 $\boldsymbol{AX}=\boldsymbol{b}$,无论其相容与否(是否有解),能否找到一个最接近的"解"$\widetilde{\boldsymbol{X}}$? 其中"最接近"的具体含义是,向量 $\boldsymbol{A}\widetilde{\boldsymbol{X}}$ 与 $\boldsymbol{b}$ 的距离尽可能小,或者等价地,向量 $\boldsymbol{A}\widetilde{\boldsymbol{X}}-\boldsymbol{b}$ 的模方$(\boldsymbol{A}\widetilde{\boldsymbol{X}}-\boldsymbol{b},\boldsymbol{A}\widetilde{\boldsymbol{X}}-\boldsymbol{b})$尽可能小. 这个解 $\widetilde{\boldsymbol{X}}$ 被称为最小二乘解.

这个问题可从多个角度来解决.

(1) 从多元函数的角度.

可将$(\boldsymbol{AX}-\boldsymbol{b},\boldsymbol{AX}-\boldsymbol{b})$看成 $x_1,x_2,\cdots,x_n$ 的一个多元函数:

$$f(x_1,x_2,\cdots,x_n)=(\boldsymbol{AX}-\boldsymbol{b},\boldsymbol{AX}-\boldsymbol{b}).$$

由多元函数取极值的必要条件可得到方程组

$$\partial f(x_1,x_2,\cdots,x_n)/\partial x_i=0.$$

这是 n 个未知数的 n 个线性方程,可证明这个方程组一定有解,请读者自行完成推导和存在性的证明.

(2) 从泛函的角度.

可将$(\boldsymbol{AX}-\boldsymbol{b},\boldsymbol{AX}-\boldsymbol{b})$ 看成关于向量 $\boldsymbol{X}$ 的一个泛函:

$$J[\boldsymbol{X}]=(\boldsymbol{AX}-\boldsymbol{b},\boldsymbol{AX}-\boldsymbol{b}).$$

因此寻找最小二乘解,即寻找泛函 $J[\boldsymbol{X}]$的极小值点. 对泛函的极值问题,一个常用的方法是转换为函数的极值问题来求解. 假设 $J[\boldsymbol{X}]$在 $\boldsymbol{X}=\widetilde{\boldsymbol{X}}$ 处取极值,则对任意固定的$\boldsymbol{Y}\in\mathbf{R}^n$,令 $\boldsymbol{X}=\widetilde{\boldsymbol{X}}+\varepsilon\boldsymbol{Y}$ 可定义一个 ε 的函数(其中 $\varepsilon\in\mathbf{R}$):

$$J(\varepsilon)=J[\boldsymbol{X}]=J[\widetilde{\boldsymbol{X}}+\varepsilon\boldsymbol{Y}].$$

因此,泛函 $J[\boldsymbol{X}]$在 $\widetilde{\boldsymbol{X}}$ 处取极小值的必要条件是,函数 $J(\varepsilon)$在 $\varepsilon=0$ 处取极小值. 将 $J(\varepsilon)$在 0 附近展开到一阶得

$$\begin{aligned}J(\varepsilon)&=(\boldsymbol{AX}-\boldsymbol{b},\boldsymbol{AX}-\boldsymbol{b})=(\boldsymbol{A}\widetilde{\boldsymbol{X}}-\boldsymbol{b}+\varepsilon\boldsymbol{AY},\boldsymbol{A}\widetilde{\boldsymbol{X}}-\boldsymbol{b}+\varepsilon\boldsymbol{AY})\\&=(\boldsymbol{A}\widetilde{\boldsymbol{X}}-\boldsymbol{b},\boldsymbol{A}\widetilde{\boldsymbol{X}}-\boldsymbol{b})+2(\boldsymbol{A}\widetilde{\boldsymbol{X}}-\boldsymbol{b},\boldsymbol{AY})\varepsilon+\mathcal{O}(\varepsilon^2)\\&=J(0)+2(\boldsymbol{A}^{\mathrm{T}}\boldsymbol{A}\widetilde{\boldsymbol{X}}-\boldsymbol{A}^{\mathrm{T}}\boldsymbol{b},\boldsymbol{Y})\varepsilon+\mathcal{O}(\varepsilon^2),\end{aligned}$$

其中用到了对任意 $\boldsymbol{X},\boldsymbol{Y},\boldsymbol{A}$,有

$$(\boldsymbol{X},\boldsymbol{AY})=\boldsymbol{X}^{\mathrm{T}}(\boldsymbol{AY})=(\boldsymbol{A}^{\mathrm{T}}\boldsymbol{X})^{\mathrm{T}}\boldsymbol{Y}=(\boldsymbol{A}^{\mathrm{T}}\boldsymbol{X},\boldsymbol{Y}).$$

因此,由一阶导数为零给出:

$$\forall \boldsymbol{Y},\quad (\boldsymbol{A}^{\mathrm{T}}\boldsymbol{A}\widetilde{\boldsymbol{X}}-\boldsymbol{A}^{\mathrm{T}}\boldsymbol{b},\boldsymbol{Y})=0.$$

由于对任意 $\boldsymbol{Y}$ 成立,因此取 $\boldsymbol{Y}=\boldsymbol{A}^{\mathrm{T}}\boldsymbol{A}\widetilde{\boldsymbol{X}}-\boldsymbol{A}^{\mathrm{T}}\boldsymbol{b}$ 代入即可知,最小二乘解 $\widetilde{\boldsymbol{X}}$ 满足如下线性方程组:

$$\boldsymbol{A}^{\mathrm{T}}\boldsymbol{A}\widetilde{\boldsymbol{X}}=\boldsymbol{A}^{\mathrm{T}}\boldsymbol{b},$$

此方程称为正规方程. 后面将证明正规方程恒有解.

(3) 从欧氏空间的角度.

注意到 $\boldsymbol{b}$ 代表欧氏空间 $\mathbf{R}^n$ 中的一个向量,而

$$\boldsymbol{AX}=\boldsymbol{A}_i x_i\quad(\text{其中 }\boldsymbol{A}_i\text{ 为 }\boldsymbol{A}\text{ 的列向量})$$

为 $\boldsymbol{A}$ 的列向量张成的 $\mathbf{R}^n$ 的子空间中的一个向量. 因此从几何上看,寻找最小二乘解即是,在 $\boldsymbol{A}$ 的列向量张成的子空间中,寻找一个与 $\boldsymbol{b}$ 的距离尽可能短的向量. 与三维矢量空间 $\mathbf{R}^3$ 类比来看,此问题相当于:在平面内寻找一点,使其到平面外一定点的距离最短. 而在 $\mathbf{R}^3$ 中我们知道:垂线距离最短. 实际上这个结论对一般的欧氏空间也成立.

定理 6.2.4(垂线距离最短) 设 W 是欧氏空间 V 的子空间,$\boldsymbol{\alpha}\in V$. 若存在 $\boldsymbol{\beta}\in W$ 使得 $\boldsymbol{\alpha}-\boldsymbol{\beta}$ 与子空间 W 正交,则 $\forall\,\boldsymbol{\gamma}\in W$,$|\boldsymbol{\alpha}-\boldsymbol{\beta}|\leqslant|\boldsymbol{\alpha}-\boldsymbol{\gamma}|$.

证明 这个证明是很直接的,$\boldsymbol{\alpha}-\boldsymbol{\gamma}=(\boldsymbol{\alpha}-\boldsymbol{\beta})+(\boldsymbol{\beta}-\boldsymbol{\gamma})$,而$(\boldsymbol{\beta}-\boldsymbol{\gamma})\in W$,故与$(\boldsymbol{\alpha}-\boldsymbol{\beta})$正交,两边取模方即(勾股定理)

$$|\boldsymbol{\alpha}-\boldsymbol{\gamma}|^2=|\boldsymbol{\alpha}-\boldsymbol{\beta}|^2+|\boldsymbol{\beta}-\boldsymbol{\gamma}|^2,$$

故垂线距离最短.

不仅如此,还可证明满足上述定理条件的 $\boldsymbol{\beta}$ 一定存在. 选择 W 的一组标准正交基$\{\boldsymbol{\varepsilon}_1,\boldsymbol{\varepsilon}_2,\cdots,\boldsymbol{\varepsilon}_m\}$,则容易证明 $\boldsymbol{\beta}=(\boldsymbol{\varepsilon}_i,\boldsymbol{\alpha})\boldsymbol{\varepsilon}_i$,即满足要求:

$$\begin{aligned}(\boldsymbol{\varepsilon}_i,\boldsymbol{\alpha}-\boldsymbol{\beta})&=(\boldsymbol{\varepsilon}_i,\boldsymbol{\alpha}-(\boldsymbol{\varepsilon}_k,\boldsymbol{\alpha})\boldsymbol{\varepsilon}_k)=(\boldsymbol{\varepsilon}_i,\boldsymbol{\alpha})-(\boldsymbol{\varepsilon}_k,\boldsymbol{\alpha})(\boldsymbol{\varepsilon}_i,\boldsymbol{\varepsilon}_k)=(\boldsymbol{\varepsilon}_i,\boldsymbol{\alpha})-(\boldsymbol{\varepsilon}_k,\boldsymbol{\alpha})\boldsymbol{\delta}_{ik}\\&=(\boldsymbol{\varepsilon}_i,\boldsymbol{\alpha})-(\boldsymbol{\varepsilon}_i,\boldsymbol{\alpha})=0.\end{aligned}$$

实际上,从几何上看,这样构造的 $\boldsymbol{\beta}$ 即 $\boldsymbol{\alpha}$ 在 W 中的"投影".

进一步还可证明 $\boldsymbol{\beta}$ 的唯一性. 假设有两个 $\boldsymbol{\beta}_1,\boldsymbol{\beta}_2$ 均满足$(\boldsymbol{\alpha}-\boldsymbol{\beta}_i)\perp W$,则由

$$(\boldsymbol{\beta}_2-\boldsymbol{\beta}_1,\boldsymbol{\gamma})=(\boldsymbol{\alpha}-\boldsymbol{\beta}_1,\boldsymbol{\gamma})-(\boldsymbol{\alpha}-\boldsymbol{\beta}_2,\boldsymbol{\gamma})$$

可知,$\boldsymbol{\beta}_1-\boldsymbol{\beta}_2$ 与 W 正交,又$(\boldsymbol{\beta}_1-\boldsymbol{\beta}_2)\in W$,故只可能为零向量.

回到最小二乘问题,其解 $\widetilde{\boldsymbol{X}}$ 必须满足 $\boldsymbol{b}-\boldsymbol{A}\widetilde{\boldsymbol{X}}$ 与 $\boldsymbol{A}$ 的列向量空间正交,即

$$\forall\boldsymbol{Y},(\boldsymbol{AY})^{\mathrm{T}}(\boldsymbol{b}-\boldsymbol{A}\widetilde{\boldsymbol{X}})=\boldsymbol{Y}^{\mathrm{T}}\boldsymbol{A}^{\mathrm{T}}(\boldsymbol{b}-\boldsymbol{A}\widetilde{\boldsymbol{X}})=\boldsymbol{0},$$

取 $\boldsymbol{Y}=\boldsymbol{A}^{\mathrm{T}}(\boldsymbol{b}-\boldsymbol{A}\widetilde{\boldsymbol{X}})$ 即得到正规方程:

$$\boldsymbol{A}^{\mathrm{T}}\boldsymbol{A}\widetilde{\boldsymbol{X}}=\boldsymbol{A}^{\mathrm{T}}\boldsymbol{b}.$$

由上述垂线的唯一存在性可知,一定唯一存在这样的向量 $\boldsymbol{A}\widetilde{\boldsymbol{X}}$,即正规方程一定有解.

实际上，正规方程有解也可通过线性方程组的理论来证明，为此只需证明系数矩阵和增广矩阵有相同的秩即可. 注意到增广矩阵：

$$[\boldsymbol{A}^{\mathrm{T}}\boldsymbol{A} \;\vdots\; \boldsymbol{A}^{\mathrm{T}}\boldsymbol{b}]=\boldsymbol{A}^{\mathrm{T}}[\boldsymbol{A} \;\vdots\; \boldsymbol{b}].$$

由矩阵乘积的秩的不等式可知

$$r([\boldsymbol{A}^{\mathrm{T}}\boldsymbol{A} \;\vdots\; \boldsymbol{A}^{\mathrm{T}}\boldsymbol{b}])\leqslant r(\boldsymbol{A}),$$

又系数矩阵是增广矩阵的一个分块，故

$$r([\boldsymbol{A}^{\mathrm{T}}\boldsymbol{A} \;\vdots\; \boldsymbol{A}^{\mathrm{T}}\boldsymbol{b}])\geqslant r(\boldsymbol{A}^{\mathrm{T}}\boldsymbol{A}).$$

前面已证明过：

$$r(\boldsymbol{A}^{\mathrm{T}}\boldsymbol{A})=r(\boldsymbol{A}).$$

综上可知

$$r(\boldsymbol{A}^{\mathrm{T}}\boldsymbol{A})=r([\boldsymbol{A}^{\mathrm{T}}\boldsymbol{A} \;\vdots\; \boldsymbol{A}^{\mathrm{T}}\boldsymbol{b}])=r(\boldsymbol{A}),$$

因此正规方程一定有解.

例 6.2.8　在一次测量中得到四个数据点 (x,y) 如下：$(-1,1)$，$(0,0)$，$(1,0)$，$(2,-1)$. 试分别求一条直线 $y=a+bx$ 和一条抛物线 $y=a+bx+cx^2$ 可最佳拟合上述数据.

解　先求拟合直线. 按题意，得

$$\begin{cases}a-b=1,\\a+0=0,\\a+b=0,\\a+2b=-1.\end{cases}$$

然后引入列向量 $\boldsymbol{\alpha}=[a\ b]^{\mathrm{T}}$，则上述方程组可写为

$$\begin{bmatrix}1&-1\\1&0\\1&1\\1&2\end{bmatrix}\boldsymbol{\alpha}=\begin{bmatrix}1\\0\\0\\-1\end{bmatrix}\quad\Rightarrow\quad\boldsymbol{A\alpha}=\boldsymbol{\beta},$$

容易验证上述方程组无解. 其对应的正规方程为

$$\boldsymbol{A}^{\mathrm{T}}\boldsymbol{A\alpha}=\boldsymbol{A}^{\mathrm{T}}\boldsymbol{\beta}\Rightarrow\begin{bmatrix}4&2\\2&6\end{bmatrix}\boldsymbol{\alpha}=\begin{bmatrix}0\\-3\end{bmatrix},$$

由此可解出最小二乘解为

$$a=3/10,\quad b=-3/5.$$

故最佳拟合直线为

$$y=\frac{3}{10}-\frac{3}{5}x.$$

最佳拟合抛物线也可类似求解. 引入列向量 $\boldsymbol{\alpha}=[a\ b\ c]^{\mathrm{T}}$，则拟合的曲线需尽量满足

$$\begin{bmatrix}1 & -1 & 1\\1 & 0 & 0\\1 & 1 & 1\\1 & 2 & 4\end{bmatrix}\boldsymbol{\alpha}=\begin{bmatrix}1\\0\\0\\-1\end{bmatrix}\Rightarrow \boldsymbol{A\alpha}=\boldsymbol{\beta},$$

容易验证,这也是一个无解方程组.其对应的正规方程为

$$\boldsymbol{A}^{\mathrm{T}}\boldsymbol{A\alpha}=\boldsymbol{A}^{\mathrm{T}}\boldsymbol{\beta}\Rightarrow\begin{bmatrix}4 & 2 & 6\\2 & 6 & 8\\6 & 8 & 18\end{bmatrix}\boldsymbol{\alpha}=\begin{bmatrix}0\\-3\\-3\end{bmatrix},$$

由此可解出最小二乘解为

$$a=\frac{3}{10},\quad b=-\frac{3}{5},\quad c=0.$$

故最佳拟合抛物线为

$$y=\frac{3}{10}-\frac{3}{5}x.$$

6.3 正交矩阵和正交变换

在线性空间中引入内积结构后,其上的线性变换也相应地具有更丰富的结构.在欧氏空间上有两类线性变换是数学和物理学中经常碰到的,即正交变换和对称变换.这两类变换相应的矩阵——正交矩阵和对称矩阵——也具有一些特殊性质.这一节我们先研究正交变换.

为了后面的需要,我们先引入正交矩阵的概念,并讨论正交矩阵与标准正交基的关系.正交矩阵是数学和物理学中一类极其重要的矩阵.

6.3.1 正交矩阵

定义 6.3.1(正交矩阵) 满足 $\boldsymbol{A}^{\mathrm{T}}\boldsymbol{A}=\boldsymbol{I}_n$ 的 n 阶实矩阵 $\boldsymbol{A}$ 称为正交矩阵.

由定义可直接得到正交矩阵的如下性质.

(1) $|\boldsymbol{A}|=\pm 1$,可逆.

(2) $\boldsymbol{A}^{-1}=\boldsymbol{A}^{\mathrm{T}}$.

(3) $\boldsymbol{A}\boldsymbol{A}^{\mathrm{T}}=\boldsymbol{A}^{\mathrm{T}}\boldsymbol{A}=\boldsymbol{I}$.

(4) $\boldsymbol{A}^{\mathrm{T}}$(即 $\boldsymbol{A}^{-1}$)也是正交矩阵.

定理 6.3.1 若 $\boldsymbol{A},\boldsymbol{B}$ 均为 n 阶正交矩阵,则 $\boldsymbol{AB}$ 也是 n 阶正交矩阵.

证明 $(\boldsymbol{AB})^{\mathrm{T}}(\boldsymbol{AB})=\boldsymbol{B}^{\mathrm{T}}\boldsymbol{A}^{\mathrm{T}}\boldsymbol{AB}=\boldsymbol{B}^{\mathrm{T}}\boldsymbol{B}=\boldsymbol{I}$.

由于上述正交矩阵的性质,以及定理 6.3.1,可得如下重要结论.

定理 6.3.2 全体 n 阶实正交矩阵的集合,对于矩阵的乘法构成一个群,称实正

交矩阵群，记作 $O(n)$.

证明 类似定义 6.3.1 的 4 条性质依次验证. 首先，正交矩阵的乘积仍然为正交矩阵，故 $O(n)$ 对乘法封闭. 其次，矩阵的乘法满足结合律. 再次，单位矩阵属于正交矩阵. 最后，正交矩阵的逆矩阵也是正交矩阵. 故 $O(n)$ 构成群.

由第 5 章我们知道：

(1) 数域 F 上的全体 n 阶可逆矩阵的集合，对于矩阵的乘法构成一个群，称一般线性矩阵群，记作 $GL(n,F)$.

(2) 与之对应地，数域 F 中 n 维线性空间上的全体非奇异(可逆)线性变换的集合，对于线性变换的乘法(复合变换)也构成一个群. 该群与一般线性矩阵群同构，称为一般线性变换群，也记作 $GL(n,F)$.

注意到 n 阶实正交矩阵集是 n 阶实矩阵集的子集，故 $O(n)$ 群是 $GL(n)$ 群的一个子群. 实际上，$O(n)$ 群也有一个子群. 对于实正交矩阵 $\boldsymbol{A}$，若满足 $|\boldsymbol{A}|=1$，则称为幺模实正交矩阵. 容易验证如下定理.

定理 6.3.3 全体 n 阶幺模实正交矩阵的集合，对于矩阵的乘法构成一个群，称幺模实正交矩阵群，记作 $SO(n)$.

$O(n)$、$SO(n)$ 对应的线性变换群以及几何意义将在后面讨论.

6.3.2 正交矩阵与标准正交基的关系

定理 6.3.4 n 阶实矩阵 $\boldsymbol{A}$ 是正交矩阵的充要条件是 $\boldsymbol{A}$ 的 n 个行(或列)向量构成 $\mathbf{R}^n$ 的标准正交基.

证明 将 $\boldsymbol{A}$ 按列分组，有 $\boldsymbol{A}=[\boldsymbol{A}_1,\boldsymbol{A}_2,\cdots,\boldsymbol{A}_n]$，则注意到

$$\boldsymbol{A}^{\mathrm{T}}\boldsymbol{A}=\begin{bmatrix}(\boldsymbol{A}_1,\boldsymbol{A}_1) & (\boldsymbol{A}_1,\boldsymbol{A}_2) & \cdots & (\boldsymbol{A}_1,\boldsymbol{A}_n)\\(\boldsymbol{A}_2,\boldsymbol{A}_1) & (\boldsymbol{A}_2,\boldsymbol{A}_2) & \cdots & (\boldsymbol{A}_2,\boldsymbol{A}_n)\\ \vdots & \vdots & \ddots & \vdots\\(\boldsymbol{A}_n,\boldsymbol{A}_1) & (\boldsymbol{A}_n,\boldsymbol{A}_2) & \cdots & (\boldsymbol{A}_n,\boldsymbol{A}_n)\end{bmatrix},$$

因此

$$\boldsymbol{A}^{\mathrm{T}}\boldsymbol{A}=\boldsymbol{I}\Leftrightarrow(\boldsymbol{A}_i,\boldsymbol{A}_j)=\delta_{ij},$$

列向量得证. 同理，将 $\boldsymbol{A}$ 按行分组，由 $\boldsymbol{A}\boldsymbol{A}^{\mathrm{T}}=\boldsymbol{I}$ 可对行向量证明.

定理 6.3.5 设 $\{\boldsymbol{\alpha}_1,\boldsymbol{\alpha}_2,\cdots,\boldsymbol{\alpha}_n\}$ 是 n 维欧氏空间 V 的一个标准正交基，$\boldsymbol{P}$ 是一个 n 阶实矩阵，而 $[\boldsymbol{\beta}_1\quad\boldsymbol{\beta}_2\quad\cdots\quad\boldsymbol{\beta}_n]=[\boldsymbol{\alpha}_1\quad\boldsymbol{\alpha}_2\quad\cdots\quad\boldsymbol{\alpha}_n]\boldsymbol{P}$，则 $\{\boldsymbol{\beta}_1,\boldsymbol{\beta}_2,\cdots,\boldsymbol{\beta}_n\}$ 是 V 的标准正交基的充要条件是 $\boldsymbol{P}$ 为一正交矩阵.

证明 由于

$$\begin{aligned}(\boldsymbol{\beta}_i,\boldsymbol{\beta}_j)&=(\boldsymbol{\alpha}_s p_{si},\boldsymbol{\alpha}_t p_{tj})=p_{si}p_{tj}(\boldsymbol{\alpha}_s,\boldsymbol{\alpha}_t)\\&=p_{si}p_{tj}\delta_{st}=p_{si}p_{sj}=(\boldsymbol{P}^{\mathrm{T}}\boldsymbol{P})_{ij},\end{aligned}$$

故

$$(\boldsymbol{\beta}_i,\boldsymbol{\beta}_j)=\delta_{ij}\Leftrightarrow\boldsymbol{P}^{\mathrm{T}}\boldsymbol{P}=\boldsymbol{I}.$$

上述两个定理简单来说，即

(1) 正交矩阵的行(列)向量是标准正交基;

(2) 标准正交基之间的过渡矩阵是正交矩阵;

(3) 正交矩阵把一组标准正交基变为另一组标准正交基.

6.3.3 正交变换

几何和物理学中经常会要求线性变换不改变向量的长度,由此引入正交变换的概念.

定义 6.3.2(正交变换) 设 σ 是欧氏空间 V 中的线性变换,若 $\forall \boldsymbol{\alpha}\in V$,有

$$|\sigma(\boldsymbol{\alpha})|=|\boldsymbol{\alpha}|,$$

则称 σ 为一个正交变换.

注意,定义 6.3.2 中的"线性变换"这个条件不能少.关于正交变换与正交矩阵、标准正交基的关系,有如下定理.

定理 6.3.6 设 σ 是欧氏空间 V 中的线性变换,则如下论述等价.

(1) σ 是正交变换.

(2) $\forall \boldsymbol{\alpha},\boldsymbol{\beta}\in V$,有 $(\sigma(\boldsymbol{\alpha}),\sigma(\boldsymbol{\beta}))=(\boldsymbol{\alpha},\boldsymbol{\beta})$.

(3) σ 将 V 的一组标准正交基变为 V 的另一组标准正交基.

(4) σ 关于 V 的任意一组标准正交基的矩阵是正交矩阵.

证明 我们采用循环证明法.

● (1)⇒(2):考虑 $(\sigma(\boldsymbol{\alpha}+\boldsymbol{\beta}),\sigma(\boldsymbol{\alpha}+\boldsymbol{\beta}))=(\boldsymbol{\alpha}+\boldsymbol{\beta},\boldsymbol{\alpha}+\boldsymbol{\beta})$,展开后利用内积的对称性质即得.

● (2)⇒(3):考虑标准正交基 $\{\boldsymbol{\alpha}_1,\boldsymbol{\alpha}_2,\cdots,\boldsymbol{\alpha}_n\}$,则由条件(2)可得 $(\sigma(\boldsymbol{\alpha}_i),\sigma(\boldsymbol{\alpha}_j))=(\boldsymbol{\alpha}_i,\boldsymbol{\alpha}_j)=\delta_{ij}$.

● (3)⇒(4):设 σ 关于标准正交基 $\{\boldsymbol{\alpha}_1,\boldsymbol{\alpha}_2,\cdots,\boldsymbol{\alpha}_n\}$ 的矩阵为 $\boldsymbol{P}$,则 $[\sigma(\boldsymbol{\alpha}_1)\ \sigma(\boldsymbol{\alpha}_2)\ \cdots\ \sigma(\boldsymbol{\alpha}_n)]=[\boldsymbol{\alpha}_1\ \boldsymbol{\alpha}_2\cdots\ \boldsymbol{\alpha}_n]\boldsymbol{P}$.由条件(3)可知 $\{\sigma(\boldsymbol{\alpha}_1),\sigma(\boldsymbol{\alpha}_2),\cdots,\sigma(\boldsymbol{\alpha}_n)\}$ 也是一组标准正交基,再由定理 6.3.5 可知 $\boldsymbol{P}$ 为正交矩阵.

● (4)⇒(1):将内积用标准正交基下的坐标表示出来即可证明.设 $\{\boldsymbol{\alpha}_1,\boldsymbol{\alpha}_2,\cdots,\boldsymbol{\alpha}_n\}$ 为一组标准正交基,σ 在这组基下的矩阵为正交矩阵 $\boldsymbol{P}$.则取 $\forall \boldsymbol{\gamma}\in V$,设 $\boldsymbol{\gamma}$ 在这组基下的坐标为 $\boldsymbol{X}$,故 $\sigma(\boldsymbol{\gamma})$ 的坐标为 $\boldsymbol{PX}$.注意到此时度规矩阵为 $\boldsymbol{I}_n$,因此

$$(\sigma(\boldsymbol{\gamma}),\sigma(\boldsymbol{\gamma}))=(\boldsymbol{PX})^{\mathrm{T}}(\boldsymbol{PX})=\boldsymbol{X}^{\mathrm{T}}(\boldsymbol{P}^{\mathrm{T}}\boldsymbol{P})\boldsymbol{X}=\boldsymbol{X}^{\mathrm{T}}\boldsymbol{X}=(\boldsymbol{\gamma},\boldsymbol{\gamma}).$$

由定理 6.3.6 知,正交变换不仅保持长度,还保持夹角、距离等度量性质都不变.如前所述,全体正交矩阵构成一个群,由正交变换和正交矩阵之间的对应关系,对正交变换应该有类似的结论.

(1) 由于对正交变换,$\mathrm{Ker}(\sigma)=\{\boldsymbol{\alpha}\mid\sigma(\boldsymbol{\alpha})=\boldsymbol{0}\}$,而 $|\boldsymbol{\alpha}|=|\sigma(\boldsymbol{\alpha})|$,故 $\mathrm{Ker}(\sigma)=\{\boldsymbol{\alpha}\mid|\boldsymbol{\alpha}|=0\}$,即 $\mathrm{Ker}(\sigma)=\{\boldsymbol{0}\}$.从而正交变换是单映射,由线性变换的一般性质可知,正交变换是可逆线性变换.

(2) $|\boldsymbol{\alpha}|=|\sigma(\sigma^{-1}(\boldsymbol{\alpha}))|=|\sigma^{-1}(\boldsymbol{\alpha})|$,故正交变换的逆变换也是正交变换.

(3) $|\sigma\circ\tau(\boldsymbol{\alpha})|=|\sigma(\tau(\boldsymbol{\alpha}))|=|\tau(\boldsymbol{\alpha})|=|\boldsymbol{\alpha}|$,故正交变换的乘积亦是正交变换.

(4) 恒等变换 $\varepsilon(\boldsymbol{\alpha})=\boldsymbol{\alpha}$ 是正交变换.

因此有如下定理.

定理 6.3.7 n 维欧氏空间上的正交变换全体,对线性变换的乘法来说构成一个群,称作实正交变换群.

显然,在选定一组标准正交基之后,n 维实正交变换群与 n 维实正交矩阵群是同构的.因此 n 维实正交变换群也用同样的标记 $O(n)$.

现在稍微小结一下标准正交基、正交矩阵、正交变换三者的关系.首先,这三者的定义如下.

标准正交基$\{\boldsymbol{\varepsilon}_1,\boldsymbol{\varepsilon}_2,\cdots,\boldsymbol{\varepsilon}_n\}$:$(\boldsymbol{\varepsilon}_i,\boldsymbol{\varepsilon}_j)=\delta_{ij}$.

正交矩阵 $\boldsymbol{A}$:$\boldsymbol{A}^{\mathrm{T}}\boldsymbol{A}=\boldsymbol{A}\boldsymbol{A}^{\mathrm{T}}=\boldsymbol{I}$.

正交变换 σ:保持长度(及内积)不变的线性变换.

由上述一系列定理可知

- 标准正交基与正交矩阵:

$\boldsymbol{A}_n$ 是正交矩阵$\Leftrightarrow\boldsymbol{A}_n$ 的行(或列)向量组是 $\mathbf{R}^n$ 的标准正交基.

- 正交矩阵与正交变换:

σ 是正交变换$\xLeftrightarrow{\text{通过标准正交基联系}}\sigma$ 在标准正交基下的矩阵是正交矩阵.

- 正交变换与标准正交基:

σ 是正交变换$\Leftrightarrow\sigma$ 将标准正交基变为另一个标准正交基.

为进一步看清正交变换的几何意义,我们分别考虑 2 维和 3 维实线性空间中的正交变换实例,我们将看到,正交变换在几何上就是 $\mathbf{R}^n$ 中的"转动"和"反射"变换.

注意到所有的 n 维实线性空间都同构(且都与 $\mathbf{R}^n$ 同构),故我们以 2 维矢量空间(平面上有向线段的集合)和 3 维矢量空间(空间中有向线段的集合)来考虑.

例 6.3.1 在 $\mathbf{R}^2$ 中,容易验证,将一个矢量旋转一个角度 θ 的变换是 $\mathbf{R}^2$ 的一个线性变换(见图 6.2),且是一个正交变换.这个变换关于标准正交基$\{\boldsymbol{i},\boldsymbol{j}\}$的矩阵是

$$\boldsymbol{P}=\begin{bmatrix}\cos\theta & -\sin\theta\\ \sin\theta & \cos\theta\end{bmatrix}.$$

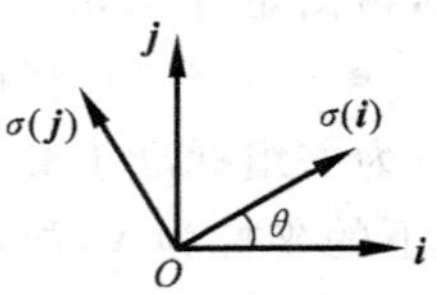

图 6.2 线性变换

容易验证,$\boldsymbol{P}^{\mathrm{T}}\boldsymbol{P}=\boldsymbol{I}$,故 $\boldsymbol{P}$ 为正交矩阵.因此 $\mathbf{R}^2$ 中的每一个转动都对应 $SO(2)$中的一个变换.反之可证明,每一个 $SO(2)$中的变换必定对应 $\mathbf{R}^2$ 中的一个转动.这只需注意到 $SO(2)$中的变换在标准正交基下的矩阵 $\boldsymbol{R}$ 要满足列向量组为标准正交向量组,即矩阵元必须满足

$$r_{11}^2+r_{21}^2=1,\quad r_{12}^2+r_{22}^2=1,\quad r_{11}r_{12}+r_{21}r_{22}=0.$$

因此它只可能为如下两种形式:

$$\boldsymbol{R}=\begin{bmatrix}\cos\theta & -\sin\theta\\ \sin\theta & \cos\theta\end{bmatrix} \quad 或 \quad \boldsymbol{R}=\begin{bmatrix}\cos\theta & \sin\theta\\ \sin\theta & -\cos\theta\end{bmatrix}=\begin{bmatrix}\cos\theta & -\sin\theta\\ \sin\theta & \cos\theta\end{bmatrix}\begin{bmatrix}1 & 0\\ 0 & -1\end{bmatrix}.$$

再注意到，行列式为+1即可排除后一种可能. 而从几何上可知，前一个矩阵对应的线性变换正是转动变换. 综上可知，$SO(2)$群就是二维转动群.

例 6.3.2 考虑 $\mathbf{R}^3$ 中，关于 Oxy 平面的反射变换 H，关于原点的反射变换 P，关于 z 轴旋转 180°的变换 Π，易证明这些都是线性变换，且都是正交变换(保持矢量长度不变). 求这些变换关于标准正交基$\{\boldsymbol{i},\boldsymbol{j},\boldsymbol{k}\}$ 的矩阵.

解 由这些变换对基中向量的作用可直接写出其矩阵：

$$\boldsymbol{H}=\begin{bmatrix}1 & & \\ & 1 & \\ & & -1\end{bmatrix},\quad \boldsymbol{P}=\begin{bmatrix}-1 & & \\ & -1 & \\ & & -1\end{bmatrix},\quad \boldsymbol{\Pi}=\begin{bmatrix}-1 & & \\ & -1 & \\ & & 1\end{bmatrix}.$$

由这些矩阵形式可看出 $\boldsymbol{P}=\boldsymbol{H\Pi}$，说明宇称变换等于镜面反射后再旋转 180°.

显然，$\mathbf{R}^3$ 中宇称变换和旋转变换都是保持向量长度不变的线性变换，即都是 $O(3)$中的元素. 反之，从几何上可知任意一个 $O(3)$中的元素必对应一个宇称变换或转动变换或宇称转动联合变换，因为正交变换仍将$\{\boldsymbol{i},\boldsymbol{j},\boldsymbol{k}\}$ 变成标准正交基，或者说，保持长度和夹角均不变，故只能是上述几种操作. 进一步考虑 $SO(3)$的话，注意到

$$\sigma(\boldsymbol{i})\cdot(\sigma(\boldsymbol{j})\times\sigma(\boldsymbol{k}))=\varepsilon_{lmn}\sigma(\boldsymbol{i})_l\sigma(\boldsymbol{j})_m\sigma(\boldsymbol{k})_n=|\sigma|,$$

其中第一个等号是混合积的定义，第二个等号是行列式的定义. 由此可知，对 $SO(3)$的元素，其行列式等于+1，故变换后有 $\sigma(\boldsymbol{i})\cdot(\sigma(\boldsymbol{j})\times\sigma(\boldsymbol{k}))=+1$. 注意到混合积表征了坐标系的手性(左手坐标系还是右手坐标系)，故 $SO(3)$中的元素还保持坐标系手性不变，只能是转动，如图 6.3 所示.

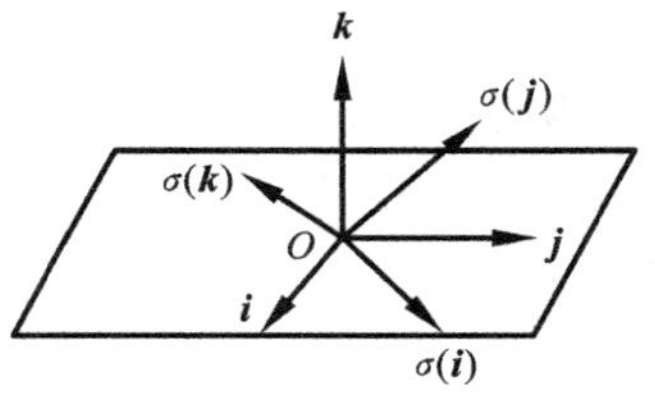

图 6.3 坐标系的手性

综上，三维幺模正交变换群 $SO(3)$就是三维转动变换群.

由上述例子推而广之，更一般的 $SO(n)$变换可认为是 n 维欧氏空间中的转动变换，这是 $SO(n)$群的几何意义.

6.4 对称变换和实对称矩阵

6.4.1 对称变换

除正交变换外，欧氏空间中另一类重要的变换就是对称变换.

定义 6.4.1(对称变换) 设 σ 是欧氏空间 V 上的一个线性变换，若 σ 满足

$$\forall\,\boldsymbol{\alpha},\boldsymbol{\beta}\in V,\quad (\sigma(\boldsymbol{\alpha}),\boldsymbol{\beta})=(\boldsymbol{\alpha},\sigma(\boldsymbol{\beta})),$$

则称 σ 是 V 上的一个对称变换.

对称变换和对称矩阵有如下联系.

定理 6.4.1 欧氏空间 V 上的线性变换 σ 是对称变换的充要条件是 σ 关于 V 的标准正交基的矩阵是实对称矩阵.

证明 必要性. 设 $\{\boldsymbol{\alpha}_i\}$ 为一组标准正交基,并假设 σ 是对称变换,则按定义有

$$(\sigma(\boldsymbol{\alpha}_i),\boldsymbol{\alpha}_j)=(\boldsymbol{\alpha}_i,\sigma(\boldsymbol{\alpha}_j)),$$

于是 σ 在这组基的矩阵 $\boldsymbol{A}$ 满足

$$(\boldsymbol{\alpha}_k a_{ki},\boldsymbol{\alpha}_j)=(\boldsymbol{\alpha}_i,\boldsymbol{\alpha}_l a_{lj}),$$

注意到基的标准正交性,有

$$a_{ji}=a_{ij},$$

故 $\boldsymbol{A}=\boldsymbol{A}^{\mathrm{T}}$.

充分性. 仍设 $\{\boldsymbol{\alpha}_i\}$ 为一组标准正交基,并假设 σ 在这组基下的矩阵 $\boldsymbol{A}$ 满足 $\boldsymbol{A}=\boldsymbol{A}^{\mathrm{T}}$,则我们考虑 $\forall\,\boldsymbol{\alpha},\boldsymbol{\beta}\in V$,设 $\boldsymbol{\alpha}=\sum_i\boldsymbol{\alpha}_i x_i$, $\boldsymbol{\beta}=\sum_j\boldsymbol{\alpha}_j y_j$,则

$$(\sigma(\boldsymbol{\alpha}),\boldsymbol{\beta})=\sum_{ij}x_i(\sigma(\boldsymbol{\alpha}_i),\boldsymbol{\alpha}_j)y_j=\sum_{ij}x_i a_{ji}y_j=\boldsymbol{XA}^{\mathrm{T}}\boldsymbol{Y},$$
$$(\boldsymbol{\alpha},\sigma(\boldsymbol{\beta}))=\sum_{ij}x_i(\boldsymbol{\alpha}_i,\sigma(\boldsymbol{\alpha}_j))y_j=\sum_{ij}x_i a_{ij}y_j=\boldsymbol{XAY}.$$

而 $\boldsymbol{A}^{\mathrm{T}}=\boldsymbol{A}$,故

$$\forall\,\boldsymbol{\alpha},\boldsymbol{\beta}\in V,\quad(\sigma(\boldsymbol{\alpha}),\boldsymbol{\beta})=(\boldsymbol{\alpha},\sigma(\boldsymbol{\beta})),$$

即 σ 为对称变换.

与正交变换不同,对称变换的集合不构成群,实对称矩阵的集合也不构成群,这很容易从下式看出:

$$(\boldsymbol{AB})^{\mathrm{T}}=\boldsymbol{B}^{\mathrm{T}}\boldsymbol{A}^{\mathrm{T}}=\boldsymbol{BA}\neq\boldsymbol{AB},$$
$$\begin{aligned}(\sigma\circ\tau(\boldsymbol{\alpha}),\boldsymbol{\beta})&=(\sigma(\tau(\boldsymbol{\alpha})),\boldsymbol{\beta})=(\tau(\boldsymbol{\alpha}),\sigma(\boldsymbol{\beta}))\\&=(\boldsymbol{\alpha},\tau(\sigma(\boldsymbol{\beta})))=(\boldsymbol{\alpha},\tau\circ\sigma(\boldsymbol{\beta}))\neq(\boldsymbol{\alpha},\sigma\circ\tau(\boldsymbol{\beta})).\end{aligned}$$

欧氏空间中对称变换(以及实对称矩阵)的重要性体现在本征值和本征向量上,具体来说:

(1) 对称变换的本征值一定为实数;

(2) 对称变换的所有本征向量可选为两两正交的单位向量;

(3) 对称变换(实对称矩阵)一定可相似对角化,或者说其本征向量组完备.

由此可见,任一对称变换的本征向量可构成欧氏空间的一个标准正交基,这是对称变换最重要的性质之一. 由于选定标准正交基之后,对称变换和实对称矩阵一一对应,为此,下面我们只考虑实对称矩阵.

6.4.2 实对称矩阵本征值和本征向量的性质

定理 6.4.2 实对称矩阵的本征值全部为实数.

证明 设 $\boldsymbol{AX}=\lambda\boldsymbol{X}$. 由于 $\boldsymbol{A}$ 是实对称矩阵，故 $\boldsymbol{A}=\boldsymbol{A}^{\dagger}=\overline{\boldsymbol{A}^{\mathrm{T}}}$. 则

$$(\boldsymbol{AX})^{\dagger}\boldsymbol{X}=\overline{(\boldsymbol{AX})^{\mathrm{T}}}\boldsymbol{X}=\overline{(\boldsymbol{X}^{\mathrm{T}}\boldsymbol{A}^{\mathrm{T}})}\boldsymbol{X}=(\boldsymbol{X}^{\dagger}\boldsymbol{A}^{\dagger})\boldsymbol{X}=\boldsymbol{X}^{\dagger}(\boldsymbol{AX}),$$

将本征方程代入，有

$$(\lambda\boldsymbol{X})^{\dagger}\boldsymbol{X}=\boldsymbol{X}^{\dagger}(\lambda\boldsymbol{X}),$$

即 $\bar{\lambda}(\boldsymbol{X}^{\dagger}\boldsymbol{X})=\lambda(\boldsymbol{X}^{\dagger}\boldsymbol{X})$. 而 $\boldsymbol{X}^{\dagger}\boldsymbol{X}>0$，故 $\bar{\lambda}=\lambda$.

由于实对称矩阵的本征值都是实数，因此根据本征向量满足的方程 $(\lambda\boldsymbol{I}-\boldsymbol{A})\boldsymbol{X}=\boldsymbol{0}$ 可知，实对称矩阵的本征向量都可选为 $\mathbf{R}^n$ 中的向量(实的列向量). 除非特别指明，以后总假设实对称矩阵的本征向量为实向量.

定理 6.4.3 实对称矩阵的属于不同本征值的本征向量相互正交.

证明 设 $\mu\neq\lambda$ 为两本征值，相应本征方程为

$$\boldsymbol{AX}=\mu\boldsymbol{X},\boldsymbol{AY}=\lambda\boldsymbol{Y}.$$

考虑到

$$(\boldsymbol{AX})^{\mathrm{T}}\boldsymbol{Y}=\boldsymbol{X}^{\mathrm{T}}\boldsymbol{A}^{\mathrm{T}}\boldsymbol{Y}=\boldsymbol{X}^{\mathrm{T}}\boldsymbol{AY}=\boldsymbol{X}^{\mathrm{T}}(\boldsymbol{AY}),$$

将本征方程代入，有

$$(\mu\boldsymbol{X})^{\mathrm{T}}\boldsymbol{Y}=\boldsymbol{X}^{\mathrm{T}}(\lambda\boldsymbol{Y}),$$

或 $(\mu-\lambda)(\boldsymbol{X}^{\mathrm{T}}\boldsymbol{Y})=0$. 注意到 $\mu\neq\lambda$，故必有 $\boldsymbol{X}^{\mathrm{T}}\boldsymbol{Y}=(\boldsymbol{X},\boldsymbol{Y})=0$，即它们正交.

定理 6.4.4 实对称矩阵必可通过正交矩阵相似对角化. 即：设 $\boldsymbol{A}$ 为实对称矩阵，则必存在实正交矩阵 $\boldsymbol{C}$，使 $\boldsymbol{C}^{-1}\boldsymbol{AC}=\boldsymbol{C}^{\mathrm{T}}\boldsymbol{AC}$ 为对角矩阵.

证 用数学归纳法证明. 当 $\boldsymbol{A}$ 的阶 $n=1$ 时，定理显然成立. 假设对 $n-1$ 阶实对称矩阵定理成立，则考虑 n 阶实对称矩阵 $\boldsymbol{A}$. 由前面的定理知 $\boldsymbol{A}$ 至少有一个实本征值和相应的实单位本征向量，设它们分别为 λ_1 和 $\boldsymbol{P}_1$：

$$\boldsymbol{AP}_1=\lambda_1\boldsymbol{P}_1,\quad |\boldsymbol{P}_1|=1,$$

则通过逐步添加向量，可从 $\{\boldsymbol{P}_1\}$ 出发构造 $\mathbf{R}^n$ 的一个基：

$$\{\boldsymbol{P}_1,\boldsymbol{X}_2,\boldsymbol{X}_3,\cdots,\boldsymbol{X}_n\}.$$

通过 Schmidt 标准正交化方法可得到 $\mathbf{R}^n$ 的一个标准正交基：

$$\{\boldsymbol{P}_1,\boldsymbol{P}_2,\boldsymbol{P}_3,\cdots,\boldsymbol{P}_n\}.$$

现在考察 $\boldsymbol{A}$ 作为列向量空间上的线性变换，在这个新的基下的矩阵形式. 为此将该基中的向量按列排成矩阵：

$$\boldsymbol{P}=[\boldsymbol{P}_1\ \boldsymbol{P}_2\cdots\ \boldsymbol{P}_n],\quad \boldsymbol{P}\text{ 为正交矩阵},$$

考察 $\boldsymbol{A}[\boldsymbol{P}_1\ \boldsymbol{P}_2\cdots\ \boldsymbol{P}_n]=\boldsymbol{AP}$，并注意到 $\boldsymbol{P}_1$ 为 $\boldsymbol{A}$ 的本征向量，可知

$$\boldsymbol{AP}=[\boldsymbol{AP}_1\ \boldsymbol{AP}_2\cdots\ \boldsymbol{AP}_n]=[\boldsymbol{P}_1\ \boldsymbol{P}_2\cdots\ \boldsymbol{P}_n]\boldsymbol{B}=\boldsymbol{PB},$$

其中 $\boldsymbol{B}$ 具有如下结构：

$$\boldsymbol{B}=\begin{bmatrix}\lambda_1 & * & \cdots & * \\ 0 & * & \cdots & * \\ \vdots & \vdots & & \vdots \\ 0 & * & \cdots & *\end{bmatrix}.$$

而进一步注意到 $\boldsymbol{B}=\boldsymbol{P}^{-1}\boldsymbol{A}\boldsymbol{P}=\boldsymbol{P}^{\mathrm{T}}\boldsymbol{A}\boldsymbol{P}$，故 $\boldsymbol{B}$ 亦为实对称矩阵，即

$$\boldsymbol{B}=\begin{bmatrix}\lambda_1 & 0 & \cdots & 0\\ 0 & * & \cdots & *\\ \vdots & \vdots & & \vdots\\ 0 & * & \cdots & *\end{bmatrix}=\begin{bmatrix}\lambda_1 & \boldsymbol{O}\\ \boldsymbol{O} & \boldsymbol{B}_{n-1}\end{bmatrix},\quad \boldsymbol{B}_{n-1}\text{为 } n-1 \text{ 阶实对称矩阵},$$

而由归纳假设知 $\boldsymbol{B}_{n-1}$ 可对角化：

$$\boldsymbol{B}_{n-1}=\boldsymbol{Q}_{n-1}^{-1}\boldsymbol{\Lambda}_{n-1}\boldsymbol{Q}_{n-1}=\boldsymbol{Q}_{n-1}^{\mathrm{T}}\boldsymbol{\Lambda}_{n-1}\boldsymbol{Q}_{n-1},$$

于是令 $\boldsymbol{Q}=\begin{bmatrix}1 & \boldsymbol{O}\\ \boldsymbol{O} & \boldsymbol{Q}_{n-1}\end{bmatrix}$，则 $\boldsymbol{Q}$ 为实正交矩阵 $\boldsymbol{Q}^{-1}=\boldsymbol{Q}^{\mathrm{T}}$，且

$$\boldsymbol{Q}^{-1}\boldsymbol{B}\boldsymbol{Q}=\begin{bmatrix}\lambda_1 & \boldsymbol{O}\\ \boldsymbol{O} & \boldsymbol{Q}_{n-1}^{-1}\boldsymbol{B}_{n-1}\boldsymbol{Q}_{n-1}\end{bmatrix}=\boldsymbol{\Lambda}_n.$$

因此
$$\boldsymbol{Q}^{-1}\boldsymbol{P}^{-1}\boldsymbol{A}\boldsymbol{P}\boldsymbol{Q}=\boldsymbol{Q}^{-1}\boldsymbol{B}\boldsymbol{Q}=\boldsymbol{\Lambda}_n,$$
其中 $\boldsymbol{P}\boldsymbol{Q}$ 为正交矩阵. 故令 $\boldsymbol{C}=\boldsymbol{P}\boldsymbol{Q}$，定理即得证.

推论 6.4.1　实对称矩阵的任意一个本征值 λ 的重数 s_λ，与该本征值 λ 对应的本征子空间 E_λ 的维数 $\dim E_\lambda$ 相等，即

$$s_\lambda=\dim E_\lambda.$$

由上面几个定理，用正交矩阵对角化实对称矩阵(即对实对称矩阵 $\boldsymbol{A}$，求正交矩阵 $\boldsymbol{P}$，使得 $\boldsymbol{P}^{-1}\boldsymbol{A}\boldsymbol{P}=\boldsymbol{P}^{\mathrm{T}}\boldsymbol{A}\boldsymbol{P}=\mathrm{diag}(\lambda_1,\lambda_2,\cdots,\lambda_n)$)的步骤如下.

(1) 由本征方程 $|\lambda\boldsymbol{I}-\boldsymbol{A}|=0$，求出 n 阶矩阵 $\boldsymbol{A}$ 的所有不同本征值 $\lambda_1,\lambda_2,\cdots,\lambda_m$，以及它们的重数 $s_1,s_2,\cdots,s_m$. 显然应有 $\lambda_i\in\mathbf{R}$，且 $\sum\limits_{i=1}^{m}s_i=n$.

(2) 对每一个 λ_i，由线性齐次方程组 $(\lambda_i\boldsymbol{I}-\boldsymbol{A})\boldsymbol{X}=\boldsymbol{0}$，求其基础解系：$\boldsymbol{X}_{i_1},\boldsymbol{X}_{i_2},\cdots,\boldsymbol{X}_{i_{s_i}}$. 再用 Schmidt 方法将其标准正交化为 $\boldsymbol{P}_{i_1},\boldsymbol{P}_{i_2},\cdots,\boldsymbol{P}_{i_{s_i}}$.

(3) 将求出的全部 n 个相互正交的单位本征向量排成矩阵：

$$\boldsymbol{P}=[\boldsymbol{P}_{1_1}\ \boldsymbol{P}_{1_2}\cdots\boldsymbol{P}_{1_{s_1}}\ \ \boldsymbol{P}_{2_1}\ \boldsymbol{P}_{2_2}\cdots\boldsymbol{P}_{2_{s_2}}\cdots\boldsymbol{P}_{m_1}\ \boldsymbol{P}_{m_2}\cdots\boldsymbol{P}_{m_{s_m}}],$$

则 $\boldsymbol{P}$ 为正交矩阵，$\boldsymbol{P}^{-1}=\boldsymbol{P}^{\mathrm{T}}$，且

$$\begin{aligned}\boldsymbol{A}\boldsymbol{P}&=[\boldsymbol{A}\boldsymbol{P}_{1_1}\cdots\boldsymbol{A}\boldsymbol{P}_{1_{s_1}}\ \ \boldsymbol{A}\boldsymbol{P}_{2_1}\cdots\boldsymbol{A}\boldsymbol{P}_{2_{s_2}}\cdots\boldsymbol{A}\boldsymbol{P}_{m_1}\cdots\boldsymbol{A}\boldsymbol{P}_{m_{s_m}}]\\&=[\lambda_1\boldsymbol{P}_{1_1}\cdots\lambda_1\boldsymbol{P}_{1_{s_1}}\ \ \lambda_2\boldsymbol{P}_{2_1}\cdots\lambda_2\boldsymbol{P}_{2_{s_2}}\cdots\lambda_m\boldsymbol{P}_{m_1}\cdots\lambda_m\boldsymbol{P}_{m_{s_m}}]\\&=\boldsymbol{P}\mathrm{diag}(\lambda_1\cdots\lambda_1\ \lambda_2\cdots\lambda_2\cdots\lambda_m\cdots\lambda_m)=\boldsymbol{P}\boldsymbol{\Lambda}\end{aligned}$$

即
$$\boldsymbol{P}^{-1}\boldsymbol{A}\boldsymbol{P}=\boldsymbol{P}^{\mathrm{T}}\boldsymbol{A}\boldsymbol{P}=\boldsymbol{\Lambda}.$$

例 6.4.1　用正交矩阵分别将 $\boldsymbol{A}$ 和 $\boldsymbol{B}$ 相似对角化，其中

$$\boldsymbol{A}=\begin{bmatrix}2 & 1 & 1\\ 1 & 2 & 1\\ 1 & 1 & 2\end{bmatrix},\quad \boldsymbol{B}=\begin{bmatrix}1 & 2 & 0\\ 2 & 2 & -2\\ 0 & -2 & 3\end{bmatrix}.$$

解　对矩阵 $\boldsymbol{A}$,容易求出其本征值分别为 $\lambda_1=4,\lambda_{2,3}=1$. 对 $\lambda_1=4$,可求出其一个本征向量为

$$\boldsymbol{X}_1=[1\quad 1\quad 1]^{\mathrm{T}},$$

直接将其归一化得到

$$\boldsymbol{P}_1=\frac{1}{\sqrt{3}}[1\quad 1\quad 1]^{\mathrm{T}}.$$

对 $\lambda_{2,3}=1$,可求出其两个线性无关的本征向量

$$\boldsymbol{X}_2=[1\quad 0\quad -1]^{\mathrm{T}},\quad \boldsymbol{X}_3=[0\quad 1\quad -1]^{\mathrm{T}}$$

由标准正交化手续可构造:

$$\boldsymbol{P}_2=\boldsymbol{X}_2/|\boldsymbol{X}_2|=\frac{1}{\sqrt{2}}[1\quad 0\quad -1]^{\mathrm{T}},$$

$$\begin{aligned}\boldsymbol{P}'_3&=\boldsymbol{X}_3-(\boldsymbol{P}_2,\boldsymbol{X}_3)\boldsymbol{P}_2=[0\quad 1\quad -1]^{\mathrm{T}}-\frac{1}{\sqrt{2}}(0+0+1)\frac{1}{\sqrt{2}}[1\quad 0\quad -1]^{\mathrm{T}}\\&=\frac{1}{2}[-1\quad 2\quad -1]^{\mathrm{T}},\end{aligned}$$

$$\boldsymbol{P}_3=\boldsymbol{P}'_3/|\boldsymbol{P}'_3|=\frac{1}{\sqrt{6}}[-1\quad 2\quad -1]^{\mathrm{T}}.$$

故
$$\boldsymbol{P}=[\boldsymbol{P}_1\quad \boldsymbol{P}_2\quad \boldsymbol{P}_3]=\begin{bmatrix}\frac{1}{\sqrt{3}} & \frac{1}{\sqrt{2}} & -\frac{1}{\sqrt{6}}\\ \frac{1}{\sqrt{3}} & 0 & \frac{2}{\sqrt{6}}\\ \frac{1}{\sqrt{3}} & -\frac{1}{\sqrt{2}} & -\frac{1}{\sqrt{6}}\end{bmatrix}$$

即为所求,其满足 $\boldsymbol{P}^{-1}\boldsymbol{A}\boldsymbol{P}=\mathrm{diag}(4,1,1)$. 对矩阵 $\boldsymbol{B}$ 可类似求解,请读者自行完成计算.

例 6.4.2　两个 n 阶实对称矩阵 $\boldsymbol{A},\boldsymbol{B}$ 可对易(即 $\boldsymbol{AB}=\boldsymbol{BA}$)的充要条件是,$\boldsymbol{A}$ 和 $\boldsymbol{B}$ 可具有相同的完备本征向量组,或者说,$\boldsymbol{A}$ 和 $\boldsymbol{B}$ 可同时对角化(用同一个相似变换矩阵对角化).

证明　这是定理 5.4.6 的特殊情况. 为避免使用引理 5.4.1 及不变子空间等术语,这里我们给出一个纯矩阵的证明.

充分性. 方法一. 设 $\boldsymbol{A},\boldsymbol{B}$ 可同时对角化,则 $\boldsymbol{P}^{-1}\boldsymbol{A}\boldsymbol{P}=\boldsymbol{F}_1\boldsymbol{P}^{-1}\boldsymbol{B}\boldsymbol{P}=\boldsymbol{F}_2$,故 $\boldsymbol{AB}-\boldsymbol{BA}=\boldsymbol{P}(\boldsymbol{F}_1\boldsymbol{F}_2-\boldsymbol{F}_2\boldsymbol{F}_1)\boldsymbol{P}^{-1}$.

方法二. 设 $\boldsymbol{A},\boldsymbol{B}$ 有共同的线性无关的完备的本征向量组 $\{\boldsymbol{P}_1,\boldsymbol{P}_2,\cdots,\boldsymbol{P}_n\}$,对应的本征值分别是 λ_i 和 $\mu_i(i=1,2,\cdots,n)$,则 $(\boldsymbol{AB}-\boldsymbol{BA})\boldsymbol{P}_i=(\lambda_i\mu_i-\mu_i\lambda_i)\boldsymbol{P}_i=\boldsymbol{O}$. 而注意到本征向量组的完备性,$\forall\, \boldsymbol{X}\in\mathbf{R}^n$ 有 $\boldsymbol{X}=k_i\boldsymbol{P}_i$,故 $(\boldsymbol{AB}-\boldsymbol{BA})\boldsymbol{X}=\boldsymbol{O}$. 由于 $\boldsymbol{X}$ 任意,故 $\boldsymbol{AB}-\boldsymbol{BA}=\boldsymbol{O}$.

必要性. 假设 $\boldsymbol{AB}=\boldsymbol{BA}$，由于 $\boldsymbol{A},\boldsymbol{B}$ 均是实对称矩阵且均可对角化. 不妨设 $\boldsymbol{A}$ 的一组线性无关本征向量组为 $\{\boldsymbol{P}_1,\boldsymbol{P}_2,\cdots,\boldsymbol{P}_n\}$，对应本征值为 $\lambda_1,\lambda_2,\cdots,\lambda_n$.

(1) 若 λ_i 非 $\boldsymbol{A}$ 的重本征值，则

$$\boldsymbol{A}(\boldsymbol{BP}_i)=(\boldsymbol{AB})\boldsymbol{P}_i=(\boldsymbol{BA})\boldsymbol{P}_i=\boldsymbol{B}(\boldsymbol{AP}_i)=\boldsymbol{B}(\lambda_i\boldsymbol{P}_i)=\lambda_i(\boldsymbol{BP}_i),$$

故 $\boldsymbol{BP}_i\in E_{\lambda_i}$，即 $\boldsymbol{BP}_i=\mu_i\boldsymbol{P}_i$，$\boldsymbol{P}_i$ 亦是 $\boldsymbol{B}$ 的本征向量.

(2) 若 λ_i 是 $\boldsymbol{A}$ 的重本征值，设重数为 s_i，则 $\{\boldsymbol{P}_1,\boldsymbol{P}_2,\cdots,\boldsymbol{P}_n\}$ 中对应 λ_i 的本征向量必有 s_i 个，将其重新标记为 $\boldsymbol{q}_{i_1},\boldsymbol{q}_{i_2},\cdots,\boldsymbol{q}_{i_s}$，它们张成 E_{λ_i}. 则同样由 $\boldsymbol{ABq}_{i_j}=\boldsymbol{BAq}_{i_j}=\lambda_i\boldsymbol{Bq}_{i_j}$ 可知 $\boldsymbol{Bq}_{i_1},\boldsymbol{Bq}_{i_2},\cdots,\boldsymbol{Bq}_{i_s}\in E_{\lambda_i}$，即可将 $\boldsymbol{B}$ 作为子空间 E_{λ_i} 上的线性变换. 但一般地，$\boldsymbol{Bq}_{i_l}\neq\mu_i\boldsymbol{q}_{i_l}$. 为此选取线性叠加：

$$\tilde{\boldsymbol{q}}_i=\sum_{k=1}^{s_i}x_k\boldsymbol{q}_{i_k}.$$

使得叠加后成为 $\boldsymbol{B}$ 的本征向量，即要求 $\boldsymbol{B}\tilde{\boldsymbol{q}}_i=\mu\tilde{\boldsymbol{q}}_i$. 则与 $\boldsymbol{q}_{i_m}$ 做内积，有

$$(\boldsymbol{q}_{i_m},\boldsymbol{B}\tilde{\boldsymbol{q}}_i)=\mu(\boldsymbol{q}_{i_m}\tilde{\boldsymbol{q}}_i)\Rightarrow\sum_{k=1}^{s_i}(\boldsymbol{q}_{i_m}^{\mathrm{T}}\boldsymbol{Bq}_{i_k})x_k=\sum_{k=1}^{s_i}\mu\delta_{mk}x_k.$$

如果将 $\boldsymbol{q}_{i_m}^{\mathrm{T}}\boldsymbol{Bq}_{i_k}$ 记作 c_{mk}，则由 $\boldsymbol{B}=\boldsymbol{B}^{\mathrm{T}}\Rightarrow c_{ml}=c_{lm}$. 故排成 $s_i\times s_i$ 矩阵 $\boldsymbol{C}$ 之后有 $\boldsymbol{C}^{\mathrm{T}}=\boldsymbol{C}$，为实对称矩阵. 再引入 $\boldsymbol{X}=[x_1\quad\cdots\quad x_{s_i}]^{\mathrm{T}}$，则上述方程可改写为

$$\boldsymbol{CX}=\mu\boldsymbol{X}\Rightarrow(\mu\boldsymbol{I}-\boldsymbol{C})\boldsymbol{X}=\boldsymbol{O}.$$

由于实对称矩阵 $\boldsymbol{C}$ 必有 s_i 个线性无关的本征向量 $\boldsymbol{X}$，故必存在 s_i 个线性无关的 $\tilde{\boldsymbol{q}}_i$，使其同时是 $\boldsymbol{A}$ 和 $\boldsymbol{B}$ 的本征向量. 上述论证相当于考察 $\boldsymbol{B}$ 在 E_{λ_i} 的这一组基下的矩阵的本征向量问题.

综上，$\boldsymbol{A}$ 的全部 n 个线性无关的本征值可重新线性组合为 n 个 $\boldsymbol{A}$ 和 $\boldsymbol{B}$ 共同的线性无关的本征向量，即 $\boldsymbol{A},\boldsymbol{B}$ 可同时对角化.

例 6.4.3 设 V 是一个欧氏空间，$\boldsymbol{\gamma}\in V$ 是一固定的非零向量，则定义 σ 如下：

$$\forall\,\boldsymbol{\alpha}\in V,\quad\sigma(\boldsymbol{\alpha})=\boldsymbol{\alpha}-2\frac{(\boldsymbol{\alpha},\boldsymbol{\gamma})}{(\boldsymbol{\gamma},\boldsymbol{\gamma})}\boldsymbol{\gamma}.$$

求证：σ 是 V 的一个正交变换，且 $\sigma^2=\varepsilon$，ε 是恒等变换.

证明 可直接按定义计算 $(\sigma(\boldsymbol{\alpha}),\sigma(\boldsymbol{\alpha}))$，但注意到该变换的几何意义，可简化证明. 从几何上看，由于 $\boldsymbol{\alpha}-\dfrac{(\boldsymbol{\alpha},\boldsymbol{\gamma})}{(\boldsymbol{\gamma},\boldsymbol{\gamma})}\boldsymbol{\gamma}$ 与 $\boldsymbol{\gamma}$ 正交，故这是 $\boldsymbol{\alpha}$ 关于 $\boldsymbol{\alpha}$ 到 $\boldsymbol{\gamma}$ 的垂线的反射变换.

首先，由定义容易验证，σ 为线性变换. 其次，$\forall\,\boldsymbol{\alpha}\in V$，令

$$\boldsymbol{\beta}_1=\boldsymbol{\alpha}-\frac{(\boldsymbol{\alpha},\boldsymbol{\gamma})}{(\boldsymbol{\gamma},\boldsymbol{\gamma})}\boldsymbol{\gamma},\quad\boldsymbol{\beta}_2=\frac{(\boldsymbol{\alpha},\boldsymbol{\gamma})}{(\boldsymbol{\gamma},\boldsymbol{\gamma})}\boldsymbol{\gamma},$$

则

$$\boldsymbol{\alpha}=\boldsymbol{\beta}_1+\boldsymbol{\beta}_2,\quad\sigma(\boldsymbol{\alpha})=\boldsymbol{\beta}_1-\boldsymbol{\beta}_2.$$

容易验证 $(\boldsymbol{\beta}_1,\boldsymbol{\beta}_2)=0$，则有

$$(\sigma(\boldsymbol{\alpha}),\sigma(\boldsymbol{\alpha}))=(\boldsymbol{\beta}_1,\boldsymbol{\beta}_1)+(\boldsymbol{\beta}_2,\boldsymbol{\beta}_2)=(\boldsymbol{\alpha},\boldsymbol{\alpha}),$$

故 σ 为正交变换.

为计算 σ^2，可将其对任意向量 $\boldsymbol{\alpha}$ 映射：

$$\sigma^2(\boldsymbol{\alpha})=\sigma(\sigma(\boldsymbol{\alpha}))=\sigma\left(\boldsymbol{\alpha}-2\frac{(\boldsymbol{\alpha},\boldsymbol{\gamma})}{(\boldsymbol{\gamma},\boldsymbol{\gamma})}\boldsymbol{\gamma}\right)=\left(\boldsymbol{\alpha}-2\frac{(\boldsymbol{\alpha},\boldsymbol{\gamma})}{(\boldsymbol{\gamma},\boldsymbol{\gamma})}\boldsymbol{\gamma}\right)-2\frac{\left(\boldsymbol{\alpha}-2\frac{(\boldsymbol{\alpha},\boldsymbol{\gamma})}{(\boldsymbol{\gamma},\boldsymbol{\gamma})}\boldsymbol{\gamma},\boldsymbol{\gamma}\right)}{(\boldsymbol{\gamma},\boldsymbol{\gamma})}\boldsymbol{\gamma}$$

$$=\boldsymbol{\alpha}-2\frac{(\boldsymbol{\alpha},\boldsymbol{\gamma})}{(\boldsymbol{\gamma},\boldsymbol{\gamma})}\boldsymbol{\gamma}-2\frac{(\boldsymbol{\alpha},\boldsymbol{\gamma})}{(\boldsymbol{\gamma},\boldsymbol{\gamma})}\boldsymbol{\gamma}+4\frac{(\boldsymbol{\alpha},\boldsymbol{\gamma})}{(\boldsymbol{\gamma},\boldsymbol{\gamma})}\frac{(\boldsymbol{\gamma},\boldsymbol{\gamma})}{(\boldsymbol{\gamma},\boldsymbol{\gamma})}\boldsymbol{\gamma}=\boldsymbol{\alpha}.$$

故 $\sigma^2=\varepsilon$.

例 6.4.4　证明：实正交矩阵本征值的复数模为 1.

证明　设 $\boldsymbol{A}^{\mathrm{T}}\boldsymbol{A}=\boldsymbol{I},\boldsymbol{AX}=\lambda\boldsymbol{X}$，则考虑上式的转置复共轭（注意：考虑转置不够，因为 λ 和 $\boldsymbol{X}$ 都可能含有复数）：

$$\boldsymbol{X}^{\dagger}\boldsymbol{A}^{\dagger}=\bar{\lambda}\boldsymbol{X}^{\dagger}.$$

故 $\boldsymbol{X}^{\dagger}\boldsymbol{A}^{\dagger}\boldsymbol{AX}=\bar{\lambda}\boldsymbol{X}^{\dagger}\lambda\boldsymbol{X}$，注意到 $\boldsymbol{A}$ 的实正交性 $\boldsymbol{A}^{\dagger}\boldsymbol{A}=\boldsymbol{I}$，有 $\boldsymbol{X}^{\dagger}\boldsymbol{X}=(\bar{\lambda}\lambda)\boldsymbol{X}^{\dagger}\boldsymbol{X}$. 由于 $\boldsymbol{X}$ 不是零向量，故

$$\boldsymbol{X}^{\dagger}\boldsymbol{X}=|x_1|^2+|x_2|^2+\cdots+|x_n|^2>0,$$

故 $\bar{\lambda}\lambda=1$，即 $|\lambda|=1$.

6.5　幺正空间

6.5.1　复内积、幺正空间

前面讨论了欧氏空间，即定义了内积的实线性空间，实际上通过恰当定义内积可将欧氏空间的很多结论都推广到复线性空间，即幺正空间（亦称为酉空间）. 当限制数域为实数域时，幺正空间的所有结论都退化为欧氏空间中相应的结论，因此欧氏空间可看作是幺正空间的特例. 幺正空间的理论完全类似于欧氏空间，很多定理证明也几乎相同. 与其他章节一样，我们默认讨论有限维幺正空间. 对于无限维内积空间，有限维内积空间的很多结论并不能直接推广，这部分内容请参考泛函分析的文献，如文献[13]、[14].

定义 6.5.1（内积）　设 V 是复数域 $\mathbf{C}$ 上的线性空间. 若 $\forall\,\boldsymbol{\alpha},\boldsymbol{\beta}\in V$，有唯一确定的一个复数（记作 $(\boldsymbol{\alpha},\boldsymbol{\beta})$）与之对应，且满足

(1) $(\boldsymbol{\alpha},\boldsymbol{\beta})=\overline{(\boldsymbol{\beta},\boldsymbol{\alpha})}$，其中"$\overline{\quad}$"表示共轭复数，即复共轭；

(2) $(\boldsymbol{\gamma},\boldsymbol{\alpha}+\boldsymbol{\beta})=(\boldsymbol{\gamma},\boldsymbol{\alpha})+(\boldsymbol{\gamma},\boldsymbol{\beta})$；

(3) $(\boldsymbol{\alpha},k\boldsymbol{\beta})=k(\boldsymbol{\alpha},\boldsymbol{\beta})$；

(4) $\forall\,\boldsymbol{\alpha}\neq\boldsymbol{0}$，$(\boldsymbol{\alpha},\boldsymbol{\alpha})$ 为正实数.

则称 $(\boldsymbol{\alpha},\boldsymbol{\beta})$ 为向量 $\boldsymbol{\alpha}$, $\boldsymbol{\beta}$ 的内积，对这个内积来说 V 称为复内积空间，或称为幺正空间（酉空间）.

尤其注意定义 6.5.1 中第(1)条与欧氏空间的区别. 这条性质保证了$(\boldsymbol{\alpha},\boldsymbol{\alpha})$恒为实数. 由上述定义可知,当限定在 $\mathbf{R}$ 上讨论时,上述定义退化为欧氏空间的内积. 即欧氏空间是幺正空间的特例. 与欧氏空间类似,引入内积后,每个向量 $\boldsymbol{\alpha}$ 也可看作是线性空间上的一个线性泛函,其对向量 $\boldsymbol{\beta}$ 的映射通过内积来定义:$\boldsymbol{\alpha}(\boldsymbol{\beta})=(\boldsymbol{\alpha},\boldsymbol{\beta})$. 在这个意义下,引入内积后,线性空间的对偶空间即是该线性空间自身.

直接由定义可验证复内积的如下性质.

定理 6.5.1 设 V 是一幺正空间,则

(1) $(\boldsymbol{\alpha}+\boldsymbol{\beta},\boldsymbol{\gamma})=(\boldsymbol{\alpha},\boldsymbol{\gamma})+(\boldsymbol{\beta},\boldsymbol{\gamma})$;

(2) $(k\boldsymbol{\alpha},\boldsymbol{\beta})=\bar{k}(\boldsymbol{\alpha},\boldsymbol{\beta})$ (由之可得$(\boldsymbol{\alpha},\mathbf{0})=(\mathbf{0},\boldsymbol{\alpha})=0$);

(3) $(\boldsymbol{\alpha},\boldsymbol{\alpha})=0$ 当且仅当 $\boldsymbol{\alpha}=\mathbf{0}$.

为了后面需要,这里对复矩阵的厄米共轭进行如下定义.

定义 6.5.2(厄米共轭矩阵) 设 $\boldsymbol{A}\in\mathbf{C}^{m\times n}$,则$\overline{\boldsymbol{A}^{\mathrm{T}}}$称为 $\boldsymbol{A}$ 的厄米共轭矩阵,记作$\boldsymbol{A}^{\dagger}$,即 $\boldsymbol{A}^{\dagger}=\overline{\boldsymbol{A}^{\mathrm{T}}}$.

由转置运算的性质易推出厄米共轭运算的性质:

$$(\boldsymbol{A}+\boldsymbol{B})^{\dagger}=\boldsymbol{A}^{\dagger}+\boldsymbol{B}^{\dagger},\quad (k\boldsymbol{A})^{\dagger}=\bar{k}\boldsymbol{A}^{\dagger},$$

$$(\boldsymbol{A}\boldsymbol{B})^{\dagger}=\boldsymbol{B}^{\dagger}\boldsymbol{A}^{\dagger},\quad (\boldsymbol{A}_1\quad \boldsymbol{A}_2\quad \cdots\quad \boldsymbol{A}_n)^{\dagger}=\boldsymbol{A}_n^{\dagger}\cdots\boldsymbol{A}_2^{\dagger}\boldsymbol{A}_1^{\dagger}.$$

定义 6.5.3(厄米矩阵) 设 $\boldsymbol{A}\in\mathbf{C}^{n\times n}$,若 $\boldsymbol{A}=\boldsymbol{A}^{\dagger}$,则称 $\boldsymbol{A}$ 为一个厄米矩阵.

按定义,厄米矩阵满足 $\boldsymbol{A}=\overline{\boldsymbol{A}^{\mathrm{T}}}$,即 $a_{ij}=\overline{a_{ji}}$. 亦即对角元为实数,关于对角线对称位置的非对角元互为复共轭.

例 6.5.1 在 $\mathbf{C}^n$ 中,$\boldsymbol{X}=[x_1\quad x_2\quad \cdots\quad x_n]^{\mathrm{T}}$,$\boldsymbol{Y}=[y_1\quad y_2\quad \cdots\quad y_n]^{\mathrm{T}}$,若规定:

$$(\boldsymbol{X},\boldsymbol{Y})=\sum_{i=1}^{n}\overline{x_i}y_i=\boldsymbol{X}^{\dagger}\boldsymbol{Y}.$$

由定义容易验证这是 $\mathbf{C}^n$ 的一个内积,故 $\mathbf{C}^n$ 对这样定义的内积来说构成了一个幺正空间.

例 6.5.2 在 $\mathbf{C}^n$ 中若规定:

$$(\boldsymbol{X},\boldsymbol{Y})=\sum_{l=k}^{n}k\,\overline{x_k}y_k.$$

则容易证明这也是 $\mathbf{C}^n$的一个内积,故 $\mathbf{C}^n$ 对这样定义的内积来说也构成了一个幺正空间.

上述例子表明,同一个复线性空间可定义不同的内积使之成为不同的幺正空间. 这里约定,以后凡是提到幺正空间 $\mathbf{C}^n$ 时,恒指对例 6.5.1 的内积.

例 6.5.3 复值函数 $f(x),g(x)\in C[a,b]$(即闭区间$[a,b]$上的复值连续函数),规定:

$$(f,g)=\int_a^b\overline{f(x)}g(x)\omega(x)\mathrm{d}x,$$

其中 $\omega(x)$ 为 $[a,b]$ 上恒正的函数(称为权重函数)，则可验证这是一个内积. 故线性空间 $C[a,b]$ 对上述内积构成一个幺正空间.

6.5.2 度规矩阵

设 V 是 n 维幺正空间，$\{\boldsymbol{\alpha}_1,\boldsymbol{\alpha}_2,\cdots,\boldsymbol{\alpha}_n\}$ 是一个基，则令 $a_{ij}=(\boldsymbol{\alpha}_i,\boldsymbol{\alpha}_j)$，可得到一个厄米矩阵：

$$\boldsymbol{A}=\begin{bmatrix} a_{11} & a_{12} & \cdots & a_{1n} \\ a_{21} & a_{22} & \cdots & a_{2n} \\ \vdots & \vdots & & \vdots \\ a_{n1} & a_{n2} & \cdots & a_{nn} \end{bmatrix}=\begin{bmatrix} (\boldsymbol{\alpha}_1,\boldsymbol{\alpha}_1) & (\boldsymbol{\alpha}_1,\boldsymbol{\alpha}_2) & \cdots & (\boldsymbol{\alpha}_1,\boldsymbol{\alpha}_n) \\ (\boldsymbol{\alpha}_2,\boldsymbol{\alpha}_1) & (\boldsymbol{\alpha}_2,\boldsymbol{\alpha}_2) & \cdots & (\boldsymbol{\alpha}_2,\boldsymbol{\alpha}_n) \\ \vdots & \vdots & & \vdots \\ (\boldsymbol{\alpha}_n,\boldsymbol{\alpha}_1) & (\boldsymbol{\alpha}_n,\boldsymbol{\alpha}_2) & \cdots & (\boldsymbol{\alpha}_n,\boldsymbol{\alpha}_n) \end{bmatrix},$$

称作幺正空间在基 $\{\boldsymbol{\alpha}_1,\boldsymbol{\alpha}_2,\cdots,\boldsymbol{\alpha}_n\}$ 下的度规矩阵(或度量矩阵).

与欧氏空间类似，当给定一个基后，由内积就可以完全确定度规矩阵. 反之，给定一个基下的度规矩阵，也可以完全确定内积. 这是由于

$$(\boldsymbol{\alpha},\boldsymbol{\beta}) = \left(\sum_{i=1}^{n} x_i\boldsymbol{\alpha}_i, \sum_{i=1}^{n} y_i\boldsymbol{\alpha}_i\right) = \sum_{ij} \overline{x_i}(\boldsymbol{\alpha}_i,\boldsymbol{\alpha}_j)y_j = \boldsymbol{X}^{\dagger}\boldsymbol{A}\boldsymbol{Y}.$$

度规矩阵依赖于基的选择，类似欧氏空间的情况，可证明：设两组基之间的过渡矩阵为 $\boldsymbol{C}$，则度规矩阵 $\boldsymbol{A}$ 的变换为 $\boldsymbol{A}\to\boldsymbol{C}^{\dagger}\boldsymbol{A}\boldsymbol{C}$.

例 6.5.4 证明：$\{\boldsymbol{\alpha}_1=[1\quad 1+\mathrm{i}\quad -1]^{\mathrm{T}},\boldsymbol{\alpha}_2=[1-\mathrm{i}\quad -1\quad 2-\mathrm{i}]^{\mathrm{T}},\boldsymbol{\alpha}_3=[\mathrm{i}\quad 2+\mathrm{i}\quad 3]^{\mathrm{T}}\}$ 是 $\mathbf{C}^3$ 的一组基，并写出幺正空间 $\mathbf{C}^3$ 在该基下的度规矩阵.

解 由于向量的个数等于空间的维数，故要证明其构成基，只需证明线性无关即可. 注意到

$$|[\boldsymbol{\alpha}_1\quad \boldsymbol{\alpha}_2\quad \boldsymbol{\alpha}_3]|=-18+3\mathrm{i}\neq 0,$$

故它们线性无关，构成一组基. 要求度规矩阵需先依次求基之间的内积：

$$(\boldsymbol{\alpha}_1,\boldsymbol{\alpha}_1)=4,\quad (\boldsymbol{\alpha}_1,\boldsymbol{\alpha}_2)=-2+\mathrm{i},\quad (\boldsymbol{\alpha}_1,\boldsymbol{\alpha}_3)=0,$$
$$(\boldsymbol{\alpha}_2,\boldsymbol{\alpha}_2)=8,\quad (\boldsymbol{\alpha}_2,\boldsymbol{\alpha}_3)=3+3\mathrm{i}$$
$$(\boldsymbol{\alpha}_3,\boldsymbol{\alpha}_3)=15.$$

故这组基下的度规矩阵为

$$\boldsymbol{A}=\begin{bmatrix} 4 & -2+\mathrm{i} & 0 \\ -2-\mathrm{i} & 8 & 3+3\mathrm{i} \\ 0 & 3-3\mathrm{i} & 15 \end{bmatrix}.$$

6.5.3 模、正交、标准正交基

欧氏空间中的向量的模的概念也可推广到幺正空间.

定义 6.5.4(模) 幺正空间中，$\sqrt{(\boldsymbol{\alpha},\boldsymbol{\alpha})}$ 称为向量 $\boldsymbol{\alpha}$ 的模或长度，记作 $|\boldsymbol{\alpha}|$.

由定义可看出，零向量 $\mathbf{0}$ 的长度为 0，非零向量的长度为一正实数.

定义 6.5.5(单位向量)　模等于 1 的向量称单位向量.

例 6.5.5　幺正空间 $\mathbf{C}^n$ 中,有

$$|\boldsymbol{X}|=\sqrt{\boldsymbol{X}^{\dagger}\boldsymbol{X}}=\sqrt{|x_1|^2+|x_2|^2+\cdots+|x_n|^2}.$$

例 6.5.6　复值连续函数空间 $C[a,b]$中,有

$$\|f(x)\|=\sqrt{\int_a^b|f(x)|^2\mathrm{d}x}.$$

这里为了与绝对值区分,使用了双竖线"$\|\ \|$"表示模.

幺正空间中模满足如下定理.

定理 6.5.2　幺正空间 V 中,有

(1) $|k\boldsymbol{\alpha}|=|k||\boldsymbol{\alpha}|$.

(2) 柯西不等式:$|(\boldsymbol{\alpha},\boldsymbol{\beta})|\leqslant|\boldsymbol{\alpha}||\boldsymbol{\beta}|$,当且仅当 $\boldsymbol{\alpha},\boldsymbol{\beta}$ 线性相关时等号成立.

(3) 三角不等式:$|\boldsymbol{\alpha}+\boldsymbol{\beta}|\leqslant|\boldsymbol{\alpha}|+|\boldsymbol{\beta}|$,当且仅当 $\boldsymbol{\alpha},\boldsymbol{\beta}$ 线性相关时等号成立.

证明　(1) $|k\boldsymbol{\alpha}|=\sqrt{(k\boldsymbol{\alpha},k\boldsymbol{\alpha})}=\sqrt{|k|^2(\boldsymbol{\alpha},\boldsymbol{\alpha})}=|k||\boldsymbol{\alpha}|$.

(2) 线性相关时,易证等号成立. 下面考虑 $\boldsymbol{\alpha},\boldsymbol{\beta}$ 线性无关. 此时 $\forall k\in\mathbf{C}$,取 $\boldsymbol{\gamma}=\boldsymbol{\alpha}-k\boldsymbol{\beta}$,由线性无关可知 $\boldsymbol{\gamma}\neq\mathbf{0}$. 于是$|\boldsymbol{\gamma}|>0$,即$|\boldsymbol{\gamma}|^2>0$. 而

$$|\boldsymbol{\gamma}|^2=(\boldsymbol{\alpha}-k\boldsymbol{\beta},\boldsymbol{\alpha}-k\boldsymbol{\beta})=|\boldsymbol{\alpha}|^2-k(\boldsymbol{\alpha},\boldsymbol{\beta})-\bar{k}(\boldsymbol{\beta},\boldsymbol{\alpha})+|k|^2|\boldsymbol{\beta}|^2,$$

由于 $\forall k\in\mathbf{C}$ 时,上式都为正,且注意到$|\boldsymbol{\beta}|\neq0$(线性无关的要求),故可取

$$k=\frac{(\boldsymbol{\beta},\boldsymbol{\alpha})}{|\boldsymbol{\beta}|^2},$$

代入上式,有

$$|\boldsymbol{\alpha}|^2-2\frac{|(\boldsymbol{\alpha},\boldsymbol{\beta})|^2}{|\boldsymbol{\beta}|^2}+\frac{|(\boldsymbol{\alpha},\boldsymbol{\beta})|^2}{|\boldsymbol{\beta}|^2}>0,$$

整理即得

$$|(\boldsymbol{\alpha},\boldsymbol{\beta})|\leqslant|\boldsymbol{\alpha}||\boldsymbol{\beta}|.$$

(3) 直接由柯西不等式有

$$\begin{aligned}|\boldsymbol{\alpha}+\boldsymbol{\beta}|^2&=(\boldsymbol{\alpha}+\boldsymbol{\beta},\boldsymbol{\alpha}+\boldsymbol{\beta})=|\boldsymbol{\alpha}|^2+2\mathrm{Re}(\boldsymbol{\alpha},\boldsymbol{\beta})+|\boldsymbol{\beta}|^2\\&\leqslant|\boldsymbol{\alpha}|^2+2|(\boldsymbol{\alpha},\boldsymbol{\beta})|+|\boldsymbol{\beta}|^2\leqslant|\boldsymbol{\alpha}|^2+2|\boldsymbol{\alpha}||\boldsymbol{\beta}|+|\boldsymbol{\beta}|^2\\&=(|\boldsymbol{\alpha}|+|\boldsymbol{\beta}|)^2.\end{aligned}$$

例 6.5.7　对幺正空间 $\mathbf{C}^n$ 应用柯西不等式,有

$$(\boldsymbol{X},\boldsymbol{Y})^2=\Big(\sum_{i=1}^n\overline{x_i}y_i\Big)^2\leqslant\Big(\sum_{i=1}^n|x_i|^2\Big)\Big(\sum_{i=1}^n|y_i|^2\Big).$$

例 6.5.8　对幺正空间 $C[a,b]$应用柯西不等式,有

$$\left|\int_a^b\overline{f(x)}g(x)\mathrm{d}x\right|\leqslant\sqrt{\int_a^b|f(x)|^2\mathrm{d}x\int_a^b|g(x)|^2\mathrm{d}x}.$$

虽然由柯西不等式,对 $\forall\boldsymbol{\alpha}\neq\mathbf{0},\forall\boldsymbol{\beta}\neq\mathbf{0}$,有

$$\frac{|(\boldsymbol{\alpha},\boldsymbol{\beta})|}{|\boldsymbol{\alpha}||\boldsymbol{\beta}|}\leqslant 1,$$

但注意到$(\boldsymbol{\alpha},\boldsymbol{\beta})\in\mathbf{C}$,故无法引入夹角

$$\cos\theta=\frac{(\boldsymbol{\alpha},\boldsymbol{\beta})}{|\boldsymbol{\alpha}||\boldsymbol{\beta}|}.$$

即一般地,在幺正空间中无夹角的概念.但是,“正交”的概念仍可以保留,我们定义内积为零的两向量正交.

定义 6.5.6(正交向量组、标准正交向量组)　幺正空间 V 的一个向量组中,若所有向量均非零,且两两正交,则称该向量组为一个正交向量组;进一步,若正交向量组中每一个向量都是单位向量,则称该向量组为一个标准正交向量组.

正交向量组具有如下性质.

定理 6.5.3　设$\{\boldsymbol{\alpha}_1,\boldsymbol{\alpha}_2,\cdots,\boldsymbol{\alpha}_n\}$是一正交向量组,则 $\boldsymbol{\alpha}_1,\boldsymbol{\alpha}_2,\cdots,\boldsymbol{\alpha}_n$ 线性无关.即正交向量组中的向量必线性无关.

证明　设 $k_1\boldsymbol{\alpha}_1+k_2\boldsymbol{\alpha}_2+\cdots+k_n\boldsymbol{\alpha}_n=\mathbf{0}$,则

$$(\boldsymbol{\alpha}_i,k_1\boldsymbol{\alpha}_1+k_2\boldsymbol{\alpha}_2+\cdots+k_n\boldsymbol{\alpha}_n)=(\boldsymbol{\alpha}_i,\mathbf{0})=0,$$

即 $k_i(\boldsymbol{\alpha}_i,\boldsymbol{\alpha}_i)=0$,故 $k_i=0(i=1,2,\cdots,n)$.

推论 6.5.1　n 维幺正空间 V 中正交向量组所含向量个数不大于 n.

由定理 6.5.3 知,在 n 维幺正空间 V 中若一个正交向量组正好含有 n 个向量,则这个正交组是 V 的一个基.与欧氏空间类似,可引入如下定义.

定义 6.5.7(正交基、标准正交基)　由 V 中相互正交的向量构成的基,称作 V 的正交基;若正交基中每个向量均是单位向量,则称该基是 V 的标准正交基.

标准正交基$\{\boldsymbol{\varepsilon}_1,\boldsymbol{\varepsilon}_2,\cdots,\boldsymbol{\varepsilon}_n\}$满足的条件可紧凑地写为

$$(\boldsymbol{\varepsilon}_i,\boldsymbol{\varepsilon}_j)=\delta_{ij}.$$

类似欧氏空间,若已知 n 维幺正空间 V 的标准正交基$\{\boldsymbol{\varepsilon}_1,\boldsymbol{\varepsilon}_2,\cdots,\boldsymbol{\varepsilon}_n\}$,则 V 在该基下的度规矩阵以及 V 中向量的坐标、线性变换的矩阵形式、任意两个向量的内积、两组标准正交基的过渡矩阵等计算均变得特别简单.例如,设$\{\boldsymbol{\varepsilon}_i\}$是一个标准正交基,则

- 度规矩阵 $\boldsymbol{G}$:$g_{ij}=(\boldsymbol{\varepsilon}_i,\boldsymbol{\varepsilon}_j)=\delta_{ij}$,故

$$\boldsymbol{G}=\boldsymbol{I}_n.$$

- 向量 $\boldsymbol{\alpha}$ 的坐标:设 $\boldsymbol{\alpha}=\boldsymbol{\varepsilon}_j x_j$,两边与 $\boldsymbol{\varepsilon}_i$ 作内积有$(\boldsymbol{\varepsilon}_i,\boldsymbol{\alpha})=(\boldsymbol{\varepsilon}_i,\boldsymbol{\varepsilon}_j x_j)=(\boldsymbol{\varepsilon}_i,\boldsymbol{\varepsilon}_j)x_j=\delta_{ij}x_j=x_i$,即

$$x_i=(\boldsymbol{\varepsilon}_i,\boldsymbol{\alpha}),\quad \boldsymbol{\alpha}=x_i\boldsymbol{\varepsilon}_i=\boldsymbol{\varepsilon}_i(\boldsymbol{\varepsilon}_i,\boldsymbol{\alpha})$$

这里尤其要注意复内积不是对称的,因此一定要注意内积的括号中两个向量的顺序.例如 $\boldsymbol{x}_i\neq(\boldsymbol{\alpha},\boldsymbol{\varepsilon}_i)$.

- 线性变换 σ 的矩阵:设 $\sigma(\boldsymbol{\varepsilon}_j)=\boldsymbol{\varepsilon}_i(\mathbf{A})_{ij}$,两边与 $\boldsymbol{\varepsilon}_i$ 作内积有$(\boldsymbol{\varepsilon}_i,\sigma(\boldsymbol{\varepsilon}_j))=(\boldsymbol{\varepsilon}_i,$

$\boldsymbol{\varepsilon}_k(\boldsymbol{A})_{kj})=\delta_{ik}(\boldsymbol{A})_{kj}=(\boldsymbol{A})_{ij}$，即

$$(\boldsymbol{A})_{ij}=(\boldsymbol{\varepsilon}_i,\sigma(\boldsymbol{\varepsilon}_j))$$

● 设$\{\boldsymbol{\varepsilon}_i\}$和$\{\boldsymbol{\varepsilon}'_i\}$都是标准正交基，且从$\{\boldsymbol{\varepsilon}_i\}$到$\{\boldsymbol{\varepsilon}'_i\}$的过渡矩阵为$\boldsymbol{C}$，则$\boldsymbol{\varepsilon}'_i=\boldsymbol{\varepsilon}_j c_{ji}$，两边与$\boldsymbol{\varepsilon}_i$作内积有$(\boldsymbol{\varepsilon}_i,\boldsymbol{\varepsilon}'_j)=(\boldsymbol{\varepsilon}_i,\boldsymbol{\varepsilon}_k c_{kj})=c_{ij}$，故

$$(\boldsymbol{C})_{ij}=(\boldsymbol{\varepsilon}_i,\boldsymbol{\varepsilon}'_j),\quad \boldsymbol{\varepsilon}'_j=\boldsymbol{\varepsilon}_i(\boldsymbol{\varepsilon}_i,\boldsymbol{\varepsilon}'_j)$$

● 设向量$\boldsymbol{\alpha}=[\boldsymbol{\varepsilon}_1\quad\boldsymbol{\varepsilon}_2\quad\cdots\quad\boldsymbol{\varepsilon}_n]\boldsymbol{X}$，$\boldsymbol{\beta}=[\boldsymbol{\varepsilon}_1\quad\boldsymbol{\varepsilon}_2\quad\cdots\quad\boldsymbol{\varepsilon}_n]\boldsymbol{Y}$，则由于度规矩阵$\boldsymbol{G}$为单位矩阵，故

$$(\boldsymbol{\alpha},\boldsymbol{\beta})=\boldsymbol{X}^{\dagger}\boldsymbol{G}\boldsymbol{Y}=\boldsymbol{X}^{\dagger}\boldsymbol{I}_n\boldsymbol{Y}=\boldsymbol{X}^{\dagger}\boldsymbol{Y}=\overline{x_i}y_i,$$

$$|\boldsymbol{\alpha}|=\sqrt{(\boldsymbol{\alpha},\boldsymbol{\alpha})}=\sqrt{\boldsymbol{X}^{\dagger}\boldsymbol{X}}=\sqrt{|x_1|^2+|x_2|^2+\cdots+|x_n|^2}\ .$$

因此一个问题是，幺正空间中是否存在标准正交基？这将由 Schmidt 标准正交化方法给出答案.

6.5.4 Schmidt 标准正交化方法

幺正空间中 Schmidt 标准正交化方法与欧氏空间完全类似.

定理 6.5.4 n维幺正空间V中，从任意一组基$\{\boldsymbol{\alpha}_1,\boldsymbol{\alpha}_2,\cdots,\boldsymbol{\alpha}_n\}$出发，可以构造一组标准正交基$\{\boldsymbol{\gamma}_1,\boldsymbol{\gamma}_2,\cdots,\boldsymbol{\gamma}_n\}$，使$\boldsymbol{\gamma}_i$为$\boldsymbol{\alpha}_1,\boldsymbol{\alpha}_2,\cdots,\boldsymbol{\alpha}_i$的线性组合.

证明 由已知条件构造：

$$\begin{cases}\boldsymbol{\beta}_1=\boldsymbol{\alpha}_1,\\ \boldsymbol{\beta}_2=\boldsymbol{\alpha}_2-\dfrac{(\boldsymbol{\beta}_1,\boldsymbol{\alpha}_2)}{(\boldsymbol{\beta}_1,\boldsymbol{\beta}_1)}\boldsymbol{\beta}_1,\\ \boldsymbol{\beta}_3=\boldsymbol{\alpha}_3-\dfrac{(\boldsymbol{\beta}_1,\boldsymbol{\alpha}_3)}{(\boldsymbol{\beta}_1,\boldsymbol{\beta}_1)}\boldsymbol{\beta}_1-\dfrac{(\boldsymbol{\beta}_2,\boldsymbol{\alpha}_3)}{(\boldsymbol{\beta}_2,\boldsymbol{\beta}_2)}\boldsymbol{\beta}_2,\\ \quad\vdots\\ \boldsymbol{\beta}_n=\boldsymbol{\alpha}_n-\displaystyle\sum_{k=1}^{n-1}\dfrac{(\boldsymbol{\beta}_k,\boldsymbol{\alpha}_n)}{(\boldsymbol{\beta}_k,\boldsymbol{\beta}_k)}\boldsymbol{\beta}_k.\end{cases}$$

则由数学归纳法可证所有的$\boldsymbol{\beta}_i$均非零，且每个$\boldsymbol{\beta}_i$均与$\boldsymbol{\beta}_1$到$\boldsymbol{\beta}_{i-1}$正交. 故$\{\boldsymbol{\beta}_1,\boldsymbol{\beta}_2,\cdots,\boldsymbol{\beta}_n\}$是一个正交基. 进一步，构造归一化的$\boldsymbol{\gamma}_i=\boldsymbol{\beta}_i/|\boldsymbol{\beta}_i|$，则$\{\boldsymbol{\gamma}_1,\boldsymbol{\gamma}_2,\cdots,\boldsymbol{\gamma}_n\}$即一个满足定理条件的标准正交基.

与欧氏空间中的区别在于，现在内积不是对称的，因此一定要注意分子上是$(\boldsymbol{\beta}_k,\boldsymbol{\alpha}_n)$而不是$(\boldsymbol{\alpha}_n,\boldsymbol{\beta}_k)$. 本质上，$\boldsymbol{\beta}_i$的构造仍可看成是通过$\boldsymbol{\alpha}_i$依次减去其在$\boldsymbol{\beta}_1$到$\boldsymbol{\beta}_{i-1}$上的“分量”(投影)得到的. $\boldsymbol{\beta}_i$的构造式也可通过$\boldsymbol{\gamma}$来写出：

$$\boldsymbol{\beta}_1=\boldsymbol{\alpha}_1,\quad \boldsymbol{\gamma}_k=\boldsymbol{\beta}_k/|\boldsymbol{\beta}_k|,\quad \boldsymbol{\beta}_i=\boldsymbol{\alpha}_i-\sum_{k=1}^{i-1}(\boldsymbol{\gamma}_k,\boldsymbol{\alpha}_i)\boldsymbol{\gamma}_k.$$

有限维幺正空间一定存在标准正交基，无限维幺正空间是否如此呢？如前所述，在无限维线性空间中基的定义比较麻烦，主要困难来自求和级数的收敛性问题，因此

是否存在标准正交基需要更细致的分析. 在物理学中,通常不太关注数学的严密性,而直接与有限维空间类比来理解标准正交基.

例 6.5.9　容易证明在$[-\pi,\pi]$上满足 $f(-\pi)=f(\pi)$的全部复连续函数,构成一个线性空间 V. 在内积

$$(f,g)=\int_{-\pi}^{\pi}\overline{f(x)}g(x)\mathrm{d}x$$

中,V 构成一个幺正空间. 定义函数集合如下:

$$\left\{\frac{1}{\sqrt{2\pi}}\mathrm{e}^{\mathrm{i}kx}\,|\,k=0,\pm1,\pm2,\cdots,\pm\infty\right\}. \tag{6.5.1}$$

直接计算内积容易验证它们是标准正交的,因此其线性无关. 由此可见这是一个无限维线性空间(存在无穷个线性无关的向量). 另外,由 Weierstrass 第二逼近定理(见文献[6]第 5.6 节)可知,所有 V 中的函数均可用上述函数组一致逼近. 或者粗略地说,所有 V 中的函数都可用函数组(6.5.1)线性展开(可理解为该向量组的完备性). 因此在某种意义下,函数组(6.5.1)构成了 V 的一个标准正交基.

例 6.5.10　容易证明在$[-1,1]$上的全部实连续函数,构成一个实线性空间 V. 在内积

$$(f,g)=\int_{-1}^{1}f(x)g(x)\mathrm{d}x$$

下,V 构成一个欧氏空间. 定义函数集合如下:

$$\{x^n\,|\,n=0,1,2,\cdots,+\infty\}. \tag{6.5.2}$$

通过对这些向量的线性叠加式求 k 阶导并令 $x=0$ 容易证明,它们是线性无关的. 另外,由 Weierstrass 第一逼近定理(见文献[6]第 5.4 节)可知,所有 V 中的函数均可用函数组(6.5.2)一致逼近. 这可理解为所有 V 中的函数都可用上述函数组线性展开. 因此在某种意义下上述函数组构成了 V 的一组基. 容易验证,这个基不是标准正交基. 按 Schmidt 方案可构造一个正交基,这样得到的多项式被称作勒让德多项式,其满足:

$$\int_{-1}^{1}x^kP_l(x)\mathrm{d}x=0\quad(k=0,1,\cdots,l-1).$$

请读者自行推导前面几个勒让德多项式.

例 6.5.11　求证在幺正空间 $\mathbf{C}^n$ 中,任意 m 个列向量 $\boldsymbol{X}_1,\boldsymbol{X}_2,\cdots,\boldsymbol{X}_m$线性无关的充要条件是其 Gram 行列式非零:

$$g(\boldsymbol{X}_1,\boldsymbol{X}_2,\cdots,\boldsymbol{X}_m)=\begin{vmatrix}(\boldsymbol{X}_1,\boldsymbol{X}_1) & (\boldsymbol{X}_1,\boldsymbol{X}_2) & \cdots & (\boldsymbol{X}_1,\boldsymbol{X}_m)\\(\boldsymbol{X}_2,\boldsymbol{X}_1) & (\boldsymbol{X}_2,\boldsymbol{X}_2) & \cdots & (\boldsymbol{X}_2,\boldsymbol{X}_m)\\\vdots & \vdots & & \vdots\\(\boldsymbol{X}_m,\boldsymbol{X}_1) & (\boldsymbol{X}_m,\boldsymbol{X}_2) & \cdots & (\boldsymbol{X}_m,\boldsymbol{X}_m)\end{vmatrix}\neq0.$$

证明　令 $\boldsymbol{A}_{n\times m}=[\boldsymbol{X}_1\boldsymbol{X}_2\cdots\boldsymbol{X}_m]$,注意到$(\boldsymbol{X}_i,\boldsymbol{X}_j)=\boldsymbol{X}_i^{\dagger}\boldsymbol{X}_j$,故上述行列式为$|\boldsymbol{A}^{\dagger}\boldsymbol{A}|$.

再注意到 $r(\mathbf{A}^{\dagger}\mathbf{A})=r(\mathbf{A})$，因此 Gram 行列式非零等价于 $r(\mathbf{A})=m$，即等价于其列向量组线性无关.

例 6.5.12 求证在幺正空间中，任意 m 个列向量 $\boldsymbol{\alpha}_1,\boldsymbol{\alpha}_2,\cdots,\boldsymbol{\alpha}_m$ 线性无关的充要条件是 Gram 行列式 $g(\boldsymbol{\alpha}_1,\boldsymbol{\alpha}_2,\cdots,\boldsymbol{\alpha}_m)\neq 0$.

证明 选取标准正交基，将 $g(\boldsymbol{\alpha}_1,\boldsymbol{\alpha}_2,\cdots,\boldsymbol{\alpha}_n)$ 用 $\boldsymbol{\alpha}_1,\boldsymbol{\alpha}_2,\cdots,\boldsymbol{\alpha}_n$ 的坐标表示，并用上题的结论即得证. 参考欧氏空间中的例 6.2.6 的证明.

我们已知任意一个 n 维欧氏空间都与欧氏空间 $\mathbf{R}^n$ 同构，对幺正空间也有类似结论. 幺正空间的同构完全可类似如下定义.

定义 6.5.8（幺正空间的同构） 若在幺正空间 V 和 V' 之间存在一个双映射 σ 使得 $\forall\boldsymbol{\alpha},\boldsymbol{\beta}\in V,k\in\mathbf{R}$，有

(1) $\sigma(\boldsymbol{\alpha}+\boldsymbol{\beta})=\sigma(\boldsymbol{\alpha})+\sigma(\boldsymbol{\beta})$；

(2) $\sigma(k\boldsymbol{\alpha})=k\sigma(\boldsymbol{\alpha})$；

(3) $(\sigma(\boldsymbol{\alpha}),\sigma(\boldsymbol{\beta}))=(\boldsymbol{\alpha},\boldsymbol{\beta})$.

则称幺正空间 V 与 V' 同构，这样的映射 σ 称作 V 到 V' 的同构映射.

通过选定标准正交基可建立 n 维幺正空间到幺正空间 $\mathbf{C}^n$ 的映射 σ，其满足

$$(\sigma(\boldsymbol{\alpha}),\sigma(\boldsymbol{\beta}))=(\boldsymbol{X},\boldsymbol{Y})=\boldsymbol{X}^{\mathrm{T}}\boldsymbol{Y}=(\boldsymbol{\alpha},\boldsymbol{\beta}),$$

因此任意 n 维幺正空间均同构于幺正空间 $\mathbf{C}^n$. 进一步可知，两个幺正空间同构的充要条件是维数相等.

6.5.5 正交补空间*

幺正空间中正交补空间的概念与欧氏空间完全类似，我们这里只叙述结论，证明过程请参考欧氏空间的证明.

定义 6.5.9 设 $\boldsymbol{\alpha}$ 为幺正空间 V 中一个向量，W 为 V 的一个子空间，若

$$\forall\boldsymbol{\gamma}\in W,\quad (\boldsymbol{\gamma},\boldsymbol{\alpha})=0,$$

则称向量 $\boldsymbol{\alpha}$ 与子空间 W 正交，记作 $\boldsymbol{\alpha}\perp W$.

同样，与子空间正交等价于与该子空间的一个生成元组或一个基正交.

定义 6.5.10 设 V_1,V_2 是幺正空间 V 的两个子空间. 若

$$\forall\boldsymbol{\alpha}\in V_1,\quad \boldsymbol{\beta}\in V_2,\quad (\boldsymbol{\alpha},\boldsymbol{\beta})=0,$$

则称 V_1,V_2 是正交的，记作 $V_1\perp V_2$.

注意到只有零向量与自身正交，故由 $V_1\perp V_2$ 可知，$V_1\cap V_2=\{\mathbf{0}\}$. 关于子空间的正交有如下定理.

定理 6.5.5 若幺正空间的子空间 $V_1,V_2,\cdots,V_s$ 两两正交，则它们的和 $V_1+V_2+\cdots+V_s$ 是直和.

定理 6.5.5 的证明过程与欧氏空间的证明完全相同.

由此定理可引入正交补空间的概念.

定义 6.5.11(正交补空间) 设幺正空间 $V=V_1+V_2$,且两个子空间正交:$V_1\perp V_2$.则由上述定理可知,$V=V_1\oplus V_2$,即 V_1,V_2 互为补空间.此时称 V_1 是 V_2 的正交补空间.

定理 6.5.6 幺正空间 V 的任意子空间 W 都存在唯一的正交补空间.

该定理的证明参见欧氏空间的证明.

由于正交补空间唯一存在,可将子空间 W 的正交补空间记作 $W^{\perp}$.另外,与欧氏空间类似有如下推论.

推论 6.5.2 正交补空间 $W^{\perp}$ 为与 W 正交的所有向量构成的线性空间,即

$$W^{\perp}=\{\boldsymbol{\alpha}\mid\boldsymbol{\alpha}\in V,\boldsymbol{\alpha}\perp W\}$$

6.5.6 厄米共轭

在欧氏空间中存在两类重要的线性变换:正交变换和对称变换.类似的,在幺正空间也存在两类重要的变换,可看作是正交变换和对称变换的推广.为了讨论这两类变换,我们先引入厄米共轭的概念.

前面已经讨论过矩阵的厄米共轭矩阵,由于矩阵与线性变换的对应关系,对于线性变换也存在厄米共轭变换.

定义 6.5.12(厄米共轭变换) 设 σ 是幺正空间 V 上的线性变换,若存在另一个变换 τ 满足

$$\forall\,\boldsymbol{\alpha},\boldsymbol{\beta}\in V,\quad (\tau(\boldsymbol{\alpha}),\boldsymbol{\beta})=(\boldsymbol{\alpha},\sigma(\boldsymbol{\beta})),$$

则称 τ 为 σ 的厄米共轭变换,记作 $\tau=\sigma^{\dagger}$.在泛函分析中常称 $\sigma^{\dagger}$ 为 σ 的伴随变换.

由 σ 的线性性质容易证明,其厄米共轭变换 $\sigma^{\dagger}$ 若存在,则仍然是一个线性变换.此外,注意到下面的式子:

$$((k\sigma)(\boldsymbol{\alpha}),\boldsymbol{\beta})=\bar{k}(\sigma(\boldsymbol{\alpha}),\boldsymbol{\beta})=\bar{k}(\boldsymbol{\alpha},\sigma^{\dagger}(\boldsymbol{\beta}))=(\boldsymbol{\alpha},(\bar{k}\sigma^{\dagger})(\boldsymbol{\beta})).$$

故

$$(k\sigma)^{\dagger}=\bar{k}\sigma^{\dagger}.$$

类似地可证明:

$$(\sigma_1+\sigma_2)^{\dagger}=\sigma_1^{\dagger}+\sigma_2^{\dagger},$$

$$(\sigma_1\sigma_2)^{\dagger}=\sigma_2^{\dagger}\sigma_1^{\dagger}.$$

在讨论厄米共轭变换的存在性之前,我们先来看看其唯一性.

定理 6.5.7(厄米共轭变换的唯一性) 设 σ 是幺正空间 V 上的线性变换,其厄米共轭变换若存在则必定唯一.

正是由于唯一性,前面将 σ 的厄米共轭变换记作 $\sigma^{\dagger}$ 是没有歧义的.另外,唯一性也说明 σ 和 $\sigma^{\dagger}$ 相互为对方的厄米共轭变换,即

$$(\sigma^{\dagger})^{\dagger}=\sigma$$

为证明此定理,先看一个引理.

引理 6.5.1 幺正空间 V 中的线性变换 σ 是零变换的充要条件是 $\forall\,\boldsymbol{\alpha},\boldsymbol{\beta}\in V$,都

有$(\boldsymbol{\alpha},\sigma(\boldsymbol{\beta}))=0$.

证明 必要性显然成立,只需证充分性.选择$\boldsymbol{\alpha}=\sigma(\boldsymbol{\beta})$即可知,$\forall\boldsymbol{\beta},(\sigma(\boldsymbol{\beta}),\sigma(\boldsymbol{\beta}))=0$,亦即$\forall\boldsymbol{\beta},\sigma(\boldsymbol{\beta})=\boldsymbol{0}$,故$\sigma=0$.

实际上,该引理还可加强为如下引理.

引理 6.5.2 幺正空间V中的线性变换σ是零变换的充要条件是$\forall\boldsymbol{\alpha}\in V$,都有$(\boldsymbol{\alpha},\sigma(\boldsymbol{\alpha}))=0$.

证明 必要性显然成立,只需证充分性.$\forall\boldsymbol{\beta},\boldsymbol{\gamma}\in V$,分别取$\boldsymbol{\alpha}=\boldsymbol{\beta}+\boldsymbol{\gamma}$和$\boldsymbol{\alpha}=\boldsymbol{\beta}+\mathrm{i}\boldsymbol{\gamma}$代入$(\boldsymbol{\alpha},\sigma(\boldsymbol{\alpha}))=0$,再将两式相加可知,$\forall\boldsymbol{\beta},\boldsymbol{\gamma}\in V$都有$(\boldsymbol{\beta},\sigma(\boldsymbol{\gamma}))=0$,由引理 6.5.1 可知,$\sigma=0$.

现在来证明定理 6.5.7.

证明 设σ的厄米共轭变换存在但不唯一,例如有两个ρ,τ,由于$(\rho(\boldsymbol{\alpha}),\boldsymbol{\beta})=(\tau(\boldsymbol{\alpha}),\boldsymbol{\beta})=(\boldsymbol{\alpha},\sigma(\boldsymbol{\beta}))$,故$((\rho-\tau)(\boldsymbol{\alpha}),\boldsymbol{\beta})=0$,即$(\boldsymbol{\beta},(\rho-\tau)(\boldsymbol{\alpha}))=0$,因此由引理可知$\rho-\tau=o$,即$\rho=\tau$.

现在来看看厄米共轭变换的存在性.在无限维幺正空间中,存在性需要附加一些条件,但在有限维幺正空间上容易证明厄米共轭变换一定存在,且很容易地找出来.选取幺正空间V的一个标准正交基,对任意线性变换σ,现在来寻找满足

$$\forall\boldsymbol{\alpha},\boldsymbol{\beta}\in V,(\tau(\boldsymbol{\alpha}),\boldsymbol{\beta})=(\boldsymbol{\alpha},\sigma(\boldsymbol{\beta}))$$

的τ.设σ的矩阵为$\boldsymbol{A}$,τ如果存在的话,其矩阵为$\boldsymbol{B}$,上式可用坐标写出

$$(\boldsymbol{BX})^{\dagger}\boldsymbol{Y}=\boldsymbol{X}^{\dagger}(\boldsymbol{AY}),\quad 即\quad \boldsymbol{X}^{\dagger}\boldsymbol{B}^{\dagger}\boldsymbol{Y}=\boldsymbol{X}^{\dagger}\boldsymbol{AY}.$$

由于要对任意的$\boldsymbol{X},\boldsymbol{Y}$成立,将上式展后比较$\overline{x_i}y_j$的系数可知,$\boldsymbol{B}$必须也只需满足

$$\boldsymbol{B}=\boldsymbol{A}^{\dagger}.$$

现给出如下定理.

定理 6.5.8 设σ是(有限维)幺正空间V上的线性变换,则其厄米共轭变换唯一存在,且在标准正交基下它们的矩阵互为厄米共轭矩阵.

这里顺带指出,幺正空间中关于不变子空间的一个定理如下.

定理 6.5.9* 幺正空间V的子空间W是线性变换σ的不变子空间,当且仅当W的正交补空间$W^{\perp}$是$\sigma^{\dagger}$的不变子空间.

证明 $\forall\boldsymbol{\alpha}\in W,\boldsymbol{\beta}\in W^{\perp}$,注意到

$$(\sigma(\boldsymbol{\alpha}),\boldsymbol{\beta})=(\boldsymbol{\alpha},\sigma^{\dagger}(\boldsymbol{\beta})),$$

由此可给出证明.

必要性:若W是σ-不变子空间,则$\sigma(\boldsymbol{\alpha})\in W$,由正交补的定义可知上式左边为零,因此上式右边也为零,这给出了$\sigma^{\dagger}(\boldsymbol{\beta})\in W^{\perp}$,故$W^{\perp}$为$\sigma^{\dagger}$-不变子空间.

充分性可类似证明.

实际上,从矩阵的角度更容易看出此结论.由于W和$W^{\perp}$的标准正交基合并后给出V的一个标准正交基,若W是σ-子空间,则在这个基下σ的矩阵$\boldsymbol{A}$为上三角分

块矩阵,故 $\boldsymbol{A}^{\dagger}$ 为下三角分块矩阵,由此可看出 $W^{\perp}$ 是 $\boldsymbol{A}^{\dagger}$ 对应的线性变换 $\sigma^{\dagger}$ 的不变子空间.反之类似.

另一个与之类似的定理如下.

定理 6.5.10* 线性空间 V 中,设子空间 W 是 V 上线性变换 σ 的不变子空间,则当 σ 可逆时,W 也是 σ^{-1} 的不变子空间.

证明 对线性变换来说,单映射等价于双映射.由于 σ 可逆,故其为单映射,因此 $\sigma|_W$ 也为 W 上的单映射(否则与 σ 是单映射矛盾).故 $\sigma|_W$ 是 W 上的可逆线性变换.

现在来证明,$\forall \boldsymbol{\alpha}\in W$,有 $\sigma^{-1}(\boldsymbol{\alpha})\in W$.首先 $\forall \boldsymbol{\alpha}\in W$,由 $\sigma|_W$ 可逆知,存在唯一的原像 $\boldsymbol{\alpha}'\in W$ 使得 $\sigma|_W(\boldsymbol{\alpha}')=\boldsymbol{\alpha}$.而注意到 $\boldsymbol{\alpha}'\in W$,可知 $\sigma|_W(\boldsymbol{\alpha}')=\sigma(\boldsymbol{\alpha}')$,因此 $\sigma(\boldsymbol{\alpha}')=\boldsymbol{\alpha}$.注意到 σ 可逆,因此 $\sigma^{-1}(\boldsymbol{\alpha})=\boldsymbol{\alpha}'\in W$.因此,$W$ 也是 σ^{-1} 的不变子空间.

这个定理同样可以用矩阵的方法来得到,将 W 的基扩充为 V 的基后,注意到 W 是 σ 的不变子空间,因此在 V 的这一组基之下,σ 的矩阵形式为上三角分块形式:$\begin{bmatrix}\boldsymbol{A}_1 & \boldsymbol{A}_3\\ \boldsymbol{O} & \boldsymbol{A}_2\end{bmatrix}$,其中 $\boldsymbol{A}_1,\boldsymbol{A}_2$ 为方阵.若这样的上三角分块矩阵可逆,其逆矩阵也是同样的上三角分块矩阵,即 σ^{-1} 的矩阵形式为 $\begin{bmatrix}\boldsymbol{A}_1^{-1} & -\boldsymbol{A}_1^{-1}\boldsymbol{A}_3\boldsymbol{A}_2^{-1}\\ \boldsymbol{O} & \boldsymbol{A}_2^{-1}\end{bmatrix}$.由于这也是一个上三角分块矩阵,故 W 也是 σ^{-1} 的不变子空间.

6.5.7 幺正矩阵和幺正变换

现在讨论幺正空间上的一类特殊线性变换——幺正变换.它可看作是正交变换在复线性空间上的推广,一旦将数域限制在实数域中,则幺正变换将退化为正交变换.幺正变换及其对应的矩阵幺正矩阵是物理学中极为重要的算符和矩阵.

定义 6.5.13(幺正矩阵) 满足 $\boldsymbol{A}^{\dagger}\boldsymbol{A}=\boldsymbol{I}_n$ 的 n 阶矩阵 $\boldsymbol{A}$ 称为幺正矩阵.

由定义可见,实的幺正矩阵就是正交矩阵,即正交矩阵是幺正矩阵的特例.

幺正矩阵具有如下一些性质:

(1) $|\boldsymbol{A}|=\mathrm{e}^{\mathrm{i}\theta}\neq 0$,可逆;

(2) $\boldsymbol{A}^{-1}=\boldsymbol{A}^{\dagger}$;

(3) $\boldsymbol{A}\boldsymbol{A}^{\dagger}=\boldsymbol{A}^{\dagger}\boldsymbol{A}=\boldsymbol{I}$;

(4) $\boldsymbol{A}^{\dagger}$(即 $\boldsymbol{A}^{-1}$)也是幺正矩阵.

而且幺正矩阵的集合对乘法封闭.

定理 6.5.11 若 $\boldsymbol{A},\boldsymbol{B}$ 均为 n 阶幺正矩阵,则 $\boldsymbol{AB}$ 亦是.

证明 $(\boldsymbol{AB})^{\dagger}(\boldsymbol{AB})=\boldsymbol{B}^{\dagger}\boldsymbol{A}^{\dagger}\boldsymbol{AB}=\boldsymbol{B}^{\dagger}\boldsymbol{B}=\boldsymbol{I}$.

由于上述幺正矩阵的性质,以及定理 6.5.11,可得如下重要结论.

定理 6.5.12 全体 n 阶幺正矩阵的集合,对于矩阵的乘法构成一个群,称幺正矩阵群,记作 $U(n)$.

满足$|\boldsymbol{A}|=1$的幺正矩阵$\boldsymbol{A}$,称为幺模幺正矩阵.容易验证定理6.5.13.

定理6.5.13 全体n阶幺模幺正矩阵的集合,对于矩阵的乘法构成群,称幺模幺正矩阵群,记作$SU(n)$.

显然,$U(n)$、$SU(n)$群都是$GL(n,\mathbf{C})$群的子群,它们对应的线性变换群后面再讨论.幺正矩阵与标准正交基有紧密联系,反映为如下两个定理.

定理6.5.14 n阶矩阵$\boldsymbol{A}$是幺正矩阵的充要条件是$\boldsymbol{A}$的n个行(或列)向量构成$\mathbf{C}^n$的标准正交基.

证明 将$\boldsymbol{A}$按列分组:$\boldsymbol{A}=[\boldsymbol{A}_1\ \boldsymbol{A}_2\cdots\ \boldsymbol{A}_n]$,则注意到

$$\boldsymbol{A}^{\dagger}\boldsymbol{A}=\begin{bmatrix}(\boldsymbol{A}_1,\boldsymbol{A}_1) & (\boldsymbol{A}_1,\boldsymbol{A}_2) & \cdots & (\boldsymbol{A}_1,\boldsymbol{A}_n)\\(\boldsymbol{A}_2,\boldsymbol{A}_1) & (\boldsymbol{A}_2,\boldsymbol{A}_2) & \cdots & (\boldsymbol{A}_2,\boldsymbol{A}_n)\\\vdots & \vdots & & \vdots\\(\boldsymbol{A}_n,\boldsymbol{A}_1) & (\boldsymbol{A}_n,\boldsymbol{A}_2) & \cdots & (\boldsymbol{A}_n,\boldsymbol{A}_n)\end{bmatrix},$$

因此$\boldsymbol{A}^{\dagger}\boldsymbol{A}=\boldsymbol{I}$等价于$(\boldsymbol{A}_i,\boldsymbol{A}_j)=\delta_{ij}$,故列向量得证.同理,按行分组,由$\boldsymbol{A}\boldsymbol{A}^{\dagger}=\boldsymbol{I}$可证行向量.

定理6.5.15 设$\{\boldsymbol{\alpha}_1,\boldsymbol{\alpha}_2,\cdots,\boldsymbol{\alpha}_n\}$是$n$维幺正空间$V$的一个标准正交基,$\boldsymbol{P}$是一个$n$阶复矩阵,而$[\boldsymbol{\beta}_1\quad\boldsymbol{\beta}_2\quad\cdots\quad\boldsymbol{\beta}_n]=[\boldsymbol{\alpha}_1\quad\boldsymbol{\alpha}_2\quad\cdots\quad\boldsymbol{\alpha}_n]\boldsymbol{P}$,则$\{\boldsymbol{\beta}_1,\boldsymbol{\beta}_2,\cdots,\boldsymbol{\beta}_n\}$是$V$的标准正交基的充要条件是$\boldsymbol{P}$为一个幺正矩阵.

证明 $(\boldsymbol{\beta}_i,\boldsymbol{\beta}_j)=(\boldsymbol{\alpha}_s p_{si},\boldsymbol{\alpha}_t p_{tj})=\overline{p_{si}}p_{tj}(\boldsymbol{\alpha}_s,\boldsymbol{\alpha}_t)=\overline{p_{si}}p_{tj}\delta_{st}=\overline{p_{si}}p_{sj}=(\boldsymbol{P}^{\dagger}\boldsymbol{P})_{ij}$.

例6.5.13(矩阵的$\boldsymbol{UR}$分解[*]) 求证:设$\boldsymbol{A}\in\mathbf{C}^{n\times n}$可逆,则存在幺正矩阵$\boldsymbol{U}$和上三角矩阵$\boldsymbol{R}$,使得$\boldsymbol{A}=\boldsymbol{UR}$.

证明 因为$\boldsymbol{A}$可逆,由Schmidt正交化过程可从$\boldsymbol{A}$的列向量出发构造一组标准正交基$\{\boldsymbol{\varepsilon}_1,\boldsymbol{\varepsilon}_2,\cdots,\boldsymbol{\varepsilon}_n\}$.由构造过程可知,从$\{\boldsymbol{\varepsilon}_1,\boldsymbol{\varepsilon}_2,\cdots,\boldsymbol{\varepsilon}_n\}$到$\boldsymbol{A}$的列向量构成的基之间的过渡矩阵为上三角矩阵$\boldsymbol{R}$(且对角元大于零),因此

$$[\boldsymbol{A}_1\ \boldsymbol{A}_2\cdots\ \boldsymbol{A}_n]=[\boldsymbol{\varepsilon}_1\ \boldsymbol{\varepsilon}_2\cdots\ \boldsymbol{\varepsilon}_n]\boldsymbol{R},$$

写成矩阵即$\boldsymbol{A}=\boldsymbol{UR}$.

例6.5.14(矩阵的Schur分解[*]) 设$\boldsymbol{A}\in\mathbf{C}^{n\times n}$,求证:存在幺正矩阵$\boldsymbol{U}$和上三角矩阵$\boldsymbol{R}$,使得$\boldsymbol{U}^{\dagger}\boldsymbol{AU}=\boldsymbol{R}$.

证明 方法一.由于$\boldsymbol{A}$至少有一个本征值和本征向量,故以该本征向量开始可构造一组$\mathbf{C}^n$的标准正交基.由$\boldsymbol{A}$在这组新基下的矩阵形式可知,$\boldsymbol{A}$可通过幺正矩阵相似变换成上三角分块矩阵,其中对角块为1×1和$(n-1)\times(n-1)$的块.因此由数学归纳法不难证明,$\boldsymbol{A}$可通过幺正矩阵相似变换为上三角矩阵,即$\boldsymbol{U}^{-1}\boldsymbol{AU}=\boldsymbol{U}^{\dagger}\boldsymbol{AU}=\boldsymbol{R}$.

方法二.设$\boldsymbol{A}$经过$\boldsymbol{P}$生成的相似变换变为Jordan标准型,即$\boldsymbol{A}=\boldsymbol{PJP}^{-1}$.而$\boldsymbol{P}$可逆,故可作$\boldsymbol{UR}$分解为$\boldsymbol{P}=\boldsymbol{UR}'$,代入即$\boldsymbol{A}=\boldsymbol{UR}'\boldsymbol{JR}'^{-1}\boldsymbol{U}^{\dagger}$.令$\boldsymbol{R}=\boldsymbol{R}'\boldsymbol{JR}'^{-1}$,由伴随矩阵可知上三角矩阵的逆仍为上三角矩阵,又有上三角矩阵的乘积仍为上三角矩阵.因此

$\boldsymbol{R}$ 是上三角矩阵，故 $\boldsymbol{U}^{\dagger}\boldsymbol{A}\boldsymbol{U}=\boldsymbol{R}$.

现在来讨论幺正矩阵对应的线性变换. 类似正交变换，通过要求线性变换不改变向量的模引入如下定义.

定义 6.5.14(幺正变换) 设 σ 是幺正空间 V 中的线性变换，若

$$\forall \boldsymbol{\alpha}\in V,\quad |\sigma(\boldsymbol{\alpha})|=|\boldsymbol{\alpha}|,$$

则称 σ 为一个幺正变换.

注意到幺正变换的核为零空间，故幺正变换一定可逆. 关于幺正变换与幺正矩阵、标准正交基的关系，有如下定理.

定理 6.5.16 设 σ 是幺正空间 V 中的线性变换，则如下论述等价：

(1) σ 是幺正变换；

(2) $\forall \boldsymbol{\alpha},\boldsymbol{\beta}\in V$，有 $(\sigma(\boldsymbol{\alpha}),\sigma(\boldsymbol{\beta}))=(\boldsymbol{\alpha},\boldsymbol{\beta})$；

(3) σ 是将 V 的一组标准正交基变为 V 的另一组标准正交基；

(4) σ 关于 V 的任意一组标准正交基的矩阵是幺正矩阵.

证明 采用循环论证.

- (1)⇒(2). 考虑 $(\sigma(\boldsymbol{\alpha}+\boldsymbol{\beta}),\sigma(\boldsymbol{\alpha}+\boldsymbol{\beta}))=(\boldsymbol{\alpha}+\boldsymbol{\beta},\boldsymbol{\alpha}+\boldsymbol{\beta})$，以及 $(\sigma(\boldsymbol{\alpha}+\mathrm{i}\boldsymbol{\beta}),\sigma(\boldsymbol{\alpha}+\mathrm{i}\boldsymbol{\beta}))=(\boldsymbol{\alpha}+\mathrm{i}\boldsymbol{\beta},\boldsymbol{\alpha}+\mathrm{i}\boldsymbol{\beta})$，展开后利用内积的性质即得到定理 6.5.16(2).

- (2)⇒(3). 考虑标准正交基 $\{\boldsymbol{\alpha}_1,\boldsymbol{\alpha}_2,\cdots,\boldsymbol{\alpha}_n\}$，则由定理 6.5.16(2) 可得 $(\sigma(\boldsymbol{\alpha}_i),\sigma(\boldsymbol{\alpha}_j))=(\boldsymbol{\alpha}_i,\boldsymbol{\alpha}_j)=\delta_{ij}$，因此定理 6.5.16(3) 成立.

- (3)⇒(4). 设 σ 关于标准正交基 $\{\boldsymbol{\alpha}_1,\boldsymbol{\alpha}_2,\cdots,\boldsymbol{\alpha}_n\}$ 的矩阵为 $\boldsymbol{P}$，则 $[\sigma(\boldsymbol{\alpha}_1)\quad \sigma(\boldsymbol{\alpha}_2)\quad \cdots\quad \sigma(\boldsymbol{\alpha}_n)]=[\boldsymbol{\alpha}_1\quad \boldsymbol{\alpha}_2\quad \cdots\quad \boldsymbol{\alpha}_n]\boldsymbol{P}$. 由定理 6.5.16(3) 可知 $\{\sigma(\boldsymbol{\alpha}_1),\sigma(\boldsymbol{\alpha}_2),\cdots,\sigma(\boldsymbol{\alpha}_n)\}$ 也是一组标准正交基，再由定理 6.5.15 可知 $\boldsymbol{P}$ 为幺正矩阵.

- (4)⇒(1). 将内积用标准正交基下的坐标表示出来即可证明：设 $\{\boldsymbol{\alpha}_1,\boldsymbol{\alpha}_2,\cdots,\boldsymbol{\alpha}_n\}$ 为一组标准正交基，σ 在这组基下的矩阵为幺正矩阵 $\boldsymbol{P}$. 则取 $\forall \boldsymbol{\gamma}\in V$，设 $\boldsymbol{\gamma}$ 在这组基下的坐标为 $\boldsymbol{X}$，故 $\sigma(\boldsymbol{\gamma})$ 的坐标为 $\boldsymbol{PX}$. 注意到此时度规矩阵为 $\boldsymbol{I}_n$，因此 $(\sigma(\boldsymbol{\gamma}),\sigma(\boldsymbol{\gamma}))=(\boldsymbol{PX})^{\dagger}(\boldsymbol{PX})=\boldsymbol{X}^{\dagger}(\boldsymbol{P}^{\dagger}\boldsymbol{P})\boldsymbol{X}=\boldsymbol{X}^{\dagger}\boldsymbol{X}=(\boldsymbol{\gamma},\boldsymbol{\gamma})$.

由此可看出，幺正变换不仅保持向量的模不变，还保持向量的内积、正交性、距离等性质都不变. 并且，幺正变换可被等价地定义为满足

$$\forall \boldsymbol{\alpha},\boldsymbol{\beta}\in V,\quad (\sigma(\boldsymbol{\alpha}),\sigma(\boldsymbol{\beta}))=(\boldsymbol{\alpha},\boldsymbol{\beta})$$

的线性变换. 注意到有限维幺正空间中，任意线性变换的厄米共轭变换一定存在，故上述条件还可等价写为

$$\forall \boldsymbol{\alpha},\boldsymbol{\beta}\in V,\quad (\boldsymbol{\alpha},\sigma^{\dagger}\sigma(\boldsymbol{\beta}))=(\boldsymbol{\alpha},\boldsymbol{\beta}).$$

容易证明，此时必有 $\sigma^{\dagger}\sigma=\varepsilon$，其中 ε 是恒等变换. 因此，幺正变换还可被等价地定义为满足

$$\sigma^{\dagger}\sigma=\varepsilon\quad 或\quad \sigma^{\dagger}=\sigma^{-1}$$

的线性变换.

由于选定了标准正交基之后,幺正变换和幺正矩阵一一对应,且该对应保持乘法关系不变,故平行地有如下定理.

定理 6.5.17 n 维幺正空间上的幺正变换全体,对线性变换的乘法来说构成一个群,称作幺正变换群.

该定理也可以直接从幺正变换的性质出发,逐条验证群的 4 条公理来证明. 由于 n 维幺正空间上的幺正变换群与 n 维幺正矩阵群同构,因此幺正变换群也用同样的符号 $U(n)$ 来标记. 如果进一步限制幺正变换的行列式为 1,则这样的幺正变换称为幺模幺正变换. 全部幺模幺正变换的全体也构成与幺模幺正矩阵群同构的群,用同一个符号 $SU(n)$ 来标记. 即

$$SU(n)=\{\sigma|\sigma\in L(V),|\sigma|=1,|\sigma(\boldsymbol{\alpha})|=|\boldsymbol{\alpha}|\}.$$

$SO(n)$ 可看作是 n 维欧氏空间中的转动变换群,类似地,$SU(n)$ 也可看作是 n 维幺正空间中的"转动"变换群.

可以将标准正交基、正交矩阵、正交变换三者的关系小结如下. 首先,这三者的定义如下.

标准正交基 $\{\boldsymbol{\varepsilon}_1,\boldsymbol{\varepsilon}_2,\cdots,\boldsymbol{\varepsilon}_n\}$:$(\boldsymbol{\varepsilon}_i,\boldsymbol{\varepsilon}_j)=\delta_{ij}$.

幺正矩阵 $\boldsymbol{A}$:$\boldsymbol{A}^\dagger\boldsymbol{A}=\boldsymbol{A}\boldsymbol{A}^\dagger=\boldsymbol{I}$.

幺正变换 σ:保持模(及内积)不变的线性变换.

由上述一系列定理可知.

- 标准正交基与幺正矩阵:

$\boldsymbol{A}_n$ 是幺正矩阵 $\Leftrightarrow \boldsymbol{A}_n$ 的行(或列)向量组是 $\mathbf{C}^n$ 的标准正交基.

- 幺正矩阵与幺正变换:

σ 是幺正变换 $\overset{\text{通过标准正交基联系}}{\Longleftrightarrow}$ σ 在标准正交基下的矩阵是幺正矩阵.

- 幺正变换与标准正交基:

σ 是幺正变换 $\Leftrightarrow \sigma$ 将标准正交基变为另一个标准正交基.

例 6.5.15 试证明:幺正变换 σ 的不变子空间的正交补空间也是 σ 的不变子空间.

证明 设 $V=W\oplus W^\perp$,W 是 σ-子空间,则 $\forall\,\boldsymbol{\alpha}\in W,\boldsymbol{\beta}\in W^\perp$,有

$$(\sigma^{-1}(\boldsymbol{\alpha}),\boldsymbol{\beta})=(\sigma^\dagger(\boldsymbol{\alpha}),\boldsymbol{\beta})=(\boldsymbol{\alpha},\sigma(\boldsymbol{\beta})),$$

而注意到幺正变换可逆,根据定理 6.5.10 可知 W 是 σ-子空间,也意味着 W 是 σ^{-1}-子空间,即 $\sigma^{-1}(\boldsymbol{\alpha})\in W$. 由此可知上式左边为零. 这给出 $\sigma(\boldsymbol{\beta})\perp W$,故 $\sigma(\boldsymbol{\beta})\in W^\perp$,即 $W^\perp$ 也是 σ-子空间.

用矩阵的方法可得到同样的结论. 取 W 和 $W^\perp$ 的标准正交基合并为 V 的标准正交基,由于 W 是 σ-子空间,故在这组基下 σ 的矩阵为上三角分块形式:$\boldsymbol{A}=\begin{bmatrix}\boldsymbol{A}_1 & \boldsymbol{A}_3\\ \boldsymbol{O} & \boldsymbol{A}_2\end{bmatrix}$. 而注意到 σ 是幺正变换,故 $\boldsymbol{A}$ 是幺正矩阵. 由 $\boldsymbol{A}$ 的列向量构成标准正交基

可知 $\boldsymbol{A}_1$ 也为幺正矩阵. 再由 $\boldsymbol{A}_1$ 和 $\boldsymbol{A}$ 的行向量都是模为 1 的向量可知 $\boldsymbol{A}_2=\boldsymbol{O}$. 因此 $\boldsymbol{A}$ 为准对角分块矩阵,这意味着 $W^{\perp}$ 也是 σ-子空间.

6.5.8 厄米矩阵和厄米变换

除幺正变换外,物理学中(尤其是量子力学中)另一类重要的变换就是厄米变换. 我们将看到,有限维幺正空间上的厄米变换与欧氏空间中的对称变换具有类似的性质,其本征值为实数,其本征向量可构成一个标准正交基. 实际上,正如幺正变换可看作是正交变换在复数域上的推广,厄米变换也可看作是对称变换在复数域上的推广. 由于与厄米变换对应的矩阵即为厄米矩阵,这里先将厄米矩阵的定义重述如下.

定义 6.5.15(厄米矩阵) 设 $\boldsymbol{A}$ 是一个 n 阶方阵,若 $\boldsymbol{A}=\boldsymbol{A}^{\dagger}$,则称 $\boldsymbol{A}$ 为一个厄米矩阵.

厄米矩阵即厄米自共轭矩阵. 按定义显然有,矩阵元为实数的厄米矩阵即对称矩阵. 因此,实对称矩阵是厄米矩阵的特例. 注意:厄米矩阵不一定可逆,但其转置矩阵与复共轭矩阵仍然是厄米矩阵:

$$(\boldsymbol{A}^{\mathrm{T}})^{\dagger}=\overline{(\boldsymbol{A}^{\mathrm{T}})^{\mathrm{T}}}=\bar{\boldsymbol{A}}=\boldsymbol{A}^{\mathrm{T}}.$$

例 6.5.16 厄米矩阵的一些例子如下:

$$\begin{bmatrix} 2 & 1+\mathrm{i} \\ 1-\mathrm{i} & 1 \end{bmatrix},\quad \begin{bmatrix} 1 & 1+\mathrm{i} & -\mathrm{i} \\ 1-\mathrm{i} & 2 & \mathrm{i} \\ \mathrm{i} & -\mathrm{i} & 0 \end{bmatrix}.$$

厄米矩阵的一般形式为

$$\begin{bmatrix} a_{11} & a_{12} & a_{13} & \cdots \\ \overline{a_{12}} & a_{22} & a_{23} & \cdots \\ \overline{a_{13}} & \overline{a_{23}} & a_{33} & \cdots \\ \vdots & \vdots & \vdots & \ddots \end{bmatrix},\quad 其中\ a_{ii}\in\mathbf{R}.$$

定义 6.5.16(厄米变换) 设 σ 是幺正空间 V 上的一个线性变换,若 σ 满足

$$\forall\,\boldsymbol{\alpha},\boldsymbol{\beta}\in V,\quad (\sigma(\boldsymbol{\alpha}),\boldsymbol{\beta})=(\boldsymbol{\alpha},\sigma(\boldsymbol{\beta})),$$

则称 σ 是 V 上的一个厄米变换.

该定义与欧氏空间上的对称变换完全相同,由此可见,当将数域限制在实数域上讨论时,幺正空间退化为欧氏空间,其中的厄米变换退化为对称变换. 因此,对称变换可看作是厄米变换的特例,厄米变换则可看作对称变换的推广. 厄米变换的一个重要性质由下面定理给出.

定理 6.5.18 幺正空间 V 中的线性变换 σ 满足

$$\forall\,\boldsymbol{\alpha}\in V,\quad (\boldsymbol{\alpha},\sigma(\boldsymbol{\alpha}))\in\mathbf{R}$$

的充要条件是 σ 为厄米变换.

证明 充分性是显然的,只需证明必要性. $\forall\,\boldsymbol{\alpha}\in V$,设 σ 满足 $(\boldsymbol{\alpha},\sigma(\boldsymbol{\alpha}))\in\mathbf{R}$,则其

也满足$(\boldsymbol{\alpha},\sigma(\boldsymbol{\alpha}))=(\sigma(\boldsymbol{\alpha}),\boldsymbol{\alpha})$. 对任意的$\boldsymbol{\beta},\boldsymbol{\gamma}$,先取$\boldsymbol{\alpha}=\boldsymbol{\beta}+\boldsymbol{\gamma}$代入,则可得到$(\boldsymbol{\beta},\sigma(\boldsymbol{\gamma}))+(\boldsymbol{\gamma},\sigma(\boldsymbol{\beta}))=(\sigma(\boldsymbol{\beta}),\boldsymbol{\gamma})+(\sigma(\boldsymbol{\gamma}),\boldsymbol{\beta})$. 再取$\boldsymbol{\alpha}=\boldsymbol{\beta}+i\boldsymbol{\gamma}$代入,则可得到$(\boldsymbol{\beta},\sigma(\boldsymbol{\gamma}))-(\boldsymbol{\gamma},\sigma(\boldsymbol{\beta}))=(\sigma(\boldsymbol{\beta}),\boldsymbol{\gamma})-(\sigma(\boldsymbol{\gamma}),\boldsymbol{\beta})$. 两式相加即得到,对任意的$\boldsymbol{\beta},\boldsymbol{\gamma}$有$(\boldsymbol{\beta},\sigma(\boldsymbol{\gamma}))=(\sigma(\boldsymbol{\beta}),\boldsymbol{\gamma})$.

厄米变换和厄米矩阵有如下联系.

定理 6.5.19 幺正空间V上的线性变换σ是厄米变换的充要条件是,σ关于V的标准正交基的矩阵是厄米矩阵.

证明 必要性. 设$\{\boldsymbol{\alpha}_i\}$为一组标准正交基. 假设$\sigma$是厄米变换,故按定义有$(\sigma(\boldsymbol{\alpha}_i),\boldsymbol{\alpha}_j)=(\boldsymbol{\alpha}_i,\sigma(\boldsymbol{\alpha}_j))$. 于是$\sigma$的在这组基下的矩阵$\boldsymbol{A}$满足$(\boldsymbol{\alpha}_k(\boldsymbol{A})_{ki},\boldsymbol{\alpha}_j)=(\boldsymbol{\alpha}_i,\boldsymbol{\alpha}_l(\boldsymbol{A})_{lj})$,注意到基的标准正交性,有$\overline{(\boldsymbol{A})_{ji}}=(\boldsymbol{A})_{ij}$,故$\boldsymbol{A}=\boldsymbol{A}^{\dagger}$.

充分性. 仍设$\{\boldsymbol{\alpha}_i\}$为一组标准正交基. 假设$\sigma$在这组基下的矩阵$\boldsymbol{A}$满足$\boldsymbol{A}=\boldsymbol{A}^{\dagger}$,则考虑$\forall\,\boldsymbol{\alpha},\boldsymbol{\beta}\in V$,设$\boldsymbol{\alpha}=\boldsymbol{\alpha}_i x_i$,$\boldsymbol{\beta}=\boldsymbol{\alpha}_j y_j$,则

$$(\sigma(\boldsymbol{\alpha}),\boldsymbol{\beta})=\overline{x_i}(\sigma(\boldsymbol{\alpha}_i),\boldsymbol{\alpha}_j)y_j=\overline{x_i}\,\overline{(\boldsymbol{A})_{ji}}y_j=\boldsymbol{X}^{\dagger}\boldsymbol{A}^{\dagger}\boldsymbol{Y},$$
$$(\boldsymbol{\alpha},\sigma(\boldsymbol{\beta}))=\overline{x_i}(\boldsymbol{\alpha}_i,\sigma(\boldsymbol{\alpha}_j))y_j=\overline{x_i}(\boldsymbol{A})_{ij}y_j=\boldsymbol{X}^{\dagger}\boldsymbol{A}\boldsymbol{Y}.$$

而$\boldsymbol{A}^{\dagger}=\boldsymbol{A}$,故$\forall\,\boldsymbol{\alpha},\boldsymbol{\beta}\in V$,$(\sigma(\boldsymbol{\alpha}),\boldsymbol{\beta})=(\boldsymbol{\alpha},\sigma(\boldsymbol{\beta}))$,$\sigma$为厄米变换.

这里对厄米变换的定义稍做展开. 在有限维幺正空间上,由于线性变换σ的厄米共轭变换$\sigma^{\dagger}$一定存在,故对厄米变换有

$$\forall\,\boldsymbol{\alpha},\boldsymbol{\beta}\in V,\quad(\boldsymbol{\alpha},\sigma^{\dagger}(\boldsymbol{\beta}))=(\sigma(\boldsymbol{\alpha}),\boldsymbol{\beta})=(\boldsymbol{\alpha},\sigma(\boldsymbol{\beta}))\Rightarrow(\boldsymbol{\alpha},(\sigma-\sigma^{\dagger})(\boldsymbol{\beta}))=0.$$

由引理 6.5.1 可知$\sigma-\sigma^{\dagger}=o$,即$\sigma^{\dagger}=\sigma$;反之,若一个线性变换满足$\sigma^{\dagger}=\sigma$,则

$$(\sigma(\boldsymbol{\alpha}),\boldsymbol{\beta})=(\boldsymbol{\alpha},\sigma^{\dagger}(\boldsymbol{\beta}))=(\boldsymbol{\alpha},\sigma(\boldsymbol{\beta})),$$

故σ为厄米变换. 因此,有限维幺正空间上,厄米变换可被等价地定义为满足

$$\sigma^{\dagger}=\sigma$$

的线性变换. 顺便指出,由这个性质以及厄米共轭运算的运算性质易知,厄米变换的幂次仍然是厄米变换:

$$\sigma^{\dagger}=\sigma,\quad(\sigma^2)^{\dagger}=(\sigma\sigma)^{\dagger}=\sigma^{\dagger}\sigma^{\dagger}=\sigma^2,\cdots$$

例 6.5.17 试证明:幺正空间中的任意线性变换σ均可写成$\sigma=\rho+\mathrm{i}\tau$的形式,其中$\rho$和$\tau$为厄米变换.

证明 首先,$\sigma=\dfrac{1}{2}(\sigma+\sigma^{\dagger})+\mathrm{i}\,\dfrac{\mathrm{i}}{2}(\sigma^{\dagger}-\sigma)$. 再注意到厄米共轭的运算性质:

$$(\sigma_1+\sigma_2)^{\dagger}=\sigma_1^{\dagger}+\sigma_2^{\dagger},\quad(k\sigma)^{\dagger}=\bar{k}\sigma^{\dagger}.$$

由此容易验证:

$$\rho=\frac{1}{2}(\sigma+\sigma^{\dagger}),\quad\tau=\frac{\mathrm{i}}{2}(\sigma^{\dagger}-\sigma).$$

且满足$\rho^{\dagger}=\rho$,$\tau^{\dagger}=\tau$,因此都为厄米变换,命题得证.

例 6.5.18* 试证明:厄米变换σ的不变子空间的正交补空间也是σ的不变子

空间.

证明 利用定理6.5.9可知,若 W 是 σ-子空间,则 $W^{\perp}$ 是 $\sigma^{\dagger}$-子空间. 注意到厄米变换 $\sigma^{\dagger}=\sigma$,命题即得证.

也可利用矩阵来证明. 取 W 和 $W^{\perp}$ 的标准正交基合并成 V 的标准正交基. 由于 W 是 σ-子空间,故在这个基中 σ 的矩阵 $\boldsymbol{A}$ 为上三角分块矩阵. 又 $\boldsymbol{A}$ 为厄米矩阵,故 $\boldsymbol{A}$ 只能是对角分块矩阵,从而 $W^{\perp}$ 也是 σ-子空间.

在无限维空间中,情况将有所不同. 由于泛函分析中"线性变换"常被称为"线性算符",这里我们也改用"算符"一词. 在无限维 Hilbert 空间中,由于涉及无界算符(算符的有界性和无界性可参考泛函分析的文献,如文献[14]),因此算符的定义域需要仔细考察. 简单来说,有限维线性空间中的线性变换的定义域都是定义在整个空间上的,而无限维空间中某些线性变换的定义域仅仅是空间的一个子集,即为线性空间中的线性变换,而非线性空间上的线性变换(有界算符的定义域总可以延拓到整个 Hilbert 空间),如量子力学中常常使用的坐标算符、动量算符等. 举例来说,在 Hilbert 空间 $L^2(-\infty,+\infty)$ 中,线性变换 x、$\frac{\mathrm{d}}{\mathrm{d}x}$ 是无界的,很容易验证,它们可以将一个平方可积函数映射为一个平方不可积的函数,因此其定义域为空间的一个子集.

正是由于定义域的问题,前面厄米共轭变换的定义必须重新修改:对任意一个线性算符 σ(用 D_{σ} 标记其定义域),如果

$$\forall \boldsymbol{\beta}\in D_{\sigma},\ \exists D' \text{使} \ \forall \boldsymbol{\alpha}\in D',\ \exists \text{唯一的}\ \boldsymbol{\gamma}_{\alpha}:(\boldsymbol{\alpha},\sigma(\boldsymbol{\beta}))=(\boldsymbol{\gamma}_{\alpha},\boldsymbol{\beta}),$$

则此时可在 D' 上定义其厄米共轭变换 $\sigma^{\dagger}(\boldsymbol{\alpha})=\boldsymbol{\gamma}_{\alpha}$. 在泛函分析中,通常不用"厄米共轭变换"这个术语,而用"伴随算符"代替. 一般地 $D'\neq D_{\sigma}$,即伴随算符的定义域与原算符可能不同. 而且一般来说:

$$(\sigma^{\dagger})^{\dagger}\neq\sigma.$$

与此同时,厄米算符的定义也需要修改:对任意线性算符 σ(严格来说还必须稠定),如果

$$\forall \boldsymbol{\alpha},\boldsymbol{\beta}\in D_{\sigma},\quad (\sigma(\boldsymbol{\alpha}),\boldsymbol{\beta})=(\boldsymbol{\alpha},\sigma(\boldsymbol{\beta})),$$

则称为一个厄米算符.

对厄米算符的伴随算符来说,由厄米算符的定义可看出,在子集 D_{σ} 上可以定义其伴随算符为 $\sigma^{\dagger}=\sigma$. 但是,由于一般的伴随算符的定义域不同于原算符,故 $\sigma^{\dagger}$ 有可能定义在比 D_{σ} 更大的区域上. 实际上,可以证明在 Hilbert 空间中无界厄米算符 σ 一定满足

$$D_{\sigma}\subseteq D_{\sigma^{\dagger}},$$

故一般地,在整个空间中厄米算符 σ 与其伴随算符 $\sigma^{\dagger}$ 并不相等,即

$$\sigma\neq\sigma^{\dagger}.$$

而且,厄米算符 σ 的伴随算符 $\sigma^{\dagger}$ 不是厄米算符.

由此可见，在 Hilbert 空间中必须区分开对线性算符的如下两个要求：

$$\forall \boldsymbol{\alpha},\boldsymbol{\beta}\in D_\sigma,\quad (\sigma(\boldsymbol{\alpha}),\boldsymbol{\beta})=(\boldsymbol{\alpha},\sigma(\boldsymbol{\beta}))\quad \text{和}\quad \sigma^\dagger=\sigma.$$

将满足前者要求的称为厄米算符，而将满足后者要求的称为自伴算符. 显然，自伴算符是厄米算符，但反之未必. 物理学中经常混淆厄米算符和自伴算符这两个概念，但没有出现错误，是因为遇到的厄米算符几乎都是自伴算符（或假设为自伴算符）.

对于幺正算符定义的类似讨论见文献[13]第 12.3c 节. 与有限维空间的一个主要区别是，Hilbert 空间上的幺正算符不仅要求保持任意向量模不变（等距算符），还要求是满线性映射. 由于幺正算符有界，故其伴随算符恒存在，并且如下关系在无限维也仍然成立：

$$\sigma^\dagger=\sigma^{-1},\quad \sigma^\dagger\sigma=\sigma\sigma^\dagger=\varepsilon.$$

前面提到，在有限维内积空间中厄米变换的本征值为实、本征向量可构成标准正交基，而在无限维 Hilbert 空间中这些性质不一定成立. 实际上，自伴算符有没有本征值和本征向量都成问题，更不用说构成标准正交基. 例如，可以证明 $L^2(-\infty,+\infty)$中的算符 x 和 $\mathrm{i}\dfrac{\mathrm{d}}{\mathrm{d}x}$都是自伴算符，但是若要解其本征方程，则会发现 x 对应的本征向量为 δ 函数，其根本不是一个函数，更不会属于空间 $L^2(-\infty,+\infty)$；而 $\mathrm{i}\dfrac{\mathrm{d}}{\mathrm{d}x}$的本征向量则不是平方可积的，也不属于空间 $L^2(-\infty,+\infty)$. 换句话说，自伴算符 x 和$\mathrm{i}\dfrac{\mathrm{d}}{\mathrm{d}x}$在 $L^2(-\infty,+\infty)$中不存在本征值和本征向量. 而且，的确存在某些自伴算符具有本征向量，但其本征向量组不能构成一个标准正交基.

因此，在 Hilbert 空间中厄米算符的本征值、本征向量、对角化等都不再是合适的概念，自伴算符的谱和谱分解则是对这些概念的推广. 关于这些内容的一个简明介绍可见文献[6]第 5.11 节，稍严格的介绍可见泛函分析的文献，如文献[13]第 13.4 节. 实际上，完全可用谱分解的方式来讲述有限维幺正空间上的对角化问题，如文献[7]. 但是在物理学中，经常将不属于该空间的函数或广义函数仍然当作算符的本征函数，并且将谱仍然当作本征值来处理；也经常将有限维的其他若干结论直接推广到无限维，如有限和直接推广为无穷级数或者积分. 从计算的角度来看，这样处理比严格的数学处理要简单很多，而且几乎都能给出正确结果. 这是因为物理上涉及的厄米算符几乎都是自伴算符，其背后有自伴算符的谱分解定理来保证.

从历史发展来看，一味追求数学的严格性可能会阻碍物理学的发展，但若完全不注意严格性，则又会导致一些概念含混不清. 因此在物理学中，为了便利，我们仍然在无穷维幺正空间中使用本征值、对角化等这些不严格的表述，包括在后文中也经常如此. 而一旦这种处理导致出现了一些问题（主要是概念上的），则再用谱的概念仔细考察. 例如，在量子力学的学习中可能会遇到一些与此有关的问题：坐标本征态的波函数并不是一个函数(广义函数),动量本征态的波函数(平面波)不能归一化,为什么能作为波函数甚至作为基矢？再例如,一些系统的波函数既可以用分立的本征态展开(如某些束缚体系的能量本征态),也可以用连续的本征态展开(如坐标本征态或者动量本征态),那么这个 Hilbert 空间到底是可数维还是不可数维？这些问题都可用谱的概念来解释清楚. 关于从这个角度对量子力学的数学基础的一个简介可见文献[6]第 5.11 节. 下面给出物理学中厄米算符的两个例子.

例 6.5.19　闭区间$[a,b]$上的复值连续函数的集合 $C[a,b]$,在内积

$$(f,g)=\int_a^b \overline{f(x)}g(x)\mathrm{d}x$$

中构成一个幺正空间. 试判断 $\mathrm{i}\dfrac{\mathrm{d}}{\mathrm{d}x}$是否是一个厄米算符？

解　首先易证 $\mathrm{i}\dfrac{\mathrm{d}}{\mathrm{d}x}$是一个线性变换. 简记 $\mathrm{i}\dfrac{\mathrm{d}}{\mathrm{d}x}=P$,下面按厄米变换的定义来判断 P 是否厄米变换：$\forall f(x),g(x)\in C[a,b]$,有

$$\begin{aligned}(Pf,g)&=\int_a^b \overline{\mathrm{i}\frac{\mathrm{d}f(x)}{\mathrm{d}x}}g(x)\mathrm{d}x=-\mathrm{i}\int_a^b \overline{\frac{\mathrm{d}f(x)}{\mathrm{d}x}}g(x)\mathrm{d}x\\&=\int_a^b \overline{f(x)}\mathrm{i}\frac{\mathrm{d}g(x)}{\mathrm{d}x}\mathrm{d}x-\mathrm{i}\int_a^b\frac{\mathrm{d}}{\mathrm{d}x}(\overline{f(x)}g(x))\mathrm{d}x\\&=(f,Pg)-\mathrm{i}[\overline{f(x)}g(x)]\Big|_a^b.\end{aligned}$$

故一般来说,在幺正空间 $C[a,b]$上 P 不是厄米算符,但是对于$[a,b]$上满足 $f(a)=f(b)$的全体复值函数构成的子空间来说,P 是厄米算符(正是由于这一点,在量子力学中取箱归一化时,必须要取周期性边界条件以保证动量算符厄米). 实际上可进一步证明其为自伴算符,证明可见文献[14]第 10.7 节.

例 6.5.20(见文献[6]第 5.10 节)　形如$-\dfrac{\mathrm{d}}{\mathrm{d}x}\left[p(x)\dfrac{\mathrm{d}y}{\mathrm{d}x}\right]+q(x)y=\lambda\rho(x)y$ 的方程(其中 $p(x),q(x),\rho(x)$均为实函数)称为 Sturm-Liouville 型(S-L 型)方程. 对$\rho(x)\geqslant 0$ 且不恒为 0,可用变量替换$\sqrt{\rho}y\to u$ 变成$-\dfrac{\mathrm{d}}{\mathrm{d}x}\left[\phi(x)\dfrac{\mathrm{d}u}{\mathrm{d}x}\right]+\psi(x)u=\lambda u$ 的形式. 引入如下算符：

$$L=-\frac{\mathrm{d}}{\mathrm{d}x}\left[\phi(x)\frac{\mathrm{d}}{\mathrm{d}x}\right]+\psi(x).$$

则可将上述 S-L 方程写为本征值方程的形式：$Lu(x)=\lambda u(x)$. 试问$[a,b]$上的复值连续函数构成的幺正空间 V 上(内积按上一例来定义,实际上变换 $y\to u$ 的目的是为了在内积定义中消去权重函数),L 是否是厄米算符？

解　按照厄米算符的定义来判断：$\forall u_1(x),u_2(x)$,有

$$(u_1,Lu_2)-(Lu_1,u_2)=\int_a^b\left[\frac{\mathrm{d}\phi}{\mathrm{d}x}\left(\frac{\mathrm{d}\,\overline{u_1}}{\mathrm{d}x}u_2-\overline{u_1}\frac{\mathrm{d}u_2}{\mathrm{d}x}\right)+\phi\left(\frac{\mathrm{d}^2\,\overline{u_1}}{\mathrm{d}x^2}u_2-\overline{u_1}\frac{\mathrm{d}^2u_2}{\mathrm{d}x^2}\right)\right]$$

$$= \int_a^b \left[\frac{\mathrm{d}\phi}{\mathrm{d}x} \left(\frac{\mathrm{d}\,\overline{u_1}}{\mathrm{d}x} u_2 - \overline{u_1} \frac{\mathrm{d}u_2}{\mathrm{d}x} \right) + \phi \frac{\mathrm{d}}{\mathrm{d}x} \left(\frac{\mathrm{d}\,\overline{u_1}}{\mathrm{d}x} u_2 - \overline{u_1} \frac{\mathrm{d}u_2}{\mathrm{d}x} \right) \right]$$

$$= \int_a^b \frac{\mathrm{d}}{\mathrm{d}x} \left[\phi \left(\frac{\mathrm{d}\,\overline{u_1}}{\mathrm{d}x} u_2 - \overline{u_1} \frac{\mathrm{d}u_2}{\mathrm{d}x} \right) \right].$$

因此,在满足$\left.\left[\phi \left(\frac{\mathrm{d}\,\overline{u_1}}{\mathrm{d}x} u_2 - \overline{u_1} \frac{\mathrm{d}u_2}{\mathrm{d}x} \right) \right]\right|_a^b = 0$的某些边界条件之下,若能使得函数集合构成$V$的子空间,则在此子空间上$L$厄米. 实际上可进一步证明其为自伴算符.

现在回到有限维幺正空间. 类似于对称矩阵和对称变换,厄米矩阵和厄米变换的集合也不够成群,其重要性体现在本征值和本征向量的性质上. 具体来说,有

(1) 厄米变换的本征值一定为实数;

(2) 厄米变换的所有本征向量可选为两两正交的单位向量;

(3) 厄米变换(厄米矩阵)一定可相似对角化,或者说其本征向量组完备.

由此可见,任一厄米变换的本征向量可构成幺正空间的一个标准正交基. 下面我们来逐一讨论这些性质. 由于选定标准正交基之后,厄米变换和厄米矩阵一一对应,我们可以只考虑厄米矩阵. 但由于前两条性质与幺正空间的维数是有限还是无限无关,因此前两个性质的证明将直接用线性变换的语言. 第 3 条性质仅对有限维幺正空间成立,对无限维空间,如前所述本征向量不是恰当的概念,即使将那些线性空间之外的元素也视作本征向量,也需要附加更多条件才完备,在第 7 章我们将给出完备性的一个充分条件. 因此对第 3 条性质,下面将通过矩阵的语言来证明.

定理 6.5.20　厄米变换(厄米矩阵)的本征值全部为实数.

证明　设厄米变换σ具有一个本征值,对应的本征方程为

$$\sigma(\boldsymbol{\alpha}) = \lambda\boldsymbol{\alpha}.$$

由σ的厄米性,有$(\sigma(\boldsymbol{\alpha}),\boldsymbol{\alpha}) = (\boldsymbol{\alpha},\sigma(\boldsymbol{\alpha}))$,将本征方程代入,得

$$(\lambda\boldsymbol{\alpha},\boldsymbol{\alpha}) = (\boldsymbol{\alpha},\lambda\boldsymbol{\alpha}) \Rightarrow (\bar{\lambda} - \lambda)(\boldsymbol{\alpha},\boldsymbol{\alpha}) = 0,$$

而本征向量$(\boldsymbol{\alpha},\boldsymbol{\alpha}) > 0$,故$\bar{\lambda} = \lambda$.

注意:尽管厄米矩阵的本征值都是实数,但本征方程$(\lambda\boldsymbol{I} - \mathbf{A})\boldsymbol{X} = \mathbf{0}$中系数含有复数,因此本征向量不一定为$n$元实向量,一般仍然是$\mathbf{C}^n$中的向量.

推论 6.5.3　厄米变换σ(或厄米矩阵$\mathbf{A}$)的行列式为实数,即$|\sigma| \in \mathbf{R}$.

定理 6.5.21　厄米变换(厄米矩阵)属于不同本征值的本征向量相互正交.

证明　设$\mu \neq \lambda$为两个本征值,相应本征方程为

$$\sigma(\boldsymbol{\alpha}) = \mu\boldsymbol{\alpha}, \quad \sigma(\boldsymbol{\beta}) = \lambda\boldsymbol{\beta}.$$

由于σ的厄米性,考虑到

$$(\sigma(\boldsymbol{\alpha}),\boldsymbol{\beta}) = (\boldsymbol{\alpha},\sigma(\boldsymbol{\beta})),$$

将本征方程代入,得

$$(\mu\boldsymbol{\alpha},\boldsymbol{\beta}) = (\boldsymbol{\alpha},\lambda\boldsymbol{\beta}).$$

注意到本征值的实数性，故$(\mu-\lambda)(\boldsymbol{\alpha},\boldsymbol{\beta})=0$，而$\mu\neq\lambda$，故必有$(\boldsymbol{\alpha},\boldsymbol{\beta})=0$，即它们正交.

定理 6.5.22 厄米矩阵必可通过幺正矩阵相似对角化. 即：设 $\boldsymbol{A}$ 为厄米矩阵，则必存在幺正矩阵 $\boldsymbol{C}$，使 $\boldsymbol{C}^{-1}\boldsymbol{A}\boldsymbol{C}=\boldsymbol{C}^{\mathrm{T}}\boldsymbol{A}\boldsymbol{C}$ 为对角矩阵.

证明 用数学归纳法证明. 当 $\boldsymbol{A}$ 的阶 $n=1$ 时，定理显然成立. 假设对 $n-1$ 阶厄米矩阵定理成立，则考虑 n 阶厄米矩阵 $\boldsymbol{A}$. 由于 $\boldsymbol{A}$ 至少有一个本征值和相应的单位本征向量，且由 $\boldsymbol{A}$ 的厄米性可知本征值为实数. 设本征值和本征向量分别为 λ_1 和 $\boldsymbol{P}_1$：

$$\boldsymbol{A}\boldsymbol{P}_1=\lambda_1\boldsymbol{P}_1,\quad |\boldsymbol{P}_1|=1.$$

则通过逐步添加向量，可从$\{\boldsymbol{P}_1\}$出发构造 $\mathbf{C}^n$ 的一个基$\{\boldsymbol{P}_1,\boldsymbol{X}_2,\boldsymbol{X}_3,\cdots,\boldsymbol{X}_n\}$. 通过 Schmidt 标准正交化方法可得到 $\mathbf{C}^n$ 的一个标准正交基$\{\boldsymbol{P}_1,\boldsymbol{P}_2,\cdots,\boldsymbol{P}_n\}$. 令 $\boldsymbol{P}=[\boldsymbol{P}_1\ \boldsymbol{P}_2\ \cdots\ \boldsymbol{P}_n]$，则 $\boldsymbol{P}$ 为幺正矩阵.

现在考察 $\boldsymbol{A}$ 在$\{\boldsymbol{P}_1,\boldsymbol{P}_2,\cdots,\boldsymbol{P}_n\}$这组基下的矩阵. 先计算 $\boldsymbol{A}\boldsymbol{P}$，注意到 $\boldsymbol{P}_1$ 为 $\boldsymbol{A}$ 的本征向量，可知

$$\boldsymbol{A}\boldsymbol{P}=[\boldsymbol{A}\boldsymbol{P}_1\ \boldsymbol{A}\boldsymbol{P}_2\cdots\ \boldsymbol{A}\boldsymbol{P}_n]=[\boldsymbol{P}_1\ \boldsymbol{P}_2\cdots\ \boldsymbol{P}_n]\boldsymbol{B}=\boldsymbol{P}\boldsymbol{B},$$

其中 $\boldsymbol{B}$ 矩阵即为 $\boldsymbol{A}$ 在新基下的矩阵，其具有如下结构：

$$\boldsymbol{B}=\begin{bmatrix}\lambda_1 & * & \cdots & * \\ 0 & * & \cdots & * \\ \vdots & \vdots & & \vdots \\ 0 & * & \cdots & *\end{bmatrix}.$$

进一步注意到 $\boldsymbol{B}=\boldsymbol{P}^{-1}\boldsymbol{A}\boldsymbol{P}=\boldsymbol{P}^{\dagger}\boldsymbol{A}\boldsymbol{P}$，故 $\boldsymbol{B}$ 亦为厄米矩阵，即

$$\boldsymbol{B}=\begin{bmatrix}\lambda_1 & 0 & \cdots & 0 \\ 0 & * & \cdots & * \\ \vdots & \vdots & & \vdots \\ 0 & * & \cdots & *\end{bmatrix}=\begin{bmatrix}\lambda_1 & \boldsymbol{O} \\ \boldsymbol{O} & \boldsymbol{B}_{n-1}\end{bmatrix},\quad \text{其中 } \boldsymbol{B}_{n-1}\text{ 为 } n-1 \text{ 阶厄米矩阵.}$$

故由归纳假设知

$$\boldsymbol{B}_{n-1}=\boldsymbol{Q}_{n-1}^{-1}\boldsymbol{\Lambda}_{n-1}\boldsymbol{Q}_{n-1}=\boldsymbol{Q}_{n-1}^{\dagger}\boldsymbol{\Lambda}_{n-1}\boldsymbol{Q}_{n-1},$$

令

$$\boldsymbol{Q}=\begin{bmatrix}1 & \boldsymbol{O} \\ \boldsymbol{O} & \boldsymbol{Q}_{n-1}\end{bmatrix},$$

则 $\boldsymbol{Q}$ 为幺正矩阵，$\boldsymbol{Q}^{-1}=\boldsymbol{Q}^{\dagger}$，且

$$\boldsymbol{Q}^{-1}\boldsymbol{B}\boldsymbol{Q}=\begin{bmatrix}\lambda_1 & \boldsymbol{O} \\ \boldsymbol{O} & \boldsymbol{Q}_{n-1}^{-1}\boldsymbol{B}_{n-1}\boldsymbol{Q}_{n-1}\end{bmatrix}=\boldsymbol{\Lambda}_n.$$

故令 $\boldsymbol{C}=\boldsymbol{P}\boldsymbol{Q}$，定理即得证.

推论 6.5.4 厄米矩阵的任意一个本征值 λ 的重数 s_λ，与该本征值 λ 对应的本征子空间 E_λ 的维数 $\dim E_\lambda$ 相等. 即 $s_\lambda=\dim E_\lambda$.

由定理 6.5.21 可知：厄米矩阵的不同本征值的本征向量相互正交，而同一个本

征值的线性无关的本征向量可以用 Schmidt 方法使其标准正交，因此厄米矩阵的全部本征向量可构成标准正交的向量组. 而定理 6.5.22 进一步说明，厄米矩阵可以有 $n=\dim\mathbf{C}^n$ 个线性无关的本征向量，即本征向量组完备. 综上，这两个定理说明：厄米矩阵的本征向量组可以构成幺正空间 $\mathbf{C}^n$ 的一个标准正交基. 由于厄米矩阵与厄米变换的对应关系，进一步可知厄米变换的本征向量组可以构成幺正空间 V 的一个标准正交基，这是一个非常有用的性质.

在无限维幺正空间中，厄米变换的本征向量组也有可能完备，如下例题.

例 6.5.21 通过求解本征方程容易证明，函数组

$$\left\{\frac{1}{\sqrt{2\pi}}e^{ikx}\mid k=0,\pm1,\pm2,\cdots,\pm\infty\right\}$$

是例 6.5.19 给出的$[-\pi,\pi]$的周期性边界条件下的厄米算符 $i\dfrac{d}{dx}\left(或-\dfrac{d^2}{dx^2}\right)$的全部线性无关的本征向量. 而由例 6.5.9 的讨论可知，该向量组是$[-\pi,\pi]$上全体周期函数构成的幺正空间的一个基. 因此 $i\dfrac{d}{dx}$ 的本征向量组是完备的.

例 6.5.22 在 Hilbert 空间，$L^2(-\infty,+\infty)$中，由傅里叶变换可知，任意函数都可由函数组

$$\left\{\frac{1}{\sqrt{2\pi}}e^{ikx}\,\middle|\,k\in\mathbf{R}\right\}$$

展开(严格来说，傅里叶积分收敛还需要模可积)：

$$f(x)=\int_{-\infty}^{+\infty}\tilde{f}(k)e^{ikx}\,dk.$$

因此，这组函数可看作幺正空间 $L^2(-\infty,+\infty)$的一组基(如前所述，严格来说 $e^{ikx}\notin L^2(-\infty,+\infty)$，而且其正交但模不归一). 注意到模方可积函数在无穷远处必趋于零，从而可证明 $i\dfrac{d}{dx}$在幺正空间 $L^2(-\infty,+\infty)$上也是厄米算符. 通过求解本征方程易知，上述函数组正是厄米算符 $i\dfrac{d}{dx}$的全部线性无关的本征向量. 因此可认为在幺正空间 $L^2(-\infty,+\infty)$中厄米算符 $i\dfrac{d}{dx}$的本征向量组完备. 但是请注意，正是由于将不属于该空间的向量当作基导致了该空间看起来似乎是不可数无限维的，而实际上由于 $L^2(-\infty,+\infty)$可分，其存在由可数的向量构成的标准正交基，即该空间实际上是可数无限维的空间.

由矩阵本征值本征向量的求法以及上述 3 个定理可知，用幺正矩阵对角化厄米矩阵，即对厄米矩阵 $\boldsymbol{A}$，求幺正矩阵 $\boldsymbol{P}$ 使得 $\boldsymbol{P}^{-1}\boldsymbol{A}\boldsymbol{P}=\boldsymbol{P}^{\dagger}\boldsymbol{A}\boldsymbol{P}=\mathrm{diag}[\lambda_1,\lambda_2,\cdots,\lambda_n]$的步骤如下.

(1) 由本征方程$|\lambda\boldsymbol{I}-\boldsymbol{A}|=0$ 求出 n 阶厄米矩阵 $\boldsymbol{A}$ 的所有不同本征值 $\lambda_1,\lambda_2,\cdots,$

λ_m，以及它们的重数 $s_1,s_2,\cdots,s_m$. 显然应有 $\lambda_i\in\mathbf{R}$，且 $\sum_{i=1}^{m}s_i=n$.

(2) 对每一个 λ_i，由线性齐次方程组 $(\lambda_i\boldsymbol{I}-\boldsymbol{A})\boldsymbol{X}=\boldsymbol{0}$，求出其中一个基础解系：$\{\boldsymbol{\alpha}_{i_1},\boldsymbol{\alpha}_{i_2},\cdots,\boldsymbol{\alpha}_{s_i}\}$. 再用 Schmidt 正交化方法将其标准正交化为 $\{\boldsymbol{P}_{i_1},\boldsymbol{P}_{i_2},\cdots,\boldsymbol{P}_{i_{s_i}}\}$. 这样可得到 n 个标准正交的向量组.

(3) 将求出的 n 个两两正交的单位本征向量排成矩阵：

$$\boldsymbol{P}=[\boldsymbol{P}_{1_1}\ \boldsymbol{P}_{1_2}\cdots\boldsymbol{P}_{1_{s_1}}\ \boldsymbol{P}_{2_1}\ \boldsymbol{P}_{2_2}\cdots\boldsymbol{P}_{2_{s_2}}\cdots\boldsymbol{P}_{m_1}\ \boldsymbol{P}_{m_2}\cdots\boldsymbol{P}_{m_{s_m}}].$$

则 $\boldsymbol{P}$ 为幺正矩阵，$\boldsymbol{P}^{-1}=\boldsymbol{P}^{\dagger}$，且满足：

$$\begin{aligned}\boldsymbol{AP}&=[\boldsymbol{AP}_{1_1}\cdots\boldsymbol{AP}_{1_{s_1}}\ \boldsymbol{AP}_{2_1}\cdots\boldsymbol{AP}_{2_{s_2}}\cdots\boldsymbol{AP}_{m_1}\cdots\boldsymbol{AP}_{m_{s_m}}]\\&=[\lambda_1\boldsymbol{P}_{1_1}\cdots\lambda_1\boldsymbol{P}_{1_{s_1}}\ \lambda_2\boldsymbol{P}_{2_1}\cdots\lambda_2\boldsymbol{P}_{2_{s_2}}\cdots\lambda_m\boldsymbol{P}_{m_1}\cdots\lambda_m\boldsymbol{P}_{m_{s_m}}]\\&=\boldsymbol{P}\mathrm{diag}(\lambda_1,\cdots,\lambda_1,\lambda_2,\cdots,\lambda_2,\cdots,\lambda_m,\cdots,\lambda_m)=\boldsymbol{P\Lambda},\end{aligned}$$

即 $\boldsymbol{P}^{-1}\boldsymbol{AP}=\boldsymbol{P}^{\dagger}\boldsymbol{AP}=\boldsymbol{\Lambda}$.

例 6.5.23 用幺正矩阵将如下厄米矩阵相似对角化：

$$\boldsymbol{A}=\begin{bmatrix}4&\mathrm{i}&1\\-\mathrm{i}&4&-\mathrm{i}\\1&\mathrm{i}&4\end{bmatrix}.$$

解 对于矩阵 $\boldsymbol{A}$，容易求出其本征值分别为 $\lambda_1=6,\lambda_{2,3}=3$，且都是实数. 对于 $\lambda_1=6$，可求出其一个本征向量为

$$\boldsymbol{X}_1=[1\quad -\mathrm{i}\quad 1]^{\mathrm{T}},$$

直接将其归一化得到

$$\boldsymbol{P}_1=\frac{1}{\sqrt{3}}[1\quad -\mathrm{i}\quad 1]^{\mathrm{T}}.$$

对于 $\lambda_{2,3}=3$，可求出其两个线性无关的本征向量为

$$\boldsymbol{X}_2=[1\quad 0\quad -1]^{\mathrm{T}},\quad \boldsymbol{X}_3=[0\quad 1\quad -\mathrm{i}]^{\mathrm{T}},$$

由标准正交化手续可构造：

$$\boldsymbol{P}_2=\boldsymbol{X}_2/|\boldsymbol{X}_2|=\frac{1}{\sqrt{2}}[1\quad 0\quad -1]^{\mathrm{T}},$$

$$\begin{aligned}\boldsymbol{P}'_3&=\boldsymbol{X}_3-(\boldsymbol{P}_2,\boldsymbol{X}_3)\boldsymbol{P}_2=[0\quad 1\quad -\mathrm{i}]^{\mathrm{T}}-\frac{1}{\sqrt{2}}(0+0+\mathrm{i})\frac{1}{\sqrt{2}}[1\quad 0\quad -1]^{\mathrm{T}}\\&=\frac{1}{2}[-\mathrm{i}\quad 2\quad -\mathrm{i}]^{\mathrm{T}},\end{aligned}$$

$$\boldsymbol{P}_3=\boldsymbol{P}'_3/|\boldsymbol{P}'_3|=\frac{1}{\sqrt{6}}[-\mathrm{i}\quad 2\quad -\mathrm{i}]^{\mathrm{T}}.$$

故

$$P=[P_1\ P_2\ P_3]=\begin{bmatrix}\frac{1}{\sqrt{3}} & \frac{1}{\sqrt{2}} & -\frac{\mathrm{i}}{\sqrt{6}}\\ -\frac{\mathrm{i}}{\sqrt{3}} & 0 & \frac{2}{\sqrt{6}}\\ \frac{1}{\sqrt{3}} & -\frac{1}{\sqrt{2}} & -\frac{\mathrm{i}}{\sqrt{6}}\end{bmatrix}$$

即为所求，其满足 $P^{-1}AP=P^{\dagger}AP=\mathrm{diag}(6,3,3)$.

例 6.5.24 两个 n 阶厄米矩阵 A、B 具有相同的完备本征向量组的充要条件，或者说，A 和 B 可同时对角化的充要条件是 A 和 B 可对易.

证明 这也是定理 5.4.6 的特例，这里类似实对称矩阵，给出一个不依赖引理 5.4.1的证明.

必要性：两种证明方法.

方法一(矩阵方法). 设 $P^{-1}AP=\Lambda_A$，$P^{-1}BP=\Lambda_B$，则

$$AB-BA=P(\Lambda_A\Lambda_B-\Lambda_B\Lambda_A)P^{-1}=O.$$

方法二(线性变换的方法). 设 A，B 有共同的线性无关的本征向量组$\{P_1,P_2,\cdots,P_n\}$，对应的本征值分别是 λ_i 和 $\mu_i(i=1,2,\cdots,n)$，则$(AB-BA)P_i=(\lambda_i\mu_i-\mu_i\lambda_i)P_i=\mathbf{0}$. 又由于本征向量组完备，故 $\forall X\in\mathbf{C}^n$，有 $X=k_iP_i$，故$(AB-BA)X=\mathbf{0}$. 由于 X 为任意向量，故 $AB-BA=O$.

充分性. 假设 $AB=BA$，由于 A，B 均为厄米矩阵，均可对角化，故可设 A 的一组标准正交的完备的本征向量组为$\{P_1,P_2,\cdots,P_n\}$，对应的本征值为 $\lambda_1,\lambda_2,\cdots,\lambda_n$.

(1) 若 λ_i 为 A 的单本征值，则考虑 BP_i：

$$A(BP_i)=(AB)P_i=(BA)P_i=B(AP_i)=B(\lambda_iP_i)=\lambda_i(BP_i).$$

故 $BP_i\in E_{\lambda_i}$. 注意到 E_{λ_i} 为 1 维子空间，故 $BP_i=\mu P_i$，即 P_i 也是 B 的本征向量.

(2) 若 λ_i 是 A 的重本征值，设重数为 s_i，则$\{P_1,P_2,\cdots,P_n\}$ 中对应 λ_i 的本征向量必有 s_i 个，重新标记为$\{q_{i_1},q_{i_2},\cdots,q_{i_{s_i}}\}$，它们张成本征子空间 E_{λ_i}. 则同样有

$$ABq_{i_j}=BAq_{i_j}=\lambda_iBq_{i_j},$$

即 $Bq_{i_j}\in E_{\lambda_i}(j=1,2,\cdots,s_i)$，$E_{\lambda_i}$ 是 B 的不变子空间. 换句话说：B 给出了 A 的本征子空间 E_{λ_i} 上的一个线性变换. 但是，一般来说 q_{i_j} 并不是 B 的本征向量. 下面将证明，在子空间 E_{λ_i} 中 $B|E_{\lambda_i}$ 也正好具有 s_i 个线性无关的本征向量. 为此考虑 B 在 E_{λ_i} 的标准正交基$\{q_{i_j}\}$ 下的矩阵形式 C：

$$c_{mk}=(q_{i_m},Bq_{i_k})=q_{i_m}^{\dagger}Bq_{i_k}$$

由 $B=B^{\dagger}$ 可知$\overline{c_{mk}}=c_{km}$，即 $C^{\dagger}=C$，C 为 $s_i\times s_i$ 的厄米矩阵. 于是，本征方程 $CX=\mu X$ 有且仅有 s_i 个线性无关的解 $X_j(j=1,2,\cdots,s_i)$. 这 s_i 个 X_j 对应了 E_{λ_i} 中 s_i 个线性无关的 B 的本征向量$\{q'_{i_1},q'_{i_2},\cdots,q'_{i_{s_i}}\}$. 由此可见 E_{λ_i} 中的这 s_i 个$\{q'_{i_j}\}$ 即为 A 和 B 的共同本征向量.

综上，总可以选取 $\boldsymbol{A}$ 的所有本征向量正好也是 $\boldsymbol{B}$ 的本征向量，即 $\boldsymbol{A}$ 和 $\boldsymbol{B}$ 可拥有相同的完备的本征向量组，或者说 $\boldsymbol{A}$ 和 $\boldsymbol{B}$ 可同时对角化. 进一步容易证明，$\boldsymbol{A}$ 和 $\boldsymbol{B}$ 可同时通过幺正矩阵相似对角化.

6.5.9 厄米矩阵与幺正矩阵的联系*

在量子力学中，幺正变换常与某连续对称性相联系，而厄米变换则与力学量相联系. 由于 Nother 定理指出，作用量的每一种连续对称性都有一个守恒量，因此幺正变换与厄米变换之间必存在某种内在的联系.

下面将通过矩阵来证明，这种联系在数学上体现为厄米变换和幺正变换可通过指数函数相联系（在推广到无限维时需要将厄米算符替换为自伴算符）. 用量子力学中的术语来说，连续的幺正变换的无穷小生成元正是厄米变换，因此若某幺正变换是对称变换，则与对应的厄米变换相联系的力学量就是守恒量.

定理 6.5.23 幺正变换（幺正矩阵）的本征值的模为 1.

证明 设 $\sigma(\boldsymbol{\alpha})=\lambda\boldsymbol{\alpha}$，注意到 σ 幺正，因此 $(\sigma(\boldsymbol{\alpha}),\sigma(\boldsymbol{\alpha}))=(\boldsymbol{\alpha},\boldsymbol{\alpha})$，将本征方程代入，得 $(\lambda\boldsymbol{\alpha},\lambda\boldsymbol{\alpha})=(\boldsymbol{\alpha},\boldsymbol{\alpha})$，或 $\bar{\lambda}\lambda(\boldsymbol{\alpha},\boldsymbol{\alpha})=(\boldsymbol{\alpha},\boldsymbol{\alpha})$. 由于本征向量非零，$(\boldsymbol{\alpha},\boldsymbol{\alpha})>0$，故 $|\lambda|=1$.

定理 6.5.24 幺正变换（幺正矩阵）属于不同本征值的本征向量相互正交.

证明 设 $\sigma(\boldsymbol{\alpha})=\lambda\boldsymbol{\alpha}$，$\sigma(\boldsymbol{\beta})=\mu\boldsymbol{\beta}$，$\lambda\neq\mu$. 由 σ 的幺正性可知 $(\boldsymbol{\alpha},\boldsymbol{\beta})=(\sigma(\boldsymbol{\alpha}),\sigma(\boldsymbol{\beta}))=(\lambda\boldsymbol{\alpha},\mu\boldsymbol{\beta})=\bar{\lambda}\mu(\boldsymbol{\alpha},\boldsymbol{\beta})$. 注意到幺正变换的本征值为幺模复数，故 $\bar{\lambda}=\lambda^{-1}$，因此 $\lambda(\boldsymbol{\alpha},\boldsymbol{\beta})=\mu(\boldsymbol{\alpha},\boldsymbol{\beta})$. 由于 $\lambda\neq\mu$，故 $(\boldsymbol{\alpha},\boldsymbol{\beta})=0$.

定理 6.5.25 幺正矩阵 $\boldsymbol{U}$ 一定可通过某幺正矩阵 $\boldsymbol{P}$ 来相似对角化. 即对任意幺正矩阵 $\boldsymbol{U}$，$\exists\,\boldsymbol{P}$ 满足 $\boldsymbol{P}^{\dagger}\boldsymbol{P}=\boldsymbol{I}$，使得 $\boldsymbol{P}^{-1}\boldsymbol{U}\boldsymbol{P}=\boldsymbol{P}^{\dagger}\boldsymbol{U}\boldsymbol{P}$ 为对角矩阵.

证明 证明过程与厄米矩阵完全类似，用数学归纳法来完成. 当 $\boldsymbol{U}$ 的阶 $n=1$ 时，定理显然成立. 假设对 $n-1$ 阶厄米矩阵定理成立，则考虑 n 阶幺正矩阵 $\boldsymbol{U}$. 由于 $\boldsymbol{U}$ 至少有一个本征值和相应的单位本征向量，分别设为 λ_1 和 $\boldsymbol{P}_1$：$\boldsymbol{U}\boldsymbol{P}_1=\lambda_1\boldsymbol{P}_1$，$|\boldsymbol{P}_1|=1$. 则通过逐步添加向量，可从 $\{\boldsymbol{P}_1\}$ 出发构造 $\mathbf{C}^n$ 的一个基 $\{\boldsymbol{P}_1,\boldsymbol{X}_2,\boldsymbol{X}_3,\cdots,\boldsymbol{X}_n\}$. 通过 Schmidt 标准正交化方法可得到 $\mathbf{C}^n$ 的一个标准正交基 $\{\boldsymbol{P}_1,\boldsymbol{P}_2,\cdots,\boldsymbol{P}_n\}$. 令

$$\boldsymbol{P}=[\boldsymbol{P}_1\quad\boldsymbol{P}_2\quad\cdots\quad\boldsymbol{P}_n],\quad\text{则 }\boldsymbol{P}\text{ 为幺正矩阵.}$$

现在考察 $\boldsymbol{U}$ 在这组基下的矩阵，为此先来计算 $\boldsymbol{U}\boldsymbol{P}$. 注意到 $\boldsymbol{P}_1$ 为 $\boldsymbol{A}$ 的本征向量，可知

$$\boldsymbol{U}\boldsymbol{P}=[\boldsymbol{A}\boldsymbol{P}_1\ \boldsymbol{A}\boldsymbol{P}_2\cdots\ \boldsymbol{A}\boldsymbol{P}_n]=[\boldsymbol{P}_1\ \boldsymbol{P}_2\cdots\ \boldsymbol{P}_n]\boldsymbol{B}=\boldsymbol{P}\boldsymbol{B},$$

其中

$$\boldsymbol{B}=\begin{bmatrix}\lambda_1 & * & \cdots & * \\ 0 & * & \cdots & * \\ \vdots & \vdots & & \vdots \\ 0 & * & \cdots & *\end{bmatrix}.$$

进一步注意到 $\boldsymbol{B}=\boldsymbol{P}^{-1}\boldsymbol{U}\boldsymbol{P}=\boldsymbol{P}^{\dagger}\boldsymbol{U}\boldsymbol{P}$，故 $\boldsymbol{B}$ 亦为幺正矩阵，行列向量均为单位向量. 因此由第一列模为 1 可知 $|\lambda_1|=1$，由第一行的模为 1 可知其第一行的其余元素均为零，即

$$\boldsymbol{B}=\begin{bmatrix}\lambda_1 & 0 & \cdots & 0\\ 0 & * & \cdots & *\\ \vdots & \vdots & & \vdots\\ 0 & * & \cdots & *\end{bmatrix}=\begin{bmatrix}\lambda_1 & \boldsymbol{O}\\ \boldsymbol{O} & \boldsymbol{B}_{n-1}\end{bmatrix},\quad \text{其中 } \boldsymbol{B}_{n-1} \text{ 为 } n-1 \text{ 阶幺正矩阵.}$$

故由归纳假设知

$$\boldsymbol{B}_{n-1}=\boldsymbol{Q}_{n-1}^{-1}\boldsymbol{\Lambda}_{n-1}\boldsymbol{Q}_{n-1}=\boldsymbol{Q}_{n-1}^{\dagger}\boldsymbol{\Lambda}_{n-1}\boldsymbol{Q}_{n-1},$$

令 $\boldsymbol{Q}=\begin{bmatrix}1 & \boldsymbol{O}\\ \boldsymbol{O} & \boldsymbol{Q}_{n-1}\end{bmatrix}$，则 $\boldsymbol{Q}$ 为幺正矩阵 $\boldsymbol{Q}^{-1}=\boldsymbol{Q}^{\dagger}$，且

$$\boldsymbol{Q}^{-1}\boldsymbol{B}\boldsymbol{Q}=\begin{bmatrix}\lambda_1 & \boldsymbol{O}\\ \boldsymbol{O} & \boldsymbol{Q}_{n-1}^{-1}\boldsymbol{B}_{n-1}\boldsymbol{Q}_{n-1}\end{bmatrix}=\boldsymbol{\Lambda}_n.$$

故令 $\boldsymbol{C}=\boldsymbol{P}\boldsymbol{Q}$，定理即得证.

注意：正交矩阵不一定能通过正交矩阵相似对角化. 例如，$\begin{bmatrix}\cos\theta & -\sin\theta\\ \sin\theta & \cos\theta\end{bmatrix}$根本就没有实本征值. 但是，正交矩阵作为幺正矩阵的特例，按此定理显然可以通过幺正矩阵相似对角化.

定理 6.5.26（厄米矩阵与幺正矩阵之联系） 若 $\boldsymbol{F}$ 为厄米矩阵，而 $\boldsymbol{U}=\mathrm{e}^{\mathrm{i}\boldsymbol{F}}$，则 $\boldsymbol{U}$ 为幺正矩阵；反之，若 $\boldsymbol{U}$ 为幺正矩阵，则必存在厄米矩阵 $\boldsymbol{F}$，使得 $\boldsymbol{U}=\mathrm{e}^{\mathrm{i}\boldsymbol{F}}$.

证明 （1）设 $\boldsymbol{F}$ 为厄米矩阵. 则由定理 6.5.25 知，$\boldsymbol{F}$ 必可通过幺正矩阵 $\boldsymbol{P}$ 相似对角化，$\boldsymbol{F}=\boldsymbol{P}\boldsymbol{\Lambda}\boldsymbol{P}^{-1}$，其中 $\boldsymbol{\Lambda}$ 为实的对角矩阵. 于是有

$$\boldsymbol{U}=\mathrm{e}^{\mathrm{i}\boldsymbol{F}}=\exp(\mathrm{i}\boldsymbol{P}\boldsymbol{\Lambda}\boldsymbol{P}^{-1})=\boldsymbol{P}\mathrm{e}^{\mathrm{i}\boldsymbol{\Lambda}}\boldsymbol{P}^{-1}.$$

而注意到 $\boldsymbol{\Lambda}$ 为实对角矩阵，其指数函数可很容易计算出来为

$$\mathrm{e}^{\mathrm{i}\boldsymbol{\Lambda}}=\mathrm{diag}(\mathrm{e}^{\mathrm{i}\lambda_1},\mathrm{e}^{\mathrm{i}\lambda_2},\cdots),$$

于是

$$(\mathrm{e}^{\mathrm{i}\boldsymbol{\Lambda}})^{\dagger}\mathrm{e}^{\mathrm{i}\boldsymbol{\Lambda}}=\mathrm{e}^{-\mathrm{i}\boldsymbol{\Lambda}}\mathrm{e}^{\mathrm{i}\boldsymbol{\Lambda}}=\boldsymbol{I},$$

故 $\mathrm{e}^{\mathrm{i}\boldsymbol{\Lambda}}$ 为幺正矩阵. 进一步由 $\boldsymbol{P}$ 的幺正性可知，$\boldsymbol{U}$ 也为幺正矩阵.

（2）设 $\boldsymbol{U}$ 为幺正矩阵. 则由定理 6.5.23 和定理 6.5.25 可知，存在幺正矩阵 $\boldsymbol{P}$ 使得 $\boldsymbol{U}=\boldsymbol{P}\boldsymbol{\Lambda}\boldsymbol{P}^{-1}$，其中 $\boldsymbol{\Lambda}$ 为对角矩阵，且对角元的模为 1，即 $|\lambda_i|=1$. 可将 λ_i 参数化为 $\lambda_j=\mathrm{e}^{\mathrm{i}\theta_j}$，其中 θ_j 为实数（注意：θ_j 不唯一，可相差 2π 的整数倍）. 于是，有

$$\boldsymbol{\Lambda}=\mathrm{diag}(\mathrm{e}^{\mathrm{i}\theta_1},\mathrm{e}^{\mathrm{i}\theta_2},\cdots)=\mathrm{e}^{\mathrm{i}\boldsymbol{\Lambda}'},\text{其中 } \boldsymbol{\Lambda}'=\mathrm{diag}(\theta_1,\theta_2,\cdots).$$

故有

$$\boldsymbol{U}=\boldsymbol{P}\boldsymbol{\Lambda}\boldsymbol{P}^{-1}=\boldsymbol{P}\mathrm{e}^{\mathrm{i}\boldsymbol{\Lambda}'}\boldsymbol{P}^{-1}=\exp(\mathrm{i}\boldsymbol{P}\boldsymbol{\Lambda}'\boldsymbol{P}^{-1})=\mathrm{e}^{\mathrm{i}\boldsymbol{F}},$$

其中 $\boldsymbol{F}=\boldsymbol{P}\boldsymbol{\Lambda}'\boldsymbol{P}^{-1}$. 现在看 $\boldsymbol{F}$ 的厄米性，注意到 $\boldsymbol{\Lambda}'$ 为实对角矩阵，$\boldsymbol{P}$ 为正交矩阵，故

$$\boldsymbol{F}^{\dagger}=\boldsymbol{P}\boldsymbol{\Lambda}'^{\dagger}\boldsymbol{P}^{-1}=\boldsymbol{P}\boldsymbol{\Lambda}'\boldsymbol{P}^{-1}=\boldsymbol{F}.$$

则任意幺正矩阵 $\boldsymbol{U}$，都存在(不唯一的)厄米矩阵 $\boldsymbol{F}$，使得 $\boldsymbol{U}=\mathrm{e}^{\mathrm{i}\boldsymbol{F}}$.

6.5.10 正规矩阵和正规变换*

实际上，幺正空间中的厄米变换和幺正变换都是一类称为正规变换的线性变换的特例，厄米变换和幺正变换本征值、本征向量的一些性质可由正规变换的性质直接得到.

定义 6.5.17(正规变换、正规矩阵) 幺正空间中满足 $\sigma\sigma^{\dagger}=\sigma^{\dagger}\sigma$ 的线性变换称为正规变换. 由标准正交基下线性变换和矩阵的对应关系，对 $\boldsymbol{A}\in\mathbf{C}^{n\times n}$，若 $\boldsymbol{A}\boldsymbol{A}^{\dagger}=\boldsymbol{A}^{\dagger}\boldsymbol{A}$，则称 $\boldsymbol{A}$ 为正规矩阵.

幺正变换：$\sigma^{\dagger}\sigma=I=\sigma\sigma^{\dagger}$. 厄米变换：$\sigma^{\dagger}=\sigma$. 显然它们都是正规变换的特例.

定理 6.5.27 幺正空间 V 中的线性变换 σ 是正规变换的充要条件是 $\forall\boldsymbol{\alpha}\in V$，$|\sigma(\boldsymbol{\alpha})|=|\sigma^{\dagger}(\boldsymbol{\alpha})|$.

证明 注意到

$$(\sigma(\boldsymbol{\alpha}),\sigma(\boldsymbol{\alpha}))-(\sigma^{\dagger}(\boldsymbol{\alpha}),\sigma^{\dagger}(\boldsymbol{\alpha}))=(\boldsymbol{\alpha},\sigma^{\dagger}\sigma(\boldsymbol{\alpha}))-(\boldsymbol{\alpha},\sigma\sigma^{\dagger}(\boldsymbol{\alpha}))=(\boldsymbol{\alpha},(\sigma^{\dagger}\sigma-\sigma\sigma^{\dagger})(\boldsymbol{\alpha}))$$

及引理 6.5.2，可知 $\forall\boldsymbol{\alpha}$，$(\boldsymbol{\alpha},\rho(\boldsymbol{\alpha}))$ 恒为零的条件是当且仅当 ρ 是零变换，立即得到结论.

关于正规变换的本征值有如下定理.

定理 6.5.28 设 σ 是幺正空间 V 上的正规变换，则 $\boldsymbol{\alpha}$ 是 σ 的本征值为 λ 的本征向量，当且仅当 $\boldsymbol{\alpha}$ 是 $\sigma^{\dagger}$ 的本征值为 $\bar{\lambda}$ 的本征向量. 简言之，正规变换 σ 和其厄米共轭变换 $\sigma^{\dagger}$ 的本征值互为复共轭.

证明 注意到

$$(\sigma-\lambda\boldsymbol{I})^{\dagger}(\sigma-\lambda\boldsymbol{I})=\sigma^{\dagger}\sigma-\lambda\sigma^{\dagger}-\bar{\lambda}\sigma+|\lambda|^{2}\boldsymbol{I},$$
$$(\sigma-\lambda\boldsymbol{I})(\sigma-\lambda\boldsymbol{I})^{\dagger}=\sigma\sigma^{\dagger}-\lambda\sigma^{\dagger}-\bar{\lambda}\sigma+|\lambda|^{2}\boldsymbol{I},$$

因此 $\sigma-\lambda\boldsymbol{I}$ 也是正规变换. 于是 $|(\sigma-\lambda\boldsymbol{I})(\boldsymbol{\alpha})|=|(\sigma^{\dagger}-\bar{\lambda}\boldsymbol{I})(\boldsymbol{\alpha})|$，从而 $\sigma(\boldsymbol{\alpha})-\lambda\boldsymbol{\alpha}=\mathbf{0}$，当且仅当 $\sigma^{\dagger}(\boldsymbol{\alpha})-\bar{\lambda}\boldsymbol{\alpha}=\mathbf{0}$.

定理 6.5.29 正规变换的属于不同本征值的本征向量相互正交.

证明 设 $\sigma(\boldsymbol{\alpha})=\lambda\boldsymbol{\alpha}$，$\sigma(\boldsymbol{\beta})=\mu\boldsymbol{\beta}$，$\lambda\neq\mu$. 则由 $\sigma^{\dagger}(\boldsymbol{\alpha})=\bar{\lambda}\boldsymbol{\alpha}$，于是有

$$\lambda(\boldsymbol{\alpha},\boldsymbol{\beta})=(\bar{\lambda}\boldsymbol{\alpha},\boldsymbol{\beta})=(\sigma^{\dagger}(\boldsymbol{\alpha}),\boldsymbol{\beta})=(\boldsymbol{\alpha},\sigma(\boldsymbol{\beta}))=(\boldsymbol{\alpha},\mu\boldsymbol{\beta})=\mu(\boldsymbol{\alpha},\boldsymbol{\beta}),$$

由于 $\lambda\neq\mu$，故 $(\boldsymbol{\alpha},\boldsymbol{\beta})=0$.

定理 6.5.30 设 σ 是幺正空间 V 中的正规变换，W 是 σ-子空间，则 W 的正交补空间 $W^{\perp}$ 也是 σ-子空间.

证明 这里给出两种证明方法.

方法一(利用矩阵). 在 W 和 $W^{\perp}$ 的标准正交基合成的 V 的基下，σ 的矩阵 $\boldsymbol{A}$ 具有上三角分块的形式：

$$\boldsymbol{A}=\begin{bmatrix}\boldsymbol{B} & \boldsymbol{C}\\ \boldsymbol{O} & \boldsymbol{D}\end{bmatrix}.$$

故 $\sigma^{\dagger}$ 的矩阵为 $\boldsymbol{A}^{\dagger}=\begin{bmatrix}\boldsymbol{B}^{\dagger} & \boldsymbol{O}\\ \boldsymbol{C}^{\dagger} & \boldsymbol{D}^{\dagger}\end{bmatrix}$.

由 $\boldsymbol{A}\boldsymbol{A}^{\dagger}=\boldsymbol{A}^{\dagger}\boldsymbol{A}$ 的左上分块得 $\boldsymbol{B}^{\dagger}\boldsymbol{B}=\boldsymbol{B}\boldsymbol{B}^{\dagger}+\boldsymbol{C}\boldsymbol{C}^{\dagger}$. 取迹有 $\mathrm{tr}(\boldsymbol{C}^{\dagger}\boldsymbol{C})=0$, 即

$$\sum_{ij}|c_{ij}|^2=0,\quad 故\ \boldsymbol{C}=\boldsymbol{0}.$$

从而 $\boldsymbol{A}$ 为对角分块矩阵, 这表明 $W^{\perp}$ 也是 σ 不变子空间.

方法二(线性变换). 由定理 6.5.9 可知, 只需要证明 W 也是 $\sigma^{\dagger}$ 的不变子空间即可. 设 W 的标准正交基为 $\{\boldsymbol{\alpha}_i\}$, $W^{\perp}$ 的标准正交基为 $\{\boldsymbol{\beta}_j\}$, 则

$$\sigma(\boldsymbol{\alpha}_i)=b_{ji}\boldsymbol{\alpha}_j,\quad \sigma^{\dagger}(\boldsymbol{\alpha}_i)=d_{ji}\boldsymbol{\alpha}_j+c_{ki}\boldsymbol{\beta}_k.$$

注意到

$$\overline{(\boldsymbol{\alpha}_i,\sigma(\boldsymbol{\alpha}_j))}=(\sigma(\boldsymbol{\alpha}_j),\boldsymbol{\alpha}_i)=(\boldsymbol{\alpha}_j,\sigma^{\dagger}(\boldsymbol{\alpha}_i)),$$

故 $\overline{b_{ij}}=d_{ji}$. 再由 σ 是正规变换可知 $|\sigma(\boldsymbol{\alpha}_i)|=|\sigma^{\dagger}(\boldsymbol{\alpha}_i)|$, 故

$$\sum\nolimits_j|b_{ji}|^2=\sum\nolimits_j|d_{ji}|^2+\sum\nolimits_k|c_{ki}|^2=\sum\nolimits_j|b_{ij}|^2+\sum\nolimits_k|c_{ki}|^2.$$

再对 i 求和, 即有 $\sum\nolimits_{i,k}|c_{ki}|^2=0$, 故 $\boldsymbol{C}=\boldsymbol{0}$. 由此可见, W 也是 $\sigma^{\dagger}$ 的不变子空间, 由定理 6.5.9 可知, $W^{\perp}$ 即为 $(\sigma^{\dagger})^{\dagger}=\sigma$ 的不变子空间.

例 6.5.14 给出的 Schur 分解说明: 任意复方阵必定幺正相似于上三角矩阵, 那么什么时候可以幺正相似对角化呢? 这由如下定理给出.

定理 6.5.31 $\boldsymbol{A}\in\mathbf{C}^{n\times n}$ 可通过幺正矩阵相似对角化的充要条件是, $\boldsymbol{A}$ 为正规矩阵.

证明 仍然给出矩阵和线性变换两种证明方法.

方法一(矩阵方法). 必要性. 设 $\boldsymbol{A}=\boldsymbol{U}\boldsymbol{\Lambda}\boldsymbol{U}^{\dagger}$, 则易证明 $\boldsymbol{A}\boldsymbol{A}^{\dagger}=\boldsymbol{A}^{\dagger}\boldsymbol{A}$.

充分性. 设 $\boldsymbol{A}$ 是正规矩阵. 首先由 Schur 分解, $\boldsymbol{A}=\boldsymbol{U}\boldsymbol{R}\boldsymbol{U}^{\dagger}$, 只要证明 $\boldsymbol{R}$ 是对角矩阵即可. $\boldsymbol{A}\boldsymbol{A}^{\dagger}=\boldsymbol{U}\boldsymbol{R}\boldsymbol{R}^{\dagger}\boldsymbol{U}^{\dagger}$, 而 $\boldsymbol{A}^{\dagger}\boldsymbol{A}=\boldsymbol{U}\boldsymbol{R}^{\dagger}\boldsymbol{R}\boldsymbol{U}^{\dagger}$. 由于 $\boldsymbol{U}$ 可逆, $\boldsymbol{A}$ 为正规矩阵, 故 $\boldsymbol{R}\boldsymbol{R}^{\dagger}=\boldsymbol{R}^{\dagger}\boldsymbol{R}$. 不妨设:

$$\boldsymbol{R}=\begin{bmatrix}r_{11} & r_{12} & r_{13} & \cdots\\ 0 & r_{22} & r_{23} & \cdots\\ 0 & 0 & r_{33} & \cdots\\ \vdots & \vdots & \vdots & \ddots\end{bmatrix},\quad \boldsymbol{R}^{\dagger}=\begin{bmatrix}\overline{r_{11}} & 0 & 0 & \cdots\\ \overline{r_{12}} & \overline{r_{22}} & 0 & \cdots\\ \overline{r_{13}} & \overline{r_{23}} & \overline{r_{33}} & \cdots\\ \vdots & \vdots & \vdots & \ddots\end{bmatrix}.$$

于是 $(\boldsymbol{R}\boldsymbol{R}^{\dagger})_{11}=(\boldsymbol{R}^{\dagger}\boldsymbol{R})_{11}$ 就给出 $\boldsymbol{R}$ 的第一行除 r_{11} 外全为零, 进一步由 $(\boldsymbol{R}\boldsymbol{R}^{\dagger})_{22}=(\boldsymbol{R}^{\dagger}\boldsymbol{R})_{22}$ 就给出 $\boldsymbol{R}$ 的第二行除 r_{22} 外全为零, 依次类推可知, $\boldsymbol{R}$ 为对角矩阵.

方法二(线性变换). 必要性. 与方法一相同.

充分性. 将 $\boldsymbol{A}$ 看作 V 上正规变换 σ 在某标准正交基下的矩阵, 只需证明 σ 有 $n=\dim V$ 个本征向量作为新的标准正交基即可. 我们对空间维数 n 用数学归纳法证明.

对 $n=1$ 充分性显然成立. 假设 $n-1$ 维空间中的正规变换该结论成立,则考虑 n 维空间. 首先 σ 至少有一个本征值和一个本征向量,设归一化的本征向量为 $\boldsymbol{\alpha}_1$,则 $L(\boldsymbol{\alpha}_1)$ 存在正交补空间 $V_1=L(\boldsymbol{\alpha}_1)^{\perp}$. 于是

$$V=L(\boldsymbol{\alpha}_1)\oplus V_1.$$

由定理 6.5.30 可知,正规变换的 σ-子空间的正交补空间仍然是 σ-子空间,因此 V_1 也是 σ-子空间. 由定理 6.5.9 进一步可知,$L(\boldsymbol{\alpha}_1)$ 和 V_1 也都是 $\sigma^{\dagger}$-子空间. 由此可定义 $\sigma|_{V_1}$ 和 $\sigma^{\dagger}|_{V_1}$. 注意到 $\forall\,\boldsymbol{\alpha},\boldsymbol{\beta}\in V_1$:

$$(\sigma|_{V_1}(\boldsymbol{\alpha}),\boldsymbol{\beta})=(\sigma(\boldsymbol{\alpha}),\boldsymbol{\beta})=(\boldsymbol{\alpha},\sigma^{\dagger}(\boldsymbol{\beta}))=(\boldsymbol{\alpha},\sigma^{\dagger}|_{V_1}(\boldsymbol{\beta})).$$

因此在不变子空间 V_1 上有

$$(\sigma|_{V_1})^{\dagger}=\sigma^{\dagger}|_{V_1}.$$

进一步由 σ 的正规性可知在 V_1 上有

$$(\sigma|_{V_1})(\sigma^{\dagger}|_{V_1})=\sigma\sigma^{\dagger}=\sigma^{\dagger}\sigma=(\sigma^{\dagger}|_{V_1})(\sigma|_{V_1}),$$

连同上式一起,给出了 $\sigma|_{V_1}$ 的正规性:

$$(\sigma|_{V_1})(\sigma|_{V_1})^{\dagger}=(\sigma|_{V_1})^{\dagger}(\sigma|_{V_1}).$$

由此,按归纳假设,在 V_1 上 $\sigma|_{V_1}$ 存在 $n-1$ 个本征向量作为标准正交基. 这个基与 $\boldsymbol{\alpha}_1$ 合并起来就给出了 σ 的 n 个本征向量作为 V 的标准正交基. 故在这个新基下 σ 的矩阵即为对角矩阵. 用矩阵的语言来说,即在原标准正交基下的矩阵 $\mathbf{A}$ 可通过幺正矩阵相似变换为对角矩阵.

推论 6.5.5 $\mathbf{A}\in\mathbf{C}^{n\times n}$ 是正规矩阵的充要条件是,$\mathbf{A}$ 的本征向量组可构成 $\mathbf{C}^n$ 的标准正交基.

第7章　二次型和厄米型

7.1　二次型的定义和标准型

7.1.1　二次型的定义

二次型广泛出现在数学和物理中.数学上,二次型起源于二次曲线和二次曲面的化简和分类.二阶偏微分方程的分类也可借助二次型理论.物理上,如广义坐标下的动能、微振动的分析等都涉及二次型.下面首先给出二次型的定义.

定义 7.1.1(二次型)　数域 F 上的 n 个变量 $x_1,x_2,\cdots,x_n$ 的不含一次项与常数项的二次多项式称为 n 元二次齐次多项式,或简称 n 元二次型.若 $F=\mathbf{R}$,则称为实二次型;若 $F=\mathbf{C}$,则称为复二次型;即

$$\begin{aligned}f(x_1,x_2,\cdots,x_n) &= a_{11}x_1^2+2a_{12}x_1x_2+2a_{13}x_1x_3+\cdots+2a_{1n}x_1x_n\\&\quad+a_{22}x_2^2+2a_{23}x_2x_3+\cdots+2a_{2n}x_2x_n\\&\quad+\cdots+a_{n-1,n-1}x_{n-1}^2+2a_{n-1,n}x_{n-1}x_n+a_{nn}x_n^2\\&=\sum_{i=1}^{n}a_{ii}x_x^2+\sum_{i=1}^{n}\sum_{j=i+1}^{n}2a_{ij}x_ix_j,\end{aligned}$$

其中 $a_{ij}\in F$,并且 a_{ij} 只对 $1\leqslant i\leqslant j\leqslant n$ 有定义.

由于复数域上遇到的一般是厄米性,复二次型的用处不大,故本书只讨论实二次型.复二次型的结论只在适当的地方顺带指出,不做专门讨论.

例 7.1.1　一个二次型:$f(x_1,x_2,x_3)=x_1^2+x_1x_2+x_1x_3+x_2^2+x_2x_3+x_3^2$.

二次型 $f(x_1,x_2,\cdots,x_n)$ 的上述表达式中只出现了 $j\geqslant i$ 的 a_{ij}.当 $j<i$ 时,若进一步定义 $a_{ij}=a_{ji}$,则可将二次型写成更对称的形式:

$$\begin{aligned}f(x_1,x_2,\cdots,x_n) &= a_{11}x_1^2+a_{12}x_1x_2+a_{13}x_1x_3+\cdots+a_{1n}x_1x_n\\&\quad+a_{21}x_2x_1+a_{22}x_2^2+a_{23}x_2x_3+\cdots+a_{2n}x_2x_n\\&\quad+\cdots\\&\quad+a_{n1}x_nx_1+a_{n2}x_nx_2+a_{n3}x_nx_3+\cdots+a_{nn}x_n^2\\&=\sum_{i=1}^{n}\sum_{j=1}^{n}a_{ij}x_ix_j\ (\text{其中 } a_{ij}=a_{ji}).\end{aligned}$$

将上述 a_{ij} 排成矩阵:

$$A=\begin{bmatrix} a_{11} & \cdots & a_{1n} \\ \vdots & & \vdots \\ a_{n1} & \cdots & a_{nn} \end{bmatrix}.$$

则按定义,A 是一个对称矩阵,$A=A^{T}$,A 称为二次型 $f(x_1,x_2,\cdots,x_n)$ 的矩阵.若进一步引入列向量 $X=[x_1 \quad x_2 \quad \cdots \quad x_n]^{T}$,则可将二次型写成:

$$f(x_1,x_2,\cdots,x_n)=f(X)=X^{T}AX,$$

这称为二次型的矩阵表示.

根据前面的讨论,每个矩阵 A 都可唯一地定义一个二次型 $f(X)=X^{T}AX$.反过来,每个二次型 $f(X)$,按照前面的办法,至少可以找到一个矩阵 A 使得 $f(X)=X^{T}AX$.问题是这样的矩阵是否唯一?一般来说答案是否定的.注意到任意方阵:

$$B=\frac{1}{2}(B+B^{T})+\frac{1}{2}(B-B^{T})=C+D, \quad 其中 \quad C=C^{T}, \quad D=-D^{T}.$$

故
$$X^{T}BX=X^{T}CX+X^{T}DX=X^{T}CX,$$

只有对称部分对二次型有贡献.但是,若限定在对称矩阵内考虑,则有如下定理(将左右两边展开成多项式,比较对应项的系数即可得).

定理 7.1.1　设 A,B 为对称矩阵,若对任意 $X\in \mathbf{R}^n$ 都有 $X^{T}AX=X^{T}BX$,则 $A=B$.

由上述分析表明,每个对称矩阵 A 可唯一确定一个二次型 $X^{T}AX=f(X)$;反之,每个二次型 $f(x_1,x_2,\cdots,x_n)$ 可唯一确定一个满足 $f(X)=X^{T}AX$ 的对称矩阵 A.故二次型与对称矩阵一一对应.

例 7.1.2　在欧氏空间中选定一组基,则由内积 $(\boldsymbol{\alpha},\boldsymbol{\alpha})$ 即可确定一个二次型 $X^{T}AX$,其中 X 是 $\boldsymbol{\alpha}$ 的坐标,A 是度规矩阵.

例 7.1.3　在欧氏空间中,对称变换 σ 关于向量 $\boldsymbol{\alpha}$ 的期望值为 $(\boldsymbol{\alpha},\sigma(\boldsymbol{\alpha}))$,在一组标准正交基下确定了一个二次型 $X^{T}AX$,其中 X 是 $\boldsymbol{\alpha}$ 的坐标,A 是 σ 的矩阵.

例 7.1.4　写出下列二次型的矩阵形式:

(1) $f(x_1,x_2,x_3)=3x_1^2+2x_2^2-x_3^2+2x_1x_2-4x_2x_3$;

(2) $f(x_1,x_2,x_3)=2x_1x_2-2x_2x_3+2x_1x_3$;

(3) $f(x_1,x_2,x_3)=x_1^2+3x_2^2-5x_3^2$.

解　由定义直接可写出(注意:交叉项必须拆成两项放进矩阵):

$$(1)\begin{bmatrix} 3 & 1 & 0 \\ 1 & 2 & -2 \\ 0 & -2 & -1 \end{bmatrix}; \quad (2)\begin{bmatrix} 0 & 1 & 1 \\ 1 & 0 & -1 \\ 1 & -1 & 0 \end{bmatrix}; \quad (3)\begin{bmatrix} 1 & & \\ & 3 & \\ & & -5 \end{bmatrix}.$$

7.1.2　线性替换

为了对二次型化简及研究二次型的性质,先引入线性替换的概念.

定义 7.1.2(线性替换) 设数域 $\mathbf{R}$ 上两组变量 $x_1,x_2,\cdots,x_n$ 和 $y_1,y_2,\cdots,y_n$ 之间的关系：

$$\begin{cases} x_1=c_{11}y_1+c_{12}y_2+\cdots+c_{1n}y_n, \\ x_2=c_{21}y_1+c_{22}y_2+\cdots+c_{2n}y_n, \\ \vdots \\ x_n=c_{n1}y_1+c_{n2}y_2+\cdots+c_{nn}y_n \end{cases} \quad (c_{ij}\in\mathbf{R}).$$

称之为数域 $\mathbf{R}$ 上由变量 $x_1,x_2,\cdots,x_n$ 到变量 $y_1,y_2,\cdots,y_n$ 的一个线性替换. 引入向量 $\boldsymbol{X}=[x_1\quad x_2\quad\cdots\quad x_n]^{\mathrm{T}}$、$\boldsymbol{Y}=[y_1\quad y_2\quad\cdots\quad y_n]^{\mathrm{T}}$ 以及矩阵 $\boldsymbol{C}=(c_{ij})_{n\times n}$，则线性替换可写成矩阵形式：$\boldsymbol{X}=\boldsymbol{CY}$. 进一步地，若系数组成的矩阵 $\boldsymbol{C}$ 是可逆的，则称该线性替换为可逆的，或称非退化的.

注意，二次型不在线性空间的范畴下讨论. 但是如果从线性空间的角度，线性替换的公式可看作是从线性空间 $\mathbf{R}^n$ 到 $\mathbf{R}^n$ 的一个线性变换，此即“主动变换”的观点；对于非退化情形，也可看作是线性空间中同一个向量在不同基下的坐标变换，此即“被动变换”的观点. 线性替换公式与线性空间的这种联系在后面将用来化简二次曲线和二次曲面.

引入 $\boldsymbol{X}=\boldsymbol{CY}$ 的线性替换之后，二次型 $\boldsymbol{X}^{\mathrm{T}}\boldsymbol{AX}$ 可用 $\boldsymbol{Y}$ 表示为

$$\boldsymbol{X}^{\mathrm{T}}\boldsymbol{AX}=(\boldsymbol{CY})^{\mathrm{T}}\boldsymbol{A}(\boldsymbol{CY})=\boldsymbol{Y}^{\mathrm{T}}(\boldsymbol{C}^{\mathrm{T}}\boldsymbol{AC})\boldsymbol{Y},$$

它变成了关于 $\boldsymbol{Y}$ 的二次型(注意到 $\boldsymbol{C}^{\mathrm{T}}\boldsymbol{AC}$ 也为对称矩阵). 由此可引入如下两个新概念.

定义 7.1.3(矩阵的合同) 设 $\boldsymbol{A}$、$\boldsymbol{B}$ 是 $\mathbf{R}$ 上的两个 n 阶方阵，若存在 $\mathbf{R}$ 上可逆的方阵 $\boldsymbol{C}$，使得 $\boldsymbol{C}^{\mathrm{T}}\boldsymbol{AC}=\boldsymbol{B}$，则称矩阵 $\boldsymbol{A}$ 与 $\boldsymbol{B}$ 合同.

由于 $\boldsymbol{C}$ 可逆，容易验证合同是一个等价关系. 因此若 $\boldsymbol{A}$ 与 $\boldsymbol{B}$ 合同，也称 $\boldsymbol{A}$ 和 $\boldsymbol{B}$ 是合同矩阵. 注意到初等变换不改变矩阵的秩，故合同矩阵必有相同的秩.

定义 7.1.4(二次型的等价) 设 $f(\boldsymbol{X})$ 与 $g(\boldsymbol{Y})$ 是 $\mathbf{R}$ 上的两个 n 元二次型，若存在一个非退化的线性替换 $\boldsymbol{X}=\boldsymbol{CY}$，使得

$$f(\boldsymbol{X})=f(\boldsymbol{CY})=g(\boldsymbol{Y}),$$

即可通过非退化的线性替换将其中一个化为另一个，则称这两个二次型等价.

按照前面线性替换的讨论，显然有如下定理.

定理 7.1.2 两个二次型等价当且仅当它们的矩阵合同.

证明 设两个二次型 $f(\boldsymbol{X})=\boldsymbol{X}^{\mathrm{T}}\boldsymbol{AX}$ 与 $g(\boldsymbol{Y})=\boldsymbol{Y}^{\mathrm{T}}\boldsymbol{BY}$ 等价，则按等价的定义，必存在可逆矩阵 $\boldsymbol{C}$，使得 $\boldsymbol{X}=\boldsymbol{CY}$ 时 $f(\boldsymbol{X})=g(\boldsymbol{Y})$. 故

$$(\boldsymbol{CY})^{\mathrm{T}}\boldsymbol{A}(\boldsymbol{CY})=\boldsymbol{Y}^{\mathrm{T}}(\boldsymbol{C}^{\mathrm{T}}\boldsymbol{AC})\boldsymbol{Y}=\boldsymbol{Y}^{\mathrm{T}}\boldsymbol{BY}.$$

注意到 $\boldsymbol{C}^{\mathrm{T}}\boldsymbol{AC}$ 也是对称矩阵，故 $\boldsymbol{C}^{\mathrm{T}}\boldsymbol{AC}=\boldsymbol{B}$. 由 $\boldsymbol{C}$ 可逆知 $\boldsymbol{A},\boldsymbol{B}$ 合同.

设两个二次型 $f(\boldsymbol{X})=\boldsymbol{X}^{\mathrm{T}}\boldsymbol{AX}$ 与 $g(\boldsymbol{Y})=\boldsymbol{Y}^{\mathrm{T}}\boldsymbol{BY}$ 的矩阵 $\boldsymbol{A},\boldsymbol{B}$ 合同，则按定义，必定存在可逆矩阵 $\boldsymbol{C}$，使得 $\boldsymbol{C}^{\mathrm{T}}\boldsymbol{AC}=\boldsymbol{B}$. 由此可知

$$f(\boldsymbol{CY})=(\boldsymbol{CY})^{\mathrm{T}}\boldsymbol{A}(\boldsymbol{CY})=\boldsymbol{Y}^{\mathrm{T}}(\boldsymbol{C}^{\mathrm{T}}\boldsymbol{AC})\boldsymbol{Y}=\boldsymbol{Y}^{\mathrm{T}}\boldsymbol{BY}=g(\boldsymbol{Y})$$

即存在非退化的线性替换 $\boldsymbol{X}=\boldsymbol{CY}$ 使得 $f(\boldsymbol{X})=g(\boldsymbol{Y})$，故两个二次型等价.

等价的二次型完全可看作是变量的选取不同导致形式上的不同，本质上并无区别. 由于合同矩阵有相同的秩，故可定义二次型的秩为它的矩阵的秩.

7.1.3　二次型的标准型

定义 7.1.5(标准型)　若一个二次型仅含有平方项，即 $f(x_1,x_2,\cdots,x_n)=a_1x_1^2+a_2x_2^2+\cdots+a_nx_n^2$(其中 a_i 可能为零)，则称该二次型为标准型.

一个问题是，对任意一个二次型，能否通过一个非退化的线性替换将其化为标准型？或者等价地用矩阵语言来说，对任意一个对称矩阵，能否通过合同变换将其变为对角矩阵？答案由如下定理给出.

定理 7.1.3　若 $\boldsymbol{A}$ 是 $\mathbf{R}$(或 $\mathbf{C}$)上的对称矩阵，则必存在 $\mathbf{R}$(或 $\mathbf{C}$)上的一个可逆矩阵，使得 $\boldsymbol{C}^{\mathrm{T}}\boldsymbol{AC}=\boldsymbol{B}$ 是对角矩阵.

定理 7.1.4　设

$$f(x_1,x_2,\cdots,x_n)=\sum_{i=1}^{n}\sum_{j=1}^{n}a_{ij}x_ix_j\quad(\text{其中 } a_{ij}=a_{ji})$$

是 $\mathbf{R}$(或 $\mathbf{C}$)上的一个 n 元二次型，则必存在非退化的线性替换 $\boldsymbol{X}=\boldsymbol{CY}$ 将其化作标准型：$b_1y_1^2+b_2y_2^2+\cdots+b_ny_n^2$($b_i$ 可能为零).

证明　方法一(行列对称初等变换法). 对 $\boldsymbol{A}$ 的阶数 n 用数学归纳法. $n=1$ 时，$\boldsymbol{A}$ 已是对角矩阵，故 $\boldsymbol{C}$ 为任意的一阶可逆矩阵都成立. 设 $n-1$ 阶对称矩阵定理成立，考察 n 阶矩阵 $\boldsymbol{A}$.

(1) 设 $a_{11}\neq 0$，则进行初等变换：$c_j-\dfrac{a_{ij}}{a_{11}}c_1,r_j-\dfrac{a_{ij}}{a_{11}}r_1$，用初等矩阵表示为

$$\begin{bmatrix}1&&&\\&\ddots&&\\-\dfrac{a_{1j}}{a_{11}}&&1&\\&&&\ddots\end{bmatrix}\begin{bmatrix}a_{11}&\cdots&a_{1j}&\cdots\\\vdots&&&\\a_{1j}&&&\\\vdots&&&\end{bmatrix}\begin{bmatrix}1&&-\dfrac{a_{1j}}{a_{11}}&\\&\ddots&&\\&&1&\\&&&\ddots\end{bmatrix}=\begin{bmatrix}a_{11}&\cdots&0&\cdots\\\vdots&&&\\0&&&\\\vdots&&&\end{bmatrix}.$$

故进行一系列这样的行列对称的初等变换：

$$\cdots\boldsymbol{E}_2^{\mathrm{T}}\boldsymbol{E}_1^{\mathrm{T}}\boldsymbol{A}\boldsymbol{E}_1\boldsymbol{E}_2\cdots=\begin{bmatrix}a_{11}&\boldsymbol{O}\\\boldsymbol{O}&\boldsymbol{A}_{n-1}\end{bmatrix}.$$

即存在可逆的 $\boldsymbol{C}_1$，使得 $\boldsymbol{C}_1^{\mathrm{T}}\boldsymbol{A}\boldsymbol{C}_1=\begin{bmatrix}a_{11}&\boldsymbol{O}\\\boldsymbol{O}&\boldsymbol{A}_{n-1}\end{bmatrix}$. 再由归纳法，可知存在可逆的 $\boldsymbol{C}$，使得 $\boldsymbol{C}^{\mathrm{T}}\boldsymbol{AC}$ 为对角矩阵.

(2) 若 $a_{11}=0$，但存在某个 $a_{jj}\neq 0$，则首先进行初等变换：$c_1\leftrightarrow c_j,r_1\leftrightarrow r_j$. 用初等矩阵表示为

$$\begin{bmatrix} 0 & & 1 & \\ & \ddots & & \\ 1 & & 0 & \\ & & & \ddots \end{bmatrix}\begin{bmatrix} 0 & & & \\ & \ddots & & \\ & & a_{jj} & \\ & & & \ddots \end{bmatrix}\begin{bmatrix} 0 & & 1 & \\ & \ddots & & \\ 1 & & 0 & \\ & & & \ddots \end{bmatrix}=\begin{bmatrix} a_{jj} & & & \\ & \ddots & & \\ & & 0 & \\ & & & \ddots \end{bmatrix},$$

即可通过 $\boldsymbol{E}^{\mathrm{T}}\boldsymbol{A}\boldsymbol{E}$ 化为第一种情况.

(3) 若所有 $a_{ii}=0$,则必有某个 $a_{1j}\neq 0$,否则此二次型为 $n-1$ 元二次型.此时作初等变换:$c_1+1\cdot c_j, r_1+1\cdot r_j$.用初等矩阵表示为

$$\begin{bmatrix} 1 & & 1 & \\ & \ddots & & \\ & & 1 & \\ & & & \ddots \end{bmatrix}\begin{bmatrix} 0 & \cdots & a_{1j} & \cdots \\ \vdots & & & \\ a_{1j} & & & \\ \vdots & & & \end{bmatrix}\begin{bmatrix} 1 & & & \\ & \ddots & & \\ 1 & & 1 & \\ & & & \ddots \end{bmatrix}=\begin{bmatrix} 2a_{1j} & \cdots & * & \cdots \\ \vdots & & & \\ * & & & \\ \vdots & & & \end{bmatrix},$$

即可通过 $\boldsymbol{E}^{\mathrm{T}}\boldsymbol{A}\boldsymbol{E}$ 化为第一种情况.

方法二(配方法).对二次型的变量个数 n 用数学归纳法.当 $n=1$ 时,$f(x_1)=a_{11}x_1^2$,显然已经是标准型.设 $n-1$ 元二次型可通过非退化线性替换化为标准型,看 n 元情形.

(1) 设某个 $a_{jj}\neq 0$,则对 x_j 配方:

$$f(x_1,x_2,\cdots,x_n)=a_{jj}\left(x_j+\frac{a_{j1}}{a_{jj}}x_1+\cdots+\frac{a_{jn}}{a_{jj}}x_n\right)^2+f'(x_1,\cdots,x_{j-1},x_{j+1},\cdots,x_n).$$

而 $y_j=x_j+\frac{a_{j1}}{a_{jj}}x_1+\cdots+\frac{a_{jn}}{a_{jj}}x_n$,其他 $y_i=x_i$ 是一个可逆线性替换,且 f' 是 $n-1$ 元二次型,故由归纳假设可知,任意 n 元二次型可化为标准型.

(2) 若所有 $a_{ii}=0$,则必有某个 $a_{1j}\neq 0$,否则 f 中不含 x_1,与 f 是 n 元二次型矛盾.则令 $x_1=y_1+y_j, x_j=y_1-y_j$,其他 $x_i=y_i$,容易验证这是一个可逆线性替换.此时

$$2a_{1j}x_1x_j=2a_{1j}y_1^2-2a_{1j}y_j^2,$$

二次型化为第一种情况.亦得证.

方法三(仅对实二次型成立,正交变换法).第 6 章证明了,对实对角矩阵必可通过正交变换相似对角化,即存在 $\boldsymbol{P}^{\mathrm{T}}\boldsymbol{P}=\boldsymbol{I}$,使 $\boldsymbol{P}^{-1}\boldsymbol{A}\boldsymbol{P}=\mathrm{diag}$.而 $\boldsymbol{P}^{\mathrm{T}}=\boldsymbol{P}^{-1}$,故存在可逆矩阵 $\boldsymbol{P}$,使得 $\boldsymbol{P}^{\mathrm{T}}\boldsymbol{A}\boldsymbol{P}=\mathrm{diag}$.

以上定理证明了二次型必定可化为标准型,但标准型不唯一.例如,标准型:$f(x_1,x_2,x_3)=d_1x_1^2+d_2x_2^2+d_3x_3^2$.令 $y_1=k_1x_1, y_2=k_2x_2, y_3=k_3x_3$,可变为另一个标准型.那么问题是,不同的标准型哪些性质一样呢?显然,标准型中所含的平方项的个数一样,都等于二次型的秩(也等于对称矩阵 $\boldsymbol{A}$ 的非零本征值的个数).也就是说,合同对角化后,主对角线上非 0 的对角元个数相同.下一节将证明,不仅非 0 的对角元个数相同,而且正对角元和负对角元的个数也分别相同(复二次型无此性质).

小结一下,将二次型标准化并求线性替换矩阵的 3 种方法如下.

(1) 行列对称初等变换法. 即做一次行变换时立刻做一次相同的列变换,也可连续做若干次行变换再做相应的列变换,但要保持列变换的顺序与行变换完全一致.

具体方法:类似定理的证明过程,对$\begin{bmatrix}\boldsymbol{A}\\ \boldsymbol{I}_n\end{bmatrix}$整体的列以及 $\boldsymbol{A}$ 相应的行进行相同的初等变换,使得上面分块变成对角矩阵 $\boldsymbol{\Lambda}$,此时得到$\begin{bmatrix}\boldsymbol{\Lambda}\\ \boldsymbol{C}\end{bmatrix}$,则按初等变换与初等矩阵的关系有

$$\begin{cases}\cdots \boldsymbol{E}_2^{\mathrm{T}}\boldsymbol{E}_1^{\mathrm{T}}\boldsymbol{A}\boldsymbol{E}_1\boldsymbol{E}_2\cdots=\boldsymbol{\Lambda},\\ \boldsymbol{I}_n\boldsymbol{E}_1\boldsymbol{E}_2\cdots=\boldsymbol{C},\end{cases}$$

即 $\boldsymbol{C}^{\mathrm{T}}\boldsymbol{A}\boldsymbol{C}=\boldsymbol{\Lambda}$. 故引入 $\boldsymbol{X}=\boldsymbol{C}\boldsymbol{Y}$ 有

$$\boldsymbol{X}^{\mathrm{T}}\boldsymbol{A}\boldsymbol{X}=\boldsymbol{Y}\boldsymbol{C}^{\mathrm{T}}\boldsymbol{A}\boldsymbol{C}\boldsymbol{Y}=\boldsymbol{Y}\boldsymbol{\Lambda}\boldsymbol{Y}.$$

亦可由$[\boldsymbol{A}\quad \boldsymbol{I}_n]\to[\boldsymbol{\Lambda}\quad \boldsymbol{C}^{\mathrm{T}}]$来求.

(2) 配方法. 该方法同定理 7.1.4 方法二的证明过程. 当无平方项时,一个技巧是引入$\begin{cases}x_1=y_1+y_2,\\ x_2=y_1-y_2.\end{cases}$

(3) 正交变换法(常将正交矩阵生成的合同变换称为"主轴变换"). 即用正交矩阵将 $\boldsymbol{A}$ 相似对角化. 注意:前两种方法得到的线性替换矩阵不一定是正交矩阵,故在几何上会改变长度夹角等度量性质,因此与二次型相对应的几何体的形状会改变. 而正交变换法只包含了转动(或转动反演)变换,故不改变形状. 后面将通过一个二次曲面化简的具体例题来解释这一点.

例 7.1.5　已知 $\boldsymbol{A}=\begin{bmatrix}\mathrm{i} & 1 & \mathrm{i}\\ 1 & 1 & 3\\ \mathrm{i} & 3 & 1+\mathrm{i}\end{bmatrix}$,求可逆的 $\boldsymbol{C}$,使得 $\boldsymbol{C}^{\mathrm{T}}\boldsymbol{A}\boldsymbol{C}$ 为对角矩阵.

解　用行列对称的初等变换,有

$$\begin{bmatrix}\boldsymbol{A}\\ \boldsymbol{I}\end{bmatrix}=\begin{bmatrix}\mathrm{i} & 1 & \mathrm{i}\\ 1 & 1 & 3\\ \mathrm{i} & 3 & 1+\mathrm{i}\\ 1 & 0 & 0\\ 0 & 1 & 0\\ 0 & 0 & 1\end{bmatrix}\xrightarrow[c_1\leftrightarrow c_2]{r_1\leftrightarrow r_2}\begin{bmatrix}1 & 1 & 3\\ 1 & \mathrm{i} & \mathrm{i}\\ 3 & \mathrm{i} & 1+\mathrm{i}\\ 0 & 1 & 0\\ 1 & 0 & 0\\ 0 & 0 & 1\end{bmatrix}\xrightarrow[\substack{c_2-c_1\\ c_3-3c_1}]{\substack{r_2-r_1\\ r_3-3r_1}}\begin{bmatrix}1 & 0 & 0\\ 0 & \mathrm{i}-1 & \mathrm{i}-3\\ 0 & \mathrm{i}-3 & \mathrm{i}-8\\ 0 & 1 & 0\\ 1 & -1 & -3\\ 0 & 0 & 1\end{bmatrix}$$

$$\xrightarrow[c_3-(\mathrm{i}+2)c_2]{r_3-(\mathrm{i}+2)r_2}\begin{bmatrix}1 & 0 & 0\\ 0 & \mathrm{i}-1 & 0\\ 0 & 0 & 2\mathrm{i}-1\\ 0 & 1 & -\mathrm{i}-2\\ 1 & -1 & \mathrm{i}-1\\ 0 & 0 & 1\end{bmatrix}=\begin{bmatrix}\boldsymbol{\Lambda}\\ \boldsymbol{C}\end{bmatrix}.$$

因此

$$C=\begin{bmatrix}0 & 1 & -i-2\\ 1 & -1 & i-1\\ 0 & 0 & 1\end{bmatrix},\quad C^{T}AC=\begin{bmatrix}1 & 0 & 0\\ 0 & i-1 & 0\\ 0 & 0 & 2i-1\end{bmatrix}.$$

例 7.1.6 分别用配方法和行列对称的初等变换法将下面的二次型化为标准型：

(1) $f(x_1,x_2,x_3)=x_1^2+7x_2^2+8x_3^2-6x_1x_2+4x_1x_3-10x_2x_3$；

(2) $f(x_1,x_2,x_3)=x_1x_2+4x_1x_3+x_2x_3$.

解 (1) 配方法. 由

$$\begin{aligned}f(x_1,x_2,x_3)&=(x_1-3x_2+2x_3)^2-2x_2^2+4x_3^2+2x_2x_3\\&=(x_1-3x_2+2x_3)^2-2\left(x_2-\frac{1}{2}x_3\right)^2+\frac{9}{2}x_3^2\end{aligned}$$

引入

$$\begin{cases}y_1=x_1-3x_2+2x_3,\\ y_2=x_2-\dfrac{1}{2}x_3,\\ y_3=x_3.\end{cases}$$

则
$$f(\boldsymbol{X})=g(\boldsymbol{Y})=y_1^2-2y_2^2+\frac{9}{2}y_3^2.$$

行列对称的初等变换法. 该二次型对应的矩阵为

$$A=\begin{bmatrix}1 & -3 & 2\\ -3 & 7 & -5\\ 2 & -5 & 8\end{bmatrix},$$

将$\begin{bmatrix}A\\ I\end{bmatrix}$进行行列对称的初等变换，有

$$\begin{bmatrix}A\\ I\end{bmatrix}=\begin{bmatrix}1 & -3 & 2\\ -3 & 7 & -5\\ 2 & -5 & 8\\ 1 & 0 & 0\\ 0 & 1 & 0\\ 0 & 0 & 1\end{bmatrix}\xrightarrow[\substack{c_2+3c_1\\ c_3-2c_1}]{\substack{r_2+3r_1\\ r_3-2r_1}}\begin{bmatrix}1 & 0 & 0\\ 0 & -2 & 1\\ 0 & 1 & 4\\ 1 & 3 & -2\\ 0 & 1 & 0\\ 0 & 0 & 1\end{bmatrix}\xrightarrow[c_3+\frac{1}{2}c_2]{r_3+\frac{1}{2}r_2}\begin{bmatrix}1 & 0 & 0\\ 0 & -2 & 0\\ 0 & 0 & 9/2\\ 1 & 3 & -1/2\\ 0 & 1 & 1/2\\ 0 & 0 & 1\end{bmatrix}=\begin{bmatrix}\Lambda\\ C\end{bmatrix}.$$

因此引入

$$X=CY,\quad C=\begin{bmatrix}1 & 3 & -1/2\\ 0 & 1 & 1/2\\ 0 & 0 & 1\end{bmatrix}$$

的可逆线性替换之后，得

$$f(\boldsymbol{X})=g(\boldsymbol{Y})=y_1^2-2y_2^2+\frac{9}{2}y_3^2.$$

(2) 配方法. 由于没有平方项，故先引入

$$\begin{cases}x_1=y_1+y_2,\\x_2=y_1-y_2,\\x_3=y_3.\end{cases}$$

则二次型变为

$$\begin{aligned}f(\boldsymbol{X})&=y_1^2-y_2^2+5y_1y_3+3y_2y_3\\&=\left(y_1+\frac{5}{2}y_3\right)^2-y_2^2-\frac{25}{4}y_3^2+3y_2y_3\\&=\left(y_1+\frac{5}{2}y_3\right)^2-\left(y_2-\frac{3}{2}y_3\right)^2-4y_3^2.\end{aligned}$$

再引入

$$\begin{cases}z_1=y_1+\dfrac{5}{2}y_3,\\z_2=y_2-\dfrac{3}{2}y_3,\\z_3=y_3.\end{cases}$$

则二次型变为标准型：

$$f(\boldsymbol{X})=z_1^2-z_2^2-4z_3^2,$$

行列对称的初等变换法. 该二次型对应的矩阵为

$$\boldsymbol{A}=\begin{bmatrix}0&1/2&2\\1/2&0&1/2\\2&1/2&0\end{bmatrix}.$$

将$\begin{bmatrix}\boldsymbol{A}\\\boldsymbol{I}\end{bmatrix}$进行行列对称的初等变换，有

$$\begin{bmatrix}\boldsymbol{A}\\\boldsymbol{I}\end{bmatrix}=\begin{bmatrix}0&1/2&2\\1/2&0&1/2\\2&1/2&0\\1&0&0\\0&1&0\\0&0&1\end{bmatrix}\xrightarrow[c_1+c_2]{r_1+r_2}\begin{bmatrix}1&1/2&5/2\\1/2&0&1/2\\5/2&1/2&0\\1&0&0\\1&1&0\\0&0&1\end{bmatrix}\longrightarrow\begin{bmatrix}1&0&0\\0&-1&0\\0&0&-4\\1&-1&-1\\1&1&-4\\0&0&1\end{bmatrix}=\begin{bmatrix}\boldsymbol{\Lambda}\\\boldsymbol{C}\end{bmatrix}.$$

因此引入

$$\boldsymbol{X}=\boldsymbol{CY},\quad \boldsymbol{C}=\begin{bmatrix}1&-1&-1\\1&1&-4\\0&0&1\end{bmatrix}$$

的可逆线性替换之后，得

$$f(\boldsymbol{X})=g(\boldsymbol{Y})=y_1^2-y_2^2-4y_3^2.$$

例 7.1.7 求证：

(1) 实数域 **R** 上的 n 阶反对称矩阵必与下面形式的分块对角矩阵合同：

$$\begin{bmatrix} 0 & 1 & & & & & & & \\ -1 & 0 & & & & & & & \\ & & \ddots & & & & & & \\ & & & 0 & 1 & & & & \\ & & & -1 & 0 & & & & \\ & & & & & 0 & & & \\ & & & & & & \ddots & \\ & & & & & & & 0 \end{bmatrix};$$

(2) 反对称实矩阵的秩为偶数；

(3) 两个 n 阶反对称实矩阵合同，当且仅当它们秩相等.

证 (1) 该证明过程完全类似定理 7.1.3 的证明，这里只叙述证明步骤，请读者自行补充完整. 第 1 步，利用行列对称的初等变换可将所有的零行和零列交换到最后面. 第 2 步，注意到反对称对角元均为 0，可以将第一行的某个非零元所在的列交换到第二列，相应地将对应的行交换到第二行，然后将(1,2)元和(2,1)元分别归一化到 1 和－1. 第 3 步，利用(1,2)元和(2,1)元分别将第一行的其余元素和第一列的其余元素变为 0，再利用它们分别将第二列的其余元素和第二行的其余元素变为 0. 第 4 步，对右下角的$(n-2)\times(n-2)$ 的分块继续前面 3 个步骤即可将反对称矩阵化为如上形式. 注意到以上每一步都是行列对称的初等变换，故相当于对其做合同变换.

(2) 由于合同变换不改变矩阵的秩，而由(1)的结论，上述形式的矩阵的秩为偶数，故反对称实矩阵的秩也为偶数.

(3) 两个 n 阶反对称实数矩阵合同，则由合同的传递性它们都合同于一个同样的矩阵，故秩相等；反之亦然.

例 7.1.8 在直角坐标系下，某曲面的方程为

$$2x_1^2+5x_2^2+5x_3^2+4x_1x_2-4x_1x_3-8x_2x_3=1,$$

试用主轴变换化简并确定曲面的类型和主轴方向.

解 该曲面方程可写成 $f(\boldsymbol{X})=c$ 的形式，其中 $f(\boldsymbol{X})$为一个二次型. 由二次型的理论可知，引入可逆的线性替换 $\boldsymbol{X}=\boldsymbol{CY}$ 可将上述二次型 $f(\boldsymbol{X})$变为标准型，即只含有平方项的形式，此时上述曲面方程即变为二次曲面的标准方程. 现在来看看如何从几何上理解该线性替换 $\boldsymbol{X}=\boldsymbol{CY}$. 注意到直角坐标系下的坐标 $\boldsymbol{X}=[x_1 \quad x_2 \quad x_3]^{\mathrm{T}}$，从线性空间的角度来看，即三维矢量空间中的向量 $\boldsymbol{r}$ 在标准坐标基$\{\boldsymbol{i},\boldsymbol{j},\boldsymbol{k}\}$ 下的坐标，于是如前所述，从线性空间的角度有两种观点来理解上述线性替换.

从“主动变换”的观点，可将上述线性替换看成是线性变换的坐标形式，该线性变换将上述曲面上的点变为另一些点，也就将曲面变为另一种几何图形. 线性替换矩阵的逆矩阵 $\boldsymbol{C}^{-1}$ 即该线性变换在基 $\{\boldsymbol{i},\boldsymbol{j},\boldsymbol{k}\}$ 下的矩阵. 我们希望这个线性变换不改变曲面的形状，这样就能从变换后的二次曲面的标准方程读出原曲面的形状. 不改变形状即不改变度量性质，这样的线性变换只能是正交变换，即旋转和反射变换. 注意到 $\{\boldsymbol{i},\boldsymbol{j},\boldsymbol{k}\}$ 是标准正交基，因此这等价于要求线性变换的矩阵 $\boldsymbol{C}^{-1}$ 为正交矩阵.

从“被动变换”的观点，上述线性替换可看成是一个坐标变换，相当于重新选择坐标系来表述曲面方程. 线性替换的矩阵 $\boldsymbol{C}$ 即从旧的基 $\{\boldsymbol{i},\boldsymbol{j},\boldsymbol{k}\}$ 到新的基的过渡矩阵. 如果 $\boldsymbol{C}$ 为非正交矩阵，则新的基将不是标准正交基，对应的新坐标系并不是均匀的直角坐标系. 在这种非均匀的斜角坐标系中，通过二次曲面的标准方程并不能看出其真实的形状，例如，$x_1^2+x_2^2=1$ 不一定代表圆. 因此，若要在新的坐标系下由二次曲面的标准方程能读出曲面的形状，则要求新坐标系必须仍为标准的直角坐标系，换句话说，要求新的基仍为标准正交基. 由于标准正交基之间的过渡矩阵为正交矩阵，这等价于要求过渡矩阵 $\boldsymbol{C}$ 为正交矩阵.

综上，无论是主动变换还是被动变换的观点，要从化简二次曲面的方程看出二次曲面的形状，都必须用正交矩阵来做合同变换(主轴变换). 下面来考虑二次曲面的主轴方向.

假设通过正交矩阵 $\boldsymbol{C}$ 能将 $f(\boldsymbol{X})$ 变为标准型，则从“主动变换”即线性变换的观点来看，变换后的曲面方程变成了二次曲面的标准方程，因此变换后的曲面，其主轴正好在坐标轴的方向上，三个主轴单位矢对应的坐标为

$$\boldsymbol{Y}_1=\begin{bmatrix}1\\0\\0\end{bmatrix},\quad \boldsymbol{Y}_2=\begin{bmatrix}0\\1\\0\end{bmatrix},\quad \boldsymbol{Y}_3=\begin{bmatrix}0\\0\\1\end{bmatrix}.$$

这三个向量在线性变换 $\boldsymbol{C}^{-1}$ 下的原像即变换前的曲面的主轴方向. 因此原始二次曲面的主轴方向为

$$\boldsymbol{X}_1=\boldsymbol{C}\boldsymbol{Y}_1=\boldsymbol{C}_1,\quad \boldsymbol{X}_2=\boldsymbol{C}\boldsymbol{Y}_2=\boldsymbol{C}_2,\quad \boldsymbol{X}_3=\boldsymbol{C}\boldsymbol{Y}_3=\boldsymbol{C}_3,$$

其中 $\boldsymbol{C}_1,\boldsymbol{C}_2,\boldsymbol{C}_3$ 是正交矩阵 $\boldsymbol{C}$ 的三个列向量.

从“被动变换”的观点来看，由于在新的标准直角坐标系下，曲面方程变成了标准方程，因此该二次曲面的主轴方向正好是新坐标系的坐标轴方向. 注意到新的坐标轴可通过过渡矩阵 $\boldsymbol{C}$ 表示为

$$[\boldsymbol{i}'\ \boldsymbol{j}'\ \boldsymbol{k}']=[\boldsymbol{i}\ \boldsymbol{j}\ \boldsymbol{k}]\boldsymbol{C}.$$

因此，在原来坐标系下 $\boldsymbol{i}',\boldsymbol{j}',\boldsymbol{k}'$ 的坐标正好是 $\boldsymbol{C}$ 的三个列向量 $\boldsymbol{C}_1,\boldsymbol{C}_2,\boldsymbol{C}_3$. 即二次曲面的主轴方向在原坐标系下的坐标正好是 $\boldsymbol{C}_1,\boldsymbol{C}_2,\boldsymbol{C}_3$.

综上，无论从主动变换还是被动变换的观点，二次曲面的主轴方向正好是矩阵 $\boldsymbol{C}$ 的三个列向量作为坐标所指的方向.

以上分析给出了二次曲面化简的一般原则. 对一般的二次曲面方程,方程中可能还含有坐标的一次项:

$$\boldsymbol{X}^{\mathrm{T}}\boldsymbol{A}\boldsymbol{X}+\boldsymbol{b}^{\mathrm{T}}\boldsymbol{X}+c=0,$$

则可按照上述分析,通过主轴变换 $\boldsymbol{X}=\boldsymbol{C}\boldsymbol{Y}$,即旋转、反射等变换,先将二次齐次项化为标准型(注意这时一次项会作相应变换):

$$\boldsymbol{Y}^{\mathrm{T}}(\boldsymbol{C}^{\mathrm{T}}\boldsymbol{A}\boldsymbol{C})\boldsymbol{Y}+(\boldsymbol{b}^{\mathrm{T}}\boldsymbol{C})\boldsymbol{Y}+c=0,\quad 即\quad \boldsymbol{Y}^{\mathrm{T}}\boldsymbol{\Lambda}\boldsymbol{Y}+\boldsymbol{b}'^{\mathrm{T}}\boldsymbol{Y}+c=0,$$

然后再通过平移变换 $\boldsymbol{Y}=\boldsymbol{Z}+\boldsymbol{K}$ 化简一次项 $\boldsymbol{b}'^{\mathrm{T}}\boldsymbol{Y}$,由此可将曲面方程化简为二次曲面的标准方程.

回到例 7.1.8,首先将该曲面方程写为 $\boldsymbol{X}^{\mathrm{T}}\boldsymbol{A}\boldsymbol{X}=1$,其中

$$\boldsymbol{A}=\begin{bmatrix}2&2&-2\\2&5&-4\\-2&-4&5\end{bmatrix}.$$

通过 $|\lambda\boldsymbol{I}-\boldsymbol{A}|=0$ 可解出矩阵 $\boldsymbol{A}$ 有一个单本征值 $\lambda_1=10$ 和一个二重本征值 $\lambda_{2,3}=1$. 进一步由 $(\lambda\boldsymbol{I}-\boldsymbol{A})\boldsymbol{X}=\boldsymbol{0}$ 可求出对应 λ_1 的本征向量 $\boldsymbol{X}_1$ 和对应 $\lambda_{2,3}$ 的本征向量 $\boldsymbol{X}_2,\boldsymbol{X}_3$ 分别为

$$\boldsymbol{X}_1=\begin{bmatrix}1\\2\\-2\end{bmatrix},\quad \boldsymbol{X}_2=\begin{bmatrix}2\\0\\1\end{bmatrix},\quad \boldsymbol{X}_3=\begin{bmatrix}0\\1\\1\end{bmatrix}.$$

对向量组 $\{\boldsymbol{X}_1\}$ 和 $\{\boldsymbol{X}_2,\boldsymbol{X}_3\}$,分别用标准正交化可得到

$$\boldsymbol{C}_1=\begin{bmatrix}1/3\\2/3\\-2/3\end{bmatrix},\quad \boldsymbol{C}_2=\begin{bmatrix}2/\sqrt{5}\\0\\1/\sqrt{5}\end{bmatrix},\quad \boldsymbol{C}_3=\begin{bmatrix}-2/\sqrt{45}\\5/\sqrt{45}\\4/\sqrt{45}\end{bmatrix}.$$

因此利用正交矩阵 $\boldsymbol{C}=[\boldsymbol{C}_1\ \boldsymbol{C}_2\ \boldsymbol{C}_3]$ 生成的线性替换 $\boldsymbol{X}=\boldsymbol{C}\boldsymbol{Y}$,可将二次曲面方程化为

$$10y_1^2+y_2^2+y_3^2=1.$$

由此可见,该二次曲面为一个椭球面,三个半轴长度分别为 $1/\sqrt{10}$,1,1. 按前面的分析,其三个主轴方向正好是以 $\boldsymbol{C}_1,\boldsymbol{C}_2,\boldsymbol{C}_3$ 为坐标的单位矢的方向.

7.2 二次型的规范型和惯性定理

7.2.1 二次型的规范型

7.1 节给出了二次型必可合同变换为标准型,但同时也指出标准型不唯一. 设:

$$f(x_1,x_2,\cdots,x_n)=\sum_{i,j}a_{ij}x_ix_j=\boldsymbol{X}^{\mathrm{T}}\boldsymbol{A}\boldsymbol{X}.$$

则可通过 $\boldsymbol{X}=\boldsymbol{C}\boldsymbol{Y}(|\boldsymbol{C}|\neq 0)$ 变成标准型(r 为二次型的秩):

$$f(x_1,x_2,\cdots,x_n)=c_1y_1^2+c_2y_2^2+\cdots+c_ry_r^2.$$

（1）在复数域 **C** 上考虑.

总可引入

$$y_1=\frac{1}{\sqrt{c_1}}z_1,y_2=\frac{1}{\sqrt{c_2}}z_2,\cdots,y_r=\frac{1}{\sqrt{c_r}}z_r,\quad y_{r+1}=z_{r+1},\cdots,y_n=z_n.$$

此时，$f(x_1,x_2,\cdots,x_n)=z_1^2+z_2^2+\cdots+z_r^2$，称为复二次型的规范型.

定理 7.2.1　复二次型一定可通过非退化的线性替换化为规范型，且规范型唯一.

推论 7.2.1　复对称矩阵必合同于对角矩阵 diag(1，…，1，0，…，0).

（2）在实数域 **R** 上考虑.

注意到 $c_i(i=1,2,\cdots,n)$ 可为正或负. 做变量的调换之后，可令 $c_1,c_2,\cdots,c_p$ 均为正，并记为 $c_i=d_i$；令 $c_{p+1},c_{p+2},\cdots,c_r$ 均为负，并记为 $c_i=-d_i$，即

$$f(x_1,x_2,\cdots,x_n)=d_1x_1^2+\cdots+d_px_p^2-d_{p+1}x_{p+1}^2-\cdots-d_rx_r^2,$$

由于其中 $d_i>0(i=1,2,\cdots,r)$，故总可引入

$$y_1=\frac{1}{\sqrt{d_1}}z_1,y_2=\frac{1}{\sqrt{d_2}}z_2,\cdots,y_r=\frac{1}{\sqrt{d_r}}z_r,\quad y_{r+1}=z_{r+1},\cdots,y_n=z_n.$$

则 $f(x_1,x_2,\cdots,x_n)=z_1^2+\cdots+z_p^2-z_{p+1}^2-\cdots-z_r^2$. 这种系数为 ±1 的平方和的形式，称为实二次型的规范型. 以下只研究实二次型.

7.2.2　惯性定理

定理 7.2.2　**R** 上任意一个 n 元二次型都可通过非退化的线性替换化为如下形式的规范型（其中 r 为二次型的秩）：

$$t_1^2+t_2^2+\cdots+t_p^2-t_{p+1}^2-\cdots-t_r^2.$$

即任意一个实二次型必定与一个规范型等价.

在规范型中，平方项的个数等于二次型的秩，因此由二次型唯一确定. 一个问题是，通过不同的方法化为规范型后，正项和负项的个数是否也唯一由二次型确定？若是，则规范型唯一.

定理 7.2.3（惯性定理）　一个秩为 r 的 n 元实二次型 $f(x_1,x_2,\cdots,x_n)$，无论采取何种非退化的线性替换将其化为规范型，其中正项的个数 p、负项的个数 $r-p$ 都是唯一确定的.

在证明这个定理之前，我们作一点补充说明. 注意到总可用正交矩阵作为线性替换矩阵将二次型化为标准型，进一步将系数归一化为规范型，这种途径得到的正、负项个数分别等于正、负本征值个数. 故由上述定理可知，二次型的标准型和规范型中正、负项的个数正好等于二次型矩阵的正、负本征值的个数. 下面给出此定理的证明.

证　用反证法证明. 假设存在两个不同的非退化线性替换 $\boldsymbol{X}=\boldsymbol{C}_1\boldsymbol{Y}$ 和 $\boldsymbol{X}=\boldsymbol{C}_2\boldsymbol{Z}$

($\boldsymbol{C}_1,\boldsymbol{C}_2$ 可逆),分别将二次型 $f(\boldsymbol{X})$化为

$$\begin{cases} f(\boldsymbol{X})=g(\boldsymbol{Y})=y_1^2+\cdots+y_p^2-y_{p+1}^2-\cdots-y_r^2, \\ f(\boldsymbol{X})=h(\boldsymbol{Z})=z_1^2+\cdots+z_q^2-z_{q+1}^2-\cdots-z_r^2, \end{cases}$$

且 $p\neq q$. 则不妨设 $q<p$. 现在来证明,此时存在一组特定的取值 $\widetilde{\boldsymbol{X}}$,使得当 $\widetilde{\boldsymbol{Y}}=\boldsymbol{C}_1^{-1}\widetilde{\boldsymbol{X}},\widetilde{\boldsymbol{Z}}=\boldsymbol{C}_2^{-1}\widetilde{\boldsymbol{X}}$ 时,$g(\widetilde{\boldsymbol{Y}})\neq h(\widetilde{\boldsymbol{Z}})$. 但是,由于 $f(\boldsymbol{X})$与 $g(\boldsymbol{Y})$和 $h(\boldsymbol{Z})$都等价,因此必须有 $g(\widetilde{\boldsymbol{Y}})=f(\widetilde{\boldsymbol{X}})=h(\widetilde{\boldsymbol{Z}})$,这就产生了矛盾,从而假设条件不成立. 为了寻找这个特定的取值 $\widetilde{\boldsymbol{X}}$,考虑关于 x_i 的线性齐次方程组:

$$\begin{cases} z_1=z_2=\cdots=z_q=0, \\ y_{p+1}=y_{p+2}=\cdots=y_n=0, \end{cases}$$

其中

$$\boldsymbol{Y}=\boldsymbol{C}_1^{-1}\boldsymbol{X},\boldsymbol{Z}=\boldsymbol{C}_2^{-1}\boldsymbol{X}.$$

该方程组中方程个数为 $q+(n-p)=n-(p-q)<n$,而未知元有 n 个,故必有非零解. 设一个非零解为 $\widetilde{\boldsymbol{X}}\neq\boldsymbol{0}$,则定义 $\widetilde{\boldsymbol{Y}}=\boldsymbol{C}_1^{-1}\widetilde{\boldsymbol{X}}\neq\boldsymbol{0},\widetilde{\boldsymbol{Z}}=\boldsymbol{C}_2^{-1}\widetilde{\boldsymbol{X}}\neq\boldsymbol{0}$. 由 $\widetilde{\boldsymbol{X}}$ 是上述方程组的解知

$$\tilde{z}_1=\tilde{z}_2=\cdots=\tilde{z}_q=0,\tilde{y}_{p+1}=\tilde{y}_{p+2}=\cdots=\tilde{y}_n=0,$$

从而 $g(\widetilde{\boldsymbol{Y}})>0$(注意 $\widetilde{\boldsymbol{Y}}\neq\boldsymbol{0}$,即 $\tilde{y}_1$ 至 $\tilde{y}_p$ 不能全为零,故不能取等号),$h(\widetilde{\boldsymbol{Z}})\leqslant 0$(注意 $n>r$ 时,$\tilde{z}_1$ 至 $\tilde{z}_r$ 可能全为零,故可以取等号). 因此 $g(\widetilde{\boldsymbol{Y}})\neq h(\widetilde{\boldsymbol{Z}})$, 这与 $g(\widetilde{\boldsymbol{Y}})=f(\widetilde{\boldsymbol{X}})=h(\widetilde{\boldsymbol{Z}})$矛盾. 由此可知假设错误,即必定有 $p=q$,定理得证.

定义 7.2.1 实二次型的规范型中正项个数 p 称该二次型的正惯性指数,负项个数 $r-p$ 称为该二次型的负惯性指数,$s=p-(r-p)=2p-r$ 称为二次型的符号差,简称号差.

定理 7.2.4(惯性定理的矩阵表述) 任意一个 n 阶实对称矩阵 $\boldsymbol{A}$ 必合同于一个如下的被称为规范型的矩阵,且规范型唯一:

$$\begin{bmatrix} \boldsymbol{I}_p & \boldsymbol{O} & \boldsymbol{O} \\ \boldsymbol{O} & -\boldsymbol{I}_{r-p} & \boldsymbol{O} \\ \boldsymbol{O} & \boldsymbol{O} & \boldsymbol{O} \end{bmatrix},$$

其中 $r=r(\boldsymbol{A})$,亦等于非零本征值的个数,而 p 等于正本征值的个数.

惯性定理亦可用标准型来表述,即无论用何种非退化的线性替换将二次型化为标准型,其中正平方项的个数一定相同(负平方项个数亦相同). 否则,将这两种标准型再分别规范化,就与惯性定理矛盾.

推论 7.2.2 两个实二次型等价,当且仅当它们有相同的秩和正惯性指数;两个实对称矩阵合同,当且仅当它们有相同的秩和正惯性指数.

由上述定理,可将二次型分类,其中同一类的二次型等价.

推论 7.2.3 一切 n 元实二次型可分成 $\frac{1}{2}(n+1)(n+2)$ 个类(不算零二次型的

话为$\frac{1}{2}(n+1)\times(n+2)-1=\frac{n}{2}(n+3)$个类)，属于同一类的二次型相互等价，不同类的二次型不等价.

这个推论是显然的. 由于二次型的等价是一种等价关系，故可用来分类. 而规范型由 r,p 来确定，r 的取值为 $0,1,\cdots,n$；p 的取值为 $0,1,\cdots,r$. 故共有

$$1+2+\cdots+(n+1)=\frac{1}{2}(n+1)(n+2)$$

种不同的规范型.

例 7.2.1　求 3 元二次型的类的个数，以及它们分别与什么矩阵合同.

解　共有$\frac{1}{2}\times4\times5=10$ 个类，其矩阵分别与如下矩阵合同：

$$\begin{bmatrix}0&&\\&0&\\&&0\end{bmatrix},\begin{bmatrix}1&&\\&0&\\&&0\end{bmatrix},\begin{bmatrix}-1&&\\&0&\\&&0\end{bmatrix},\begin{bmatrix}1&&\\&1&\\&&0\end{bmatrix},\begin{bmatrix}1&&\\&-1&\\&&0\end{bmatrix},$$

$$\begin{bmatrix}-1&&\\&-1&\\&&0\end{bmatrix},\begin{bmatrix}1&&\\&1&\\&&1\end{bmatrix},\begin{bmatrix}1&&\\&1&\\&&-1\end{bmatrix},\begin{bmatrix}1&&\\&-1&\\&&-1\end{bmatrix},\begin{bmatrix}-1&&\\&-1&\\&&-1\end{bmatrix}.$$

7.3　二次型的正定性

7.3.1　正定二次型的定义

R 上的 n 元二次型 $f(x_1,x_2,\cdots,x_n)=\sum\limits_{i,j}a_{ij}x_ix_j=\boldsymbol{X}^{\mathrm{T}}\boldsymbol{A}\boldsymbol{X}$ 可看成定义在 **R** 上的 n 个变量的实值函数.

定义 7.3.1(正定二次型，正定矩阵)　**R** 上的实二次型 $f(x_1,x_2,\cdots,x_n)$，若对于任意一组不全为零的实数 $c_1,c_2,\cdots,c_n$，恒有 $f(c_1,c_2,\cdots,c_n)>0$，则称该二次型为正定二次型. 设 $\boldsymbol{A}$ 是一个实对称矩阵，若二次型 $\boldsymbol{X}^{\mathrm{T}}\boldsymbol{A}\boldsymbol{X}$ 是正的，则称 $\boldsymbol{A}$ 为正定矩阵.

简言之，$\forall\boldsymbol{X}\neq\boldsymbol{0}$，总有 $\boldsymbol{X}^{\mathrm{T}}\boldsymbol{A}\boldsymbol{X}>0$.

例 7.3.1　欧氏空间中的度规矩阵 $\boldsymbol{A}$ 是一个正定矩阵($\forall\boldsymbol{\alpha}\neq\boldsymbol{0},(\boldsymbol{\alpha},\boldsymbol{\alpha})>0$).

7.3.2　正定的一些充要条件

定理 7.3.1　n 元二次型 $f(x_1,x_2,\cdots,x_n)$ 正定的充要条件是其正惯性指数 $p=n$.

证明　充分性. 假设 $p=n$，则由 $\boldsymbol{X}=\boldsymbol{C}\boldsymbol{Y}$ 可得

$$f(\boldsymbol{X})=g(\boldsymbol{Y})=y_1^2+y_2^2+\cdots+y_n^2.$$

故 $\forall \widetilde{\boldsymbol{X}}\neq\boldsymbol{0}$，有 $\widetilde{\boldsymbol{Y}}=\boldsymbol{C}^{-1}\widetilde{\boldsymbol{X}}\neq\boldsymbol{0}$，代入得 $f(\widetilde{\boldsymbol{X}})=g(\widetilde{\boldsymbol{Y}})>0$，故正定.

必要性. 用反证法. 设 $f(\boldsymbol{X})$ 正定，则假设 $p<n$，此时由 $\boldsymbol{X}=\boldsymbol{CY}$ 可得

$$f(\boldsymbol{X})=g(\boldsymbol{Y})=y_1^2+\cdots+y_p^2-y_{p+1}^2-\cdots-y_r^2\text{（若 } r=p\text{，则无负项）}.$$

取 $\widetilde{\boldsymbol{Y}}=[0,\cdots,0,1]^{\mathrm{T}}$，有 $\widetilde{\boldsymbol{X}}=\boldsymbol{C}\widetilde{\boldsymbol{Y}}\neq\boldsymbol{0}$，代入得 $f(\widetilde{\boldsymbol{X}})=g(\widetilde{\boldsymbol{Y}})\leqslant 0$，矛盾. 故 $p=n$.

定理 7.3.2　n 元实对称矩阵正定的充要条件是其正惯性指数 $p=n$.

推论 7.3.1　n 元实对称矩阵正定的充要条件是其本征值全为正实数，即没有零本征值和负本征值.

推论 7.3.2　n 阶实对称矩阵 $\boldsymbol{A}$ 正定的充要条件是其与 $\boldsymbol{I}_n$ 合同，或者说，存在可逆的矩阵 $\boldsymbol{D}$，使 $\boldsymbol{A}=\boldsymbol{D}^{\mathrm{T}}\boldsymbol{D}$.

推论 7.3.3　若 $\boldsymbol{A}$ 为正定矩阵，则 $|\boldsymbol{A}|>0$.

证明　$|\boldsymbol{A}|=\prod\limits_{i=1}^{n}\lambda_i>0$，或 $|\boldsymbol{A}|=|\boldsymbol{D}^{\mathrm{T}}\boldsymbol{D}|=|\boldsymbol{D}|^2>0$.

由此可见，正定矩阵一定是可逆矩阵. 注意到欧氏空间中的度规矩阵是正定矩阵，故其一定可逆. 推论 7.3.3 不是矩阵正定的充分条件，一个实用的判定方法如下.

定理 7.3.3　实二次型 $f(\boldsymbol{X})=\boldsymbol{X}^{\mathrm{T}}\boldsymbol{A}\boldsymbol{X}$ 正定的充要条件是 $\boldsymbol{A}$ 的一切顺序主子式都大于零. 即

$$A_1=a_{11}>0,\quad A_2=\begin{vmatrix}a_{11}&a_{12}\\a_{21}&a_{22}\end{vmatrix}>0,\quad A_3=\begin{vmatrix}a_{11}&a_{12}&a_{13}\\a_{21}&a_{22}&a_{23}\\a_{31}&a_{32}&a_{33}\end{vmatrix}>0,\cdots,$$

$$A_n=\begin{vmatrix}a_{11}&\cdots&a_{1n}\\\vdots&\ddots&\vdots\\a_{n1}&\cdots&a_{nn}\end{vmatrix}=|\boldsymbol{A}|>0.$$

证明　必要性. 设 $f(\boldsymbol{X})=\boldsymbol{X}^{\mathrm{T}}\boldsymbol{A}\boldsymbol{X}$ 正定，则可令 $\boldsymbol{X}=[x_1,\cdots,x_k,0,\cdots,0]^{\mathrm{T}}$，代入 $f(\boldsymbol{X})$ 得到一个 k 元的二次型：

$$g(x_1,\cdots,x_k)=f(\boldsymbol{X})=\boldsymbol{X}^{\mathrm{T}}\boldsymbol{A}\boldsymbol{X}.$$

由于 $f(\boldsymbol{X})$ 正定，故无论非零的 $\boldsymbol{X}_k=[x_1,\cdots,x_k]^{\mathrm{T}}$ 如何选取，都有 $g(\boldsymbol{X}_k)>0$，即 $g(\boldsymbol{X}_k)$ 正定. 由推论 7.3.3 可知，k 阶顺序主子式 $A_k>0$. 实际上，用同样的方法可证明，若 $\boldsymbol{A}$ 正定，则 $\boldsymbol{A}$ 的一切主子式都大于零.

充分性. 设 $\boldsymbol{A}$ 的一切顺序主子式均大于零. 对阶数 n 用数学归纳法. 当 $n=1$ 时，$a_{11}>0$，显然 $a_{11}x_1x_1$ 正定，故 $n=1$ 时充分性成立. 假设 $n-1$ 元二次型充分性也成立，则考虑 n 元二次型 $f(\boldsymbol{X})=\boldsymbol{X}^{\mathrm{T}}\boldsymbol{A}\boldsymbol{X}$. 将 $\boldsymbol{A}$ 分块，令

$$\boldsymbol{A}=\begin{bmatrix}\boldsymbol{A}_{n-1}&\boldsymbol{B}\\\boldsymbol{B}^{\mathrm{T}}&a_{nn}\end{bmatrix},$$

则 $\boldsymbol{A}_{n-1}$ 的所有顺序主子式也都大于零，由归纳假设可知 $\boldsymbol{A}_{n-1}$ 正定. 故存在可逆的 $\boldsymbol{Q}_{n-1}$ 使

$$Q_{n-1}^{\mathrm{T}} A_{n-1} Q_{n-1} = I_{n-1}.$$

尝试取

$$Q = \begin{bmatrix} Q_{n-1} & Y \\ O & 1 \end{bmatrix},$$

则显然 $|Q| \neq 0$. 此时有

$$Q^{\mathrm{T}} A Q = \begin{bmatrix} Q_{n-1}^{\mathrm{T}} A_{n-1} Q_{n-1} & Q_{n-1}^{\mathrm{T}} (A_{n-1} Y + B) \\ (Y^{\mathrm{T}} A_{n-1} + B^{\mathrm{T}}) Q_{n-1} & Y^{\mathrm{T}} (A_{n-1} Y + B) + B^{\mathrm{T}} Y + a_{nn} \end{bmatrix}.$$

因此可取 $Y = -A_{n-1}^{-1} B$ 使得 $Q^{\mathrm{T}} A Q$ 为对角分块矩阵,此时有

$$Q^{\mathrm{T}} A Q = \begin{bmatrix} I_{n-1} & O \\ O & a_{nn} - B^{\mathrm{T}} A_{n-1}^{-1} B \end{bmatrix}.$$

最后注意到 $|A| > 0$,故 $|Q^{\mathrm{T}} A Q| > 0$,即 $a_{nn} - B^{\mathrm{T}} A_{n-1}^{-1} B > 0$. 故 $Q^{\mathrm{T}} A Q$ 正定,从而 A 正定,证毕.

实际上,上述定理的证明过程给出了正定矩阵的一切主子式均大于零. 考虑 1 阶主子式即有如下结论.

推论 7.3.4 正定矩阵的主对角元均大于零,即 $a_{ii} > 0$.

例 7.3.2 判别二次型 $f(x_1, x_2, x_3) = 5x_1^2 + x_2^2 + 5x_3^3 + 4x_1x_2 - 8x_1x_3 - 4x_2x_3$ 的正定性.

解 无论用本征值来判断,还是将其化为标准型,计算量都较大. 可用顺序主子式的判据,注意到该二次型的矩阵为

$$A = \begin{bmatrix} 5 & 2 & -4 \\ 2 & 1 & -2 \\ -4 & -2 & 5 \end{bmatrix},$$

其顺序主子式依次为

$$A_1 = 5 > 0, \quad A_2 = \begin{vmatrix} 5 & 2 \\ 2 & 1 \end{vmatrix} = 1 > 0, \quad A_3 = \begin{vmatrix} 5 & 2 & -4 \\ 2 & 1 & -2 \\ -4 & -2 & 5 \end{vmatrix} = 1 > 0.$$

故该二次型正定.

例 7.3.3 求 t 的取值范围,使得下面二次型为正定二次型:

$$f(x_1, x_2, x_3) = x_1^2 + x_2^2 + 5x_3^3 + 2tx_1x_2 - 2x_1x_3 + 4x_2x_3.$$

解 写出该二次型的矩阵,由顺序主子式全大于零可得

$$1 > 0, \quad 1 - t^2 > 0, \quad -5t^2 - 4t > 0.$$

由此给出 $t \in (-1, 0)$.

7.3.3 负定、准正定、准负定*

定义 7.3.2 $\mathbf{R}$ 上的实二次型 $f(x_1, x_2, \cdots, x_n) = X^{\mathrm{T}} A X$,若对任意一组不全为零的实数 $c_1, c_2, \cdots, c_n$,恒有

(1) $f(c_1,c_2,\cdots,c_n)<0$,则称该二次型为负定二次型,称 $\boldsymbol{A}$ 为负定矩阵;

(2) $f(c_1,c_2,\cdots,c_n)\geqslant 0$,则称该二次型为准正定二次型,称 $\boldsymbol{A}$ 为准正定矩阵;

(3) $f(c_1,c_2,\cdots,c_n)\leqslant 0$,则称该二次型为准负定二次型,称 $\boldsymbol{A}$ 为准负定矩阵;

(4) 若 $f(\boldsymbol{X})$既不是准正定的,也不是准负定的,则称为不定二次型.

显然,一个二次型 $f(\boldsymbol{X})=\boldsymbol{X}^{\mathrm{T}}\boldsymbol{A}\boldsymbol{X}$ 是负定的,当且仅当二次型 $-f(\boldsymbol{X})=\boldsymbol{X}^{\mathrm{T}}(-\boldsymbol{A})\boldsymbol{X}$ 是正定的. 由此根据正定二次型的定理直接可得如下定理.

定理 7.3.4(负定的判据) 设 $f(\boldsymbol{X})=\boldsymbol{X}^{\mathrm{T}}\boldsymbol{A}\boldsymbol{X}$ 是一个 n 元实二次型,则下列论述等价:

(1) $f(\boldsymbol{X})$负定;

(2) $f(\boldsymbol{X})$的负惯性指数是 n;

(3) $f(\boldsymbol{X})=\boldsymbol{X}^{\mathrm{T}}\boldsymbol{A}\boldsymbol{X}$ 中的矩阵 $\boldsymbol{A}$ 的 n 个本征值全部小于零;

(4) $f(\boldsymbol{X})=\boldsymbol{X}^{\mathrm{T}}\boldsymbol{A}\boldsymbol{X}$ 中的矩阵 $\boldsymbol{A}$ 的顺序主子式 A_k 满足$(-1)^k A_k>0$,即

$$A_1=a_{11}<0,\quad A_2=\begin{vmatrix} a_{11} & a_{12} \\ a_{21} & a_{22}\end{vmatrix}>0,\quad A_3=\begin{vmatrix} a_{11} & a_{12} & a_{13} \\ a_{21} & a_{22} & a_{23} \\ a_{31} & a_{32} & a_{33}\end{vmatrix}<0,\quad \cdots$$

推论 7.3.5 负定矩阵的主对角元均小于零,即 $a_{ii}<0$.

对准正定二次型有如下类似定理.

定理 7.3.5(准正定的判据) 设 $f(\boldsymbol{X})=\boldsymbol{X}^{\mathrm{T}}\boldsymbol{A}\boldsymbol{X}$ 是一个 n 元实二次型,则下列论述等价:

(1) $f(\boldsymbol{X})$准正定;

(2) $f(\boldsymbol{X})$的正惯性指数等于秩;

(3) $f(\boldsymbol{X})=\boldsymbol{X}^{\mathrm{T}}\boldsymbol{A}\boldsymbol{X}$ 中的矩阵 $\boldsymbol{A}$ 的 n 个本征值全部大于或等于零;

(4) 存在方阵 $\boldsymbol{D}$,使得 $f(\boldsymbol{X})=\boldsymbol{X}^{\mathrm{T}}\boldsymbol{A}\boldsymbol{X}$ 中的矩阵 $\boldsymbol{A}=\boldsymbol{D}^{\mathrm{T}}\boldsymbol{D}$;

(5) $f(\boldsymbol{X})=\boldsymbol{X}^{\mathrm{T}}\boldsymbol{A}\boldsymbol{X}$ 中的矩阵 $\boldsymbol{A}$ 的全部主子式都大于或等于零.

在证明此定理之前,我们先做一些说明. 第(2)条与正定的区别在于 $p=r$,而非 $p=n$. 第(3)条的一个推论是,对准正定矩阵 $\boldsymbol{A}$ 有 $|\boldsymbol{A}|\geqslant 0$. 第(4)条并不要求 $\boldsymbol{D}$ 可逆. 尤其要注意第(5)条与正定的区别:准正定的判据需要考虑所有主子式,而不仅仅是顺序主子式. 例如:

$$f(x_1,x_2,x_3)=x_1^2+x_2^2+x_3^3+2x_1x_2+4x_1x_3+4x_2x_3.$$

其矩阵

$$\boldsymbol{A}=\begin{bmatrix} 1 & 1 & 2 \\ 1 & 1 & 2 \\ 2 & 2 & 1\end{bmatrix}.$$

可求出顺序主子式依次为 $A_1=1>0, A_2=0, A_3=0$,但 $f(x_1,x_2,x_3)=(x_1+x_2+x_3)^2-3x_3^2$ 不定.

下面给出定理的证明.

证　● (1)⇔(2). 与定理 7.3.1 的证明类似，只需将证明中的 n 改成 r，并将 $>$ 改为 $\geqslant$ 即可.

● (2)⇔(3). 显然等价，因为非零本征值个数等于秩，而正本征值个数等于正惯性指数.

● (1)⇒(4). $\boldsymbol{A}$ 准正定，则存在可逆的 $\boldsymbol{C}$ 使 $\boldsymbol{A}=\boldsymbol{C}^{\mathrm{T}}\begin{bmatrix}\boldsymbol{I}_r & \boldsymbol{O}\\ \boldsymbol{O} & \boldsymbol{O}\end{bmatrix}\boldsymbol{C}$，令 $\begin{bmatrix}\boldsymbol{I}_r & \boldsymbol{O}\\ \boldsymbol{O} & \boldsymbol{O}\end{bmatrix}\boldsymbol{C}=\boldsymbol{D}$，则 $\boldsymbol{A}=\boldsymbol{D}^{\mathrm{T}}\boldsymbol{D}$.

● (4)⇒(1). 设 $\boldsymbol{A}=\boldsymbol{D}^{\mathrm{T}}\boldsymbol{D}$，则 $f(\boldsymbol{X})=\boldsymbol{X}^{\mathrm{T}}\boldsymbol{A}\boldsymbol{X}=\boldsymbol{X}^{\mathrm{T}}\boldsymbol{D}^{\mathrm{T}}\boldsymbol{D}\boldsymbol{X}=\boldsymbol{Y}^{\mathrm{T}}\boldsymbol{Y}=y_iy_i$，其中 $\boldsymbol{Y}=\boldsymbol{D}\boldsymbol{X}$，显然准正定(注意 $\boldsymbol{Y}$ 可能有零分量).

● (1) ⇒(5). 设 $f(\boldsymbol{X})=\boldsymbol{X}^{\mathrm{T}}\boldsymbol{A}\boldsymbol{X}$ 准正定，则任取 k 个 x_i 非零，其余的 x_i 均为零，代入得 $f(\boldsymbol{X})=g(\boldsymbol{X}_k)$，可知 k 元二次型 g 必准正定(恒大于等于 0). 故由第(3)条的推论可知，g 的矩阵行列式必大于等于 0. 而 g 的矩阵行列式正好是 $\boldsymbol{A}$ 的 k 阶主子式. 故 $\boldsymbol{A}$ 的任意 k 阶主子式均大于等于 0.

● (5)⇒(1). 设 $\boldsymbol{A}$ 的所有主子式均大于等于 0. 构造 $\boldsymbol{B}=\lambda\boldsymbol{I}+\boldsymbol{A}(\lambda>0)$，先来证明 $\boldsymbol{B}$ 正定. 令 $\boldsymbol{A}_k$ 和 $\boldsymbol{B}_k$ 分别是 $\boldsymbol{A}$ 和 $\boldsymbol{B}$ 的 k 阶顺序主子式构成的矩阵，则

$$|\boldsymbol{B}_k|=|\lambda\boldsymbol{I}_k+\boldsymbol{A}_k|=\begin{vmatrix}\lambda+a_{11} & a_{12} & \cdots & a_{1k}\\ a_{21} & \lambda+a_{22} & \cdots & a_{2k}\\ \vdots & \vdots & & \vdots\\ a_{k1} & a_{k2} & \cdots & \lambda+a_{kk}\end{vmatrix}$$

$$=\lambda^k+p_1\lambda^{k-1}+\cdots+p_{k-1}\lambda+p_k.$$

根据行列式的定义可知，对 λ^{k-i} 的系数，必须在行列式展开的项中选取 k 个对角元中的 $k-i$ 个(并且在这 $k-i$ 个乘积中只选取 λ^{k-1} 这一项)，而剩下的 i 个元素则从余下的 i 个相同行和相同列中选取(并令 λ 为零)，进一步考察前面的符号可知其系数正好是 $\boldsymbol{A}_k$ 的主子式. 即 p_i 正好等于 $\boldsymbol{A}_k$ 中全部 i 级主子式之和. 而由前提条件知 $\boldsymbol{A}$ 的一切主子式均大于等于 0，故全部 $p_i\geqslant 0$. 由此，对 $\lambda>0$ 时，$|\boldsymbol{B}_k|>0$. 即 $\boldsymbol{B}=\lambda\boldsymbol{I}+\boldsymbol{A}$ 为正定矩阵. 假设 $\boldsymbol{A}$ 不是准正定，则存在非零的 $\tilde{\boldsymbol{X}}\in\mathbf{R}^n$，使得 $\tilde{\boldsymbol{X}}^{\mathrm{T}}\boldsymbol{A}\tilde{\boldsymbol{X}}=-c<0$. 那么取 $0<\lambda<c/(\tilde{\boldsymbol{X}}^{\mathrm{T}}\tilde{\boldsymbol{X}})$，则有 $\tilde{\boldsymbol{X}}^{\mathrm{T}}\boldsymbol{B}\tilde{\boldsymbol{X}}=\tilde{\boldsymbol{X}}^{\mathrm{T}}(\lambda\boldsymbol{I}+\boldsymbol{A})\tilde{\boldsymbol{X}}=\lambda\tilde{\boldsymbol{X}}^{\mathrm{T}}\tilde{\boldsymbol{X}}-c<0$，与 $\boldsymbol{B}$ 正定矛盾. 故 $\boldsymbol{A}$ 必为准正定矩阵.

推论 7.3.6　准正定矩阵 $\boldsymbol{A}$ 的行列式和主对角元均大于或等于零，即 $|\boldsymbol{A}|\geqslant 0$，$a_{ii}\geqslant 0$.

注意到二次型 $f(\boldsymbol{X})$ 为准负定的充要条件是 $-f(\boldsymbol{X})$ 准正定，故可得到与定理 7.3.5类似的结论. 二次型正定性的一个应用是对多元函数极值点的判定. 例如，二元函数 $f(x,y)$ 的 Taylor 公式：

$$f(x,y)=f(x_0,y_0)+\sum_{k=1}^{n}\frac{1}{k!}\left((x-x_0)\frac{\partial}{\partial x}+(y-y_0)\frac{\partial}{\partial y}\right)^k f(x_0,y_0)+R_n.$$

若 $f(x,y)$ 在 (x_0,y_0) 处一阶导数为零,即

$$f'_x(x_0,y_0)=f'_y(x_0,y_0)=0,$$

则该点为可能的极值点.其极值性质由二阶微分来判断:

$$\mathrm{d}^2 f(x_0,y_0)=f''_{xx}(x_0,y_0)\mathrm{d}x^2+2f''_{xy}(x_0,y_0)\mathrm{d}x\mathrm{d}y+f''_{yy}(x_0,y_0)\mathrm{d}y^2.$$

这是一个关于 $(\mathrm{d}x,\mathrm{d}y)$ 的 2 元二次型:

- 若该二次型正定,则说明 (x,y) 无论从哪个方向偏离 (x_0,y_0),函数值都会增大,因此 (x_0,y_0) 是一个极小值点;
- 若该二次型负定,则说明 (x_0,y_0) 是一个极大值点;
- 若该二次型不定,则说明 (x_0,y_0) 不是一个极值点.

对于准正定或者准负定的情况,还需要通过更高阶微分来判断.对于多于 2 元的函数,完全可以用类似的方法进行讨论.

例 7.3.4 若对称矩阵 $\boldsymbol{A}$ 可逆,求证 $\boldsymbol{A}^{-1}$ 与 $\boldsymbol{A}$ 合同.

证明 $\boldsymbol{A}$ 可逆则其无零本征值,设 $\boldsymbol{A}=\boldsymbol{P}^{-1}\boldsymbol{\Lambda}\boldsymbol{P}$,其中 $\boldsymbol{\Lambda}$ 为对角矩阵,则 $\boldsymbol{A}^{-1}=\boldsymbol{P}^{-1}\boldsymbol{\Lambda}^{-1}\boldsymbol{P}$.由此可见 $\boldsymbol{A}^{-1}$ 的正、负本征值个数与 $\boldsymbol{A}$ 均相同,故两矩阵合同.

例 7.3.5 若 $\boldsymbol{A},\boldsymbol{B}$ 均为同阶正定矩阵,$k,l\in\mathbf{R}^+$,求证 $k\boldsymbol{A}+l\boldsymbol{B}$ 正定.

证明 利用正定的定义,$\forall\,\boldsymbol{X}\in\mathbf{R}^n\neq 0$ 有

$$\boldsymbol{X}^{\mathrm{T}}(k\boldsymbol{A}+l\boldsymbol{B})\boldsymbol{X}=k(\boldsymbol{X}^{\mathrm{T}}\boldsymbol{A}\boldsymbol{X})+l(\boldsymbol{X}^{\mathrm{T}}\boldsymbol{B}\boldsymbol{X})>0,$$

因此 $k\boldsymbol{A}+l\boldsymbol{B}$ 正定.

例 7.3.6 设 $\boldsymbol{A}$ 为正定矩阵,求证 $\boldsymbol{A}^{-1},k\boldsymbol{A},\boldsymbol{A}^m,\boldsymbol{A}^*$ 均正定($k\in\mathbf{R}^+,m\in\mathbf{Z}$).

证明 利用本征值来判断.首先,注意到 $\boldsymbol{A}^*=|\boldsymbol{A}|\boldsymbol{A}^{-1}$,容易判断 $\boldsymbol{A}^{-1},k\boldsymbol{A},\boldsymbol{A}^m,\boldsymbol{A}^*$ 均为实对称矩阵.其次,由于 $\boldsymbol{A}$ 的全部本征值 $\lambda_1,\lambda_2,\cdots,\lambda_n$ 均为正,则 $\boldsymbol{A}^{-1},k\boldsymbol{A},\boldsymbol{A}^m,\boldsymbol{A}^*$ 的全部本征值 λ_i^{-1}、$k\lambda_i$、λ_i^m、$|\boldsymbol{A}|\lambda_i^{-1}(i=1,2,\cdots,n)$ 也全部为正.因此这些矩阵均正定.

例 7.3.7 设 $\boldsymbol{A}$ 为 n 阶实对称矩阵,且 $\boldsymbol{A}^3-5\boldsymbol{A}^2+\boldsymbol{A}-5\boldsymbol{I}=\boldsymbol{O}$,求证 $\boldsymbol{A}$ 正定.

证明 利用本征值来判断.若 $\boldsymbol{A}$ 满足多项式方程 $f(\boldsymbol{A})=\boldsymbol{O}$,则其所有的本征值亦满足

$$\lambda^3-5\lambda^2+\lambda-5=0\Rightarrow(\lambda-5)(\lambda^2+1)=0,$$

即本征值只可能是 $\pm\mathrm{i}$ 或 5.注意到 $\boldsymbol{A}$ 为实对称矩阵,其本征值均为实数,故所有本征值均为 5,因此 $\boldsymbol{A}$ 正定.

例 7.3.8 设 $\boldsymbol{A}$ 为实对称矩阵,求证:

(1) 当正数 ε 充分小时,$\boldsymbol{I}+\varepsilon\boldsymbol{A}$ 正定;

(2) 当正数 t 充分大时,$t\boldsymbol{I}+\boldsymbol{A}$ 正定.

证明 通过将 $\boldsymbol{A}$ 相似对角化可知,$\boldsymbol{I}+\varepsilon\boldsymbol{A}$ 和 $t\boldsymbol{I}+\boldsymbol{A}$ 的本征值分别为 $1+\varepsilon\lambda$ 和 $t+\lambda$.因此当正数 ε 充分小,t 充分大时,$\boldsymbol{I}+\varepsilon\boldsymbol{A}$ 和 $t\boldsymbol{I}+\boldsymbol{A}$ 的本征值均为正,因此它们正定.

例 7.3.9　设 $\boldsymbol{A}$ 为 n 阶正定矩阵,求证:$|\boldsymbol{A}+2\boldsymbol{I}|>2^n$.

证明　设 $\boldsymbol{A}$ 的本征值为 $\lambda_i(i=1,2,\cdots,n)$,则 $\lambda_i>0$. 注意到 $\boldsymbol{A}+2\boldsymbol{I}$ 的全部本征值为 $\lambda_i+2(i=1,2,\cdots,n)$,故

$$|\boldsymbol{A}+2\boldsymbol{I}|=\prod_i(\lambda_i+2)>\prod_i 2=2^n.$$

例 7.3.10　求证:在欧氏空间中必存在一组基,使得在这组基下的度规矩阵为单位矩阵.

证明　前面通过 Schmidt 标准正交化方法证明了标准正交基的存在,因此在这组基下度规矩阵自然为单位矩阵. 这里从合同变换的角度来证明:由于基变换时,度规矩阵按合同变换,又度规矩阵正定,因此必定可合同变换为规范型,即单位矩阵.

例 7.3.11　设 $\boldsymbol{A}$ 为一个正定矩阵,求证必存在另一个正定矩阵 $\boldsymbol{S}$,使得 $\boldsymbol{A}=\boldsymbol{S}^2$.

证明　注意到正定矩阵是实对称矩阵,必可通过正交矩阵 $\boldsymbol{P}$ 相似对角化:

$$\boldsymbol{A}=\boldsymbol{P\Lambda P}^{-1},\quad \boldsymbol{\Lambda}=\mathrm{diag}(\lambda_1,\lambda_2,\cdots,\lambda_n),\quad \boldsymbol{P}^{-1}=\boldsymbol{P}^{\mathrm{T}}.$$

由于 $\boldsymbol{A}$ 正定,故 $\lambda_i>0$,从而存在对角元为正的对角矩阵 $\widetilde{\boldsymbol{\Lambda}}$,使得 $\boldsymbol{\Lambda}=\widetilde{\boldsymbol{\Lambda}}^2$,故

$$\boldsymbol{A}=\boldsymbol{P}\widetilde{\boldsymbol{\Lambda}}^2\boldsymbol{P}^{-1}=(\boldsymbol{P}\widetilde{\boldsymbol{\Lambda}}\boldsymbol{P}^{-1})^2=\boldsymbol{S}^2,$$

其中 $\boldsymbol{S}=\boldsymbol{P}\widetilde{\boldsymbol{\Lambda}}\boldsymbol{P}^{-1}=\boldsymbol{P}\widetilde{\boldsymbol{\Lambda}}\boldsymbol{P}^{\mathrm{T}}$ 为实对称矩阵且本征值全大于零,显然正定.

例 7.3.12　设 $f(\boldsymbol{X})=\boldsymbol{X}^{\mathrm{T}}\boldsymbol{AX}$ 和 $g(\boldsymbol{X})=\boldsymbol{X}^{\mathrm{T}}\boldsymbol{BX}$ 是两个实二次型,且 $g(\boldsymbol{X})$ 正定. 求证:存在一个非退化的线性替换 $\boldsymbol{X}=\boldsymbol{CY}$ 分别将 f 和 g 化为 $\lambda_1y_1^2+\cdots+\lambda_ny_n^2$ 和 $y_1^2+\cdots+y_n^2$(即同时标准化).

证明　分两步实现. 首先,由于 $\boldsymbol{B}$ 正定,故存在可逆的矩阵 $\boldsymbol{C}_1$ 使得 $\boldsymbol{C}_1^{\mathrm{T}}\boldsymbol{BC}_1=\boldsymbol{I}_n$,此时 $\boldsymbol{A}$ 通过 $\boldsymbol{C}_1$ 合同变换为 $\boldsymbol{C}_1^{\mathrm{T}}\boldsymbol{AC}_1=\boldsymbol{A}'$. 注意到 $\boldsymbol{A}'$ 仍为实对称矩阵,因此存在正交矩阵 $\boldsymbol{C}_2$ 使 $\boldsymbol{C}_2^{\mathrm{T}}\boldsymbol{A}'\boldsymbol{C}_2=\boldsymbol{\Lambda}$,而此时

$$\boldsymbol{C}_2^{\mathrm{T}}\boldsymbol{I}_n\boldsymbol{C}_2=\boldsymbol{C}_2^{-1}\boldsymbol{C}_2=\boldsymbol{I}_n.$$

综上可知,令 $\boldsymbol{C}=\boldsymbol{C}_1\boldsymbol{C}_2$,则

$$\begin{cases}\boldsymbol{C}^{\mathrm{T}}\boldsymbol{AC}=\boldsymbol{C}_2^{\mathrm{T}}\boldsymbol{C}_1^{\mathrm{T}}\boldsymbol{AC}_1\boldsymbol{C}_2=\boldsymbol{C}_2^{\mathrm{T}}\boldsymbol{A}'\boldsymbol{C}_2=\boldsymbol{\Lambda},\\ \boldsymbol{C}^{\mathrm{T}}\boldsymbol{BC}=\boldsymbol{C}_2^{\mathrm{T}}\boldsymbol{C}_1^{\mathrm{T}}\boldsymbol{BC}_1\boldsymbol{C}_2=\boldsymbol{C}_2^{\mathrm{T}}\boldsymbol{I}_n\boldsymbol{C}_2=\boldsymbol{I}_n.\end{cases}$$

例 7.3.13　设 $\boldsymbol{A},\boldsymbol{B}$ 为同阶的正定和准正定矩阵,且 $\boldsymbol{B}\neq\boldsymbol{O}$,求证:$|\boldsymbol{A}+\boldsymbol{B}|>|\boldsymbol{A}|+|\boldsymbol{B}|$.

证明　类似例 7.3.12,可证明存在可逆的矩阵 $\boldsymbol{C}$,使得

$$\boldsymbol{C}^{\mathrm{T}}\boldsymbol{AC}=\boldsymbol{I},\quad \boldsymbol{C}^{\mathrm{T}}\boldsymbol{BC}=\boldsymbol{\Lambda}=\mathrm{diag}(\lambda_1,\lambda_2,\cdots,\lambda_n),\quad \lambda_i\geqslant 0 \text{ 但不全为零}.$$

故

$$\begin{aligned}|\boldsymbol{A}+\boldsymbol{B}|&=|\boldsymbol{C}^{-1\mathrm{T}}(\boldsymbol{I}+\boldsymbol{\Lambda})\boldsymbol{C}^{-1}|=|\boldsymbol{C}^{-1}|^2|\boldsymbol{I}+\boldsymbol{\Lambda}|>|\boldsymbol{C}^{-1}|^2(|\boldsymbol{I}|+|\boldsymbol{\Lambda}|)\\&=|\boldsymbol{C}^{-1\mathrm{T}}\boldsymbol{IC}^{-1}|+|\boldsymbol{C}^{-1\mathrm{T}}\boldsymbol{\Lambda C}^{-1}|=|\boldsymbol{A}|+|\boldsymbol{B}|.\end{aligned}$$

例 7.3.14　设 $\boldsymbol{A}$ 是正定矩阵,求证:$\boldsymbol{A}$ 的元素中绝对值最大的元素一定在主对角线上,即

$$\max\{|a_{ij}|, i\neq j\}<\max\{a_{ii}\}.$$

证明 设绝对值最大的元为非对角元 a_{ij}，则考虑如下二阶主子式：

$$\begin{vmatrix} a_{ii} & a_{ij} \\ a_{ji} & a_{jj} \end{vmatrix}=a_{ii}a_{jj}-a_{ij}^2\leqslant|a_{ij}||a_{ij}|-a_{ij}^2=0$$

与正定矩阵的性质矛盾(正定矩阵的所有主子式均大于零). 类似地可证明，准正定矩阵的绝对值最大的元素中一定包含某主对角元，即

$$\max\{|a_{ij}|, i\neq j\}\leqslant\max\{a_{ii}\}.$$

例 7.3.15 设 $\boldsymbol{A}$ 是一个 n 阶正定矩阵，求证：$f(x_1,x_2,\cdots,x_n)=\begin{vmatrix} \boldsymbol{A} & \boldsymbol{X} \\ \boldsymbol{X}^{\mathrm{T}} & 0 \end{vmatrix}$ 是负定二次型.

证明 将 $f(\boldsymbol{X})$ 明确写出来，即

$$f(\boldsymbol{X})=\begin{vmatrix} a_{11} & a_{12} & \cdots & a_{1n} & x_1 \\ a_{21} & a_{22} & \cdots & a_{2n} & x_2 \\ \vdots & \vdots & & \vdots & \vdots \\ a_{n1} & a_{n2} & \cdots & a_{nn} & x_n \\ x_1 & x_2 & \cdots & x_n & 0 \end{vmatrix},$$

现在来计算该行列式. 令 M_{ij} 为 $\boldsymbol{A}$ 的 a_{ij} 元的余子式，A_{ij} 为 $\boldsymbol{A}$ 的 a_{ij} 元的代数余子式，则将行列式按最后一行展开后再按最后一列展开，可知结果为 x_i 的二次齐次式，且

- x_i^2 项的系数为 $(-1)^{n+1+i}(-1)^{n+i}M_{ii}=-(-1)^{i+i}M_{ii}=-A_{ii}$；
- x_ix_j 项的系数为 $(-1)^{n+1+i}(-1)^{n+j}(M_{ij}+M_{ji})=-(A_{ij}+A_{ji})$.

故 $f(\boldsymbol{X})=-\boldsymbol{X}^{\mathrm{T}}\boldsymbol{A}^*\boldsymbol{X}$.

这个结论亦可用另一种方法来得到，构造如下的分块矩阵乘法：

$$\begin{bmatrix} \boldsymbol{A} & \boldsymbol{X} \\ \boldsymbol{X}^{\mathrm{T}} & 0 \end{bmatrix}\begin{bmatrix} \boldsymbol{I} & -\boldsymbol{A}^{-1}\boldsymbol{X} \\ \boldsymbol{O} & 1 \end{bmatrix}=\begin{bmatrix} \boldsymbol{A} & \boldsymbol{O} \\ \boldsymbol{X}^{\mathrm{T}} & -\boldsymbol{X}^{\mathrm{T}}\boldsymbol{A}^{-1}\boldsymbol{X} \end{bmatrix}.$$

取行列式，得 $f(\boldsymbol{X})=-|\boldsymbol{A}|\boldsymbol{X}^{\mathrm{T}}\boldsymbol{A}^{-1}\boldsymbol{X}=-\boldsymbol{X}^{\mathrm{T}}\boldsymbol{A}^*\boldsymbol{X}$. 注意到 $\boldsymbol{A}$ 正定，故伴随矩阵 $\boldsymbol{A}^*$ 正定，因此 $f(\boldsymbol{X})$ 负定.

例 7.3.16 若 $\boldsymbol{A}$ 正定，求证：$|\boldsymbol{A}|\leqslant a_{nn}|\boldsymbol{A}_{n-1}|$，其中 $|\boldsymbol{A}_{n-1}|$ 是 $\boldsymbol{A}$ 的 $n-1$ 阶顺序主子式.

证明 由于 $\boldsymbol{A}$ 正定，故 $\boldsymbol{A}_{n-1}$ 也正定，由例 7.3.15 可知 $\begin{vmatrix} \boldsymbol{A}_{n-1} & \boldsymbol{X} \\ \boldsymbol{X}^{\mathrm{T}} & 0 \end{vmatrix}$ 是负定二次型. 因此，记 $[a_{1n} \quad \cdots \quad a_{n-1,n}]^{\mathrm{T}}=\boldsymbol{X}$，并将行列式按最后一列分成两项相加，得

$$|\boldsymbol{A}|=\begin{vmatrix} a_{11} & \cdots & a_{1,n-1} & \\ \vdots & & \vdots & \boldsymbol{X} \\ a_{n-1,1} & \cdots & a_{n-1,n-1} & \\ & \boldsymbol{X}^{\mathrm{T}} & & 0 \end{vmatrix}+\begin{vmatrix} a_{11} & \cdots & a_{1,n-1} & \\ \vdots & & \vdots & \boldsymbol{O} \\ a_{n-1,1} & \cdots & a_{n-1,n-1} & \\ & \boldsymbol{X}^{\mathrm{T}} & & a_{nn} \end{vmatrix}\leqslant a_{nn}|\boldsymbol{A}_{n-1}|.$$

例 7.3.17　若 $\boldsymbol{A}$ 正定,求证:$|\boldsymbol{A}|\leqslant a_{11}a_{22}\cdots a_{nn}$.

证明　反复利用例 7.3.16 的结论,得

$$|\boldsymbol{A}|\leqslant a_{nn}|\boldsymbol{A}_{n-1}|\leqslant a_{nn}a_{n-1,n-1}|\boldsymbol{A}_{n-2}|\leqslant\cdots\leqslant a_{11}a_{22}\cdots a_{nn}.$$

例 7.3.18(哈达马不等式)　设 $\boldsymbol{A}$ 为 n 阶实矩阵,求证:$|\boldsymbol{A}|\leqslant\prod\limits_{i=1}^{n}\sqrt{a_{1i}^2+a_{2i}^2+\cdots+a_{ni}^2}$.

证明　在内积空间一章给出过哈达马不等式的一个证明,这里利用正定矩阵的性质给出另一个证明. 当 $|\boldsymbol{A}|=0$ 时,上述不等式显然成立. 当 $|\boldsymbol{A}|\neq0$ 时,注意到 $\boldsymbol{A}^{\mathrm{T}}\boldsymbol{A}$ 为正定矩阵,利用例 7.3.17 的结论有 $|\boldsymbol{A}|^2=|\boldsymbol{A}^{\mathrm{T}}\boldsymbol{A}|\leqslant(\boldsymbol{A}^{\mathrm{T}}\boldsymbol{A})_{11}(\boldsymbol{A}^{\mathrm{T}}\boldsymbol{A})_{11}\cdots(\boldsymbol{A}^{\mathrm{T}}\boldsymbol{A})_{nn}$,开方后即得哈达马不等式.

7.4 厄　米　型

厄米型是二次型在复数域上的推广. 当限定数域为实数域时,厄米型的所有结论都退化到二次型的相应结论. 因此二次型可看作是厄米型的特例.

7.4.1 厄米型的定义和等价

定义 7.4.1(厄米型)　设 $\boldsymbol{A}$ 是 $\mathbf{C}$ 上的一个 n 阶厄米矩阵,$\boldsymbol{X}\in\mathbf{C}^n$,则

$$f(x_1,x_2,\cdots,x_n)=f(\boldsymbol{X})=\boldsymbol{X}^{\dagger}\boldsymbol{A}\boldsymbol{X}$$

称为复数域 $\mathbf{C}$ 上的一个厄米型,$\boldsymbol{A}$ 称为厄米型的矩阵. 即

$$\begin{aligned}f(x_1,x_2,\cdots,x_n)=&a_{11}|x_1|^2+a_{12}\overline{x_1}x_2+a_{13}\overline{x_1}x_3+\cdots+a_{1n}\overline{x_1}x_n\\&+a_{21}\overline{x_2}x_1+a_{22}|x_2|^2+a_{23}\overline{x_2}x_3+\cdots+a_{2n}\overline{x_2}x_n\\&+a_{31}\overline{x_3}x_1+a_{32}\overline{x_3}x_2+a_{33}|x_3|^2+\cdots+a_{3n}\overline{x_3}x_n\\&+\cdots\\&+a_{n1}\overline{x_n}x_1+a_{n2}\overline{x_n}x_2+a_{n3}\overline{x_n}x_3+\cdots+a_{nn}|x_n|^2\\=&\sum_{i=1}^{n}\sum_{j=1}^{n}a_{ij}\overline{x_i}x_j,\end{aligned}$$

其中,$a_{ij}=\overline{a_{ji}}$. 显然,$a_{ij}\overline{x_i}x_j=\overline{a_{ji}\overline{x_j}x_i}$;$\bar{f}=(\boldsymbol{X}^{\dagger}\boldsymbol{A}\boldsymbol{X})^{\dagger}=\boldsymbol{X}^{\dagger}\boldsymbol{A}\boldsymbol{X}=f$,即厄米型是一个 $\mathbf{C}^n\to\mathbf{R}$ 的映射,其值为实数.

定理 7.4.1　设 $\boldsymbol{A},\boldsymbol{B}$ 是 n 阶复矩阵,若对任意 $\boldsymbol{X}\in\mathbf{C}^n$ 都有 $\boldsymbol{X}^{\dagger}\boldsymbol{A}\boldsymbol{X}=\boldsymbol{X}^{\dagger}\boldsymbol{B}\boldsymbol{X}$,则 $\boldsymbol{A}=\boldsymbol{B}$.

证明　(1) 依次取 $\boldsymbol{X}=[1\ \ 0\ \ \cdots\ \ 0]^{\mathrm{T}},[0\ \ 1\ \ \cdots\ \ 0]^{\mathrm{T}},\cdots,[0\ \ 0\ \ \cdots\ \ 1]^{\mathrm{T}}$,代入 $\boldsymbol{X}^{\dagger}\boldsymbol{A}\boldsymbol{X}=\boldsymbol{X}^{\dagger}\boldsymbol{B}\boldsymbol{X}$,即可证明 $a_{ii}=b_{ii}$;

(2) 再取 $x_i=x_j=1$,其余 $x_k=0$,代入 $\boldsymbol{X}^{\dagger}\boldsymbol{A}\boldsymbol{X}=\boldsymbol{X}^{\dagger}\boldsymbol{B}\boldsymbol{X}$ 后得到 $a_{ij}+a_{ji}=b_{ij}+b_{ji}$;

(3) 再取 $x_i=\mathrm{i},x_j=1$,其余 $x_k=0$,代入 $\boldsymbol{X}^{\dagger}\boldsymbol{A}\boldsymbol{X}=\boldsymbol{X}^{\dagger}\boldsymbol{B}\boldsymbol{X}$ 后得到 $-a_{ij}+a_{ji}=-b_{ij}+b_{ji}$.

综上有 $\boldsymbol{A}=\boldsymbol{B}$.

由此可见,厄米型与厄米矩阵一一对应.

例 7.4.1 幺正空间中选定一组基,由内积$(\boldsymbol{\alpha},\boldsymbol{\alpha})$即可确定一个厄米型:$\boldsymbol{X}^{\dagger}\boldsymbol{A}\boldsymbol{X}$.

例 7.4.2 幺正空间中标准正交基下厄米变换的期望值$(\boldsymbol{\alpha},\sigma(\boldsymbol{\alpha}))$确定了一个厄米型.

7.4.2 n 元厄米型可化为 $2n$ 元二次型

注意到厄米型的值为实数,故将实部虚部分开,令 $\boldsymbol{X}=\boldsymbol{U}+\mathrm{i}\boldsymbol{V}$,$\boldsymbol{A}=\boldsymbol{B}+\mathrm{i}\boldsymbol{C}$,由于 $\boldsymbol{A}^{\dagger}=\boldsymbol{A}$,故

$$\boldsymbol{B}^{\mathrm{T}}=\boldsymbol{B},\boldsymbol{C}^{\mathrm{T}}=-\boldsymbol{C}.$$

于是,有

$$\begin{aligned}\boldsymbol{X}^{\dagger}\boldsymbol{A}\boldsymbol{X}&=\mathrm{Re}(\boldsymbol{X}^{\dagger}\boldsymbol{A}\boldsymbol{X})=\mathrm{Re}((\boldsymbol{U}+\mathrm{i}\boldsymbol{V})^{\dagger}(\boldsymbol{B}+\mathrm{i}\boldsymbol{C})(\boldsymbol{U}+\mathrm{i}\boldsymbol{V}))\\&=\mathrm{Re}((\boldsymbol{U}^{\mathrm{T}}-\mathrm{i}\boldsymbol{V}^{\mathrm{T}})(\boldsymbol{B}+\mathrm{i}\boldsymbol{C})(\boldsymbol{U}+\mathrm{i}\boldsymbol{V}))\\&=\boldsymbol{U}^{\mathrm{T}}\boldsymbol{B}\boldsymbol{U}+\boldsymbol{V}^{\mathrm{T}}\boldsymbol{B}\boldsymbol{V}+\boldsymbol{V}^{\mathrm{T}}\boldsymbol{C}\boldsymbol{U}-\boldsymbol{U}^{\mathrm{T}}\boldsymbol{C}\boldsymbol{V}.\end{aligned}$$

引入 $2n$ 元实的列向量$\boldsymbol{Y}=\begin{bmatrix}\boldsymbol{U}\\\boldsymbol{V}\end{bmatrix}$,以及实对称矩阵$\boldsymbol{G}=\begin{bmatrix}\boldsymbol{B}&-\boldsymbol{C}\\\boldsymbol{C}&\boldsymbol{B}\end{bmatrix}$,则 $\boldsymbol{X}^{\dagger}\boldsymbol{A}\boldsymbol{X}=\boldsymbol{Y}^{\mathrm{T}}\boldsymbol{G}\boldsymbol{Y}$,成为实二次型.亦可写成更直接的形式,引入实的列向量和实对称矩阵:

$$\boldsymbol{Y}=\begin{bmatrix}\mathrm{Re}(\boldsymbol{X})\\\mathrm{Im}(\boldsymbol{X})\end{bmatrix}=\begin{bmatrix}\dfrac{\boldsymbol{X}+\bar{\boldsymbol{X}}}{2}\\\dfrac{\boldsymbol{X}-\bar{\boldsymbol{X}}}{2\mathrm{i}}\end{bmatrix},\quad \boldsymbol{G}=\begin{bmatrix}\mathrm{Re}(\boldsymbol{A})&-\mathrm{Im}(\boldsymbol{A})\\\mathrm{Im}(\boldsymbol{A})&\mathrm{Re}(\boldsymbol{A})\end{bmatrix}=\begin{bmatrix}\dfrac{\boldsymbol{A}+\bar{\boldsymbol{A}}}{2}&\dfrac{\bar{\boldsymbol{A}}-\boldsymbol{A}}{2\mathrm{i}}\\\dfrac{\boldsymbol{A}-\bar{\boldsymbol{A}}}{2\mathrm{i}}&\dfrac{\boldsymbol{A}+\bar{\boldsymbol{A}}}{2}\end{bmatrix}.$$

则直接验证有 $\boldsymbol{X}^{\dagger}\boldsymbol{A}\boldsymbol{X}=\boldsymbol{Y}^{\mathrm{T}}\boldsymbol{G}\boldsymbol{Y}$.

由此可见,一个 n 元厄米型可化为 $2n$ 元二次型来研究.但是尽管如此,直接对厄米型发展平行的理论更方便.

7.4.3 厄米型的标准型和规范型

定义 7.4.2(线性替换) 设数域 $\mathbf{C}$ 上两组变量 $x_1,x_2,\cdots,x_n$ 和 $y_1,y_2,\cdots,y_n$之间的关系为

$$\begin{cases}x_1=c_{11}y_1+c_{12}y_2+\cdots+c_{1n}y_n,\\x_2=c_{21}y_1+c_{22}y_2+\cdots+c_{2n}y_n,\\\quad\vdots\\x_n=c_{n1}y_1+c_{n2}y_2+\cdots+c_{nn}y_n\end{cases}\quad(c_{ij}\in\mathbf{C}).$$

则称之为数域 $\mathbf{C}$ 上由变量 $x_1,x_2,\cdots,x_n$ 到变量 $y_1,y_2,\cdots,y_n$的一个线性替换.引入向量 $\boldsymbol{X}=[x_1\ \ \cdots\ \ x_n]^{\mathrm{T}}$,$\boldsymbol{Y}=[y_1\ \ \cdots\ \ y_n]^{\mathrm{T}}$ 以及矩阵 $\boldsymbol{C}=(c_{ij})_{n\times n}$,则线性替换可写成矩阵形式 $\boldsymbol{X}=\boldsymbol{C}\boldsymbol{Y}$.进一步,若系数组成的矩阵 $\boldsymbol{C}$ 是可逆的,则称该线性替换为可逆

的，或称非退化的.

引入 $\boldsymbol{X}=\boldsymbol{CY}$ 的线性替换之后，厄米型 $\boldsymbol{X}^\dagger\boldsymbol{AX}$ 可用 $\boldsymbol{Y}$ 表示为

$$\boldsymbol{X}^\dagger\boldsymbol{AX}=(\boldsymbol{CY})^\dagger\boldsymbol{A}(\boldsymbol{CY})=\boldsymbol{Y}^\dagger(\boldsymbol{C}^\dagger\boldsymbol{AC})\boldsymbol{Y},$$

变成了关于 $\boldsymbol{Y}$ 的厄米型(注意到 $\boldsymbol{C}^\dagger\boldsymbol{AC}$ 也为厄米矩阵)，由此可引入如下两个概念.

定义 7.4.3(矩阵的 H(厄米)合同)　设 $\boldsymbol{A}$、$\boldsymbol{B}$ 是 $\mathbf{C}$ 上的两个 n 阶方阵，若存在 $\mathbf{C}$ 上可逆的方阵 $\boldsymbol{C}$，使得 $\boldsymbol{C}^\dagger\boldsymbol{AC}=\boldsymbol{B}$，则称矩阵 $\boldsymbol{A}$ 与 $\boldsymbol{B}$ 厄米合同或 H 合同.

由于 $\boldsymbol{C}$ 可逆，容易验证 H 合同是一个等价关系. 因此若 $\boldsymbol{A}$ 与 $\boldsymbol{B}$ 是 H 合同，也称 $\boldsymbol{A}$ 和 $\boldsymbol{B}$ 是 H 合同矩阵. 另外，初等变换不改变矩阵的秩，故 H 合同矩阵必有相同的秩.

定义 7.4.4(厄米型的等价)　设 $f(\boldsymbol{X})$ 与 $g(\boldsymbol{Y})$ 是 $\mathbf{C}$ 上的两个 n 元厄米型，若存在一个非退化的线性替换 $\boldsymbol{X}=\boldsymbol{CY}$，使得 $f(\boldsymbol{X})=f(\boldsymbol{CY})=g(\boldsymbol{Y})$，即可通过非退化的线性替换将其中一个转化为另一个，则称这两个厄米型等价.

按照前面的讨论显然有如下定理.

定理 7.4.2　两个厄米型等价，当且仅当它们的矩阵 H 合同.

证明　设两个厄米型 $f(\boldsymbol{X})=\boldsymbol{X}^\dagger\boldsymbol{AX}$ 与 $g(\boldsymbol{Y})=\boldsymbol{Y}^\dagger\boldsymbol{BY}$ 等价，则按等价的定义，必存在可逆的矩阵 $\boldsymbol{C}$，使得 $\boldsymbol{X}=\boldsymbol{CY}$ 时，$f(\boldsymbol{X})=g(\boldsymbol{Y})$. 故

$$(\boldsymbol{CY})^\dagger\boldsymbol{A}(\boldsymbol{CY})=\boldsymbol{Y}^\dagger(\boldsymbol{C}^\dagger\boldsymbol{AC})\boldsymbol{Y}=\boldsymbol{Y}^\dagger\boldsymbol{BY},$$

则 $\boldsymbol{C}^\dagger\boldsymbol{AC}=\boldsymbol{B}$. 由 $\boldsymbol{C}$ 可逆知 $\boldsymbol{A}$ 与 $\boldsymbol{B}$ 是 H 合同.

设两个厄米型 $f(\boldsymbol{X})=\boldsymbol{X}^\dagger\boldsymbol{AX}$ 与 $g(\boldsymbol{Y})=\boldsymbol{Y}^\dagger\boldsymbol{BY}$ 的矩阵 $\boldsymbol{A}$，$\boldsymbol{B}$ 是 H 合同，则按定义必定存在可逆的矩阵 $\boldsymbol{C}$，使得 $\boldsymbol{C}^\dagger\boldsymbol{AC}=\boldsymbol{B}$. 由此可知

$$f(\boldsymbol{CY})=(\boldsymbol{CY})^\dagger\boldsymbol{A}(\boldsymbol{CY})=\boldsymbol{Y}^\dagger(\boldsymbol{C}^\dagger\boldsymbol{AC})\boldsymbol{Y}=\boldsymbol{Y}^\dagger\boldsymbol{BY}=g(\boldsymbol{Y}).$$

即存在非退化的线性替换 $\boldsymbol{X}=\boldsymbol{CY}$，使得 $f(\boldsymbol{X})=g(\boldsymbol{Y})$，故两个厄米型等价.

等价的厄米型完全可看作是变量的选取不同导致形式上的不同，本质上并无区别. 另外，由于 H 合同矩阵有相同的秩，故可定义厄米型的秩为它的矩阵的秩.

定义 7.4.5(标准型)　若一个厄米型仅含有模方项，即

$$f(x_1,x_2,\cdots,x_n)=a_1|x_1|^2+a_2|x_2|^2+\cdots+a_n|x_n|^2\text{(其中 } a_i \text{ 可能为零)},$$

则称该厄米型为标准型.

定理 7.4.3　若 $\boldsymbol{A}$ 是 $\mathbf{C}$ 上的厄米矩阵，则必存在 $\mathbf{C}$ 上的一个可逆矩阵，使得 $\boldsymbol{C}^\dagger\boldsymbol{AC}=\boldsymbol{B}$ 是对角矩阵.

定理 7.4.4　设

$$f(x_1,x_2,\cdots,x_n)=\sum_{i=1}^{n}\sum_{j=1}^{n}a_{ij}\,\overline{x_i}x_j\quad\text{(其中 } a_{ij}=\overline{a_{ji}}\text{)}$$

是 $\mathbf{C}$ 上的一个 n 元厄米型，则必存在非退化的线性替换 $\boldsymbol{X}=\boldsymbol{CY}$ 将其化作标准型：

$$b_1|y_1|^2+b_2|y_2|^2+\cdots+b_n|y_n|^2\text{(} b_i \text{ 可能为零)}.$$

由于 $\boldsymbol{C}^\dagger\boldsymbol{AC}$ 也是厄米型，故主对角元全为实，因此 H 合同对角化后必为实对角矩

阵. 这两个定理的证明与二次型几乎完全相同,只需要将上标“T” 换成“†”即可.

证明 方法一(行列复共轭的初等变换法). 对 $\boldsymbol{A}$ 的阶数 n 用数学归纳法. $n=1$ 时,$\boldsymbol{A}$ 已是对角矩阵,故 $\boldsymbol{C}$ 为任意的一阶可逆矩阵都成立. 设 $n-1$ 阶厄米矩阵定理成立,考察 n 阶矩阵 $\boldsymbol{A}$.

(1) 设 $a_{11}\neq 0$,则进行初等变换:$c_j-\dfrac{a_{ij}}{a_{11}}c_1$,$r_j-\dfrac{\overline{a_{ij}}}{a_{11}}r_1$,用初等矩阵表示,即

$$\begin{bmatrix}1 & & & \\ & \ddots & & \\ -\dfrac{\overline{a_{1j}}}{a_{11}} & & 1 & \\ & & & \ddots\end{bmatrix}\begin{bmatrix}a_{11} & \cdots & a_{1j} & \cdots \\ \vdots & & & \\ a_{1j} & & & \\ \vdots & & & \end{bmatrix}\begin{bmatrix}1 & & -\dfrac{a_{1j}}{a_{11}} & \\ & \ddots & & \\ & & 1 & \\ & & & \ddots\end{bmatrix}=\begin{bmatrix}a_{11} & \cdots & 0 & \cdots \\ \vdots & & & \\ 0 & & & \\ \vdots & & & \end{bmatrix}.$$

故进行一系列这样的行列对称的初等变换:

$$\cdots\boldsymbol{E}_2^{\dagger}\boldsymbol{E}_1^{\dagger}\boldsymbol{A}\boldsymbol{E}_1\boldsymbol{E}_2\cdots=\begin{bmatrix}a_{11} & \boldsymbol{O} \\ \boldsymbol{O} & \boldsymbol{A}_{n-1}\end{bmatrix}.$$

即存在可逆的 $\boldsymbol{C}_1$,使得 $\boldsymbol{C}_1^{\dagger}\boldsymbol{A}\boldsymbol{C}_1=\begin{bmatrix}a_{11} & \boldsymbol{O} \\ \boldsymbol{O} & \boldsymbol{A}_{n-1}\end{bmatrix}$.

(2) 若 $a_{11}=0$,但存在某个 $a_{jj}\neq 0$,则首先进行初等变换:$c_1\leftrightarrow c_j$,$r_1\leftrightarrow r_j$. 用初等矩阵表示为

$$\begin{bmatrix}0 & & 1 & \\ & \ddots & & \\ 1 & & 0 & \\ & & & \ddots\end{bmatrix}\begin{bmatrix}0 & & & \\ & \ddots & & \\ & & a_{jj} & \\ & & & \ddots\end{bmatrix}\begin{bmatrix}0 & & 1 & \\ & \ddots & & \\ 1 & & 0 & \\ & & & \ddots\end{bmatrix}=\begin{bmatrix}a_{jj} & & & \\ & \ddots & & \\ & & 0 & \\ & & & \ddots\end{bmatrix},$$

即可通过 $\boldsymbol{E}^{\dagger}\boldsymbol{A}\boldsymbol{E}$ 化为第一种情况.

(3) 若所有 $a_{ii}=0$,则必有某个 $a_{1j}\neq 0$,否则此二次型为 $n-1$ 元二次型. 此时若 $\mathrm{Re}(a_{ij})\neq 0$,则作初等变换:$c_1+1\cdot c_j$,$r_1+1\cdot r_j$;若 $\mathrm{Im}(a_{ij})\neq 0$,则作初等变换:$c_1-\mathrm{i}\cdot c_j$,$r_1+\mathrm{i}\cdot r_j$. 用初等矩阵表示为

$$\begin{bmatrix}1 & & 1(\text{或 i}) & \\ & \ddots & & \\ & & 1 & \\ & & & \ddots\end{bmatrix}\begin{bmatrix}0 & \cdots & a_{1j} & \cdots \\ \vdots & & & \\ a_{1j} & & & \\ \vdots & & & \end{bmatrix}\begin{bmatrix}1 & & & \\ & \ddots & & \\ 1(\text{或}-\mathrm{i}) & & 1 & \\ & & & \ddots\end{bmatrix}$$

$$=\begin{bmatrix}2\mathrm{Re}(\text{或 Im})(a_{1j}) & \cdots & * & \cdots \\ \vdots & & & \\ * & & & \\ \vdots & & & \end{bmatrix},$$

即可通过 $\boldsymbol{E}^{\dagger}\boldsymbol{A}\boldsymbol{E}$ 化为第一种情况.

通过上述 3 种情况的分析，再由归纳法，可知存在可逆矩阵 $\boldsymbol{C}$，使得 $\boldsymbol{C}^{\dagger}\boldsymbol{A}\boldsymbol{C}$ 为对角矩阵.

方法二(配模方法). 对厄米型的变量个数 n 用数学归纳法. $n=1$ 时，$f(x_1)=a_{11}|x_1|^2$，显然已经是标准型. 设 $n-1$ 元厄米型可通过非退化线性替换化为标准型，看 n 元情形.

(1) 设某个 $a_{jj}\neq 0$，则对 x_j 配模方：

$$f(x_1,x_2,\cdots,x_n)=a_{jj}\left|x_j+\frac{a_{j1}}{a_{jj}}x_1+\cdots+\frac{a_{jn}}{a_{jj}}x_n\right|^2+f'(x_1,\cdots,x_{j-1},x_{j+1},\cdots,x_n).$$

而 $y_j=x_j+\frac{a_{j1}}{a_{jj}}x_1+\cdots+\frac{a_{jn}}{a_{jj}}x_n$，其他 $y_i=x_i$ 是一个可逆线性替换，且 f' 是 $n-1$ 元厄米型.

(2) 若所有 $a_{ii}=0$，则必有某个 $a_{1j}\neq 0$，否则 f 中不含 x_1，与 f 是 n 元二次型矛盾. 则令 $x_1=y_1+y_j$，$x_j=y_1+\mathrm{i}y_j$，其他 $x_i=y_i$，容易验证这是一个可逆线性替换. 此时

$$a_{1j}\overline{x_1}x_j+a_{j1}\overline{x_j}x_1=(a_{1j}+a_{j1})|y_1|^2+\mathrm{i}(a_{1j}-a_{j1})|y_j|^2$$

厄米型化为第一种情况.

由上述分析，不难通过归纳假设得到，任意 n 元厄米型可化为标准型.

方法三(幺正变换法). 第 6 章证明了，对厄米矩阵必可通过幺正变换相似对角化，即存在 $\boldsymbol{P}^{\dagger}\boldsymbol{P}=\boldsymbol{I}$，使 $\boldsymbol{P}^{-1}\boldsymbol{A}\boldsymbol{P}=\mathrm{diag}$. 而 $\boldsymbol{P}^{\dagger}=\boldsymbol{P}^{-1}$，故存在可逆矩阵 $\boldsymbol{P}$，使得 $\boldsymbol{P}^{\dagger}\boldsymbol{A}\boldsymbol{P}=\boldsymbol{\Lambda}$.

小结一下，将厄米型 H 合同对角化并求线性替换矩阵的 3 种方法如下.

(1) 行列复共轭初等变换法. 即做一次行变换时立刻做一次复共轭的列变换，也可连续做若干次行变换再做相应的列变换，但必须保持列变换的顺序与行变换一致.

具体方法：类似定理的证明过程，对 $\begin{bmatrix}\boldsymbol{A}\\ \boldsymbol{I}_n\end{bmatrix}$ 整体的列以及 $\boldsymbol{A}$ 相应的行进行复共轭的初等变换，使得上面分块变成对角矩阵 $\boldsymbol{\Lambda}$，此时得到 $\begin{bmatrix}\boldsymbol{\Lambda}\\ \boldsymbol{C}\end{bmatrix}$，按初等变换与初等矩阵的关系有

$$\begin{cases}\cdots\boldsymbol{E}_2^{\dagger}\boldsymbol{E}_1^{\dagger}\boldsymbol{A}\boldsymbol{E}_1\boldsymbol{E}_2\cdots=\boldsymbol{\Lambda},\\ \boldsymbol{I}_n\boldsymbol{E}_1\boldsymbol{E}_2\cdots=\boldsymbol{C},\end{cases}$$

即 $\boldsymbol{C}^{\dagger}\boldsymbol{A}\boldsymbol{C}=\boldsymbol{\Lambda}$. 故引入 $\boldsymbol{X}=\boldsymbol{C}\boldsymbol{Y}$ 有

$$\boldsymbol{X}^{\dagger}\boldsymbol{A}\boldsymbol{X}=\boldsymbol{Y}^{\dagger}\boldsymbol{C}^{\dagger}\boldsymbol{A}\boldsymbol{C}\boldsymbol{Y}=\boldsymbol{Y}^{\dagger}\boldsymbol{\Lambda}\boldsymbol{Y}.$$

亦可由 $[\boldsymbol{A}\quad \boldsymbol{I}_n]\to[\boldsymbol{\Lambda}\quad \boldsymbol{C}^{\dagger}]$ 来求.

(2) 配方法. 该方法同定理 7.4.4 方法二的证明过程. 当无模方项时，一个技巧是引入 $\begin{cases}x_1=y_1+y_2,\\ x_2=y_1+\mathrm{i}y_2.\end{cases}$

(3) 幺正变换法. 即用幺正矩阵将 $\boldsymbol{A}$ 相似对角化.

7.4.4 惯性定理

7.4.3 节给出了厄米型必可合同变换为标准型,但标准型不唯一. 设

$$f(x_1,x_2,\cdots,x_n)=\sum_{i,j}a_{ij}\,\overline{x_i}x_j=\boldsymbol{X}^\dagger\boldsymbol{A}\boldsymbol{X}.$$

则可通过 $\boldsymbol{X}=\boldsymbol{C}\boldsymbol{Y}(|\boldsymbol{C}|\neq 0)$ 变成标准型(r 为厄米型的秩):

$$f(x_1,x_2,\cdots,x_n)=c_1|y_1|^2+c_2|y_2|^2+\cdots+c_r|y_r|^2.$$

注意到 $c_i(i=1,2,\cdots,n)$ 均为实数,故可正可负. 做变量的调换之后,可令 $c_1,c_2,\cdots,c_p$ 均为正,并记为 $c_i=d_i$;令 $c_{p+1},c_{p+2},\cdots,c_r$ 均为负,并记为 $c_i=-d_i$,则

$$f(x_1,x_2,\cdots,x_n)=d_1|y_1|^2+\cdots+d_p|y_p|^2-d_{p+1}|y_{p+1}|^2-\cdots-d_r|y_r|^2.$$

由于其中 $d_i>0(i=1,2,\cdots,r)$,故总可引入

$$y_1=\frac{1}{\sqrt{d_1}}z_1,y_2=\frac{1}{\sqrt{d_2}}z_2,\cdots y_r=\frac{1}{\sqrt{d_r}}z_r,y_{r+1}=z_{r+1},\cdots,y_n=z_n,$$

则 $$f(x_1,x_2,\cdots,x_n)=|z_1|^2+\cdots+|z_p|^2-|z_{p+1}|^2-\cdots-|z_r|^2,$$

这种系数为 ±1 的模方和的形式,称为厄米型的规范型.

定理 7.4.5 $\mathbf{C}$ 上任意一个 n 元厄米型都可通过非退化的线性替换化为如下形式的规范型(其中 r 为厄米型的秩):

$$|t_1|^2+|t_2|^2+\cdots+|t_p|^2-|t_{p+1}|^2-\cdots-|t_r|^2.$$

即任意一个厄米型必定与一个规范型等价. 与二次型类似,厄米型也有惯性定理.

定理 7.4.6(惯性定理) 一个秩为 r 的 n 元厄米型 $f(x_1,x_2,\cdots,x_n)$,无论采取何种非退化的线性替换将其化为规范型,其中正项的个数 p、负项的个数 $r-p$ 都是唯一确定的.

证明 证明过程与二次型完全类似,只需要将“平方”换成“模方”即可.

由于总可用幺正矩阵作为线性替换矩阵将厄米型化为标准型,进一步将系数归一化为规范型,这种途径得到的正、负项个数分别等于正、负本征值个数. 故由定理 7.4.6 可知,厄米型的标准型和规范型中正、负项的个数正好等于厄米型矩阵的正、负本征值的个数.

定义 7.4.6 厄米型的规范型中正项个数 p 称为该厄米型的正惯性指数,负项个数 $r-p$ 称为该厄米型的负惯性指数,$s=p-(r-p)=2p-r$ 称为厄米型的符号差,简称号差.

定理 7.4.7(惯性定理的矩阵表述) 任意一个 n 阶厄米矩阵 $\boldsymbol{A}$ 必 H 合同于一个如下的被称为规范型的矩阵,且规范型唯一:

$$\begin{bmatrix}\boldsymbol{I}_p & \boldsymbol{O} & \boldsymbol{O}\\ \boldsymbol{O} & -\boldsymbol{I}_{r-p} & \boldsymbol{O}\\ \boldsymbol{O} & \boldsymbol{O} & \boldsymbol{O}\end{bmatrix}.$$

其中 $r=r(\boldsymbol{A})$，亦等于非零本征值的个数，而 p 等于正本征值的个数.

推论 7.4.1　两个厄米型等价，当且仅当它们有相同的秩和正惯性指数；两个厄米矩阵 H 合同，当且仅当它们有相同的秩和正惯性指数.

由上述定理，可类似二次型的分类对厄米型进行分类，其中同一类的厄米型等价.

7.4.5　厄米型的正定性

$\mathbf{C}$ 上的 n 元厄米型

$$f(x_1, x_2, \cdots, x_n) = \sum_{i,j} a_{ij} x_i x_j = \boldsymbol{X}^{\mathrm{T}} \boldsymbol{A} \boldsymbol{X}$$

可看成定义在 $\mathbf{C}$ 上的 n 个复变量的实值函数.

定义 7.4.7（正定厄米型，正定矩阵）　$\mathbf{C}$ 上的厄米型 $f(x_1, x_2, \cdots, x_n)$，若对于任意一组不全为零的复数 $c_1, c_2, \cdots, c_n$，恒有 $f(c_1, c_2, \cdots, c_n)>0$，则称该厄米型为正定厄米型. 设 $\boldsymbol{A}$ 是一个厄米矩阵，若厄米型 $\boldsymbol{X}^{\dagger}\boldsymbol{A}\boldsymbol{X}$ 是正定的，则称 $\boldsymbol{A}$ 为正定矩阵.

简言之，即 $\forall \boldsymbol{X} \neq \mathbf{0}$，总有 $\boldsymbol{X}^{\dagger}\boldsymbol{A}\boldsymbol{X}>0$.

例 7.4.3　幺正空间中的度规矩阵 $\boldsymbol{A}$ 是一个正定矩阵（$\forall \boldsymbol{\alpha} \neq \mathbf{0}, (\boldsymbol{\alpha}, \boldsymbol{\alpha})>0$）.

定理 7.4.8　n 元厄米型 $f(x_1, x_2, \cdots, x_n)$ 正定的充要条件是其正惯性指数 $p=n$.

同样，将二次型的证明中的平方换成模方即得到本定理的证明，请读者自行完成.

定理 7.4.9　n 阶厄米矩阵正定的充要条件是其正惯性指数 $p=n$.

推论 7.4.2　n 阶厄米矩阵正定的充要条件是其本征值全为正实数，即没有零本征值（满秩）和负本征值.

推论 7.4.3　n 阶厄米矩阵 $\boldsymbol{A}$ 正定的充要条件是其与 $\boldsymbol{I}_n$ 为 H 合同，或者说，存在可逆的矩阵 $\boldsymbol{D}$，使 $\boldsymbol{A}=\boldsymbol{D}^{\dagger}\boldsymbol{D}$.

推论 7.4.4　若厄米矩阵 $\boldsymbol{A}$ 为正定矩阵，则 $|\boldsymbol{A}|>0$.

证明　$|\boldsymbol{A}| = \prod_{i=1}^{n} \lambda_i > 0$，或 $|\boldsymbol{A}| = |\boldsymbol{D}^{\dagger}\boldsymbol{D}| = \overline{|\boldsymbol{D}|}\ |\boldsymbol{D}| > 0$.

推论 7.4.4 不是充分条件，一个实用的判定方法如下.

定理 7.4.10　厄米型 $f(\boldsymbol{X})=\boldsymbol{X}^{\dagger}\boldsymbol{A}\boldsymbol{X}$ 正定的充要条件是 $\boldsymbol{A}$ 的一切顺序主子式都大于零. 即

$$A_1 = a_{11} > 0,\quad A_2 = \begin{vmatrix} a_{11} & a_{12} \\ a_{21} & a_{22} \end{vmatrix} > 0,\quad A_3 = \begin{vmatrix} a_{11} & a_{12} & a_{13} \\ a_{21} & a_{22} & a_{23} \\ a_{31} & a_{32} & a_{33} \end{vmatrix} > 0,$$

$$\cdots,\quad A_n = \begin{vmatrix} a_{11} & \cdots & a_{1n} \\ \vdots & \ddots & \vdots \\ a_{n1} & \cdots & a_{nn} \end{vmatrix} = |\boldsymbol{A}| > 0.$$

将二次型的证明中的上标“T”替换成“†”，即可得到本定理的证明.

推论 7.4.5 正定矩阵的主对角元均大于零，即 $a_{ii}>0$.

例 7.4.4 判别厄米型 $f(x_1,x_2,x_3)=2|x_1|^2+|x_2|^2+2|x_3|^3+\mathrm{i}\,\overline{x_1}x_2-\mathrm{i}\,\overline{x_2}x_1+\mathrm{i}\,\overline{x_2}x_3-\mathrm{i}\,\overline{x_3}x_2$ 是否正定.

解 该厄米型的矩阵为

$$A=\begin{bmatrix}2&\mathrm{i}&0\\-\mathrm{i}&1&\mathrm{i}\\0&-\mathrm{i}&2\end{bmatrix},$$

直接计算顺序主子式有

$$A_1=2>0,\quad A_2=\begin{vmatrix}2&\mathrm{i}\\-\mathrm{i}&1\end{vmatrix}=1>0,\quad A_3=\begin{vmatrix}2&\mathrm{i}&0\\-\mathrm{i}&1&\mathrm{i}\\0&-\mathrm{i}&2\end{vmatrix}=4-2-2=0.$$

故该厄米型不是正定的厄米型.

定义 7.4.8 **C** 上的厄米型 $f(x_1,x_2,\cdots,x_n)=\boldsymbol{X}^\dagger\boldsymbol{A}\boldsymbol{X}$，若对任意一组不全为零的复数 $c_1,c_2,\cdots,c_n$，恒有

(1) $f(c_1,c_2,\cdots,c_n)<0$，则称该厄米型为负定厄米型，称 $\boldsymbol{A}$ 为负定矩阵；

(2) $f(c_1,c_2,\cdots,c_n)\geqslant 0$，则称该厄米型为准正定厄米型，称 $\boldsymbol{A}$ 为准正定矩阵；

(3) $f(c_1,c_2,\cdots,c_n)\leqslant 0$，则称该厄米型为准负定厄米型，称 $\boldsymbol{A}$ 为准负定矩阵；

(4) 若 $f(\boldsymbol{X})$ 既不是准正定的，也不是准负定的，则称为不定厄米型.

显然一个厄米型 $f(\boldsymbol{X})=\boldsymbol{X}^\dagger\boldsymbol{A}\boldsymbol{X}$ 是负定的，当且仅当厄米型 $-f(\boldsymbol{X})=\boldsymbol{X}^\dagger(-\boldsymbol{A})\boldsymbol{X}$ 是正定的. 由此根据正定厄米型的定理直接可得如下定理.

定理 7.4.11(负定的判据) 设 $f(\boldsymbol{X})=\boldsymbol{X}^\dagger\boldsymbol{A}\boldsymbol{X}$ 是一个 n 元厄米型，则下列论述等价：

(1) $f(\boldsymbol{X})$ 负定；

(2) $f(\boldsymbol{X})$ 的负惯性指数是 n；

(3) $f(\boldsymbol{X})=\boldsymbol{X}^\dagger\boldsymbol{A}\boldsymbol{X}$ 中的矩阵 $\boldsymbol{A}$ 的 n 个本征值全部小于零；

(4) $f(\boldsymbol{X})=\boldsymbol{X}^\dagger\boldsymbol{A}\boldsymbol{X}$ 中的矩阵 $\boldsymbol{A}$ 的顺序主子式 A_k 满足 $(-1)^kA_k>0$，即

$$A_1=a_{11}<0,\quad A_2=\begin{vmatrix}a_{11}&a_{12}\\a_{21}&a_{22}\end{vmatrix}>0,\quad A_3=\begin{vmatrix}a_{11}&a_{12}&a_{13}\\a_{21}&a_{22}&a_{23}\\a_{31}&a_{32}&a_{33}\end{vmatrix}<0,\cdots$$

对准正定厄米型有如下类似定理.

定理 7.4.12(准正定的判据) 设 $f(\boldsymbol{X})=\boldsymbol{X}^\dagger\boldsymbol{A}\boldsymbol{X}$ 是一个 n 元厄米型，则下列论述等价：

(1) $f(\boldsymbol{X})$ 准正定；

(2) $f(\boldsymbol{X})$ 的正惯性指数等于秩；

(3) $f(\boldsymbol{X})=\boldsymbol{X}^{\dagger}\boldsymbol{A}\boldsymbol{X}$ 中的矩阵 $\boldsymbol{A}$ 的 n 个本征值全部大于或等于零；

(4) 存在方阵 $\boldsymbol{D}$，使得 $f(\boldsymbol{X})=\boldsymbol{X}^{\dagger}\boldsymbol{A}\boldsymbol{X}$ 中的矩阵 $\boldsymbol{A}=\boldsymbol{D}^{\dagger}\boldsymbol{D}$；

(5) $f(\boldsymbol{X})=\boldsymbol{X}^{\dagger}\boldsymbol{A}\boldsymbol{X}$ 中的矩阵 $\boldsymbol{A}$ 的全部主子式都大于或等于零.

定理的证明仍可套用二次型相应定理的证明，不再赘述，仅指出几个值得注意的地方. 第(2)条与正定的区别在于 $p=r$，而非 $p=n$. 第(3)条的一个推论是，对准正定矩阵 $\boldsymbol{A}$，有 $|\boldsymbol{A}|\geqslant 0$. 第(4)条并不要求 $\boldsymbol{D}$ 可逆. 第(5)条与正定的区别：准正定的判据需要考虑所有主子式，而不仅仅是顺序主子式.

推论 7.4.6　准正定矩阵的行列式和主对角元均大于或等于零，即 $|\boldsymbol{A}|\geqslant 0$，$a_{ii}\geqslant 0$.

下面给出一些例题，这些例题是二次型中对应的例 7.3.4 至例 7.3.18 在复数域上的推广，证明过程完全类似，请读者自行完成证明.

例 7.4.5　若厄米矩阵 $\boldsymbol{A}$ 可逆，求证 $\boldsymbol{A}^{-1}$ 与 $\boldsymbol{A}$ 合同.

例 7.4.6　若厄米矩阵 $\boldsymbol{A},\boldsymbol{B}$ 均为同阶的正定矩阵，$k,l\in\mathbf{R}^{+}$，求证 $k\boldsymbol{A}+l\boldsymbol{B}$ 正定.

例 7.4.7　设厄米矩阵 $\boldsymbol{A}$ 正定，求证 $\boldsymbol{A}^{-1}$，$k\boldsymbol{A}$，$\boldsymbol{A}^{m}$，$\boldsymbol{A}^{*}$ 均正定($k\in\mathbf{R}^{+}$，$m\in\mathbf{Z}$).

例 7.4.8　设 $\boldsymbol{A}$ 为厄米矩阵，求证：(1) 当正数 ε 充分小时，$\boldsymbol{I}+\varepsilon\boldsymbol{A}$ 正定；(2) 当正数 t 充分大时，$t\boldsymbol{I}+\boldsymbol{A}$ 正定.

例 7.4.9　设 $\boldsymbol{A}$ 为一个正定厄米矩阵，求证必存在另一个正定厄米矩阵 $\boldsymbol{S}$，使得 $\boldsymbol{A}=\boldsymbol{S}^{2}$.

例 7.4.10　设 $f(\boldsymbol{X})=\boldsymbol{X}^{\dagger}\boldsymbol{A}\boldsymbol{X}$ 和 $g(\boldsymbol{X})=\boldsymbol{X}^{\dagger}\boldsymbol{B}\boldsymbol{X}$ 是两个厄米型，且 g 正定. 求证：存在一个非退化的线性替换 $\boldsymbol{X}=\boldsymbol{C}\boldsymbol{Y}$ 分别将 f 和 g 化为 $\lambda_1|y_1|^2+\cdots+\lambda_n|y_n|^2$ 和 $|y_1|^2+\cdots+|y_n|^2$(即同时标准化).

例 7.4.11　设 $\boldsymbol{A},\boldsymbol{B}$ 为同阶的正定和准正定厄米矩阵，且 $\boldsymbol{B}\neq\boldsymbol{O}$，求证：$|\boldsymbol{A}+\boldsymbol{B}|>|\boldsymbol{A}|+|\boldsymbol{B}|$.

例 7.4.12　设 $\boldsymbol{A}$ 是一个正定矩阵，求证：$\boldsymbol{A}$ 的元素中模最大的元素一定在主对角线上，即

$$\max\{|a_{ij}|,i\neq j\}<\max\{a_{ii}\}.$$

例 7.4.13　设 $\boldsymbol{A}$ 是一个 n 阶正定厄米矩阵，求证：$f(x_1,x_2,\cdots,x_n)=\begin{vmatrix}\boldsymbol{A} & \boldsymbol{X}\\ \boldsymbol{X}^{\dagger} & 0\end{vmatrix}$ 是负定厄米型.

例 7.4.14　若厄米矩阵 $\boldsymbol{A}$ 正定，求证：$|\boldsymbol{A}|\leqslant a_{nn}|\boldsymbol{A}_{n-1}|$，其中 $|\boldsymbol{A}_{n-1}|$ 是 $\boldsymbol{A}$ 的 $n-1$ 阶顺序主子式.

例 7.4.15　若厄米矩阵 $\boldsymbol{A}$ 正定，求证：$|\boldsymbol{A}|\leqslant a_{11}a_{22}\cdots a_{nn}$.

例 7.4.16　设 $\boldsymbol{A}$ 为 n 阶复矩阵，求证：$\boldsymbol{A}$ 的行列式的模满足

$$\|\boldsymbol{A}\|\leqslant\prod_{i=1}^{n}\sqrt{|a_{1i}|^2+|a_{2i}|^2+\cdots+|a_{ni}|^2}.$$

7.4.6 矩阵的奇异值分解*

矩阵的奇异值分解是线性代数中一种重要的矩阵分解，在信号处理、统计学等领域有着广泛应用. 奇异值分解在某些方面与方阵基于本征向量的对角化类似，但还是有明显的不同：奇异值分解是谱分析理论在任意矩阵上的推广. 本质上，方阵的相似对角化是为了简化线性变换，而奇异值分解则是为了简化线性映射.

定理 7.4.13（复矩阵的 SVD 分解（singular value decomposition）） 设 $\boldsymbol{A}$ 是 $\mathbf{C}$ 上的任意 $m\times n$ 矩阵，$r(\boldsymbol{A})=r$. 则存在 m 阶幺正矩阵 $\boldsymbol{U}$ 和 n 阶幺正矩阵 $\boldsymbol{V}$，使得 $\boldsymbol{U}^{-1}\boldsymbol{A}\boldsymbol{V}=\begin{bmatrix}\boldsymbol{\Delta} & \boldsymbol{O}\\ \boldsymbol{O} & \boldsymbol{O}\end{bmatrix}$，其中 $\boldsymbol{\Delta}$ 为 r 阶对角元为正的对角矩阵，r 个对角元 σ_i 称为 $\boldsymbol{A}$ 的奇异值.

在证明之前，先分析一下什么是奇异值：

$$\boldsymbol{U}^{-1}\boldsymbol{A}\boldsymbol{V}=\Sigma \quad\Leftrightarrow\quad \boldsymbol{A}=\boldsymbol{U}\Sigma\boldsymbol{V}^{\dagger} \quad\Leftrightarrow\quad \begin{cases}\boldsymbol{U}^{\dagger}\boldsymbol{A}\boldsymbol{A}^{\dagger}\boldsymbol{U}=\Sigma\Sigma^{\dagger},\\ \boldsymbol{V}^{\dagger}\boldsymbol{A}^{\dagger}\boldsymbol{A}\boldsymbol{V}=\Sigma^{\dagger}\Sigma.\end{cases}$$

因此，奇异值是准正定厄米矩阵 $\boldsymbol{A}\boldsymbol{A}^{\dagger}$ 或者 $\boldsymbol{A}^{\dagger}\boldsymbol{A}$ 的正本征值的平方根. 下面来证明该定理.

证明 首先，$r(\boldsymbol{A}^{\dagger}\boldsymbol{A})=r(\boldsymbol{A})=r$. 其次，$\boldsymbol{A}^{\dagger}\boldsymbol{A}$ 是厄米矩阵. 最后，由定理 7.4.11 可知，$\boldsymbol{A}^{\dagger}\boldsymbol{A}$ 准正定.

综上，必定存在幺正矩阵 $\boldsymbol{V}$，使得

$$\boldsymbol{V}^{\dagger}\boldsymbol{A}^{\dagger}\boldsymbol{A}\boldsymbol{V}=\mathrm{diag}(\lambda_1,\cdots,\lambda_r,0,\cdots,0),\quad \lambda_i>0,$$

其中 $\boldsymbol{V}$ 的列向量 $\boldsymbol{V}_1,\boldsymbol{V}_2,\cdots,\boldsymbol{V}_n$ 均为 $\boldsymbol{A}^{\dagger}\boldsymbol{A}$ 的标准正交的本征向量，且满足

$$\forall i=1,2,\cdots,r,\quad \boldsymbol{A}^{\dagger}\boldsymbol{A}\boldsymbol{V}_i=\lambda_i\boldsymbol{V}_i\quad (i\text{ 不求和}),$$

$$\forall i=r+1,r+2,\cdots,n,\quad \boldsymbol{A}^{\dagger}\boldsymbol{A}\boldsymbol{V}_i=0\boldsymbol{V}_i=\boldsymbol{0}.$$

注意到 $\boldsymbol{A}^{\dagger}\boldsymbol{A}\boldsymbol{X}=\boldsymbol{0}\Rightarrow \boldsymbol{X}^{\dagger}\boldsymbol{A}^{\dagger}\boldsymbol{A}\boldsymbol{X}=0\Rightarrow(\boldsymbol{A}\boldsymbol{X})^{\dagger}(\boldsymbol{A}\boldsymbol{X})=0\Rightarrow\boldsymbol{A}\boldsymbol{X}=\boldsymbol{0}$

故 $\forall i=1,2,\cdots,r,\quad \boldsymbol{V}_j^{\dagger}\boldsymbol{A}^{\dagger}\boldsymbol{A}\boldsymbol{V}_i=\lambda_i\boldsymbol{V}_j^{\dagger}\boldsymbol{V}_i=\lambda_i\delta_{ji}\quad (i\text{ 不求和}),$

$$\forall i=r+1,r+2,\cdots,n,\quad \boldsymbol{A}\boldsymbol{V}_i=0\boldsymbol{V}_i=\boldsymbol{0}.$$

现在来看 $\boldsymbol{U}$. 将 $\boldsymbol{U}$ 满足的式子 $\boldsymbol{U}^{-1}\boldsymbol{A}\boldsymbol{V}=\begin{bmatrix}\boldsymbol{\Delta} & \boldsymbol{O}\\ \boldsymbol{O} & \boldsymbol{O}\end{bmatrix}$ 改写为

$$\boldsymbol{A}\boldsymbol{V}=\boldsymbol{U}\begin{bmatrix}\boldsymbol{\Delta} & \boldsymbol{O}\\ \boldsymbol{O} & \boldsymbol{O}\end{bmatrix}\Rightarrow[\boldsymbol{A}\boldsymbol{V}_1\quad \boldsymbol{A}\boldsymbol{V}_2\quad \cdots\quad \boldsymbol{A}\boldsymbol{V}_r\quad \boldsymbol{0}\quad \cdots\quad \boldsymbol{0}]$$

$$=[\boldsymbol{U}_1\ \boldsymbol{U}_2\cdots\ \boldsymbol{U}_r\ \boldsymbol{U}_{r+1}\cdots\ \boldsymbol{U}_m]\begin{bmatrix}\sigma_1 & & & \\ & \ddots & & \boldsymbol{O}\\ & & \sigma_r & \\ & \boldsymbol{O} & & \boldsymbol{O}\end{bmatrix}.$$

故令 $\sigma_i=\sqrt{\lambda_i}$，则由上式可看出，上式对 $\boldsymbol{U}$ 的后 $m-r$ 个列向量无约束，但可通过 $\boldsymbol{A}\boldsymbol{V}_i$

得到前面 r 个列向量：

$$U_i=\frac{1}{\sigma_i}AV_i,\quad i=1,2,\cdots,r.$$

我们希望这样得到的 U_i 是标准正交的，实际上，通过 V_i 的性质可得到

$$U_j^\dagger U_i=\frac{1}{\sigma_i\sigma_j}(AV_j)^\dagger(AV_i)=\frac{1}{\sigma_i\sigma_j}\lambda_i\delta_{ij}=\delta_{ij}\quad (i\text{ 不求和}),$$

因此，这 r 个列向量 U_i 是标准正交的. 如果 $r<m$，则得到的上述 U_i 不完备，可通过添加向量进而得到 $\mathbf{C}^m$ 的一个标准正交基：

$$\{U_1,U_2,\cdots,U_r,U_{r+1},\cdots,U_m\}.$$

将其按列排成矩阵可得到幺正矩阵 U. 由上述幺正矩阵 U 的构造可知，其满足

$$AV=U\begin{bmatrix}\Delta & O\\ O & O\end{bmatrix},$$

故左乘 $U^\dagger$ 即得到 $U^{-1}AV=\begin{bmatrix}\Delta & O\\ O & O\end{bmatrix}$，命题得证.

从上述证明过程可看出，V 是通过求 $A^\dagger A$ 的本征向量 V_i 得到的，而 U 的求法本质上是通过 $AV=U\Sigma$ 得到的，步骤如下：

(1) 对 $A^\dagger A$ 的非零本征值对应的本征向量 V_i，令 $AV_i=\sigma_iU_i$（i 不求和），得到 U_i；

(2) 若得到的 U_i 不完备，则添加向量并利用标准正交化手续，使其构成标准正交基.

将这样得到的标准正交完备向量组 U_i 按列排成矩阵，即 U.

完全类似地，可以证明实数域上的类似结论.

定理 7.4.14（实矩阵的 SVD 分解） 设 A 是 $\mathbf{R}$ 上的任意 $m\times n$ 矩阵，$r(A)=r$. 则存在 m 阶正交矩阵 P 和 n 阶正交矩阵 Q，使得 $P^{-1}AQ=\begin{bmatrix}\Delta & O\\ O & O\end{bmatrix}$，其中 Δ 为 r 阶对角元为正的对角矩阵，r 个对角元 σ_i 称为 A 的奇异值.

由于任意一个实矩阵可写成 $A=P\Sigma Q$ 的形式，因此从线性映射的角度来看，任意一个实线性映射都可由 3 步合成：源空间中的正交变换（转动＋反演）、源空间到像空间中的伸缩映射、像空间中的正交变换（转动＋反演）. 因此，在这个观点下，$\mathbf{R}^n$ 中球心在原点的单位球在 n 阶方阵作用下得到的应该是个椭球（可能是低维椭球，取决于 A 是否可逆）. 这一点亦可从代数方法看出，单位球方程为 $X^\mathrm{T}X=r^2$，经过方阵 A 作用下的几何图形为 $X^\mathrm{T}A^\mathrm{T}AX=r^2$，注意到 $A^\mathrm{T}A$ 非负定即可得到结论.

矩阵作 SVD 分解后，对应的线性映射在选取两个空间中的合适的标准正交基之后会变得相对简单，这是 SVD 分解的用途之一. SVD 分解也常用在数据压缩等方面，见数值分析的相关文献.

7.4.7 复对称矩阵的奇异值分解*

物理学中有时会遇到复对称矩阵，如带阻尼的微振动的一般分析，再如粒子物理中从 Majorana 质量矩阵得到中微子的质量谱. 对复对称矩阵，虽然其不一定可以相似对角化，但其奇异值分解可具有特别的形式.

定理 7.4.15(Takagi 分解) 对复数域上的任意 n 阶对称矩阵 $\boldsymbol{A}$，必存在 n 阶幺正矩阵 $\boldsymbol{V}$，使得 $\boldsymbol{V}^{\mathrm{T}}\boldsymbol{A}\boldsymbol{V}=\boldsymbol{\Sigma}$，其中 $\boldsymbol{\Sigma}$ 为对角元非负的实对角矩阵，对角元是 $\boldsymbol{A}$ 的全部奇异值.

证明 由于 $\boldsymbol{A}^{\dagger}\boldsymbol{A}$ 厄米且准正定，因此存在幺正矩阵 $\boldsymbol{U}$ 使 $\boldsymbol{U}^{\dagger}(\boldsymbol{A}^{\dagger}\boldsymbol{A})\boldsymbol{U}=\boldsymbol{\Lambda}$ 为实对角矩阵(对角元非负). 令 $\boldsymbol{C}=\boldsymbol{U}^{\mathrm{T}}\boldsymbol{A}\boldsymbol{U}$. 由 $\boldsymbol{A}^{\mathrm{T}}=\boldsymbol{A}$ 可知 $\boldsymbol{C}^{\mathrm{T}}=\boldsymbol{C}$. 另外 $\boldsymbol{C}^{\dagger}\boldsymbol{C}=\boldsymbol{U}^{\dagger}\boldsymbol{A}^{\dagger}\overline{\boldsymbol{U}}\boldsymbol{U}^{\mathrm{T}}\boldsymbol{A}\boldsymbol{U}=\boldsymbol{U}^{\dagger}\boldsymbol{A}^{\dagger}\boldsymbol{A}\boldsymbol{U}=\boldsymbol{\Lambda}$ 为实矩阵. 于是令 $\boldsymbol{C}$ 的实部、虚部分别为 $\boldsymbol{X},\boldsymbol{Y}$，即 $\boldsymbol{C}=\boldsymbol{X}+\mathrm{i}\boldsymbol{Y}$，则 $\boldsymbol{X},\boldsymbol{Y}$ 均为实对称矩阵，且由 $\boldsymbol{C}^{\dagger}\boldsymbol{C}=(\boldsymbol{X}^{\mathrm{T}}-\mathrm{i}\boldsymbol{Y}^{\mathrm{T}})(\boldsymbol{X}+\mathrm{i}\boldsymbol{Y})=(\boldsymbol{X}-\mathrm{i}\boldsymbol{Y})(\boldsymbol{X}+\mathrm{i}\boldsymbol{Y})=(\boldsymbol{X}^2+\boldsymbol{Y}^2)+\mathrm{i}(\boldsymbol{X}\boldsymbol{Y}-\boldsymbol{Y}\boldsymbol{X})$ 为实矩阵可知 $\boldsymbol{X}\boldsymbol{Y}=\boldsymbol{Y}\boldsymbol{X}$. 因此 $\boldsymbol{X},\boldsymbol{Y}$ 可通过正交矩阵 $\boldsymbol{Q}$ 同时相似对角化：$\boldsymbol{Q}^{-1}\boldsymbol{C}\boldsymbol{Q}=\boldsymbol{Q}^{\mathrm{T}}\boldsymbol{C}\boldsymbol{Q}=\boldsymbol{\Lambda}_C$ 为对角矩阵. 即 $(\boldsymbol{U}\boldsymbol{Q})^{\mathrm{T}}\boldsymbol{A}(\boldsymbol{U}\boldsymbol{Q})=\boldsymbol{\Lambda}_C$ 为对角矩阵. 设 $\boldsymbol{\Lambda}_C$ 的对角元为 $\sigma_i\mathrm{e}^{\mathrm{i}2\phi_i}$，则令 $\boldsymbol{U}'$ 为对角元是 $\mathrm{e}^{-\mathrm{i}\phi_i}$ 的对角矩阵，则 $\boldsymbol{U}'$ 幺正，且 $\boldsymbol{U}'^{\mathrm{T}}\boldsymbol{\Lambda}_C\boldsymbol{U}'=\boldsymbol{\Sigma}$. 于是 $(\boldsymbol{U}\boldsymbol{Q}\boldsymbol{U}')^{\mathrm{T}}\boldsymbol{A}(\boldsymbol{U}\boldsymbol{Q}\boldsymbol{U}')=\boldsymbol{\Sigma}$. 令 $\boldsymbol{V}=\boldsymbol{U}\boldsymbol{Q}\boldsymbol{U}'$，为 3 个幺正矩阵的乘积，仍为 1 个幺正矩阵.

上述证明过程给出了 Takagi 分解的一个求法. 实际上，若 $\boldsymbol{A}$ 的奇异值无重值，即 $\boldsymbol{\Sigma}$ 的对角元两两不同的话，利用 SVD 分解可以给出一个简单的证明：首先，按 SVD 分解，存在幺正矩阵 $\boldsymbol{U}_1,\boldsymbol{U}_2$，使 $\boldsymbol{U}_1^{\dagger}\boldsymbol{A}\boldsymbol{U}_2=\boldsymbol{\Sigma}$(若 $\boldsymbol{U}_1=\overline{\boldsymbol{U}_2}$，则定理就能成立，但一般来说 $\boldsymbol{U}_1\neq\overline{\boldsymbol{U}_2}$). 若能找到幺正矩阵 $\boldsymbol{P}$，使得 $\boldsymbol{V}_i=\boldsymbol{U}_i\boldsymbol{P}$ 满足：(1) $\boldsymbol{V}_1^{\dagger}\boldsymbol{A}\boldsymbol{V}_2=\boldsymbol{P}^{\dagger}\boldsymbol{U}_1^{\dagger}\boldsymbol{A}\boldsymbol{U}_2\boldsymbol{P}=\boldsymbol{P}^{\dagger}\boldsymbol{\Sigma}\boldsymbol{P}$ 仍等于 $\boldsymbol{\Sigma}$，这只要 $\boldsymbol{P}$ 与 $\boldsymbol{\Sigma}$ 对易即可；(2) $\boldsymbol{V}_1=\overline{\boldsymbol{V}_2}$，即 $\boldsymbol{U}_2^{\mathrm{T}}\boldsymbol{U}_1=\overline{\boldsymbol{P}}\boldsymbol{P}^{\dagger}$，则有 $\boldsymbol{V}_1^{\dagger}\boldsymbol{A}\boldsymbol{V}_2=\boldsymbol{\Sigma}$，且 $\boldsymbol{V}_1^{\dagger}=\boldsymbol{V}_2^{\mathrm{T}}$. 从而 $\boldsymbol{V}_2^{\mathrm{T}}\boldsymbol{A}\boldsymbol{V}_2=\boldsymbol{\Sigma}$，定理得到证明. 由 $\boldsymbol{A}$ 对称可知

$$\overline{\boldsymbol{A}}\boldsymbol{A}=\boldsymbol{A}^{\dagger}\boldsymbol{A}=\boldsymbol{U}_2\boldsymbol{\Sigma}^2\boldsymbol{U}_2^{\dagger},\quad \overline{\overline{\boldsymbol{A}}\boldsymbol{A}}=\boldsymbol{A}\overline{\boldsymbol{A}}=\boldsymbol{A}\boldsymbol{A}^{\dagger}=\boldsymbol{U}_1\boldsymbol{\Sigma}^2\boldsymbol{U}_1^{\dagger}.$$

注意到 $\boldsymbol{\Sigma}$ 为实的对角矩阵，故 $\overline{\boldsymbol{U}_2}\boldsymbol{\Sigma}^2\boldsymbol{U}_2^{\mathrm{T}}=\boldsymbol{U}_1\boldsymbol{\Sigma}^2\boldsymbol{U}_1^{\dagger}$，即 $\boldsymbol{U}_2^{\mathrm{T}}\boldsymbol{U}_1\boldsymbol{\Sigma}^2=\boldsymbol{\Sigma}^2\boldsymbol{U}_2^{\mathrm{T}}\boldsymbol{U}_1$. 注意到 $\boldsymbol{\Sigma}$ 的(即 $\boldsymbol{\Sigma}^2$ 的)对角元互不相同，对比上式两边的矩阵元，可知 $\boldsymbol{U}_2^{\mathrm{T}}\boldsymbol{U}_1$ 必定为一对角矩阵：$\boldsymbol{U}_2^{\mathrm{T}}\boldsymbol{U}_1=\mathrm{diag}$. 又 $\boldsymbol{U}_2^{\mathrm{T}}\boldsymbol{U}_1$ 为幺正矩阵，对角元为 $\mathrm{e}^{\mathrm{i}\phi}$ 的形式，故一定存在一个对角的幺正矩阵 $\boldsymbol{P}$ 满足 $\overline{\boldsymbol{P}}^2=\overline{\boldsymbol{P}}\boldsymbol{P}^{\dagger}=\boldsymbol{U}_2^{\mathrm{T}}\boldsymbol{U}_1$，且由于 $\boldsymbol{P},\boldsymbol{\Sigma}$ 都为对角矩阵，自然有 $\boldsymbol{P}^{\dagger}\boldsymbol{\Sigma}\boldsymbol{P}=\boldsymbol{\Sigma}$.

7.5 本征值问题的极值性

7.5.1 本征值问题的极值性

本节讨论线性空间中厄米变换的本征值问题与厄米型的极值问题的等价性(将所有的讨论限制在实空间上即可得到对称变换的相应结论). 由于这个等价性，一个

厄米变换的本征值问题,可转化为一个厄米型的极值问题来求解;反之,一个厄米型的极值问题,也可转换为厄米变换的本征值问题.

在有限维线性空间中,下文将要讨论的性质都是显而易见的,因此本节主要讨论无限维空间. 为了简明,下文中线性变换 σ 对向量 $\boldsymbol{\alpha}$ 的作用省略括号直接记作 $\sigma\boldsymbol{\alpha}$.

定理 7.5.1(本征值的极值性)　设 V 是一幺正空间(可以是无限维),H 是 V 上的一个厄米变换. 设 H 的本征值有下限,并可从小到大依次排列:$\lambda_0\leqslant\lambda_1\leqslant\lambda_2\leqslant\cdots$(即 $H\boldsymbol{\alpha}_i=\lambda_i\boldsymbol{\alpha}_i$,$i$ 不求和). 则 $\dfrac{(\boldsymbol{\alpha},H\boldsymbol{\alpha})}{(\boldsymbol{\alpha},\boldsymbol{\alpha})}$ 的极小值是

(1) λ_0,若 $\boldsymbol{\alpha}$ 是 V 中任意非零向量;

(2) λ_1,若 $\boldsymbol{\alpha}$ 是 V 中与 $\boldsymbol{\alpha}_0$ 正交的任意非零向量;

(3) λ_m,若 $\boldsymbol{\alpha}$ 是 V 中与 $\boldsymbol{\alpha}_0,\boldsymbol{\alpha}_1,\cdots,\boldsymbol{\alpha}_{m-1}$ 都正交的任意非零向量.

在给出证明之前,先来看看 V 是有限维幺正空间的情形. 注意到厄米变换 H 的全体本征向量可构成 V 的一组标准正交基,设这样一组基为 $\boldsymbol{\alpha}_0,\boldsymbol{\alpha}_1,\cdots,\boldsymbol{\alpha}_{n-1}$. 则 $\forall\boldsymbol{\alpha}\in V$,有 $\boldsymbol{\alpha}=\sum\limits_{i=0}^{n-1}\boldsymbol{\alpha}_i x_i$,故

$$\frac{(\boldsymbol{\alpha},H\boldsymbol{\alpha})}{(\boldsymbol{\alpha},\boldsymbol{\alpha})}=\lambda_0\frac{|x_0|^2}{\boldsymbol{X}^\dagger\boldsymbol{X}}+\lambda_1\frac{|x_1|^2}{\boldsymbol{X}^\dagger\boldsymbol{X}}+\cdots+\lambda_{n-1}\frac{|x_{n-1}|^2}{\boldsymbol{X}^\dagger\boldsymbol{X}}.$$

若引入归一化的向量 $\boldsymbol{Y}=\boldsymbol{X}/|\boldsymbol{X}|$,$y_i=\dfrac{x_i}{\sqrt{\boldsymbol{X}^\dagger\boldsymbol{X}}}$,则

$$\frac{(\boldsymbol{\alpha},H\boldsymbol{\alpha})}{(\boldsymbol{\alpha},\boldsymbol{\alpha})}=\lambda_0|y_0|^2+\lambda_1|y_1|^2+\cdots+\lambda_{n-1}|y_{n-1}|^2.$$

- 对于(1),注意到 $|y_0|^2+|y_1|^2+\cdots+|y_{n-1}|^2=1$,因此(1)显然成立.
- 对于(2),由于正交性要求 $y_0=0$,因此最小值为 λ_1.
- 对于(3),由于正交性要求 $y_0=y_1=\cdots=y_{m-1}=0$,因此最小值为 λ_m.

由此可见,有限维幺正空间上,上述定理显然成立.

对于无限维幺正空间,由于 H 的本征向量是否完备并不清楚,故上述论述不成立. 下面给出对无限维适用的证明.

证明　(1) 由于 $\dfrac{(\boldsymbol{\alpha},H\boldsymbol{\alpha})}{(\boldsymbol{\alpha},\boldsymbol{\alpha})}$ 是 $V\to\mathbf{R}$ 的一个映射,因此这是一个泛函,记作 $\lambda[\boldsymbol{\alpha}]$. 即

$$\lambda[\boldsymbol{\alpha}]=\frac{(\boldsymbol{\alpha},H\boldsymbol{\alpha})}{(\boldsymbol{\alpha},\boldsymbol{\alpha})}.$$

假设 $\lambda[\boldsymbol{\alpha}]$ 在 $\boldsymbol{\alpha}=\tilde{\boldsymbol{\alpha}}$ 处取极值,现在来研究 $\tilde{\boldsymbol{\alpha}}$ 满足的必要条件.

令 $\boldsymbol{\alpha}=\tilde{\boldsymbol{\alpha}}+\varepsilon\boldsymbol{\beta}$,其中 $\varepsilon\in\mathbf{R}$,$\boldsymbol{\beta}\in V$,则 $\lambda[\tilde{\boldsymbol{\alpha}}+\varepsilon\boldsymbol{\beta}]$ 对任意固定的 $\boldsymbol{\beta}$ 来说,是 ε 的一个函数(记作 $\lambda(\varepsilon)$),且 $\lambda(\varepsilon)$ 应在 $\varepsilon=0$ 处取极值. 即

$$\lambda(\varepsilon)=\lambda[\tilde{\boldsymbol{\alpha}}+\varepsilon\boldsymbol{\beta}],\quad \left.\frac{\mathrm{d}\lambda(\varepsilon)}{\mathrm{d}\varepsilon}\right|_{\varepsilon=0}=0.$$

$\lambda(\varepsilon)$ 的一阶导数可直接由 $\lambda(\varepsilon)$ 的具体函数形式

$$\lambda(\varepsilon)=\frac{(\boldsymbol{\beta},H\boldsymbol{\beta})\varepsilon^2+(\boldsymbol{\beta},H\tilde{\boldsymbol{\alpha}})\varepsilon+(\tilde{\boldsymbol{\alpha}},H\boldsymbol{\beta})\varepsilon+(\tilde{\boldsymbol{\alpha}},H\tilde{\boldsymbol{\alpha}})}{(\boldsymbol{\beta},\boldsymbol{\beta})\varepsilon^2+(\boldsymbol{\beta},\tilde{\boldsymbol{\alpha}})\varepsilon+(\tilde{\boldsymbol{\alpha}},\boldsymbol{\beta})\varepsilon+(\tilde{\boldsymbol{\alpha}},\tilde{\boldsymbol{\alpha}})}$$

按通常函数的求导法则来求,也可按如下方式来得到

$$\begin{aligned}\Delta\lambda(\varepsilon)|_{\varepsilon=0}&=\lambda(0+\Delta\varepsilon)-\lambda(0)=\lambda[\tilde{\boldsymbol{\alpha}}+\Delta\varepsilon\boldsymbol{\beta}]-\lambda[\tilde{\boldsymbol{\alpha}}]\\&=\frac{(\tilde{\boldsymbol{\alpha}}+\Delta\varepsilon\boldsymbol{\beta},H(\tilde{\boldsymbol{\alpha}}+\Delta\varepsilon\boldsymbol{\beta}))}{(\tilde{\boldsymbol{\alpha}}+\Delta\varepsilon\boldsymbol{\beta},\tilde{\boldsymbol{\alpha}}+\Delta\varepsilon\boldsymbol{\beta})}-\frac{(\tilde{\boldsymbol{\alpha}},H\tilde{\boldsymbol{\alpha}})}{(\tilde{\boldsymbol{\alpha}},\tilde{\boldsymbol{\alpha}})}\\&=\frac{(\tilde{\boldsymbol{\alpha}},H\tilde{\boldsymbol{\alpha}})+\Delta\varepsilon(\boldsymbol{\beta},H\tilde{\boldsymbol{\alpha}})+\Delta\varepsilon(\tilde{\boldsymbol{\alpha}},H\boldsymbol{\beta})}{(\tilde{\boldsymbol{\alpha}},\tilde{\boldsymbol{\alpha}})+\Delta\varepsilon(\boldsymbol{\beta},\tilde{\boldsymbol{\alpha}})+\Delta\varepsilon(\tilde{\boldsymbol{\alpha}},\boldsymbol{\beta})}-\frac{(\tilde{\boldsymbol{\alpha}},H\tilde{\boldsymbol{\alpha}})}{(\tilde{\boldsymbol{\alpha}},\tilde{\boldsymbol{\alpha}})}+o(\Delta\varepsilon^2)\\&=\frac{1}{(\tilde{\boldsymbol{\alpha}},\tilde{\boldsymbol{\alpha}})}[(\boldsymbol{\beta},(H-\tilde{\lambda})\tilde{\boldsymbol{\alpha}})+((H-\tilde{\lambda})\tilde{\boldsymbol{\alpha}},\boldsymbol{\beta})]\Delta\varepsilon+o(\Delta\varepsilon^2),\end{aligned}$$

其中 $\tilde{\lambda}=\dfrac{(\tilde{\boldsymbol{\alpha}},H\tilde{\boldsymbol{\alpha}})}{(\tilde{\boldsymbol{\alpha}},\tilde{\boldsymbol{\alpha}})}$,并且用到了 H 的厄米性. 因此由一阶导数为零给出

$$\forall\boldsymbol{\beta}\in V,\quad(\boldsymbol{\beta},(H-\tilde{\lambda})\tilde{\boldsymbol{\alpha}})+((H-\tilde{\lambda})\tilde{\boldsymbol{\alpha}},\boldsymbol{\beta})=0.$$

取一个特定的 $\boldsymbol{\beta}=(H-\tilde{\lambda})\tilde{\boldsymbol{\alpha}}$ 代入,即得

$$(H-\tilde{\lambda})\tilde{\boldsymbol{\alpha}},\quad 即\quad H\tilde{\boldsymbol{\alpha}}=\tilde{\lambda}\tilde{\boldsymbol{\alpha}}.$$

换句话说,$\tilde{\boldsymbol{\alpha}}$ 必须为 H 的本征向量. 因此,$\lambda[\boldsymbol{\alpha}]$必须在 H 的本征向量处取极值,该极值正好为对应的本征值. 注意到 H 的最小本征值为 λ_0,因此 $\lambda[\boldsymbol{\alpha}]$在 $\boldsymbol{\alpha}_0$ 处取最小值,最小值为 λ_0. 故(1)得证.

可以换一个角度来看. 由于$\dfrac{(\boldsymbol{\alpha},H\boldsymbol{\alpha})}{\boldsymbol{\alpha},\boldsymbol{\alpha}}=\left(\dfrac{\boldsymbol{\alpha}}{|\boldsymbol{\alpha}|},H\dfrac{\boldsymbol{\alpha}}{|\boldsymbol{\alpha}|}\right)$,因此定理中的极值问题可转化为条件极值问题,即$\dfrac{(\boldsymbol{\alpha},H\boldsymbol{\alpha})}{(\boldsymbol{\alpha},\boldsymbol{\alpha})}$的极值等价于厄米型$(\boldsymbol{\alpha},H\boldsymbol{\alpha})$在约束$(\boldsymbol{\alpha},\boldsymbol{\alpha})=1$之下的条件极值. 从这个角度看,假设 $\tilde{\boldsymbol{\alpha}}$ 为泛函的极值点,则对任意固定的 $\boldsymbol{\beta}\in V$,函数 $\lambda(\varepsilon)=(\tilde{\boldsymbol{\alpha}}+\varepsilon\boldsymbol{\beta},H(\tilde{\boldsymbol{\alpha}}+\varepsilon\boldsymbol{\beta}))$在约束条件$(\tilde{\boldsymbol{\alpha}}+\varepsilon\boldsymbol{\beta},\tilde{\boldsymbol{\alpha}}+\varepsilon\boldsymbol{\beta})=1$之下应在 $\varepsilon=0$ 处取极值.

但是一个问题是,约束条件$(\tilde{\boldsymbol{\alpha}}+\varepsilon\boldsymbol{\beta},\tilde{\boldsymbol{\alpha}}+\varepsilon\boldsymbol{\beta})=1$ 将 ε 完全固定了,无法变动. 为克服这个问题,可任意固定两个向量 $\boldsymbol{\beta}_1,\boldsymbol{\beta}_2$,引入多元函数:

$$\lambda(\varepsilon_1,\varepsilon_2)=\lambda[\tilde{\boldsymbol{\alpha}}+\varepsilon_1\boldsymbol{\beta}_1+\varepsilon_2\boldsymbol{\beta}_2],\quad\lambda[\boldsymbol{\alpha}]=(\boldsymbol{\alpha},H\boldsymbol{\alpha}).$$

则若 $\tilde{\boldsymbol{\alpha}}$ 为泛函的极值点,上述 2 元函数应在约束条件

$$(\tilde{\boldsymbol{\alpha}}+\varepsilon_1\boldsymbol{\beta}_1+\varepsilon_2\boldsymbol{\beta}_2,\tilde{\boldsymbol{\alpha}}+\varepsilon_1\boldsymbol{\beta}_1+\varepsilon_2\boldsymbol{\beta}_2)=1$$

下在 $\varepsilon_1=\varepsilon_2=0$ 处取极值. 为此,$\tilde{\boldsymbol{\alpha}}$ 满足的必要条件可由拉格朗日乘子法得到,即如下函数:

$$\Lambda(\varepsilon_1,\varepsilon_2,k)=\lambda(\varepsilon_1,\varepsilon_2)+k[(\tilde{\boldsymbol{\alpha}}+\varepsilon_1\boldsymbol{\beta}_1+\varepsilon_2\boldsymbol{\beta}_2,\varepsilon_1\boldsymbol{\beta}_1+\varepsilon_2\boldsymbol{\beta}_2)-1].$$

在 $\varepsilon_{1,2}=0$ 处取极值. 写出 $\Lambda(\varepsilon)$的具体函数形式,直接计算即可得

$$\left.\frac{\partial\Lambda(\varepsilon_{1,2},k)}{\partial\varepsilon_1}\right|_{\varepsilon_{1,2}=0}=(\boldsymbol{\beta}_1,(H-k)\tilde{\boldsymbol{\alpha}})+((H-k)\tilde{\boldsymbol{\alpha}},\boldsymbol{\beta}_1)=0.$$

由于上式对任意固定的 $\boldsymbol{\beta}_1$ 都成立,因此对 $\mathrm{i}\boldsymbol{\beta}_1$ 也成立,由此得到$(\boldsymbol{\beta}_1,(H-k)\tilde{\boldsymbol{\alpha}})=0$ 对

任意 $\boldsymbol{\beta}_1$ 都成立. 这给出了与上一种方法同样的结论.

（2）类似上述讨论，可转化为

$$\lambda[\boldsymbol{\alpha}]=(\boldsymbol{\alpha},H\boldsymbol{\alpha})$$

在条件 $(\boldsymbol{\alpha},\boldsymbol{\alpha})=1$, $(\boldsymbol{\alpha}_0,\boldsymbol{\alpha})=0$ 之下的极值问题.

仍然任意选取 $\boldsymbol{\beta}_1,\boldsymbol{\beta}_2\in V$，注意到必存在 $t_i\in\mathbf{C}$ 使 $(\boldsymbol{\alpha}_0,\boldsymbol{\beta}_i-t_i\boldsymbol{\alpha}_0)=0$，记 $\tilde{\boldsymbol{\beta}}_i=\boldsymbol{\beta}_i-t_i\boldsymbol{\alpha}_0$.

假设泛函 $\lambda[\boldsymbol{\alpha}]$ 在约束条件 $(\boldsymbol{\alpha},\boldsymbol{\alpha})=1$, $(\boldsymbol{\alpha}_0,\boldsymbol{\alpha})=0$ 下，在 $\boldsymbol{\alpha}=\tilde{\boldsymbol{\alpha}}$ 处取极值，则函数

$$\lambda(\varepsilon_1,\varepsilon_2)=\lambda[\tilde{\boldsymbol{\alpha}}+\varepsilon_1\tilde{\boldsymbol{\beta}}_1+\varepsilon_2\tilde{\boldsymbol{\beta}}_2]$$

在约束条件 $(\tilde{\boldsymbol{\alpha}}+\varepsilon_1\tilde{\boldsymbol{\beta}}_1+\varepsilon_2\tilde{\boldsymbol{\beta}}_2,\tilde{\boldsymbol{\alpha}}+\varepsilon_1\tilde{\boldsymbol{\beta}}_1+\varepsilon_2\tilde{\boldsymbol{\beta}}_2)=1$ 下，在 $\varepsilon_{1,2}=0$ 处取极值. 尤其注意到 $(\boldsymbol{\alpha}_0,\tilde{\boldsymbol{\alpha}})=(\boldsymbol{\alpha}_0,\tilde{\boldsymbol{\beta}}_i)=0$，故对任意 ε 都有 $(\boldsymbol{\alpha}_0,\tilde{\boldsymbol{\alpha}}+\varepsilon_1\tilde{\boldsymbol{\beta}}_1+\varepsilon_2\tilde{\boldsymbol{\beta}}_2)=0$. 即第二个约束条件 $(\boldsymbol{\alpha}_0,\boldsymbol{\alpha})=0$ 对 $\varepsilon_{1,2}$ 无约束.

类似(1)的分析，由拉格朗日乘子法可知 $\tilde{\boldsymbol{\alpha}}$ 必须满足

$$(\tilde{\boldsymbol{\beta}}_1,(H-k)\tilde{\boldsymbol{\alpha}})+((H-k)\tilde{\boldsymbol{\alpha}},\tilde{\boldsymbol{\beta}}_1)=0.$$

而注意到 $(\boldsymbol{\alpha}_0,(H-k)\tilde{\boldsymbol{\alpha}})=((H-k)\boldsymbol{\alpha}_0,\tilde{\boldsymbol{\alpha}})=(\lambda_0-k)(\boldsymbol{\alpha}_0,\boldsymbol{\alpha}_t)=0$，故由上式得

$$(\boldsymbol{\beta}_1,(H-k)\tilde{\boldsymbol{\alpha}})+((H-k)\tilde{\boldsymbol{\alpha}},\boldsymbol{\beta}_1)=0,$$

仍然对任意 $\boldsymbol{\beta}_1\in V$ 都成立. 类似(1)的分析可知 $H\tilde{\boldsymbol{\alpha}}=k\tilde{\boldsymbol{\alpha}}$，即 $\tilde{\boldsymbol{\alpha}}$ 必须为本征向量. 再注意到 $(\boldsymbol{\alpha}_0,\tilde{\boldsymbol{\alpha}})=0$，故在上述约束下，当 $\tilde{\boldsymbol{\alpha}}=\boldsymbol{\alpha}_1$ 时取极小值，(2)得证.

(3)的证明类似(2)，仅仅是由 $\boldsymbol{\beta}$ 构造 $\tilde{\boldsymbol{\beta}}$ 时需要减去更多项.

7.5.2　极大-极小值原理*

定理 7.5.2(极大-极小值原理)　设 H 是幺正空间 V 中的厄米算符，其本征值有下界，从小到大依次为 $\lambda_0\leqslant\lambda_1\leqslant\lambda_2\leqslant\cdots$(即 $H\boldsymbol{\alpha}_i=\lambda_i\boldsymbol{\alpha}_i$，$i$ 不求和)，则

（1）令 $\boldsymbol{\beta}\in V$ 为一给定向量，定义 $F[\boldsymbol{\beta}]$ 为 $\dfrac{(\boldsymbol{\alpha},H\boldsymbol{\alpha})}{(\boldsymbol{\alpha},\boldsymbol{\alpha})}$ 的最小值，其中 $\boldsymbol{\alpha}$ 为满足约束 $(\boldsymbol{\beta},\boldsymbol{\alpha})=0$ 的任意向量. 显然 $F[\boldsymbol{\beta}]$ 依赖于 $\boldsymbol{\beta}$ 的选取，更具体地说，它是一个关于 $\boldsymbol{\beta}$ 的泛函. 求证：通过改变 $\boldsymbol{\beta}$ 的选取，泛函 $F[\boldsymbol{\beta}]$ 的极大值是 H 的第二个本征值 λ_1.

（2）令 $\boldsymbol{\beta}_1,\boldsymbol{\beta}_2,\cdots,\boldsymbol{\beta}_n\in V$ 为 n 个给定的线性无关的向量. $F[\boldsymbol{\beta}_1,\boldsymbol{\beta}_2,\cdots,\boldsymbol{\beta}_n]$ 定义为 $\dfrac{(\boldsymbol{\alpha},H\boldsymbol{\alpha})}{(\boldsymbol{\alpha},\boldsymbol{\alpha})}$ 的最小值，其中 $\boldsymbol{\alpha}$ 为满足约束 $(\boldsymbol{\beta}_1,\boldsymbol{\alpha})=\cdots=(\boldsymbol{\beta}_n,\boldsymbol{\alpha})=0$ 的任意向量. 则 $F[\boldsymbol{\beta}_1,\boldsymbol{\beta}_2,\cdots,\boldsymbol{\beta}_n]$ 是一个关于 $\boldsymbol{\beta}_1,\boldsymbol{\beta}_2,\cdots,\boldsymbol{\beta}_n$ 的泛函. 求证：通过改变 $\boldsymbol{\beta}_1,\boldsymbol{\beta}_2,\cdots,\boldsymbol{\beta}_n$ 的选取，泛函 $F[\boldsymbol{\beta}_1,\boldsymbol{\beta}_2,\cdots,\boldsymbol{\beta}_n]$ 的极大值是 H 的第 $n+1$ 个本征值 λ_n.

类似定理 7.5.1，此处的极值亦等价于 $(\boldsymbol{\alpha},H\boldsymbol{\alpha})$ 在 $(\boldsymbol{\alpha},\boldsymbol{\alpha})=1$ 中的条件极值.

证明　显然(1)是(2)的特殊情况，下面直接证明(2).

注意到，若取 $\{\boldsymbol{\beta}_1,\boldsymbol{\beta}_2,\cdots,\boldsymbol{\beta}_n\}=\{\boldsymbol{\alpha}_0,\boldsymbol{\alpha}_1,\cdots,\boldsymbol{\alpha}_{n-1}\}$，则由定理 7.5.1 可知

$$F[\boldsymbol{\beta}_1,\boldsymbol{\beta}_2,\cdots,\boldsymbol{\beta}_n]=F[\boldsymbol{\alpha}_0,\boldsymbol{\alpha}_1,\cdots,\boldsymbol{\alpha}_{n-1}]=\lambda_n.$$

因此,只需证明在选取其他$\{\boldsymbol{\beta}_i\}$的情况下,$F[\boldsymbol{\beta}_1,\boldsymbol{\beta}_2,\cdots,\boldsymbol{\beta}_n]$永远不大于$\lambda_n$即可.这也就是要证明选取其他$\{\boldsymbol{\beta}_i\}$时,总可找到一个满足约束条件$(\boldsymbol{\alpha},\boldsymbol{\alpha})=1$及$(\boldsymbol{\beta}_1,\boldsymbol{\alpha})=\cdots=(\boldsymbol{\beta}_n,\boldsymbol{\alpha})=0$的向量$\boldsymbol{\alpha}$(记作$\tilde{\boldsymbol{\alpha}}$),使得$(\boldsymbol{\alpha},H\boldsymbol{\alpha})\leqslant\lambda_n$(由于$F[\boldsymbol{\beta}_1,\boldsymbol{\beta}_2,\cdots,\boldsymbol{\beta}_n]$是$(\boldsymbol{\alpha},H\boldsymbol{\alpha})$在满足上述约束条件下的$\boldsymbol{\alpha}$最小的值,因此必定不大于$(\tilde{\boldsymbol{\alpha}},H\tilde{\boldsymbol{\alpha}})$,故必不大于$\lambda_n$).现在来证明$\tilde{\boldsymbol{\alpha}}$存在.

为此,构造

$$\tilde{\boldsymbol{\alpha}}=x_0\boldsymbol{\alpha}_0+\cdots+x_n\boldsymbol{\alpha}_n,$$

由$(\boldsymbol{\beta}_1,\boldsymbol{\alpha})=\cdots=(\boldsymbol{\beta}_n,\boldsymbol{\alpha})=0$可给出$n+1$个$x_i$满足的$n$个线性方程,因此必有非零解.再将其归一化之后,得到$\tilde{\boldsymbol{\alpha}}$.于是$|x_0|^2+\cdots+|x_n|^2=1$,此时

$$(\tilde{\boldsymbol{\alpha}},H\tilde{\boldsymbol{\alpha}})=|x_0^2|\lambda_0+\cdots+|x_n^2|\lambda_n\leqslant(|x_0^2|+\cdots+|x_n^2|)\lambda_n=\lambda_n.$$

因此,这样的$\tilde{\boldsymbol{\alpha}}$的确存在,故定理成立.

7.5.3 一般性结论*

由本征值的极值性质可得到若干个一般性的结论.根据极大-极小值原理(即定理7.5.2),求本征值的问题可转化为求一系列的极大-极小值(注意"极大"和"极小"针对的对象).在任意选取一组向量$\{\boldsymbol{\beta}_i\}$后,若加强对向量$\boldsymbol{\alpha}$可取范围的限制(需保证仍可构成线性空间且H仍为厄米型),则得到的极小值$F[\boldsymbol{\beta}]$必定不小于未加限制时的极小值.故改变向量组$\{\boldsymbol{\beta}_i\}$的选取时,这些加强限制后的$F[\boldsymbol{\beta}]$中的极大值也必定不小于未加限制时$F[\boldsymbol{\beta}]$中的极大值,如图7.1所示.由于这些极大-极小值对应于厄米算符的由小到大排列的所有本征值,故可得到如下一般性结论.

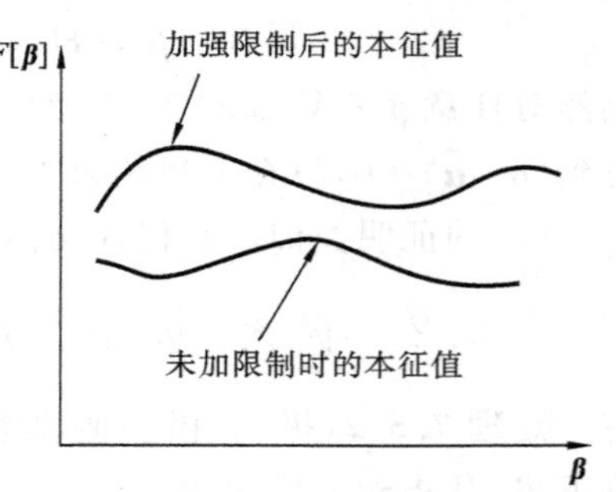

图 7.1 加强限制前后的本征值对比

若加强对向量可取范围的限制,则厄米算符的本征值必不小于原来情况下相应的本征值;反之,若放宽向量可取范围的限制,则厄米算符的本征值必不大于原来情况下相应的本征值.即:考虑厄米算符H的本征值问题,假设所有的向量均受到约束C,在约束下H的本征值和本征向量相应地变为

$$\lambda_i\to\lambda'_i,\quad \boldsymbol{\alpha}_i\to\boldsymbol{\alpha}'_i,$$

则必有

$$\lambda'_0\geqslant\lambda_0,\quad \lambda'_1\geqslant\lambda_1,\quad \cdots,\quad \lambda'_i\geqslant\lambda_i,\quad \cdots$$

为什么不能直接由极值性质(即定理7.5.1)来得到上述结论?原因如下:在考虑λ_0的改变时,的确可直接从定理7.5.1得到结论,但若进一步考虑后面的本征值,例如考虑λ_1的改变时,由于本征向量$\boldsymbol{\alpha}_0$在加强限制前后并不相同,因此利用定理

7.5.1加强限制后，$\boldsymbol{\alpha}$ 的可取范围并非未加限制时 $\boldsymbol{\alpha}$ 可取范围的子集，故不能得到上述一般性结论.

例 7.5.1 考虑一块边界 B 固定的模的振动. 其本征频率 ω_k 的方程由 $-\nabla^2\phi=\omega_n^2\phi$ 来确定，振幅 ϕ 在边界 B 上等于 0(利用 Stokes 公式，这个条件保证了算符 $-\nabla^2$ 是一个厄米算符. 具体来说，可利用公式：$\int_\Omega \phi_1 \nabla^2\phi_2 \mathrm{d}x\mathrm{d}y+\int_\Omega \nabla\phi_1\cdot\nabla\phi_2\mathrm{d}x\mathrm{d}y=\int_{\partial\Omega}(\phi_1\partial_1\phi_2\mathrm{d}x_2-\phi_1\partial_2\phi_2\mathrm{d}x_1)$ 证明 $-\nabla^2$ 厄米). 将这些频率从小到大排列为 $\omega_0\leqslant\omega_1\leqslant\omega_2\leqslant\cdots$. 此时若对 ϕ 加上约束，使得 ϕ 在模内一条闭合曲线 C 中为零(例如，按压住这一区域不让其振动)，如图 7.2 所示，则相应地，ω_i 变为 ω_i'. 由上述一般性结论可知，对所有 i 均有 $\omega_i'\geqslant\omega_i$.

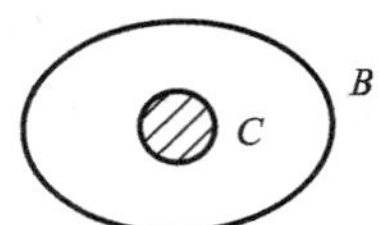

图 7.2 对模内加一条闭合曲线 C

7.5.4 本征向量组的完备性*

对有限维幺正空间，厄米变换与一个有限维的厄米矩阵相对应. 由于 n 阶厄米矩阵的本征向量组可构成 $\mathbf{C}^n$ 的一个标准正交基，因此它是完备的，从而任意有限维幺正空间中厄米变换的本征向量组也是完备的. 在无限维幺正空间中，厄米变换的本征值的实数性、本征向量的正交性等证明均与有限维相同. 但由于无法利用矩阵这个工具，因此此时本征向量组是否仍然完备并不清楚.

我们先引入无限维线性空间中向量组完备的确切含义. 一个向量组 $\{\boldsymbol{\alpha}_i\mid i=0,1,2,\cdots\}$ 的完备性指的是对 $\forall\boldsymbol{\alpha}\in V$，存在一个数域 F 上的级数 $\{c_i\mid i=0,1,2,\cdots\}$，使得余项按范数趋于零：

$$\lim_{m\to\infty}|\boldsymbol{R}_m|=0 \quad 或 \quad \lim_{m\to\infty}(\boldsymbol{R}_m,\boldsymbol{R}_m)=0,$$

其中，$\boldsymbol{R}_m=\boldsymbol{\alpha}-\sum_{i=0}^{m}c_i\boldsymbol{\alpha}_i$ 为余项.

这个定义可理解为，当 $m\to\infty$ 时 $\boldsymbol{\alpha}$ 与 $\sum_{i=0}^{m}c_i\boldsymbol{\alpha}_i$ 之间的距离趋于 0. 按照这个定义，当 $m\to\infty$ 时 $\boldsymbol{R}_m$ 的模趋于 0，故 $\boldsymbol{R}_m$ 必趋于零向量，即有

$$\lim_{m\to\infty}\boldsymbol{R}_m=\boldsymbol{0},$$

或者说，

$$\forall\boldsymbol{\alpha}\in V,\quad \boldsymbol{\alpha}=\sum_{i=0}^{\infty}c_i\boldsymbol{\alpha}_i.$$

笼统地说，任意向量都可用 $\{\boldsymbol{\alpha}_i\}$ 线性展开. 这也正是有限维空间中向量组完备的含义.

若 $\boldsymbol{\alpha}_i$ 均为单位向量，则 $\lim_{m\to\infty}(\boldsymbol{R}_m,\boldsymbol{R}_m)=0$ 的一个推论是

$$\lim_{m\to\infty} c_m = 0.$$

这只要注意到 $\boldsymbol{R}_{m-1}-\boldsymbol{R}_m=c_m\boldsymbol{\alpha}_m$，两边取模，并利用三角不等式即可得到.

定理 7.5.3(完备性定理)　设 H 是无限维幺正空间 V 中的厄米算符，若 H 的本征值有下限无上限，即本征值按从小到大排列依次为

$$\lambda_0\leqslant\lambda_1\leqslant\cdots\leqslant\lambda_i\leqslant\cdots,\quad 且\quad \lim_{i\to\infty}\lambda_i=+\infty,$$

则 H 的本征向量组(总可选为标准正交向量组)$\{\boldsymbol{\alpha}_i \mid i=0,1,2,\cdots\}$完备.

证明　不失一般性，可设 $\lambda_0>0$(因为若非如此，则总可令 $H'=H+cI$，显然 H' 与 H 有完全相同的本征向量组. 只要 $c>|\lambda_0|$，则 H'的全部本征值都大于零. 代替 H，我们用 H'来考察本征向量即可). 假设本征向量组已经是标准正交的，则

$$\forall\, \boldsymbol{\alpha}\in V,\quad 定义\ c_i=(\boldsymbol{\alpha}_i,\boldsymbol{\alpha}),$$

由级数$\{c_i\}$ 构造向量序列来逼近 $\boldsymbol{\alpha}$. 这样选取的级数$\{c_i\}$可使得余项的模最小. 这是由于在$\{\boldsymbol{\alpha}_1,\cdots,\boldsymbol{\alpha}_m\}$ 张成的线性空间中要找到一个向量与 $\boldsymbol{\alpha}$ 距离最短，则必须是其投影. 简言之，垂线最短. 证明过程完全类似于前面最小二乘法的证明. 设所求的级数为$\{k_i\}$，则这个级数的余项为

$$\boldsymbol{R}_m=\boldsymbol{\alpha}-\sum_{i=0}^{m}k_i\boldsymbol{\alpha}_i.$$

则余项的模方为

$$\begin{aligned}(\boldsymbol{R}_m,\boldsymbol{R}_m)&=(\boldsymbol{\alpha},\boldsymbol{\alpha})-\sum_{i=0}^{m}k_i(\boldsymbol{\alpha},\boldsymbol{\alpha}_i)-\sum_{i=0}^{m}\overline{k_i}(\boldsymbol{\alpha}_i,\boldsymbol{\alpha})+\sum_{i,j=0}^{m}\overline{k_i}k_j(\boldsymbol{\alpha}_i,\boldsymbol{\alpha}_j)\\&=(\boldsymbol{\alpha},\boldsymbol{\alpha})-\sum_{i=0}^{m}k_i\overline{c_i}-\sum_{i=0}^{m}\overline{k_i}c_i+\sum_{i=0}^{m}\overline{k_i}k_i\\&=(\boldsymbol{\alpha},\boldsymbol{\alpha})-\sum_{i=0}^{m}|c_i|^2+\sum_{i=0}^{m}|k_i-c_i|^2.\end{aligned}$$

由此可见，要使余项模最小，必须 $\forall\, i=1,2,\cdots,m$ 都有 $k_i=c_i$.

在这样选取级数之后，由本征向量的标准正交性易验证余项满足

$$(\boldsymbol{\alpha}_0,\boldsymbol{R}_m)=(\boldsymbol{\alpha}_1,\boldsymbol{R}_m)=\cdots=(\boldsymbol{\alpha}_m,\boldsymbol{R}_m)=0.$$

于是，由定理 7.5.1 可知

$$\frac{(\boldsymbol{R}_m,H\boldsymbol{R}_m)}{(\boldsymbol{R}_m,\boldsymbol{R}_m)}\geqslant\lambda_{m+1}\geqslant\lambda_m,$$

即

$$(\boldsymbol{R}_m,\boldsymbol{R}_m)\leqslant\frac{1}{\lambda_m}(\boldsymbol{R}_m,H\boldsymbol{R}_m).$$

而另一方面，由于

$$\begin{aligned}(\boldsymbol{R}_m,H\boldsymbol{R}_m)&=\left(\boldsymbol{\alpha}-\sum_{i=0}^{m}c_i\boldsymbol{\alpha}_i,H\boldsymbol{\alpha}-\sum_{j=0}^{m}c_j\lambda_j\boldsymbol{\alpha}_j\right)\\&=(\boldsymbol{\alpha},H\boldsymbol{\alpha})-\sum_{i=0}^{m}\overline{c_i}c_i\lambda_i-\sum_{i=0}^{m}\overline{c_i}c_i\lambda_i+\sum_{i=0}^{m}\overline{c_i}c_i\lambda_i\end{aligned}$$

$$= (\boldsymbol{\alpha}, H\boldsymbol{\alpha}) - \sum_{i=0}^{m} |c_i|^2 \lambda_i \leqslant (\boldsymbol{\alpha}, H\boldsymbol{\alpha})$$

故

$$(\boldsymbol{R}_m, \boldsymbol{R}_m) \leqslant \frac{1}{\lambda_m}(\boldsymbol{\alpha}, H\boldsymbol{\alpha}).$$

注意到 $\forall \boldsymbol{\alpha}$，$(\boldsymbol{\alpha}, H\boldsymbol{\alpha})$是与 m 无关的实数，而 $\lim\lambda_m \to +\infty$，因此

$$\forall \boldsymbol{\alpha} \in V, \quad \lim_{m\to\infty}(\boldsymbol{R}_m, \boldsymbol{R}_m) = 0,$$

即本征向量组$\{\boldsymbol{\alpha}_i\}$完备.

例 7.5.2　如前所述(见例 6.5.19、例 6.5.21)，$[-\pi, \pi]$上的周期函数构成线性空间，$-\frac{\mathrm{d}^2}{\mathrm{d}x^2}$为厄米算符. 由本征值方程$-\frac{\mathrm{d}^2 u}{\mathrm{d}x^2} = \lambda u$ 给出 $\lambda = 0, 1, 2, \cdots, k, \cdots$(本征值有下限无上限)，相应的本征向量为 $\boldsymbol{u}_\lambda = 1, \mathrm{e}^{\pm \mathrm{i}x}, \mathrm{e}^{\pm 2\mathrm{i}x}, \cdots, \mathrm{e}^{\pm \mathrm{i}kx}, \cdots$. 由傅里叶级数理论可知，上述函数组构成了$[-\pi, \pi]$上的周期函数空间中的完备函数组，符合定理 7.5.3的一般性结论.

例 7.5.3　对例 6.5.20 定义的 S-L 型方程中的线性变换 L：

$$L = -\frac{\mathrm{d}}{\mathrm{d}x}\left[\phi(x)\frac{\mathrm{d}}{\mathrm{d}x}\right] + \psi(x)$$

在前述边界条件下是厄米型，不仅如此，试证明：若 $\phi(x)$，$\psi(x)$均为恒正的实函数，则 L 的本征值 $\lambda_n \geqslant 0$.

证明　设本征方程为 $Lu_n(x) = \lambda_n u_n(x)$，则考虑

$$\begin{aligned}
\lambda_n(u_n, u_n) &= (u_n, Lu_n) \\
&= \int_a^b \overline{u_n(x)}\left[-\frac{\mathrm{d}}{\mathrm{d}x}\left(\phi(x)\frac{\mathrm{d}u_n(x)}{\mathrm{d}x}\right)\right]\mathrm{d}x + \int_a^b \psi(x)\,\overline{u_n(x)}u_n(x)\,\mathrm{d}x \\
&= \int_a^b (\phi(x)\,\overline{u'_n}u'_n + \psi(x)\,\overline{u_n}u_n)\,\mathrm{d}x,
\end{aligned}$$

其中 $u' = \mathrm{d}u/\mathrm{d}x$，并且已利用前述边界条件丢弃了边界项. 注意到被积函数恒正，本征向量为非零向量，故 $\lambda_n \geqslant 0$.

一个有用的例子是 $\phi(x) = 1$，$\psi(x) = V(x) \geqslant 0$，则

$$L = -\left(\frac{\mathrm{d}}{\mathrm{d}x}\right)^2 + V(x)$$

正是量子力学中的单粒子哈密顿算符.

例 7.5.4　例 6.5.20 指出，S-L 型微分方程可看作 S-L 算符的本征值问题. 例 7.5.3 已经指出了 S-L 算符的本征值有下限(正定)，进一步可证明其本征值无上限(如见文献[6]第 5.10 节，或者文献[8]). 因此，S-L 算符的本征函数组构成了一个正交完备函数组. 实际上，正是由于 S-L 算符本征函数组的完备性，对一大类数学物理方程可使用分离变量法来求解，具体内容见“数学物理方法”课程.

关于基于泛函极值的厄米变换本征值问题的更多讨论，如 S-L 算符本征值的无

限增大性质、本征值的渐近分布等,可参考文献[8] 卷一第六章.

本节讨论了厄米型作为泛函的极值问题. 另一类常见的泛函是由定积分定义的函数到数域的映射,例如,

$$J[y(x)] = \int_a^b F(x, y, \dot{y}) \mathrm{d}x.$$

这一类泛函的极值问题是下一章变分学的主要内容.

第 8 章　变　分　学

8.1 引　言

我们以一个力学问题为例，在垂直的 xy 平面上，$A(x_0, y_0)$，$B(x_1, y_1)$ 为给定的两点，粒子沿过 A，B 的光滑曲线从 A 自由下落到 B 的时间 J 是曲线的函数：

$$J[y(x)] = \int \mathrm{d}t = \int \frac{\mathrm{d}s}{v} = \int_A^B \frac{\sqrt{Hy'^2}}{\sqrt{2gy}}\mathrm{d}x = \sqrt{\frac{1}{2g}}\int_{x_0}^{x_1}\sqrt{\frac{1+y'^2}{y}}\mathrm{d}x. \quad (8.1.1)$$

要描述从 A 点到 B 点的时间，不是知道 B 点的状态就足够了，而是需要对从 A 到 B 的整个历史都进行积分. 换句话说，式(8.1.1)确定了一个函数到数的映射，我们称之为泛函：

$$y(x) \rightarrow J, \quad J \in \mathbf{R}.$$

通常用方括号来表示泛函的宗量，如例 7.5.4 中的 $J[y(x)]$. 凡是具有历史性现象，如滞后效应等，都要对过去的历史进行积分才能知道它现在的情况，也就是说，需要泛函来表述. 而对泛函极值问题的研究导致了变分法的建立. 我们来看几个典型的变分问题.

例 8.1.1(最速下降线问题)　在所有端点固定在 A、B 的光滑曲线中，沿哪一条下落所用的时间最短？

这个问题归结为引言中定义的泛函 $J[y(x)]$的极值问题. 这是一个无约束的泛函极值问题.

例 8.1.2(测地线问题)　曲面上的测地线问题：$G(x, y, z)=0$ 为一给定的曲面，$A(x_0, y_0)$和 $B(x_1, y_1)$为曲面上给定两点，如图 8.1 所示，求曲面上连接 A、B 的最短曲线.

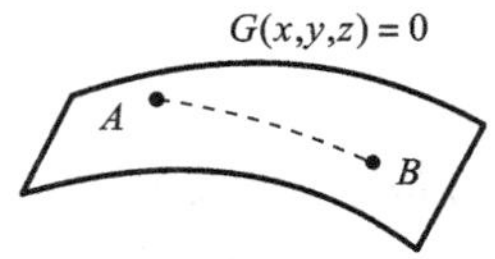

图 8.1　例 8.1.2 图

解　设所求曲线的方程为

$$\begin{cases} y=y(x), \\ z=z(x). \end{cases}$$

由于端点必须在 A、B，故

$$\begin{cases} y(x_0)=y_0, \\ z(x_0)=z_0; \end{cases} \quad \begin{cases} y(x_1)=y_1, \\ z(x_1)=z_1, \end{cases}$$

则曲线长度为

$$J[y(x),z(x)]=\int_A^B \mathrm{d}s=\int_A^B \sqrt{\mathrm{d}x^2+\mathrm{d}y^2+\mathrm{d}z^2}=\int_{x_0}^{x_1} \sqrt{1+y'^2+z'^2}\,\mathrm{d}x.$$

于是，该问题等价于要求泛函 $J[y(x),z(x)]$在约束 $G(x,y(x),z(x))=0$ 之下的极值. 这种在某个或某些函数形式的约束下，求泛函的极值问题，都称为测地线问题.

例 8.1.3(等周问题) 求一给定长度的闭曲线使它包围的面积尽量大.

解 设曲线的极坐标方程为 $\rho=\rho(\theta)$，则曲线长度为

$$L[\rho(\theta)]=\int_0^{2\pi} \sqrt{\mathrm{d}\rho^2+(\rho\mathrm{d}\theta)^2}=\int_0^{2\pi} \sqrt{\rho^2+(\dot{\rho})^2}\,\mathrm{d}\theta=l.$$

而曲线所围面积为

$$S[\rho(\theta)]=\int_0^{2\pi} \frac{1}{2}\rho^2\,\mathrm{d}\theta.$$

故该问题等价于要求在约束 $L[\rho(\theta)]=\int_0^{2\pi} \sqrt{\rho^2+(\dot{\rho})^2}\,\mathrm{d}\theta=l$ 之下求泛函 $S[\rho(\theta)]=\int_0^{2\pi} \frac{1}{2}\rho^2\,\mathrm{d}\theta$ 的极大值. 这种在某个或某些泛函形式的约束下求泛函的极值问题，都称为等周问题.

本章将研究以上三类泛函极值问题的求解，我们先看最简单的情形——无约束的泛函极值问题.

8.2 Euler 变分方程

8.2.1 变分学的基本问题

变分学中一个最基本问题是，定义在区间$[x_0,x_1]$上，固定边界为 $y(x_0)=y_0$，$y(x_1)=y_1$，连续且有连续的一阶与二阶导数的所有函数(记作 C^2 类函数) $y=y(x)$中，寻找一个函数使得泛函

$$J[y(x)]=\int_{x_0}^{x_1} F(x,y,y')\,\mathrm{d}x$$

具有最小(或最大)的可能值.

为寻找上述泛函 J 取极值的必要条件，我们仿照第 7 章厄米型的极值问题，将问题转化为函数极值问题来解决. 为此任取一个 C^2 类函数：

$$\eta(x_0)=\eta(x_1)=0.$$

假设函数 $y=y(x)$使泛函 J 取极值，构造一个函数 $y(x)+\varepsilon\eta(x)$(其中 $\varepsilon\in\mathbf{R}$)，则可通过泛函 $J[y(x)]$定义一个 ε 的函数：

$$J(\varepsilon)=J[y(x)+\varepsilon\eta(x)]=\int_{x_0}^{x_1} F(x,y+\varepsilon\eta,y'+\varepsilon\eta')\,\mathrm{d}x.$$

函数 $J(\varepsilon)$应在 $\varepsilon=0$ 处取极值，即

$$\left.\frac{\mathrm{d}J(\varepsilon)}{\mathrm{d}\varepsilon}\right|_{\varepsilon=0}=0,$$

而

$$\begin{aligned}\frac{\mathrm{d}J(\varepsilon)}{\mathrm{d}\varepsilon}&=\int_{x_0}^{x_1}(F_y(x,y,y')\eta(x)+F_{y'}(x,y,y')\eta'(x))\mathrm{d}x\\&=\int_{x_0}^{x_1}\eta(x)\left(F_y(x,y,y')-\frac{\mathrm{d}}{\mathrm{d}x}F_{y'}(x,y,y')\right)\mathrm{d}x+[F_{y'}\eta(x)]_{x_0}^{x_1}\\&=\int_{x_0}^{x_1}\eta(x)\left(F_y(x,y,y')-\frac{\mathrm{d}}{\mathrm{d}x}F_{y'}(x,y,y')\right)\mathrm{d}x=0,\end{aligned}$$

其中已经利用 $\eta(x)$的边界条件丢掉了积分边界项.如果上式对任意 $\eta(x)$都成立,是否能得到括号中的被积函数恒为零呢?这由变分学基本引理给出答案.

引理 8.2.1(变分学基本引理) 设函数 $\eta(x)$在区域$[x_0,x_1]$内是 C^1 类函数①,且在端点处等于零,即 $\eta(x_0)=\eta(x_1)=0$.那么如果对任意这样的函数 $\eta(x)$,积分

$$\int_{x_0}^{x_1}f(x)\eta(x)\mathrm{d}x$$

恒等于零(其中 $f(x)$是$[x_0,x_1]$上的某个连续函数),则 $f(x)$在$[x_0,x_1]$内恒等于零,即 $f(x)=0,x\in[x_0,x_1]$.

证明 用反证法.设在 $x=\xi\in[x_0,x_1]$处 $f(x)$不等于零.如,$f(\xi)>0$,则 $f(x)$是连续函数,一定存在 ξ 的某个邻域$[\xi_1,\xi_2]\subseteq[x_0,x_1]$,使 $f(x)$在$[\xi_1,\xi_2]$内恒正.故构造如下 $\eta(x)$:

$$\eta(x)=\begin{cases}0, & x\in[x_0,\xi_1],\\(x-\xi_1)^2(x-\xi_2)^2, & x\in[\xi_1,\xi_2],\\0, & x\in[\xi_2,x_1],\end{cases}$$

则 $\eta(x)$满足引理的条件.此时积分

$$\int_{x_0}^{x_1}f(x)\eta(x)\mathrm{d}x=\int_{\xi_1}^{\xi_2}f(x)(x-\xi_1)^2(x-\xi_2)^2\mathrm{d}x>0$$

产生矛盾.

该引理还可推广如下.

引理 8.2.2 设函数 $\eta(x,y)$是 xy 平面上某区域 B 内的 C^1 类函数,且在 B 的边界 l 上 $\eta(x,y)$等于零,则如果对于任意这样的函数 $\eta(x,y)$,积分

$$\iint_B f(x,y)\eta(x,y)\mathrm{d}x\mathrm{d}y$$

恒等于零(其中 $f(x,y)$为某个 B 上的连续函数),那么 $f(x,y)$在区域 B 上必恒等于零,即

① 一阶导数存在,且函数及其一阶导数都连续的函数,称 C^1 类函数.类似可定义 C^n 函数,所有直到 n 阶的导数都存在并且连续的函数,称为 C^n 类函数.

$$f(x,y)=0,\quad (x,y)\in B.$$

证明 同样用反证法. 假设 $f(\xi,\eta)>0$, 则存在 (ξ,η) 为圆心半径为 ρ 的圆, 圆内 $f(x,y)>0$. 构造如下 $\eta(\xi,\eta)$:

$$\eta(\xi,\eta)=\begin{cases}0 & \text{(圆外)},\\ [(x-\xi)^2+(y-\eta)^2-\rho^2]^2 & \text{(圆内)}.\end{cases}$$

剩余证明完全类似引理 8.2.1 的证明.

若将引理条件改成 C^n 类函数, 结论不变, 只需将证明过程构造的函数指数改成更高即可. 对三重积分以及更一般的任何积分, 其引理也很容易证明.

回到基本问题上来. 由 $\dfrac{\mathrm{d}J[\varepsilon]}{\mathrm{d}\varepsilon}=0$ 及引理 8.2.1, 立即得到使泛函 J 取极值的曲线, 必定满足如下的微分方程:

$$F_y(x,y,y')-\frac{\mathrm{d}}{\mathrm{d}x}F_{y'}(x,y,y')=0,$$

此即 Euler 方程. Euler 方程亦可以写成

$$-F_y+\frac{\partial F_{y'}}{\partial x}+\frac{\partial F_{y'}}{\partial y}\frac{\mathrm{d}y}{\mathrm{d}x}+\frac{\partial F_{y'}}{\partial y'}\frac{\mathrm{d}y'}{\mathrm{d}x}=0,$$

即

$$F_{y'y'}y''+F_{y'y}y'+F_{y'x}-F_y=0.$$

例 8.2.1 求速降线问题的解.

解 此问题的泛函为

$$J[y(x)]=\int_{x_0}^{x_1}\sqrt{\frac{1+y'^2}{y}}\,\mathrm{d}x.$$

为得到对应的 Euler 方程, 令 $F(x,y,y')=\sqrt{\dfrac{1+y'^2}{y}}$, 于是有

$$F_y=\frac{\partial F}{\partial y}=-\frac{\sqrt{1+y'^2}}{2y^{3/2}},\quad F_{y'}=\frac{\partial F}{\partial y'}=\frac{2y'}{2\sqrt{y}\sqrt{1+y'^2}}.$$

故 Euler 方程为

$$-\frac{\sqrt{1+y'^2}}{2y^{3/2}}-\frac{\mathrm{d}}{\mathrm{d}x}\left(\frac{y'}{\sqrt{y}\sqrt{1+y'^2}}\right)=0.$$

由于方程不含 x, 可用分离变量法求解. 将 $\dfrac{\mathrm{d}}{\mathrm{d}x}=y'\dfrac{\mathrm{d}}{\mathrm{d}y}$ 代入, 有

$$\frac{\sqrt{1+y'^2}}{\sqrt{y^3}}+2y'\frac{\mathrm{d}}{\mathrm{d}y}\left(\frac{y'}{\sqrt{y}\sqrt{1+y'^2}}\right)=0,$$

整理后, 得

$$\frac{y'\mathrm{d}y'}{1+y'^2}+\frac{\mathrm{d}y}{2y}=0.$$

此方程变量已分离，移项后积分，有

$$1+y'^2=2C_1y^{-1}\Rightarrow y'=\frac{\mathrm{d}y}{\mathrm{d}x}=\sqrt{\frac{2C_1-y}{y}}.$$

这个方程可直接用积分求解：

$$x=\sqrt{2C_1y-y^2}+C_1\arccos\frac{C_1-y}{C_1}+C_2.$$

为看出上述解的意义，可引入参数 $\theta=\arccos\dfrac{C_1-y}{C_1}$，并将该解写成如下形式：

$$\begin{cases}x=C_1\theta-C_1\sin\theta+C_2,\\ y=C_1-C_1\cos\theta.\end{cases}$$

其中积分常数 C_1,C_2 由边界条件确定. 容易看出此为旋轮线方程.

8.2.2 Euler 表达式恒等于零的情形*

若泛函

$$J[y(x)]=\int_{x_0}^{x_1}F(x,y,y')\mathrm{d}x$$

的 Euler 表达式 $F_{y'}-\dfrac{\mathrm{d}}{\mathrm{d}x}F_{y'}$ 恒等于零，则 $F_y-F_{xy'}-F_{yy'}y'-F_{y'y'}y''$ 对任意函数 $y=y(x)$ 恒为零，这种情况意味着什么呢?

注意到可以将 $F_y-F_{xy'}-F_{yy'}y'-F_{y'y'}y''$ 看成 (x,y,y',y'') 的一个函数. 由于对任意给定的一个四元数组 (C_1,C_2,C_3,C_4)，总能找到一条曲线，使得

$$(x,y,y',y'')=(C_1,C_2,C_3,C_4).$$

故 $F_y-F_{xy'}-F_{yy'}y'-F_{y'y'}y''$ 对任意曲线 $y=y(x)$ 恒为零，即意味着：其作为 (x,y,y',y'') 的一个函数，对任意的取值 (C_1,C_2,C_3,C_4) 均恒为零. 而注意到它又是 y'' 的一次函数，故 y'' 的系数 $F_{y'y'}$ 必为零，即

$$F_{y'y'}=0.$$

因此，由 $F=F(x,y,y')$ 可进一步知道：

$$F(x,y,y')=a(x,y)y'+b(x,y).$$

其中 a,b 都是 x,y 的函数. 将 $F=ay'+b$ 代入 Euler 方程 $F_{yy'}y'+F_{xy'}-F_y=0$，有 $a_yy'+a_x-a_yy'-b_y=0$ 恒成立，即 a_x-b_y 恒为零. 在此条件下，泛函

$$\begin{aligned}J[y(x)]&=\int(a(x,y)y'+b(x,y))\mathrm{d}x=\int a(x,y)\mathrm{d}y+b(x,y)\mathrm{d}x\\&=\int\mathrm{d}U(x,y)=U(x_1,y_1)-U(x_0,y_0).\end{aligned}$$

即此时泛函成为一个全微分的积分，只与端点取值有关，与路径(不同函数的选取)无关.

8.2.3 Euler 方程的形式不变性

可引入参数 t 将 x 写成 t 的某个确定函数 $x=x(t)$. 这样，做参量 $x\to t$ 的替换之后，y 成为参量 t 的函数：$y(x)=y(x(t))$. 于是 $y(x)$ 的泛函 $J[y(x)]$ 成为（这里用“′”代表对 x 求导，用上标“·”代表对 t 求导）

$$J[y(x)]=\int_{x_0}^{x_1}F(x,y,y')\mathrm{d}x=\int_{t_0}^{t_1}F(x(t),y(t),\dot{y}(t)/\dot{x})\dot{x}(t)\mathrm{d}t$$
$$=\int_{t_0}^{t_1}G(t,y(t),\dot{y}(t))\mathrm{d}t=J'[y(t)].$$

即变成 $y(t)$ 的泛函 $J'[y(t)]$. 由于这两个泛函等值，故假设 $y=y(x)$ 使泛函 $J[y(x)]$ 取极值的话，参量代换 $x\to t$ 之后的 $y=y(t)$ 也应使 $J'[y(t)]$ 取极值. 而 $y=y(x)$ 满足方程

$$\frac{\partial F}{\partial y}-\frac{\mathrm{d}}{\mathrm{d}x}\frac{\partial F}{\partial y'}=0.$$

$y=y(t)$ 满足方程

$$\frac{\partial G}{\partial y}-\frac{\mathrm{d}}{\mathrm{d}t}\frac{\partial G}{\partial \dot{y}}=0.$$

故

$$F_y-\frac{\mathrm{d}}{\mathrm{d}x}F_{y'}=0\xrightleftharpoons{x=x(t)}G_y-\frac{\mathrm{d}}{\mathrm{d}t}G_{\dot{y}}=0,$$

其中 $G=G(t,y(t),\dot{y}(t))=F(x(t),y(t),\dot{y}(t)/\dot{x})\dot{x}(t)$.

由此可见，作参数代换后，Euler 方程的形式不变. 这一点也可直接对 $y(x)$ 满足的 Euler 方程做变量替换来验证. 该性质使得某些情况下可自由选用合适的参数（广义坐标）来表述运动方程.

8.2.4 形式标记——变分导数

按前文的方法，在函数 $y(x)$ 附近将泛函 $J[y(x)]$ 的宗量写成 $y(x)+\varepsilon\eta(x)$ 之后，可得到关于 ε 的函数：

$$J[y(x)]\to J(\varepsilon)=J[y(x)+\varepsilon\eta(x)]=\int F(x,y+\varepsilon\eta,y'+\varepsilon\eta')\mathrm{d}x.$$

而函数 $J(\varepsilon)$ 在 $\varepsilon=0$ 处的一阶微分是

$$\mathrm{d}J(0)=\int\left(\frac{\partial F}{\partial y}\eta(x)\mathrm{d}\varepsilon+\frac{\partial F}{\partial y'}\eta'(x)\mathrm{d}\varepsilon\right)\mathrm{d}x$$
$$=\int\left(F_y(x,y,y')-\frac{\mathrm{d}}{\mathrm{d}x}F_{y'}(x,y,y')\right)\mathrm{d}\varepsilon\eta(x)\mathrm{d}x+[\mathrm{d}\varepsilon\eta(x)F_{y'}]_{x_0}^{x_1}.$$

在固定边界 $y(x_0)=y_0$，$y(x_1)=y_1$ 的情况下，$\eta(x_0)=\eta(x_1)=0$，故有

$$\mathrm{d}J(0)=\int\left(F_y(x,y,y')-\frac{\mathrm{d}}{\mathrm{d}x}F_{y'}(x,y,y')\right)\mathrm{d}\varepsilon\eta(x)\mathrm{d}x.$$

若引入变分标记

$$\delta y(x)=\mathrm{d}\varepsilon\eta(x),\quad \delta J[y(x)]=\mathrm{d}J(0),$$

则上式可改写为如下形式：

$$\delta J[y(x)]=\int\left(F_y-\frac{\mathrm{d}}{\mathrm{d}x}F_{y'}\right)\delta y(x)\mathrm{d}x.$$

这样定义的 $\delta J[y(x)]$ 称作泛函 $J[y(x)]$ 的一阶变分. 进一步将上式右边括号中的项定义为一个新的量：

$$\frac{\delta J[y]}{\delta y(x)}=F_y-\frac{\mathrm{d}}{\mathrm{d}x}F_{y'}$$

称作泛函 J 的一阶变分导数或一阶泛函导数(类比偏导数). 即变分导数最可通过泛函变分按如下方式来定义：若 $\delta J[y]=\int A\delta y(x)\mathrm{d}x$，则

$$\frac{\delta J[y]}{\delta y(x)}=A. \tag{8.2.1}$$

注意到函数的微分：

$$\mathrm{d}J(\varepsilon)=J(\varepsilon+\mathrm{d}\varepsilon)-J(\varepsilon)+o(\mathrm{d}\varepsilon).$$

由上述定义不难发现，一阶变分 δJ 等价地可这样求：引入泛函 $J[y]$ 的自变函数 $y(x)$ 的改变量，记作 $\delta y(x)$，将 $\delta y(x)$ 作为无穷小量(将 $\delta y(x)$ 的任意阶导数也当作与 $\delta y(x)$ 同阶的无穷小量)来计算 $J[y(x)+\delta y(x)]-J[y(x)]$，并将结果保留到 $\delta y(x)$ 的一阶导数，即得泛函 $J[y]$ 的一阶变分为

$$\delta J[y(x)]=J[y(x)+\delta y(x)]-J[y(x)]+o(\delta y(x)). \tag{8.2.2}$$

可进一步按照式(8.2.1)来定义变分导数，这里尤其要注意：变分导数的记号 $\dfrac{\delta J[y]}{\delta y(x)}$ 是一个不能拆开的整体，其分子、分母不能分开来理解，这一点与偏导数的记号 $\partial f/\partial x_i$ 类似.

例 8.2.2　求 $J[y]=\int_{x_0}^{x_1}F(x,y,y')\mathrm{d}x$ 在固定边界条件下的一阶变分 $\delta y(x)$ 和变分导数 $\delta J[y]/\delta y(x)$.

解　按照上面介绍的方法，有

$$\begin{aligned}J[y+\delta y]-J[y]&=\int_{x_0}^{x_1}[F(x,y+\delta y,y'+\delta y')-F(x,y,y')]\mathrm{d}x\\&=\int_{x_0}^{x_1}\left(\frac{\partial F}{\partial y}\delta y+\frac{\partial F}{\partial y'}\delta y'\right)\mathrm{d}x+\cdots\\&=\int_{x_0}^{x_1}\left(F_y-\frac{\mathrm{d}}{\mathrm{d}x}F_{y'}\right)\delta y\,\mathrm{d}x+\left[\frac{\partial F}{\partial y'}\delta y'\right]_{x_0}^{x_1}+\cdots\end{aligned}$$

故
$$\delta J[y(x)] = \int_{x_0}^{x_1}\left(F_y - \frac{\mathrm{d}}{\mathrm{d}x}F_{y'}\right)\delta y\,\mathrm{d}x,$$
$$\frac{\delta J[y]}{\delta y(x)} = F_y - \frac{\mathrm{d}}{\mathrm{d}x}F_{y'}.$$

实际上，上面介绍的这个做法不太严格，主要体现在将 $\delta y(x)$ 的任意阶导数也当作与 $\delta y(x)$ 同阶的无穷小量，例如对振荡极快的函数这一点可能并不成立. 但是，这个解法总可通过将 $\delta y(x)$ 理解为 $\mathrm{d}\varepsilon\eta(x)$ 使其严格化. 因此，在物理学中一般都是采用这种更方便的做法来求泛函的一阶变分及变分导数. 在后面的有些推导中我们也会采用这种做法，请读者记住，这样做总是意味着在 $\mathrm{d}\varepsilon\eta(x)$ 的意义上去理解自变函数的改变量 $\delta y(x)$.

通过变分或变分导数的概念，可将泛函取极值的必要条件表述为：泛函 $J[y(x)]$ 在 $y(x)$ 处取极值的必要条件是，在 $y(x)$ 处泛函的一阶变分为零，即
$$\delta J[y(x)] = 0.$$
这个结果除了按照 8.2.1 节的方法，将变分极值问题转化为函数极值问题来得到之外，也可按如下方式来得到.

假设 $y(x)$ 是泛函 $J[y]$ 的极值函数，不失一般性，设该处为极小值，则对自变函数在极值函数附近的任意充分小的变动 $\delta y(x)$，都有
$$\delta J[y(x)] = J[y(x) + \delta y(x)] - J[y(x)] \geqslant 0.$$
但是，这里不能取大于号，因为假设取大于号的话，则考虑变动 $-\delta y(x)$，通过将泛函的改变展开到自变函数变动的一阶可知
$$J[y(x) - \delta y(x)] - J[y(x)] < 0,$$
这与 $J[y(x)]$ 是极小值矛盾. 因此，在极值函数处，$\delta J[y(x)] = 0$.

变分导数和泛函的变分之间的关系可总结为如下等式：
$$\delta J[y] = \int \frac{\delta J[y]}{\delta y(x)}\delta y(x)\,\mathrm{d}x. \tag{8.2.3}$$
可能读者会问，为什么要按这样的方式来定义变分导数？如何理解式(8.2.3)？实际上，这可通过将泛函与多元函数类比来理解.

对任意一个闭区间 $[a,b]$ 上的函数 $y(x)$，可这样近似来描述它：在 $[a,b]$ 中取 $n-2$ 个离散点并将其平均分为 $n-1$ 个区间，这 $n-2$ 个离散点连同区间 $[a,b]$ 的两个端点一起标记为 $x_1 = a, x_2, \cdots, x_{n-1}, x_n = b$，于是，$n$ 个离散点上的函数值为
$$y(x_1) = y_1, y(x_2) = y_2, \cdots, y(x_n) = y_n.$$
换句话说，一个 n 元数组 $(y_1, y_2, \cdots, y_n)$ 近似确定了函数 $y(x)$. 反过来也可这样理解：函数 $y(x)$ 可看作是 $n\to\infty$ 的一个数组 $(y_1, y_2, \cdots, y_n)$，这时 y_i 的指标 i 就变成了连续变量 x，而数组中的每个分量 y_i 也就变成了函数在某点的函数值 $y(x)$.

在这种意义下，泛函 $J[y(x)]$ 也可看作是多元函数 $J(y_1, y_2, \cdots, y_n)$ 在 $n\to\infty$ 下的连续极限：

$$J(y_1,y_2,\cdots,y_n)\xrightarrow{n\to\infty}J[y(x)]\quad(a\leqslant x\leqslant b).$$

对于开区间,以及无穷区间上的函数,都可以这样来理解.

对于多元函数的微分学,全微分和偏导数有如下关系:

$$\begin{aligned}\mathrm{d}J(y_1,y_2,\cdots,y_n)&=J(y_1+\mathrm{d}y_1,y_2+\mathrm{d}y_2,\cdots,y_n+\mathrm{d}y_n)-J(y_1,y_2,\cdots,y_n)\\&=\sum A_i\mathrm{d}y_i.\end{aligned}\tag{8.2.4}$$

其中 A_i 为偏导数: $$A_i=\frac{\partial J(y)}{\partial y_i}.$$

将它过渡到连续极限时,求和将变成积分,多元函数的全微分就变成了泛函的变分:

$$\delta J[y(x)]=J[y(x)+\delta y(x)]-J[y(x)]=\int A(x)\delta y(x)\mathrm{d}x.$$

类比多元函数的偏导数,可按如下方式定义泛函的变分导数:

$$A(x)=\frac{\delta J[y]}{\delta y(x)}.$$

即

$$\mathrm{d}J(y_1,\cdots,y_n)=\sum_i\frac{\partial J(y)}{\partial y_i}\mathrm{d}y_i\xrightarrow{n\to\infty}\delta J[y]=\int\frac{\delta J[y]}{\delta y(x)}\delta y(x)\mathrm{d}x.$$

这正是前面得到的公式(8.2.3).与多元函数偏导数的符号$\dfrac{\partial J}{\partial y_i}$类似,变分导数的符号$\dfrac{\delta J}{\delta y(x)}$是一个整体,不能将分子分母拆开来理解.

与多元函数的类比还可得到变分导数的另外一个计算公式.注意到

$$\begin{aligned}\frac{\partial J(y)}{\partial y_i}&=\lim_{\varepsilon\to0}\frac{J(y_1,\cdots,y_{i-1},y_i+\varepsilon,y_{i+1},\cdots,y_n)-J(y_1,\cdots,y_{i-1},y_i,y_{i+1},\cdots,y_n)}{\varepsilon}\\&=\lim_{\varepsilon\to0}\frac{J(y_j+\varepsilon\delta_{ji})-J(y_j)}{\varepsilon}.\end{aligned}\tag{8.2.5}$$

即偏导数本质上反映的是只有第 i 个自变量 y_i 改变一个小量时,函数值的改变.当过渡到连续极限时,对泛函可这样来计算变分导数:

$$\frac{\delta J[y]}{\delta y(x_0)}=\lim_{\varepsilon\to0}\frac{J[y(x)+\varepsilon\delta(x-x_0)]-J[y(x)]}{\varepsilon},\tag{8.2.6}$$

即当自变函数 $y(x)$ 只在 $x=x_0$ 处改变一个无穷小量时,通过泛函值的改变来得到对 $y(x_0)$ 的变分导数.可以证明,变分导数的这个计算式与式(8.2.3)是一致的,可从式(8.2.3)推导出

$$\begin{aligned}\lim_{\varepsilon\to0}\frac{J[y(x)+\varepsilon\delta(x-x_0)]-J[y(x)]}{\varepsilon}&=\lim_{\varepsilon\to0}\frac{J[y(x)+\delta y(x)]-J[y(x)]}{\varepsilon}\\&=\lim_{\varepsilon\to0}\frac{1}{\varepsilon}\delta J[y(x)]\\&=\lim_{\varepsilon\to0}\frac{1}{\varepsilon}\int\frac{\delta J[y]}{\delta y(x)}\delta y(x)\mathrm{d}x\end{aligned}$$

$$= \lim_{\varepsilon \to 0} \frac{1}{\varepsilon} \int \frac{\delta J[y]}{\delta y(x)} \varepsilon \delta(x - x_0) \mathrm{d}x$$

$$= \frac{\delta J[y]}{\delta y(x_0)} \quad (\text{其中 } \delta y(x) = \varepsilon \delta(x - x_0)).$$

通过与多元函数的这种类比，可很方便地由多元函数微分中的公式得到变分导数运算中的相应公式. 例如，在多元微积分中有

$$\frac{\partial y_i}{\partial y_j} = \delta_{ij}.$$

这个式子固然可以通过偏导数的定义式(8.2.5)来得到，但也可这样来理解：对固定的 i，自变量 y_i 的值可认为是 $y_1, y_2, \cdots, y_n$ 的一个多元函数，而 y_i 的微分为

$$\mathrm{d}(y_i) = \mathrm{d}y_i = \sum_{j=1}^{n} \delta_{ij} \mathrm{d}y_j = \sum_{j=1}^{n} \frac{\partial y_i}{\partial y_j} \mathrm{d}y_j.$$

因此

$$\frac{\partial y_i}{\partial y_j} = \delta_{ij}.$$

对应到泛函，对给定的 x_0，自变函数在该点的函数值 $y(x_0)$ 可看作是自变函数 $y(x)$ 的泛函 $y(x_0)[y(x)]$. 因此，可定义变分导数

$$\frac{\delta y(x_0)}{\delta y(x)},$$

其值可通过泛函 $y(x_0)[y(x)]$ 的变分来得到，即

$$\delta y(x_0)[y(x)] = \delta y(x_0) = \int \delta(x - x_0) \delta y(x) \mathrm{d}x.$$

由泛函的变分与变分导数的关系式(8.2.3)可知

$$\frac{\delta y(x_0)}{\delta y(x)} = \delta(x - x_0). \tag{8.2.7}$$

从这里再次看到，变分导数的分子分母不能拆开理解.

实际上，泛函 $y(x_0)[y(x)]$ 可以推广到任意 $y(x)$ 的函数 $f(y(x))$ 上，即在给定的 x_0 都可以将复合函数在该点的函数值 $f(y(x_0))$ 看作 $y(x)$ 的泛函 $f(y(x_0))[y]$，并进一步定义变分导数 $\dfrac{\delta f(y(x_0))}{\delta y(x)}$. 由多元函数的类比或直接计算变分 $\delta f(y(x_0))$ 可求出(若 f 不仅是 $y(x)$ 的函数，还是 $y'(x)$ 的函数，例如 $f(y(x), y'(x))$，则讨论比较复杂，需用到 δ 函数的导数)：

$$\frac{\delta f(y(x_0))[y]}{\delta y(x)} = \frac{\partial f(y(x_0))}{\partial y(x_0)} \frac{\delta y(x_0)}{\delta y(x)} = \frac{\partial f(y(x_0))}{\partial y(x_0)} \delta(x - x_0).$$

可推广上述泛函与多元函数的类比来定义泛函的高阶变分导数. 注意到多元函数的 Taylor 展开式为(注意重复指标代表求和)

$$J(y_i + \Delta_i) = \exp\left(\Delta_j \frac{\partial}{\partial y_j}\right) J(y_i) = J(y_i) + \left(\Delta_j \frac{\partial}{\partial y_j}\right) J(y_i)$$

$$+\frac{1}{2!}\left(\Delta_j\frac{\partial}{\partial y_j}\right)^2 J(y_i)+\cdots+\frac{1}{n!}\left(\Delta_j\frac{\partial}{\partial y_j}\right)^n J(y_i)+\cdots$$
$$=J(y_i)+\sum_j\frac{\partial J}{\partial y_j}\Delta_j+\sum_{j,k}\frac{1}{2!}\frac{\partial^2 J}{\partial y_j\partial y_k}\Delta_j\Delta_k+\cdots$$
$$+\sum_{j_1,j_2,\cdots,j_n}\frac{1}{n!}\frac{\partial^n J}{\partial y_{j_1}\partial y_{j_2}\cdots\partial y_{j_n}}\Delta_{j_1}\Delta_{j_2}\cdots\Delta_{j_n}+\cdots$$

推广到连续极限,对泛函可得到如下 Taylor 公式:

$$\begin{aligned}&J[y(x)+\delta y(x)]\\&=\exp\left(\int \mathrm{d}x\delta y(x)\frac{\delta}{\delta y(x)}\right)J[y(x)]\\&=J[y(x)]+\left(\int \mathrm{d}x\delta y(x)\frac{\delta}{\delta y(x)}\right)J[y(x)]+\frac{1}{2!}\left(\int \mathrm{d}x\delta y(x)\frac{\delta}{\delta y(x)}\right)^2 J[y(x)]+\cdots\\&\quad+\frac{1}{n!}\left(\int \mathrm{d}x\delta y(x)\frac{\delta}{\delta y(x)}\right)^n J[y(x)]+\cdots\\&=J[y(x)]+\int\frac{\delta J[y]}{\delta y(x_1)}\delta y(x_1)\mathrm{d}x_1+\frac{1}{2!}\iint\frac{\delta^2 J[y]}{\delta y(x_1)\delta y(x_2)}\delta y(x_1)\delta y(x_2)\mathrm{d}x_1\mathrm{d}x_2+\cdots\\&\quad+\frac{1}{n!}\int\cdots\int\frac{\delta^n J[y]}{\delta y(x_1)\delta y(x_2)\cdots\delta y(x_n)}\delta y(x_1)\delta y(x_2)\cdots\delta y(x_n)\mathrm{d}x_1\mathrm{d}x_2\cdots\mathrm{d}x_n+\cdots\end{aligned}$$

由此可定义任意的 n 阶变分导数:

$$\frac{\delta^n J[y]}{\delta y(x_1)\delta y(x_2)\cdots\delta y(x_n)}.$$

由上述定义式可给出 n 阶变分导数的计算方法:计算 $J[y(x)+\delta y(x)]-J[y(x)]$,将结果展开到 $\delta y(x)$的 n 阶,并与上式对比即可得到 n 阶变分导数. 实际上,通过与多元函数的类比可知,高阶变分导数满足如下的递推关系:

$$\frac{\delta^n J[y]}{\delta y(x_1)\delta y(x_2)\cdots\delta y(x_n)}=\frac{\delta}{\delta y(x_n)}\frac{\delta^{n-1}J[y]}{\delta y(x_1)\delta y(x_2)\cdots\delta y(x_{n-1})}. \tag{8.2.8}$$

这里可能需将函数值也当作泛函处理. 用这种递推关系计算高阶变分导数比利用 Taylor 展开式进行计算有时要方便得多,见后文的讨论.

对于变分导数的计算,上面已介绍了若干方法,下面将各种方法进行小结.

(1) 方法一. 先由定义式(8.2.2)计算泛函 $J[y]$的一阶变分 $\delta J[y]$(即将 $\delta y(x)$作为无穷小量展开 $J[y+\delta y]-J[y]$至一阶),然后由变分导数的定义式(8.2.1)得到$\delta J[y]/\delta y(x)$. 也可像前文一样,更严格地,将泛函变分的计算转化为函数微分的计算.

(2) 方法二. 直接利用 δ 函数按式(8.2.6)来计算. 这里注意 ε 需当作无穷小量来处理.

(3) 方法三. 通过将泛函 $J[y(x)]$理解为多元函数 $J(y_1,y_2,\cdots,y_n)$,对多元函数按通常偏微分法则计算出偏导数$\partial J(y)/\partial y_i$,然后再通过泛函和多元函数的类比,过渡到连续函数,即有变分导数 $\delta J[y]/\delta y(x)$.

实际上,在物理学中还经常使用如下更方便的方法.

(4) 方法四. 直接类似多元函数微分学,发展出一些形式的计算规则来计算变分导数. 尤其是对高阶变分导数,按照方法一来计算非常麻烦. 而利用递推关系式(8.2.8),将函数(准确来说是在 $x=x_0$ 点的函数值)也作为泛函,再利用这些规则即可大大减少计算量. 这些规则是微分学中诸如乘积求导的莱布尼兹法则、倒数的求导法则、复合函数求导的链式法则等在泛函中的对应. 例如:

● 基本关系式(8.2.7)给出了自变函数的变分导数:

$$\frac{\delta y(x_0)}{\delta y(x)}=\delta(x-x_0).$$

自变函数 $y(x)$ 的函数,即复合函数 $f(y(x))$ 也可作为自变函数的泛函(这里不讨论 $f(y(x),y'(x))$ 的情形):

$$\frac{\delta f(y(x_0))}{\delta y(x)}=\frac{\partial f(y(x_0))}{\partial y(x_0)}\frac{\delta y(x_0)}{\delta y(x)}=\frac{\partial f(y(x_0))}{\partial y(x_0)}\delta(x-x_0).$$

与 $y(x)$ 无关的任意函数在计算变分导数时可作为常数处理.

● 泛函乘积的变分导数:

$$\frac{\delta}{\delta y(x)}(F[y]G[y])=\frac{\delta F[y]}{\delta y(x)}G[y]+F[y]\frac{\delta G[y]}{\delta y(x)}.$$

● 多元泛函的一阶变分:

$$\delta F[y_1(x),y_2(x)]=\int\left(\frac{\delta F[y]}{\delta y_1(x)}\delta y_1(x)+\frac{\delta F[y]}{\delta y_2(x)}\delta y_2(x)\right)\mathrm{d}x.$$

● "复合"泛函(其中 $g\circ y(x)=g(y(x))$ 代表复合函数):

$$\frac{\delta}{\delta y(x)}g(F[y])=\frac{\partial g(F[y])}{\partial F[y]}\frac{\delta F[y]}{\delta y(x)},$$

$$\frac{\delta}{\delta y(x)}F[g(y(x))]=\frac{\delta F[g\circ y]}{\delta g\circ y(x)}\frac{\partial g(y(x))}{\partial y(x)}.$$

其中第一个式子的证明与前面复合函数相同,第二个式子的证明如下:

将 $g(y(x))$ 作为 x 的函数 $g\circ y(x)$,并注意到在变动 $y(x)\to y(x)+\delta y(x)$ 下,函数 $g\circ y$ 的变动为

$$\begin{aligned}g\circ y(x)\to g(y(x)+\delta y(x))&=g(y(x))+\frac{\partial g(y(x))}{\partial y(x)}\delta y(x)\\&=g\circ y(x)+\frac{\partial g(y(x))}{\partial y(x)}\delta y(x),\end{aligned}$$

故

$$\begin{aligned}\delta F[g(y)]&=F[g(y(x)+\delta y(x))]-F[g(y(x))]\\&=F\left[g\circ y(x)+\frac{\partial g(y(x))}{\partial y(x)}\delta y(x)\right]-F[g\circ y(x)]\end{aligned}$$

$$= \int \frac{\delta F[g \circ y]}{\delta g \circ y(x)} \frac{\partial g(y(x))}{\partial y(x)} \delta y(x) \mathrm{d}x.$$

由此可得到第二式. 也可通过与多元函数的类比 $F[g(y(x))] \to F(g(y_1), g(y_2), \cdots, g(y_n))$来证明.

这些规则都可以直接用前面介绍的 3 种方法来证明，尤其是用方法三证明(与多元函数的类比)相对较简单，请读者自行补充上面未给出的证明.

例 8.2.3　计算如下指数泛函：

$$Z[J] = \exp\left(\int \mathrm{d}x J(x) \varphi(x)\right)$$

的一阶和二阶变分导数，其中 $\varphi(x)$为已知函数.

解　直接利用“复合”泛函的规则，有

$$\begin{aligned} \frac{\delta}{\delta J(x)} Z[J] &= \exp\left(\int \mathrm{d}x_1 J(x_1) \varphi(x_1)\right) \frac{\delta}{\delta J(x)} \int \mathrm{d}x_1 J(x_1) \varphi(x_1) \\ &= \exp\left(\int \mathrm{d}x_1 J(x_1) \varphi(x_1)\right) \int \mathrm{d}x_1 \frac{\delta J(x_1)}{\delta J(x)} \varphi(x_1) \\ &= \exp\left(\int \mathrm{d}x_1 J(x_1) \varphi(x_1)\right) \int \mathrm{d}x_1 \delta(x - x_1) \varphi(x_1) \\ &= \phi(x) \exp\left(\int \mathrm{d}x_1 J(x_1) \varphi(x_1)\right) = \phi(x) Z[J]. \end{aligned}$$

类似地，有

$$\begin{aligned} \frac{\delta^2}{\delta J(x_1) \delta J(x_2)} Z[J] &= \frac{\delta}{\delta J(x_2)} \frac{\delta Z[J]}{\delta J(x_1)} = \frac{\delta}{\delta J(x_2)} (\phi(x_1) Z[J]) \\ &= \phi(x_1) \frac{\delta}{\delta J(x_2)} Z[J] = \phi(x_1) \phi(x_2) Z[J]. \end{aligned}$$

这些结果也可通过将泛函转化为多元函数来得到，或者按定义来求.

例 8.2.4　计算如下指数泛函：

$$Z[J] = \exp\left(\frac{1}{2} \int \mathrm{d}x_1 \mathrm{d}x_2 J(x_1) S(x_1, x_2) J(x_2)\right)$$

的一阶和二阶变分导数，其中 $S(x_1, x_2)$为已知的关于 x_1, x_2 对称的函数.

解　将 $Z[J]$类比为多元函数 $Z(J_i) = \exp\left(\frac{1}{2} J_i S_{ij} J_j\right)$就很容易得到答案，这里仍用规则来计算：

$$\begin{aligned} \frac{\delta}{\delta J(x)} Z[J] = {} & \exp\left(\frac{1}{2} \int \mathrm{d}x_1 \mathrm{d}x_2 J(x_1) S(x_1, x_2) J(x_2)\right) \cdot \\ & \frac{\delta}{\delta J(x)} \left(\frac{1}{2} \int \mathrm{d}x_1 \mathrm{d}x_2 J(x_1) S(x_1, x_2) J(x_2)\right) \\ = {} & Z[J] \frac{1}{2} \int \mathrm{d}x_1 \mathrm{d}x_2 \left(\frac{\delta J(x_1)}{\delta J(x)} S(x_1, x_2) J(x_2) + J(x_1) S(x_1, x_2) \frac{\delta J(x_2)}{\delta J(x)}\right) \end{aligned}$$

$$= Z[J]\int S(x,x_1)J(x_1)\mathrm{d}x_1,$$

$$\frac{\delta^2}{\delta J(x_1)J(x_2)}Z[J] = \frac{\delta}{\delta J(x_2)}\frac{\delta Z[J]}{\delta J(x_1)} = \frac{\delta}{\delta J(x_2)}\left(Z[J]\int S(x_1,x)J(x)\mathrm{d}x\right)$$

$$= \frac{\delta Z[J]}{\delta J(x_2)}\int S(x_1,x)J(x)\mathrm{d}x + Z[J]\frac{\delta}{\delta J(x_2)}\int S(x_1,x)J(x)\mathrm{d}x$$

$$= Z[J]\left[\left(\int S(x_2,x)J(x)\mathrm{d}x\right)\left(\int S(x_1,x)J(x)\mathrm{d}x\right) + S(x_1,x_2)\right].$$

例 8.2.5 计算如下解析泛函：

$$Z[J] = \sum_{n=0}^{\infty}\frac{1}{n!}\int \mathrm{d}x_1\cdots\mathrm{d}x_n G^{(n)}(x_1,\cdots,x_n)J(x_1)\cdots J(x_n)$$

的一阶变分导数，以及在 $J(x)=0$ 处的 n 阶变分导数，其中 $G^n(x_1,\cdots,x_n)$ 均为已知的关于 $x_1,\cdots,x_n$ 全对称的函数.

解 注意到

$$\frac{\delta}{\delta J(x)}\{J(x_1)\cdots J(x_n)\} = \frac{\delta J(x_1)}{\delta J(x)}J(x_2)\cdots J(x_n) + J(x_1)\frac{\delta J(x_2)}{\delta J(x)}\cdots J(x_n) + \cdots$$

$$+ J(x_1)J(x_2)\cdots\frac{\delta J(x_n)}{\delta J(x)}$$

$$= \delta(x-x_1)J(x_2)\cdots J(x_n) + \delta(x-x_2)J(x_1)J(x_3)\cdots J(x_n)$$

$$+ \cdots + \delta(x-x_n)J(x_1)\cdots J(x_{n-1}).$$

故

$$\frac{\delta}{\delta J(x)}Z[J] = \sum_{n=1}^{\infty}\frac{1}{n!}\int \mathrm{d}x_1\cdots\mathrm{d}x_n G^{(n)}(x_1,\cdots,x_n)\times\{\delta(x-x_1)J(x_2)\cdots J(x_n)$$

$$+ \delta(x-x_2)J(x_1)J(x_3)\cdots J(x_n) + \cdots + \delta(x-x_n)J(x_1)\cdots J(x_{n-1})\}$$

$$= \sum_{n=0}^{\infty}\frac{1}{n!}\int \mathrm{d}x_1\cdots\mathrm{d}x_n G^{(n+1)}(x,x_1,\cdots,x_n)J(x_1)\cdots J(x_n).$$

由归纳法不难得到

$$\frac{\delta^n}{\delta J(x_1)\delta J(x_2)\cdots J(x_n)}Z[J]$$

$$= \sum_{m=0}^{\infty}\frac{1}{m!}\int \mathrm{d}x'_1\cdots\mathrm{d}x'_m G^{(m+n)}(x_1,\cdots,x_n,x'_1,\cdots,x'_m)J(x'_1)\cdots J(x'_m).$$

因此 $$\left.\frac{\delta^n}{\delta J(x_1)\delta J(x_2)\cdots J(x_n)}Z[J]\right|_{J(x)=0} = G^{(n)}(x_1,x_2,\cdots,x_n).$$

实际上，这个结果可直接根据泛函的 Taylor 公式写出.

8.2.5 含有高阶导数的情形

对于被积函数中包含自变函数的高阶导数的泛函，其固定边界的极值问题可按照前面只包含一阶导数的情形来求解,可参见如下例题.

例 8.2.6 求泛函:

$$J[y(x)] = \int_{x_0}^{x_1} F(x, y(x), y'(x), y''(x))\mathrm{d}x$$

在固定边界条件$\begin{cases} y(x_0)=c_0, \\ y'(x_0)=d_0; \end{cases}$ $\begin{cases} y(x_1)=c_1, \\ y'(x_1)=d_1 \end{cases}$之下的极值问题.

解 仍然引入 $y(x)\to y(x)+\varepsilon\eta(x)$,并假设 $y(x)$使 J 取极值,则

$$J(\varepsilon)=J[y(x)+\varepsilon\eta(x)]$$

在 $\varepsilon=0$ 处取极值. 而

$$\frac{\mathrm{d}J(0)}{\mathrm{d}\varepsilon} = \int\left(\frac{\partial F}{\partial y}\eta + \frac{\partial F}{\partial y'}\eta' + \frac{\partial F}{\partial y''}\eta''\right)\mathrm{d}x,$$

$$\int\left(\frac{\partial F}{\partial y'}\eta'\mathrm{d}x\right) = \int\left(-\frac{\mathrm{d}}{\mathrm{d}x}F_{y'}\right)\eta(x)\mathrm{d}x + \left[\eta\frac{\partial F}{\partial y'}\right]_{x_0}^{x_1},$$

$$\begin{aligned}\int\left(\frac{\partial F}{\partial y''}\eta''\mathrm{d}x\right) &= \int\left(-\frac{\mathrm{d}}{\mathrm{d}x}F_{y''}\right)\eta'(x)\mathrm{d}x + \left[\eta'\frac{\partial F}{\partial y''}\right]_{x_0}^{x_1} \\ &= \int\left(\frac{\mathrm{d}^2}{\mathrm{d}x^2}F_{y''}\right)\eta(x)\mathrm{d}x + \left[\eta\frac{\mathrm{d}}{\mathrm{d}x}\frac{\partial F}{\partial y''}\right]_{x_0}^{x_1}.\end{aligned}$$

故

$$\frac{\mathrm{d}J(0)}{\mathrm{d}\varepsilon} = \int\left(F_y - \frac{\mathrm{d}}{\mathrm{d}x}F_{y'} + \frac{\mathrm{d}^2}{\mathrm{d}x^2}F_{y''}\right)\eta(x)\mathrm{d}x = 0.$$

由基本引理有

$$F_y - \frac{\mathrm{d}}{\mathrm{d}x}F_{y'} + \frac{\mathrm{d}^2}{\mathrm{d}x^2}F_{y''} = 0.$$

此即含有高阶导数时的 Euler 变分方程. 含有更高阶导数的情形可依此类推.

8.2.6 含有多个自变函数的情形

对于含有多个自变函数的泛函,固定边界下的极值问题的求解也完全类似,可参见如下例题.

例 8.2.7 求泛函:

$$J[y_1(x), y_2(x)] = \int_{x_0}^{x_1} F(x, y_1, y_2, y_1', y_2')\mathrm{d}x$$

在固定边界条件$\begin{cases} y_1(x_0)=c_0, \\ y_1(x_1)=c_1; \end{cases}$ $\begin{cases} y_2(x_0)=d_0, \\ y_2(x_1)=d_1 \end{cases}$下的极值问题.

解 假设 J 在 $y_1=y_1(x)$,$y_2=y_2(x)$处取极值. 引入 $y_1(x)\to y_1(x)+\varepsilon_1\eta(x)$,$y_2(x)\to y_2(x)+\varepsilon_2\eta(x)$,得

$$J(\varepsilon_1, \varepsilon_2) = J[y_1+\varepsilon_1\eta, y_2+\varepsilon_2\eta].$$

故函数 $J(\varepsilon_1,\varepsilon_2)$应在 $\varepsilon_1=\varepsilon_2=0$ 处取极值. 由$\frac{\partial J(0,0)}{\partial\varepsilon_1}=0$ 及$\frac{\partial J(0,0)}{\partial\varepsilon_2}=0$ 分别得到

$$\begin{cases}\frac{\partial F}{\partial y_1}-\frac{\mathrm{d}}{\mathrm{d}x}F_{y_1'}=0,\\ \frac{\partial F}{\partial y_2}-\frac{\mathrm{d}}{\mathrm{d}x}F_{y_2'}=0.\end{cases}$$

此即含有多个自变函数时的 Euler 方程组. 更多自变函数的情形可依此类推.

8.2.7 含有多个自变量的情形

对于自变函数是多元函数的情形,可参见如下例题.

例 8.2.8 设 D 是 x_1x_2 平面内由曲线 Γ 围成的区域,

$$J[u(x_1,x_2)]=\iint_D F(x_1,x_2,u,u'_1,u'_2)\mathrm{d}x_1\mathrm{d}x_2 \quad \left(u'_i=\frac{\partial}{\partial x_i}u(x_1,x_2)\right)$$

在固定边界条件,即在 Γ 上 $u(x_1,x_2)$取给定的值的情况下,问 $u(x_1,x_2)$取何种函数形式时,$J[u]$有极值?

解 假设 $u=u(x_1,x_2)$使 J 取极值,构造 $u\to u(x_1,x_2)+\varepsilon\eta((x_1,x_2))$ ($\eta(x_1,x_2)$在 Γ 上为零),则

$$J(\varepsilon)=J[u(x_1,x_2)+\varepsilon\eta((x_1,x_2))]$$

在 $\varepsilon=0$ 处取极值. 而

$$\begin{aligned}\frac{\mathrm{d}J(0)}{\mathrm{d}\varepsilon}&=\iint\left(\frac{\partial F}{\partial u}\eta+\frac{\partial F}{\partial u'_1}\frac{\partial\eta}{\partial x_1}+\frac{\partial F}{\partial u'_2}\frac{\partial\eta}{\partial x_2}\right)\mathrm{d}x_1\mathrm{d}x_2\\&=\iint\left(\frac{\partial F}{\partial u}-\frac{\partial}{\partial x_1}\frac{\partial F}{\partial u'_1}-\frac{\partial}{\partial x_2}\frac{\partial F}{\partial u'_2}\right)\eta(x_1,x_2)\mathrm{d}x_1\mathrm{d}x_2\\&\quad+\iint\left[\frac{\partial}{\partial x_1}\left(\eta\frac{\partial F}{\partial u'_1}\right)+\frac{\partial}{\partial x_2}\left(\eta\frac{\partial F}{\partial u'_2}\right)\right]\mathrm{d}x_1\mathrm{d}x_2,\end{aligned}$$

由 Stokes 公式$\oint_\Omega \mathrm{d}\omega=\int_{\partial\Omega}\omega\mathrm{d}\omega$ 有

$$\int_\Gamma P\mathrm{d}x_1+Q\mathrm{d}x_2=\iint_D(-\partial P/\partial x_2+\partial Q/\partial x_1)\mathrm{d}x_1\mathrm{d}x_2.$$

故$\frac{\mathrm{d}J(0)}{\mathrm{d}\varepsilon}$的第二个积分项可化为边界上的积分:

$$\oint_\Gamma\eta\frac{\partial F}{\partial u'_1}\mathrm{d}x_2-\eta\frac{\partial F}{\partial u'_2}\mathrm{d}x_1=0.$$

其中等号是由于边界上 $\eta=0$,故由$\frac{\mathrm{d}J(0)}{\mathrm{d}\varepsilon}=0$ 及基本引理知,在极值处 u 满足方程:

$$\frac{\partial F}{\partial u}-\frac{\partial}{\partial x_1}\frac{\partial F}{\partial u_{x_1}}-\frac{\partial}{\partial x_2}\frac{\partial F}{\partial u_{x_2}}=0.$$

此即泛函宗量为多元函数时的 Euler 方程. 泛函宗量含有更多自变量的情形可依此

类推.经典场论的变分原理即属于这种情况.

8.3　非固定边界条件问题

在 8.2 节中,均假定在边界处的自变函数(有时还需自变函数的导数)取给定的值,并在这个条件下讨论泛函的极值问题.本节将研究其他边界条件.

8.3.1　自由边界条件

有时候,在讨论泛函的极值问题时,自变函数在端点处的函数值并不固定,而是可以随意变动,例如下例题.

例 8.3.1　设泛函

$$J[y(x)]=\int_{x_0}^{x_1}F(x,y(x),y'(x))\mathrm{d}x,$$

则 $y(x)$在区间$[x_0,x_1]$上取何种函数形式时,$J[y(x)]$有极值? 这里对 $y(x)$在边界 $x=x_0$,$x=x_1$ 处的取值没有任何限制(见图 8.2).

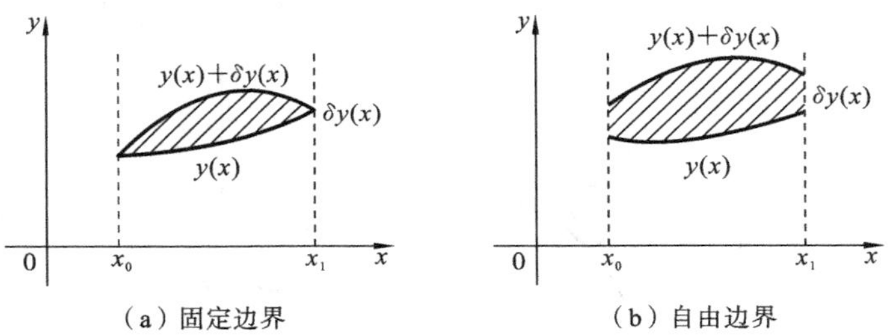

图 8.2　固定边界和自由边界

解　假设 $y=y(x)$时取极值.构造 $y\to y(x)+\varepsilon\eta(x)$.与固定边界不同,$\eta$ 在 x_0,x_1 处不必等于零.此时 $J(\varepsilon)=J[y(x)+\varepsilon\eta(x)]$应在 $\varepsilon=0$ 处取极值.而

$$\frac{\mathrm{d}J(0)}{\mathrm{d}\varepsilon}=\int\left(\frac{\partial F}{\partial y}-\frac{\mathrm{d}}{\mathrm{d}x}\frac{\partial F}{\partial y'}\right)\eta(x)\mathrm{d}x+\left[\eta(x)\frac{\partial F}{\partial y'}\right]_{x_0}^{x_1},$$

此时边界项不能随便扔掉.

由于上式对任意的 $\eta(x)$必须恒为零,可先考虑 $\eta(x_0)=\eta(x_1)=0$ 的一类特殊 η.此时由$\dfrac{\mathrm{d}J(0)}{\mathrm{d}\varepsilon}=0$ 可得

$$F_y-\frac{\mathrm{d}}{\mathrm{d}x}F_{y'}=0.$$

再将上述结果代回上式,有

$$\eta(x_1)\frac{\partial F}{\partial y'}\bigg|_{x=x_1}-\eta(x_0)\frac{\partial F}{\partial y'}\bigg|_{x=x_0}=0,$$

此式也对任意 η 成立. 由于 η 的端点值可以随意选取,要使上式成立,只能是

$$F_{y'}|_{x=x_1}=F_{y'}|_{x=x_0}=0.$$

综上，这种自由边界条件下,变分取极值的必要条件是

$$\begin{cases}F_y-\dfrac{\mathrm{d}}{\mathrm{d}x}F_{y'}=0,\\ F_{y'}|_{x=x_1}=0,\\ F_{y'}|_{x=x_0}=0.\end{cases}$$

8.3.2　横交条件(约束端点问题)*

在讨论泛函的极值时,自变函数的端点既不是固定的,也不是随意变动的,而是在满足某个约束的条件下变动,例如下例题.

例 8.3.2　为简单计,考虑其中一个端点固定. 如图 8.3 所示,设泛函

$$J[y(x)]=\int_{x_0}^{x_1}F(x,y(x),y'(x))\mathrm{d}x,$$

其中自变函数曲线 $y=y(x)$ 的一端固定在 (x_0,y_0) 处,另一端 (x_1,y_1) 在另一条曲线 $\phi(x,y)=0$ 上自由滑动,问 y 取何函数形式时,泛函 $J[y(x)]$ 取极值?

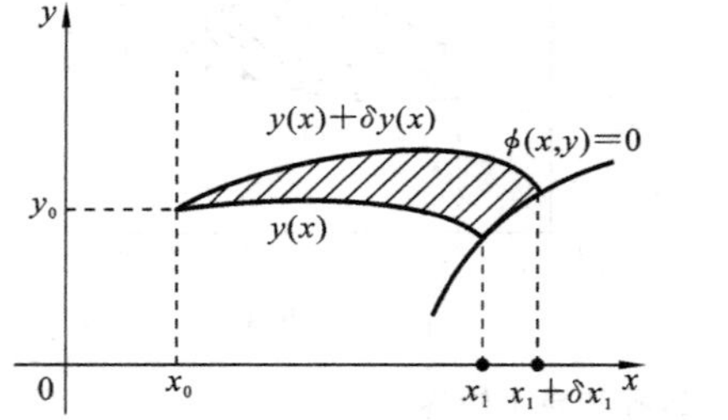

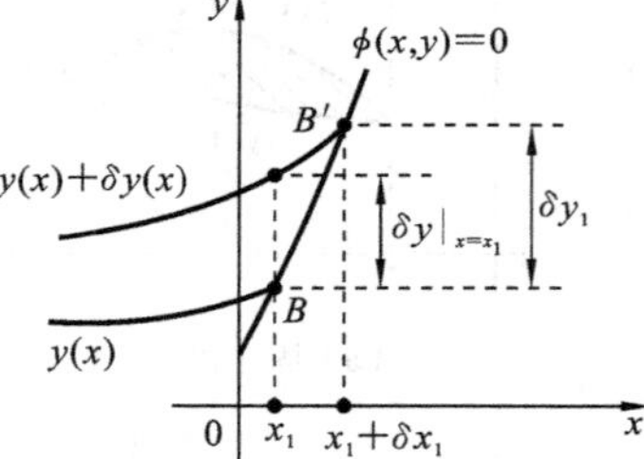

图 8.3　例 8.3.2 图

解　假设 $y=y(x)$ 时,J 取极值. 构造 $y\to y(x)+\delta y(x)$,其中 $\delta y(x)$ 应理解为 $\varepsilon\eta(x)$,ε 足够小. 当自变函数改变时,相应地,积分的上限 x_1 亦有改变,即 $x_1\to x_1+\delta x_1$,以使得点 $(x_1,y(x_1))$ 和点 $(x_1+\delta x_1,y_1+\delta y_1)$ 均在曲线 ϕ 上. 另外,由于自变函数另一端固定在 (x_0,y_0) 处,故在 x_0 处 $\delta y(x_0)=0$.

考虑一阶变分 δJ:

$$\begin{aligned}\delta J&\approx\int_{x_0}^{x_1+\delta x_1}F(x,y+\delta y,y'+\delta y')\mathrm{d}x-\int_{x_0}^{x_1}F(x,y,y')\mathrm{d}x\\&\approx\int_{x_0}^{x_1}(F(x,y+\delta y,y'+\delta y')-F(x,y,y'))\mathrm{d}x+F(x_1,y_1,y'_1)\delta x_1\\&=\int_{x_0}^{x_1}\left(\frac{\partial F}{\partial y}-\frac{\mathrm{d}}{\mathrm{d}x}\frac{\partial F}{\partial y'}\right)\delta y\,\mathrm{d}x_1+\frac{\partial F}{\partial y'}\delta y\bigg|_{x=x_1}+F|_{x=x_1}\delta x_1=0.\end{aligned}$$

上式必须对任意的 $\delta y(x)$ 均成立.

同样，由于上式对任意的变动 $\delta y(x)$ 均成立，因此可先考虑在极值曲线附近，端点 x_1 处 $\delta y=0$ 的可能情况. 由此时上式为零可知

$$\frac{\partial F}{\partial y}-\frac{\mathrm{d}}{\mathrm{d}x}\frac{\partial F}{\partial y'}=0,$$

将上述结果代回上式又可得到

$$\left.\frac{\partial F}{\partial y'}\delta y\right|_{x=x_1}+F|_{x=x_1}\delta x_1=0,$$

但是注意(见图 8.3)：

$$\delta y|_{x=x_1}\neq\delta y_1.$$

由示意图可知

$$\delta y|_{x=x_1}\approx\delta y_1-(y'(x)+\delta y'(x))|_{x=x_1}\delta x_1\approx\delta y_1-y'(x_1)\delta x_1.$$

故

$$F_{y'}|_{x=x_1}\delta y_1+(F-y'F_{y'})|_{x=x_1}\delta x_1=0.$$

而 B,B' 两点均在 $\phi(x,y)=0$ 上，故有

$$\frac{\delta y_1}{\delta x_1}=-\left.\frac{\phi_x}{\phi_y}\right|_{x=x_1},$$

代入上式，并注意到变动 δx_1 的任意性，最终得到

$$[(F-y'F_{y'})\phi_y-F_{y'}\phi_x]|_{x=x_1}=0,$$

连同 Euler 方程一起，给出了这个问题的解.

约束端点问题也可通过引入曲线的参数形式来求解以避免积分限变动带来的复杂性(参见文献[8]).

8.4 条件极值问题*

为了研究泛函的条件极值问题，我们先回顾一下函数的条件极值问题的求解.

8.4.1 函数的条件极值问题——Lagrange 乘子法

通过学习微积分学可知，设函数 $f=f(x,y,z)\in C^1$，$\varphi(x,y,z)=0$ 是光滑曲面，则 f 在约束 φ 下的极值问题等价于函数

$$F(x,y,z,\lambda)=f(x,y,z)+\lambda\varphi(x,y,z)$$

的无条件极值问题，这就是 Lagrange 乘子法.

我们先来看看 Lagrange 乘子法是怎样得到的. 条件极值问题困难的本质在于：由极值点附近 f 的微分等于零可知

$$\mathrm{d}f=f_x\mathrm{d}x+f_y\mathrm{d}y+f_z\mathrm{d}z=0,$$

但式中自变量的微元 $\mathrm{d}x,\mathrm{d}y,\mathrm{d}z$ 不再是完全独立地变动，而是要在满足约束条件的前提下变动，故需用约束条件消除不独立的微元（如 $\mathrm{d}z$），将 $\mathrm{d}f$ 用完全独立的微元（如 $\mathrm{d}x,\mathrm{d}y$）表示，则此时由 $\mathrm{d}f=0$ 即可得到微元前的系数必须为零.

由此可给出 Lagrange 乘子法的多种证明方法.

● 证法一（隐函数方法）. 由

$$\varphi(x,y,z)=0 \Rightarrow z=z(x,y),$$

故可消除不独立的自变量而得到 $f(x,y)=f(x,y,z(x,y))$，此时 x,y 是独立变量，则由

$$\frac{\partial f(x,y)}{\partial x}=\frac{\partial f(x,y)}{\partial y}=0$$

稍做整理即可得到 Lagrange 乘子法.

● 证法二（几何图像）. 先减少一维，讨论 $f=f(x,y)$ 在约束 $\varphi(x,y)=0$ 之下的极值.

从图 8.4 所示的图像中可以看出，$f(x,y)$ 在极值点 (x_0,y_0) 处必定满足 $f(x,y)=C_3$ 与 $\phi(x,y)=0$ 两条曲线相切. 故

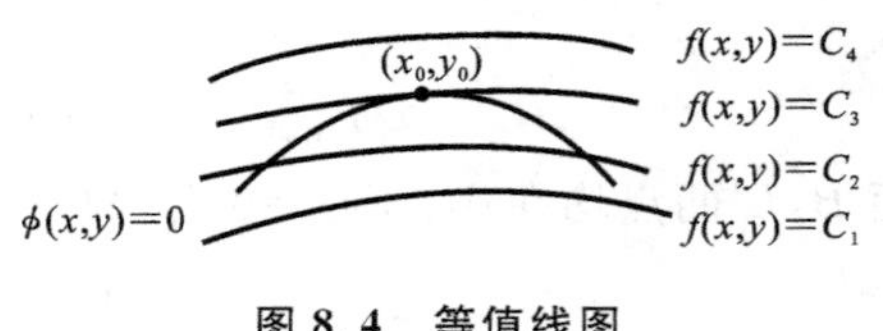

图 8.4　等值线图

$$f_x : f_y=\phi_x : \phi_y.$$

推广到 $f(x,y,z)$ 在约束 $\phi(x,y,z)=0$ 下的极值问题. 则在极值点处两个曲面 $f(x,y,z)=C$ 与 $\phi(x,y,z)=0$ 必须相切，故

$$f_x : f_y : f_z=\phi_x : \phi_y : \phi_z.$$

令比例系数等于 λ，则上述等式给出了 3 个方程，连同约束条件一起给出了 4 个方程，正好确定极值点 (x_0,y_0,z_0) 和 λ 四个数，且与 Lagrange 乘子法给出的方程相同.

● 证法三. 前两种方法不方便推广到有多个约束的情形，这里介绍一种消除约束的普遍方法.

考虑 n 元函数 $f(x_1,x_2,\cdots,x_n)$ 在 m 个约束

$$\begin{cases}\phi_1(x_1,x_2,\cdots,x_n)=0,\\ \phi_2(x_1,x_2,\cdots,x_n)=0,\\ \qquad\qquad\vdots\\ \phi_m(x_1,x_2,\cdots,x_n)=0\end{cases}$$

的极值问题，其中 $m<n$.

首先由于极值点附近（满足约束条件的）一阶微分为零，则

$$\mathrm{d}f=\frac{\partial f}{\partial x_1}\mathrm{d}x_1+\frac{\partial f}{\partial x_2}\mathrm{d}x_2+\cdots+\frac{\partial f}{\partial x_n}\mathrm{d}x_n=0.$$

又由于有 m 个约束条件，故 n 个 $\mathrm{d}x_i$ 中一般有 m 个是不独立的，而只有 $n-m$ 个是独

立的.原则上可以由这 m 个约束条件解出 m 个 x_i 作为 $n-m$ 个独立 x_i 的函数,不妨假设由 m 个约束可解出

$$\begin{cases} x_{n-m+1}=x_{n-m+1}(x_1,x_2,\cdots,x_{n-m}), \\ x_{n-m+2}=x_{n-m+2}(x_1,x_2,\cdots,x_{n-m}), \\ \qquad\vdots \\ x_{n-m+m}=x_{n-m+m}(x_1,x_2,\cdots,x_{n-m}). \end{cases}$$

故从 $\mathrm{d}f$ 中消除 $\mathrm{d}x_{n-m+1},\cdots,\mathrm{d}x_n$ 的问题就解决了.可以采用对称做法:由于极值点附近,在满足约束条件的变动之下有

$$\mathrm{d}\phi_i=0 \Rightarrow \frac{\partial \phi_i}{\partial x_1}\mathrm{d}x_1+\frac{\partial \phi_i}{\partial x_2}\mathrm{d}x_2+\cdots+\frac{\partial \phi_i}{\partial x_n}\mathrm{d}x_n=0,$$

给出了 $\mathrm{d}x_i$ 之间的 m 个线性约束.假设问题的极值点在 A 点,则可选取 m 个常数 λ_i,使得在 A 点有

$$\left(\frac{\partial f}{\partial x_j}+\lambda_1\,\frac{\phi_1}{\partial x_j}+\lambda_2\,\frac{\phi_2}{\partial x_j}+\cdots+\lambda_m\,\frac{\phi_m}{\partial x_j}\right)\bigg|_A=0 \quad (j=n-m+1,\cdots,n).$$

在相应的 Jacobi 行列式为非零的时候,这是可以做到的,因为这是关于 m 个 λ_i 的 m 个线性方程构成的方程组.选取如上的 λ_i 后,由于 A 点是满足约束条件的极值点,故在满足约束条件的变动之下有

$$\mathrm{d}f|_A=0, \quad \mathrm{d}\phi_1|_A=0, \quad \cdots, \quad \mathrm{d}\phi_m|_A=0.$$

故

$$(\mathrm{d}f+\lambda_1\mathrm{d}\phi_1+\lambda_2\mathrm{d}\phi_2+\cdots+\lambda_m\mathrm{d}\phi_m)|_A=0.$$

由于 λ_i 的选取,使得上式中 $\mathrm{d}x_j(j=n-m+1,\cdots,n)$的系数正好为零.故上式可写为

$$\sum_{i=1}^{n-m}\left(\frac{\partial f}{\partial x_i}+\lambda_1\,\frac{\partial \phi_1}{\partial x_i}+\lambda_2\,\frac{\partial \phi_2}{\partial x_i}+\cdots+\lambda_m\,\frac{\partial \phi_m}{\partial x_i}\right)\mathrm{d}x_i\bigg|_A=0,$$

而其中 $\mathrm{d}x_i(i=1,2,\cdots,n-m)$是完全独立的变动,故

$$\left(\frac{\partial f}{\partial x_i}+\lambda_1\,\frac{\partial \phi_1}{\partial x_i}+\lambda_2\,\frac{\partial \phi_2}{\partial x_i}+\cdots+\lambda_m\,\frac{\partial \phi_m}{\partial x_i}\right)\bigg|_A=0 \quad (i=1,2,\cdots,n-m).$$

综上,有

$$\begin{cases} \dfrac{\partial f}{\partial x_i}+\lambda_1\,\dfrac{\partial \phi_1}{\partial x_i}+\lambda_2\,\dfrac{\partial \phi_2}{\partial x_i}+\cdots+\lambda_m\,\dfrac{\partial \phi_m}{\partial x_i}\bigg|_A=0, \\ \phi_1|_A=0, \quad \phi_2|_A=0, \quad \cdots, \quad \phi_m|_A=0 \end{cases} \quad (i=1,2,\cdots,n).$$

上述结论正好可看成

$$F(x_1,\cdots,x_n,\lambda_1,\cdots,\lambda_m)=f(x_1,\cdots,x_n)+\sum_{i=1}^{m}\lambda_i\phi_i(x_1,\cdots,x_m).$$

关于 $x_1,\cdots,x_n,\lambda_1,\cdots,\lambda_m$ 这 $n+m$ 个变量的无约束极值问题,此即 Lagrange 乘子法.下面按类似的方法考虑泛函的条件极值问题.

8.4.2 测地线问题:泛函的 Lagrange 乘函法

现在考虑泛函:

$$J[y_1(x),y_2(x)]=\int_{x_0}^{x_1}F(x,y_1,y_2,y'_1,y'_2)\mathrm{d}x$$

在约束条件 $G(x,y_1,y_2)=0$ 下固定边界的极值问题(其中 $y'_i=\mathrm{d}y_i/\mathrm{d}x$).

这里约束条件 $G(x,y_1,y_2)=0$ 中 G 不含 y'_1 等导数项,这样的约束称为整约束.对于含有导数的约束,例如 $H(x,y_1,y_2,y'_1,y'_2)=0$,称为非整约束.

方法一.隐函数方法.由 $G(x,y_1,y_2)=0$ 的原则可解出 $y_2=y_2(x,y_1(x))$,将之代入 F 中有

$$F(x,y_1,y'_1)=F(x,y_1(x),y_2(x,y_1(x)),y'_1(x),y'_2(x,y_1(x))).$$

注意:上式中 $y'_2=\dfrac{\partial y_2}{\partial x}+\dfrac{\mathrm{d}y_1}{\mathrm{d}x}\dfrac{\partial y_2}{\partial y_1}$.由 $F(x,y_1,y'_1)$可求出关于 y_1 的 Euler 方程,将结果用原始的 $F(x,y_1,y_2,y'_1,y'_2)$和约束 G 表述即可.请读者自行补充完整.

方法二. 首先由一阶变分为零可得到

$$\delta J=\int_{x_0}^{x_1}\left[\left(F_{y_1}-\frac{\mathrm{d}}{\mathrm{d}x}F_{y'_1}\right)\delta y_1+\left(F_{y_2}-\frac{\mathrm{d}}{\mathrm{d}x}F_{y'_2}\right)\delta y_2\right]\mathrm{d}x=0. \tag{8.4.1}$$

这个问题的困难在于 δy_1 和 δy_2 不都是独立的,因为 y_1 和 y_2 要在满足约束条件 $G(x,y_1,y_2)=0$ 的前提下变动.因此由

$$G(x,y_1+\delta y_1,y_2+\delta y_2)-G(x,y_1,y_2)=0-0=0$$

可得,极值曲线附近的变动必须满足

$$G_{y_1}\delta y_1+G_{y_2}\delta y_2=0.$$

为将上述约束写成类似式(8.4.1)的形式,注意到上式在任意 x 处都成立,因此可引入一个函数 $\lambda(x)$乘以上式并对 x 积分,有

$$\int_{x_0}^{x_1}[G_{y_1}\delta y_1+G_{y_2}\delta y_2]\lambda(x)\mathrm{d}x=0. \tag{8.4.2}$$

总可以选取函数 $\lambda(x)$使得

$$F_{y_2}-\frac{\mathrm{d}}{\mathrm{d}x}F_{y'_2}+G_{y_2}\lambda(x)=0.$$

此时将式(8.4.1)与式(8.4.2)相加,并注意到 δy_1 是独立的变分,可得到

$$F_{y_1}-\frac{\mathrm{d}}{\mathrm{d}x}F_{y'_1}+G_{y_1}\lambda(x)=0.$$

综合以上两式,可知整约束下的极值函数满足的 Euler 方程为

$$\begin{cases}F_{y_1}-\dfrac{\mathrm{d}}{\mathrm{d}x}F_{y'_1}+G_{y_1}\lambda(x)=0,\\F_{y_2}-\dfrac{\mathrm{d}}{\mathrm{d}x}F_{y'_2}+G_{y_2}\lambda(x)=0,\\G(x,y_1,y_2)=0.\end{cases}$$

上述方程组正好是泛函:

$$J'[y_1(x),y_2(x),\lambda(x)] = J[y_1(x),y_2(x)] + \int_{x_0}^{x_1} G(x,y_1,y_2)\lambda(x)\mathrm{d}x$$

的无约束极值问题的 Euler 方程. $\lambda(x)$称为 Lagrange 乘函，上述结论即 Lagrange 乘函法.

对于有多个约束，以及约束是非整约束的情形，都可仿照上述分析得到相应结论，请参见文献[8].

8.4.3 等周问题：泛函的 Lagrange 乘子法

现在用类似的方法考虑泛函形式的约束，即等周问题.

考虑泛函：

$$J[y(x)] = \int_{x_0}^{x_1} F(x,y,y')\mathrm{d}x$$

在约束条件

$$L[y(x)] = \int_{x_0}^{x_1} G(x,y(x),y'(x))\mathrm{d}x = 0$$

下的固定边界极值问题.

在这种情况下，若直接令一阶变分为零，则有

$$\delta J[y] = \int_{x_0}^{x_1} \left[\left(F_y - \frac{\mathrm{d}}{\mathrm{d}x}F_{y'}\right)\delta y\right]\mathrm{d}x = 0,$$

由于变动 δy 不是完全任意的，而是必须在约束条件 $L[y(x)]=0$ 下变动，故不能直接利用基本引理. 另外，与测地线问题不同，等周问题并没有很好的方法将约束解除得到独立的函数宗量变动.

对于这个问题，我们再次尝试将其转换为函数的极值问题来处理. 但如果用与前面同样的方法引入

$$y(x) \to y(x) + \varepsilon\eta(x)$$

将其转化为函数问题的话，则注意到由约束条件给出

$$L(\varepsilon) = L[y(x) + \varepsilon\eta(x)] = 0,$$

这就将 ε 完全固定，无法变动. 这种情况在第 7 章考虑厄米型的条件极值时也遇到过，在那里我们通过引入两个函数自变量来解决这个困难. 因此，在此处也用类似的技巧.

假设 $J[y(x)]$在 $y=y(x)$处取条件极值，则构造(η_1,η_2 在边界上为 0)：

$$y \to y(x) + \varepsilon_1\eta_1(x) + \varepsilon_2\eta_2(x).$$

将泛函的极值转化为如下函数的极值：

$$J(\varepsilon_1,\varepsilon_2) = J[y(x) + \varepsilon_1\eta_1(x) + \varepsilon_2\eta_2(x)].$$

现在考虑约束条件，其转化为 $\varepsilon_1,\varepsilon_2$ 的约束：

$$L(\varepsilon_1,\varepsilon_2)=L[y(x)+\varepsilon_1\eta_1(x)+\varepsilon_2\eta_2(x)]=0.$$

故二元函数 $J(\varepsilon_1,\varepsilon_2)$应该在上述约束下，在 $\varepsilon_1=\varepsilon_2=0$ 处取极值，这正是多元函数的条件极值问题. 由 Lagrange 乘子法可得

$$\begin{cases}\dfrac{\partial}{\partial\varepsilon_1}(J(\varepsilon_1,\varepsilon_2)+\lambda L(\varepsilon_1,\varepsilon_2))\big|_{(0,0)}=0,\\ \dfrac{\partial}{\partial\varepsilon_2}(J(\varepsilon_1,\varepsilon_2)+\lambda L(\varepsilon_1,\varepsilon_2))\big|_{(0,0)}=0.\end{cases}$$

其中 λ 是常数. 由 $\eta_1(x)$和 $\eta_2(x)$的任意性，上述两个方程均导出同一个 Euler 方程：

$$(F_y+\lambda G_y)-\frac{\mathrm{d}}{\mathrm{d}x}(F_{y'}+\lambda G_{y'})=0.$$

此方程连同约束条件 $L[y(x)]=\int_{x_0}^{x_1}G(x,y(x),y'(x))\mathrm{d}x=0$ 一起，构成了这个问题最终的解答.

容易看出，上述结论可看成

$$J'[y(x)](\lambda)=J[y(x)]+\lambda L[y(x)]=\int_{x_0}^{x_1}[F(x,y,y')+\lambda G(x,y,y')]\mathrm{d}x$$

关于宗量 $y(x)$和自变量 λ 的无约束极值问题. 注意到 $J'[y(x)](\lambda)$是关于 $y(x)$的泛函，亦是关于 λ 的函数. 故 J'的无约束极值的必要条件是

$$\frac{\delta J'}{\delta y(x)}=0,\quad \frac{\mathrm{d}J'}{\mathrm{d}\lambda}=0.$$

这正好给出前面得到的 Euler 方程和约束条件. 因此，这个方法也称泛函条件极值问题的 Lagrange 乘子法. 对于更多约束的情形可依此类推.

一个形式上略微不同的泛函条件极值问题如下：

$$J[y(x)]=\iint y(x_1)k(x_1,x_2)y(x_2)\mathrm{d}x_1\mathrm{d}x_2\quad(k\text{ 为给定的函数})$$

定义了一个与前面讨论的泛函形式不同的泛函. 其在约束条件

$$G[y(x)]=\int(y(x))^2\mathrm{d}x=1$$

下取极值的必要条件是什么？

这个问题虽不能直接套用前面的 Euler 公式，但求解的基本方法完全相同. 通过引入 $y\to y(x)+\varepsilon_1\eta_1(x)+\varepsilon_2\eta_2(x)$，将之转换为函数的条件极值问题. 请读者自己完成推导，可参见文献[9]. 其结论是，取极值的必要条件为

$$\int k(x_1,x_2)y(x_2)\mathrm{d}x_2=\lambda y(x_1),\quad \int(y(x))^2\mathrm{d}x=1.$$

实际上，容易看出该条件极值问题与泛函：

$$J'[y]=\frac{\iint y(x_1)k(x_1,x_2)y(x_2)\mathrm{d}x_1\mathrm{d}x_2}{\int(y(x))^2\mathrm{d}x}$$

的无约束极值问题等价. 由于其与厄米型的相似性,可将这个问题看作是厄米型极值问题的某种推广,该问题的解答也可看作是某种本征方程.

8.5 物理学中的变分原理*

变分法在物理学中主要用于近似求解和归纳定律. 关于用变分法近似求解的 Ritz 方法,将在数学物理方法的课程中介绍;关于用变分原理来归纳定律,将在理论力学的课程中介绍,下面仅以一个简单的例子稍做说明.

例 8.5.1 对于在势场 $V(x)$ 中运动的一个质点,其运动规律由牛顿第二定律给出

$$m\frac{\mathrm{d}^2}{\mathrm{d}t^2}x_i(t)=F_i=-\frac{\partial}{\partial x_i}V(x).$$

如果引入如下 $x_i(t)$ 的泛函:

$$S[x_i(t)]=\int_{t_A}^{t_B}L(t,x_i,\dot{x}_i)\mathrm{d}t=\int_{t_A}^{t_B}\left[\frac{1}{2}m(\dot{x}_1^2+\dot{x}_2^2+\dot{x}_3^2)-V(x_1,x_2,x_3)\right]\mathrm{d}t,$$

则在固定边界下使泛函 $S[x_i(t)]$ 取极值的曲线 $x_i(t)$ 满足

$$\frac{\mathrm{d}}{\mathrm{d}t}\frac{\partial L}{\partial \dot{x}_i}-\frac{\partial L}{\partial x_i}=0\Rightarrow m\frac{\mathrm{d}^2}{\mathrm{d}t^2}x_i(t)+\frac{\partial}{\partial x_i}V(x)=0,$$

正好是质点的运动方程. 由此可见,这个力学系统运动方程可由 $\delta\int L\mathrm{d}t=0$ 给出,这称为该力学系统的变分原理.

实际上,几乎所有的基本物理定律都能用变分原理的形式(代替微分方程的形式)来表述. 对于不同领域的物理规律,选择一个合适的 L 函数,则由变分 $\delta\int L\mathrm{d}t=0$ 得到的 Euler 方程就给出了该领域现象的运动规律. 按文献[9]中的观点,在物理定律中几乎都能用变分原理来表述的原因可能如下:从数学上看,由变分原理得到的微分方程组都是相容的. 而直接用微分方程组来表述时,由于偏微分方程组的相容性是一个基本问题,故写出的方程组不一定有解. 在物理学中,用变分原理来归纳定律有如下诸多好处.

(1) 相比运动方程(组),变分原理的表述更紧凑简洁.

(2) 变分原理具有更大的概括性,不同领域的规律可以统一地建立在变分原理基础上.

(3) 便于寻找新的物理领域的运动规律. 例如对新的相互作用,只需找到描述新现象的项加入 L 中,由变分原理就可得到运动方程(组),这比直接寻找运动方程(组)一般来说要容易.

(4) $\int L\mathrm{d}t$ 是标量,在系统具有对称性的时候处理起来更方便.实际上,正是经典力学的变分表述导致了对称性与守恒律之间内在联系的发现.

(5) 利用经典力学的变分表述,可以建立量子力学(路径积分形式)与经典力学之间的联系.

关于变分原理的其他优点将在后续的物理课程中逐步学习,这里不再赘述.

参 考 文 献

[1] 北京大学数学系几何与代数教研室前代数小组. 高等代数[M]. 3 版. 北京:高等教育出版社,2003.

[2] 李炯生,查建国. 线性代数[M]. 北京:中国科学技术大学出版社,1989.

[3] 张贤科,许甫华. 高等代数学[M]. 2 版. 北京:清华大学出版社,2004.

[4] 陈仲,粟熙. 大学数学(上、下册)[M]. 南京:南京大学出版社,1998.

[5] 华中科技大学数学系. 线性代数[M]. 北京:高等教育出版社,2003.

[6] [美]F. W. 拜伦,R. W. 富勒. 物理学中的数学方法:第一卷 、第二卷[M]. 北京:科学出版社,1982.

[7] [美]Hassani H. Mathematical Physics[M]. 2 版. Berlin:Springer,2013.

[8] 柯朗 R,希尔伯特 D. 数学物理方法 I [M]. 钱敏,郭敦仁,等译. 北京:科学出版社,2011.

[9] 彭桓武,徐锡申. 数理物理基础[M]. 北京:北京大学出版社,2001.

[10] [美]李政道. 物理学中的数学方法[M]. 南京:江苏科学技术出版社,1980.

[11] 余扬政,冯承天. 物理学中的几何方法[M]. 北京:高等教育出版社,1998.

[12] 陈省身,陈维桓. 微分几何讲义[M]. 2 版. 北京:北京大学出版社,2001.

[13] Roman, Paul. Some Modern Mathematics for Physicists and other Outsiders Vol 1: Algebra, Topology and Measure Theory Vol 2: Functional Analysis with Applications[M]. Oxford:Pergamon Press Inc,1975.

[14] 欧文·克雷斯齐格. 泛函分析导论及应用[M]. 蒋正新,吕善伟,张武淇,等译. 北京:北京航空学院出版社,1987.